Elemente der Linearen Algebra und der Analysis

Harald Scheid / Wolfgang Schwarz

Elemente der Linearen Algebra und der Analysis

Spektrum
AKADEMISCHER VERLAG

Autoren
Prof. Dr. Harald Scheid und
Prof. Dr. Wolfgang Schwarz
Bergische Universität Wuppertal
Fachbereich Mathematik
Gaußstr. 20
42097 Wuppertal
E-Mail: scheid@uni-wuppertal.de
           wschwarz@uni-wuppertal.de

Wichtiger Hinweis für den Benutzer
Der Verlag und die Autoren haben alle Sorgfalt walten lassen, um vollständige und akkurate Informationen in diesem Buch zu publizieren. Der Verlag übernimmt weder Garantie noch die juristische Verantwortung oder irgendeine Haftung für die Nutzung dieser Informationen, für deren Wirtschaftlichkeit oder fehlerfreie Funktion für einen bestimmten Zweck. Ferner kann der Verlag für Schäden, die auf einer Fehlfunktion von Programmen oder ähnliches zurückzuführen sind, nicht haftbar gemacht werden. Auch nicht für die Verletzung von Patent- und anderen Rechten Dritter, die daraus resultieren. Eine telefonische oder schriftliche Beratung durch den Verlag über den Einsatz der Programme ist nicht möglich. Der Verlag übernimmt keine Gewähr dafür, dass die beschriebenen Verfahren, Programme usw. frei von Schutzrechten Dritter sind. Die Wiedergabe von Gebrauchsnamen, Handelsnamen, Warenbezeichnungen usw. in diesem Buch berechtigt auch ohne besondere Kennzeichnung nicht zu der Annahme, dass solche Namen im Sinne der Warenzeichen- und Markenschutz-Gesetzgebung als frei zu betrachten wären und daher von jedermann benutzt werden dürften. Der Verlag hat sich bemüht, sämtliche Rechteinhaber von Abbildungen zu ermitteln. Sollte dem Verlag gegenüber dennoch der Nachweis der Rechtsinhaberschaft geführt werden, wird das branchenübliche Honorar gezahlt.

Bibliografische Information der Deutschen Nationalbibliothek
Die Deutsche Nationalbibliothek verzeichnet diese Publikation in der Deutschen Nationalbibliografie; detaillierte bibliografische Daten sind im Internet über http://dnb.d-nb.de abrufbar.

Springer ist ein Unternehmen von Springer Science+Business Media
springer.de

© Spektrum Akademischer Verlag Heidelberg 2009
Spektrum Akademischer Verlag ist ein Imprint von Springer

09 10 11 12 13   5 4 3 2 1

Planung und Lektorat: Dr. Andreas Rüdinger, Barbara Lühker
Herstellung: Crest Premedia Solutions (P) Ltd, Pune, Maharashtra, India
Umschlaggestaltung: SpieszDesign, Neu–Ulm
Satz: Autorensatz

ISBN 978-3-8274-1971-2

Vorwort

Von den aktuellen Reformbemühungen um die Verbesserung der Qualität und der Inhalte universitärer Ausbildung ist die Lehrerausbildung in besonderem Maße betroffen. Die Ablösung der grundständigen Lehrerausbildung durch konsekutiv strukturierte Modelle, in denen ein (polyvalent angelegtes) Bachelorstudium durch einen passend gestalteten Masterstudiengang zu einem Hochschulabschluss komplettiert werden kann, welcher nach den Bestimmungen der Lehramtsprüfungsordnungen als erste Staatsprüfung anerkannt wird, ist an den meisten Universitäten bereits erfolgt. Dabei nutzen die Hochschulen ihre Gestaltungsspielräume für individuell konzipierte Bachelor-Master-Modelle, deren Vielfalt sich nur schwer überschauen lässt. Ordnend wirkt aber der Leitgedanke der Polyvalenz der Bachelorphase, welche eine breitere fachwissenschaftliche Ausbildung erfordert, die – insbesondere im Bereich der Lehrämter für die Klassen 5 bis 13 (bzw. 12) – zum Teil deutlich über die Standards einer grundständigen Lehrerausbildung hinausgeht. Derzeit gilt dies auch noch für das Lehramt an Grundschulen, allerdings ist zu erwarten, dass hier eine Verselbständigung erfolgen wird, infolge derer dann die Inhalte der Studiengänge für die Klassen 5 bis 10 näher an die Inhalte der Studiengänge für die gymnasiale Oberstufe und das Berufskolleg heranrücken – entsprechende Entwürfe liegen im Land NRW bereits vor.

Der Mathematikunterricht in der Oberstufe besteht hauptsächlich aus den beiden Gebieten „Lineare Algebra" und „Analysis", so dass man zu Beginn eines Studiums schon einige Vorkenntnise zu diesen Themen mitbringt. Diese beiden Gebiete sind von zentraler Bedeutung für die weiterführenden Themenbereiche, ebenso aber für fast alle Anwendungsfelder der Mathematik. Es ist also sinnvoll und auch Tradition, der Linearen Algebra und der Analysis einen breiten Raum im Grundstudium eines jeden mit Mathematik befassten Studiengangs bereitzustellen, womit gleichzeitig auch unsere Zielgruppe definiert wäre.

Im vorliegenden Buch sind beide Gebiete in zwei unabhängigen Teilen dargestellt, so dass man entweder mit der Analysis oder mit der Linearen Algebra beginnen kann. Natürlich gibt es zahlreiche Bezüge zwischen diesen beiden Gebieten, denn vielfach stammen Motivationen und Beispiele für Begiffsbildungen der Linearen Algebra aus der Analysis, und diese Begriffsbildungen und damit verbundenen Theorieentwicklungen wiederum erweisen sich als nützlich in der Analysis. Trotzdem sind die beiden Teile des Buchs mit den notwendigsten Grundkenntnissen aus dem Mathematikunterricht in der Oberstufe unabhängig voneinander zu bearbeiten. Treten trotzdem ohne weitere Erklärung Begriffe auf, die den Studierenden weder in der Schule noch in anderen einführenden Lehrveranstaltungen an der Hochschule bereits begegnet oder aber in Vergessenheit geraten sind (z. B. der Begriff des Körpers der reellen Zahlen, die trigonometrischen Additionstheoreme oder das Rechnen mit Logarithmen), dann kann man solche Begriffe leicht in einem (mathematischen) Lexikon nachschlagen. Man könnte auch die beiden folgenden einführenden Bücher der gleichen Autoren zu Rate ziehen:

- Elemente der Arithmetik und Algebra, Spektrum Akad. Verlag Heidelberg 2008[5]

- Elemente der Geometrie, Spektrum Akad. Verlag Heidelberg 2007[4]

Die noch relativ junge mathematische Disziplin „Lineare Algebra" ist dadurch besonders ausgezeichnet, dass sie mit ihren universellen Begriffsbildungen und Methoden als Werkzeug in vielen anderen mathematischen Teilgebieten verankert ist. Allerdings mangelt es vielen Kursen zur Linearen Algebra daran, die außergewöhnliche Beziehungshaltigkeit dieser Disziplin aufzuzeigen. Das vorliegende Buch ist geprägt von dem Bemühen, nicht nur die Grundlagen des Fachs zu vermitteln, sondern die entwickelten Begriffsgefüge und Theorien mit anderen mathematischen Gebieten zu vernetzen; dies geschieht in umfangreichen Anwendungsbeispielen aus der Arithmetik, der Geometrie, der Zahlentheorie, der Statistik, der Linearen Optimierung und natürlich der Analysis. Damit bietet das Buch ein breites Spektrum möglicher Vertiefungsinhalte der Linearen Algebra, die Gegenstand von Lehrveranstaltungen einer polyvalenten mathematischen Aubildung sein könnten. Gleiches gilt auch für den Teil zur Analysis, der neben dem Standardprogramm der meisten Einführungsveranstaltungen auch einen vorsichtigen Einstieg in die Analysis von Funktionen mehrerer Variabler einschließlich (differenzial-)geometrischer Anwendungen enthält.

Die Darstellung des Lehrstoffs im vorliegenden Buch orientiert sich an der Zielsetzung, die Studierenden insbesondere auch beim Selbststudium zu unterstützen, da die konsekutiven Bachelor- und Masterstudiengänge entsprechende Studienanteile in nicht geringem Umfang vorsehen. Natürlich soll nicht auf den nötigen Formalismus in der mathematischen Argumentation verzichtet werden, wo immer es sich aber anbietet, steht die Vermittlung von *Einsichten* im Vordergrund, auch wenn dies stellenweise längere Erklärungstexte und Veranschaulichungen erfordert. Am Ende eines jeden Abschnitts bieten einige in der Regel sehr einfache Aufgaben die Gelegenheit, mit dem entwickelten Begriffsgefüge vertraut zu werden. Mit etwas anspruchsvolleren Aufgaben soll dann auch das kreative, fantasievolle Verhalten beim Problemlösen gefördert werden, welches seit jeher unabdingbare Voraussetzung für die erfolgreiche Bewältigung eines Mathematikstudiums ist. Lösungen und Lösungshinweise zu allen Aufgaben findet man am Ende des Buches, wobei diese aus Platzgründen sehr knapp gehalten werden müssen.

Wuppertal, im März 2009   Harald Scheid

                                                                      Wolfgang Schwarz

Inhaltsverzeichnis

Lineare Algebra

Analysis

Lineare Algebra

I Lineare Gleichungssysteme und Vektorräume

I.1 Beispiele für lineare Gleichungssysteme

In vielen Gebieten der Mathematik und ihrer Anwendungen muss man sich mit linearen Gleichungssystemen beschäftigen. Eine algebraische Gleichung heißt *linear*, wenn die Variablen $x_1, x_2, \ldots, x_n$ nur in der ersten Potenz und nicht als Produkte vorkommen, wenn die Gleichung also die Form $a_1x_1 + a_2x_2 + \ldots + a_nx_n = a$ hat. Die Koeffizienten $a_1, a_2, \ldots, a_n, a$ stammen dabei aus einem Zahlenbereich K, welcher wie die Menge $\mathbb{R}$ der reellen Zahlen einen *Körper* bildet, in welchem man also wie mit reellen Zahlen rechnen kann. Die Lösungen der Gleichung sind n-Tupel mit Elementen aus K, gehören also zu K^n. In den meisten Anwendungen ist K der Körper $\mathbb{R}$ der reellen Zahlen oder der Körper $\mathbb{C}$ der komplexen Zahlen (vgl. II.3). Sollen mehrere solche Gleichungen gleichzeitig erfüllt sein, dann liegt ein lineares Gleichungs*system* vor. Da im Folgenden der Ausdruck „lineares Gleichungssystem" sehr häufig vorkommt, wollen wir ihn mit „LGS" abkürzen. Ein LGS mit n Variablen und m Gleichungen hat die Form

$$
\begin{array}{ccccccccc}
a_{11}x_1 & + & a_{12}x_2 & + & \ldots & + & a_{1n}x_n & = & a_1 \\
a_{21}x_1 & + & a_{22}x_2 & + & \ldots & + & a_{2n}x_n & = & a_2 \\
& & & & & & & \vdots & \\
a_{m1}x_1 & + & a_{m2}x_2 & + & \ldots & + & a_{mn}x_n & = & a_m
\end{array}
$$

Bei den Koeffizienten a_{ij} gibt der erste Index i die Nummer der Gleichung und der zweite Index j die Nummer der Variablen an. Ein LGS hat entweder keine Lösung, genau eine Lösung oder unendlich viele Lösungen, wie wir im Folgenden sehen werden. Die Lösungsmenge eines LGS ändert sich offensichtlich nicht, wenn man zwei Gleichungen vertauscht, eine Gleichung mit einer von 0 verschiedenen Zahl multipliziert oder das Vielfache einer Gleichung zu einer anderen addiert.

Beispiel 1: Edelstahl ist eine Legierung aus Eisen, Chrom und Nickel; beispielsweise besteht V2A-Stahl aus 74% Eisen, 18% Chrom und 8% Nickel. Aus den in nebenstehender Tabelle angegebenen Legierungen (1) bis (4) soll 1000 kg V2A-Stahl gemischt werden. Um die notwendigen Anteile x_1, x_2, x_3, x_4 von (1) bis (4) (in kg) zu bestimmen, muss man folgendes LGS lösen:

	(1)	(2)	(3)	(4)
Eisen	70%	72%	80%	85%
Chrom	22%	20%	10%	12%
Nickel	8%	8%	10%	3%

$$
\begin{array}{ccccccccc}
0{,}70x_1 & + & 0{,}72x_2 & + & 0{,}80x_3 & + & 0{,}85x_4 & = & 740 \\
0{,}22x_1 & + & 0{,}20x_2 & + & 0{,}10x_3 & + & 0{,}12x_4 & = & 180 \\
0{,}08x_1 & + & 0{,}08x_2 & + & 0{,}10x_3 & + & 0{,}03x_4 & = & 80
\end{array}
$$

Multipliziert man alle Gleichungen mit 100, um Kommazahlen zu vermeiden, dann ergibt sich das LGS

$$
\begin{array}{rcrcrcrcr}
70x_1 & + & 72x_2 & + & 80x_3 & + & 85x_4 & = & 74\,000 \\
22x_1 & + & 20x_2 & + & 10x_3 & + & 12x_4 & = & 18\,000 \\
8x_1 & + & 8x_2 & + & 10x_3 & + & 3x_4 & = & 8\,000
\end{array}
$$

Subtrahiert man die dritte Gleichung von der zweiten und das 8fache der dritten Gleichung von der ersten, so erhält man das LGS

$$
\begin{array}{rcrcrcrcr}
6x_1 & + & 8x_2 & + & \mathbf{0}x_3 & + & 61x_4 & = & 10\,000 \\
14x_1 & + & 12x_2 & + & \mathbf{0}x_3 & + & 9x_4 & = & 10\,000 \\
8x_1 & + & 8x_2 & + & 10x_3 & + & 3x_4 & = & 8\,000
\end{array}
$$

Multipliziert man die erste Gleichung mit 3 und subtrahiert dann von ihr das 2fache der zweiten Gleichung, so ergibt sich

$$
\begin{array}{rcrcrcrcr}
-10x_1 & + & \mathbf{0}x_2 & + & \mathbf{0}x_3 & + & 165x_4 & = & 10\,000 \\
14x_1 & + & 12x_2 & + & \mathbf{0}x_3 & + & 9x_4 & = & 10\,000 \\
8x_1 & + & 8x_2 & + & 10x_3 & + & 3x_4 & = & 8\,000
\end{array}
$$

Wählt man nun für x_4 einen beliebigen Wert r, dann liefert die erste Gleichung $x_1 = \frac{33}{2}r - 1000$. Aus der zweiten Gleichung folgt damit $x_2 = -20r + 2000$. Aus der dritten Gleichung folgt schließlich $x_3 = \frac{5}{2}r$. Mit $r = 2s$ ist

$$
x_1 = 33s - 1000, \quad x_2 = -40s + 2000, \quad x_3 = 5s, \quad x_4 = 2s.
$$

Aufgrund des Sachzusammenhangs dürfen diese Werte nicht negativ sein, es muss also $\frac{1000}{33} \leq s \leq 50$ gelten; für jeden Wert von s in diesem Bereich ergibt sich eine Lösung des gestellten Problems. Beispielsweise ergibt sich mit $s = 40$:

$$
x_1 = 320, \quad x_2 = 400, \quad x_3 = 200, \quad x_4 = 80.
$$

Beispiel 2 : Kennt man in einem Gleichstromnetz die Spannungen und die Widerstände, dann kann man die Stromstärken in den Widerständen mit Hilfe der beiden *kirchhoffschen Regeln* berechnen:

• In jedem Knotenpunkt des Netzes ist die Summe der Stromstärken der ankommenden Ströme gleich der Summe der Stromstärken der abfließenden Ströme.

• In jeder Masche des Netzes ist die Summe der Spannungen gleich der Summe der Produkte aus den (gerichteten) Stromstärken und den Widerständen.

Es sollen die Stromstärken $I_1, I_2, \ldots, I_5$ (gemessen in Ampère) in dem Netz in Fig. 1 bestimmt werden.

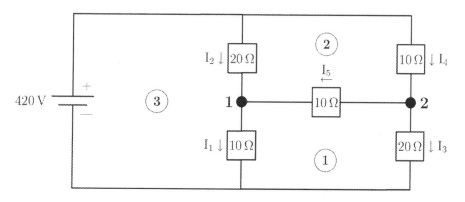

Fig. 1: Gleichstromnetz

$$
\begin{array}{llllllll}
\text{Knoten 1:} & I_1 & - & I_2 & & & - & I_5 & = & 0 \\
\text{Knoten 2:} & & & & - & I_3 & + & I_4 & - & I_5 & = & 0 \\
\text{Masche 1:} & 10I_1 & & & - & 20I_3 & & & + & 10I_5 & = & 0 \\
\text{Masche 2:} & & & 20I_2 & & & - & 10I_4 & - & 10I_5 & = & 0 \\
\text{Masche 3:} & 10I_1 & + & 20I_2 & & & & & & & = & 420 \\
\end{array}
$$

Zunächst dividiert man die dritte, vierte und fünfte Gleichung durch 10. Subtrahiert man dann die erste Gleichung von der dritten und fünften, dann erhält man das LGS

$$
\begin{array}{lllllll}
I_1 & - & I_2 & & & & - & I_5 & = & 0 \\
& & & - & I_3 & + & I_4 & - & I_5 & = & 0 \\
& & I_2 & - & 2I_3 & & & + & 2I_5 & = & 0 \\
& & 2I_2 & & & - & I_4 & - & I_5 & = & 0 \\
& & 3I_2 & & & & & + & I_5 & = & 42 \\
\end{array}
$$

Nun subtrahiert man das 2fache bzw. 3fache der dritten Gleichung von der vierten bzw. fünften und vertauscht dann noch die die zweite mit der dritten Gleichung:

$$
\begin{array}{lllllll}
I_1 & - & I_2 & & & & - & I_5 & = & 0 \\
& & I_2 & - & 2I_3 & & & + & 2I_5 & = & 0 \\
& & & - & I_3 & + & I_4 & - & I_5 & = & 0 \\
& & & & 4I_3 & - & I_4 & - & 5I_5 & = & 0 \\
& & & & 6I_3 & & & - & 5I_5 & = & 42 \\
\end{array}
$$

Nun addiert man das 4fache bzw. 6fache der dritten Gleichung zur vierten bzw. fünften Gleichung:

$$
\begin{array}{lllllll}
I_1 & - & I_2 & & & & - & I_5 & = & 0 \\
& & I_2 & - & 2I_3 & & & + & 2I_5 & = & 0 \\
& & & - & I_3 & + & I_4 & - & I_5 & = & 0 \\
& & & & & & 3I_4 & - & 9I_5 & = & 0 \\
& & & & & & 6I_4 & - & 11I_5 & = & 42 \\
\end{array}
$$

Weitere derartige Umformungen (Multiplikation der dritten Gleichung mit -1, Division der vierten Gleichung durch 3, Subtraktion des 6fachen der vierten Gleichung von der fünften, Division der fünften Gleichung durch 7) führen auf das LGS

$$
\begin{aligned}
I_1 - I_2 \qquad\qquad\qquad - I_5 &= 0 \\
I_2 - 2I_3 \qquad\qquad + 2I_5 &= 0 \\
I_3 - I_4 + I_5 &= 0 \\
I_4 - 3I_5 &= 0 \\
I_5 &= 6
\end{aligned}
$$

Jetzt erhält man der Reihe nach aus der fünften, vierten, dritten, ... Gleichung

$$I_5 = 6, \ I_4 = 3I_5 = 18, \ I_3 = I_4 - I_5 = 12, \ I_2 = 2I_3 - 2I_5 = 12, I_1 = I_2 + I_5 = 18.$$

Beispiel 3: Aus SiO_2 (Quarz) und $NaOH$ (Natronlauge) entsteht Na_2SiO_3 (Natriumsilikat) und H_2O (Wasser). Die natürlichen Zahlen x_1, x_2, x_3, x_4 in der Reaktionsgleichung

$$x_1 SiO_2 + x_2 NaOH \longrightarrow x_3 Na_2SiO_3 + x_4 H_2O$$

bestimmt man aus der Bedingung, dass jedes chemische Element Si, Na, O, H auf beiden Seiten der Reaktionsgleichung gleich oft auftreten muss; diese Zahlen sollen dabei so klein wie möglich sein. Es muss das LGS

$$
\begin{aligned}
x_1 \qquad\quad - x_3 \qquad\qquad &= 0 \\
x_2 - 2x_3 \qquad\quad &= 0 \\
2x_1 + x_2 - 3x_3 - x_4 &= 0 \\
x_2 \qquad\quad - 2x_4 &= 0
\end{aligned}
$$

gelöst werden. Wegen $x_1 = x_3$ (erste Gleichung) und $2x_3 = x_2 = 2x_4$ (zweite und vierte Gleichung) ergibt sich $x_3 = x_4$, womit auch die dritte Gleichung erfüllt ist: $2x_4 + 2x_4 - 3x_4 - x_4 = 0$. Mit $x_4 = r$ ist also

$$x_1 = r, \ x_2 = 2r, \ x_3 = r, \ x_4 = r.$$

Die Lösung mit den kleinsten natürlichen Zahlen erhält man für $r = 1$.

Aufgaben

1. Die Koeffizienten $a_0, a_1, a_2, \ldots, a_n$ einer Polynomfunktion

$$f : x \mapsto a_n x^n + \ldots + a_2 x^2 + a_1 x + a_0$$

vom Grad n sind eindeutig bestimmt, wenn man $n+1$ Wertepaare $(u, f(u))$ kennt. Man bestimme die Polynomfunktion f vom Grad 4 mit den Wertepaaren $(-2, 73), (-1, 22), (1, 10), (2, 37), (3, 158)$.

2. Man bestimme die Koeffizienten in der chemischen Reaktionsgleichung

$$x_1 KMnO_4 + x_2 KBr + x_3 H_2SO_4 \longrightarrow x_4 K_2SO_4 + x_5 MnSO_4 + x_6 Br_2 + x_7 H_2O.$$

3. Zwei Grundstoffe S_1, S_2 sind in den Mischungen A, B, C, D mit den in der Tabelle angegebenen Anteilen enthalten.

Es soll aus A, B, C, D eine Mischung hergestellt werden, welche S_1 mit 4% und S_2 mit 12% enthält. Man bestimme die möglichen Mischungsverhältnisse.

	A	B	C	D
S_1	6%	6%	3%	2%
S_2	15%	10%	15%	10%

4. Fig. 2 zeigt ein Einbahnstraßennetz mit der Anzahl von Fahrzeugen, die pro Zeiteinheit die einzelnen Straßenabschnitte passieren.

Ist die Anzahl der an einer Kreuzung ankommenden Fahrzeuge gleich der Anzahl der wegfahrenden, dann tritt kein Stau auf. Auf den Teilstrecken DC und CB sollen Ausbesserungsarbeiten vorgenommen werden. Wie viele Fahrzeuge müssen trotzdem diese Teilstrecken passieren? Was ist wohl die günstigste Lösung des Problems?

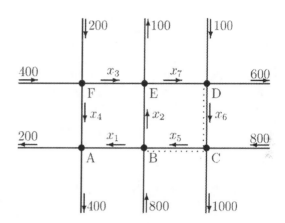

Fig. 2: Einbahnstraßennetz

I.2 Lösungsverfahren

Wie in den Beispielen 1 und 2 in I.1 kann man jedes LGS durch Vertauschen der Gleichungen, Multiplikation einer Gleichung mit einer Zahl $\neq 0$ und Addition einer Gleichung zu einer anderen auf *Stufenform* bringen, d. h. auf eine Form, in der jede Gleichung mindestens eine Variable enthält, die in den folgenden Gleichungen nicht mehr vorkommt. Genauer soll dabei gelten: Sind in einer Gleichung der Stufenform die ersten k Koeffizienten gleich 0, dann sind in der nächsten Gleichung (mindestens) die $k+1$ ersten Koeffizienten gleich 0 (Fig. 1).

\$	*	*	*	*	*	*	...
0	0	0	\$	*	*	*	...
0	0	0	0	\$	*	*	...
0	0	0	0	0	0	\$	...

\$: Koeffizient $\neq 0$
0: Koeffizient 0
*: Koeffizient beliebig

Fig. 1: Koeffizientenschema der Stufenform eines LGS

Die Umformungen, die zur Stufenform führen, ändern nichts an der Lösungsmenge des LGS. Man nennt sie daher *Äquivalenzumformungen*.

Die Lösungen eines LGS in Stufenform kann man, beginnend mit der letzten Gleichung, folgendermaßen bestimmen: Ist

$$x_k + b_{k+1}x_{k+1} + b_{k+2}x_{k+2} + \ldots + b_n x_n = b$$

die letzte Gleichung, so setzt man im Fall $k < n$ für $x_{k+1}, x_{k+2}, \ldots, x_n$ die Parameter $r_1, r_2, \ldots, r_{n-k}$ und erhält

$$x_k = b - b_{k+1}r_1 - b_{k+2}r_2 - \ldots - b_n r_{n-k}.$$

(Im Fall $k = n$ erhält man bereits $x_n = b$.) Ist

$$x_m + c_{m+1}x_{m+1} + c_{m+2}x_{m+2} + \ldots + c_n x_n = c$$

($m < k$) die vorletzte Gleichung, so setzt man im Fall $m < k-1$ für $x_{m+1}, \ldots, x_{k-1}$ die Parameter $r_{n-k+1}, r_{n-k+2}, \ldots, r_{n+m+1}$ und kann dann x_m durch die Parameter $r_1, r_2, \ldots r_{n-k}, r_{n-k+1}, \ldots, r_{n+m+1}$ ausdrücken. So fährt man fort, bis man schließlich die Variablen $x_1, x_2, \ldots, x_n$ durch die frei wählbaren Parameter $r_1, r_2, r_3, \ldots$ ausgedrückt hat.

Dieses Lösungsverfahren, also Umformung des LGS in Stufenform und anschließendes Vorgehen wie soeben beschrieben, nennt man *Gauß-Verfahren* (nach Carl Friedrich Gauß, 1777–1855).

Besitzt ein LGS keine Lösung, dann zeigt sich das in der Stufenform dadurch, dass mindestens eine der letzten Gleichungen die Form „$0 = a$" mit $a \neq 0$ hat.

Beispiel 1: Das LGS

$$
\begin{array}{rcrcrcrcrcrcrcrcr}
x_1 & + & x_2 & - & 3x_3 & + & 4x_4 & & & - & 7x_6 & + & 8x_7 & - & x_8 & = & 12 \\
& & & & & & x_4 & + & 3x_5 & - & 2x_6 & + & 5x_7 & - & 11x_8 & = & 30 \\
& & & & & & & & & & & & x_7 & + & 2x_8 & = & 10
\end{array}
$$

ist in Stufenform. Setzt man $x_8 = r_1$, $x_6 = r_2$, $x_5 = r_3$, $x_3 = r_4$, $x_2 = r_5$, dann ergibt sich

$$
\begin{aligned}
x_7 &= 10 - 2r_1 \\
x_4 &= 30 - 3r_3 + 2r_2 - 5(10 - 2r_1) + 11r_1 = -20 + r_1 + 2r_2 - 3r_3 \\
x_1 &= 12 - r_5 + 3r_4 - 4(-20 + r_1 + 2r_2 - 3r_3) - 7r_2 - 8(10 - 2r_1) - r_1 \\
&= 12 + 11r_1 - 15r_2 + 12r_3 + 3r_4 - r_5
\end{aligned}
$$

oder übersichtlicher geschrieben:

$$
\begin{array}{rclcrcrcrcrcr}
x_1 & = & 12 & + & 11r_1 & - & 15r_2 & + & 12x_3 & + & 3r_4 & - & r_5 \\
x_2 & = & & & & & & & & & & & r_5 \\
x_3 & = & & & & & & & & & r_4 & & \\
x_4 & = & -20 & + & r_1 & + & 2r_2 & - & 3r_3 & & & & \\
x_5 & = & & & & & & & r_3 & & & & \\
x_6 & = & & & & & r_2 & & & & & & \\
x_7 & = & 10 & - & 2r_1 & & & & & & & & \\
x_8 & = & & & r_1 & & & & & & & &
\end{array}
$$

Die Lösungen eines LGS mit n Variablen sind n-Tupel. Um die Lösungen eines LGS übersichtlich darstellen zu können, schreiben wir n-Tupel als Zahlenspalten in Klammern und definieren eine Vervielfachung und eine Addition für n-Tupel:

$$r \begin{pmatrix} a_1 \\ a_2 \\ \vdots \\ a_n \end{pmatrix} = \begin{pmatrix} ra_1 \\ ra_2 \\ \vdots \\ ra_n \end{pmatrix}, \quad \begin{pmatrix} a_1 \\ a_2 \\ \vdots \\ a_n \end{pmatrix} + \begin{pmatrix} b_1 \\ b_2 \\ \vdots \\ b_n \end{pmatrix} = \begin{pmatrix} a_1 + b_1 \\ a_2 + b_2 \\ \vdots \\ a_n + b_n \end{pmatrix}$$

Damit lässt sich die Menge der Lösungen des LGS in Beispiel 1 folgendermaßen schreiben:

$$\begin{pmatrix} x_1 \\ x_2 \\ x_3 \\ x_4 \\ x_5 \\ x_6 \\ x_7 \\ x_8 \end{pmatrix} = \begin{pmatrix} 12 \\ 0 \\ 0 \\ -20 \\ 0 \\ 0 \\ 10 \\ 0 \end{pmatrix} + r_1 \begin{pmatrix} 11 \\ 0 \\ 0 \\ 1 \\ 0 \\ 0 \\ -2 \\ 1 \end{pmatrix} + r_2 \begin{pmatrix} -15 \\ 0 \\ 0 \\ -2 \\ 0 \\ 1 \\ 0 \\ 0 \end{pmatrix} + r_3 \begin{pmatrix} 12 \\ 0 \\ 0 \\ -3 \\ 1 \\ 0 \\ 0 \\ 0 \end{pmatrix} + r_4 \begin{pmatrix} 3 \\ 0 \\ 1 \\ 0 \\ 0 \\ 0 \\ 0 \\ 0 \end{pmatrix} + r_5 \begin{pmatrix} -1 \\ 1 \\ 0 \\ 0 \\ 0 \\ 0 \\ 0 \\ 0 \end{pmatrix}$$

$(r_1, r_2, r_3, r_4, r_5 \in \mathbb{R})$.

Die Ausführung von Äquivalenzumformungen wird übersichtlicher, wenn man sie statt an dem LGS nur an der *Koeffizientenmatrix* bzw. der *erweiterten Koeffizientenmatrix*

$$\begin{pmatrix} a_{11} & a_{12} & \ldots & a_{1n} \\ a_{21} & a_{22} & \ldots & a_{2n} \\ \vdots & \vdots & & \vdots \\ a_{m1} & a_{m2} & \ldots & a_{mn} \end{pmatrix} \quad \text{bzw.} \quad \left(\begin{array}{cccc|c} a_{11} & a_{12} & \ldots & a_{1n} & a_1 \\ a_{21} & a_{22} & \ldots & a_{2n} & a_2 \\ \vdots & \vdots & & \vdots & \vdots \\ a_{m1} & a_{m2} & \ldots & a_{mn} & a_m \end{array} \right)$$

des LGS durchführt. Kommt dabei eine Variable in einer Gleichung nicht vor, so hat sie den Koeffizient 0.

Beispiel 2: Die erweiterte Koeffizentenmatrix des LGS in Beispiel 2 aus I.1 lautet anfangs bzw. nach Herstellung der Stufenform

$$\left(\begin{array}{ccccc|c} 1 & -1 & 0 & 0 & -1 & 0 \\ 0 & 0 & -1 & 1 & -1 & 0 \\ 10 & 0 & -20 & 0 & 10 & 0 \\ 0 & 20 & 0 & -10 & -10 & 0 \\ 10 & 20 & 0 & 0 & 0 & 420 \end{array} \right) \quad \text{bzw.} \quad \left(\begin{array}{ccccc|c} 1 & -1 & 0 & 0 & -1 & 0 \\ 0 & 1 & -2 & 0 & 2 & 0 \\ 0 & 0 & 1 & -1 & 1 & 0 \\ 0 & 0 & 0 & 1 & -3 & 0 \\ 0 & 0 & 0 & 0 & 1 & 6 \end{array} \right)$$

Hier lassen sich auch die Zahlen oberhalb der Diagonalen zu 0 machen (Addition eines geeigneten Vielfachen der letzten Zeile zu den anderen, dann der vorletzten

Zeile zu den anderen usw.). Es ergibt sich

$$\begin{pmatrix} 1 & 0 & 0 & 0 & 0 & 18 \\ 0 & 1 & 0 & 0 & 0 & 12 \\ 0 & 0 & 1 & 0 & 0 & 12 \\ 0 & 0 & 0 & 1 & 0 & 18 \\ 0 & 0 & 0 & 0 & 1 & 6 \end{pmatrix} \quad \text{und damit} \quad \begin{aligned} x_1 &= 18 \\ x_2 &= 12 \\ x_3 &= 12 \\ x_4 &= 18 \\ x_5 &= 6 \end{aligned} \ .$$

Wir haben also gesehen, dass sich die erweiterte Koeffizientenmatrix eines LGS durch Äquivalenzumformungen stets auf die folgende *Stufenform* bringen lässt:

In dem LGS in Beispiel 1, das schon in Stufenform gegeben war, ist $n = 8$ und $r = 3$, in Beispiel 2 ist $n = r = 6$.

Das LGS besitzt genau dann Lösungen, wenn in den letzten $n - r$ Gleichungen der Stufenform, in denen die Koeffizienten der Variablen alle 0 sind, auch in der Konstantenspalte 0 steht. Dann kann man die letzten $n - r$ Gleichungen („$0 = 0$") weglassen. Verbleiben noch r Gleichungen, dann haben die Lösungen des LGS die Gestalt

$$\begin{pmatrix} c_1 \\ c_2 \\ \vdots \\ c_n \end{pmatrix} + t_1 \begin{pmatrix} u_1 \\ u_2 \\ \vdots \\ u_n \end{pmatrix} + t_2 \begin{pmatrix} v_1 \\ v_2 \\ \vdots \\ v_n \end{pmatrix} + \ldots + t_{n-r} \begin{pmatrix} w_1 \\ w_2 \\ \vdots \\ w_n \end{pmatrix}$$

mit $n - r$ frei wählbaren Parametern $t_1, t_2, \ldots, t_{n-r} \in \mathbb{R}$.

Das alles lässt sich viel präziser darstellen, wenn wir im nächsten Abschnitt den Begriff des Vektorraums eingeführt haben.

Ein LGS in der in I.1 angegebenen Form heißt *homogen*, wenn $a_1 = a_2 = \ldots = a_m = 0$ ist, wenn es also folgendermaßen aussieht:

$$
\begin{aligned}
a_{11}x_1 + a_{12}x_2 + \ldots + a_{1n}x_n &= \mathbf{0} \\
a_{21}x_1 + a_{22}x_2 + \ldots + a_{2n}x_n &= \mathbf{0} \\
&\vdots \\
a_{m1}x_1 + a_{m2}x_2 + \ldots + a_{mn}x_n &= \mathbf{0}
\end{aligned}
$$

Andernfalls nennt man das LGS *inhomogen*.

Für ein homogenes LGS gilt offensichtlich: Jedes Vielfache einer Lösung ist wieder eine Lösung, und die Summe zweier Lösungen ist ebenfalls eine Lösung.

Aus einem inhomogenen LGS entsteht das *zugehörige homogene* LGS, indem man die Konstanten rechts vom Gleichheitszeichen durch 0 ersetzt. Die Differenz zweier Lösungen des inhomogenen LGS ist eine Lösung des zugehörigen homogenen LGS, wie man durch Einsetzen sofort sieht. Addiert man zu einer Lösung des inhomogenen Systems eine Lösung des homogenen Systems, so erhält man wieder eine Lösung des inhomogenen Systems. Kennt man also eine spezielle Lösung des inhomogenen Systems, dann erhält man *alle* Lösungen als Summe dieser speziellen Lösung und einer Lösung des homogenen LGS.

Aufgaben

1. a) Man zeige, dass ein LGS entweder keine, genau eine oder unendlich viele Lösungen besitzt.

b) Für welche Parameterwerte r, s hat das LGS $\begin{cases} 2x_1 + rx_2 = 3 \\ 4x_1 + 5x_2 = s \end{cases}$ keine Lösung, genau eine Lösung, unendlich viele Lösungen?

2. Man stelle ein LGS mit den drei Variablen x_1, x_2, x_3 auf, welches die Lösungen $(1 + 3r, 2 - r, 5 - 4r)$ $(r \in \mathbb{R})$ besitzt.

3. Die Lösungsmenge eines LGS kann auf verschiedene Arten dargestellt werden. Man zeige, dass
$$
\{(r+2s, r-s, 1+5s) \mid r, s \in \mathbb{R}\} = \{(p+11q, 3p+2q, -p+20q) \mid p, q \in \mathbb{R}\}.
$$

4. Man berechne die Lösungsmenge:

a)
$$
\begin{aligned}
x_1 + x_5 &= 2(x_2 + x_3) \\
x_2 + x_5 &= 3(x_3 + x_4) \\
x_3 + x_5 &= 4(x_4 + x_1) \\
x_4 + x_5 &= 5(x_1 + x_2)
\end{aligned}
$$

b)
$$
\begin{aligned}
x_2 + x_3 + x_4 + x_5 &= 1 \\
x_1 + x_3 + x_4 + x_5 &= 2 \\
x_1 + x_2 + x_4 + x_5 &= 3 \\
x_1 + x_2 + x_3 + x_5 &= 4 \\
x_1 + x_2 + x_3 + x_4 &= 5
\end{aligned}
$$

I.3 Der Begriff des Vektorraums

Zur Darstellung der Lösungen eines LGS haben wir in I.2 die Vervielfachung von n-Tupeln reeller Zahlen mit einer reellen Zahl und die Addition von n-Tupeln benutzt. Die n-Tupel bilden damit eine algebraische Struktur, welche ein Vektorraum im Sinn der folgenden Definition ist.

Definition 1: Es sei V eine nicht-leere Menge; als Variable für Elemente aus V benutzen wir die Bezeichnungen $\vec{a}, \vec{b}, \vec{c}, \ldots$.

In V sei eine Verknüpfung $+$ definiert, so dass $(V, +)$ eine kommutative Gruppe ist, d.h. es gelten das Assoziativgesetz $((\vec{a} + \vec{b}) + \vec{c} = \vec{a} + (\vec{b} + \vec{c})$ für alle $\vec{a}, \vec{b}, \vec{c} \in V)$ und das Kommutativgesetz $(\vec{a} + \vec{b} = \vec{b} + \vec{a}$ für alle $\vec{a}, \vec{b} \in V)$, es gibt ein neutrales Element $\vec{o}$ $(\vec{a} + \vec{o} = \vec{o} + \vec{a} = \vec{a}$ für alle $\vec{a} \in V)$ und jedes Element $\vec{a} \in V$ besitzt ein inverses Element (bezeichnet mit $-\vec{a}$). Ferner sei in V die Vervielfachung mit Elementen aus einem Körper K definiert; für $r \in K$ bezeichnet man das r-fache von $\vec{a}$ mit $r\vec{a}$. (Das Nullelement und das Einselement von K bezeichnen wir wie in Zahlenkörpern mit 0 bzw. 1.) Dabei soll für alle $r, s \in K$ und alle $\vec{a}, \vec{b} \in V$ gelten:

$$r(\vec{a} + \vec{b}) = r\vec{a} + r\vec{b}, \qquad (r + s)\vec{a} = r\vec{a} + s\vec{a}, \qquad r(s\vec{a}) = (rs)\vec{a}, \qquad 1\vec{a} = \vec{a}.$$

(Dabei bedeutet in $\vec{a} + \vec{b}$ das Pluszeichen die Verknüpfung in V, in $r + s$ aber die Addition im Körper K.) Dann nennt man V einen K-*Vektorraum*. Die Elemente von V nennt man *Vektoren*. Das neutrale Element $\vec{o}$ nennt man den *Nullvektor*, der Vektor $-\vec{a}$ heißt der *Gegenvektor* von $\vec{a}$. Statt $\vec{a} + (-\vec{b})$ schreibt man $\vec{a} - \vec{b}$. Zur Unterscheidung von den Vektoren nennt man die Elemente aus K *Skalare*.

Beispiel 1: Den $\mathbb{R}$-Vektorraum $\mathbb{R}^n$ der n-Tupel reeller Zahlen haben wir schon in I.2 benötigt, um die Lösungen eines LGS darzustellen.

Beispiel 2: Die Folgen reeller Zahlen bilden ebenfalls einen $\mathbb{R}$-Vektorraum $\mathbb{R}^{\mathbb{N}}$ (Menge aller Abbildungen der Menge $\mathbb{N}$ der natürlichen Zahlen in die Menge $\mathbb{R}$ der reellen Zahlen), wobei die Addition und Vervielfachung von Folgen durch $(a_n) + (b_n) = (a_n + b_n)$ und $r(a_n) = (ra_n)$ definiert ist.

Beispiel 3: Die Matrizen

$$\begin{pmatrix} a_{11} & a_{12} & \ldots & a_{1n} \\ a_{21} & a_{22} & \ldots & a_{2n} \\ \vdots & \vdots & & \vdots \\ a_{m1} & a_{m2} & \ldots & a_{mn} \end{pmatrix} = (a_{ij})_{m,n}$$

mit m Zeilen und n Spalten (m, n-Matrizen) mit Elementen aus $\mathbb{R}$ bilden einen $\mathbb{R}$-Vektorraum, wenn man die Addition und Vervielfachung in Anlehnung an die entsprechenden Operationen bei n-Tupeln folgendermaßen definiert:

$$(a_{ij})_{m,n} + (b_{ij})_{m,n} = (a_{ij} + b_{ij})_{m,n}, \qquad r(a_{ij})_{m,n} = (ra_{ij})_{m,n}.$$

Beispiel 4: Die Menge aller Funktionen auf einem reellen Intervall $[a; b]$ mit Werten in $\mathbb{R}$ bildet einen $\mathbb{R}$-Vektorraum, wobei man für Funktionen f, g und $r \in \mathbb{R}$ definiert:

$$(f + g)(x) = f(x) + g(x) \text{ und } (rf)(x) = rf(x) \text{ für alle } x \in [a; b].$$

Vektoren treten in der Geometrie in Gestalt von *Verschiebungen* (in der Ebene oder im Raum) auf. Solche Verschiebungen kann man hintereinanderausführen („addieren") und mit reellen Faktoren vervielfachen, womit ein $\mathbb{R}$-Vektorraum entsteht. Vektoren treten auch in der Physik auf, etwa in Gestalt von Kräften, Beschleunigungen oder Geschwindigkeiten („gerichtete Größen"). Daraus erklärt sich die Bezeichnung „Vektor" (lat. Träger, Fahrer).

Satz 1: In einem K-Vektorraum V gilt:

　　(1) $r\vec{o} = \vec{o}$ für alle $r \in K$.

　　(2) $0\vec{v} = \vec{o}$ für alle $\vec{v} \in V$.

　　(3) $(-r)\vec{v} = -(r\vec{v})$ für alle $r \in K, \vec{v} \in V$.

　　(4) Ist $r\vec{v} = \vec{o}$, dann ist $r = 0$ oder $\vec{v} = \vec{o}$.

Beweis: (1) In $r\vec{o} = r(\vec{o} + \vec{o}) = r\vec{o} + r\vec{o}$ addiere man $-r\vec{o}$.

(2) In $0\vec{v} = (0 + 0)\vec{v} = 0\vec{v} + 0\vec{v}$ addiere man $-0\vec{v}$.

(3) Aus $\vec{o} = (r + (-r))\vec{v} = r\vec{v} + (-r)\vec{v}$ folgt, dass $(-r)\vec{v}$ der Gegenvektor von $r\vec{v}$ ist, also $(-r)\vec{v} = -r\vec{v}$. (Es gilt also $-\vec{a} = (-1)\vec{a}$.)

(4) Ist $r\vec{v} = \vec{o}$ und $r \neq 0$, dann ist $\vec{o} = r^{-1}\vec{o} = r^{-1}(r\vec{v}) = (r^{-1}r)\vec{v} = 1\vec{v} = \vec{v}$. 　□

Definition 2: Ist V ein K-Vektorraum und U eine Teilmenge von V, welche bezüglich der Addition und Vervielfachung in V wieder ein K-Vektorraum ist, dann nennt man U einen *Untervektorraum* oder *Unterraum* von V.

Ein Unterraum eines Vektorraums V ist nicht leer, denn er muss den Nullvektor $\vec{o}$ enthalten. Genau dann ist U ein Unterraum von V, wenn mit $\vec{a}, \vec{b} \in U$ und $r \in K$ stets $\vec{a} + \vec{b} \in U$ und $r\vec{a} \in U$ gilt (*Unterraumkriterium*).

Beispiel 5: Die Menge der Lösungen eines homogenen LGS mit n Variablen und Koeffizienten aus dem Körper K bildet einen Unterraum von K^n, denn die Summe zweier Lösungen und jedes Vielfache einer Lösung sind wieder Lösungen.

Beispiel 6: Die Menge der konvergenten Folgen reeller Zahlen (vgl. IX.4) bildet einen Unterraum des $\mathbb{R}$-Vektorraums aller Folgen reeller Zahlen, denn die Summe zweier konvergenter Folgen und jedes Vielfache einer konvergenten Folge sind wieder konvergent.

Beispiel 7: Die Menge der 3,3-Matrizen mit reellen Einträgen, bei denen die Summen der Elemente in den Zeilen und Spalten alle den gleichen Wert haben, bildet einen Unterraum des $\mathbb{R}$- Vektorraums $\mathbb{R}^{3,3}$ aller 3,3-Matrizen mit reellen

Einträgen. Denn diese Eigenschaft überträgt sich auf die Summen und Vielfachen solcher Matrizen. Ein Beispiel für eine Matrix mit dieser Eigenschaft ist $\begin{pmatrix} 4 & 9 & 2 \\ 3 & 5 & 7 \\ 8 & 1 & 6 \end{pmatrix}$; hier hat die Summe der Zahlen in den Zeilen und Spalten immer den Wert 15. (Dies ist ein besonders schönes Exemplar aus dem Unterraum, denn die Einträge sind die natürlichen Zahlen von 1 bis 9 und auch die Diagonalen ergeben die Summe 15; es handelt sich um ein so genanntes magisches Quadrat.)

Beispiel 8: Die Menge der auf einem reellen Intervall I differenzierbaren Funktionen mit Werten in $\mathbb{R}$ (vgl. X.2) bildet einen Unterraum aller auf I definierten Funktionen mit reellen Werten, denn die Summen und die Vielfachen differenzierbarer Funktionen sind wieder differenzierbar, wie man in der Analysis lernt.

Definition 3: Für Vektoren $\vec{a}_1, \vec{a}_2, \ldots, \vec{a}_n$ eines K-Vektorraums V nennt man die Summe $r_1\vec{a}_1 + r_2\vec{a}_2 + \ldots + r_n\vec{a}_n$ mit $r_1, r_2, \ldots, r_n \in K$ eine *Linearkombination* der Vektoren $\vec{a}_1, \vec{a}_2, \ldots, \vec{a}_n$.

Eine Teilmenge U eines Vektorraums V ist offensichtlich genau dann ein Unterraum von V, wenn alle Linearkombinationen von Elementen aus U wieder zu U gehören.

Definition 4: Die Menge aller Linearkombinationen von Vektoren $\vec{a}_1, \vec{a}_2, \ldots, \vec{a}_n$ aus einem Vektorraum V nennt man das *Erzeugnis* von $\vec{a}_1, \vec{a}_2, \ldots, \vec{a}_n$ und bezeichnet es mit $\langle \vec{a}_1, \vec{a}_2, \ldots, \vec{a}_n \rangle$.

Das Erzeugnis $\langle \vec{a}_1, \vec{a}_2, \ldots, \vec{a}_n \rangle$ ist ein Unterraum U von V, denn Summen und Vielfache von Linearkombinationen von $\vec{a}_1, \vec{a}_2, \ldots, \vec{a}_n$ sind wieder Linearkombinationen von $\vec{a}_1, \vec{a}_2, \ldots, \vec{a}_n$. Man nennt dann die Menge $\{\vec{a}_1, \vec{a}_2, \ldots, \vec{a}_n\}$ ein *Erzeugendensystem* von U.

Beispiel 9: Die homogene Gleichung $x_1 + x_2 + x_3 = 0$ hat in $\mathbb{R}^3$ den Lösungsraum

$$\left\{ r\begin{pmatrix} 1 \\ 0 \\ -1 \end{pmatrix} + s\begin{pmatrix} 0 \\ 1 \\ -1 \end{pmatrix} \ \middle| \ r, s \in \mathbb{R} \right\} = \left\langle \begin{pmatrix} 1 \\ 0 \\ -1 \end{pmatrix}, \begin{pmatrix} 0 \\ 1 \\ -1 \end{pmatrix} \right\rangle.$$

Beispiel 10: Das homogene LGS mit der Koeffizientenmatrix $\begin{pmatrix} 1 & 1 & 1 \\ 0 & 1 & 1 \\ 0 & 0 & 1 \end{pmatrix}$ hat in $\mathbb{R}^3$ nur die eine Lösung $\begin{pmatrix} 0 \\ 0 \\ 0 \end{pmatrix}$, also den nur aus dem Nullvektor bestehenden Lösungsraum $\langle \vec{o} \rangle$ (Nullraum).

Definition 5: Eine Menge A von Vektoren aus einem Vektorraum V heißt *linear unabhängig*, wenn eine Gleichung der Form

$$r_1\vec{a}_1 + r_2\vec{a}_2 + \ldots + r_n\vec{a}_n = \vec{o} \quad \text{mit} \quad \{\vec{a}_1, \vec{a}_2, \ldots, \vec{a}_n\} \subseteq A$$

nur mit $r_1 = r_2 = \ldots = r_n = 0$ bestehen kann. Andernfalls heißt die Vektormenge *linear abhängig*.

Man sagt oft auch kurz (aber etwas ungenau), die Vektoren $\vec{a}_1, \vec{a}_2, \ldots, \vec{a}_n$ seien linear unabhängig bzw. abhängig, obwohl das ja keine Eigenschaft der einzelnen Vektoren ist, sondern eine Eigenschaft der *Menge* dieser Vektoren.

Ist $\{\vec{a}_1, \vec{a}_2, \ldots, \vec{a}_n\}$ linear abhängig, dann kann man mindestens einen der Vektoren $\vec{a}_i$ als Linearkombination der anderen darstellen. Ist aber $\{\vec{a}_1, \vec{a}_2, \ldots, \vec{a}_n\}$ linear unabhängig, dann ist das nicht möglich.

Beispiel 11: Die Vektormenge $\left\{ \begin{pmatrix} 1 \\ 0 \\ -1 \end{pmatrix}, \begin{pmatrix} 0 \\ 1 \\ -1 \end{pmatrix} \right\}$ aus $\mathbb{R}^3$ ist linear unabhängig,

denn aus $r\begin{pmatrix} 1 \\ 0 \\ -1 \end{pmatrix} + s\begin{pmatrix} 0 \\ 1 \\ -1 \end{pmatrix} = \begin{pmatrix} 0 \\ 0 \\ 0 \end{pmatrix}$ folgt $r = s = 0$.

Beispiel 12: Die auf $\mathbb{R}$ definierten Funktionen $x \mapsto \sin x$ und $x \mapsto \cos x$ sind linear unabhängig, denn aus $r \sin x + s \cos x = 0$ (Nullfunktion) folgt für $x = \dfrac{\pi}{2}$ bzw. $x = 0$ die Beziehung $r = s = 0$.

Beispiel 13: Die Vektormenge $\left\{ \begin{pmatrix} 1 \\ 2 \\ 3 \end{pmatrix}, \begin{pmatrix} 2 \\ 0 \\ 5 \end{pmatrix}, \begin{pmatrix} 3 \\ 1 \\ 1 \end{pmatrix}, \begin{pmatrix} 0 \\ 2 \\ 7 \end{pmatrix} \right\}$ aus $\mathbb{R}^3$ ist linear

abhängig: $r_1 \begin{pmatrix} 1 \\ 2 \\ 3 \end{pmatrix} + r_2 \begin{pmatrix} 2 \\ 0 \\ 5 \end{pmatrix} + r_3 \begin{pmatrix} 3 \\ 1 \\ 1 \end{pmatrix} + r_4 \begin{pmatrix} 0 \\ 2 \\ 7 \end{pmatrix} = \begin{pmatrix} 0 \\ 0 \\ 0 \end{pmatrix}$ bedeutet dasselbe wie

$$\begin{array}{rcrcrcrcl} r_1 & + & 2r_2 & + & 3r_3 & & & = & 0 \\ 2r_1 & & & + & r_3 & + & 2r_4 & = & 0 \\ 3r_1 & + & 5r_2 & + & r_3 & + & 7r_4 & = & 0 \end{array} \,.$$

Die Koeffizientenmatrix dieses homogenen LGS mit den vier Variablen r_1, r_2, r_3, r_4 hat die Stufenform $\begin{pmatrix} 1 & 2 & 3 & 0 \\ 0 & 1 & 8 & -7 \\ 0 & 0 & 27 & -26 \end{pmatrix}$. Zweckmäßigerweise setzt man $x_4 = 27t$ ($t \in \mathbb{R}$) und erhält die Lösungen

$$\begin{pmatrix} r_1 \\ r_2 \\ r_3 \\ r_4 \end{pmatrix} = t \begin{pmatrix} -40 \\ -19 \\ 26 \\ 27 \end{pmatrix} \qquad (t \in \mathbb{R}).$$

Es gilt also $-40 \begin{pmatrix} 1 \\ 2 \\ 3 \end{pmatrix} - 19 \begin{pmatrix} 2 \\ 0 \\ 5 \end{pmatrix} + 26 \begin{pmatrix} 3 \\ 1 \\ 1 \end{pmatrix} + 27 \begin{pmatrix} 0 \\ 2 \\ 7 \end{pmatrix} = \begin{pmatrix} 0 \\ 0 \\ 0 \end{pmatrix}$.

Beispiel 14: Die Polynome über $\mathbb{R}$ vom Grad $\leq n$ bilden einen Vektorraum. Die Menge $\{1, x, x^2, \ldots, x^n\}$ ist linear unabhängig: Ist $p(x) = a_0 + a_1 x + a_2 x^2 + \ldots + a_n x^n$ das Nullpolynom, dann ist $p(0) = 0$, also $a_0 = 0$ und $p(x) = xq(x)$ mit $q(x) = a_1 + a_2 x + a_3 x^2 + \ldots + a_n x^{n-1}$. Auch $q(x)$ muss das Nullpolynom sein, also ist $a_1 = 0$. So fortfahrend findet man $a_0 = a_1 = a_2 = \ldots = a_n = 0$.

Definition 6: Es sei V ein Vektorraum und B eine linear unabhängige Teilmenge von V. Ist jeder Vektor aus V als Linearkombination von Vektoren aus B darstellbar, dann nennt man B eine *Basis* von V.

Ist V ein K-Vektorraum mit der Basis $B = \{\vec{b}_1, \vec{b}_2, \ldots, \vec{b}_n\}$, dann schreibt man auch

$$\vec{v} = v_1\vec{b}_1 + v_2\vec{b}_2 + \ldots + v_n\vec{b}_n = \begin{pmatrix} v_1 \\ v_2 \\ \vdots \\ v_n \end{pmatrix}_B \quad \text{oder kurz} \quad \begin{pmatrix} v_1 \\ v_2 \\ \vdots \\ v_n \end{pmatrix} \in K^n$$

und nennt diese Zahlenspalte aus K^n den *Koordinatenvektor* von $\vec{v}$ bezüglich der Basis B. Die Vektoren $v_i\vec{b}_i$ sind die *Komponenten*, die Zahlen v_i die *Koordinaten* des Vektors $\vec{v}$ bezüglich der Basis B. Diese sind eindeutig durch $\vec{v}$ bestimmt, denn die Basisdarstellung ist eindeutig: Aus

$$v_1\vec{b}_1 + v_2\vec{b}_2 + \ldots + v_n\vec{b}_n = w_1\vec{b}_1 + w_2\vec{b}_2 + \ldots + w_n\vec{b}_n$$

folgt $(v_1 - w_1)\vec{b}_1 + (v_2 - w_2)\vec{b}_2 + \ldots + (v_n - w_n)\vec{b}_n = \vec{o}$, wegen der linearen Unabhängigkeit der Basisvektoren also $v_1 - w_1 = 0, v_2 - w_2 = 0, \ldots, v_n - w_n = 0$.

Bei gegebener Basis wird das Rechnen in einem Vektorraum mit Hilfe der Koordinatenvektoren durchgeführt. Bei der Darstellung von Vektoren durch ihre Koordinatenvektoren muss man also wissen, auf welchem Platz die Koordinate zu einem gegebenen Basisvektor steht, man muss die Basivektoren also anordnen (1. Basisvektor, 2. Basisvektor usw.). Man muss dann die Basis nicht als *Menge*, sondern als *Tupel* („geordnete Menge") von Vektoren ansehen.

Ist V *endlich erzeugt*, d.h. existieren endlich viele Vektoren, deren Erzeugnis V ergibt, dann besitzt V auch eine Basis: Man wähle einfach unter den Erzeugendensystemen eines mit einer minimalen Anzahl von Vektoren. Ein solches ist linear unabhängig, denn wäre einer der Vektoren als Linearkombination der anderen darstellbar, dann könnte man ihn aus dem Erzeugendensystem streichen und erhielte eines mit einer kleineren Anzahl von Vektoren. Aus jedem Erzeugendensystem ergibt sich also eine Basis, indem man Vektoren aus ihm entfernt, welche von den übrigen linear abhängig sind.

Vektorräume, die nicht endlich erzeugt sind, können aber auch eine Basis besitzen. Beispielsweise bilden die Funktionen f_i mit $f_i(x) = x^i$ ($i = 0, 1, 2, \ldots$) eine Basis des Vektorraums aller ganzrationalen Funktionen auf $\mathbb{R}$.

Der folgende Satz enthält Eigenschaften von Basen eines endlich-erzeugten Vektorraums V, welche häufig benötigt werden. Teil (1) des Satzes besagt, dass man aus einer Basis B von V wieder eine Basis von V erhält, wenn man einen Vektor $\vec{b} \in B$ gegen eine Linearkombination von Vektoren aus B austauscht, falls der Koeffizient von $\vec{b}$ in dieser Linearkombination nicht 0 ist. Aus (1) folgt Teil (2) des Satzes, dieser trägt den Namen *Austauschsatz*.

Satz 2: Der K-Vektorraum V habe die Basis $B = \{\vec{b}_1, \vec{b}_2, \ldots, \vec{b}_n\}$.

(1) Aus einer Basis von V ergibt sich wieder eine Basis, wenn man zu einem der Basisvektoren eine Linearkombination der übrigen addiert.

(2) Ist $\{\vec{u}_1, \vec{u}_2, \ldots, \vec{u}_m\}$ eine lineare unabhängige Teilmenge von V, dann gibt es m Vektoren in B, die man durch $\vec{u}_1, \vec{u}_2, \ldots, \vec{u}_m$ ersetzen kann. Insbesondere ist also jede n-elementige linear unabhängige Teilmenge von V eine Basis von V.

(3) Jede linear unabhängige Teilmenge von V kann man durch weitere Elemente aus V zu einer Basis ergänzen.

(4) Jede Basis von V enthält gleich viele Vektoren.

Beweis: (1) Ersetzt man $\vec{b}_1$ durch $r\vec{b}_1$ mit $r \neq 0$, dann ist

$$\vec{v} = v_1\vec{b}_1 + v_2\vec{b}_2 + \ldots + v_n\vec{b}_n = \frac{v_1}{r}(r\vec{b}_1) + v_2\vec{b}_2 + \ldots + v_n\vec{b}_n$$

und $\{r\vec{b}_1, \vec{b}_2, \ldots, \vec{b}_n\}$ ist linear unabhängig. Ersetzt man $\vec{b}_1$ durch $\vec{b}_1 + \vec{b}_2$, dann ist

$$\vec{v} = v_1\vec{b}_1 + v_2\vec{b}_2 + \ldots + v_n\vec{b}_n = v_1(\vec{b}_1 + \vec{b}_2) + (v_2 - v_1)\vec{b}_2 + \ldots + v_n\vec{b}_n$$

und $\{\vec{b}_1 + \vec{b}_2, \vec{b}_2, \ldots, \vec{b}_n\}$ ist linear unabhängig. Daraus ergibt sich die Behauptung.

(2) In der Darstellung von $\vec{u} \neq \vec{o}$ in der Basis B sei der Koeffizient u_i von $\vec{b}_i$ von 0 verschieden. Dann ersetze man $\vec{b}_i$ durch $u_i\vec{b}_i$ und addiere dann die Linearkombination $\sum_{j \neq i} u_j\vec{b}_j$ hinzu. Dann hat man $\vec{b}_i$ durch $\vec{u}$ ersetzt. Nach (1) ergibt sich wieder eine Basis. Diese Ersetzungen wiederhole man für die weiteren Vektoren $\vec{u} \in \{\vec{u}_1, \vec{u}_2, \ldots, \vec{u}_m\}$. Dabei findet man immer ein $\vec{b}_i$, dessen Koeffizient in der Darstellung von $\vec{u}$ von 0 verschieden ist, weil andernfalls $\{\vec{u}_1, \vec{u}_2, \ldots, \vec{u}_m\}$ linear abhängig wäre.

(3) Man ersetze gemäß (2) m Vektoren in einer Basis B durch die Vektoren der gegebenen linear unabhängigen Teilmenge.

(4) Als minimales Erzeugendensystem ist die Anzahl der Vektoren in einer Basis eindeutig festgelegt. Man entnimmt das aber auch der Aussage (1): Wären $\{\vec{b}_1, \vec{b}_2, \ldots, \vec{b}_n\}$ und $\{\vec{u}_1, \vec{u}_2, \ldots, \vec{u}_m\}$ Basen mit $m < n$, dann hätte man bei Ersetzung von m der Vektoren der ersten Basis durch die m Vektoren der zweiten Basis noch $n - m$ Vektoren in der ersten Basis, welche Linearkombinationen der anderen Vektoren in der Basis sein müssten, was einen Widerspruch ergibt. □

Da nach Satz 2 (4) zwei verschiedene Basen eines endlich-erzeugten Vektorraums gleich viele Elemente besitzen, ist folgende Definition erlaubt:

Definition 7: Die Anzahl der Elemente einer Basis eines endlich-erzeugten Vektorraums V nennt man die *Dimension* von V und bezeichnet sie mit dim V. Die Dimension des Vektorraums $\{\vec{o}\}$ ist 0.

Beispiel 15: Der Vektorraum $\mathbb{R}^n$ der n-Tupel reeller Zahlen hat die Dimension n. Eine Basis bilden z.B. die n-Tupel, deren Koordinaten alle den Wert 0 haben, bis auf eine, die den Wert 1 hat. Dies nennt man die *Standardbasis* von $\mathbb{R}^n$. Die Standardbasis von $\mathbb{R}^n$ besteht also aus den Vektoren

$$\vec{e}_1 = \begin{pmatrix} 1 \\ 0 \\ 0 \\ 0 \\ \vdots \\ 0 \end{pmatrix}, \quad \vec{e}_2 = \begin{pmatrix} 0 \\ 1 \\ 0 \\ 0 \\ \vdots \\ 0 \end{pmatrix}, \quad \vec{e}_3 = \begin{pmatrix} 0 \\ 0 \\ 1 \\ 0 \\ \vdots \\ 0 \end{pmatrix}, \quad \vec{e}_4 = \begin{pmatrix} 0 \\ 0 \\ 0 \\ 1 \\ \vdots \\ 0 \end{pmatrix}, \quad \ldots, \quad \vec{e}_n = \begin{pmatrix} 0 \\ 0 \\ 0 \\ 0 \\ \vdots \\ 1 \end{pmatrix}.$$

Beispiel 16: Der Vektorraum $\mathbb{R}^{m,n}$ der m,n-Matrizen reeller Zahlen hat die Dimension $m \cdot n$. Eine Basis ist beispielsweise die Menge aller m,n-Matrizen, deren Einträge alle den Wert 0 haben, bis auf einen, der den Wert 1 hat.

Beispiel 17: Der Vektorraum $\mathbb{R}^{3,3}$ hat die Dimension 9. Diejenigen Matrizen aus $\mathbb{R}^{3,3}$, bei denen die Summen der Zahlen in den einzelnen Zeilen und Spalten den gleichen Wert haben, bilden einen Unterraum U. Dieser hat die Dimension 3, denn eine Basis von U ist z.B. (Aufgabe 6)

$$\left\{ \begin{pmatrix} 1 & 1 & 1 \\ 1 & 1 & 1 \\ 1 & 1 & 1 \end{pmatrix}, \begin{pmatrix} 0 & 2 & 1 \\ 2 & 1 & 0 \\ 1 & 0 & 2 \end{pmatrix}, \begin{pmatrix} 1 & 2 & 0 \\ 0 & 1 & 2 \\ 2 & 0 & 1 \end{pmatrix} \right\}.$$

Beispiel 18: Die arithmetischen Folgen $(a + dn)$, also die Folgen der Form $a, a+d, a+2d, a+3d, \ldots$, bilden einen 2-dimensionalen Unterraum des Vektorraums aller Folgen reeller Zahlen; eine Basis ist $\{(1), (n)\}$, wobei (1) die konstante Folge $1, 1, 1, \ldots$ und (n) die Folge $1, 2, 3, \ldots$ der natürlichen Zahlen ist.

Beispiel 19: Das homogene LGS

$$\begin{aligned} 2x_1 + 3x_2 - 5x_3 + 4x_4 - x_5 &= 0 \\ x_1 + x_2 - 2x_3 + 7x_4 - 2x_5 &= 0 \end{aligned}$$

bzw.

$$\begin{aligned} 2x_1 + 3x_2 &= 5x_3 - 4x_4 + x_5 \\ x_1 + x_2 &= 2x_3 - 7x_4 + 2x_5 \end{aligned}$$

lässt sich umformen zu

$$\begin{aligned} x_1 &= x_3 - 17x_4 + 5x_5 \\ x_2 &= x_3 + 10x_4 - 3x_5 \end{aligned}.$$

Die Lösungsmenge ist

$$\left\{ x_3 \begin{pmatrix} 1 \\ 1 \\ 1 \\ 0 \\ 0 \end{pmatrix} + x_4 \begin{pmatrix} -17 \\ 10 \\ 0 \\ 1 \\ 0 \end{pmatrix} + x_5 \begin{pmatrix} 5 \\ -3 \\ 0 \\ 0 \\ 1 \end{pmatrix} \;\middle|\; x_3, x_4, x_5 \in \mathbb{R} \right\},$$

also der von den drei genannten Lösungsvektoren erzeugte Unterraum U von $\mathbb{R}^5$.

Die Vektoren in diesem Erzeugendensystem sind linear unabhängig, also hat der Lösungsraum U die Dimension 3. Ist umgekehrt U mit obigem Erzeugendensystem gegeben, dann kann man U als Lösungsraum eines LGS verstehen, nämlich eines LGS mit 5 Variablen, dessen Koeffizientenvektoren sich als Lösungen des folgenden homogenen LGS mit den Variablen $a_1, a_2, \ldots, a_5$ ergeben:

$$
\begin{array}{rcrcrcrcrcl}
a_1 & + & a_2 & + & a_3 & & & & & = & 0 \\
-17a_1 & + & 10a_2 & & & + & a_4 & & & = & 0 \\
5a_1 & - & 3a_2 & & & & & + & a_5 & = & 0
\end{array}
$$

Der Lösungsraum hat die Dimension 2, linear unabhängige Lösungen werden z. B. durch die Quintupel $(2, 3, -5, 4, -1)$ und $(1, 1, -2, 7, -2)$ gegeben. Es ergibt sich also ein homogenes LGS mit 5 Variablen und 2 Gleichungen, welches äquivalent zu dem eingangs betrachteten LGS ist. (Mit den angegebenen Quintupeln erhält man genau das eingangs gegebene LGS.)

Satz 3: Jeder Unterraum U der Dimension m von $\mathbb{R}^n$ ist der Lösungsraum eines homogenen LGS mit $n - m$ Gleichungen.

Beweis: Es sei $\{\vec{u}_1, \vec{u}_2, \ldots, \vec{u}_m\}$ eine Basis von U und $\vec{u}_i$ habe die Koordinaten $u_{i1}, u_{i2}, \ldots, u_{in}$ $(i = 1, \ldots, m)$. Der Lösungsraum W des homogenen LGS

$$
\begin{array}{rcrcrcrcl}
u_{11}y_1 & + & u_{12}y_2 & + & \ldots & + & u_{1n}y_n & = & 0 \\
u_{21}y_1 & + & u_{22}y_2 & + & \ldots & + & u_{2n}y_n & = & 0 \\
& & & & & & \vdots & & \\
u_{m1}y_1 & + & u_{m2}y_2 & + & \ldots & + & u_{mn}y_n & = & 0
\end{array}
$$

mit den Variablen $y_1, y_2, \ldots, y_n$ ändert sich nicht, wenn man das LGS durch Zeilenumformungen auf Stufengestalt bringt, man kann also $u_{ij} = 0$ für $j < i$ annehmen. Außerdem kann man durch Vertauschung der Variablen (also Vertauschung der Basisvektoren) erreichen, dass $u_{ii} \neq 0$, da $\{\vec{u}_1, \vec{u}_2, \ldots, \vec{u}_m\}$ linear unabhängig ist. Schließlich können wir noch $u_{ii} = 1$ setzen und durch weitere Zeilenumformungen erreichen, dass $u_{ij} = 0$ für $i < j \leq m$. Das LGS hat dann folgende Form:

$$
\begin{array}{rcrcrcrcrcl}
y_1 & & & & + & u_{1,m+1}y_{m+1} & + & \ldots & + & u_{1n}y_n & = & 0 \\
& y_2 & & & + & u_{2,m+1}y_{m+1} & + & \ldots & + & u_{2n}y_n & = & 0 \\
& & y_3 & & + & u_{3,m+1}y_{m+1} & + & \ldots & + & u_{3n}y_n & = & 0 \\
& & & y_4 & + & u_{4,m+1}y_{m+1} & + & \ldots & + & u_{4n}y_n & = & 0 \\
& & & & & & & & & & \vdots & \\
& & & y_m & + & u_{m,m+1}y_{m+1} & + & \ldots & + & u_{mn}y_n & = & 0
\end{array}
$$

Der Lösungsraum wird also erzeugt von den $n - m$ linear unabhängigen Vektoren $\vec{c}_{m+j} + \vec{e}_{m+j}$ $(j = 1, \ldots, n - m)$, wobei $\vec{c}_{m+j}$ die Koordinaten $-u_{1,m+j}, -u_{2,m+j}, \ldots, -u_{m,m+j}, 0, 0, \ldots, 0$ hat. Der Lösungsraum hat also die Dimension $n - m$. Hat nun der Lösungsraum des eingangs gegebenen LGS die

Basis $\{\vec{w}_1, \vec{w}_2, \ldots, \vec{w}_{n-m}\}$ und hat $\vec{w}_j$ die Koordinaten $w_{j1}, w_{j2}, \ldots, w_{jn}$ $(j = 1, \ldots, n - m)$ dann sind die Vektoren $\vec{u}_i$ Lösungen von

$$
\begin{aligned}
w_{11}x_1 + w_{12}x_2 + \ldots + w_{1n}x_n &= 0 \\
w_{21}x_1 + w_{22}x_2 + \ldots + w_{2n}x_n &= 0 \\
&\ \vdots \\
w_{n-m,1}x_1 + w_{n-m,2}x_2 + \ldots + w_{n-m,n}x_n &= 0,
\end{aligned}
$$

Der Lösungsraum dieses LGS hat die Dimension $n - (n - m) = m$, also ist U der Lösungsraum dieses LGS. $\square$

Bezüglich einer gegebenen Basis des n-dimensionalen Vektorraums V lässt sich dieser mit $\mathbb{R}^n$ identifizieren, indem man jedem Vektor aus V seinen Koordinatenvektor bezüglich der Basis zuordnet. Also gilt auch allgemeiner als in Satz 3:

Jeder Unterraum U eines endlich-dimensionalen K-Vektorraums V lässt sich als Lösungsraum eines homogenen LGS mit Koeffizienten aus K verstehen. Sollen dabei die Vektoren aus den Koeffizienten der Gleichungen linear unabhängig sein, dann besteht das LGS aus $\dim V - \dim U$ Gleichungen.

Aufgaben

1. Es sei $\{\vec{a}, \vec{b}, \vec{c}\}$ eine linear unabhängige Menge von Vektoren aus einem Vektorraum V. Man zeige, dass dann auch $\{\vec{a} + 2\vec{b}, \vec{a} + \vec{b} + \vec{c}, \vec{a} - \vec{b} - \vec{c}\}$ linear unabhängig ist.

2. Es sei P_n der Vektorraum der Polynome über $\mathbb{R}$ vom Grad $\leq n$. Zeige, dass $\{1, 1 + x, (1 + x)^2, \ldots, (1 + x)^n\}$ eine Basis von P_n ist.

3. Es sei $\mathbb{Q}$ die Menge der rationalen Zahlen. Man zeige, dass die Zahlen

$$a + b\sqrt{2} + c\sqrt{3} \quad \text{mit} \quad a, b, c \in \mathbb{Q}$$

einen $\mathbb{Q}$-Vektorraum der Dimension 3 bilden.

4. a) Man beweise, dass die Schnittmenge zweier Unterräume eines Vektorraums V wieder ein Unterraum von V ist.

b) Man beweise, dass die Vereinigungsmenge zweier Unterräume U_1, U_2 eines Vektorraums V nur dann wieder ein Unterraum von V ist, wenn $U_1 \subseteq U_2$ oder $U_2 \subseteq U_1$ gilt.

c) Es seien U_1, U_2 zwei Unterräume des Vektorraums V. Man zeige, dass $\{\vec{u}_1 + \vec{u}_2 \mid \vec{u}_1 \in U_1, \vec{u}_2 \in U_2\}$ einen Untervektorraum W von V bildet. Unter welcher Voraussetzung ist für jeden Vektor $\vec{w} \in W$ die Darstellung $\vec{w} = \vec{u}_1 + \vec{u}_2$ mit $\vec{u}_1 \in U_1, \vec{u}_2 \in U_2$ eindeutig?

5. Bildet die Menge der Matrizen $\begin{pmatrix} a & -b \\ b & a \end{pmatrix}$ mit $a, b \in \mathbb{R}$ einen $\mathbb{R}$-Vektorraum? Welche Dimension hat dieser?

6. Man bestimme eine Basis des Lösungsraums des homogenen LGS

$$
\begin{aligned}
x_1 + x_2 + x_3 &= x_4 + x_5 + x_6 \\
&= x_7 + x_8 + x_9 \\
&= x_1 + x_4 + x_7 \\
&= x_2 + x_5 + x_8 \\
&= x_3 + x_6 + x_9 \\
&= x_1 + x_5 + x_9 \\
&= x_3 + x_5 + x_7
\end{aligned}
$$

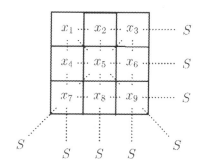

Fig. 1: Zahlenquadrat

Eine Lösung bestimmt ein *Zahlenquadrat*, bei welchem die Summen der Zahlen in den Zeilen, Spalten und Diagonalen alle den gleichen Wert haben (Fig. 1).

I.4 Lineare Mannigfaltigkeiten

Die doch sehr abstrakten Begriffe aus I.3 und dem vorliegenden Abschnitt I.4 werden in I.5 geometrisch interpretiert, so dass man den Zusammenhang der linearen Algebra mit der analytischen Geometrie besser erkennt. Die hier behandelten linearen Mannigfaltigkeiten sind dann nicht anderes als Geraden in der Ebene bzw. Geraden und Ebenen im Raum.

Definition 1: Es sei V ein Vektorraum, $\vec{a} \in V$ und ferner U ein Unterraum von V. Die Menge aller Vektoren der Form $\vec{a} + \vec{u}$ mit $\vec{u} \in U$ bezeichnet man mit

$$\vec{a} + U$$

und nennt sie eine *lineare Mannigfaltigkeit*. Hat U die Dimension d, dann spricht man von einer d-dimensionalen linearen Mannigfaltigkeit.

Ist $\vec{a} \in U$, dann ist $\vec{a} + U = U$, denn dann gilt $\vec{a} + \vec{u} \in U$ für alle $\vec{u} \in U$. Ein Unterraum ist also eine spezielle lineare Mannigfaltigkeit.

Beispiel 1: Die Lösungsmenge eines inhomogenen LGS ist eine lineare Mannigfaltigkeit $\vec{a} + U$, wobei $\vec{a}$ eine spezielle Lösung des inhomogenen LGS und U der Lösungsraum des zugehörigen homogenen LGS ist.

Satz 1: Es sei V ein n-dimensionaler K-Vektorraum. Jede m-dimensionale lineare Mannigfaltigkeit $\vec{a}+U$ aus V lässt sich als Lösungsmenge eines LGS über K mit $n-m$ Gleichungen verstehen.

Beweis: In V sei eine Basis B gegeben. Ferner sei $\{\vec{u}_1, \vec{u}_2, \ldots, \vec{u}_m\}$ eine Basis von U und

$$\vec{u}_i = \begin{pmatrix} u_{i1} \\ u_{i2} \\ \vdots \\ u_{in} \end{pmatrix}_B \quad (i = 1, \ldots, m), \qquad \vec{a} = \begin{pmatrix} a_1 \\ a_2 \\ \vdots \\ a_n \end{pmatrix}_B.$$

Der Unterraum U sei der Lösungsraum des homogenen LGS

$$\begin{array}{rcrcccrcl}
a_{11}x_1 & + & a_{12}x_2 & + & \ldots & + & a_{1n}x_n & = & 0 \\
a_{21}x_1 & + & a_{22}x_2 & + & \ldots & + & a_{2n}x_n & = & 0 \\
& & & & & & & & \vdots \\
a_{n-m,1}x_1 & + & a_{n-m,2}x_2 & + & \ldots & + & a_{n-m,n}x_n & = & 0
\end{array}$$

(vgl. Satz 3 in I.3) und es sei

$$\begin{array}{rcrcccrcl}
a_{11}a_1 & + & a_{12}a_2 & + & \ldots & + & a_{1n}a_n & = & b_1 \\
a_{21}a_1 & + & a_{22}a_2 & + & \ldots & + & a_{2n}a_n & = & b_2 \\
& & & & & & & & \vdots \\
a_{n-m,1}a_1 & + & a_{n-m,2}a_2 & + & \ldots & + & a_{n-m,n}a_n & = & b_{n-m}
\end{array}$$

Dann ist $\vec{a} + U$ die Lösungsmannigfaltigkeit des LGS

$$\begin{array}{rcrcccrcl}
a_{11}x_1 & + & a_{12}x_2 & + & \ldots & + & a_{1n}x_n & = & b_1 \\
a_{21}x_1 & + & a_{22}x_2 & + & \ldots & + & a_{2n}x_n & = & b_2 \\
& & & & & & & & \vdots \\
a_{n-m,1}x_1 & + & a_{n-m,2}x_2 & + & \ldots & + & a_{n-m,n}x_n & = & b_{n-m}
\end{array} \qquad \square$$

Satz 2: Ist U ein Unterraum des K-Vektorraums V, dann bildet die Menge $\{\vec{a} + U \mid \vec{a} \in V\}$ mit den Operationen

$$(\vec{a} + U) + (\vec{b} + U) = (\vec{a} + \vec{b}) + U \quad \text{und} \quad r(\vec{a} + U) = r\vec{a} + U$$

für $\vec{a}, \vec{b} \in V$ und $r \in K$ einen K-Vektorraum.

Beweis: Die Operationen in $\{\vec{a} + U \mid \vec{a} \in V\}$ sind wohldefiniert, d. h. sie führen unabhängig von den gewählten Vertretern $\vec{a}, \vec{b}$ der linearen Mannigfaltigkeiten zum gleichen Ergebnis. Ist nämlich $\vec{a}' + U = \vec{a} + U$ und $\vec{b}' + U = \vec{b} + U$, also $\vec{a}' - \vec{a} \in U$ und $\vec{b}' - \vec{b} \in U$, dann ist

$$(\vec{a}' + \vec{b}') + U = (\vec{a} + \vec{b} + (\vec{a}' - \vec{a} + \vec{b}' - \vec{b})) + U = (\vec{a} + \vec{b}) + U.$$

Ist ferner $\vec{a}' + U = \vec{a} + U$, also $\vec{a}' - \vec{a} \in U$, dann ist

$$r\vec{a}\,' + U = (r\vec{a} + r(\vec{a}\,' - \vec{a})) + U = \vec{a} + U.$$

Man rechnet leicht nach, dass die Vektorraumaxiome in $\{\vec{a} + U \mid \vec{a} \in V\}$ erfüllt sind (Aufgabe 1). □

Definition 2: Den Vektorraum aus Satz 2 bezeichnet man mit V/U (sprich „V nach U") und nennt ihn den *Quotientenraum* von V nach U.

Sind U_1, U_2 zwei Unterräume des Vektorraums V, dann bildet auch die Schnittmenge $U_1 \cap U_2$ einen Unterraum von V. Für die Vereinigungsmenge gilt das nicht: Mit $\vec{u}_1 \in U_1$ und $\vec{u}_2 \in U_2$ muss nicht $\vec{u}_1 + \vec{u}_2 \in U_1 \cup U_2$ gelten. Der kleinste Unterraum, der U_1 und U_2 enthält, ist der im Folgenden definierte Unterraum $U_1 + U_2$ von V:

Definition 3: Für zwei Unterräume U_1, U_2 des Vektorraums V sei

$$U_1 + U_2 = \{\vec{u}_1 + \vec{u}_2 \mid \vec{u}_1 \in U_1, \vec{u}_2 \in U_2\}.$$

Offensichtlich ist $U_1 + U_2$ ein Unterraum von V, welcher U_1 und U_2 enthält, und es gibt keinen kleineren Unterraum von V mit dieser Eigenschaft.

Beispiel 2: $U_1 = \left\langle \begin{pmatrix} 3 \\ 1 \\ 2 \end{pmatrix}, \begin{pmatrix} 5 \\ 7 \\ 1 \end{pmatrix} \right\rangle$ und $U_2 = \left\langle \begin{pmatrix} 2 \\ 0 \\ 1 \end{pmatrix}, \begin{pmatrix} 0 \\ 3 \\ 1 \end{pmatrix} \right\rangle$ sind Unterräume von $\mathbb{R}^3$. Für $\vec{v} \in U_1 \cap U_2$ gilt

$$\vec{v} = x_1 \begin{pmatrix} 3 \\ 1 \\ 2 \end{pmatrix} + x_2 \begin{pmatrix} 5 \\ 1 \\ 1 \end{pmatrix} = y_1 \begin{pmatrix} 2 \\ 0 \\ 1 \end{pmatrix} + y_2 \begin{pmatrix} 0 \\ 3 \\ 1 \end{pmatrix}$$

mit $x_1, x_2, y_1, y_2 \in \mathbb{R}$. Das homogene LGS

$$\begin{array}{rcrcrcrcl} 3x_1 & + & 5x_2 & - & 2y_1 & & & = & 0 \\ x_1 & + & x_2 & & & - & 3y_2 & = & 0 \\ 2x_1 & + & x_2 & - & y_1 & - & y_2 & = & 0 \end{array}$$

hat die Lösungen $x_1 = 11r$, $x_2 = r$, $y_1 = 19r$, $y_2 = 4r$ $(r \in \mathbb{R})$, die Vektoren in $U_1 \cap U_2$ sind also

$$11r \begin{pmatrix} 3 \\ 1 \\ 2 \end{pmatrix} + r \begin{pmatrix} 5 \\ 1 \\ 1 \end{pmatrix} = r \begin{pmatrix} 38 \\ 12 \\ 23 \end{pmatrix} \quad (r \in \mathbb{R}).$$

Die in Beispiel 2 angegebenen erzeugenden Vektoren von U_1 und U_2 erzeugen gemeinsam $\mathbb{R}^3$, denn je drei von ihnen sind linear unabhängig. Also ist $U_1 + U_2 = \mathbb{R}^3$. Hier gilt also

$$\dim(U_1 + U_2) = \dim U_1 + \dim U_2 - \dim(U_1 \cap U_2).$$

Dies gilt auch allgemein (Aufgabe 3).

Analog zur Schnittmenge zweier Unterräume kann man die Schnittmenge zweier linearer Mannigfaltigkeiten aus einem Vektorraum V betrachten. Die Schnittmenge zweier Unterräume ist nie leer, da sie mindestens den Nullvektor enthält, die Schnittmenge zweier linearer Mannigfaltigkeiten kann aber leer sein.

Satz 3: Die Schnittmenge zweier linearer Mannigfaltigkeiten eines Vektorraums V ist leer oder selbst wieder eine lineare Mannigfaltigkeit von V.

Beweis: Sind zwei lineare Mannigfaltigkeiten jeweils als Lösungsmenge eines LGS gegeben, dann ist ihre Schnittmenge die Lösungsmenge desjenigen LGS, das durch Zusammenfügen der beiden gegebenen LGS entsteht. $\qquad\square$

In Verallgemeinerung der in Definition 3 gegebenen Summe von Unterräumen könnte man auch die Summe von linearen Mannigfaltigkeiten aus einem gegebenen Vektorraum V definieren: $(\vec{a} + U_1) + (\vec{b} + U_2) = (\vec{a} + \vec{b}) + (U_1 + U_2)$. Diese Summe enthält aber im Allgemeinen nicht die Summanden, es gilt also in der Regel $(\vec{a}+U_1), (\vec{b}+U_2) \not\subseteq (\vec{a}+\vec{b}) + (U_1 + U_2)$. Denn aus $\vec{a} + U_1 \subseteq (\vec{a}+\vec{b}) + (U_1 + U_2)$ folgt $U_1 \subseteq \vec{b} + (U_1 + U_2)$ und daraus $\vec{b} \in U_1 + U_2$ (wegen $\vec{o} \in \vec{b} + (U_1 + U_2)$), was aber nicht der Fall sein muss.

Definition 4: Es seien U_1, U_2 Unterräume eines Vektorraums V und $\vec{a}, \vec{b} \in V$. Die kleinste lineare Mannigfaltigkeit, welche $(\vec{a} + U_1)$ und $(\vec{b} + U_2)$ enthält, nennt man die *lineare Hülle* der beiden Mannigfaltigkeiten und bezeichnet sie mit

$$(\vec{a} + U_1) \vee (\vec{b} + U_2).$$

Satz 4: Für Unterräume U_1, U_2 eines Vektorraums V und $\vec{a}, \vec{b} \in V$ gilt

$$(\vec{a} + U_1) \vee (\vec{b} + U_2) = \vec{a} + (\langle \vec{b} - \vec{a} \rangle + U_1 + U_2.)$$

Beweis: Für $\vec{u}_1 \in U_1$, $\vec{u}_2 \in U_2$ gilt

$$\vec{a} + \vec{u}_1 = \vec{a} + \vec{o} + \vec{u}_1 + \vec{o} \in \vec{a} + (\langle \vec{b} - \vec{a} \rangle + U_1 + U_2),$$
$$\vec{b} + \vec{u}_2 = \vec{a} + (\vec{b} - \vec{a}) + \vec{o} + \vec{u}_2 \in \vec{a} + (\langle \vec{b} - \vec{a} \rangle + U_1 + U_2),$$

also

$$\vec{a} + U_1, \ \vec{b} + U_2 \subseteq \vec{a} + (\langle \vec{b} - \vec{a} \rangle + U_1 + U_2).$$

Ist umgekehrt $(\vec{a} + U_1) \vee (\vec{b} + U_2) = \vec{c} + W$, dann ist

$$\vec{a} - \vec{c} + U_1 \subseteq W \quad \text{und} \quad \vec{b} - \vec{c} + U_2 \subseteq W,$$

also $\vec{a} - \vec{c}, \ \vec{b} - \vec{c} \in W$ und damit $\vec{b} - \vec{a} \in W$, also auch $\langle \vec{b} - \vec{a} \rangle \subseteq W$. Weil auch $U_1, U_2 \subseteq W$ gilt, ist insgesamt $\langle \vec{b} - \vec{a} \rangle + U_1 + U_2 \subseteq W$. $\qquad\square$

Ist $\{\vec{a}, \vec{b}\}$ linear abhängig, dann ist $(\vec{a}+U_1) \vee (\vec{b}+U_2)$ der Unterraum $\langle \vec{a} \rangle + U_1 + U_2$ (Aufgabe 6).

Beispiel 3: Im $\mathbb{R}^3$ kann man $\vec{a} + \langle \vec{u} \rangle$ und $\vec{b} + \langle \vec{v} \rangle$ mit $\vec{u}, \vec{v} \neq \vec{o}$ als Geraden deuten (vgl. I.5). Die lineare Hülle

$$\vec{a} + (\langle \vec{b} - \vec{a} \rangle + \langle \vec{u} \rangle + \langle \vec{v} \rangle)$$

ist dann

- $\mathbb{R}^3$, falls $\{\vec{b} - \vec{a}, \vec{u}, \vec{v}\}$ linear unabhängig ist,
- die Ebene $\vec{a} + \langle \vec{u}, \vec{v} \rangle$, falls $\{\vec{u}, \vec{v}\}$ linear unabhängig und $\vec{b} - \vec{a} \in \langle \vec{u}, \vec{v} \rangle$ ist (Ebene durch zwei sich schneidende Geraden),
- die Ebene $\vec{a} + \langle \vec{b} - \vec{a}, \vec{v} \rangle$, falls $\{\vec{u}, \vec{v}\}$ linear abhängig und $\{\vec{b} - \vec{a}, \vec{v}\}$ linear unabhängig ist (Ebene durch parallele Geraden),
- die Gerade $\vec{a} + \langle \vec{u} \rangle$, falls $\{\vec{u}, \vec{v}\}$ linear abhängig und $\vec{b} - \vec{a} \in \langle \vec{u} \rangle$ ist.

In I.5 werden diese geometrischen Aspekte weiter behandelt.

Aufgaben

1. Man zeige, dass in V/U (vgl. Satz 2) die Vektorraumaxiome erfüllt sind.

2. Es sei $U = \left\langle \begin{pmatrix} 1 \\ 0 \\ 2 \\ 1 \end{pmatrix}, \begin{pmatrix} 0 \\ 1 \\ 3 \\ 2 \end{pmatrix} \right\rangle$ und $\vec{a} = \begin{pmatrix} 3 \\ -1 \\ 5 \\ 7 \end{pmatrix}$.

Man stelle $\vec{a} + U$ als Lösungsmannigfaltigkeit eines LGS dar.

3. Man zeige, dass für alle Unterräume U_1, U_2 eines endlichdimensionalen Vektorraus V gilt:

$$\dim(U_1 + U_2) = \dim U_1 + \dim U_2 - \dim(U_1 \cap U_2)$$

4. Man zeige, dass die Schnittmenge zweier verschiedener 2-dimensionaler linearer Mannigfaltigkeiten aus $\mathbb{R}^3$ entweder leer oder eine eindimensionale lineare Mannigfaltigkeit ist.

5. Man zeige, dass für $\vec{a}, \vec{b}, \vec{c}, \vec{u}, \vec{v} \in V$ genau dann

$$(\vec{a} + \langle \vec{u} \rangle) \vee (\vec{b} + \langle \vec{v} \rangle) = \vec{c} + \langle \vec{u}, \vec{v} \rangle$$

gilt, wenn $(\vec{a} + \langle \vec{u} \rangle) \cap (\vec{b} + \langle \vec{v} \rangle) \neq \emptyset$ ist.

6. Man beweise: Ist $\{\vec{a}, \vec{b}\}$ linear abhängig, dann ist $(\vec{a} + U_1) \vee (\vec{b} + U_2)$ der Unterraum $\langle \vec{a} \rangle + U_1 + U_2$.

I.5 Geometrische Interpretation

In einem ebenen Koordinatensystem, das wir uns ohne Beschränkung der Allgemeinheit als ein kartesisches Koordinatensystem vorstellen dürfen, kann man jeden Punkt (p_1, p_2) durch seinen *Ortsvektor*

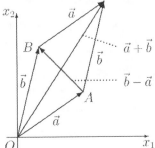

$$\overrightarrow{OP} = \vec{p} = \begin{pmatrix} p_1 \\ p_2 \end{pmatrix}$$

darstellen und so dem „Punktraum", der aus allen Zahlenpaaren besteht, die Vektorraumstruktur von $\mathbb{R}^2$ aufprägen. Allgemeiner ordnet man einem Punktepaar $A(a_1, a_2), B(b_1, b_2)$ den *Vektor*

$$\overrightarrow{AB} = \begin{pmatrix} b_1 - a_1 \\ b_2 - a_2 \end{pmatrix} = \vec{b} - \vec{a}$$

Fig. 1: Vektorpfeile

zu. Vektoren stellt man bildlich als Pfeile („Vektorpfeile") dar, wobei alle gleich langen und gleich gerichteten Pfeile den gleichen Vektor darstellen (Fig. 1). So wird es möglich, geometrische Sachverhalte in der Ebene mit Hilfe von Vektoren aus $\mathbb{R}^2$ zu beschreiben.

Ist $\vec{u} \neq \vec{o}$, dann ist die Menge aller Punkte mit den Ortsvektoren

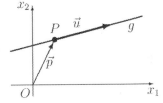

$$\vec{x} = \vec{p} + t\vec{u} \ (t \in \mathbb{R})$$

die Gerade durch den Punkt P (mit dem Ortsvektor $\vec{p}$) und dem *Richtungsvektor* $\vec{u}$ (Fig. 2). Diese Gerade ist also die eindimensionale lineare Mannigfaltigkeit $\vec{p} + \langle \vec{u} \rangle$ aus $\mathbb{R}^2$.

Fig. 2: Geradengleichung

In gleicher Weise kann man in einem räumlichen Koordinatensystem geometrische Sachverhalte mit Hilfe von Vektoren aus $\mathbb{R}^3$ beschreiben.

Ist $\vec{p} \in \mathbb{R}^3$ und U ein Unterraum von $\mathbb{R}^3$, dann ist $\vec{p} + U$ eine Gerade durch den Punkt P (mit dem Ortsvektor $\vec{p}$) oder eine Ebene durch den Punkt P, wenn U die Dimension 1 oder 2 hat. Im ersten Fall Ist $U = \langle \vec{u} \rangle$ mit $\vec{u} \neq \vec{o}$ und $\vec{u}$ heißt der *Richtungsvektor* der Geraden, im zweiten Fall ist $U = \langle \vec{u}, \vec{v} \rangle$, wobei $\{\vec{u}, \vec{v}\}$ linear unabhängig ist, und $\vec{u}, \vec{v}$ heißen *Spannvektoren* der Ebene (Fig. 3).

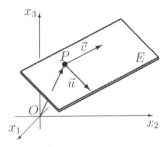

Fig. 3: Ebenengleichung

Die Berechnung des Schnittpunkts zweier Geraden, des Durchstoßpunktes einer Geraden durch eine Ebene oder der Schnittgeraden zweier Ebenen bedeutet nun die Bestimmung der Schnittmengen zweier linearer Mannigfaltigkeiten. Die Berechnung einer Ebene durch zwei Geraden oder einer Ebene durch einen Punkt und eine Gerade bedeutet die Bestimmung der linearen Hülle zweier linearer Mannigfaltigkeiten. In den folgenden Beispielen sind $\vec{p}$, $\vec{p} + \langle \vec{u} \rangle$, $\vec{p} + \langle \vec{u}, \vec{v} \rangle$ lineare Mannigfaltigkeiten der Dimension 0 bzw. 1 bzw. 2 aus $\mathbb{R}^3$.

Beispiel 1 (Durchstoßpunkt einer Geraden durch eine Ebene): Es soll der Schnittpunkt der Geraden g und der Ebene E bestimmt werden:

$$g : \begin{pmatrix} 2 \\ 2 \\ 1 \end{pmatrix} + \left\langle \begin{pmatrix} 1 \\ -1 \\ 1 \end{pmatrix} \right\rangle, \qquad E : \begin{pmatrix} 1 \\ 1 \\ 5 \end{pmatrix} + \left\langle \begin{pmatrix} 2 \\ 0 \\ 1 \end{pmatrix}, \begin{pmatrix} -1 \\ -1 \\ 3 \end{pmatrix} \right\rangle.$$

Dazu muss man die Gleichung $\begin{pmatrix} 2 \\ 2 \\ 1 \end{pmatrix} + r \begin{pmatrix} 1 \\ -1 \\ 1 \end{pmatrix} = \begin{pmatrix} 1 \\ 1 \\ 5 \end{pmatrix} + s \begin{pmatrix} 2 \\ 0 \\ 1 \end{pmatrix} + t \begin{pmatrix} -1 \\ -1 \\ 3 \end{pmatrix}$

bzw. das LGS $\left\{ \begin{array}{rcl} 2 + r & = & 1 + 2s - t \\ 2 - r & = & 1 - t \\ 1 + r & = & 5 + s + 3t \end{array} \right\}$ lösen: $r = -\frac{1}{3}$, $s = -\frac{1}{3}$, $t = -\frac{4}{3}$

Der Durchstoßpunkt hat den Ortsvektor $\begin{pmatrix} 2 \\ 2 \\ 1 \end{pmatrix} - \frac{1}{3} \begin{pmatrix} 1 \\ -1 \\ 1 \end{pmatrix} = \frac{1}{3} \begin{pmatrix} 5 \\ 7 \\ 2 \end{pmatrix}$, welcher

sich natürlich auch in der Form $\begin{pmatrix} 1 \\ 1 \\ 5 \end{pmatrix} - \frac{1}{3} \begin{pmatrix} 2 \\ 0 \\ 1 \end{pmatrix} - \frac{4}{3} \begin{pmatrix} -1 \\ -1 \\ 3 \end{pmatrix} = \frac{1}{3} \begin{pmatrix} 5 \\ 7 \\ 2 \end{pmatrix}$ ergibt.

Beispiel 2 (Schnittgerade zweier Ebenen): Es soll die Schnittgerade der Ebenen E_1 und E_2 bestimmt werden:

$$E_1 : \begin{pmatrix} 1 \\ 0 \\ 3 \end{pmatrix} + \left\langle \begin{pmatrix} 1 \\ 0 \\ 0 \end{pmatrix}, \begin{pmatrix} 1 \\ 1 \\ 0 \end{pmatrix} \right\rangle, \qquad E_2 : \begin{pmatrix} 2 \\ 3 \\ 2 \end{pmatrix} + \left\langle \begin{pmatrix} 0 \\ 1 \\ 1 \end{pmatrix}, \begin{pmatrix} 2 \\ 0 \\ 1 \end{pmatrix} \right\rangle.$$

Dazu muss man die Gleichung

$$\begin{pmatrix} 1 \\ 0 \\ 3 \end{pmatrix} + r \begin{pmatrix} 1 \\ 0 \\ 0 \end{pmatrix} + s \begin{pmatrix} 1 \\ 1 \\ 0 \end{pmatrix} = \begin{pmatrix} 2 \\ 3 \\ 2 \end{pmatrix} + t \begin{pmatrix} 0 \\ 1 \\ 1 \end{pmatrix} + u \begin{pmatrix} 2 \\ 0 \\ 1 \end{pmatrix}$$

bzw. das LGS $\left\{ \begin{array}{rcl} 1 + r + s & = & 2 + 2u \\ s & = & 3 + t \\ 3 & = & 2 + t + u \end{array} \right\}$ lösen: $t = 1 - u$, $s = 4 - u$,

$r = -3 - 3u$. Die Schnittgerade ist also die lineare Mannigfaltigkeit

$$\begin{pmatrix} 2 \\ 3 \\ 2 \end{pmatrix} + \begin{pmatrix} 0 \\ 1 \\ 1 \end{pmatrix} + \left\langle \begin{pmatrix} 2 \\ 0 \\ 1 \end{pmatrix} - \begin{pmatrix} 0 \\ 1 \\ 1 \end{pmatrix} \right\rangle = \begin{pmatrix} 2 \\ 4 \\ 3 \end{pmatrix} + \left\langle \begin{pmatrix} 2 \\ -1 \\ 0 \end{pmatrix} \right\rangle.$$

Beispiel 3 (Ebene durch Punkt und Gerade): Die lineare Hülle von $\vec{p} = \vec{p} + \langle \vec{o} \rangle$ (Punkt) und $\vec{q} + \langle \vec{u} \rangle$ mit $\vec{u} \neq \vec{o}$ (Gerade) ist $\vec{p} + \langle \vec{q} - \vec{p}, \vec{u} \rangle$ (Ebene), falls $\vec{q} - \vec{p} \notin \langle \vec{u} \rangle$ (falls also der Punkt nicht auf der Geraden liegt). Beispielsweise ist

$$\begin{pmatrix} 3 \\ -1 \\ 2 \end{pmatrix} \vee \left(\begin{pmatrix} 5 \\ 9 \\ 7 \end{pmatrix} + \left\langle \begin{pmatrix} 1 \\ -1 \\ 4 \end{pmatrix} \right\rangle \right) = \begin{pmatrix} 3 \\ -1 \\ 2 \end{pmatrix} + \left\langle \begin{pmatrix} 2 \\ 10 \\ 5 \end{pmatrix}, \begin{pmatrix} 1 \\ -1 \\ 4 \end{pmatrix} \right\rangle.$$

Aufgaben

1. Man zeige in Ergänzung zu Beispiel 3, dass der dort angegebene Punkt nicht auf der angegebenen Geraden liegt.

2. Es seien zwei Geraden $\vec{p} + \langle \vec{u} \rangle$ und $\vec{q} + \langle \vec{v} \rangle$ in $\mathbb{R}^3$ gegeben. Man zeige:

$$(\vec{p} + \langle \vec{u} \rangle) \cap (\vec{q} + \langle \vec{v} \rangle) = \emptyset \iff (\vec{p} + \langle \vec{u} \rangle) \vee (\vec{q} + \langle \vec{v} \rangle) = \mathbb{R}^3$$

(Im vorliegenden Fall nennt man die Geraden *windschief*.)

3. a) Auf zwei windschiefen Geraden (vgl. Aufgabe 2) seien jeweils zwei verschiedene Punkte A, B bzw. C, D gegeben. Man zeige, dass dann auch die Geraden durch A, C und durch B, D windschief sind.

   b) Besitzt das Viereck mit den Ecken $A(1, 2, -1)$, $B(5, -3, 0)$, $C(0, 4, 1)$, $D(1, 0, 1)$ einen Diagonalenschnittpunkt?

I.6 Konvexe Mengen

Sind zwei Punkte A, B durch ihre Ortsvektoren $\vec{a}, \vec{b}$ gegeben, dann beschreiben die Ortsvektoren

$$r\vec{a} + s\vec{b} \quad \text{mit} \quad r, s \geq 0 \quad \text{und} \quad r + s = 1$$

die Punkte der Strecke AB (Fig. 1), denn

$$r\vec{a} + s\vec{b} = (1 - s)\vec{a} + s\vec{b} = \vec{a} + s(\vec{b} - \vec{a}).$$

Jedem Zahlenpaar (r, s) mit $r, s \geq 0$ und $r + s = 1$ ist eindeutig ein Punkt P der Strecke AB zugeordnet und umgekehrt bestimmt ein Punkt der Strecke eindeutig ein solches Zahlenpaar.

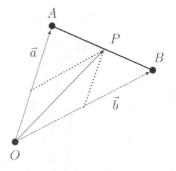

Fig. 1: Strecke AB

Sind drei Punkte A, B, C durch ihre Ortsvektoren $\vec{a}$, $\vec{b}$, $\vec{c}$ gegeben, dann beschreiben die Ortsvektoren

$$r\vec{a} + s\vec{b} + t\vec{c} \quad \text{mit} \quad r, s, t \geq 0 \quad \text{und} \quad r + s + t = 1$$

die Punkte der Dreiecksfläche ABC (Fig. 2), denn

$$r\vec{a} + s\vec{b} + t\vec{c} = (1 - s - t)\vec{a} + s\vec{b} + t\vec{c} = \vec{a} + s(\vec{b} - \vec{a}) + t(\vec{c} - \vec{a}).$$

Für $r = 0$ ergeben sich die Punkte der Seite BC, für $s = 0$ bzw. $t = 0$ die der Seite AC bzw. AB. Ein Punkt der Dreiecksfläche und das Zahlentripel (r, s, t) mit obigen Eigenschaften bestimmen sich gegenseitig eindeutig.

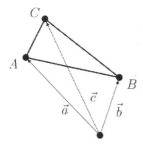

Fig. 2: Dreieck ABC

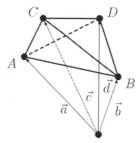

Fig. 3: Tetraeder $ABCD$

Sind vier Punkte A, B, C, D im Raum durch ihre Ortsvektoren $\vec{a}$, $\vec{b}$, $\vec{c}$, $\vec{d}$ gegeben, dann beschreiben die Ortsvektoren

$$r\vec{a} + s\vec{b} + t\vec{c} + u\vec{c} \quad \text{mit} \quad r, s, t, u \geq 0 \quad \text{und} \quad r + s + t + u = 1$$

die Punkte eines Tetraeders $ABCD$ (Fig. 3), denn

$$r\vec{a} + s\vec{b} + t\vec{c} + u\vec{d} = (1 - s - t - u)\vec{a} + s\vec{b} + t\vec{c} + u\vec{d} = \vec{a} + s(\vec{b} - \vec{a}) + t(\vec{c} - \vec{a}) + u(\vec{d} - \vec{a}).$$

Für $r = 0$ ergeben sich die Punkte der Dreiecksfläche BCD, für $r = s = 0$ die Punkte der Strecke CD.

Definition 1: Eine Punktmenge M heißt *konvex*, wenn für alle $P, Q \in M$ auch die Punkte der Strecke PQ zu M gehören.

Die Strecke AB, die Dreiecksfläche ABC und das Tetraeder $ABCD$ sind Beispiele für konvexe Punktmengen. Geraden, Halbgeraden, Ebenen und Halbebenen sind ebenfalls Beispiele für konvexe Punktmengen.

Satz 1: Die Schnittmenge von konvexen Mengen ist wieder konvex.

Beweis: Sind M_1, M_2 konvexe Mengen, dann gilt für $P, Q \in M_1 \cap M_2$ sowohl $PQ \subseteq M_1$ als auch $PQ \subseteq M_2$, also $PQ \subseteq M_1 \cap M_2$. □

Definition 2: Für $\vec{a}_1, \vec{a}_2, \ldots, \vec{a}_k \in \mathbb{R}^n$ nennt man die Linearkombination

$$r_1\vec{a}_1 + r_2\vec{a}_2 + \ldots + r_k\vec{a}_k \quad \text{mit } r_1, r_2, \ldots, r_k \geq 0 \text{ und } r_1 + r_2 + \ldots + r_n = 1$$

eine *Konvexkombination* von $\vec{a}_1, \vec{a}_2, \ldots, \vec{a}_k$. Die Menge aller Konvexkombinationen von $\vec{a}_1, \vec{a}_2, \ldots, \vec{a}_k$ nennt man die *konvexe Hülle* der Menge dieser Vektoren. Für k Punkte mit den Ortsvektoren $\vec{a}_1, \vec{a}_2, \ldots, \vec{a}_k$ nennt man die Menge der Punkte mit Ortsvektoren aus der konvexen Hülle von $\vec{a}_1, \vec{a}_2, \ldots, \vec{a}_k$ die *konvexe Hülle* dieser Punktmenge.

Satz 2: Die konvexe Hülle einer endlichen Menge von Punkten aus $\mathbb{R}^n$ ist konvex.

Beweis: Es gilt

$$r(r_1\vec{a}_1 + r_2\vec{a}_2 + \ldots + r_k\vec{a}_k) + s(s_1\vec{a}_1 + s_2\vec{a}_2 + \ldots + s_k\vec{a}_k)$$
$$= (rr_1 + ss_1)\vec{a} + (rr_2 + ss_2)\vec{a} + \ldots + (rr_k + ss_k)\vec{a}_k.$$

Aus $r, s, r_i, s_i \geq 0$ folgt $rr_i + ss_i \geq 0$ $(i = 1, 2, \ldots, k)$, und aus $r + s = 1$ und $r_1 + r_2 + \ldots + r_k = s_1 + s_2 + \ldots + s_k = 1$ folgt

$$(rr_1 + ss_2) + (rr_2 + ss_2) + \ldots + (rr_k + ss_k)$$
$$= r(r_1 + r_2 + \ldots + r_k) + s(s_1 + s_2 + \ldots + s_k) = r \cdot 1 + s \cdot 1 = 1. \quad \square$$

Die konvexe Hülle von k Punkten der Ebene ist ein konvexes Polygon mit k Ecken. Die konvexe Hülle von k Punkten im Raum ist ein konvexes Polyeder mit k Ecken. Dabei können Ecken auch „entartet" sein, wenn sie z.B. auf der Verbindungsstrecke zweier Nachbarecken liegen. Die konvexe Hülle von k Punkten des $\mathbb{R}^n$ mit den Ortsvektoren $\vec{a}_1, \vec{a}_2, \ldots, \vec{a}_k$ nennt man einen $(k-1)$-dimensionalen *Simplex*, wenn $\{\vec{a}_2 - \vec{a}_1, \ \vec{a}_3 - \vec{a}_1, \ \ldots, \vec{a}_k - \vec{a}_1\}$ linear unabhängig ist. Simplexe im Raum sind Strecken, Dreiecksflächen und Tetraederkörper. Der Simplexbegriff ist für die lineare Optimierung (Kapitel VIII) von Bedeutung (Simplexmethode). Dort untersucht man Simplexe bzw. allgemeiner konvexe k-dimensionale Polyeder, die sich als Lösungsmenge linearer Ungleichungssysteme ergeben.

Satz 3: Die Lösungsmenge des linearen Ungleichungssystems

$$\begin{aligned}
a_{11}x_1 + a_{12}x_2 + \ldots + a_{1n}x_n &\leq b_1 \\
a_{21}x_1 + a_{22}x_2 + \ldots + a_{2n}x_n &\leq b_2 \\
&\vdots \\
a_{m1}x_1 + a_{m2}x_2 + \ldots + a_{mn}x_n &\leq b_m
\end{aligned}$$

bildet eine konvexe Teilmenge von $\mathbb{R}^n$.

Beweis: Die Lösungsmenge des Ungleichungssystems ist die Schnittmenge der Lösungsmengen der einzelnen Gleichungen. Nach Satz 1 muss also nur gezeigt werden, dass die Lösungsmenge einer einzelnen Ungleichung konvex ist. Dies folgt für zwei Lösungen $\vec{x}, \vec{y}$ aus

$$a_1(rx_1 + sy_1) + a_2(rx_2 + sy_2) + \ldots + a_n(rx_n + sy_n)$$
$$= r(a_1x_1 + a_2x_2 + \ldots + a_nr_n) + s(a_1x_1 + a_2x_2 + \ldots + a_nr_n) \le (r+s)b = b,$$

falls $r, s \ge 0$ und $r + s = 1$. $\square$

Satz 3 gilt natürlich auch, wenn statt der $\le$-Zeichen bei einigen oder allen der Ungleichungen $\ge, =, <$ oder $>$ steht.

Beispiel 1: Die Lösungsmenge des Ungleichungssystems

$$\begin{array}{rcrcl}
3x_1 & + & 2x_2 & \ge & 14 \\
x_1 & - & 4x_2 & \le & 0 \\
4x_1 & - & 3x_2 & \le & 26 \\
x_1 & + & 6x_2 & \le & 47 \\
x_1 & - & x_2 & \ge & -2
\end{array}$$

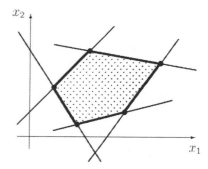

kann in der Ebene als Schnittmenge von fünf Halbebenen gedeutet werden. Die Lösungsmenge bildet ein Fünfeck (Fig. 4).

Fig. 4: Zu Beispiel 1

Aufgaben

1. Es seien A, B, C, D Punkte der Ebene mit den Ortsvektoren $\vec{a}$, $\vec{b}$, $\vec{c}$, $\vec{d}$. Welche geometrische Bedeutung haben die Punkte mit den Ortsvektoren

$$\frac{1}{2}\vec{a} + \frac{1}{2}\vec{b}, \quad \frac{1}{3}\vec{a} + \frac{1}{3}\vec{b} + \frac{1}{3}\vec{c}, \quad \frac{1}{4}\vec{a} + \frac{1}{4}\vec{b} + \frac{1}{4}\vec{c} + \frac{1}{4}\vec{d} \quad ?$$

2. In der Ebene sei ein konvexes Viereck $ABCD$ durch die Ortsvektoren der Ecken gegeben. Man zeige, dass die Darstellung des Ortsvektors eines Punktes der Vierecksfläche als Konvexkombination der Ortsvektoren der Ecken i. Allg. nicht eindeutig ist.

3. Man beschreibe die Vierecksfläche mit den Ecken $A(1, 1)$, $B(7, 2)$, $C(5, 5)$, $D(2, 6)$ als Lösungsmenge eines Ungleichungssystems.

4. Man zeige, dass die Punkte (x_1, x_2, x_3) mit $x_1, x_2, x_3 \ge 0$ und

$$\begin{array}{rcrcrcl}
x_1 & + & x_2 & + & x_3 & \le & 12 \\
 & & & & x_3 & \le & 2 \\
2x_1 & + & x_2 & - & x_3 & \le & 7 \\
3x_1 & - & x_2 & + & x_3 & \le & 5
\end{array}$$

einen Polyederkörper beschreiben und berechne dessen Ecken.

II Lineare Abbildungen

II.1 Lineare Abbildungen und Matrizen

Definition 1: Sind V, W zwei K-Vektorräume, dann nennt man eine Abbildung $\alpha : V \longrightarrow W$ mit

$$\alpha(\vec{v}_1 + \vec{v}_2) = \alpha(\vec{v}_1) + \alpha(\vec{v}_2) \quad \text{und} \quad \alpha(r\vec{v}) = r\alpha(\vec{v})$$

für alle $\vec{v}_1, \vec{v}_2 \in V$ bzw. alle $\vec{v} \in V$, $r \in K$ eine *lineare Abbildung* oder einen *Vektorraumhomomorphismus* oder kurz *Homomorphismus* von V in W. Ist die Abbildung bijektiv (umkehrbar), ist also *jedes* Element von W Bild von *genau einem* Element von V, dann nennt man sie einen *Vektorraumisomorphismus* oder kurz einen *Isomorphismus*. Existiert ein Isomorphismus $\alpha : V \longrightarrow W$, dann nennt man die Vektorräume *isomorph*.

Ist bei der Abbildung $\alpha : V \longrightarrow W$ dem Element $\vec{v} \in V$ das Element $\vec{w} \in W$ zugeordnet, so schreibt man $\alpha(\vec{v}) = \vec{w}$ oder $\alpha : \vec{v} \mapsto \vec{w}$. Oft bezeichnet man das Bildelement von $\vec{v}$ einfach mit $\vec{v}\,'$, wenn klar ist, um welche Abbildung es sich handelt.

Beispiel 1: Die konvergenten Folgen reeller Zahlen, welche wir in Kapitel IX ausführlich behandeln, bilden einen (unendlichdimensionalen) $\mathbb{R}$-Vektorraum. Mit $\lim(a_n)$ bezeichnen wir den Grenzwert der Folge (a_n). Wegen

$$\lim((a_n) + (b_n)) = \lim(a_n + b_n) = \lim(a_n) + \lim(b_n),$$
$$\lim r(a_n) = \lim(ra_n) = r \lim(a_n) \ (r \in \mathbb{R})$$

ist $\lim$ eine lineare Abbildung des $\mathbb{R}$-Vektorraums der konvergenten Folgen in den (eindimensionalen) $\mathbb{R}$-Vektorraum $\mathbb{R}$.

Beispiel 2: Durch die Abbildungsgleichungen

$$x_1' = 2x_1 - 3x_2, \quad x_2' = 4x_1 + 7x_2, \quad x_3' = 3x_1 - 9x_2$$

ist eine lineare Abbildung $(x_1, x_2) \mapsto (x_1', x_2', x_3')$ des $\mathbb{R}$-Vektorraums $\mathbb{R}^2$ in den $\mathbb{R}$-Vektorraum $\mathbb{R}^3$ gegeben. Dabei ist beispielsweise $(4, 1) \mapsto (5, 23, 3)$.

Zur Vorbereitung des nächsten Beispiels wollen wir die Anwendung einer Matrix $A = (a_{ij})_{m,n}$ aus $K^{m,n}$ auf einen Vektor $\vec{b} \in K^n$ definieren, was man auch die *Multiplikation* der Matrix A mit dem Vektor $\vec{b}$ nennt. Man definiert das Produkt $A\vec{b}$ durch

$$A\vec{b} = \begin{pmatrix} a_{11} & a_{12} & \ldots & a_{1n} \\ a_{21} & a_{22} & \ldots & a_{2n} \\ \vdots & \vdots & & \vdots \\ a_{m1} & a_{m2} & \ldots & a_{mn} \end{pmatrix} \begin{pmatrix} b_1 \\ b_2 \\ \vdots \\ b_n \end{pmatrix} = \begin{pmatrix} a_{11}b_1 + a_{12}b_2 + \ldots + a_{1n}b_n \\ a_{21}b_1 + a_{22}b_2 + \ldots + a_{2n}b_n \\ \vdots \\ a_{m1}b_1 + a_{m2}b_2 + \ldots + a_{mn}b_n \end{pmatrix}.$$

Die i-te Koordinate des Vektors $A\vec{b}$ ist also das Produkt der i-ten Zeile von A mit dem Vektor $\vec{b}$ in folgendem Sinn:

$$(a_{i1}\ a_{i2}\ \ldots\ a_{in}) \begin{pmatrix} b_1 \\ b_2 \\ \vdots \\ b_n \end{pmatrix} = a_{i1}b_1 + a_{i2}b_2 + \ldots + a_{in}b_n \quad (i = 1, 2, \ldots, m)$$

Wir werden künftig für größere Summen das *Summenzeichen* Σ benutzen, also etwa statt $a_{i1}b_1 + a_{i2}b_2 + \ldots + a_{in}b_n$ kürzer $\sum\limits_{j=1}^{n} a_{ij}b_j$ schreiben.

Beispiel 3: Ist $A = (a_{ij})_{m,n}$ eine Matrix aus $K^{m,n}$, dann ist $\vec{x} \mapsto A\vec{x}$ eine lineare Abbildung von K^n in K^m, denn $A(\vec{x} + \vec{y}) = A\vec{x} + A\vec{y}$ und $A(r\vec{x}) = rA\vec{x}$ für alle $\vec{x}, \vec{y} \in K^n$ und alle $r \in K$. Jede lineare Abbildung von K^n in K^m lässt sich auch so darstellen; wählt man in K^n und K^m jeweils die Standardbasis, dann sind die Spalten der Matrix die Bilder der Basisvektoren von K^n:

$$A\vec{e}_j = \begin{pmatrix} a_{1j} \\ a_{2j} \\ \vdots \\ a_{mj} \end{pmatrix} \quad (j = 1, 2, \ldots, n)$$

Satz 1: Endlich-erzeugte K-Vektorräume gleicher Dimension sind isomorph.

Beweis: Sind $\{\vec{a}_1, \vec{a}_2, \ldots, \vec{a}_n\}$ und $\{\vec{b}_1, \vec{b}_2, \ldots, \vec{b}_n\}$ Basen der n-dimensionalen K-Vektorräume V bzw. W, dann wird durch die Zuordnung $\sum\limits_{i=1}^{n} r_i\vec{a}_i \mapsto \sum\limits_{i=1}^{n} r_i\vec{b}_i$ offensichtlich ein Isomorphismus von V auf W definiert. $\square$

Wir haben hier für eine Summe von Vektoren wie beim Rechnen mit Zahlen das Summenzeichen Σ benutzt; es ist also $\sum\limits_{i=1}^{n} r_i\vec{a}_i = r_1\vec{a}_1 + r_2\vec{a}_2 + \ldots + r_n\vec{a}_n$.

Eine Folge von Satz 1 ist, dass alle n-dimensionalen K-Vektorräume isomorph zum Vektorraum K^n sind, dass es also bis auf Isomorphie nur einen einzigen n-dimensionalen K-Vektorraum gibt. Ist V ein K-Vektorraum mit der Basis $B = \{\vec{b}_1, \vec{b}_2, \ldots, \vec{b}_n\}$, dann ist durch die Zuordnung

$$\vec{v} = \sum_{i=1}^{n} r_i\vec{b}_i \mapsto \begin{pmatrix} r_1 \\ r_2 \\ \vdots \\ r_n \end{pmatrix}_B$$

ein Isomorphismus von V auf K^n definiert. Den Vektor aus K^n haben wir schon früher *Koordinatenvektor* von $\vec{v}$ bezüglich der Basis B genannt. Den Index „B" lässt man fort, wenn klar ist, auf welche Basis sich der Koordinatenvektor bezieht. Die Elemente $r_1, r_2, \ldots, r_n$ sind die *Koordinaten*, die Vektoren $r_1\vec{b}_1, r_2\vec{b}_2, \ldots, r_n\vec{b}_n$ die *Komponenten* von $\vec{v}$ bezüglich der Basis B.

Im Folgenden benötigen wir den Begriff der *injektiven* Abbildung und der *surjektiven* Abbildung: Eine Abbildung der Menge A in die Menge B heißt *injektiv*, wenn verschiedene Elemente aus A stets auch verschiedene Bilder in B haben. Sie heißt *surjektiv*, wenn jedes Element von B als Bild eines Elementes von A auftritt; man spricht dann von einer Abbildung von A *auf* B. Eine Abbildung, die injektiv und surjektiv ist, nennt man *bijektiv;* eine solche Abbildung besitzt eine Umkehrabbildung, weshalb man sie statt bijektiv auch *umkehrbar* nennt. Den Begriff der Bijektivität haben wir schon zu Beginn des Abschnitts verwendet.

Wählt man in V statt der Basis $B = \{\vec{b}_1, \vec{b}_2, \ldots, \vec{b}_n\}$ die Basis $C = \{\vec{c}_1, \vec{c}_2, \ldots, \vec{c}_n\}$, dann wird der Vektor $\vec{v}$ mit

$$\sum_{i=1}^{n} r_i \vec{b}_i = \vec{v} = \sum_{i=1}^{n} s_i \vec{c}_i$$

auf das n-Tupel mit den Koordinaten $s_1, s_2, \ldots, s_n$ abgebildet, also auf $\begin{pmatrix} s_1 \\ s_2 \\ \vdots \\ s_n \end{pmatrix}_C$.

Eine bijektive lineare Abbildung α von V auf sich bewirkt einen *Basiswechsel*: Die Basis $B = \{\vec{b}_1, \vec{b}_2, \ldots, \vec{b}_n\}$ wird auf die Basis $C = \{\vec{c}_1, \vec{c}_2, \ldots, \vec{c}_n\}$ abgebildet, wobei $\vec{c}_i = \alpha(\vec{b}_i)$ $(i = 1, 2, \ldots, n)$. Wir wollen untersuchen, wie dabei die Koordinatenvektoren von $\vec{v} \in V$ bezüglich B und bezüglich C aufeinander abgebildet werden. Ist

$$\vec{c}_1 = \begin{pmatrix} t_{11} \\ t_{21} \\ \vdots \\ t_{n1} \end{pmatrix}_B, \quad \vec{c}_2 = \begin{pmatrix} t_{12} \\ t_{22} \\ \vdots \\ t_{n2} \end{pmatrix}_B, \quad \ldots, \quad \vec{c}_n = \begin{pmatrix} t_{1n} \\ t_{2n} \\ \vdots \\ t_{nn} \end{pmatrix}_B$$

und

$$\begin{pmatrix} r_1 \\ r_2 \\ \vdots \\ r_n \end{pmatrix}_B = \vec{v} = \begin{pmatrix} s_1 \\ s_2 \\ \vdots \\ s_n \end{pmatrix}_C,$$

dann ist

$$\begin{pmatrix} s_1 \\ s_2 \\ \vdots \\ s_n \end{pmatrix}_C = \sum_{j=1}^{n} s_j \vec{c}_j = \sum_{j=1}^{n} s_j \begin{pmatrix} t_{1j} \\ t_{2j} \\ \vdots \\ t_{nj} \end{pmatrix}_B = \left(\begin{pmatrix} t_{11} & t_{12} & \cdots & t_{1n} \\ t_{21} & t_{22} & \cdots & t_{2n} \\ \vdots & \vdots & & \vdots \\ t_{n1} & t_{n2} & \cdots & t_{nn} \end{pmatrix} \begin{pmatrix} s_1 \\ s_2 \\ \vdots \\ s_n \end{pmatrix} \right)_B,$$

also

$$\begin{pmatrix} r_1 \\ r_2 \\ \vdots \\ r_n \end{pmatrix} = \begin{pmatrix} t_{11} & t_{12} & \cdots & t_{1n} \\ t_{21} & t_{22} & \cdots & t_{2n} \\ \vdots & \vdots & & \vdots \\ t_{n1} & t_{n2} & \cdots & t_{nn} \end{pmatrix} \begin{pmatrix} s_1 \\ s_2 \\ \vdots \\ s_n \end{pmatrix}.$$

Die Spaltenvektoren der quadratischen Matrix (t_{ij}), welche die Koordinatenvektoren bezüglich der Basis C auf die Koordinatenvektoren bezüglich der Basis B abbildet, sind also die Koordinatenvektoren von $\vec{c}_1, \vec{c}_2, \ldots, \vec{c}_n$ bezüglich B.

Wir betrachten nun allgemeiner eine lineare Abbildung α des n-dimensionalen K- Vektorraums V mit der Basis $\{\vec{v}_1, \vec{v}_2, \ldots, \vec{v}_n\}$ in den m-dimensionalen K-Vektorraum W mit der Basis $\{\vec{w}_1, \vec{w}_2, \ldots, \vec{w}_m\}$. Diese ist eindeutig bestimmt, wenn die Bilder der Basisvektoren von V bestimmt sind:

Ist $\alpha(\vec{v}_j) = \sum\limits_{i=1}^{m} a_{ij}\vec{w}_i$ $(j = 1, 2, \ldots, n)$, dann gilt für $\vec{x} = \sum\limits_{j=1}^{n} x_j\vec{v}_j \in V$:

$$\alpha(\vec{x}) = \sum_{j=1}^{n} x_j\alpha(\vec{v}_j) = \left\{ \begin{array}{l} \quad\;\; (a_{11}x_1 + a_{12}x_2 + \ldots + a_{1n}x_n)\,\vec{w}_1 \\ + \;\; (a_{21}x_1 + a_{22}x_2 + \ldots + a_{2n}x_n)\,\vec{w}_2 \\ \quad \vdots \\ + \;\; (a_{m1}x_1 + a_{m2}x_2 + \ldots + a_{mn}x_n)\,\vec{w}_m \end{array} \right.$$

Die lineare Abbildung α wird also durch die m, n-Matrix $A = (a_{ij})_{m,n}$ vermittelt, welche dem Koordinatenvektor $\vec{x}$ eines Vektors aus V den Koordinatenvektor $\vec{y} = A\vec{x}$ seines Bildvektors in W zuordnet. Die Matrix A hängt natürlich davon ab, welche Basen in V und W gegeben sind.

Definition 2: Es sei $\alpha : V \longrightarrow W$ eine lineare Abbildung des K-Vektorraums V in den K-Vektorraum W. Die Menge alle $\vec{v} \in V$, welche auf den Nullvektor $\vec{o}$ von W abgebildet werden, nennt man den *Kern* von α.

Beispiel 2: Eine lineare Abbildung von K^n in K^m werde durch die Matrix $A \in K^{m,n}$ gegeben. Der Kern dieser Abbildung ist dann der Lösungsraum des homogenen LGS $A\vec{x} = \vec{o}$.

Satz 2: Der Kern der linearen Abbildung $\alpha : V \longrightarrow W$ ist ein Unterraum von V.

Beweis: Mit $\alpha(\vec{v}_1) = \alpha(\vec{v}_2) = \vec{o}$ ist auch $\alpha(\vec{v}_1 + \vec{v}_2) = \vec{o}$, und mit $\alpha(\vec{v}) = \vec{o}$ ist auch $\alpha(r\vec{v}) = \vec{o}$ für alle $r \in K$. $\qquad\square$

Satz 3: a) Ist U ein Unterraum von V, dann gibt es eine surjektive lineare Abbildung von V auf den Quotientenraum V/U.

        b) Ist die lineare Abbildung $\alpha : V \longrightarrow W$ surjektiv und ist U der Kern von α, dann ist W isomorph zu V/U.

Beweis: a) $\vec{v} \mapsto \vec{v} + U$ ist eine surjektive lineare Abbildung von V auf V/U.

b) Durch $\vec{v}+U \mapsto \alpha(\vec{v})$ ist eine lineare Abbildung von V/U auf W definiert. Diese ist injektiv (und damit ein Isomorphismus), weil aus $\vec{v}_1 + U \neq \vec{v}_2 + U$ folgt, dass $\vec{v}_1 - \vec{v}_2 \notin U$, also $\alpha(\vec{v}_1 - \vec{v}_2) \neq \vec{o}$ bzw. $\alpha(\vec{v}_1) \neq \alpha(\vec{v}_2)$. $\qquad\square$

Beispiel 3: Die Matrix $A \in K^{m,n}$ vermittelt eine lineare Abbildung $\alpha : \vec{x} \mapsto A\vec{x}$ von K^n in K^m. Diese ist surjektiv, wenn das LGS $A\vec{x} = \vec{y}$ für jedes $\vec{y} \in K^m$ eine Lösung $\vec{x} \in K^n$ besitzt. Der Kern U von α ist der Lösungsraum des homogenen LGS $A\vec{x} = \vec{o}$. Nach Satz 3 ist dann K^n/U isomorph zu K^m.

Satz 4: a) Ist V ein endlich-dimensionaler Vektorraum und U ein Unterraum von
V, dann gilt $\dim V/U = \dim V - \dim U$.

b) Ist V ein endlich-dimensionaler Vektorraum und sind U_1, U_2 Unterräume von V, dann gilt
$$\dim(U_1 + U_2) = \dim U_1 + \dim U_2 - \dim(U_1 \cap U_2).$$

Beweis: a) Es sei $\dim U = m$ und $\{\vec{u}_1, \vec{u}_2, \ldots, \vec{u}_m\}$ eine Basis von U. Diese ergänze
man durch Elemente $\vec{v}_1, \vec{v}_2, \ldots, \vec{v}_r \in V$ zu einer Basis von V, wobei $m+r = \dim V$.
Ist
$$\vec{v} = \sum_{i=1}^{m} a_i \vec{u}_i + \sum_{j=1}^{r} b_j \vec{v}_j \in V,$$

dann ist $\vec{v} + U = \sum_{j=1}^{r} b_j(\vec{v}_j + U)$, also
$$V/U = \langle \vec{v}_1 + U, \vec{v}_2 + U, \ldots, \vec{v}_r + U \rangle.$$

Die Menge $\{\vec{v}_1 + U, \vec{v}_2 + U, \ldots, \vec{v}_r + U\}$ ist linear unabhängig. Ist nämlich
$$\sum_{j=1}^{r} c_j(\vec{v}_j + U) = \vec{o} + U = U,$$

dann ist $\sum_{j=1}^{r} c_j \vec{v}_j \in U$, also
$$\sum_{j=1}^{r} c_j \vec{v}_j = \sum_{i=1}^{m} d_i \vec{u}_i \quad \text{mit} \quad d_1, d_2, \ldots, d_m \in K,$$

was nur für $c_1 = c_2 = \ldots = c_r = d_1 = d_2 = \ldots = d_m = 0$ möglich ist. Also ist
$\dim V/U = r$.

b) $(U_1 + U_2)/U_2$ ist isomorph zu $U_1/(U_1 \cap U_2)$, denn die lineare Abbildung
$$\alpha : (\vec{a} + \vec{b}) + U_2 \mapsto \vec{a} + (U_1 \cap U_2) \quad (\vec{a} \in U_1, \vec{b} \in U_2)$$

ist bijektiv. Genau dann ist nämlich
$$\vec{a} + (U_1 \cap U_2) = \vec{a}^* + (U_1 \cap U_2) \text{ für } \vec{a}, \vec{a}^* \in U_1,$$

wenn $\vec{a} - \vec{a}^* \in U_2$, wenn also $(\vec{a} + \vec{b}) + U_2 = (\vec{a}^* + \vec{b}) + U_2$. Daher gilt
$$\dim(U_1 + U_2) - \dim U_2 = \dim((U_1 + U_2)/U_2)$$
$$= \dim(U_1/(U_1 \cap U_2)) = \dim U_1 - \dim(U_1 \cap U_2). \qquad \square$$

Definition 3: Mit $\mathrm{Hom}(V, W)$ bezeichnen wir die Menge aller Homomorphismen
(lineare Abbildungen) des K-Vektorraums V in den K-Vektorraum W. Für $\alpha, \beta \in$
$\mathrm{Hom}(V, W)$ definieren wir die Summe $\alpha + \beta$ durch
$$(\alpha + \beta)(\vec{v}) = \alpha(\vec{v}) + \beta(\vec{v}) \quad (\vec{v} \in V)$$

und die Vervielfachung durch
$$(r\alpha)(\vec{v}) = r\alpha(\vec{v}) \quad (\vec{v} \in V, r \in K).$$

Satz 5: Mit den in Definition 3 angegeben Verknüpfungen ist $\mathrm{Hom}(V,W)$ ein K-Vektorraum.

Beweis: Für $\alpha, \beta \in \mathrm{Hom}(V,W)$ und $\vec{v}_1, \vec{v}_2 \in V$ sowie $\vec{v} \in V, r \in K$ gilt

$$
\begin{aligned}
(\alpha + \beta)(\vec{v}_1 + \vec{v}_2) &= \alpha(\vec{v}_1 + \vec{v}_2) + \beta(\vec{v}_1 + \vec{v}_2) \\
&= \alpha(\vec{v}_1) + \alpha(\vec{v}_2) + \beta(\vec{v}_1) + \beta(\vec{v}_2) \\
&= \alpha(\vec{v}_1) + \beta(\vec{v}_1) + \alpha(\vec{v}_2) + \beta(\vec{v}_2) = (\alpha + \beta)(\vec{v}_1) + (\alpha + \beta)(\vec{v}_2), \\
(\alpha + \beta)(r\vec{v}) &= \alpha(r\vec{v}) + \beta(r\vec{v}) \\
&= r\alpha(\vec{v}) + r\beta(\vec{v}) = r(\alpha(\vec{v}) + \beta(\vec{v})) = r(\alpha + \beta)(\vec{v}).
\end{aligned}
$$

Ebenso rechnet man die Homomorphismus-Eigenschaften von $r\alpha$ nach.   □

Satz 6: Sind die K-Vektorrräume V, W endlich-dimensional, dann gilt

$$\dim \mathrm{Hom}(V,W) = \dim V \cdot \dim W.$$

Beweis: Es sei $\{\vec{v}_1, \vec{v}_2, \ldots, \vec{v}_m\}$ eine Basis von V und $\{\vec{w}_1, \vec{w}_2, \ldots, \vec{w}_n\}$ eine Basis von W. Wir definieren mn lineare Abbildungen $\lambda_{ij} \in \mathrm{Hom}(V,W)$ durch

$$\lambda_{ij}(\vec{v}_i) = \vec{w}_j \quad \text{und} \quad \lambda_{ij}(\vec{v}_k) = \vec{o} \quad \text{für} \quad k \neq i \quad (i = 1, 2, \ldots m, j = 1, 2, \ldots, n).$$

Für $\lambda \in \mathrm{Hom}(V,W)$ ist

$$\lambda(\vec{v}_i) = \sum_{j=1}^{n} a_{ij} \vec{w}_j$$

mit $a_{i1}, a_{i2}, \ldots, a_{in} \in K$ $(i = 1, 2, \ldots, m)$. Nun sei

$$\lambda_0 = \sum_{j=1}^{m} \left(\sum_{i=1}^{n} a_{ij} \lambda_{ij} \right).$$

Dann ergibt sich $\lambda_0(\vec{v}_k) = \lambda(\vec{v}_k)$ $(k = 1, 2, \ldots, m)$, also $\lambda_0 = \lambda$, weil eine lineare Abbildung eindeutig durch die Bildvektoren aller Basisvektoren bestimmt ist. Also ist λ eine Linearkombination der mn linearen Abbildungen λ_{ij}. Diese sind linear unabhängig: Ist $\sum_{j=1}^{m} \left(\sum_{i=1}^{n} b_{ij} \lambda_{ij} \right)$ die Nullabbildung $V \to \langle \vec{o} \rangle$, dann ergibt sich bei Anwendung auf $\vec{v}_k$ die Beziehung $\sum_{i=1}^{n} b_{kj} \vec{w}_j = \vec{o}$, also $b_{kj} = 0$ für alle k und j.   □

In der folgenden Definition muss man daran denken, dass der Körper K selbst ein K-Vektorraum (der Dimension 1) ist.

Definition 4: Ist V ein K-Vektorraum, dann nennt man eine lineare Abbildung von V in K ein *lineares Funktional*. Den K-Vektorraum $\mathrm{Hom}(V,K)$ der linearen Funktionale auf V nennt man den zu V *dualen* Vektorraum.

Der Vektorraum $\text{Hom}(V, K)$ der linearen Funktionale auf dem m-dimensionalen K-Vektorraum V mit der Basis $\{\vec{v}_1, \vec{v}_2, \ldots, \vec{v}_m\}$ hat gemäß der Konstruktion im Beweis von Satz 6 die Basis $\{\lambda_{11}, \lambda_{21}, \ldots, \lambda_{m1}\}$. Diese nennt man die *duale Basis* zur Basis $\{\vec{v}_1, \vec{v}_2, \ldots, \vec{v}_m\}$ von V.

Wählt man für K die Basis $\{1\}$, dann ist für $\vec{x} = \sum\limits_{i=1}^{m} x_i \vec{v}_i \in V$

$$\left(\sum_{i=1}^{m} a_i \lambda_{i1} \right) (\vec{x}) = \sum_{i=1}^{m} a_i x_i.$$

Ein lineares Funktional ist als nichts anderes als eine *Linearform* über K und kann als Vektor aus K^n (mit den Koordinaten $a_1, a_2, \ldots, a_m$) interpretiert werden. Diese Linearform wird später im Zusammenhang mit dem Skalarprodukt in $\mathbb{R}^m$ eine besondere Rolle spielen.

Beispiel 4: In $\mathbb{R}^m$ betrachten wir die Standardbasis $\{\vec{e}_1, \vec{e}_2, \ldots, \vec{e}_m\}$, ebenfalls im 1-dimensionalen Vektorraum $\mathbb{R}$ (also $\{1\}$). Dann ist

$$\{\lambda_1, \lambda_2, \ldots, \lambda_m\} \quad \text{mit} \quad \lambda_i(\vec{e}_i) = 1 \quad \text{und} \quad \lambda_i(\vec{e}_k) = 0 \quad \text{für} \quad k \neq i$$

eine zu $\{\vec{e}_1, \vec{e}_2, \ldots, \vec{e}_m\}$ duale Basis von $\mathbb{R}^m$. Ist $\lambda \in \text{Hom}(\mathbb{R}^m, \mathbb{R})$ und $\lambda(\vec{e}_i) = a_i$ $(i = 1, 2, \ldots, m)$, dann ist $\lambda = \sum\limits_{i=1}^{m} a_i \lambda_i$. Für $\vec{x} = \sum\limits_{i=1}^{m} x_i \vec{e}_i \in \mathbb{R}^m$ ist dann $\lambda(\vec{x}) = \sum\limits_{i=1}^{m} a_i x_i$. Man kann den Vektor mit den Koordinaten $a_1, a_2, \ldots, a_n$ also als ein lineares Funktional deuten, welches dem Vektor mit den Koordinaten $x_1, x_2, \ldots, x_n$ die Linearform $a_1 x_1 + a_2 x_2 + \ldots + a_n x_n$ zuordnet.

Definition 5: Ist U ein Unterraum von V, dann nennt man

$$A(U) = \{\lambda \in \text{Hom}(V, K) \mid \lambda(\vec{u}) = 0 \text{ für alle } \vec{u} \in U\}$$

den *Annihilator* von U.

Der Annihilator von U besteht im Fall $V = K^n$ also aus allen Linearformen $\sum\limits_{i=1}^{n} a_i x_i$, welche auf U den Wert 0 haben, für welche also

$$\sum_{i=1}^{n} a_i u_i = 0 \text{ für alle } \vec{u} \in U$$

gilt. Offensichtlich ist $A(U)$ ein Unterraum von $\text{Hom}(V, K)$.

Satz 7: Ist U ein Unterraum des endlich-dimensionalen K-Vektorraums V, dann ist

$$\dim A(U) = \dim V - \dim U.$$

Beweis: Die Restriktion ϱ der linearen Funktionale auf V auf den Unterraum U ist eine lineare Abbildung von $\text{Hom}(V, K)$ in $\text{Hom}(U, K)$, welche jedem linearen Funktional auf V dasjenige lineare Funktional auf U zuordnet, das nur die

Wirkung auf die Elemente von U beachtet. Der Kern von ϱ besteht aus allen $\lambda \in \text{Hom}(V, K)$ mit $\lambda(\vec{u}) = 0$ für alle $\vec{u} \in U$, er ist also $A(U)$.

Wir zeigen nun, dass diese lineare Abbildung ϱ surjektiv ist. Dazu sei $\dim U = m$ und $\{\vec{u}_1, \vec{u}_2, \ldots, \vec{u}_m\}$ eine Basis von U sowie $\dim V = n$ und

$$\{\vec{u}_1, \vec{u}_2, \ldots, \vec{u}_m\} \cup \{\vec{v}_1, \vec{v}_2, \ldots, \vec{v}_r\}$$

eine Basis von V, wobei $m + r = n$. Für $\vec{v} \in V$ ist dann

$$\vec{v} = \vec{u} + \vec{u}' \text{ mit } \vec{u} \in U \text{ und } \vec{u}' \in \langle \vec{v}_1, \vec{v}_2, \ldots, \vec{v}_r \rangle,$$

wobei $\vec{u}$ und $\vec{u}'$ durch $\vec{v}$ eindeutig bestimmt sind. Für $\mu \in \text{Hom}(U, K)$ definiere man $\lambda \in \text{Hom}(V, K)$ durch $\lambda(\vec{v}) = \mu(\vec{u})$, die Abbildung μ ist also die Restriktion von λ auf U.

Durch obige Zuordnung $\lambda \mapsto \mu$ ist also eine surjektive lineare Abbildung von $\text{Hom}(V, K)$ auf $\text{Hom}(U, K)$ mit dem Kern $A(U)$ gegeben. Nach Satz 3 ist $\text{Hom}(V, K)/A(U)$ isomorph zu $\text{Hom}(U, K)$. Aus $\dim \text{Hom}(V, K) = n$ und $\dim \text{Hom}(U, K) = m$ folgt damit $n - r = m$. □

Definition 6: Unter dem *Rang* einer Matrix $A = (a_{ij}) \in K^{m,n}$ versteht man die Dimension des von den Zeilenvektoren der Matrix erzeugten Unterraums von K^n, also die maximale Anzahl linear unabhängiger Zeilenvektoren von A. (Genauer spricht man vom *Zeilenrang* der Matrix; vgl. hierzu II.2 Satz 1.) Unter dem Rang eines homogenen LGS versteht man den Rang der Koeffizientenmatrix.

Ein homogenes LGS lässt sich durch elementare Äquivalenzumformungen stets in ein LGS umformen, bei welchem die Anzahl der Gleichungen gleich dem Rang des LGS ist.

Satz 8: Hat das homogene LGS mit der Matrix $A = (a_{ij}) \in K^{m,n}$ den Rang r, dann hat sein Lösungsraum die Dimension $n - r$.

Beweis: Man wähle in $\mathbb{R}^n$ die Standardbasis $\{\vec{e}_1, \vec{e}_2, \ldots \vec{e}_n\}$. Ihre duale Basis in $\text{Hom}(\mathbb{R}^n, \mathbb{R})$ sei $\{\lambda_1, \lambda_2, \ldots, \lambda_n\}$. Für $\lambda \in \text{Hom}(\mathbb{R}^n, \mathbb{R})$ ist $\lambda = \sum_{i=1}^{n} x_i \lambda_i$ mit $x_1, x_2, \ldots, x_n \in K$, also

$$\lambda \left(\sum_{j=1}^{n} a_{ij} \vec{e}_j \right) = \left(\sum_{i=1}^{n} x_i \lambda_i \right) \left(\sum_{j=1}^{n} a_{ij} \vec{e}_j \right) = \sum_{j=1}^{n} x_j a_{ij}$$

für $i = 1, 2, \ldots, m$, denn $\lambda_j(\vec{e}_j) = 1$ und $\lambda_i(\vec{e}_j) = 0$ für $j \neq i$. Also ist $(x_1, x_2, \ldots, x_n)$ genau dann eine Lösung des homogenen LGS, wenn λ zu $A(U)$ gehört, wobei U der von den Zeilenvektoren der Matrix A erzeugte Unterraum von $\mathbb{R}^n$ ist. Der Lösungsraum des homogenen LGS hat also dieselbe Dimension wie $A(U)$, und diese ist $n - r$ nach Satz 7. □

Mit Satz 8 sind die in I.2 anschaulich begründeten Aussagen über die Lösungsmenge eines LGS auf einem abstrakteren Niveau bewiesen.

Aufgaben

1. Es sei $\{\vec{v}_1, \vec{v}_2, \ldots, \vec{v}_n\}$ eine Basis des K- Vektorraums V, ferner sei $\{\vec{w}_1, \vec{w}_2, \ldots, \vec{w}_n\} \subseteq V$. Eine Abbildung α von V in V sei definiert durch

$$\alpha(r_1\vec{v}_1 + r_2\vec{v}_2 + \ldots + r_n\vec{v}_n) = r_1\vec{w}_1 + r_2\vec{w}_2 + \ldots + r_n\vec{w}_n \ (r_1, r_2, \ldots, r_n \in K).$$

Man zeige, dass $\alpha \in \mathrm{Hom}(V,V)$. Wann ist α ein Isomorphismus?

2. Es sei V ein endlichdimensionaler K-Vektorraum und $\alpha \in \mathrm{Hom}(V,V)$.

a) Man zeige: Ist α injektiv, dann ist α auch surjektiv (also bijektiv).

b) Man zeige: Ist α surjektiv, dann ist α auch injektiv (also bijektiv).

3. Man zeige: Sind λ, μ lineare Funktionale auf dem K-Vektorraum V und folgt für $\vec{v} \in V$ aus $\lambda(\vec{v}) = 0$ stets $\mu(\vec{v}) = 0$, dann ist $\mu = r\lambda$ mit $r \in K$.

4. Es sei V ein endlichdimensionaler K-Vektorraum und $\vec{v}_1, \vec{v}_2 \in V$ mit $\vec{v}_1 \neq \vec{v}_2$. Man zeige, dass ein $\alpha \in \mathrm{Hom}(V, K)$ mit $\alpha(\vec{v}_1) \neq \alpha(\vec{v}_2)$ existiert.

5. Man beweise: Für jeden Untervektorraum U eines Vektorraums V gilt für den Annihilator $A(A(U)) = U$.

6. Der K-Vektorraum V sei endlichdimensional und U_1, U_2 seien Unterräume von V. Man beweise folgende Eigenschaften des Annihilators:
$$A(U_1 + U_2) = A(U_1) \cap A(U_2), \qquad A(U_1 \cap U_2) = A(U_1) + A(U_2).$$

II.2 Verkettung linearer Abbildungen

Definition 1: U, V, W seien K-Vektorräume. Ist

$\beta \in \mathrm{Hom}(U,V)$ und $\alpha \in \mathrm{Hom}(V,W)$,

dann bezeichnet man mit $\alpha \circ \beta$ die Verkettung dieser Abbildungen (gelesen „α nach β"; Fig. 1). Dies ist also eine Abbildung aus $\mathrm{Hom}(U,W)$. Für $\vec{u} \in U$ ist

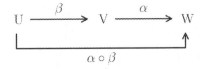

Fig 1: Verkettung

$$(\alpha \circ \beta)(\vec{u}) = \alpha(\beta(\vec{u})).$$

Die Verkettung ergibt wieder eine lineare Abbildung, denn

$$
\begin{aligned}
(\alpha \circ \beta)(\vec{u}_1 + \vec{u}_2) &= \alpha(\beta(\vec{u}_1 + \vec{u}_2)) = \alpha(\beta(\vec{u}_1)) + \alpha(\beta(\vec{u}_2)) \\
&= (\alpha \circ \beta)(\vec{u}_1) + (\alpha \circ \beta)(\vec{u}_2) \ \text{ für } \ \vec{u}_1, \vec{u}_2 \in U, \\
(\alpha \circ \beta)(r\vec{u}) &= \alpha(\beta(r\vec{u})) = \alpha(r\beta(\vec{u})) \\
&= r\alpha(\beta(\vec{u})) = r(\alpha \circ \beta)(\vec{u}) \ \text{ für } \ \vec{u} \in U \ \text{ und } \ r \in K.
\end{aligned}
$$

Sind die Vektorräume U, V, W endlich-dimensional und ist

$$\dim U = k, \quad \dim V = m, \quad \dim W = n,$$

dann kann man bezüglich gegebener Basen von U, V, W obige Abbildungen durch Matrizen aus $K^{n,m}$ bzw. aus $K^{m,k}$ darstellen, welche die Koordinatenvektoren ineinander überführen.

Definition 2: Es sei $A \in K^{n,m}$ und $B \in K^{m,k}$. Ist $\vec{y} = B\vec{x}$ und $\vec{z} = A\vec{y}$, dann ist $\vec{z} = A(B\vec{x}) = C\vec{x}$ mit $C \in K^{n,k}$. Die Matrix C nennt man das Produkt von A und B und schreibt $C = AB$.

Wir wollen nun zeigen, wie man dieses Matrizenprodukt berechnet: Es seien

$$\{\vec{u}_1, \vec{u}_2, \ldots, \vec{u}_k\}, \quad \{\vec{v}_1, \vec{v}_2, \ldots, \vec{v}_m\}, \quad \{\vec{w}_1, \vec{w}_2, \ldots, \vec{w}_n\}$$

Basen von U, V, W und es sei $\vec{x} = \sum_{h=1}^{k} x_h \vec{u}_h \in U$. Dann gilt für $\vec{y} = \sum_{i=1}^{m} y_i \vec{v}_i = B\vec{x}$:

$$
\begin{aligned}
y_1 &= b_{11}x_1 + b_{12}x_2 + \ldots + b_{1k}x_k \\
y_2 &= b_{21}x_1 + b_{22}x_2 + \ldots + b_{2k}x_k \\
&\vdots \\
y_m &= b_{m1}x_1 + b_{m2}x_2 + \ldots + b_{mk}x_k
\end{aligned}
$$

Für $\vec{z} = \sum_{j=1}^{n} z_j \vec{w}_j = A\vec{y}$ ist dann

$$
\begin{aligned}
z_1 &= a_{11} \sum_{h=1}^{k} b_{1h}x_h + a_{12} \sum_{h=1}^{k} b_{2h}x_h + \ldots + a_{1m} \sum_{h=1}^{k} b_{mh}x_h \\
&= \left(\sum_{i=1}^{m} a_{1i}b_{i1}\right) x_1 + \left(\sum_{i=1}^{m} a_{1i}b_{i2}\right) x_2 + \ldots + \left(\sum_{i=1}^{m} a_{1i}b_{ik}\right) x_k \\
&= c_{11}x_1 + c_{12}x_2 + \ldots + c_{1k}x_k
\end{aligned}
$$

Ebenso ergibt sich für $j = 2, 3, \ldots, n$

$$
\begin{aligned}
z_j &= a_{j1} \sum_{h=1}^{k} b_{1h}x_h + a_{j2} \sum_{h=1}^{k} b_{2h}x_h + \ldots + a_{jm} \sum_{h=1}^{k} b_{mh}x_h \\
&= \left(\sum_{i=1}^{m} a_{ji}b_{i1}\right) x_1 + \left(\sum_{i=1}^{m} a_{ji}b_{i2}\right) x_2 + \ldots + \left(\sum_{i=1}^{m} a_{ji}b_{ik}\right) x_k \\
&= c_{j1}x_1 + c_{j2}x_2 + \ldots + c_{jk}x_k
\end{aligned}
$$

Das Element c_{jh} der Matrix $C = AB$ ist also das „Produkt" der j-ten Zeile von A mit der h-ten Spalte von B (vgl. Fig. 2). Dieses Produkt einer Zeile und einer Spalte von Elementen aus K werden wir später als „Skalarprodukt" kennenlernen.

$$\begin{pmatrix} a_{j1} & a_{j2} & \dots & a_{jm} \end{pmatrix} \begin{pmatrix} b_{1h} \\ b_{2h} \\ \vdots \\ \vdots \\ b_{mh} \end{pmatrix} = \begin{pmatrix} & c_{jh} & \end{pmatrix}$$

n Zeilen m Zeilen n Zeilen
m Spalten k Spalten k Spalten

$$c_{jh} = a_{j1}b_{1h} + a_{j2}b_{2h} + \dots + a_{jm}b_{mh} \quad (j = 1, 2, \dots, n, \; h = 1, 2, \dots, k)$$

Fig. 2: Matrizenmultiplikation

Man beachte: Das Matrizenprodukt AB existiert nur, wenn die Anzahl der Spalten von A gleich der Anzahl der Zeilen von B ist.

Weil das Verketten von Abbildungen eine assoziative Verknüpfung ist, gilt dies auch für die Multiplikation von Matrizen, d.h. es gilt $(AB)C = A(BC)$, falls diese Produkte definiert sind. Ferner gilt $(rA)B = A(rB) = r(AB)$ für $r \in K$, falls das Produkt AB definiert ist. Dabei ist rA die Matrix, die aus A durch Multiplikation aller Einträge mit r entsteht, denn dann ist $(rA)\vec{x} = A(r\vec{x})$.

Beispiel 1: Nebenstehend ist das Produkt AB einer 2,5-Matrix A mit einer 5,3-Matrix B berechnet; es ergibt sich eine 2,3-Matrix.

In diesem Schema haben wir die runden Matrizenklammern weggelasen. Dieses übersichtliche Schema lässt sich leicht zur Berechnung von Produkten von drei und mehr Matrizen fortsetzen.

$$\begin{array}{ccccc|ccc} & A & & & & & & AB \\ 1 & -1 & 3 & 7 & 5 & 11 & 18 & 98 \\ -2 & 0 & 11 & -1 & 6 & -27 & 13 & 53 \\ \hline & & & & & 9 & -3 & 1 \\ & & & & & 0 & 10 & 2 \\ & & & & & 1 & 1 & -1 \\ & & & & & 2 & 4 & 6 \\ & & & & & -3 & 0 & 12 \end{array}$$

Matrizen vom gleichen Typ (gleiche Zeilenzahl und gleiche Spaltenzahl) kann man auch addieren: Sind A, B beides m, n-Matrizen, dann ist $A\vec{x} + B\vec{x} = (A + B)\vec{x}$ für $\vec{x} \in K^n$, wenn man die Addition von A und B elementweise definiert, also

$$(a_{ij}) + (b_{ij}) = (a_{ij} + b_{ij}).$$

Matrizen, deren Zeilenanzahl gleich ihrer Spaltenanzahl ist, nennt man *quadratisch*. Quadratische n, n-Matrizen kann man addieren und multiplizieren, wobei folgende Regeln gelten:

(1) $(A + B) + C = A + (B + C)$ für alle $A, B, C \in K^{n,n}$
    (Assoziativgesetz der Addition)

(2) $A + B = B + A$ für alle $A, B \in K^{n,n}$
    (Kommutativgesetz der Addition)

(3) $A + O = A$ für alle $A \in K^{n,n}$, wobei O die Nullmatrix ist (Fig. 3)
    (Existenz eines neutralen Elements bezüglich der Addition)

(4) $A + (-A) = O$ für alle $A \in K^{n,n}$, wobei $-A = (-1)A$
    (Invertierbarkeit bezüglich der Addition)

(5) $(AB)C = A(BC)$ für alle $A, B, C \in K^{n,n}$
    (Assoziativgesetz der Multiplikation)

(6) $AE = EA = A$ für alle $A \in K^{n,n}$, wobei E die Einheitsmatrix ist (Fig. 3)
    (Existenz eines neutralen Elements bzgl. der Multiplikation)

(7) $A(B + C) = AB + AC; (A + B)C = AC + BC$ für alle $A, B, C \in K^{n,n}$
    (Distributivgesetz)

$$O = \begin{pmatrix} 0 & 0 & 0 & 0 & 0 & 0 & 0 \\ 0 & 0 & 0 & 0 & 0 & 0 & 0 \\ 0 & 0 & 0 & 0 & 0 & 0 & 0 \\ 0 & 0 & 0 & 0 & 0 & 0 & 0 \\ 0 & 0 & 0 & 0 & 0 & 0 & 0 \\ 0 & 0 & 0 & 0 & 0 & 0 & 0 \\ 0 & 0 & 0 & 0 & 0 & 0 & 0 \end{pmatrix}, \qquad E = \begin{pmatrix} 1 & 0 & 0 & 0 & 0 & 0 & 0 \\ 0 & 1 & 0 & 0 & 0 & 0 & 0 \\ 0 & 0 & 1 & 0 & 0 & 0 & 0 \\ 0 & 0 & 0 & 1 & 0 & 0 & 0 \\ 0 & 0 & 0 & 0 & 1 & 0 & 0 \\ 0 & 0 & 0 & 0 & 0 & 1 & 0 \\ 0 & 0 & 0 & 0 & 0 & 0 & 1 \end{pmatrix}$$

Fig. 3: Nullmatrix und Einheitsmatrix

Die Matrizen aus $K^{n,n}$ bilden also bezüglich der Addition und der Multiplikation eine algebraische Struktur, welche man in der Algebra einen *Ring* (genauer *Ring mit Einselement*) nennt. Die Matrizenmultiplikation in $K^{n,n}$ ist (wie auch allgemein das Verketten von Abbildungen) nicht kommutativ.

Beispiel 2: Es gilt

$$\begin{pmatrix} 1 & 2 \\ 2 & 3 \end{pmatrix} \begin{pmatrix} 0 & 2 \\ 1 & 4 \end{pmatrix} = \begin{pmatrix} 2 & 10 \\ 3 & 16 \end{pmatrix} \quad \text{und} \quad \begin{pmatrix} 0 & 2 \\ 1 & 4 \end{pmatrix} \begin{pmatrix} 1 & 2 \\ 2 & 3 \end{pmatrix} = \begin{pmatrix} 4 & 6 \\ 9 & 14 \end{pmatrix}.$$

Beispiel 3: Für alle $a, b, c, d \in \mathbb{R}$ gilt

$$\begin{pmatrix} a & -b \\ b & a \end{pmatrix} \begin{pmatrix} c & -d \\ d & c \end{pmatrix} = \begin{pmatrix} ac - bd & -(ad + bc) \\ ad + bc & ac - bd \end{pmatrix} = \begin{pmatrix} c & -d \\ d & c \end{pmatrix} \begin{pmatrix} a & -b \\ b & a \end{pmatrix}.$$

In diesem Fall sind die Faktoren in dem Matrizenprodukt vertauschbar. Das Produkt von je zwei Matrizen der betrachteten Form $\begin{pmatrix} a & -b \\ b & a \end{pmatrix}$ $(a, b \in \mathbb{R})$ ist wieder von der gleichen Form, diese Matrizen bilden also eine algebraische Struktur. Diese ist isomorph zum Körper $\mathbb{C}$ der komplexen Zahlen; das werden wir in II.3 noch näher darstellen.

In $K^{n,n}$ gibt es Matrizen, welche von der Nullmatrix O verschieden sind, deren Produkt aber O ergibt. Solche Matrizen (allgemein solche Elemente eines Rings) nennt man *Nullteiler*.

Beispiel 4: Es gilt

$$\begin{pmatrix} 1 & 0 \\ 1 & 0 \end{pmatrix} \begin{pmatrix} 0 & 0 \\ 1 & 1 \end{pmatrix} = \begin{pmatrix} 0 & 0 \\ 0 & 0 \end{pmatrix}.$$

Bei Änderung der Reihenfolge sind die Faktoren aber keine Nullteiler, so dass man zwischen Rechts- und Linksnullteilern unterscheiden muss. Es gilt

$$\begin{pmatrix} 0 & 0 \\ 1 & 1 \end{pmatrix} \begin{pmatrix} 1 & 0 \\ 1 & 0 \end{pmatrix} = \begin{pmatrix} 0 & 0 \\ 2 & 0 \end{pmatrix}.$$

Existiert zu einer Matrix $A \in K^{n,n}$ eine Matrix $B \in K^{n,n}$ mit $AB = E$ sowie eine Matrix $C \in K^{n,n}$ mit $CA = E$, dann ist $B = C$; denn

$$B = EB = CAB = CE = C.$$

In diesem Fall nennt man die Matrix B bzw. C die zu A *inverse Matrix* und bezeichnet sie mit A^{-1}. Zur Nullmatrix kann keine inverse Matrix existieren, denn für alle $A \in K^{n,n}$ ist $AO = O \neq E$. Auch zu einer von O verschiedenen Matrix existiert nicht immer eine Inverse. Beispielweise sind Nullteiler nicht invertierbar: Ist $AB = O$ und A invertierbar, dann ist

$$B = EB = (A^{-1}A)B = A^{-1}(AB) = A^{-1}O = O.$$

Beispiel 5: Die Gleichung

$$\begin{pmatrix} 1 & 2 \\ 2 & 4 \end{pmatrix} \begin{pmatrix} x_{11} & x_{12} \\ x_{21} & x_{22} \end{pmatrix} = \begin{pmatrix} 1 & 0 \\ 0 & 1 \end{pmatrix}$$

ist gleichbedeutend mit den beiden linearen Gleichungssystemen

$$\begin{array}{ccc} x_{11} + 2x_{21} & = & 1 \\ 2x_{11} + 4x_{21} & = & 0 \end{array} \quad \text{und} \quad \begin{array}{ccc} x_{12} + 2x_{22} & = & 0 \\ 2x_{12} + 4x_{22} & = & 1 \end{array},$$

und diese besitzen keine Lösung.

Zwischen der Lösbarkeit linearer Gleichungssysteme und den Eigenschaften linearer Abbildungen besteht also folgender Zusammenhang: Genau dann ist die Matrix $A \in K^{n,n}$ invertierbar, wenn die lineare Abbildung $\vec{x} \mapsto A\vec{x}$ von K^n in sich umkehrbar (bijektiv) ist, wenn also das Gleichungssystem $A\vec{x} = \vec{a}$ für jedes $\vec{a} \in K^n$ eindeutig lösbar ist. Dies ist der Fall, wenn die homogene Gleichung $A\vec{x} = \vec{o}$ nur die Lösung $\vec{o}$ hat, wenn also der Rang von A gleich der Dimension n von K^n ist.

Die Berechnung der Inversen einer Matrix aus $K^{n,n}$ kann man leicht mit dem Gauß-Verfahren zum Lösen eines LGS bewerkstelligen, indem man die n durch die Matrizengleichung $AX = E$ gegebenen Systeme simultan löst.

Beispiel 6: In nebenstehendem Schema wird die Inverse von

$$A = \begin{pmatrix} 2 & 1 & -3 \\ 1 & 0 & 4 \\ -3 & -2 & 1 \end{pmatrix}$$

berechnet. Es ergibt sich

$$A^{-1} = \frac{1}{9} \begin{pmatrix} 8 & 5 & 4 \\ -13 & -7 & -11 \\ -2 & 1 & -1 \end{pmatrix}$$

2	1	-3	1	0	0
1	0	4	0	1	0
-3	-2	1	0	0	1
0	1	-11	1	-2	0
1	0	4	0	1	0
0	-2	13	0	3	1
1	0	4	0	1	0
0	1	-11	1	-2	0
0	0	-9	2	-1	1
9	0	36	0	9	0
0	9	-99	9	-18	0
0	0	9	-2	1	-1
9	0	0	8	5	4
0	9	0	-13	-7	-11
0	0	9	-2	1	-1

Als *Rang* der Matrix $A \in K^{m,n}$ haben wir die Dimension des von den Zeilenvektoren erzeugten Unterraums von K^n bezeichnet. Genauer nennt man dies den *Zeilenrang* von A. Die Dimension des von den Spaltenvektoren erzeugten Unterraums nennt man dann den *Spaltenrang* von A. Ist $A \in K^{n,n}$ und hat $A\vec{x} = \vec{o}$ nur die Lösung $\vec{o}$, dann hat A den Spaltenrang n, denn dann sind die Spaltenvektoren von A linear unabhängig. Genau dann ist also $A \in K^{n,n}$ invertierbar, wenn A den Spaltenrang n hat. Der folgende Satz besagt, dass man auch im allgemeinen Fall nicht zwischen Zeilenrang und Spaltenrang unterscheiden muss.

Satz 1: Für $A \in K^{m,n}$ hat der von den m Zeilenvektoren erzeugte Unterraum von K^n dieselbe Dimension wie der von den n Spaltenvektoren erzeugte Unterraum von K^m („Spaltenrang=Zeilenrang").

Beweis: Ist U der Lösungsraum von $A\vec{x} = \vec{o}$ (also der Kern der durch A vermittelten linearen Abbildung von K^n in K^m), dann besteht der Quotientenraum K^n/U aus allen linearen Mannigfaltigkeiten $\vec{a} + U$, wobei $\vec{a}$ eine Linearkombination der Spaltenvektoren von A ist. Der Spaltenrang von A ist also die Dimension von K^n/U. Es ist daher nach Satz 3 aus II.1

$$\text{Spaltenrang von } A = \dim K^n/U = \dim K^n - \dim U = n - \dim U.$$

Andererseits ist nach Satz 8 aus II.1

$$\dim U = n - \text{Zeilenrang von } A,$$

woraus sich die Behauptung ergibt. □

Elementare Spaltenumformungen (Multiplikation mit einem $r \in K$ mit $r \neq 0$, Addition einer Spalte zu einer anderen, Vertauschung zweier Spalten) ändern also den Rang einer Matrix ebenso wenig wie elementare Zeilenumformungen. Durch elementare Zeilenunformungen kann man die Matrix auf Stufenform bringen (vgl. Stufenform eines LGS), wobei die Anzahl der von der Nullzeile verschiedenen Zeilen der Zeilenrang ist. Durch Vertauschung der Spalten, welche den Spaltenrang fest lässt, kann man die Matrix schließlich auf die spezielle Stufenform in Fig. 4 bringen, an welcher man sowohl den Spaltenrang als auch den Zeilenrang ablesen kann.

$$
\begin{pmatrix}
\neq 0 & 0 & 0 & 0 & 0 & 0 & * & * & * & * & * & * & * & * \\
0 & \neq 0 & 0 & 0 & 0 & 0 & * & * & * & * & * & * & * & * \\
0 & 0 & \neq 0 & 0 & 0 & 0 & * & * & * & * & * & * & * & * \\
0 & 0 & 0 & \neq 0 & 0 & 0 & * & * & * & * & * & * & * & * \\
0 & 0 & 0 & 0 & \neq 0 & 0 & * & * & * & * & * & * & * & * \\
0 & 0 & 0 & 0 & 0 & \neq 0 & * & * & * & * & * & * & * & * \\
0 & 0 & 0 & 0 & 0 & 0 & 0 & 0 & 0 & 0 & 0 & 0 & 0 & 0 \\
0 & 0 & 0 & 0 & 0 & 0 & 0 & 0 & 0 & 0 & 0 & 0 & 0 & 0 \\
0 & 0 & 0 & 0 & 0 & 0 & 0 & 0 & 0 & 0 & 0 & 0 & 0 & 0 \\
0 & 0 & 0 & 0 & 0 & 0 & 0 & 0 & 0 & 0 & 0 & 0 & 0 & 0
\end{pmatrix}
$$

Fig. 4: Spezielle Stufenform

Benutzt man zum Lösen eines LGS Spaltenumformungen, so muss man daran denken, dass dabei auch die Variablen vertauscht werden!

Elementare Zeilen- und Spaltenumformungen einer Matrix A kann man durch Multiplikation mit geeigneten Matrizen ausdrücken. Dies ist allgemein leicht zu begründen, wir begnügen uns aber mit Beispielen:

Beispiel 7 (elementare Umformungen):

Für $A \in K^{3,n}$ bedeutet

$$
\begin{pmatrix} 1 & 0 & 0 \\ 0 & r & 0 \\ 0 & 0 & 1 \end{pmatrix} A
\qquad
\begin{pmatrix} 1 & 0 & 0 \\ 0 & 1 & 1 \\ 0 & 0 & 1 \end{pmatrix} A
\qquad
\begin{pmatrix} 0 & 0 & 1 \\ 0 & 1 & 0 \\ 1 & 0 & 0 \end{pmatrix} A
$$

Vervielfachung   Addition der   Vertauschung der
der 2. Zeile mit r 3. zur 2. Zeile   1. und 3. Zeile

Für $A \in K^{n,4}$ bedeutet

$$
A\begin{pmatrix} 1 & 0 & 0 & 0 \\ 0 & 1 & 0 & 0 \\ 0 & 0 & r & 0 \\ 0 & 0 & 0 & 1 \end{pmatrix}
\qquad
A\begin{pmatrix} 1 & 0 & 0 & 1 \\ 0 & 1 & 0 & 0 \\ 0 & 0 & 1 & 0 \\ 0 & 0 & 0 & 1 \end{pmatrix}
\qquad
A\begin{pmatrix} 1 & 0 & 0 & 0 \\ 0 & 0 & 0 & 1 \\ 0 & 0 & 1 & 0 \\ 0 & 1 & 0 & 0 \end{pmatrix}
$$

Vervielfachung   Addition der   Vertauschung der
der 3. Spalte mit r 1. zur 4. Spalte   2. und 4. Spalte

Fasst man die von links bzw. von rechts an die gegebene Matrix A heranmultiplizierten Matrizen zu einem Produkt B bzw. C zusammen, so kann man festhalten: Ist $A \in K^{m,n}$, dann gibt es invertierbare Matrizen $B \in K^{m,m}$ und $C \in K^{n,n}$, so dass die Matrix BAC die in Fig. 4 beschriebene Stufenform hat.

Ist $A \in K^{n,n}$ quadratisch und vom Rang n, dann ist BAC eine *Diagonalmatrix*. Durch weitere Vervielfachungen der Zeilen oder Spalten kann man diese zu E machen, es gibt also invertierbare Matrizen $B, C \in K^{n,n}$ mit $BAC = E$.

Bei obigen Aussagen haben wir stillschweigend benutzt, dass das Produkt invertierbarer Matrizen aus $K^{n,n}$ wieder invertierbar ist. Dies ist aber selbstverständlich, denn $(AB)(B^{-1}A^{-1}) = A(BB^{-1})A^{-1} = AEA^{-1} = AA^{-1} = E$, und ebenso findet man $(B^{-1}A^{-1})(AB) = E$. Also ist

$$(AB)^{-1} = B^{-1}A^{-1}.$$

Hat man zu einer Matrix $A \in K^{n,n}$ vom Rang n zwei Matrizen $B, C \in K^{n,n}$ gefunden, so dass $BAC = E$ gilt, dann kann man formal A^{-1} berechnen: Aus $BAC = E$ folgt $A = B^{-1}C^{-1}$, also $A^{-1} = CB$. Die konkrete Rechnung ist aber in der Praxis bei großen Matrizen sehr mühsam.

Beispiel 8: Aus A ergibt sich folgendermaßen unter Beachtung der Reihenfolge der Operationen die Einheitsmatrix E:

$$
\overset{2.}{\begin{pmatrix} 1 & 1 \\ 0 & 1 \end{pmatrix}}
\quad
\overset{1.}{\begin{pmatrix} 1 & 3 \\ -1 & 4 \end{pmatrix}}
\quad
\overset{3.}{\begin{pmatrix} -3 & 0 \\ 0 & 1 \end{pmatrix}}
\quad
\overset{4.}{\begin{pmatrix} 1 & 1 \\ 0 & 1 \end{pmatrix}}
\quad
\overset{}{\begin{pmatrix} -\frac{1}{3} & 0 \\ 0 & 1 \end{pmatrix}}
\quad
\overset{5.}{\begin{pmatrix} 1 & 0 \\ 0 & \frac{1}{7} \end{pmatrix}}
$$

Addition der 1. zur 2. Zeile	A	1. Spalte mal (-3)	Addition der 1. zur 2. Spalte	1. Spalte mal $\left(-\frac{1}{3}\right)$	1. Spalte mal $\frac{1}{7}$

$$
A^{-1} = \begin{pmatrix} -3 & 0 \\ 0 & 1 \end{pmatrix}\begin{pmatrix} 1 & 1 \\ 0 & 1 \end{pmatrix}\begin{pmatrix} -\frac{1}{3} & 0 \\ 0 & 1 \end{pmatrix}\begin{pmatrix} 1 & 0 \\ 0 & \frac{1}{7} \end{pmatrix}\begin{pmatrix} 1 & 1 \\ 0 & 1 \end{pmatrix} = \frac{1}{7}\begin{pmatrix} 4 & -3 \\ 1 & 1 \end{pmatrix}
$$

Für invertierbare Matrizen aus $K^{2,2}$ rechnet man leicht nach (Aufgabe 4):

$$
\begin{pmatrix} a & b \\ c & d \end{pmatrix}^{-1} = \frac{1}{ad - bc}\begin{pmatrix} d & -b \\ -c & a \end{pmatrix}
$$

Einen Vektor aus K^n kann man als eine Matrix aus $K^{n,1}$ verstehen („Spaltenvektor"). Eine Matrix aus $K^{1,n}$ („Zeilenvektor") kann man als „transponierten" Vektor deuten, wenn man das Transponieren (hochgestelltes Symbol T) folgendermaßen deutet:

$$
\begin{pmatrix} a_1 \\ a_2 \\ \vdots \\ a_n \end{pmatrix}^T = (a_1 \; a_2 \; \ldots \; a_n), \quad (a_1 \; a_2 \; \ldots \; a_n)^T = \begin{pmatrix} a_1 \\ a_2 \\ \vdots \\ a_n \end{pmatrix}
$$

Damit kann man die Linearformen einfacher schreiben:

$$a_1 x_1 + a_2 x_2 + \ldots + a_n x_n = \vec{a}^T \vec{x}$$

Das Transponieren einer Matrix definiert man auch im allgemeinen Fall:

Definition 3: Für $A \in K^{m,n}$ versteht man unter der Matrix A^T diejenige Matrix aus $K^{n,m}$, die aus A durch Vertauschen der Zeilen mit den Spalten hervorgeht, bei der also das Element a_{ij} mit dem Element a_{ji} vertauscht wird. Man nennt A^T die Transponierte von A.

Nach Satz 1 haben die Matrizen A und A^T den gleichen Rang.

Beispiel 9:

$$\begin{pmatrix} 1 & 2 & 3 \\ 4 & 5 & 6 \\ 7 & 8 & 9 \\ 0 & 1 & 2 \\ 3 & 4 & 5 \end{pmatrix}^T = \begin{pmatrix} 1 & 4 & 7 & 0 & 3 \\ 2 & 5 & 8 & 1 & 4 \\ 3 & 6 & 9 & 2 & 5 \end{pmatrix}, \qquad \begin{pmatrix} 1 & 4 & 7 & 0 & 3 \\ 2 & 5 & 8 & 1 & 4 \\ 3 & 6 & 9 & 2 & 5 \end{pmatrix}^T = \begin{pmatrix} 1 & 2 & 3 \\ 4 & 5 & 6 \\ 7 & 8 & 9 \\ 0 & 1 & 2 \\ 3 & 4 & 5 \end{pmatrix}$$

Satz 2: Für das Transponieren von Matrizen gelten die folgenden Regeln:

(1) $(A + B)^T = A^T + B^T$ für alle $A, B \in K^{m,n}$;

(2) $(rA)^T = rA^T$ für alle $A \in K^{m,n}$ und $r \in K$;

(3) $(AB)^T = B^T A^T$ für alle $A \in K^{k,m}$ und $B \in K^{m,n}$;

(4) $(A^T)^{-1} = (A^{-1})^T$ für alle invertierbaren $A \in K^{n,n}$.

Beweis: Nur die Regeln (3) und (4) sind nicht unmittelbar einsichtig. Sind $\vec{a}_1^T, \vec{a}_2^T, \ldots, \vec{a}_k^T \in K^m$ die Zeilenvektoren von A und $\vec{b}_1, \vec{b}_2, \ldots, \vec{b}_n \in K^m$ die Spaltenvektoren von B, dann ist

$$AB = (\vec{a}_i^T \vec{b}_j)_{k,n}.$$

Wegen $\vec{a}_i^T \vec{b}_j = \vec{b}_j^T \vec{a}_i$ ergibt sich

$$(AB)^T = (\vec{b}_j^T \vec{a}_i)_{n,k} = B^T A^T.$$

Ist A eine invertierbare Matrix aus $K^{n,n}$, dann ist $AA^{-1} = E = E^T = (A^{-1})^T A^T$. Weil die Inverse einer Matrix eindeutig bestimmt ist, folgt $(A^T)^{-1} = (A^{-1})^T$ (vgl. Aufgabe 1). $\qquad \square$

Beispiel 10: Ein Homomorphismus von $V = K^n$ in $W = K^m$ sei durch die Matrix $A \in K^{m,n}$ gegeben. Ist dann $\vec{a}^T \vec{y}$ eine Linearform über W und $\vec{y} = A\vec{x}$ ($\vec{x} \in V$), dann ist

$$\vec{a}^T A\vec{x} = (A^T \vec{a})\vec{x},$$

also $(A^T \vec{a})\vec{x}$ die zugehörige Linearform über V. Dem Homomorphismus von V in W mit der Matrix A entspricht also der Homomorphismus von $\mathrm{Hom}(W, K)$ in $\mathrm{Hom}(V, K)$ mit der Matrix A^T.

Aufgaben

1. a) Man zeige, dass man bei der Matrizenmultiplikation in $K^{n,n}$ nicht zwischen links- und rechtsneutralem Element unterscheiden muss und dass das neutrale Element eindeutig bestimmt ist.

b) Man zeige, dass die inverse Matrix zu $A \in K^{n,n}$, falls sie existiert, eindeutig bestimmt ist.

2. Eine Matrix $A \in K^{n,n}$ heißt *symmetrisch*, wenn $A^T = A$ gilt; sie heißt *schiefsymmetrisch* , wenn $A^T = -A$ gilt. Man zeige, dass man jede Matrix aus $K^{m,m}$ als Summe einer symmetrischen und einer schiefsymmetrischen Matrix schreiben kann.

3. Es seien $\vec{a}, \vec{b}$ von $\vec{o}$ verschiedene Vektoren aus K^n. Dann ist $\vec{a}\,\vec{b}^T$ eine Matrix aus $K^{n,n}$. Welchen Rang hat diese Matrix?

4. Man zeige, dass für invertierbare Matrizen aus $K^{2,2}$ gilt:

$$\begin{pmatrix} a & b \\ c & d \end{pmatrix}^{-1} = \frac{1}{ad - bc} \begin{pmatrix} d & -b \\ -c & a \end{pmatrix}$$

5. Man bestimme den Rang der Matrizen

$$A = \begin{pmatrix} 1 & 2 & 3 & 4 & 5 \\ 5 & 4 & 3 & 2 & 1 \\ 1 & 1 & 1 & 1 & 1 \\ 2 & 0 & 2 & 0 & 2 \\ 3 & 2 & 5 & 4 & 7 \end{pmatrix}, B = \begin{pmatrix} 0 & 1 & 0 & 1 & 0 \\ 1 & 0 & 1 & 0 & 1 \\ 0 & 0 & 0 & 0 & 0 \\ 1 & 2 & 1 & 2 & 1 \end{pmatrix}, C = \begin{pmatrix} 2 & 7 & 1 & 0 \\ 3 & 0 & 1 & 1 \\ 1 & 1 & 1 & 0 \\ 1 & 4 & 7 & 1 \\ 3 & 0 & 1 & 2 \end{pmatrix}.$$

6. Man bestimme eine Matrix $A \in K^{2,5}$ vom Rang 2 und eine Matrix $B \in K^{5,3}$ vom Rang 3, so dass AB die Nullmatrix ist.

7. a) Man zeige für $A, B \in K^{n,n}$: Ist der Rang von AB kleiner als n, dann ist der Rang von A oder der Rang von B kleiner als n.

b) Man konstruiere $A, B \in K^{n,n}$ so, dass die Ränge von A und B positiv sind und der Rang von AB und BA jeweils gleich 0 ist.

8. Unter dem Bild von $A \in K^{m,n}$ versteht man den Unterraum

$$\text{Bild } A = \{A\vec{x} \mid \vec{x} \in K^n\}$$

von K^m. Seine Dimension ist die maximale Anzahl linear unabhängiger Spaltenvektoren von A, also der Rang von A. Man zeige, dass für $A \in K^{k,m}$, $B \in K^{m,n}$ gilt:

$$\text{Rang } AB \leq \min(\text{Rang } A, \text{Rang } B)$$

II.3 Anwendungen der Matrizenrechnung

Einführung des Körpers der komplexen Zahlen

Der Körper $\mathbb{C}$ der komplexen Zahlen ist in Kapitel I schon erwähnt worden, er kann einer der Körper K sein, welche beim Begriff des K-Vektorraums auftreten. Die komplexen Zahlen erklärt man oft „kurz und bündig" als die Menge aller Terme $a + bi$ mit $a, b \in \mathbb{R}$, wobei $i = \sqrt{-1}$ sein soll. Eine solche „Zahl" i gibt es in $\mathbb{R}$ natürlich nicht, sie ist eine komplexe Zahl. Man erklärt also den Begriff der komplexen Zahl mit sich selbst, was natürlich etwas paradox ist. Man könnte $\mathbb{C}$ auch als zweidimensionalen $\mathbb{R}$-Vektorraum mit der Basis $\{1, i\}$ einführen, in welchem zusätzlich die merkwürdige Multiplikation

$$\begin{pmatrix} a \\ b \end{pmatrix} \cdot \begin{pmatrix} c \\ d \end{pmatrix} = \begin{pmatrix} ac - bd \\ ad + bc \end{pmatrix}$$

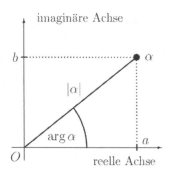

Fig. 1: Komplexe Zahl

definiert ist; man rechnet also mit den Termen $a + bi$ nach den üblichen Regeln der Arithmetik, wobei i^2 durch -1 zu ersetzen ist. Man kann dann in einem kartesischen Koordinatensystem die komplexe Zahl $\alpha = a + bi$ durch den Punkt (a, b) darstellen (Fig. 1), die Länge $\sqrt{a^2 + b^2}$ als den Betrag $|\alpha|$ der komplexen Zahl und den Winkel zwischen der „reellen" Achse und der Strecke von O nach α als den Winkel (das „Argument") $\arg \alpha$ von α deuten. Dann gilt für zwei komplexe Zahlen mit den Beträgen r, s und den Argumenten φ, ψ aufgrund der Additionstheoreme der Trigonometrie

$$r \begin{pmatrix} \cos \varphi \\ \sin \varphi \end{pmatrix} \cdot s \begin{pmatrix} \cos \psi \\ \sin \psi \end{pmatrix} = rs \begin{pmatrix} \cos(\varphi + \psi) \\ \sin(\varphi + \psi) \end{pmatrix}.$$

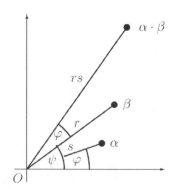

Fig. 2: Multiplikation

Dies erinnert an die Verkettung zweier Drehstreckungen (Fig. 2), und dies gibt einen Hinweis auf eine etwas durchsichtigere Einführung der komplexen Zahlen, nämlich als Abbildungen der Ebene, welche durch Matrizen dargestellt werden.

Dieses Vorgehen würde z.B. auch dem üblichen Vorgehen bei der Konstruktion der rationalen Zahlen aus den ganzen Zahlen entsprechen: Die Bruchzahl $\frac{3}{7}$ versteht man zunächst als den Operator „$\frac{3}{7}$ von ..." auf einem Größenbereich.

Eine Drehung in der Ebene um den Ursprung eines kartesischen Koordinatensystems mit dem Winkel φ ist durch

$$\vec{x} \mapsto \begin{pmatrix} \cos\varphi & -\sin\varphi \\ \sin\varphi & \cos\varphi \end{pmatrix} \vec{x}$$

gegeben (Fig. 3). Verkettet man diese noch mit einer Streckung am Zentrum O mit dem Faktor r, dann hat diese Drehstreckung die Matrix

$$\begin{pmatrix} a & -b \\ b & a \end{pmatrix} = r \begin{pmatrix} \cos\varphi & -\sin\varphi \\ \sin\varphi & \cos\varphi \end{pmatrix}.$$

Wir betrachten nun die Menge

$$\mathbb{C} = \left\{ \begin{pmatrix} a & -b \\ b & a \end{pmatrix} \mid a, b \in \mathbb{R} \right\}$$

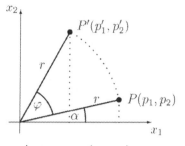

$$\begin{aligned} p_1' &= r\cos(\alpha + \varphi) \\ &= r\cos\alpha\cos\varphi - r\sin\alpha\sin\varphi \\ &= p_1\cos\varphi - p_2\sin\varphi \\ p_2' &= r\sin(\alpha + \varphi) \\ &= r\sin\alpha\cos\varphi + r\cos\alpha\sin\varphi \\ &= p_1\sin\varphi + p_2\cos\varphi \end{aligned}$$

Fig. 3: Drehung

mit den üblichen Matrizenoperationen (Addition, Multiplikation). Dann bildet $\mathbb{C}$ einen Körper, d. h. $\mathbb{C}$ ist abgeschlossen bezüglich der Addition und der Multiplikation, es gelten die Assoziativ- und Kommutativgesetze sowie das Distributivgesetz, es gibt neutrale Elemente (O Nullmatrix, E Einheitsmatrix) und es existieren inverse Elemente bezüglich der Addition und der Multiplikation. Das folgt alles aus dem Rechnen mit Matrizen. Insbesondere gilt

$$\begin{pmatrix} a & -b \\ b & a \end{pmatrix} \cdot \begin{pmatrix} c & -d \\ d & c \end{pmatrix} = \begin{pmatrix} ac - bd & -(ad + bc) \\ ad + bc & ac - bd \end{pmatrix},$$

$$\begin{pmatrix} a & -b \\ b & a \end{pmatrix}^{-1} = \frac{1}{a^2 + b^2} \begin{pmatrix} a & b \\ -b & a \end{pmatrix}, \quad \text{falls} \quad \begin{pmatrix} a & -b \\ b & a \end{pmatrix} \neq \begin{pmatrix} 0 & 0 \\ 0 & 0 \end{pmatrix}.$$

Damit ist der Körper $\mathbb{C}$ der komplexen Zahlen definiert. Ersetzen wir *zur Vereinfachung der Schreibweise* (und aus keinem anderen Grund!) $\begin{pmatrix} 1 & 0 \\ 0 & 1 \end{pmatrix}$ durch 1 und $\begin{pmatrix} 0 & -1 \\ 1 & 0 \end{pmatrix}$ durch i, dann ist $\begin{pmatrix} a & -b \\ b & a \end{pmatrix} = a + bi$, man kann also wieder in „gewohnter Weise" mit den komplexen Zahlen rechnen. Ist $\alpha = a + bi$, dann nennt man $\bar{\alpha} = a - bi$ die zu α *konjugierte Zahl*. Es gilt $\alpha \cdot \bar{\alpha} = a^2 + b^2 = |\alpha|^2$, also $\alpha^{-1} = \frac{1}{|\alpha|^2} \bar{\alpha}$. Die Definition der komplexen Zahlen als Matrizen ändert also nichts am Umgang mit diesen Zahlen, sie dient nur zur Klärung des *Begriffs* der komplexen Zahlen. Man nennt a den *Realteil* und b den *Imaginärteil* der komplexen Zahl $a + bi$. Eine komplexe Zahl α ist genau dann reell, wenn $\bar{\alpha} = \alpha$, wenn also ihr Imaginärteil 0 ist. Eine reelle Zahl ist ein spezielle komplexe Zahl, die Menge $\mathbb{R}$ ist also eine Teilmenge (ein Teilkörper) von $\mathbb{C}$.

Quaternionen

Für komplexe Zahlen $\alpha, \beta \in \mathbb{C}$ nennt man die Matrizen

$$\begin{pmatrix} \alpha & -\overline{\beta} \\ \beta & \overline{\alpha} \end{pmatrix}$$

Quaternionen. Der Name rührt daher, dass für $\alpha = a_1 + ia_2$, $\beta = b_1 + ib_2$ mit $a_1, a_2, b_1, b_2 \in \mathbb{R}$ die Quaternion von den *vier* reellen Zahlen a_1, a_2, b_1, b_2 abhängt. Die Quaternionen bilden einen 4-dimensionalen $\mathbb{R}$-Vektorraum mit der Basis

$$\left\{ \begin{pmatrix} 1 & 0 \\ 0 & 1 \end{pmatrix}, \begin{pmatrix} 0 & -1 \\ 1 & 0 \end{pmatrix}, \begin{pmatrix} i & 0 \\ 0 & -i \end{pmatrix}, \begin{pmatrix} 0 & i \\ i & 0 \end{pmatrix} \right\}.$$

Das Produkt zweier Quaternionen ergibt wieder eine Quaternion, jedoch ist die Quaternionenmultiplikation nicht kommutativ:

$$\begin{pmatrix} \alpha & -\overline{\beta} \\ \beta & \overline{\alpha} \end{pmatrix} \begin{pmatrix} \gamma & -\overline{\delta} \\ \delta & \overline{\gamma} \end{pmatrix} = \begin{pmatrix} \alpha\gamma - \overline{\beta}\delta & -\alpha\overline{\delta} - \overline{\beta}\,\overline{\gamma} \\ \beta\gamma + \overline{\alpha}\delta & -\beta\overline{\delta} + \overline{\alpha}\,\overline{\gamma} \end{pmatrix} = \begin{pmatrix} \alpha\gamma - \overline{\beta}\delta & -\overline{\beta\gamma + \overline{\alpha}\delta} \\ \beta\gamma + \overline{\alpha}\delta & \overline{\alpha\gamma - \overline{\beta}\delta} \end{pmatrix}$$

(Man beachte, dass im Allgemeinen $\alpha\gamma - \overline{\beta}\delta \neq \gamma\alpha - \overline{\delta}\beta$ ist, dies gilt nur, wenn $\overline{\delta}\beta$ reell ist.) Außer dem Kommutativgesetz der Multiplikation erfüllt die Menge der Quaternionen alle Körpergesetze; man spricht von einem *Schiefkörper*. Dieser enthält den Körper der komplexen Zahlen bzw. ein isomorphes Bild desselben: man identifiziere die komplexe Zahl α mit der Quaternion $\begin{pmatrix} \alpha & 0 \\ 0 & \overline{\alpha} \end{pmatrix}$.

Mit Hilfe des Multiplikationssatzes für Determinanten (s. unten) ergibt sich aus dem Quaternionenprodukt eine für die Zahlentheorie interessante Beziehung: Es gilt zunächst

$$(\alpha\overline{\alpha} + \beta\overline{\beta})(\gamma\overline{\gamma} + \delta\overline{\delta}) = (\alpha\gamma - \overline{\beta}\delta)\overline{(\alpha\gamma - \overline{\beta}\delta)} + (\beta\gamma + \overline{\alpha}\delta)\overline{(\beta\gamma + \overline{\alpha}\delta)}.$$

Nun sei wieder $\alpha = a_1 + ib_1$ usw. mit $a_1, a_2, \ldots \in \mathbb{R}$. Wegen

$$\alpha\gamma - \overline{\beta}\delta = (a_1c_1 - a_2c_2 - b_1d_1 - b_2d_2) + i(a_1c_2 + a_2c_1 - b_1d_2 + b_2d_1),$$

$$\beta\gamma + \overline{\alpha}\delta) = (b_1c_1 - b_2c_2 + a_1d_1 + a_2d_2) + i(b_1c_2 + b_2c_1 + a_1d_2 - a_2d_1)$$

ergibt sich die Formel

$$(a_1^2 + a_2^2 + b_1^2 + b_2^2)(c_1^2 + c_2^2 + d_1^2 + d_2^2) =$$
$$(a_1c_1 - a_2c_2 - b_1d_1 - b_2d_2)^2 + (a_1c_2 + a_2c_1 - b_1d_2 + b_2d_1)^2$$
$$+ (b_1c_1 - b_2c_2 + a_1d_1 + a_2d_2)^2 + (b_1c_2 + b_2c_1 + a_1d_2 - a_2d_1)^2.$$

In der Zahlentheorie gewinnt man daraus die folgende Erkenntnis: Sind zwei natürliche Zahlen als Summe von vier Quadratzahlen darstellbar, dann gilt dies auch für ihr Produkt. Der *Vierquadratesatz*, wonach *jede* natürliche Zahl als Summe von vier Quadraten darzustellen ist, muss also nur für Primzahlen bewiesen werden.

Wir haben oben den Begriff der *Determinante* für eine Matrix benutzt; auf diesen Begriff werden wir in IV.1 allgemein eingehen. Die Determinante einer Matrix $A = \begin{pmatrix} a & b \\ c & d \end{pmatrix} \in K^{2,2}$ ist $\det A = ad - bc \in K$. Es gilt der *Determinantenmultiplikationssatz* $\det(AB) = \det A \cdot \det B$ für $A, B \in K^{2,2}$:

$$\det\left(\begin{pmatrix} a & b \\ c & d \end{pmatrix}\begin{pmatrix} e & f \\ g & h \end{pmatrix}\right) = \det\begin{pmatrix} ae + bg & af + bh \\ ce + dg & cf + dh \end{pmatrix}$$

$$= (ae + bg)(cf + dh) - (af + bh)(ce + dg)$$

$$= adeh - adfg + bcfg - bceh = (ad - bc) \cdot (eh - fg)$$

$$= \det\begin{pmatrix} a & b \\ c & d \end{pmatrix} \cdot \det\begin{pmatrix} e & f \\ g & h \end{pmatrix}$$

Diesen werden wir auch in den nächsten Anwendungsbeispielen benötigen.

Beispiel: Die Zahl 9675 soll als Summe von vier Quadraten geschrieben werden. Es ist $9675 = 75 \cdot 129$ und $75 = 1^2 + 3^2 + 4^2 + 7^2$, $129 = 2^2 + 5^2 + 6^2 + 8^2$. Nun ist

$$\begin{pmatrix} 1 + 3i & -4 + 7i \\ 4 + 7i & 1 - 3i \end{pmatrix}\begin{pmatrix} 2 + 5i & -6 + 8i \\ 6 + 8i & 2 - 5i \end{pmatrix} = \begin{pmatrix} \alpha & -\overline{\beta} \\ \beta & \overline{\alpha} \end{pmatrix}$$

mit $\alpha = -93 + 21i$, $\beta = 3 + 24i$, also $\alpha\overline{\alpha} = 93^2 + 21^2$ und $\beta\overline{\beta} = 3^2 + 24^2$. Es ergibt sich also

$$9675 = 3^2 + 21^2 + 24^2 + 93^2.$$

Fibonacci-Zahlen

Die Folge der Fibonacci-Zahlen (nach Leonardo Pisano, gen. Fibonacci, ca 1170–1240) $F_0 = 0, F_1 = 1, F_2 = 1, F_3 = 2, F_4 = 3, F_5 = 5, \ldots$ und allgemein

$$F_{n+1} = F_n + F_{n-1} \text{ für } n \geq 1$$

kann man durch

$$\begin{pmatrix} F_{n+1} & F_n \\ F_n & F_{n-1} \end{pmatrix} = A^n \ (n \in \mathbb{N}) \ \text{ mit } A = \begin{pmatrix} 1 & 1 \\ 1 & 0 \end{pmatrix}$$

definieren, wie man durch Übergang von A^n zu A^{n+1} feststellt. Viele Eigenschaften der Fibonacci-Zahlen gewinnt man aus dieser Matrizendarstellung: Bildet man in der Matrizendarstellung die Determinante, so ergibt sich die Formel

$$F_{n+1}F_{n-1} - F_n^2 = (-1)^n \ (n \in \mathbb{N}).$$

Aus

$$\begin{pmatrix} F_{m+n+1} & F_{m+n} \\ F_{m+n} & F_{m+n-1} \end{pmatrix} = A^{m+n} = A^m A^n = \begin{pmatrix} F_{m+1} & F_m \\ F_m & F_{m-1} \end{pmatrix}\begin{pmatrix} F_{n+1} & F_n \\ F_n & F_{n-1} \end{pmatrix}$$

folgt

$$F_{m+n} = F_{m+1}F_n + F_mF_{n-1} = F_mF_{n+1} + F_{m-1}F_n$$

und insbesondere

$$F_{2n} = F_n(F_{n+1} + F_{n-1}) \text{ sowie } F_{2n+1} = F_{n+1}^2 + F_n^2.$$

Es gilt mit $A^0 = E$ (Einheitsmatrix)

$$(A - E)\sum_{i=0}^{n} A^i = A^{n+1} - E$$

(vgl. Summenformel der geometrischen Reihe), wegen $A - E = A^{-1}$ also

$$E + \sum_{i=1}^{n} \begin{pmatrix} F_{i+1} & F_i \\ F_i & F_{i-1} \end{pmatrix} = A^{n+2} - A = \begin{pmatrix} F_{n+3} - 1 & F_{n+2} - 1 \\ F_{n+2} - 1 & F_{n+1} \end{pmatrix}.$$

Man erhält die (allerdings auch einfacher zu gewinnende) Formel

$$\sum_{i=0}^{n} F_i = F_{n+2} - 1 \quad (n \in \mathbb{N}_0).$$

Pellsche Gleichungen

Es sei d eine quadratfreie natürliche Zahl > 1, also eine natürliche Zahl > 1, die durch keine Quadratzahl > 1 teilbar ist. Die Gleichung

$$x^2 - dy^2 = 1$$

besitzt dann stets außer der trivialen Lösung $(1,0)$ noch weitere Lösungen in $\mathbb{N}^2$, wie man mit Hilfe der Kettenbruchentwicklung von $\sqrt{d}$ beweisen kann. Man nennt $x^2 - dy^2 = 1$ eine pellsche Gleichung, wenn man nach ganzzahligen Lösungen sucht. (Leonhard Euler (1707–1783) hat die Behandlung solcher Gleichungen irrtümlich John Pell (1610–1685) zugeschrieben.) Wir wollen durch Rechnen mit Matrizen zeigen, wie man aus einer minimalen Lösung (x, y mit $y \neq 0$ kleinstmöglich) die (unendliche) Menge aller Lösungen der pellschen Gleichung gewinnt.

Wie betrachten die Menge $\mathbf{M}$ der Matrizen

$$\begin{pmatrix} x & dy \\ y & x \end{pmatrix} \quad \text{mit} \quad x \in \mathbb{N}, y \in \mathbb{N}_0 \quad \text{und} \quad x^2 - dy^2 = 1.$$

$\mathbf{M}$ bildet bezüglich der Matrizenmultiplikation eine kommutative Gruppe mit dem neutralen Element $E = \begin{pmatrix} 1 & 0 \\ 0 & 1 \end{pmatrix}$ und der Inversenbildung

$$\begin{pmatrix} x & dy \\ y & x \end{pmatrix}^{-1} = \begin{pmatrix} x & -dy \\ -y & x \end{pmatrix}.$$

In $\mathbf{M}$ lässt sich folgendermaßen eine lineare Ordnung $<$ definieren:

$$\text{Für } X_1 = \begin{pmatrix} x_1 & dy_1 \\ y_1 & x_1 \end{pmatrix}, \; X_2 = \begin{pmatrix} x_2 & dy_2 \\ y_2 & x_2 \end{pmatrix} \text{ sei } X_1 < X_2 \iff y_1 < y_2.$$

Es sei U die (eindeutig bestimmte) Matrix aus $\mathbf{M}$ mit dem kleinstmöglichen positiven Wert von y. Dann ist

$$\ldots < U^{-2} < U^{-1} < E < U < U^2 < \ldots \; .$$

Für jedes $X \in \mathbf{M}$ mit $E < X$ existiert ein $n \in \mathbb{N}$ mit

$$U^n \leq X < U^{n+1}, \quad \text{also} \quad E \leq U^{-n}X < U;$$

Wäre $E < U^{-n}X$, dann wäre U nicht die Matrix aus M mit dem *kleinsten* positiven Wert y. Daher ist $U^{-n}X = E$, also $X = U^n$.

Die Gruppe $\mathbf{M}$ ist daher eine unendliche zyklische Gruppe mit dem erzeugenden Element U. Für die Folge der Lösungen (x_n, y_n) der pellschen Gleichungen mit $y_n \in \mathbb{N}$ gilt somit

$$\begin{pmatrix} x_n & dy_n \\ y_n & x_n \end{pmatrix} = U^n.$$

Zur rekursiven Berechnung der Lösungen (x_n, y_n) aus $(x_0, y_0) = (1, 0)$ und der „Grundlösung" (x_1, y_1) kann man die Beziehung

$$(U^{n+1} + U^n)U^{-(n+1)} = U + U^{-1} = 2x_1 E \quad (n \in \mathbb{N}_0)$$

benutzen; sie liefert für $n \in \mathbb{N}_0$:

$$x_{n+2} = 2x_1 x_{n+1} - x_n, \quad y_{n+2} = 2x_1 y_{n+1} - y_n$$

Beispiel 1: Die Gleichung $x^2 - 2y^2 = 1$ hat die kleinste nichttriviale Lösung $(x_1, y_1) = (3, 2)$. Man erhält

$$\begin{aligned} x_2 &= 6 \cdot 3 - 1 = 17, & y_2 &= 6 \cdot 2 - 0 = 12, \\ x_3 &= 6 \cdot 17 - 3 = 99, & y_3 &= 6 \cdot 12 - 2 = 70, \\ x_4 &= 6 \cdot 99 - 17 = 577, & y_4 &= 6 \cdot 70 - 12 = 408 \end{aligned}$$

usw. Die Lösungen $(3, 2), (17, 12), (99, 70), (577, 408), \ldots$ liefern gute rationale Approximationen für die irrationale Zahl $\sqrt{2}$; beispielsweise ist $\sqrt{2} = \frac{577}{408}$ mit einem relativen Fehler von etwa 0,000015%.

Beispiel 2: Die Gleichung $x^2 - 5y^2 = 1$ hat die kleinste nichttriviale Lösung $(x_1, y_1) = (9, 4)$. Man erhält

$$\begin{aligned} x_2 &= 18 \cdot 9 - 1 = 161, & y_2 &= 18 \cdot 4 - 0 = 72, \\ x_3 &= 18 \cdot 161 - 9 = 2889, & y_3 &= 18 \cdot 72 - 4 = 1292, \\ x_4 &= 18 \cdot 2889 - 161 = 51841, & y_4 &= 18 \cdot 1292 - 72 = 23184 \end{aligned}$$

usw. Die Lösungen liefern gute rationale Approximationen für die irrationale Zahl $\sqrt{5}$; beispielsweise ist auf 7 Nachkommastellen genau $\sqrt{5} = \frac{51841}{23184}$.

Pythagoräische Tripel und Quadrupel

Im Folgenden wollen wir aus Platzgründen Tripel und Quadrupel stets in transponierter Form schreiben. Ein Tripel ganzer Zahlen, also $(a\ b\ c)^T \in \mathbb{Z}^3$, heißt *pythagoräisches Tripel*, wenn $c \neq 0$ und $a^2 + b^2 = c^2$. Es heißt *primitives* pythagoräisches Tripel, wenn dabei $\mathrm{ggT}(a, b, c) \neq 1$ gilt.

Die linearen Abbildungen mit den Matrizen

$$V_1 = \begin{pmatrix} -1 & 0 & 0 \\ 0 & 1 & 0 \\ 0 & 0 & 1 \end{pmatrix},\ V_2 = \begin{pmatrix} 1 & 0 & 0 \\ 0 & -1 & 0 \\ 0 & 0 & 1 \end{pmatrix},\ V_3 = \begin{pmatrix} 1 & 0 & 0 \\ 0 & 1 & 0 \\ 0 & 0 & -1 \end{pmatrix}$$

bewirken bei Anwendung auf ein Tripel lediglich eine Vorzeichenänderung der 1., 2. bzw. 3. Koordinate, bilden also ein primitives pythagoräisches Tripel wieder auf ein ebensolches ab. Offensichtlich gilt $V_i^2 = E$, also $V_i^{-1} = V_i$ für $i = 1, 2, 3$. Auch die lineare Abbildung mit der Matrix

$$A = \begin{pmatrix} 2 & 1 & 2 \\ 1 & 2 & 2 \\ 2 & 2 & 3 \end{pmatrix}$$

bildet ein primitives pythagoräisches Tripel wieder auf ein ebensolches ab: Gilt $a^2 + b^2 = c^2$ und $\mathrm{ggT}(a, b, c) = 1$, dann gilt auch

$$\begin{aligned} &(2a + b + 2c)^2 + (a + 2b + 2c)^2 \\ &= 5a^2 + 5b^2 + 8c^2 + 8ab + 12ac + 12bc \\ &= 4a^2 + 4b^2 + 9c^2 + 8ab + 12ac + 12bc \\ &= (2a + 2b + 3c)^2 \end{aligned}$$

und

$$\begin{aligned} &\mathrm{ggT}(2a + b + 2c, a + 2b + 2c, 2a + 2b + 3c) \\ &= \mathrm{ggT}(2a + b + 2c, a + 2b + 2c, a + c) \\ &= \mathrm{ggT}(b, b + c, a + c) = \mathrm{ggT}(b, c, a) = 1. \end{aligned}$$

Dasselbe gilt wegen $A^{-1} = V_3 A V_3$ für die Matrix

$$A^{-1} = \begin{pmatrix} 2 & 1 & -2 \\ 1 & 2 & -2 \\ -2 & -2 & 3 \end{pmatrix}.$$

Behauptung: Jedes primitive pythagoräische Tripel $(a\ b\ c)^T$ entsteht aus $(0\ 1\ 1)^T$ durch Anwenden einer linearen Abbildung, deren Matrix eine Verkettung von Matrizen aus $\{A, V_1, V_2, V_3\}$ ist.

Dies kann man folgendermaßen beweisen: Wir betrachten das primitive pythagoräische Tripel $(a\ b\ c)$ und setzen dabei a, b, c als positiv voraus; andernfalls multipliziere man zunächst mit Matrizen aus $\{V_1, V_2, V_3\}$. Anwenden von $A^{-1} = V_3 A V_3$ liefert das primitive pythagoräische Tripel

$$(2a + b - 2c \quad a + 2b - 2c \quad -2a - 2b + 3c)^T.$$

Dabei gilt

$$0 < -2a - 2b + 3c < c,$$

denn dies ist äquivalent mit

$$c < a + b < \frac{3}{2} c \quad \text{bzw.} \quad c^2 < a^2 + 2ab + b^2 < \frac{9}{4} c^2,$$

wegen $a^2 + b^2 = c^2$ also mit

$$0 < 2ab < \frac{5}{4}(a^2 + b^2) \quad \text{bzw.} \quad 0 < (a - b)^2 + \frac{1}{4}(a^2 + b^2).$$

Ist die erste oder zweite Koordinate des neuen Tripels negativ, so wende man noch V_1 oder V_2 an (Vorzeichenwechsel). Man erhält ein Tripel mit nichtnegativen Koordinaten und kleinerer dritter Koordinate. Man kann also bis zum kleinsten positiven Wert 1 der dritten Koordinate absteigen. Ist dabei die erste statt der zweiten Koordinate gleich 1, dann wende man noch $V_2 A^{-1}$ an (Vertauschung). Damit ist obige Behauptung bewiesen.

Sind $\vec{s}, \vec{t}$ primitive pythagoräische Tripel und S, T Verkettungen von Matrizen aus $\{A, V_1, V_2, V_3\}$ mit $\vec{s} = S \begin{pmatrix} 0 \\ 1 \\ 1 \end{pmatrix}$ und $\vec{t} = T \begin{pmatrix} 0 \\ 1 \\ 1 \end{pmatrix}$, dann ist $\vec{t} = (TS^{-1})\vec{s}$. Jedes primitve pythagoräische Tripel ensteht also aus jedem anderen durch Anwenden einer der betrachteten Transformationen. Man kann obige Aussage also folgendermaßen eleganter formulieren: Die von den Transformationen A, V_1, V_2, V_3 erzeugte Gruppe operiert transitiv auf der Menge der primitiven pythagoräischen Tripel ganzer Zahlen.

Ein Quadrupel $(a\ b\ c\ d)^T \in \mathbb{Z}^4$ heißt *pythagoräisches Quadrupel*, wenn $d \neq 0$ und $a^2 + b^2 + c^2 = d^2$. Es heißt *primitives* pythagoräisches Quadrupel, wenn dabei $\mathrm{ggT}(a, b, c, d) \neq 1$ gilt.

Wir betrachten die analog zum Fall der Tripel definierten Matrizen V_i ($i = 1, 2, 3, 4$), welche bei Anwendung auf ein Quadrupel nur eine Vorzeichenänderung bewirken, sowie die Matrizen

$$W_{12} = \begin{pmatrix} 0 & 1 & 0 & 0 \\ 1 & 0 & 0 & 0 \\ 0 & 0 & 1 & 0 \\ 0 & 0 & 0 & 1 \end{pmatrix}, \quad W_{13} = \begin{pmatrix} 0 & 0 & 1 & 0 \\ 0 & 1 & 0 & 0 \\ 1 & 0 & 0 & 0 \\ 0 & 0 & 0 & 1 \end{pmatrix}, \quad W_{23} = \begin{pmatrix} 1 & 0 & 0 & 0 \\ 0 & 0 & 1 & 0 \\ 0 & 1 & 0 & 0 \\ 0 & 0 & 0 & 1 \end{pmatrix},$$

welche eine Vertauschung der ersten Koordinate mit der zweiten, der ersten Koordinate mit der dritten bzw. der zweiten Koordinate mit der dritten bewirken. Ferner sei

$$A = \begin{pmatrix} 0 & 1 & 1 & 1 \\ 1 & 0 & 1 & 1 \\ 1 & 1 & 0 & 1 \\ 1 & 1 & 1 & 2 \end{pmatrix}.$$

Behauptung: Jedes primitive pythagoräische Quadrupel $(a\ b\ c\ d)^T \in \mathbb{Z}^4$ wird bei Anwendung von A wieder auf ein solches abgebildet, denn

$$
\begin{aligned}
(b + c + d)^2 &+ (a + c + d)^2 + (a + b + d)^2 \\
&= 2(a^2 + b^2 + c^2) + 3d^2 + 2(ab + ac + bc) + 4(ad + bd + cd) \\
&= a^2 + b^2 + c^2 + 4d^2 + 2(ab + ac + bc) + 4(ad + bd + cd) \\
&= (a + b + c + 2d)^2,
\end{aligned}
$$

$$
\begin{aligned}
\mathrm{ggT}(b + c + d, a &+ c + d, a + b + d, a + b + c + 2d) \\
&= \mathrm{ggT}(b + c + d, a + c + d, a + b + d, a + d) \\
&= \mathrm{ggT}(b + c + d, c, b, a + d) \\
&= \mathrm{ggT}(d, c, b, a + d) = \mathrm{ggT}(d, c, b, a).
\end{aligned}
$$

Dasselbe gilt wegen $A^{-1} = V_4 A V_4$ für die Matrix

$$A^{-1} = \begin{pmatrix} 0 & 1 & 1 & -1 \\ 1 & 0 & 1 & -1 \\ 1 & 1 & 0 & -1 \\ -1 & -1 & -1 & 2 \end{pmatrix}.$$

Jedes primitive pythagoräische Quadrupel entsteht aus $(0\ 0\ 1\ 1)^T$ durch Anwenden einer linearen Abbildung, deren Matrix eine Verkettung von Matrizen aus $\{A, V_1, V_2, V_3, V_4, W_{12}, W_{13}, W_{23}\}$ ist. Zum Beweis dieser Behauptung betrachten wir das primitive pythagoräische Quadrupel $(a\ b\ c\ d)^T$ und setzen dabei a, b, c, d als nichtnegativ voraus; andernfalls multipliziere man zunächst mit Matrizen aus $\{V_1, V_2, V_3, V_4\}$. Anwenden von $A^{-1} = V_4 A V_4$ liefert das primitive pythagoräische Quadrupel

$$(b + c + d \quad a + c + d \quad a + b + d \quad -a - b - c + 2d)^T.$$

Dabei gilt $0 < -a - b - c + 2d < d$, denn dies ist äquivalent mit

$$d < a + b + c < 2d \quad \text{bzw.} \quad d^2 < a^2 + b^2 + c^2 + 2ab + 2ac + 2bd < 4d^2,$$

wegen $a^2 + b^2 + c^2 = d^2$ also mit $0 < 2ab + 2ac + 2bd < 3(a^2 + b^2 + c^2)$ bzw.

$$0 < (a - b)^2 + (a - c)^2 + (b - c)^2 + (a^2 + b^2 + c^2).$$

Ist die erste, zweite oder dritte Koordinate des neuen Quadrupels negativ, so wende man noch V_1, V_2 oder V_3 an. Man erhält ein Quadrupel mit nichtnegativen Koordinaten und kleinerer vierter Koordinate. Man kann also bis zum kleinsten positiven Wert 1 der vierten Koordinate absteigen. Ist dabei die erste oder zweite statt der dritten Koordinate gleich 1, dann wende man noch W_{13} oder W_{23} an. Damit ist die Behauptung bewiesen.

Beispiel: Es ist $15^2 + 16^2 + 12^2 = 25^3$ sowie $6^2 + 10^2 + 15^2 = 19^2$ und es gilt

$$W_{13}AAV_3AW_{23}(0\ 0\ 1\ 1)^T = (15\ 16\ 12\ 25)^T,$$

$$W_{12}AV_3AV_2A(0\ 0\ 1\ 1)^T = (6\ 10\ 15\ 19)^T,$$

also

$$(6\ 10\ 15\ 19)^T = W_{12}AV_3AV_2AW_{23}A^{-1}V_3A^{-1}A^{-1}W_{13}(15\ 16\ 12\ 25)^T.$$

Potenzsummen

Im Vektorraum der Folgen $(a_n) = a_0, a_1, a_2, \ldots$ reeller Zahlen betrachten wir die Abbildungen

$$\Delta : (a_n) \mapsto (a_{n+1} - a_n) \quad \text{(Differenzenoperator)},$$

$$\Sigma : (a_n) \mapsto (\sum_{i=0}^{n} a_i) \quad \text{(Summenoperator)}.$$

Δ und Σ sind lineare Abbildungen des Vektorraums der Folgen in sich. Es gilt

$$\Delta\Sigma(a_n) = (a_{n+1}) \quad \text{und} \quad \Sigma\Delta(a_n) = (a_{n+1} - a_0).$$

Ist $p(x)$ ein Polynom über $\mathbb{R}$, dann nennt man die Folge $(p(n))$ eine Polynomfolge. Wir möchten die Operatoren Δ und Σ im Raum der Polynomfolgen anwenden. Im Vektorraum P_g der Polynome über $\mathbb{R}$ vom Grad $\leq g$ wählen wir im Folgenden für $g = k$ und $g = k+1$ jeweils die Basis $\{1, n, n^2, \ldots, n^g\}$, die Basis besteht also aus den $g + 1$ Monomen n^i vom Grad $i \leq g$.

Die Abbildung

$$\Delta : p(n) \mapsto p(n+1) - p(n)$$

für $p \in P_{k+1}$ ist eine lineare Abbildung von P_{k+1} in P_k. Nach dem binomischen Lehrsatz gilt

$$(n+1)^i - n^i = \sum_{j=0}^{i-1} \binom{i}{j} n^j$$

$(i = 0, 1, \ldots, k+1)$, wobei $\binom{i}{j}$ Binomialkoeffizienten sind.

$$D = \begin{pmatrix} 0 & 1 & 1 & 1 & 1 & \cdots & \binom{k+1}{0} \\ 0 & 0 & 2 & 3 & 4 & \cdots & \binom{k+1}{1} \\ 0 & 0 & 0 & 3 & 6 & \cdots & \binom{k+1}{2} \\ 0 & 0 & 0 & 0 & 4 & \cdots & \binom{k+1}{3} \\ \vdots & \vdots & \vdots & \vdots & \vdots & & \vdots \\ 0 & 0 & 0 & 0 & 0 & \cdots & \binom{k+1}{k} \end{pmatrix}$$

Die Matrix D der linearen Abbildung Δ bezüglich der gewählten Basis hat also die oben angegebene Gestalt, denn die Spalten der Abbildungsmatrix sind die Koordinatenvektoren der Bilder der Basisvektoren. Dies ist eine Matrix mit $k+1$ Zeilen und $k+2$ Spalten.

Die Abbildung

$$\Sigma : p(n) \mapsto \sum_{i=0}^{n} p(i)$$

für $p \in P_k$ ist eine lineare Abbildung von P_k in P_{k+1}. Setzt man $0^0 = 1$, dann ist $\sum_{i=0}^{n} i^0 = 1 + n$ und

$$\Sigma(n^k) = \sum_{i=0}^{n} i^k = 0 \cdot 1 + c_1^{(k)} \cdot n + c_2^{(k)} \cdot n^2 + \ldots + c_{k+1}^{(k)} \cdot n^{k+1}$$

mit Koeffizienten $c_i^{(k)}$, auf deren Bestimmung für $k > 0$ wir es hier abgesehen haben. Wegen

$$\Delta\Sigma(n^k) = \Delta \left(\sum_{i=0}^{n} i^k \right) = \sum_{i=0}^{n+1} i^k - \sum_{i=0}^{n} i^k = (n+1)^k = \sum_{i=0}^{k} \binom{k}{i} n^i$$

ist

$$
\begin{pmatrix}
1 & 1 & 1 & 1 & \ldots & \binom{k+1}{0} \\
0 & 2 & 3 & 4 & \ldots & \binom{k+1}{1} \\
0 & 0 & 3 & 6 & \ldots & \binom{k+1}{2} \\
0 & 0 & 0 & 4 & \ldots & \binom{k+1}{3} \\
\vdots & \vdots & \vdots & \vdots & & \vdots \\
0 & 0 & 0 & 0 & \ldots & \binom{k+1}{k}
\end{pmatrix}
\begin{pmatrix}
c_1^{(k)} \\
c_2^{(k)} \\
c_3^{(k)} \\
c_4^{(k)} \\
\vdots \\
c_{k+1}^{(k)}
\end{pmatrix}
=
\begin{pmatrix}
\binom{k}{0} \\
\binom{k}{1} \\
\binom{k}{2} \\
\binom{k}{3} \\
\vdots \\
\binom{k}{k}
\end{pmatrix},
$$

wobei die Matrix aus D durch Streichen der ersten Spalte entsteht. Dies ist ein eindeutig lösbares LGS für die Koeffizienten $c_i^{(k)}$ für $i = 1, 2, \ldots, k+1$. Die letzte Zeile des LGS liefert

$$\binom{k+1}{k} c_{k+1}^{(k)} = \binom{k}{k}, \quad \text{also} \quad c_{k+1}^{(k)} = \frac{1}{k+1}.$$

Die vorletzte Zeile des LGS liefert damit

$$\binom{k}{k-1} c_k^{(k)} + \binom{k+1}{k-1} \cdot \frac{1}{k+1} = \binom{k}{k-1}, \quad \text{also} \quad c_k^{(k)} = \frac{1}{2}.$$

Die drittletzte Zeile des LGS liefert damit

$$\binom{k-1}{k-2} c_{k-1}^{(k)} + \binom{k}{k-2} \cdot \frac{1}{2} + \binom{k+1}{k-2} \cdot \frac{1}{k+1} = \binom{k}{k-2}, \quad \text{also} \quad c_{k-1}^{(k)} = \frac{k}{12}.$$

Die viertletzte, fünftletzte, sechstletzte, ... Zeile liefern dann der Reihe nach $c_{k-2}^{(k)} = 0$, $c_{k-3}^{(k)} = -\dfrac{k(k-1)(k-2)}{720}$, $c_{k-4}^{(k)} = 0$, ... Es ergibt sich damit:

$$\sum_{i=0}^{n} i = \frac{1}{2}n^2 + \frac{1}{2}n$$

$$\sum_{i=0}^{n} i^2 = \frac{1}{3}n^3 + \frac{1}{2}n^2 + \frac{1}{6}n$$

$$\sum_{i=0}^{n} i^3 = \frac{1}{4}n^4 + \frac{1}{2}n^3 + \frac{1}{4}n^2$$

$$\sum_{i=0}^{n} i^4 = \frac{1}{5}n^5 + \frac{1}{2}n^4 + \frac{1}{3}n^3 - \frac{1}{30}n$$

$$\sum_{i=0}^{n} i^5 = \frac{1}{6}n^6 + \frac{1}{2}n^5 + \frac{5}{12}n^4 - \frac{1}{12}n^2$$

$$\sum_{i=0}^{n} i^6 = \frac{1}{7}n^7 + \frac{1}{2}n^6 + \frac{1}{2}n^5 - \frac{1}{6}n^3 + \frac{1}{42}n$$

$$\sum_{i=0}^{n} i^7 = \frac{1}{8}n^7 + \frac{1}{2}n^7 + \frac{7}{12}n^6 - \frac{7}{24}n^4 + \frac{1}{12}n^2$$

Stochastischer Prozess

Beim Würfelspiel *Craps* wirft man zwei Würfel und betrachtet die Augensumme S. Man hat sofort verloren, wenn $S \in \{2, 3, 12\}$; man hat sofort gewonnen, wenn $S \in \{7, 11\}$. In den übrigen Fällen wirft man so lange weiter, bis entweder die Augensumme 7 erscheint (dann hat man verloren) oder wieder die eingangs geworfene Augensumme S erscheint (dann hat man gewonnen). Folgende Tabelle zeigt, mit welcher Wahrscheinlichkeit p_i man nach dem ersten Wurf in den Zustand (i) gelangt.

Zustand	(1) VERLOREN	(2) $S \in \{4, 10\}$	(3) $S \in \{5, 9\}$	(4) $S \in \{6, 8\}$	(5) GEWONNEN
Wahrsch.	$p_1 = \frac{4}{36}$	$p_2 = \frac{6}{36}$	$p_3 = \frac{8}{36}$	$p_4 = \frac{10}{36}$	$p_5 = \frac{8}{36}$

Es sei nun p_{ij} die Wahrscheinlichkeit, aus dem Zustand (j) mit dem nächsten Wurf in den Zustand (i) zu kommen. Dann ist

$$p_{11} = 1 \text{ und } p_{i1} = 0 \text{ für } i = 2, 3, 4, 5, \qquad p_{55} = 1 \text{ und } p_{i5} = 0 \text{ für } i = 1, 2, 3, 4$$

(man hat bereits verloren oder gewonnen). Ferner ist

$$p_{12} = p_{13} = p_{14} = \frac{6}{36} \text{ (Augensumme 7)},$$

$$p_{52} = \frac{3}{36} \text{ (4 bzw. 10)}, \quad p_{53} = \frac{4}{36} \text{ (5 bzw. 9)}, \quad p_{54} = \frac{5}{36} \text{ (6 bzw. 8)},$$

$$p_{22} = \frac{27}{36} \text{ ($\neq$ 7 und $\neq$ 4 bzw. $\neq$ 10)},$$

$$p_{33} = \frac{26}{36} \text{ ($\neq$ 7 und $\neq$ 5 bzw. $\neq$ 9)},$$

$$p_{44} = \frac{25}{36} \text{ ($\neq$ 7 und $\neq$ 6 bzw. $\neq$ 8)}.$$

Alle noch nicht genannten p_{ij} haben den Wert 0, denn aus einem der Zustände (2), (3), (4) kann man nicht in einen anderen dieser Zustände übergehen. Nun sei

$$M = (p_{ij}) = \frac{1}{36} \begin{pmatrix} 36 & 6 & 6 & 6 & 0 \\ 0 & 27 & 0 & 0 & 0 \\ 0 & 0 & 26 & 0 & 0 \\ 0 & 0 & 0 & 25 & 0 \\ 0 & 3 & 4 & 5 & 36 \end{pmatrix} \quad \text{und} \quad \vec{a} = \begin{pmatrix} p_1 \\ p_2 \\ p_3 \\ p_4 \\ p_5 \end{pmatrix} = \frac{1}{36} \begin{pmatrix} 4 \\ 6 \\ 8 \\ 10 \\ 8 \end{pmatrix}.$$

Dann gibt $M\vec{a}$ die Wahrscheinlichkeiten der einzelnen Zustände nach dem zweiten Wurf an, $M(M\vec{a}) = M^2\vec{a}$ die Wahrscheinlichkeiten der Zustände nach dem dritten Wurf und allgemein $M^k\vec{a}$ die Wahrscheinlichkeiten nach dem $(k+1)$. Wurf. Setzt man

$$M^k = \begin{pmatrix} 1 & a_k & b_k & c_k & 0 \\ 0 & d_k & 0 & 0 & 0 \\ 0 & 0 & e_k & 0 & 0 \\ 0 & 0 & 0 & f_k & 0 \\ 0 & g_k & h_k & i_k & 1 \end{pmatrix},$$

dann ist

$$M^{k+1} = M^k M = \begin{pmatrix} 1 & \frac{6}{36} + \frac{27}{36}a_k & \frac{6}{36} + \frac{26}{36}b_k & \frac{6}{36} + \frac{25}{36}c_k & 0 \\ 0 & \frac{27}{36}d_k & 0 & 0 & 0 \\ 0 & 0 & \frac{26}{36}e_k & 0 & 0 \\ 0 & 0 & 0 & \frac{25}{36}f_k & 0 \\ 0 & \frac{3}{36} + \frac{27}{36}g_k & \frac{4}{36} + \frac{26}{36}h_k & \frac{5}{36} + \frac{25}{36}i_k & 1 \end{pmatrix}.$$

Es gilt $\lim\limits_{k\to\infty} d_k = \lim\limits_{k\to\infty} e_k = \lim\limits_{k\to\infty} f_k = 0$ und

$$\lim_{k\to\infty} a_k = \frac{2}{3}, \quad \lim_{k\to\infty} b_k = \frac{3}{5}, \quad \lim_{k\to\infty} c_k = \frac{6}{11}, \quad \lim_{k\to\infty} g_k = \frac{1}{3}, \quad \lim_{k\to\infty} h_k = \frac{2}{5}, \quad \lim_{k\to\infty} i_k = \frac{5}{11}$$

(Aufgabe 8). Bezeichnen wir die Matrix, deren Einträge die genannten Grenzwerte sind, mit M^∞, dann ist

$$M^\infty \vec{a} = \begin{pmatrix} 1 & \frac{2}{3} & \frac{3}{5} & \frac{6}{11} & 0 \\ 0 & 0 & 0 & 0 & 0 \\ 0 & 0 & 0 & 0 & 0 \\ 0 & 0 & 0 & 0 & 0 \\ 0 & \frac{1}{3} & \frac{2}{5} & \frac{5}{11} & 1 \end{pmatrix} \begin{pmatrix} \frac{1}{9} \\ \frac{1}{6} \\ \frac{2}{9} \\ \frac{5}{18} \\ \frac{2}{9} \end{pmatrix} = \begin{pmatrix} \frac{251}{495} \\ 0 \\ 0 \\ 0 \\ \frac{244}{495} \end{pmatrix}.$$

Man gewinnt also mit der Wahrscheinlichkeit $\frac{244}{495}$ und verliert mit der Wahrscheinlichkeit $\frac{251}{495}$.

Aufgaben

1. a) Es sei K der kleinste Körper mit $\mathbb{Q} \subset K \subset \mathbb{C}$, welcher die komplexen Lösungen der Gleichung $z^8 = 1$ (also die achten Einheitswurzeln, vgl. Fig. 4) enthält. Dann ist K ein $\mathbb{Q}$-Vektorraum der Dimension 4. Man gebe eine Basis für diesen Vektorraum an.

b) Es sei K der kleinste Körper mit $\mathbb{Q} \subset K \subset \mathbb{R}$, welcher die irrationalen Zahlen $\sqrt{2}$ und $\sqrt{3}$ enthält. Dann ist K ein $\mathbb{Q}$-Vektorraum der Dimension 4. Man gebe eine Basis an.

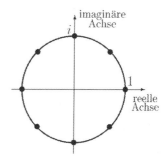

Fig. 4: Achte Einheitswurzeln

2. Man beweise mit Hilfe komplexer Zahlen: Sind zwei natürliche Zahlen als Summe von zwei Quadraten darzustellen, dann gilt dies auch für ihr Produkt. Man leite aus Darstellungen von 5 und 13 verschiedene Darstellungen von 65 als Summe von zwei Quadraten her.

3. Man leite aus einer Darstellung von 19, 23 und 31 als Summe von höchstens vier Quadratzahlen eine solche Darstellung für $19 \cdot 23 \cdot 31 = 13\,547$ her.

4. Man berechne das inverse Element der Quaternion mit den Einträgen $\alpha = 2 + 3i$ und $\beta = 1 - 4i$.

5. Man leite aus den Formeln im Text die folgenden Formeln für die Fibonacci-Zahlen her:

(1) $F_n^2 + F_{n+1}^2 = F_{2n+1}$ (2) $F_{n+2}^2 - F_n^2 = F_{2n+2}$ (3) $\sum_{i=1}^{n} F_i^2 = F_n F_{n+1}$

6. Für die erzeugende Matrix A der Folge der Fibonacci-Zahlen gilt

$$A^n = x_n E + y_n A$$

mit ganzen Zahlen x_n, y_n. Man bestimme diese Koeffizienten.

7. Man leite mit Hilfe einer geeigneten pellschen Gleichung rationale Approximationen für $\sqrt{7}$ und für $\sqrt{11}$ her.

8. Auf dem (unendlichdimensionalen) Vektorraum der konvergenten Folgen reeller Zahlen ist der Grenzwertoperator „lim" ein lineares Funktional. Man berechne mit dieser Eigenschaft von lim die Grenzwerte der bei dem im Text behandelten stochastischen Prozess aufgetretenen Folgen $(a_k), (b_k), (c_k)$ und $(g_k), (h_k), (i_k)$.

III Das Skalarprodukt

III.1 Skalarprodukträume

Im Folgenden sei $K = \mathbb{R}$ oder $K = \mathbb{C}$, der Körper K sei also entweder der Körper der reellen Zahlen oder der Körper der komplexen Zahlen. Man spricht dann von einem *reellen* oder einem *komplexen* Vektorraum. Mit Hilfe des in der folgenden Definition 1 erklärten Skalarprodukts kann man in diesen Vektorräumen die Begriffe des Betrags („Länge") eines Vektors, des Winkels zwischen zwei Vektoren und der Orthogonalität von Vektoren einführen.

Definition 1: Es sei V ein K-Vektorraum. Jedem Paar von Vektoren $\vec{x}, \vec{y}$ aus V sei eine Zahl $(\vec{x}; \vec{y})$ aus K zugeordnet, wobei für alle $\vec{x}, \vec{y}, \vec{z} \in V$ und alle $r, s \in K$ gilt:

(1) $(\vec{x}; \vec{y}) = \overline{(\vec{y}; \vec{x})}$;

(2) $(\vec{x}; \vec{x}) \geq 0$ und dabei $(\vec{x}; \vec{x}) = 0$ genau dann, wenn $\vec{x} = \vec{o}$;

(3) $(r\vec{x} + s\vec{y}; \vec{z}) = r(\vec{x}; \vec{z}) + s(\vec{y}; \vec{z})$.

Man nennt dann $(\vec{x}; \vec{y})$ ein *inneres Produkt* oder ein *Skalarprodukt* von $\vec{x}$ und $\vec{y}$. Ist im K-Vektorraum V ein Skalarprodukt definiert, so nennt man ihn einen *Skalarproduktraum*. Ist dabei $K = \mathbb{R}$ bzw. $K = \mathbb{C}$, dann spricht man von einem *euklidischen* Vektorraum oder einem *unitären* Vektorraum.

Statt des Symbols $(\vec{x}; \vec{y})$ sind viele andere Bezeichnugsweisen für das Skalarprodukt zu finden, etwa $(\vec{x}, \vec{y}), \langle \vec{x}, \vec{y} \rangle, \vec{x} \cdot \vec{y}, \vec{x} \bullet \vec{y}$ oder einfach $\vec{x}\vec{y}$.

Aus (1) und (3) folgt auch (Aufgabe 1)

(3)* $(\vec{x}; u\vec{y} + v\vec{z}) = \overline{u}(\vec{x}; \vec{y}) + \overline{v}(\vec{x}; \vec{z})$ für alle $\vec{x}, \vec{y}, \vec{z} \in V$ und alle $u, v \in K$.

Für $K = \mathbb{R}$ bedeutet (1) $(\vec{x}; \vec{y}) = (\vec{y}; \vec{x})$, die Vektoren sind also vertauschbar; für $K = \mathbb{C}$ bedeutet (1), dass man bei Vertauschen der Vektoren zu der konjugierten Zahl übergeht. Man beachte, dass $(\vec{x}; \vec{x})$ aufgrund von (1) stets eine reelle Zahl ist. Das Skalarprodukt ist keine algebraische Verknüpfung in V der Art $V \times V \longrightarrow V$, sondern eine Abbildung von $V \times V$ in K. Für einen festen Vektor $\vec{a} \in V$ ist die Abbildung $\vec{x} \mapsto (\vec{x}; \vec{a})$ ein lineares Funkional (Element von $\mathrm{Hom}(V, K)$), wie durch (3) sichergestellt wird.

Definition 2: In $\mathbb{C}^n$ ist durch

$$(\vec{x}; \vec{y}) = \sum_{j=1}^{n} x_j \overline{y_j} = x_1 \overline{y_1} + x_2 \overline{y_2} + \ldots + x_n \overline{y_n}$$

ein Skalarprodukt definiert, entsprechend in $\mathbb{R}^n$ durch

$$(\vec{x}; \vec{y}) = \sum_{j=1}^{n} x_j y_j = x_1 y_1 + x_2 y_2 + \ldots + x_n y_n.$$

Dieses nennt man das *Standardskalarprodukt* in $\mathbb{C}^n$ bzw. in $\mathbb{R}^n$.

Satz 1: Jedes Skalarprodukt in einem n-dimensionalen K-Vektorraum V hat die Form

$$(\vec{x}; \vec{y}) = \sum_{i,j=1}^{n} a_{ij} x_i \overline{y_j} \quad (a_{i,j} \in K)$$

mit $a_{ij} = \overline{a_{ji}}$ für alle $i,j = 1, 2, \ldots, n$ und $a_{ii} > 0$ für alle $i = 1, 2, \ldots, n$.

Beweis: Ist $\{\vec{b}_1, \vec{b}_2, \ldots, \vec{b}_n\}$ eine Basis von V, dann gilt wegen (3) und (3)* für die Vektoren $\vec{x} = \sum_{i=1}^{n} x_i \vec{b}_i$ und $\vec{y} = \sum_{j=1}^{n} y_j \vec{b}_j$

$$(\vec{x}; \vec{y}) = \sum_{i,j=1}^{n} x_i \overline{y_j} \, (\vec{b}_i; \vec{b}_j).$$

Aus (1) und (2) ergibt sich die Aussage des Satzes mit $a_{ij} = (\vec{b}_i; \vec{b}_j)$. $\qquad\square$

Mit der n, n-Matrix $A = (a_{ij})_{n,n}$ und den Koordinatenvektoren $\vec{x}, \vec{y}$ ist also

$$(\vec{x}; \vec{y}) = \vec{x}^T A \, \overline{\vec{y}},$$

wobei $A^T = \overline{A}$ gilt und die Diagonalelemente von A positive reelle Zahlen sind. (Das Konjugieren eines Vektors bzw. einer Matrix ist dabei koordinatenweise zu verstehen.) Aber nicht für jede Matrix A mit diesen Eigenschaften ergibt sich ein Skalarprodukt, es muss eine weitere Eigenschaft von A hinzukommen, wie das folgende Beispiel zeigt. Vgl. auch Aufgabe 5.

Beispiel 1: In $\mathbb{R}^2$ soll durch

$$(\vec{x}; \vec{y}) = a x_1 y_1 + b(x_1 y_2 + x_2 y_1) + c x_2 y_2$$

mit $a, c > 0$ $(a, b, c \in \mathbb{R})$ ein Skalarprodukt definiert sein. Für $x_1 = y_1 = r$ und $x_2 = y_2 = 1$ $(r \in \mathbb{R})$ ergibt sich aus (2) die Forderung

$$a r^2 + 2 b r + c > 0 \quad \text{für alle } r \in \mathbb{R},$$

wegen $a r^2 + 2 b r + c = \frac{1}{a}(a r + b)^2 + \left(c - \frac{b^2}{a}\right)$ also $c > \frac{b^2}{a}$ (weil $a r + b$ den Wert 0 haben kann) und damit $a c > b^2$. Dann ist

$$(\vec{x}; \vec{x}) = a x_1^2 + 2 b x_1 x_2 + c x_2^2 = a \left(x_1 + \frac{b}{a} x_2\right)^2 + \left(c - \frac{b^2}{a}\right) x_2^2 = 0$$

genau dann, wenn $x_1 = x_2 = 0$.

Beispiel 2: Wir betrachten ein Skalarprodukt in einem unendlichdimensionalen Vektorraum, welcher aus einer speziellen Art von Zahlenfolgen besteht. Dabei wird (wie schon früher) der Begriff der Konvergenz einer Zahlenfolge benötigt, welcher im Analysis-Teil ausführlich behandelt wird; er müsste aber aus dem Mathematikunterricht schon bekannt sein.

Die Folgen (a_n) reeller Zahlen, für welche die Folge $\left(\sum\limits_{j=1}^{n} a_j^2 \right)$ (Folge der Quadrat-summen) konvergiert, bilden einen $\mathbb{R}$- Vektorraum. Zum Nachweis dieser Behaup-tung muss man u. a. zeigen, dass mit $\left(\sum\limits_{j=1}^{n} a_j^2 \right)$ und $\left(\sum\limits_{j=1}^{n} b_j^2 \right)$ auch $\left(\sum\limits_{j=1}^{n} (a_j + b_j)^2 \right)$ konvergiert. Dies ergibt sich aber aus $(a_n + b_n)^2 + (a_n - b_n)^2 = 2(a_n^2 + b_n^2)$ bzw. der daraus folgenden Ungleichung $(a_n + b_n)^2 \leq 2(a_n^2 + b_n^2)$. Ein Skalarprodukt in diesem Vektorraum ist dann beispielsweise definiert durch

$$((a_n); (b_n)) = \sum_{j=1}^{\infty} a_j b_j,$$

wobei $\sum\limits_{j=1}^{\infty} a_j b_j$ für den Grenzwert der Folge $\left(\sum\limits_{j=1}^{n} a_j b_j \right)$ steht; dass dieser existiert, wird durch den unten folgenden Satz 2 garantiert.

Definition 3: Ist im Vektorraum V ein Skalarprodukt $(\;)$ definiert, dann nennt man $|\vec{x}| = \sqrt{(\vec{x}; \vec{x})}$ die *Länge*, die *Norm* oder den *Betrag* des Vektors $\vec{x} \in V$.

Die geometrischen Bezeichnungen *Länge* und *Orthogonalität* (siehe Definition 4) sind durch die geometrische Bedeutung des Standardskalarprodukts in $\mathbb{R}^2$ und $\mathbb{R}^3$ gerechtfertigt (vgl. III.3).

Aus (2) folgt $|\vec{x}| \geq 0$ für alle $\vec{x} \in V$ und $|\vec{x}| = 0$ genau dann, wenn $\vec{x} = \vec{o}$.
Aus (3) folgt $|r\vec{x}| = |r||\vec{x}|$ für alle $r \in K$ $(= \mathbb{R}$ oder $= \mathbb{C})$ und alle $\vec{x} \in V$.

Satz 2: Im K-Vektorraum V sei ein Skalarprodukt $(\;)$ definiert. Dann gilt für alle $\vec{x}, \vec{y} \in V$

$$|(\vec{x}; \vec{y})| \leq |\vec{x}||\vec{y}| \qquad (\textit{Cauchy-Schwarzsche Ungleichung}),$$
$$|\vec{x} + \vec{y}| \leq |\vec{x}| + |\vec{y}| \qquad (\textit{Dreiecksungleichung}).$$

Beweis: Für $\vec{y} = \vec{o}$ ist die erste Ungleichung korrekt. Für $\vec{y} \neq \vec{o}$ folgt sie aus

$$0 \leq (\vec{x} - r\vec{y}; \vec{x} - r\vec{y}) = (\vec{x}; \vec{x}) - (\overline{r}(\vec{x}; \vec{y}) + r\overline{(\vec{x}; \vec{y})}) + r\overline{r}(\vec{y}; \vec{y}),$$

wenn man r so wählt, dass $r|\vec{y}|^2 = (\vec{x}; \vec{y})$. Denn dann ergibt die rechte Seite obiger Gleichung nach Multiplikation mit $|\vec{y}|^2$

$$(\vec{x}; \vec{x}) - \frac{(\vec{x}; \vec{y})\overline{(\vec{x}; \vec{y})}}{|\vec{y}|^2},$$

wie man leicht nachrechnet. Die zweite Ungleichung folgt aus der ersten:

$$\begin{aligned}
|\vec{x} + \vec{y}|^2 &= (\vec{x} + \vec{y}; \vec{x} + \vec{y}) = (\vec{x}; \vec{x}) + (\vec{x}; \vec{y}) + (\vec{y}; \vec{x}) + (\vec{y}; \vec{y}) \\
&\leq |\vec{x}|^2 + 2|\vec{x}||\vec{y}| + |\vec{y}|^2 = (|\vec{x}| + |\vec{y}|)^2
\end{aligned}$$

$\square$

Die Cauchy-Schwarzsche Ungleichung ist benannt nach Augustin Louis Cauchy (1789–1857) und Hermann Amandus Schwarz (1843–1921).

Definition 4: Ist im Vektorraum V ein Skalarprodukt $(\ ;\ )$ definiert, dann nennt man zwei Vektoren $\vec{x}, \vec{y}$ *orthogonal* zueinander, wenn $(\vec{x}; \vec{y}) = 0$. Der Nullvektor ist zu jedem anderen Vektor orthogonal. Ist $\vec{x}$ orthogonal zu $\vec{y}$, dann schreibt man dafür $\vec{x} \perp \vec{y}$.

Von $\vec{o}$ verschiedene orthogonale Vektoren sind linear unabhängig, denn sind $\vec{b}_1, \vec{b}_2, \ldots, \vec{b}_k$ paarweise orthogonal und alle $\neq \vec{o}$, dann folgt aus $\sum\limits_{i=1}^{k} x_i \vec{b}_i = \vec{o}$ durch Bildung des Skalarprodukts mit $\vec{b}_j$ $(j = 1, 2, \ldots, k)$

$$0 = (\vec{o}; \vec{b}_j) = \left(\sum_{i=1}^{k} x_i \vec{b}_i;\ \vec{b}_j \right) = (x_j \vec{b}_j;\ \vec{b}_j) = x_j |\vec{b}_j|^2, \quad \text{also} \quad x_j = 0.$$

Definition 5: Eine Basis eines Vektorraums mit Skalarprodukt heißt *orthogonal* oder eine *Orthogonalbasis*, wenn die Basisvektoren paarweise orthogonal sind. Sie heißt *orthonormal* oder eine *Orthonormalbasis*, wenn die Basisvektoren außerdem alle die Länge 1 haben.

Bezüglich einer Orthonormalbasis $C = \{\vec{c}_1, \vec{c}_2, \ldots, \vec{c}_n\}$ gewinnt man leicht die Basisdarstellung eines Vektors $\vec{v}$: Ist $\vec{v} = \sum\limits_{i=1}^{n} x_i \vec{c}_i$, dann ist $(\vec{v}; \vec{c}_i) = x_i (\vec{c}_i; \vec{c}_i) = x_i$ für $i = 1, 2, \ldots, n$, also

$$\vec{v} = \sum_{i=1}^{n} (\vec{v}; \vec{c}_i)\ \vec{c}_i = \begin{pmatrix} (\vec{v}; \vec{c}_1) \\ (\vec{v}; \vec{c}_2) \\ \vdots \\ (\vec{v}; \vec{c}_n) \end{pmatrix}_C.$$

Satz 3: Ist U ein endlich erzeugter Unterraum des Skalarproduktraums V, dann hat jeder Vektor $\vec{a} \in V$ eine eindeutige Darstellung

$$\vec{a} = \vec{a}_\perp + \vec{a}_\parallel \quad \text{mit} \quad \vec{a}_\perp \perp \vec{u} \text{ für alle } \vec{u} \in U \text{ und } \vec{a}_\parallel \in U.$$

Beweis: Ist $\{\vec{u}_1, \vec{u}_2, \ldots, \vec{u}_k\}$ eine Basis von U, dann bestimme man Zahlen $x_1, x_2, \ldots, x_k$ aus der Bedingung

$$\left(\vec{a} - \sum_{i=1}^{k} x_i \vec{u}_i \right) \perp \vec{u}_j = 0 \quad \text{bzw.} \quad \left(\sum_{i=1}^{k} x_i \vec{u}_i;\ \vec{u}_j \right) = (\vec{a}; \vec{u}_j) \quad (j = 1, 2, \ldots, k).$$

Man muss also ein LGS mit der Koeffizientenmatrix $((\vec{u}_i; \vec{u}_j)) \in K^{k,k}$ lösen. Die Koeffizientenmatrix ist vom Rang k, denn wäre

$$\sum_{i=1}^{k} s_i \begin{pmatrix} (\vec{u}_i; \vec{u}_1) \\ (\vec{u}_i; \vec{u}_2) \\ \vdots \\ (\vec{u}_i; \vec{u}_k) \end{pmatrix} = \vec{o},$$

so wäre $\sum_{i=1}^{k} (s_i \vec{u}_i; \vec{u}_j) = 0$ für $j = 1, 2, \ldots, k$. Der einzige Vektor aus U, der zu jedem

Vektor aus U orthogonal ist, ist aber der Nullvektor $\vec{o}$; es folgt also $\sum_{i=1}^{k} s_i \vec{u}_i = \vec{o}$

und damit $s_1 = s_2 = \ldots = s_k = 0$. Die obigen Koeffizienten $x_1, x_2, \ldots, x_k$ sind

also eindeutig bestimmt, und es ergibt sich die Behauptung mit $a_{\parallel} = \sum_{j=1}^{k} x_j \vec{u}_j$ und

$\vec{a}_{\perp} = \vec{a} - \vec{a}_{\parallel}$.   □

Den Vektor $\vec{a}_{\parallel}$ nennt man die *orthogonale Projektion* von $\vec{a}$ in den Unterraum U. Ist die in Satz 3 benutzte Basis von U eine Orthonormalbasis, dann ist $x_i = (\vec{a}; \vec{u}_i)$ $(i = 1, 2, \ldots, k)$, also $\vec{a}_{\parallel} = \sum_{i=1}^{k} (\vec{a}; \vec{u}_i) \, \vec{u}_i$.

Satz 4: Jeder endlichdimensionale K-Vektorraum V mit Skalarprodukt besitzt eine Orthonormalbasis.

Beweis: Es sei $\{\vec{a}_1, \vec{a}_2, \ldots, \vec{a}_n\}$ eine Basis von V. Man setze

$$\vec{b}_1 \;=\; \vec{a}_1 \quad \text{und} \quad \vec{c}_1 = \frac{\vec{b}_1}{|\vec{b}_1|},$$

$$\vec{b}_2 \;=\; \vec{a}_2 - (\vec{a}_2; \vec{c}_1) \, \vec{c}_1 \quad \text{und} \quad \vec{c}_2 = \frac{\vec{b}_2}{|\vec{b}_2|},$$

$$\vec{b}_3 \;=\; \vec{a}_3 - (\vec{a}_3; \vec{c}_1) \, \vec{c}_1 - (\vec{a}_3; \vec{c}_2) \, \vec{c}_2 \quad \text{und} \quad \vec{c}_3 = \frac{\vec{b}_3}{|\vec{b}_3|},$$

$$\vdots$$

$$\vec{b}_n \;=\; \vec{a}_n - (\vec{a}_n; \vec{c}_1) \, \vec{c}_1 - (\vec{a}_n; \vec{c}_2) \, \vec{c}_2 - \ldots - (\vec{a}_n; \vec{c}_{n-1}) \, \vec{c}_{n-1} \quad \text{und} \quad \vec{c}_n = \frac{\vec{b}_n}{|\vec{b}_n|}.$$

Dann ist $\{\vec{c}_1, \vec{c}_2, \ldots, \vec{c}_n\}$ eine Orthonormalbasis von V.   □

Das im Beweis von Satz 4 benutzte Verfahren nennt man *schmidtsches Ortho- normierungsverfahren* (nach Erhard Schmidt, 1876–1959).

Bezüglich einer Orthonormalbasis ist die obige Matrix A, welche das Skalarpro- dukt festlegt, die Einheitsmatrix E. In einem Skalarproduktraum der Dimension n lautet das Skalarprodukt bezüglich einer Orthonormalbasis daher

$$(\vec{x}; \vec{y}) = \vec{x}^T \, \overline{\vec{y}} = x_1 \overline{y_1} + x_2 \overline{y_2} + \ldots + x_n \overline{y_n},$$

es ist also das Standardskalarprodukt.

Definition 6: Ist U ein Unterraum des n-dimensionalen Skalarproduktraums V, dann ist

$$U_{\perp} = \{\vec{v} \in V \mid (\vec{u}; \vec{v}) = 0 \ \text{ für alle } \vec{u} \in U\}$$

ebenfalls ein Unterraum von V ist. Dieser heißt der *Lotraum* von U.

Es gilt $\dim U + \dim U_{\perp} = \dim V$ (Aufgabe 8).

Aufgaben

1. Man beweise die Behauptung unter $(3)^*$ in Definition 1.

2. a) Man zeige: Für $\vec{x} \perp \vec{y}$ gilt $|\vec{x} + \vec{y}|^2 = |\vec{x}|^2 + |\vec{y}|^2$.

b) Man zeige, dass in der Cauchy-Schwarzschen Ungleichung $|(\vec{x}, \vec{y})| \leq |\vec{x}||\vec{y}|$ genau dann das Gleichheitszeichen gilt, wenn $\vec{x}, \vec{y}$ linear abhängig sind.

3. Man beweise, dass in einem K-Vektorraum V mit Skalarprodukt gilt:
$$||\vec{x}| - |\vec{y}|| \leq |\vec{x} - \vec{y}| \quad \text{für alle } \vec{x}, \vec{y} \in V$$

4. Die *Spur* einer Matrix $(a_{ij}) \in \mathbb{R}^{n,n}$ ist die Summe ihrer Diagonalelemente, also $\text{Spur}(a_{ij}) = \sum_{i=1}^{n} a_{ii}$. Man zeige, dass im $\mathbb{R}$-Vektorraum $\mathbb{R}^{m,n}$ der m, n-Matrizen durch $(A; B) = \text{Spur}(B^T A)$ ein Skalarprodukt definiert wird.

5. Im Skalarprodukt $(\vec{x}; \vec{y}) = \vec{x}^T A \vec{y}$ in $\mathbb{R}^n$ muss für die symmetrische Matrix $A \in \mathbb{R}^{n,n}$ gelten: $\vec{x}^T A \vec{x} > 0$ für alle $\vec{x} \in \mathbb{R}^n$ mit $\vec{x} \neq \vec{o}$. Eine solche Matrix nennt man *positiv definit*.

a) Man zeige, dass die Matrix $A = \begin{pmatrix} 1 & -1 & 2 \\ -1 & 2 & -3 \\ 2 & -3 & 6 \end{pmatrix}$ positiv definit ist.

b) Die Matrix $A \in \mathbb{R}^{n,n}$ habe den Rang n, sei also invertierbar. Man zeige, dass $A^T A$ positiv definit ist.

c) $A = (a_{ij}) \in \mathbb{R}^{n,n}$ sei positiv definit. Man zeige, dass $a_{ii} > 0$ und $a_{ii} a_{jj} > a_{ij}^2$ $(i \neq j)$ $(i, j = 1, 2, \ldots, n)$. Beachte dabei Beispiel 1.

6. Es sei U ein Unterraum des Skalarproduktraums V und $\vec{v}_\parallel$ die orthogonale Projektion von $\vec{v}$ in U. Man zeige, dass $\vec{v} \mapsto \vec{v}_\parallel$ eine lineare Abbildung von V in U ist. Man beschreibe den Kern dieser linearen Abbildung.

7. In $\mathbb{R}^n$ seien Punkte P und A durch ihre Ortsvektoren $\vec{p} = \overrightarrow{OP}$ und $\vec{a} = \overrightarrow{OA}$ festgelegt, ferner sei U ein Unterraum des Vektorraums $\mathbb{R}^n$. In $\mathbb{R}^n$ sei ein Skalarprodukt gegeben. Unter dem Abstand d des Punktes P von der linearen Mannigfaltigkeit $\vec{a} + U$ versteht man das Minimum der Längen von $\vec{p} - \vec{u}$ für $\vec{u} \in \vec{a} + U$. Man zeige, dass $d = |(\vec{p} - \vec{a}) - (\vec{p} - \vec{a})_\parallel|$, wobei allgemein $\vec{x}_\parallel$ die orthogonale Projektion von $\vec{x}$ in den Unterraum U bedeutet.

8. Es sei U ein Unterraum des n-dimensionalen Skalarproduktraums V. Man zeige, dass der Lotraum $U_\perp = \{\vec{v} \in V \mid (\vec{u}; \vec{v}) = 0 \text{ für alle } \vec{u} \in U\}$ ein Unterraum von V ist, und dass $\dim U + \dim U_\perp = \dim V$.

9. Man bestimme eine Orthonormalbasis für den von
$$(1 \quad 0 \quad 0 \quad 1 \quad 1)^T, \quad (1 \ -1 \quad 1 \quad 0 \quad 0)^T, \quad (0 \quad 1 \quad 2 \quad 1 \quad 0)^T$$
erzeugten Unterraum von $\mathbb{R}^5$.

III.2 Anwendungen in der Statistik

Es sei $\Omega = \{\omega_1, \omega_2, \ldots, \omega_n\}$ die Menge der möglichen Ausfälle eines Zufallsversuchs und $X : \Omega \mapsto \mathrm{I\!R}$ eine Zufallsgröße auf diesem Zufallsversuch, also auf Ω. (Zufallsgrößen pflegt man in der Wahrscheinlichkeitsrechnung stets mit großen lateinischen Buchstaben zu bezeichnen.) Diese Zufallsgröße kann als Vektor aus $\mathrm{I\!R}^n$ mit den Koordinaten $x_i = X(\omega_i)$ $(i = 1, 2, \ldots, n)$ verstanden werden; die Menge der Zufallsgrößen auf Ω ist ein Vektorraum, nämlich bis auf Isomorphie der Vektorraum $\mathrm{I\!R}^n$.

Ist $p_i = P(\omega_i)$ die Wahrscheinlichkeit des Ausfalls ω_i, dann ist durch

$$(X; Y) = \sum_{i=1}^{n} p_i x_i y_i$$

ein Skalarprodukt im Vektorraum der Zufallsgrößen auf Ω definiert. Man beachte, dass man $p_i > 0$ annehmen kann, denn wäre $p_i = 0$, dann wäre ω_i kein „möglicher" Ausfall. Für die Wahrscheinlichkeiten p_i gilt $\sum_{i=1}^{n} p_i = 1$. Für Zufallsgrößen auf Ω sind mit diesem Skalarprodukt die Begriffe Betrag $(|X|)$, Abstand $(|X - Y|)$ und Orthogonalität $((X; Y) = 0)$ zu definieren.

Zufallsgrößen kann man auch in folgendem Sinn multiplizieren:

$$(XY)(\omega_i) = X(\omega_i)Y(\omega_i) \quad (i = 1, 2, \ldots, n).$$

Offensichtlich gilt $(XY; Z) = (X; YZ)$ für je drei Zufallsgrößen X, Y, Z auf Ω.

Die Zufallsgröße I sei definiert durch $I(\omega_i) = 1$ für $i = 1, 2, \ldots, n$, so dass $XI = X$ für alle X gilt. Für $c \in \mathrm{I\!R}$ ist cI die konstante Zufallsgröße mit dem Wert c. Der Wert c, für welchen $|X - cI|$ für ein gegebenes X minimal ist, heißt *Erwartungswert* von X und wird mit $E(X)$ bezeichnet. Wegen

$$
\begin{aligned}
|X - cI|^2 &= (X - cI; X - cI) = (X; X) - 2(X; cI) + (cI; cI) \\
&= (X; X) - (X; I)^2 + c^2 - 2c(X; I) + (X; I)^2 \\
&= (X^2; I) - (X; I)^2 + (c - (X; I))^2
\end{aligned}
$$

ist $E(X) = (X; I)$, also

$$E(X) = \sum_{i=1}^{n} p_i x_i.$$

Hat man für die Werte $x_1, x_2, \ldots, x_n$ einer Zufallsgröße im Rahmen einer statistischen Erhebung relative Häufigkeiten $h_1, h_2, \ldots, h_n$ gefunden, dann ist $x^* = \sum_{i=1}^{n} h_i x_i$ der *Mittelwert* von X bei der durchgeführten Erhebung. Man erwartet, dass der Mittelwert x^* bei hinreichend großem Umfang der Stichprobe gut durch den Erwartungswert $E(X)$ angenähert wird. Es ist eine wichtige Aufgabe der beurteilenden Statistik, die Qualität dieser Annäherung abzuschätzen, indem man z.B. die Wahrscheinlichkeit für größere Abweichungen berechnet.

Die Vektoren $E(X)I$ und $X - E(X)I$ sind orthogonal zueinander, denn

$$(X - E(X)I\,;\,I) = (X;I) - E(X)(I;I) = E(X) - E(X) = 0.$$

Mit $X_\| = E(X)I$ und $X_\perp = X - E(X)I$ wird X in zueinander orthogonale Komponenten zerlegt: $X = X_\| + X_\perp$ (Fig.1). Der Vektor $X_\perp$ beschreibt die Abweichung der Zufallsgröße X von der konstanten Zufallsgröße $X_\|$, es ist also naheliegend, den Betrag des „Abweichungsvektors" $X_\perp$ als Abweichungsmaß zu benutzen. Man nennt

$$\sigma(X) = |X_\perp| = |X - E(X)I|$$

die *Standardabweichung* von X. Aus Obigem folgt, dass

$$\sigma^2(X) = E((X - E(X)I)^2) = E(X^2) - E(X)^2.$$

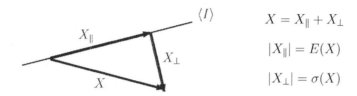

$$X = X_\| + X_\perp$$
$$|X_\|| = E(X)$$
$$|X_\perp| = \sigma(X)$$

Fig. 1: Erwartungswert und Standardabweichung

Ist A ein *Ereignis*, also eine Teilmenge von Ω, dann bezeichnet man mit I_A die Zufallsgröße mit den Werten $I_A(\omega) = 1$ für $\omega \in A$ und $I_A(\omega) = 0$ für $\omega \notin A$. Ist $\overline{A} = \Omega \setminus A$ die Komplementärmenge von A, dann ist $I_A + I_{\overline{A}} = I$. Es ist

$$E(I_A) = \sum_{\omega \in A} P(\omega) = P(A),$$

der Erwartungswert von I_A ist also die Wahrscheinlichkeit des Ereignisses A.

Ist $\xi > 0$, Y eine Zufallsgröße und $A = \{\omega \in \Omega \mid |Y(\omega)| \geq \xi\}$, dann gilt

$$E(Y^2) = E(Y^2 I_A + Y^2 I_{\overline{A}}) \geq E(Y^2 I_A) \geq E(\xi^2 I_A) = \xi^2 P(A).$$

(Die Ungleichungen gelten, weil die Wahrscheinlichkeiten nicht negativ sein können.) Für $Y = X - E(X)I$ ergibt sich daraus die für die Wahrscheinlichkeitsrechnung wichtige *Ungleichung von Tschebyscheff* (nach Pafnuti Lwowitsch Tschebyscheff, 1821–1894)

$$P(\{\omega \in \Omega \mid |X - E(X)I| \geq \xi\}) \leq \frac{\sigma^2(X)}{\xi^2},$$

welche die Wahrscheinlichkeit für große Abweichungen vom Erwartungswert durch einen in der Regel kleinen Wert abschätzt. Für $\xi = 3\sigma(X)$ erhält man beispielsweise, dass die Wahrscheinlichkeit für das Abweichen des Wertes von X vom Erwartungswert um das 3-fache der Standardabweichung höchstens $\frac{1}{9}$ ist.

In der Statistik ergibt sich oft die Frage, ob zwischen zwei Zufallsgrößen X, Y auf Ω ein linearer Zusammenhang besteht. Man sucht dann reelle Zahlen a, b, so dass $|Y - (aX + bI)|$ minimal ist. Dies ist der Fall, wenn $Y - (aX + bI)$ zu X und zu I orthogonal ist, wenn also $aX + bI$ die orthogonale Projektion von X in den von X und I erzeugten Unterraum des Raums der Zufallsgrößen ist. Daraus ergeben sich für a, b die Bedingungen

$$a = \frac{(X_\perp; Y_\perp)}{|X_\perp|^2}, \quad b = -aE(X) + E(Y).$$

Ebenso ergibt sich, dass $|X - (cY + dI)|$ minimal ist, wenn

$$c = \frac{(X_\perp; Y_\perp)}{|Y_\perp|^2}, \ d = -cE(Y) + E(X).$$

Besteht nun ein strenger linearer Zusammenhang, ist also $Y = aX + bI$ und damit $X = \frac{1}{a}Y - \frac{b}{a}I$, dann ist $ac = 1$, also $\left(\frac{(X_\perp; Y_\perp)}{|X_\perp||Y_\perp|}\right)^2 = 1$. Die Zahl

$$\varrho(X, Y) = \frac{(X_\perp; Y_\perp)}{|X_\perp||Y_\perp|}$$

liegt nach Satz 1 zwischen -1 und 1. Man nennt $\varrho(X, Y)$ den *Korrelationsko-effizient* der Zufallsgrößen X, Y. Dieser dient in der Statistik als Maß dafür, wie stark die Zufallsgrößen X, Y korrelieren, d.h. wie gut ein näherungsweiser linearer Zusammenhang zwischen ihnen besteht. Die Zufallsgrößen X, Y heißen *unkorreliert*, wenn $\varrho(X, Y) = 0$ gilt. Genau dann sind X, Y unkorreliert, wenn $E(XY) = E(X)E(Y)$, denn

$$\begin{aligned} E(XY) &= (XY; I) = (X; Y) = (X_\parallel + X_\perp; Y_\parallel + Y_\perp) \\ &= (X_\parallel; Y_\parallel) + (X_\perp; Y_\perp) = E(X)E(Y)(I; I) + (X_\perp; Y_\perp). \end{aligned}$$

Viele weitere Konzepte der Wahrscheinlichkeitsrechnung und Statistik lassen sich mit den Begriffen der linearen Algebra übersichtlich darstellen.

Aufgaben

1. a) Man berechne die Erwartungswerte und die Standardabweichungen für die in der Tabelle angegebenen Zufallsgrößen X und Y.

b) Man berechne

$$P(\{\omega \in \Omega \mid |X - E(X)I| \geq 2\}),$$
$$P(\{\omega \in \Omega \mid |Y - E(Y)I| \geq 3\})$$

	ω_1	ω_2	ω_3	ω_4	ω_5
P	$\frac{1}{20}$	$\frac{1}{5}$	$\frac{1}{2}$	$\frac{1}{5}$	$\frac{1}{20}$
X	2	1	3	4	0
Y	3	0	1	2	4

und vergleiche mit den Werten in der Ungleichung von Tschebyscheff.

2. Man berechne für X, Y aus Aufgabe 1 den Korrelationskoeffizient.

III.3 Anwendungen in der Geometrie

Ist in der Ebene ein kartesisches Koordinatensysten gegeben, dann kann man den Vektor $\vec{v} = \begin{pmatrix} v_1 \\ v_2 \end{pmatrix} \in \mathbb{R}^2$ als die Verschiebung deuten, welche jedem Punkt (p_1, p_2) den Punkt $(p_1 + v_1, p_2 + v_2)$ zuordnet (Fig. 1). Die Verschiebung wird durch einen Verschiebungspfeil oder *Vektorpfeil* dargestellt. Die Länge des Verschiebungspfeils ist $\sqrt{v_1^2 + v_2^2}$, also der Betrag $|\vec{v}|$ des Vektors $\vec{v}$ bezüglich des Standardskalprodukts in $\mathbb{R}^2$. Ist α der Winkel zwischen der Verschiebung $\vec{v}$ und der x_1-Achse (Fig. 2), dann ist $v_1 = |\vec{v}| \cos\alpha$ und $v_2 = |\vec{v}| \sin\alpha$. Gilt für einen weiteren Vektor $\vec{w}$ entsprechend $w_1 = |\vec{v}| \cos\beta$ und $w_2 = |\vec{v}| \sin\beta$, dann gilt für das Standardskalarprodukt $(\vec{v}; \vec{w}) = |\vec{v}||\vec{w}|(\cos\alpha \cos\beta + \sin\alpha \sin\beta)$. Aufgrund des Additionstheorems der Kosinusfunktion ist also

$$(\vec{v}; \vec{w}) = |\vec{v}||\vec{w}| \cos(\alpha - \beta).$$

Genau dann ist $(\vec{v}; \vec{w}) = 0$ für $\vec{v}, \vec{w} \neq \vec{o}$, wenn $\cos(\alpha - \beta) = 0$, also $\alpha - \beta = \pm 90^\circ$, wenn die beiden Verschiebungsvektoren also orthogonal zueinander sind.

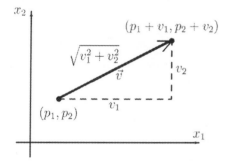
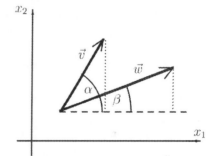

Fig. 1: Länge einer Verschiebung   Fig. 2: Winkel zwischen Verschiebungen

Ist φ der Winkel zwischen den Verschiebungen $\vec{v}$ und $\vec{w}$, dann folgt aus obiger Darstellung des Skalarprodukts

$$|\vec{v} - \vec{w}|^2 = |\vec{v}|^2 + |\vec{w}|^2 - 2(\vec{v}; \vec{w}) = |\vec{v}|^2 + |\vec{w}|^2 - 2|\vec{v}||\vec{w}| \cos\varphi.$$

Dies ist der bekannte *Kosinussatz* aus der Trigonometrie.

Bezüglich eines kartesischen Koordinatensystems im Raum hat ein Verschiebungsvektor $\vec{v} \in \mathbb{R}^3$ die Länge $|\vec{v}| = \sqrt{v_1^2 + v_2^2 + v_3^2}$ (Fig. 3). Für den Winkel φ zwischen zwei Verschiebungsvektoren $\vec{v}, \vec{w}$ gilt aufgrund des Kosinussatzes $|\vec{v} - \vec{w}|^2 = |\vec{v}|^2 + |\vec{w}|^2 - 2|\vec{v}||\vec{w}| \cos\varphi$ (Fig. 4), wegen $|\vec{v} - \vec{w}|^2 = |\vec{v}|^2 + |\vec{w}|^2 - 2(\vec{v}; \vec{w})$ also wie in der Ebene

$$(\vec{v}; \vec{w}) = |\vec{v}||\vec{w}| \cos\varphi.$$

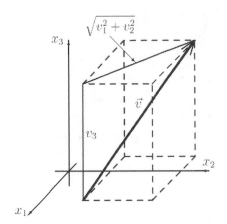 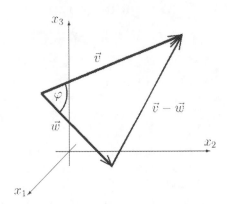

Fig. 3: Länge einer Verschiebung   Fig. 4: Zum Kosinussatz

Im Folgenden verstehen wir wie schon in I.5 für $n = 2, 3$ die Menge $\mathrm{I\!R}^n$ einerseits als Menge aller Punkte und andererseits als den $\mathrm{I\!R}$-Vektorraum der Verschiebungen der Ebene bzw. des Raums. Diese beiden Bedeutungen von Zahlenpaaren bzw. Zahlentripeln sind über den Begriff des *Ortsvektors* miteinander verbunden: Der Punkt P ist festgelegt durch seinen Ortsvektor $\vec{p} = \overrightarrow{OP}$, der Vektor $\vec{a}$ ist festgelegt durch den Punkt A mit $\overrightarrow{OA} = \vec{a}$.

Definition 1: Es sei $\vec{a} + U$ eine k-dimensionale lineare Mannigfaltigkeit aus $\mathrm{I\!R}^n$ mit $1 \leq k \leq n - 1$. Dann nennt man $\vec{b} + U_\perp$ die *Lotmannigfaltigkeit* zu $\vec{a} + U$ durch den Punkt B mit dem Ortsvektor $\vec{b}$.

Beispiel 1: Für $n = 2$ (also in der Ebene) kann man zu einer Geraden die Lotgerade durch einen gegebenen Punkt betrachten und z.B. den Lotfußpunkt berechnen: Die Lotgerade zu $\vec{a} + \langle \vec{u} \rangle$ mit $\vec{u} \neq \vec{o}$ durch den Punkt mit dem Ortsvektor $\vec{b}$ ist $\vec{b} + \langle \vec{v} \rangle$ mit $\vec{v} \perp \vec{u}$. Zur Berechnung des Lotfußpunkts löst man die Gleichung $\vec{a} + r\vec{u} = \vec{b} + s\vec{v}$, welche eindeutig lösbar ist, weil $\{\vec{u}, \vec{v}\}$ linear unabhängig ist.

Beispiel 2: Für $n = 3$ (also im Raum) kann man zu einer Ebene die Lotgerade durch einen gegebenen Punkt betrachten und z.B. den Lotfußpunkt berechnen: Die Lotgerade zu $\vec{a} + \langle \vec{u}, \vec{v} \rangle$ ($\{\vec{u}, \vec{v}\}$ linear unabhängig) durch den Punkt mit dem Ortsvektor $\vec{b}$ ist $\vec{b} + \langle \vec{w} \rangle$ mit $\vec{w} \in \langle \vec{u}, \vec{v} \rangle_\perp$. Zur Berechnung des Lotfußpunkts löst man die Gleichung $\vec{a} + r\vec{u} + s\vec{v} = \vec{b} + t\vec{w}$, welche eindeutig lösbar ist, weil $\{\vec{u}, \vec{v}, \vec{w}\}$ linear unabhängig ist.

Beispiel 3: Für $n = 3$ (also im Raum) kann man zu einer Geraden die Lotebene durch einen gegebenen Punkt betrachten und z.B. den Schnittpunkt von Gerade und Lotebene berechnen: Die Lotebene zu $\vec{a} + \langle \vec{u} \rangle$ ($\{\vec{u} \neq \vec{o}\}$) durch den Punkt mit dem Ortsvektor $\vec{b}$ ist $\vec{b} + \langle \vec{v}, \vec{w} \rangle$, wobei $\vec{v}, \vec{w} \in \langle \vec{u} \rangle_\perp$ und $\{\vec{u}, \vec{v}\}$ linear unabhängig ist. Zur Berechnung des Lotfußpunkts löst man die Gleichung $\vec{a} + r\vec{u} = \vec{b} + s\vec{v} + t\vec{w}$, welche eindeutig lösbar ist, weil $\{\vec{u}, \vec{v}, \vec{w}\}$ linear unabhängig ist.

Es sei U ein echter Unterraum von $\mathbb{R}^n$ und $\{\vec{b}_1, \vec{b}_2, \ldots, \vec{b}_k\}$ eine Basis des Lotraums $U_\perp$. Für alle $\vec{x} \in \vec{a} + U$ gilt dann

$$(\vec{x} - \vec{a}; \vec{b}_i) = 0 \quad \text{für} \quad i = 1, 2, \ldots, k.$$

Dies ist ein LGS mit k Gleichungen für die n Variablen $x_1, x_2, \ldots, x_n$. Die lineare Mannigfaltigkeit $\vec{a} + U$ kann also als Lösungsmannigfaltigkeit eines LGS gedeutet werden, wie wir schon früher gesehen haben.

Im Fall $n = 2$ (also in der Ebene) hat die Gerade $\vec{a} + \langle \vec{u} \rangle$ die Gleichung

$$(\vec{x} - \vec{a}; \vec{n}) = 0 \quad \text{mit} \quad \vec{n} \perp \vec{u}, \ \vec{n} \neq \vec{o}.$$

Im Fall $n = 3$ (also im Raum) hat die Ebene $\vec{a} + \langle \vec{u}, \vec{v} \rangle$ ebenfalls die Gleichung

$$(\vec{x} - \vec{a}; \vec{n}) = 0 \quad \text{mit} \quad \vec{n} \perp \vec{u}, \ \vec{n} \perp \vec{v}, \ \vec{n} \neq \vec{o}.$$

Man nennt $\vec{n}$ einen *Normalenvektor* von $\vec{u}$ bzw. von $\langle \vec{u}, \vec{v} \rangle$ und diese Gleichung eine *Normalengleichung* der Geraden bzw. der Ebene. Hat der Normalenvektor dabei den Betrag 1, dann spricht man von der *hesseschen Normalenform* der Geraden- bzw. der Ebenengleichung (nach Ludwig Otto Hesse, 1811–1874).

Ist eine Gerade in der Ebene zunächst durch die Gleichung $a_1 x_1 + a_2 x_2 = b$ bzw. $a_1 x_1 + a_2 x_2 - b = 0$ gegeben, dann lautet ihre Gleichung in der hesseschen Normalenform

$$\frac{a_1}{\sqrt{a_1^2 + a_2^2}} x_1 + \frac{a_2}{\sqrt{a_1^2 + a_2^2}} x_2 - \frac{b}{\sqrt{a_1^2 + a_2^2}} = 0.$$

Entsprechend lautet die hessesche Normalenform der Ebenengleichung $a_1 x_1 + a_2 x_2 + a_3 x_3 = b$

$$\frac{a_1}{\sqrt{a_1^2 + a_2^2 + a_3^2}} x_1 + \frac{a_2}{\sqrt{a_1^2 + a_2^2 + a_3^2}} x_2 + \frac{a_3}{\sqrt{a_1^2 + a_2^2 + a_3^2}} x_3 - \frac{b}{\sqrt{a_1^2 + a_2^2 + a_3^2}} = 0.$$

Satz 1: Ist $(\vec{x} - \vec{a}; \vec{n}) = 0$ die hessesche Normalenform einer Geraden- oder einer Ebenengleichung, dann hat der Punkt mit dem Ortsvektor $\vec{p}$ von der Geraden bzw. von der Ebene den Abstand $d = |(\vec{p} - \vec{a}; \vec{n})|$.

Beweis (vgl. Fig. 5): Ist d der gesuchte Abstand, dann ist $\vec{p} - \vec{a} \pm d\vec{n}$ orthogonal zu $\vec{n}$, es ist also

$$
\begin{aligned}
0 &= (\vec{p} - \vec{a} \pm d\vec{n}; \vec{n}) \\
  &= (\vec{p} - \vec{a}; \vec{n}) \pm d(\vec{n}; \vec{n}) \\
  &= (\vec{p} - \vec{a}; \vec{n}) \pm d,
\end{aligned}
$$

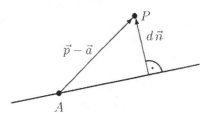

Fig. 5: Abstandsberechnung

wobei das Vorzeichen von d von der Richtung von $\vec{n}$ abhängt. $\qquad \square$

Setzt man also in der hesseschen Normalenform die Koordinaten eines Punktes ein, der nicht zur Geraden bzw. zur Ebene gehört, dann ergibt sich auf der rechten Seite nicht 0, sondern der Abstand (positiv oder negativ) dieses Punktes von der Geraden bzw. der Ebene.

Eine Gerade in der Ebene mit der Steigung m und dem x_2-Achsenabschnitt c hat die Gleichung $x_2 = mx_1 + c$. Ihr Abstand von O ist $\pm\dfrac{c}{\sqrt{1+m^2}}$. Diese Gerade ist also genau dann eine Tangente an den Kreis um O mit dem Radius r, wenn r diesen Wert hat, wenn also die Gleichung

$$c^2 = r^2(1+m^2)$$

gilt. Diese Gleichung heißt *Tangentenbedingung* (für eine Gerade und einen Ursprungskreis). Bei der allgemeiner Geradengleichung $a_1x_1 + a_2x_2 - c = 0$ lautet diese Tangentenbedingung $c^2 = r^2(a_1^2 + a_2^2)$. Entsprechend ist $c^2 = r^2(a_1^2 + a_2^2 + a_3^2)$ die Bedingung dafür, dass die Ebene mit der Gleichung $a_1x_1 + a_2x_2 + a_3x_3 - c = 0$ die Kugel um O mit dem Radius r berührt.

Im Folgenden wollen wir das Skalarprodukt eines Vektors mit sich selbst als Quadrat schreiben, also $\vec{x}^2 = (\vec{x}; \vec{x}) = |\vec{x}|^2$. Es soll also vorübergehend $\vec{x}^2$ dasselbe bedeuten wie $\vec{x}^T\vec{x}$.

Die Gleichung

$$(\vec{x} - \vec{m})^2 = r^2$$

ist in der Ebene die Gleichung eines Kreises und im Raum die Gleichung einer Kugel mit dem Mittelpunkt M (Ortsvektor $\vec{m}$) und dem Radius r.

Satz 2: Die Tangente bzw. die Tangentialebene an einen Kreis bzw. an eine Kugel um M (Ortsvektor $\vec{m}$) mit dem Radius r im Punkt P (Ortsvektor $\vec{p}$) hat die Gleichung

$$(\vec{x} - \vec{m}; \vec{p} - \vec{m}) = r^2.$$

Beweis (vgl. Fig. 6): Für den Ortsvektor $\vec{x}$ eines Punktes der Tangente bzw. der Tangentialebene im Punkt P gilt $(\vec{x} - \vec{p}; \vec{p} - \vec{m}) = 0$. Dies ist bereits eine Gleichung für die Tangente bzw. die Tangentialebene, man formt sie aber in der Regel noch mit Hilfe der Kreis- bzw. Kugelgleichung um:

$$\begin{aligned}
0 &= ((\vec{x} - \vec{m}) - (\vec{p} - \vec{m}); \vec{p} - \vec{m}) \\
&= (\vec{x} - \vec{m}; \vec{p} - \vec{m}) - (\vec{p} - \vec{m})^2 \\
&= (\vec{x} - \vec{m}; \vec{p} - \vec{m}) - r^2 \qquad \square
\end{aligned}$$

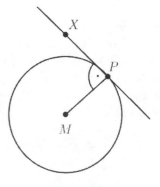

Fig. 6: Tangente an Kreis

Liegt der Punkt P außerhalb des Kreises um M mit dem Radius r, ist also $|\vec{p} - \vec{m}| > r$, dann gibt es zwei Kreistangenten durch P (Fig. 7). Für deren Berührpunkte bzw. ihre Ortsvektoren $\vec{b}_1$ und $\vec{b}_2$ gilt $(\vec{b}_i - \vec{m}; \vec{p} - \vec{m}) = r^2$ $(i = 1, 2)$, sie liegen also auf der Geraden mit der Gleichung

$$(\vec{x} - \vec{m}; \vec{p} - \vec{m}) = r^2.$$

Liegt der Punkt P außerhalb der Kugel um M mit dem Radius r, ist also $|\vec{p} - \vec{m}| > r$, dann bilden die Kugeltangenten durch P den *Tangentialkegel* mit der Spitze P (Fig. 8). Für die Berührpunkte bzw. ihre Ortsvektoren $\vec{b}$ gilt $(\vec{b} - \vec{m}; \vec{p} - \vec{m}) = r^2$, sie liegen also in der Ebene mit der Gleichung

$$(\vec{x} - \vec{m}; \vec{p} - \vec{m}) = r^2.$$

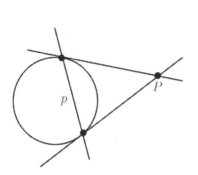
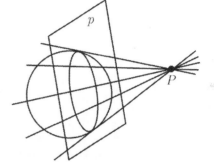

Fig. 7: Pol und Polare   Fig. 8: Pol und Polarebene

Definition 2: Es sei ein Kreis bzw. eine Kugel mit der Gleichung $(\vec{x} - \vec{m})^2 = r^2$ gegeben. Es sei P ein Punkt mit dem Ortsvektor $\vec{p}$ und p die Gerade bzw. die Ebene mit der Gleichung $(\vec{x} - \vec{m}; \vec{p} - \vec{m}) = r^2$. Dann heißt p die *Polare* bzw. die *Polarebene* zu P und P der *Pol* zu p.

Liegt dabei P außerhalb des Kreises bzw. der Kugel, dann schneidet p den Kreis bzw. die Kugel. Liegt P auf dem Kreis bzw. der Kugel, dann ist p die Tangente bzw. die Tangentialebene in P. Liegt P innerhalb des Kreises oder der Kugel, dann verläuft p ganz außerhalb des Kreises bzw. der Kugel. Ist $P = M$, dann existiert p nicht, weil $(\vec{x} - \vec{m}; \vec{o}) = 0 \neq r^2$ ist.

Satz 3 (Fig 9): Es sei ein Kreis bzw. eine Kugel gegeben.

      Liegt der Punkt Q auf der Polaren bzw. Polarebene p von P, dann liegt der Punkt P auf der Polaren bzw. Polarebene q von Q.

      Geht die Gerade bzw. die Ebene q durch den Pol P von p, dann geht die Gerade p durch den Pol Q von q.

Beweis: Aus der Polarengleichung folgt, dass alle Voraussetzungen und Behauptungen im Satz dasselbe bedeuten, nämlich $(\vec{p} - \vec{m}; \vec{q} - \vec{m}) = r^2$.   □

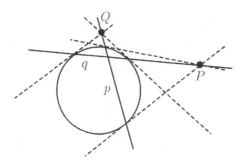
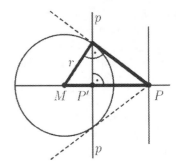

Fig. 9: Pol-Polare-Beziehung   Fig. 10: Lagebeziehung von Pol und Polare

Unmittelbar aus dem Kathetensatz ergibt sich eine interessante Lagebeziehung zwischen Pol und Polare bzw. Polarebene (Fig. 10): Ist p die Polare oder die Polarebene zu P bezüglich eines Kreises bzw. einer Kugel und ist P' der Schnittpunkt von p mit der Geraden durch M und P, dann gilt $\overline{MP} \cdot \overline{MP'} = r^2$.

Aufgaben

1. Zwei Geraden im Raum heißen *windschief*, wenn sie nicht parallel sind und sich nicht schneiden. Man zeige: Sind $\vec{p} + \langle \vec{u} \rangle$ und $\vec{q} + \langle \vec{v} \rangle$ zwei windschiefe Geraden, dann ist ihr Abstand $d = |(\vec{q} - \vec{p}; \vec{n})|$, wobei $\vec{n} \in \langle \vec{u}, \vec{v} \rangle_\perp$ und $|\vec{n}| = 1$.

2. Unter welcher Bedingung ist $x_1^2 + x_2^2 + x_3^3 + a_1 x + a_2 x + a_3 x + c = 0$ die Gleichung einer Kugel?

3. Man zeige, dass $A\left(\dfrac{2}{3}, \dfrac{1}{3}, \dfrac{2}{3}\right)$ und $B\left(\dfrac{3}{7}, \dfrac{6}{7}, \dfrac{2}{7}\right)$ auf der Einheitskugel liegen und berechne die Länge des (kürzeren) Großkreisbogens durch A und B.

4. Welcher Kreis mit dem Mittelpunkt $M(15, 5)$ berührt die Gerade mit der Gleichung $7x_1 + 24x_2 = 100$?

5. Man bestimme die Steigungen der vier gemeinsamen Tangenten der Kreise mit den Gleichungen $\vec{x}^2 = 4$ und $\left(\vec{x} - \begin{pmatrix} 6 \\ 9 \end{pmatrix}\right)^2 = 9$.

6. Die Ebene mit der Gleichung $4x_1 + 7x_2 + 4x_3 = 20$ schneidet die Kugel mit dem Mittelpunkt $M(5, 2, 1)$ und dem Radius 7 in einem Kreis. Man bestimme den Mittelpunkt M' und den Radius r' des Schnittkreises.

7. Es sei k_1 die Kugel um $M_1(-1, 3, 1)$ mit dem Radius $r_1 = 6$, ferner k_2 die Kugel um $M_2(3, 9, 7)$ mit dem Radius $r_2 = 5$. In welcher Ebene liegt der Schnittkreis der Kugeln? Welchen Radius hat er?

8. Wie bestimmt man die gemeinsamen Tangentialebenen von drei Kugeln?

9. Es seien p, q die Polaren zu den Punkten P, Q bezüglich eines Kreises. Man zeige: Liegt der Punkt R auf der Geraden durch P und Q, dann geht die Polare r zu R durch den Schnittpunkt von p und q.

10. Legt man von einem Punkt der Schnittkreisebene zweier sich schneidender Kugeln jeweils eine Tangente an jede der Kugeln, dann sind die Tangentenabschnitte gleich lang. Man beweise dies.

11. Man zeige, dass für je zwei Kreise mit verschiedenen Mittelpunkten M_1 und M_2 die Punkte, von denen aus die Tangentenabschnitte an die beiden Kreise gleich lang sind, auf einer zu $M_1 M_2$ orthogonalen Geraden liegen (Fig. 11).

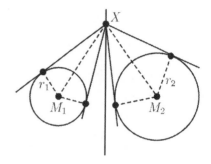

Fig. 11: Zu Aufgabe 11

12. Die Tangenten von einem Punkt P aus an eine Kugel um M mit dem Radius r bilden den Tangentialkegel mit der Spitze P an die Kugel, falls P außerhalb der Kugel liegt. Der Berührkreis liegt in der Polarebene zum Pol P.

a) Wie bestimmt man den Mittelpunkt M' und des Radius r' des Berührkreises, wenn man die Spitze P des Tangentialkegels kennt?

b) Wie bestimmt man die Spitze P des Tangentialkegels, wenn man den Mittelpunkt M' des Berührkreises kennt?

c) Wie bestimmt man die Spitze P des Tangentialkegels, wenn man den Radius r' und die Ebene des Berührkreises kennt?

d) Unter welcher Bedingung haben zwei Kugeln keinen, genau einen oder genau zwei gemeinsame Tangentialkegel? Wie bestimmt man die Kegelspitzen? (Man betrachte zunächst ein Schnittbild.)

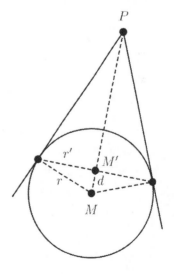

Fig. 12: Tangentialkegel

III.4 Vektorprodukt und Spatprodukt

Möchte man die Ebene $\vec{p} + \langle \vec{a},\ \vec{b} \rangle$ aus $\mathbb{R}^3$ als Lösungsmenge eines LGS $\vec{u}^T \vec{x} = c$ schreiben, dann benötigt man dazu einen Vektor $\vec{u} \in \langle \vec{a},\ \vec{b} \rangle_\perp$. Im Vektorraum $\mathbb{R}^3$ kann man also nach einem Vektor $\vec{x}$ fragen, der zu zwei gegebenen linear unabhängigen Vektoren $\vec{a}, \vec{b}$ bezüglich des Standardskalarprodukts orthogonal ist.

Es muss dann das homogene LGS $\left\{ \begin{array}{l} a_1 x_1 + a_2 x_2 + a_3 x_3 = 0 \\ b_1 x_1 + b_2 x_2 + b_3 x_3 = 0 \end{array} \right\}$ gelöst werden:

$$\begin{array}{l} a_1 x_1 + a_2 x_2 = -a_3 x_3 \mid \cdot b_2 \\ b_1 x_1 + b_2 x_2 = -b_3 x_3 \mid \cdot (-a_2) \end{array} \Big\} + \qquad \begin{array}{l} a_1 x_1 + a_2 x_2 = -a_3 x_3 \mid \cdot (-b_1) \\ b_1 x_1 + b_2 x_2 = -b_3 x_3 \mid \cdot a_1 \end{array} \Big\} +$$

$$(a_1 b_2 - a_2 b_1) x_1 = (a_2 b_3 - a_3 b_2) x_3 \qquad (a_1 b_2 - a_2 b_1) x_2 = (a_3 b_1 - a_1 b_3) x_3$$

Eine Lösung ist $(x_1, x_2, x_3) = (a_2 b_3 - a_3 b_2,\ a_3 b_1 - a_1 b_3,\ a_1 b_2 - a_2 b_1)$.

Definition 1: Für $\vec{a} = \begin{pmatrix} a_1 \\ a_2 \\ a_3 \end{pmatrix}$, $\vec{b} = \begin{pmatrix} b_1 \\ b_2 \\ b_3 \end{pmatrix} \in \mathbb{R}^3$ nennt man den Vektor

$$\begin{pmatrix} a_2 b_3 - a_3 b_2 \\ a_3 b_1 - a_1 b_3 \\ a_1 b_2 - a_2 b_1 \end{pmatrix}$$

das *Vektorprodukt* oder das *äußere Produkt* von $\vec{a}$ und $\vec{b}$. Man schreibt dafür

$$\vec{a} \times \vec{b} \quad \text{(lies „}\vec{a}\text{ kreuz }\vec{b}\text{“).}$$

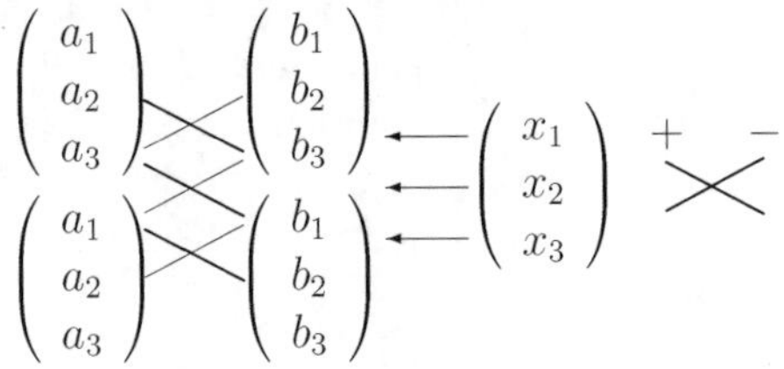

Fig. 1: Vektorprodukt

Zur Berechnung des Vektorprodukts kann man das Schema in Fig. 1 benutzen.

Das Vektorprodukt ist nur für Vektoren aus $\mathbb{R}^3$ definiert, nicht für Vektoren aus $\mathbb{R}^2$ oder $\mathbb{R}^4, \mathbb{R}^5, \dots$ Das Vektorprodukt ist wieder ein Vektor; darin unterscheidet es sich wesentlich vom Skalarprodukt. Das Vektorprodukt hat folgende Eigenschaften, welche leicht nachzurechnen sind:

(1) Genau dann ist $\vec{a} \times \vec{b} = \vec{o}$, wenn $\{\vec{a}, \vec{b}\}$ linear abhängig ist.

(2) $\vec{b} \times \vec{a} = -\vec{a} \times \vec{b}$ für alle $\vec{a}, \vec{b} \in \mathbb{R}^3$.

(3) $\vec{a} \times (\vec{b} + \vec{c}) = (\vec{a} \times \vec{b}) + (\vec{a} \times \vec{c})$ für alle $\vec{a}, \vec{b}, \vec{c} \in \mathbb{R}^3$.

(4) $\vec{a} \times (r\vec{b}) = r(\vec{a} \times \vec{b})$ für alle $\vec{a}, \vec{b} \in \mathbb{R}^3$ und alle $r \in \mathbb{R}$.

(5) $(\vec{a} \times \vec{b}; \vec{a}) = 0$ und $(\vec{a} \times \vec{b}; \vec{b}) = 0$ für alle $\vec{a}, \vec{b} \in \mathbb{R}^3$.

Das Vektorprodukt ist nicht kommutativ, stattdessen gilt Regel (2). Es gilt auch nicht das Assoziativgesetz, i. Allg. ist

$$\vec{a} \times (\vec{b} \times \vec{c}) \neq (\vec{a} \times \vec{b}) \times \vec{c}.$$

Satz 1: Schließen $\vec{a}, \vec{b} \in \mathbb{R}^3$ den Winkel φ ($0^\circ \leq \varphi \leq 180^\circ$) ein, dann gilt:

$$|\vec{a} \times \vec{b}| = \sqrt{(\vec{a}; \vec{a})(\vec{b}; \vec{b}) - (\vec{a}; \vec{b})^2} = |\vec{a}| \cdot |\vec{b}| \cdot \sin \varphi$$

Beweis: Es gilt

$$
\begin{aligned}
(\vec{a} \times \vec{b}; \vec{a} \times \vec{b}) &= (a_2 b_3 - a_3 b_2)^2 + (a_1 b_3 - a_3 b_1)^2 + (a_1 b_2 - a_2 b_1)^2 \\
&= (a_1^2 + a_2^2 + a_3^2)(b_1^2 + b_2^2 + b_3^2) - (a_1 b_1 + a_2 b_2 + a_3 b_3)^2 \\
&= (\vec{a}, \vec{a})(\vec{b}, \vec{b}) - (\vec{a}, \vec{b})^2 = |\vec{a}|^2 \cdot |\vec{b}|^2 \cdot (1 - \cos^2 \varphi) = |\vec{a}|^2 \cdot |\vec{b}|^2 \cdot \sin^2 \varphi \qquad \square
\end{aligned}
$$

Wegen $|\vec{a} \times \vec{b}| = |\vec{a}| \cdot |\vec{b}| \cdot \sin \sphericalangle (\vec{a}, \vec{b})$ ist $|\vec{a} \times \vec{b}|$ der Flächeninhalt des von $\vec{a}$ und $\vec{b}$ aufgespannten Parallelogramms (Fig. 2).

Sind die Vektoren $\vec{a}, \vec{b}, \vec{c}$ paarweise orthogonal, dann ist $|(\vec{a} \times \vec{b}; \vec{c})| = |\vec{a}| \cdot |\vec{b}| \cdot |\vec{c}|$. Dies ist das Volumen des von $\vec{a}, \vec{b}, \vec{c}$ aufgespannten Quaders.

Satz 2: Der von den Vektoren $\vec{a}$, $\vec{b}$, $\vec{c}$ im Raum aufgespannte Spat (Fig. 3) hat das Volumen

$$V = |(\vec{a} \times \vec{b}; \vec{c})|.$$

Beweis: Ist φ der Winkel zwischen $\vec{a} \times \vec{b}$ und $\vec{c}$, dann hat der Spat den Grundflächeninhalt $|\vec{a} \times \vec{b}|$ und die Höhe $||\vec{c}| \cdot \cos \varphi|$. Es ist also

$$V = |\vec{a} \times \vec{b}| \cdot |\vec{c}| \cdot |\cos \varphi| = |(\vec{a} \times \vec{b}; \vec{c})|. \qquad \square$$

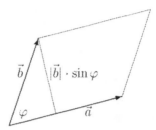

Fig. 2: Zum Vektorprodukt

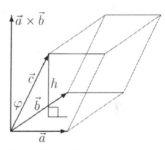

Fig. 3: Zum Spatprodukt

Definition 2: Für drei Vektoren $\vec{a}, \vec{b}, \vec{c} \in \mathbb{R}^3$ nennt man die Zahl $(\vec{a} \times \vec{b}; \vec{c})$ das *Spatprodukt* dieser Vektoren.

Genau dann ist $(\vec{a} \times \vec{b}; \vec{c}) = 0$, wenn $\{\vec{a}, \vec{b}, \vec{c}\}$ linear abhängig ist.

Satz 3: Bei Vertauschung der Vektoren ändert ein Spatprodukt höchstens sein Vorzeichen, nicht aber seinen Betrag. Für alle $\vec{a}, \vec{b}, \vec{c} \in \mathbb{R}^3$ gilt $(\vec{a} \times \vec{b}; \vec{c}) = (\vec{b} \times \vec{c}; \vec{a}) = (\vec{c} \times \vec{a}; \vec{b})$. Bei zyklischer Vertauschung der Vektoren ändert sich also das Vorzeichen nicht. Bei jeder anderen Vertauschung ändert der Term sein Vorzeichen.

Beweis: Die Aussage des Satzes bestätigt man sofort an dem Term

$$(\vec{a} \times \vec{b}; \vec{c}) = a_1b_2c_3 + a_2b_3c_1 + a_3b_1c_2 - a_3b_2c_1 - a_1b_3c_2 - a_2b_1c_3. \qquad \square$$

Man schreibt diesen Term aus Satz 3 für das Vektorprodukt auch in der Form

$$\begin{vmatrix} a_1 & b_1 & c_1 \\ a_2 & b_2 & c_2 \\ a_3 & b_3 & c_3 \end{vmatrix} \quad \text{oder} \quad \det \begin{pmatrix} a_1 & b_1 & c_1 \\ a_2 & b_2 & c_2 \\ a_3 & b_3 & c_3 \end{pmatrix} = \det(\vec{a}, \vec{b}, \vec{c})$$

und nennt ihn die *Determinante* der Vektoren $\vec{a}, \vec{b}, \vec{c}$. (Mit Determinanten beschäftigen wir uns allgemeiner in Kapitel IV.) Zur Berechnung obiger Determinante dient das Schema in Fig. 4 (*Regel von Sarrus*, nach P. F. Sarrus, 1798–1861).

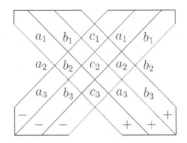

Fig. 4: Regel von Sarrus

Determinanten kann man zum Lösen eines LGS mit drei Variablen und drei Gleichungen verwenden: Das LGS

$$a_1x_1 + b_1x_2 + c_1x_3 = d_1$$
$$a_2x_1 + b_2x_2 + c_2x_3 = d_2$$
$$a_3x_1 + b_3x_2 + c_3x_3 = d_3$$

kann man mit $\vec{a} = \begin{pmatrix} a_1 \\ a_2 \\ a_3 \end{pmatrix}, \vec{b} = \begin{pmatrix} b_1 \\ b_2 \\ b_3 \end{pmatrix}, \vec{c} = \begin{pmatrix} c_1 \\ c_2 \\ c_3 \end{pmatrix}, \vec{d} = \begin{pmatrix} d_1 \\ d_2 \\ d_3 \end{pmatrix}$ in der Form

$$x_1\vec{a} + x_2\vec{b} + x_3\vec{c} = \vec{d}$$

schreiben. Das LGS und damit diese Vektorgleichung sind eindeutig lösbar, wenn $\{\vec{a}, \vec{b}, \vec{c}\}$ linear unabhängig ist, wenn also $(\vec{a} \times \vec{b}; \vec{c}) \neq 0$ gilt. Bildet man in der Vektorgleichung der Reihe nach das Skalarprodukt mit $\vec{b} \times \vec{c}$, $\vec{c} \times \vec{a}$, $\vec{a} \times \vec{b}$, dann ergeben sich die Gleichungen

$$x_1 \cdot (\vec{b} \times \vec{c}; \vec{a}) = (\vec{b} \times \vec{c}; \vec{d}),$$
$$x_2 \cdot (\vec{c} \times \vec{a}; \vec{b}) = (\vec{c} \times \vec{a}; \vec{d}),$$
$$x_3 \cdot (\vec{a} \times \vec{b}; \vec{c}) = (\vec{a} \times \vec{b}; \vec{d}).$$

Wegen der zyklischen Vertauschbarkeit der Vektoren im Spatprodukt folgt

$$x_1 = \frac{(\vec{d} \times \vec{b}; \vec{c})}{(\vec{a} \times \vec{b}; \vec{c})} \qquad x_2 = \frac{(\vec{a} \times \vec{d}; \vec{c})}{(\vec{a} \times \vec{b}; \vec{c})} \qquad x_3 = \frac{(\vec{a} \times \vec{b}; \vec{d})}{(\vec{a} \times \vec{b}; \vec{c})}.$$

Schreibt man die Spatprodukte als Determinanten, so ergibt sich die übliche Form der *cramerschen Regel* (nach Gabriel Cramer, 1704–1752):

Satz 4: Ist $\{\vec{a}, \vec{b}, \vec{c}\}$ linear unabhängig, dann ist das LGS $x_1\vec{a} + x_2\vec{b} + x_3\vec{c} = \vec{d}$ eindeutig lösbar und die Lösung lautet

$$x_1 = \frac{\det(\mathbf{\vec{d}}, \vec{b}, \vec{c})}{\det(\vec{a}, \vec{b}, \vec{c})}, \qquad x_2 = \frac{\det(\vec{a}, \mathbf{\vec{d}}, \vec{c})}{\det(\vec{a}, \vec{b}, \vec{c})}, \qquad x_3 = \frac{\det(\vec{a}, \vec{b}, \mathbf{\vec{d}})}{\det(\vec{a}, \vec{b}, \vec{c})}.$$

Ist $c_1 = c_2 = a_3 = b_3 = d_3 = 0$ und $c_3 = 1$, so ergibt sich die cramersche Regel für ein lineares Gleichungssystem mit zwei Gleichungen und zwei Variablen: Ist $a_1 b_2 - a_2 b_1 \neq 0$, dann ist $\left\{ \begin{array}{l} a_1 x_1 + b_1 x_1 = d_1 \\ a_2 x_1 + b_2 x_2 = d_2 \end{array} \right\}$ eindeutig lösbar und hat die Lösung

$$x_1 = \frac{\begin{vmatrix} \mathbf{d_1} & b_1 \\ \mathbf{d_2} & b_2 \end{vmatrix}}{\begin{vmatrix} a_1 & b_1 \\ a_2 & b_2 \end{vmatrix}}, \quad x_2 = \frac{\begin{vmatrix} a_1 & \mathbf{d_1} \\ a_2 & \mathbf{d_2} \end{vmatrix}}{\begin{vmatrix} a_1 & b_1 \\ a_2 & b_2 \end{vmatrix}} \quad \text{mit} \quad \begin{vmatrix} a_1 & b_1 \\ a_2 & b_2 \end{vmatrix} = a_1 b_2 - a_2 b_1 \quad \text{usw.}$$

Die folgenden Eigenschaften der Determinante ergeben sich aus ihrer Darstellung als Spatprodukt (Aufgabe 4):

(1) $\det(\lambda \vec{a}_1, \vec{a}_2, \vec{a}_3) = \lambda \det(\vec{a}_1, \vec{a}_2, \vec{a}_3)$ und ebenso bezüglich $\vec{a}_2, \vec{a}_3$ ($\lambda \in \mathbb{R}$); ersetzt man also eine Spalte durch das λ-fache, dann ändert sich auch die Determinante um das λ-fache.

(2) $\det(\vec{a}_1 + \vec{a}_2, \vec{a}_2, \vec{a}_3) = \det(\vec{a}_1, \vec{a}_2, \vec{a}_3)$ usw.; die Determinante ändert sich also nicht, wenn man eine Spalte zu einer anderen addiert.

(3) $\det(\vec{s}_1, \vec{s}_2, \vec{s}_3) = 1$ für die Standardbasis $\{\vec{s}_1, \vec{s}_2, \vec{s}_3\}$.

Aus diesen Eigenschaften oder direkt aus der Darstellung als Spatprodukt gewinnt man noch die folgenden Eigenschaften:

(4) Genau dann ist $\det(\vec{a}_1, \vec{a}_2, \vec{a}_3) = 0$, wenn $\{\vec{a}_1, \vec{a}_2, \vec{a}_3\}$ linear abhängig ist.

(5) $\det(\vec{u} + \vec{v}, \vec{a}_2, \vec{a}_3) = \det(\vec{u}, \vec{a}_2, \vec{a}_3) + \det(\vec{v}, \vec{a}_2, \vec{a}_3)$ usw.

(6) Die Determinante ändert ihren Wert nicht, wenn man zu einer Spalte eine Linearkombination der anderen Spalten addiert.

Berechnet man die Determinante von $A = \begin{pmatrix} a_{11} & a_{12} & a_{13} \\ a_{21} & a_{22} & a_{23} \\ a_{31} & a_{32} & a_{33} \end{pmatrix}$ nach der Regel von Sarrus (Fig. 4), dann ergibt sich

$$\det A = a_{11} a_{22} a_{33} + a_{12} a_{23} a_{31} + a_{13} a_{21} a_{32} - a_{13} a_{22} a_{31} - a_{11} a_{23} a_{32} - a_{12} a_{21} a_{33}.$$

Die Summanden sind von der Form $(-1)^\sigma a_{1i} a_{2j} a_{3k}$, wobei $\sigma = 1$, falls das Tripel (i, j, k) durch eine gerade Anzahl von Nachbar-Vertauschungen (Transpositionen) aus $(1, 2, 3)$ hervorgeht, andernfalls $\sigma = -1$. Hieran erkennt man u.a., dass $\det A^T = \det A$. (Vgl. hierzu IV.3.)

Aufgaben

1. Ein Dreieck auf einer Kugel heißt ein *sphärisches Dreieck* (Fig. 5). Seine Seiten sind Großkreisbögen, liegen also auf einem Kreis, der von einer Ebene durch den Mittelpunkt aus der Kugel ausgeschnitten wird. Die Winkel in einem solchen Dreieck sind die Winkel zwischen den Normalenvektoren der Großkreisebenen, in denen die Seiten liegen.

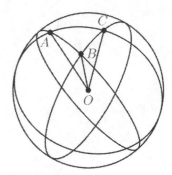

Fig. 5: Sphärisches Dreieck

Sind $\vec{a}, \vec{b}, \vec{c}$ die Ortsvektoren eines sphärischen Dreiecks ABC, dann ist der Winkel α bei A der Winkel, den die Normalenvektoren der Ebenen durch O, A, B und durch O, A, C einschließen. Wie berechnet man diesen Winkel?

2. a) Man zeige, dass $(\vec{a} \times \vec{b}) \times \vec{c}$ eine Linearkombination von $\vec{a}$ und $\vec{b}$ ist.

b) Man stelle $(\vec{a} \times \vec{b}) \times (\vec{c} \times \vec{d})$ als Linearkombination von $\vec{a}, \vec{b}$ und als Linearkombination von $\vec{c}, \vec{d}$ dar und leite daraus die Lösungsformel für ein 3,3-LGS her.

3. Man berechne das Volumen der Dreieckspyramide mit den Ecken $A(1, 1, 0), B(2, -4, 5), C(-2, 1, 4), D(3, 1, 2)$. Man beachte dabei, dass ein Spat in sechs volumengleiche Dreieckspyramiden zerlegt werden kann.

4. Man beweise die angegebenen Determinanteneigenschaften (1) bis (6).

5. a) Es sei $\det \begin{pmatrix} a & b \\ c & d \end{pmatrix} = ad - bc$. Man zeige, dass

$$\begin{pmatrix} a_{11} & a_{12} & a_{13} \\ a_{21} & a_{22} & a_{23} \\ a_{31} & a_{32} & a_{33} \end{pmatrix} = a_{11} \det \begin{pmatrix} a_{22} & a_{23} \\ a_{32} & a_{33} \end{pmatrix} - a_{21} \det \begin{pmatrix} a_{12} & a_{13} \\ a_{32} & a_{33} \end{pmatrix} + a_{31} \det \begin{pmatrix} a_{12} & a_{13} \\ a_{22} & a_{23} \end{pmatrix}.$$

b) Man prüfe mit Hilfe einer Determinante, für welche Werte von a die Vektoren $\begin{pmatrix} 1 \\ a \\ a^2 \end{pmatrix}, \begin{pmatrix} 4 \\ 1 \\ a \end{pmatrix}, \begin{pmatrix} 2 \\ 7 \\ a \end{pmatrix}$ linear unabhängig sind.

c) Unter welcher Voraussetzung über a, b, c hat das folgende homogene LGS nur die triviale Lösung?

$$\begin{aligned} x_1 + ax_2 + a^2 x_3 &= 0 \\ x_1 + bx_2 + b^2 x_3 &= 0 \\ x_1 + cx_2 + c^2 x_3 &= 0 \end{aligned}$$

IV Determinanten

IV.1 Die Determinante einer Matrix

Definition 1: Es sei det eine Funktion auf der Menge aller n-Tupel von Vektoren aus K^n mit Werten in K (also det: $(K^n)^n \longrightarrow K$) mit folgenden Eigenschaften:

(1) $\det(\vec{a}_1, \vec{a}_2, \ldots, \vec{a}_n)$ geht über in $r \det(\vec{a}_1, \vec{a}_2, \ldots, \vec{a}_n)$, wenn ein Vektor $\vec{a}_i$ ersetzt wird durch $r\vec{a}_i$ ($r \in K$);

(2) $\det(\vec{a}_1, \vec{a}_2, \ldots, \vec{a}_n)$ ändert sich nicht, wenn ein Vektor $\vec{a}_i$ ersetzt wird durch $\vec{a}_i + \vec{a}_k$ mit $k \neq i$;

(3) $\det(\vec{e}_1, \vec{e}_2, \ldots, \vec{e}_n) = 1$ ($\{\vec{e}_1, \vec{e}_2, \ldots, \vec{e}_n\}$ Standardbasis von K^n).

Dann nennt man $\det(\vec{a}_1, \vec{a}_2, \ldots, \vec{a}_n)$ eine *Determinante* von $(\vec{a}_1, \vec{a}_2, \ldots, \vec{a}_n)$.

Aus (1) und (2) ergeben sich unmittelbar weitere Eigenschaften der Determinante:

(4) $\det(\vec{a}_1, \vec{a}_2, \ldots, \vec{a}_n)$ ändert sich nicht nicht, wenn man zu einem der Vektoren eine Linearkombination der anderen addiert;

(5) $\det(\vec{a}_1, \vec{a}_2, \ldots, \vec{a}_n) = 0$, wenn einer der Vektoren der Nullvektor ist.

(6) $\det(\vec{a}_1, \vec{a}_2, \ldots, \vec{a}_n) = 0$, wenn $\{\vec{a}_1, \vec{a}_2, \ldots, \vec{a}_n\}$ linear abhängig ist.

Wir werden später sehen, dass eine Funktion det: $(K^n)^n \longrightarrow K$ mit den Eigenschaften (1) bis (3) existiert und durch (1) bis (3) eindeutig bestimmt ist. Zunächst wollen wir aber noch weitere Folgerungen aus (1) bis (3) ziehen.

Satz 1: Vertauscht man in $\det(\vec{a}_1, \vec{a}_2, \ldots, \vec{a}_n)$ zwei Vektoren, dann ändert sich das Vorzeichen der Determinante.

Beweis: Die Vertauschung von $\vec{a}_i$ und $\vec{a}_k$ mit $i \neq k$ kann man in folgenden Schritten vornehmen:

$\vec{a}_i$ zu $\vec{a}_k$ addieren; an der k-ten Stelle steht jetzt $\vec{a}_k + \vec{a}_i$;

$\vec{a}_k + \vec{a}_i$ von $\vec{a}_i$ subtrahieren; an der i-ten Stelle steht jetzt $-\vec{a}_k$;

$\vec{a}_i$ von $\vec{a}_k + \vec{a}_i$ subtrahieren; an der k-ten Stelle steht jetzt $\vec{a}_i$.

Jetzt sind $\vec{a}_i$ und $\vec{a}_k$ vertauscht und auf der i-ten Stelle ist ein Minuszeichen aufgetaucht. $\qquad\square$

Satz 2 (*Additionstheorem*): Ersetzt man einen der Vektoren in $\det(\vec{a}_1, \vec{a}_2, \ldots, \vec{a}_n)$ durch eine Linearkombination beliebiger Vektoren aus K^n, dann ergibt sich die entsprechende Summe von Determinanten:

$$\det\left(\vec{a}_1, \ldots, \vec{a}_{i-1}, \sum_{j=1}^{m} r_j \vec{b}_j, \vec{a}_{i+1}, \ldots \vec{a}_n\right) =$$

$$\sum_{j=1}^{m} r_j \det\left(\vec{a}_1, \ldots, \vec{a}_{i-1}, \vec{b}_j, \vec{a}_{i+1}, \ldots \vec{a}_n\right)$$

Beweis: Es genügt der Nachweis, dass für alle $\vec{v}, \vec{w} \in K^n$ gilt:

$$\det(\vec{v} + \vec{w}, \vec{a}_2, \ldots, \vec{a}_n) = \det(\vec{v}, \vec{a}_2, \ldots, \vec{a}_n) + \det(\vec{w}, \vec{a}_2, \ldots, \vec{a}_n)$$

Wegen (6) kann man sich auf den Fall beschränken, dass $\{\vec{a}_2, \vec{a}_3, \ldots, \vec{a}_n\}$ linear unabhängig ist. Diese Menge ergänze man zu einer Basis $\{\vec{b}, \vec{a}_2, \vec{a}_3, \ldots, \vec{a}_n\}$ von K^n. Dann ist $\vec{v} = r\vec{b} + \vec{c}$ und $\vec{v} = s\vec{b} + \vec{d}$ mit $r, s \in K$ und $\vec{c}, \vec{d} \in \langle \vec{a}_2, \vec{a}_3, \ldots, \vec{a}_n \rangle$. Wegen (4) gilt dann

$$\det(\vec{v}, \vec{a}_2, \ldots, \vec{a}_n) = r \det(\vec{b}, \vec{a}_2, \ldots, \vec{a}_n),$$
$$\det(\vec{w}, \vec{a}_2, \ldots, \vec{a}_n) = s \det(\vec{b}, \vec{a}_2, \ldots, \vec{a}_n)$$

und

$$\det(\vec{v} + \vec{w}, \vec{a}_2, \ldots, \vec{a}_n) = (r + s) \det(\vec{b}, \vec{a}_2, \ldots, \vec{a}_n). \qquad \square$$

Satz 3: Ist $\det(\vec{a}_1, \vec{a}_2, \ldots, \vec{a}_n) = 0$ und $\{\vec{b}_1, \vec{b}_2, \ldots, \vec{b}_n\} \subseteq \langle \vec{a}_1, \vec{a}_2, \ldots, \vec{a}_n \rangle$, dann ist auch $\det(\vec{b}_1, \vec{b}_2, \ldots, \vec{b}_n) = 0$.

Beweis: Ersetzt man die $\vec{b}_i$ durch Linearkombinationen aus $\{\vec{a}_1, \vec{a}_2, \ldots, \vec{a}_n\}$, dann ist nach Satz 2 die Determinante $\det(\vec{b}_1, \vec{b}_2, \ldots, \vec{b}_n)$ eine Summe von Determinanten, deren Spaltenvektoren aus $\{\vec{a}_1, \vec{a}_2, \ldots, \vec{a}_n\}$ stammen. $\qquad \square$

Satz 4: Ist $\{\vec{a}_1, \vec{a}_2, \ldots, \vec{a}_n\}$ linear unabhängig, dann ist $\det(\vec{a}_1, \vec{a}_2, \ldots, \vec{a}_n) \neq 0$.

Beweis: Die Vektoren der Standardbasis lassen sich als Linearkombinationen der Vektoren $\vec{a}_1, \vec{a}_2, \ldots, \vec{a}_n$ schreiben. Aus (3) und Satz 3 folgt daher Satz 4. $\qquad \square$

Eigenschaft (6) und Satz 4 besagen also zusammen, dass $\{\vec{a}_1, \vec{a}_2, \ldots, \vec{a}_n\}$ genau dann linear unabhängig ist, wenn $\det(\vec{a}_1, \vec{a}_2, \ldots, \vec{a}_n) \neq 0$.

Satz 5: Die Determinante (also die Abbildung $\det \colon (K^n)^n \longrightarrow K$) ist durch die Eigenschaften (1), (2) und (3) eindeutig bestimmt.

Beweis: Besitzen $\det_1$ und $\det_2$ beide die Eigenschaften (1) und (2), dann besitzt auch $f = \det_1 - \det_2$ die Eigenschaften (1) und (2). Nach (3) gilt $f(\vec{e}_1, \vec{e}_2, \ldots, \vec{e}_n) = 0$. Nach Satz 3 ist also $f(\vec{a}_1, \vec{a}_2, \ldots, \vec{a}_n) = 0$ für alle $\vec{a}_1, \vec{a}_2, \ldots, \vec{a}_n \in K^n$ und daher

$$\det_1(\vec{a}_1, \vec{a}_2, \ldots, \vec{a}_n) = \det_2(\vec{a}_1, \vec{a}_2, \ldots, \vec{a}_n) \quad \text{für alle } \vec{a}_1, \vec{a}_2, \ldots, \vec{a}_n \in K^n. \qquad \square$$

Die *Existenz* der Abbildung $\det \colon (K^n)^n \longrightarrow K$ mit (1), (2) und (3) ist nun leicht einzusehen, da man mit (1), (2) und (3) und den weiteren daraus hergeleiteten Eigenschaften den Wert von $\det(\vec{a}_1, \vec{a}_2, \ldots, \vec{a}_n)$ für alle $\vec{a}_1, \vec{a}_2, \ldots, \vec{a}_n$ berechnen kann. Analog zu den elementaren Umformungen eines LGS kann man Umformungen mit den Vektoren der Determinante ausführen, bei denen sich die Determinante nicht ändert oder nur ihr Vorzeichen wechselt. Diesen im Folgenden dargestellten Prozess benutzt man (in modifizierter Form) auch in der Praxis eher als die systematischen Verfahren zur Berechnung der Determinanten, die wir im nächsten Abschnitt vorstellen werden:

- Ist die 1. Koordinate des 1. Vektors 0, dann vertausche man ihn gegen einen Vektor, dessen 1. Koordinate nicht 0 ist, falls ein solcher existiert. Durch Subtraktion eines Vielfachen des 1. Vektors vom 2., 3., ... n. Vektor erreicht man dann, dass diese die erste Koordinate 0 haben.

- Ist die 2. Koordinate des 2. Vektors 0, dann vertausche man ihn gegen einen vom 1. verschiedenen Vektor, dessen 2. Koordinate nicht 0 ist, falls ein solcher existiert. Durch Subtraktion eines Vielfachen des 2. Vektors vom 3., 4.,...,n. Vektor erreicht man dann, dass diese die 2. Koordinate 0 haben.

- Ist die 3. Koordinate des 3. Vektors 0, dann vertausche man ihn gegen einen vom 1. und 2. verschiedenen Vektor, dessen 3. Koordinate nicht 0 ist, falls ein solcher existiert. Durch Subtraktion eines Vielfachen des 3. Vektors vom 4., 5.,...,n. Vektor erreicht man dann, dass diese die 3. Koordinate 0 haben.

- So fortfahrend erhält man eine Determinante aus Vektoren, bei denen die ersten $i-1$ Koordinaten des i. Vektors 0 sind; diese Determinante unterscheidet sich von der Ausgangsdeterminante wegen der Vertauschungen möglicherweise durch das Vorzeichen. Ist die i. Koordinate des i. Vektors 0, dann sind die letzten $n-i+1$ Vektoren linear abhängig und der Wert der Determinante ist 0.

- Ist die i. Koordinate des i. Vektors von 0 verschieden, dann kann man durch Subtraktion eines Vielfachen des i. Vektors von allen vorangehenden erreichen, dass diese die i. Koordinate 0 haben ($i = 2, 3, \ldots n$). Ist nun a_{ii} die i. Koordinate des i. Vektors (also seine einzige von 0 verschiedene Koordinate), dann hat die Determinante den Wert

$$a_{11}a_{22} \cdot \ldots \cdot a_{nn} \cdot \det(\vec{e}_1, \vec{e}_2, \ldots, \vec{e}_n) = a_{11}a_{22} \cdot \ldots \cdot a_{nn}.$$

Beispiel 1: $\det\left(\begin{pmatrix} 1 \\ 2 \\ 1 \end{pmatrix}, \begin{pmatrix} 5 \\ 7 \\ 2 \end{pmatrix}, \begin{pmatrix} 2 \\ 4 \\ 1 \end{pmatrix}\right) = \det\left(\begin{pmatrix} 1 \\ 2 \\ 1 \end{pmatrix}, \begin{pmatrix} 0 \\ -3 \\ -3 \end{pmatrix}, \begin{pmatrix} 0 \\ 0 \\ -1 \end{pmatrix}\right) =$

$\det\left(\begin{pmatrix} 1 \\ 0 \\ 0 \end{pmatrix}, \begin{pmatrix} 0 \\ -3 \\ 0 \end{pmatrix}, \begin{pmatrix} 0 \\ 0 \\ -1 \end{pmatrix}\right) = (-3)(-1)\ \det\left(\begin{pmatrix} 1 \\ 0 \\ 0 \end{pmatrix}, \begin{pmatrix} 0 \\ 1 \\ 0 \end{pmatrix}, \begin{pmatrix} 0 \\ 0 \\ 1 \end{pmatrix}\right) = 3$

Unter der Determinante der Matrix $A \in K^{n,n}$ versteht man die Determinante aus ihren *Spaltenvektoren*, versteht A also als Element aus $(K^n)^n$, und verwendet dafür verschiedene Schreibweisen:

$$\det\begin{pmatrix} a_{11} & a_{12} & \cdots & a_{1n} \\ a_{21} & a_{22} & \cdots & a_{2n} \\ \vdots & \vdots & & \vdots \\ a_{n1} & a_{n2} & \cdots & a_{nn} \end{pmatrix} = \begin{vmatrix} a_{11} & a_{12} & \cdots & a_{1n} \\ a_{21} & a_{22} & \cdots & a_{2n} \\ \vdots & \vdots & & \vdots \\ a_{n1} & a_{n2} & \cdots & a_{nn} \end{vmatrix} = \det\left(\begin{pmatrix} a_{11} \\ a_{21} \\ \vdots \\ a_{n1} \end{pmatrix}, \begin{pmatrix} a_{12} \\ a_{22} \\ \vdots \\ a_{n2} \end{pmatrix}, \ldots, \begin{pmatrix} a_{1n} \\ a_{2n} \\ \vdots \\ a_{nn} \end{pmatrix}\right)$$

Satz 6: Die Matrix $A' = \begin{pmatrix} 1 & \vec{o}^T \\ \vec{o} & A \end{pmatrix} \in K^{n+1,n+1}$ entsteht aus $A \in K^{n,n}$ durch Hinzufügen einer ersten Zeile und einer ersten Spalte mit den Elementen $1, 0, 0, \ldots, 0$. Dann gilt $\det A' = \det A$.

Beweis: $\det A'$ hat in Abhängigkeit von den Spaltenvektoren von A die gleichen Eigenschaften (1), (2), (3) wie $\det A$, so dass die Behauptung aus Satz 5 folgt.$\square$

Steht in Satz 6 in der ersten Zeile von A' statt $\vec{o}^T$ ein beliebiger Vektor aus K^n, dann gilt ebenfalls $\det A' = \det A$, denn man kann diese erste Zeile mit Hilfe der ersten Spalte in $1, 0, 0, \ldots, 0$ verwandeln. Analoges gilt für den Fall, dass in der ersten Spalte von A' statt $\vec{o}$ ein beliebiger Vektor steht.

Beispiel 2:
$$\begin{vmatrix} a_{11} & a_{12} & a_{13} \\ a_{21} & a_{22} & a_{23} \\ a_{31} & a_{32} & a_{33} \end{vmatrix} = \begin{vmatrix} a_{11} & a_{12} & a_{13} \\ 0 & a_{22} & a_{23} \\ 0 & a_{32} & a_{33} \end{vmatrix} + \begin{vmatrix} 0 & a_{12} & a_{13} \\ a_{21} & a_{22} & a_{23} \\ a_{31} & a_{32} & a_{33} \end{vmatrix} + \begin{vmatrix} 0 & a_{12} & a_{13} \\ 0 & a_{22} & a_{23} \\ a_{31} & a_{32} & a_{33} \end{vmatrix}$$

$$= \begin{vmatrix} a_{11} & 0 & 0 \\ 0 & a_{22} & a_{23} \\ 0 & a_{32} & a_{33} \end{vmatrix} - \begin{vmatrix} a_{21} & 0 & 0 \\ 0 & a_{12} & a_{13} \\ 0 & a_{32} & a_{33} \end{vmatrix} + \begin{vmatrix} a_{31} & 0 & 0 \\ 0 & a_{12} & a_{13} \\ 0 & a_{22} & a_{23} \end{vmatrix}$$

$$= a_{11} \begin{vmatrix} a_{22} & a_{23} \\ a_{32} & a_{33} \end{vmatrix} - a_{21} \begin{vmatrix} a_{12} & a_{13} \\ a_{32} & a_{33} \end{vmatrix} + a_{31} \begin{vmatrix} a_{12} & a_{13} \\ a_{22} & a_{23} \end{vmatrix} \quad \text{(vgl. Satz 6)}$$

$$= a_{11}(a_{22}a_{32} - a_{23}a_{32}) - a_{21}(a_{12}a_{33} - a_{13}a_{32}) + a_{31}(a_{12}a_{23} - a_{13}a_{22})$$

$$= a_{11}a_{22}a_{33} + a_{12}a_{23}a_{31} + a_{13}a_{21}a_{32} - a_{12}a_{21}a_{33} - a_{13}a_{22}a_{31} - a_{11}a_{23}a_{32}$$

Hier stehen alle Produkte $a_{1i}a_{2j}a_{3k}$, und zwar mit dem Minuszeichen, wenn das Tripel (i, j, k) aus $(1, 2, 3)$ durch eine einzige Nachbarvertauschung hervorgeht, und mit dem Pluszeichen, wenn es durch keine oder eine zweifache Vertauschung aus $(1, 2, 3)$ hervorgeht.

Der folgende Satz besagt, dass die Determinante eines Produktes zweier Matrizen gleich dem Produkt der einzelnen Determinanten ist.

Satz 7 (*Multiplikationstheorem*): Für zwei Matrizen $A, B \in K^{n,n}$ gilt

$$\det AB = \det A \cdot \det B.$$

Beweis: Ist $\det B = 0$, dann ist der Rang von B kleiner als n, das LGS $B\vec{x} = \vec{o}$ hat also eine nichttriviale Lösung. Dann hat auch das LGS $(AB)\vec{x} = \vec{o}$ wegen $(AB)\vec{x} = A(B\vec{x})$ eine nichttriviale Lösung, also ist der Rang von AB kleiner als n und somit $\det AB = 0$. Ist $\det B \neq 0$, dann betrachten wir den Ausdruck

$$D(A) = \frac{\det(AB)}{\det(B)}$$

bei festem B in Abhängigkeit von den Spaltenvektoren von A. Er hat dann die Eigenschaften (1), (2) und (3), nach Satz 5 gilt also

$$D(A) = \det(A). \qquad \qquad \square$$

Die Matrix $A \in K^{n,n}$ ist genau dann invertierbar, wenn $\det(A) \neq 0$, denn genau dann sind ihre Spaltenvektoren linear unabhängig. In diesem Fall gilt

$$\det(A^{-1}) = (\det A)^{-1},$$

wie unmittelbar aus Satz 7 folgt.

Satz 8: Für $A \in K^{n,n}$ hat die transponierte Matrix A^T die gleiche Determinante wie A, es gilt also

$$\det A^T = \det A \quad \text{für alle } A \in K^{n,n}.$$

Beweis: Aufgrund von Satz 5 muss man nur zeigen, dass die Eigenschaften (1), (2) und (3) auch für die Zeilenvektoren einer Matrix gelten. Bei (3) ist dies unmittelbar klar.

(1) Die Multiplikation der i. Zeile einer Matrix aus $K^{n,n}$ mit $r \in K$ bewerkstelligt man durch linksseitige Multiplikation mit der Diagonalmatrix

$$D = (d_{ij}) \text{ mit } d_{jj} = 1 \text{ für } j \neq i \text{ und } d_{ii} = r \text{ sowie } d_{ij} = 0 \text{ sonst.}$$

Es gilt $\det D = r$, wegen Satz 7 geht $\det A$ also in $r \det A$ über, wenn man einen Zeilenvektor durch sein r-faches ersetzt.

(2) Die Addition der k. Zeile zur i. Zeile $(k \neq i)$ bewerkstelligt man durch linksseitige Multiplikation mit der Matrix

$$M = (m_{ij}) \text{ mit } m_{jj} = 1 \text{ und } m_{ik} = 1 \text{ sowie } m_{ij} = 0 \text{ sonst.}$$

Wegen $\det M = 1$ ist $\det MA = \det A$, der Wert von $\det A$ ändert sich also nicht, wenn man eine Zeile zu einer anderen addiert (Fig. 1). $\qquad\qquad \square$

$$D = \begin{pmatrix} 1 & 0 & 0 & 0 & 0 & 0 \\ 0 & 1 & 0 & 0 & 0 & 0 \\ 0 & 0 & r & 0 & 0 & 0 \\ 0 & 0 & 0 & 1 & 0 & 0 \\ 0 & 0 & 0 & 0 & 1 & 0 \\ 0 & 0 & 0 & 0 & 0 & 1 \end{pmatrix} \leftarrow i \qquad M = \begin{pmatrix} 1 & 0 & 0 & 0 & 0 & 0 \\ 0 & 1 & 0 & 0 & 1 & 0 \\ 0 & 0 & 1 & 0 & 0 & 0 \\ 0 & 0 & 0 & 1 & 0 & 0 \\ 0 & 0 & 0 & 0 & 1 & 0 \\ 0 & 0 & 0 & 0 & 0 & 1 \end{pmatrix} \leftarrow i$$

$$\qquad\qquad \uparrow \qquad\qquad\qquad\qquad\qquad\qquad\qquad\qquad\qquad \uparrow$$
$$\qquad\qquad i \qquad\qquad\qquad\qquad\qquad\qquad\qquad\qquad\qquad k$$

Fig. 1: Zum Beweis von Satz 8

Zum Berechnen einer Determinante können wir also sowohl *Spaltenumformungen* als auch *Zeilenumformungen* benutzen.

Beispiel 3 (Zurückführung einer vierreihigen auf eine dreireihige Determinante):

$$\begin{vmatrix} 1 & 1 & 1 & 1 \\ 2 & 5 & 9 & 3 \\ 7 & 6 & 1 & 9 \\ 2 & 6 & 8 & 1 \end{vmatrix} = \begin{vmatrix} 1 & 1 & 1 & 1 \\ 0 & 3 & 7 & 1 \\ 0 & -1 & -6 & 2 \\ 0 & 4 & 6 & -1 \end{vmatrix} = \begin{vmatrix} 1 & 0 & 0 & 0 \\ 0 & 3 & 7 & 1 \\ 0 & -1 & -6 & 2 \\ 0 & 4 & 6 & -1 \end{vmatrix} = \begin{vmatrix} 3 & 7 & 1 \\ -1 & -6 & 2 \\ 4 & 6 & -1 \end{vmatrix}$$

Beispiel 4:
$$\begin{vmatrix} 2 & 5 & 3 \\ 7 & 9 & 5 \\ -1 & 2 & 1 \end{vmatrix} = (-1)^4 \begin{vmatrix} 1 & 2 & -1 \\ 5 & 9 & 7 \\ 3 & 5 & 2 \end{vmatrix} = \begin{vmatrix} 1 & 2 & -1 \\ 0 & -1 & 12 \\ 0 & -1 & 5 \end{vmatrix}$$

(zwei Zeilenvertauschungen und zwei Spaltenvertauschungen,
5-faches der ersten Zeile von der zweiten subtrahieren,
3-faches der ersten Zeile von der dritten Zeile subtrahieren)

$$= - \begin{vmatrix} 1 & 0 & 0 \\ 0 & 1 & 12 \\ 0 & 1 & 5 \end{vmatrix} = - \begin{vmatrix} 1 & 0 & 0 \\ 0 & 1 & 0 \\ 0 & 1 & -7 \end{vmatrix} = 7 \begin{vmatrix} 1 & 0 & 0 \\ 0 & 1 & 0 \\ 0 & 1 & 1 \end{vmatrix} = 7 \begin{vmatrix} 1 & 0 & 0 \\ 0 & 1 & 0 \\ 0 & 0 & 1 \end{vmatrix} = 7$$

(2-faches der ersten Spalte von zweiter subtrahieren,
erste Spalte zu dritter Spalte addieren,
aus zweiter Spalte Faktor -1 herausziehen,
12-faches der zweiten Spalte von der dritten subtrahieren,
Faktor -7 aus der dritten Spalte herausziehen,
dritte Spalte von zweiter subtrahieren)

Mit Hilfe von Determinanten kann man die Lösung eines eindeutig lösbaren LGS mit n Gleichungen für n Variable sehr einfach allgemein angeben. Für die Praxis ist dies von geringer Bedeutung, da das Berechnen von Determinanten in der Regel sehr aufwändig ist:

Satz 9 (*cramersche Regel*, nach Gabriel Cramer, 1709–1752):
Es sei $\{\vec{a}_1, \vec{a}_2, \ldots, \vec{a}_n\}$ eine linear unabhängige Teilmenge von K^n.
Dann hat die Vektorgleichung bzw. das LGS

$$x_1 \vec{a}_1 + x_2 \vec{a}_2 + \ldots + x_n \vec{a}_n = \vec{b}$$

die (eindeutige) Lösung

$$x_j = \frac{\det(\vec{a}_1, \vec{a}_2, \ldots, \vec{a}_{j-1}, \vec{b}, \vec{a}_{j+1}, \ldots, \vec{a}_n)}{\det(\vec{a}_1, \vec{a}_2, \ldots, \vec{a}_{j-1}, \vec{a}_j, \vec{a}_{j+1}, \ldots, \vec{a}_n)} \quad (j = 1, 2, \ldots, n).$$

Beweis: Man ersetze in $\det(\vec{a}_1, \vec{a}_2, \ldots, \vec{a}_{j-1}, \vec{b}, \vec{a}_{j+1}, \ldots, \vec{a}_n)$ den Vektor $\vec{b}$ durch die Linearkombination $\sum\limits_{j=1}^{n} x_j \vec{a}_j$ und wende Satz 2 an. □

Aufgaben

1. Man zeige, dass für eine Matrix aus $\mathbb{R}^{2,2}$ mit den Spaltenvektoren $\vec{a}_1, \vec{a}_2$ die Gleichung

$$|\vec{a}_1|^2 |\vec{a}_2|^2 \sin^2 \alpha = (\det A)^2$$

gilt, wobei α der Winkel zwischen $\vec{a}_1$ und $\vec{a}_2$ ist. (Dabei sind $\vec{a}_1, \vec{a}_2$ als Verschiebungsvektoren in einem kartesischen Koordinatensystem gedeutet.)

2. Eine Matrix aus $\mathrm{I\!R}^{n,n}$ heißt *Orthonormalmatrix*, wenn ihre Spaltenvektoren bezüglich des Standardskalarprodukts paarweise orthogonale Einheitsvektoren sind. Warum kann die Determinante einer Orthonormalmatrix nur die Werte 1 oder -1 annehmen?

3. Es sei $A = (i^{j-1})_{n,n}$. Man zeige, dass $\det A = 0!1!2! \cdot \ldots \cdot (n-1)!$, wobei $0! = 1$ und $k! = 1 \cdot 2 \cdot 3 \cdot \ldots \cdot k$ („k Fakultät") für $k \in \mathrm{I\!N}$.

4. Man zeige, dass

$$\begin{vmatrix} 1 & a_1 & a_1^2 & a_1^3 & a_1^4 \\ 1 & a_2 & a_2^2 & a_2^3 & a_2^4 \\ 1 & a_3 & a_3^2 & a_3^3 & a_3^4 \\ 1 & a_4 & a_4^2 & a_4^3 & a_4^4 \\ 1 & a_5 & a_5^2 & a_5^3 & a_5^4 \end{vmatrix} = \begin{aligned} &(a_2 - a_1)(a_3 - a_1)(a_3 - a_2)(a_4 - a_1)(a_4 - a_2) \cdot \\ &\quad \cdot (a_4 - a_3)(a_5 - a_1)(a_5 - a_2)(a_5 - a_3)(a_5 - a_4) \end{aligned}$$

5. Aus einer Matrix $A \in R^{k,k}$ und einer Matrix $B \in \mathrm{I\!R}^{m,m}$ bilde man die Matrix

$$M = \begin{pmatrix} A & O_{k,m} \\ O_{m,k} & B \end{pmatrix}$$

aus $\mathrm{I\!R}^n$ mit $n = k+m$, wobei $O_{m,k}$ bzw. $O_{k,m}$ die Nullmatrix aus $\mathrm{I\!R}^{m,k}$ bzw. aus $\mathrm{I\!R}^{k,m}$ ist. Man zeige, dass $\det M = \det A \cdot \det B$ ist. Man zeige ferner, dass diese Beziehung auch gilt, wenn man $O_{m,k}$ durch eine beliebige Matrix aus $\mathrm{I\!R}^{m,k}$ ersetzt.

IV.2 Explizite Darstellung und Berechnung

Zur Vorbereitung des nächsten Satzes (explizite Darstellung der Determinante) beschäftigen wir uns zunächst mit Permutationen. Eine *Permutation* der Menge $\{1, 2, \ldots, n\}$ ist eine bijektive Abbildung dieser Menge auf sich; wird dabei k auf a_k abgebildet ($k = 1, 2, \ldots, n$), so schreibt man diese Permutation in der Form

$$\begin{pmatrix} 1 & 2 & 3 & \ldots & n \\ a_1 & a_2 & a_3 & \ldots & a_n \end{pmatrix} \quad \text{oder einfacher} \quad (a_1\, a_2\, a_3\, \ldots\, a_n).$$

Die Anzahl der Permutationen von $\{1, 2, \ldots, n\}$ ist $n! = 1 \cdot 2 \cdot \ldots \cdot n$ (n Fakultät), denn für den 1. Platz gibt es n Möglichkeiten, für den 2. Platz noch $n-1$ Möglichkeiten, für den 3. Platz dann noch $n-2$ Möglichkeiten usw.

In einer gegebenen Permutation nennt man ein Paar (i, j) eine *Inversion*, wenn

$$i < j \quad \text{und} \quad a_i > a_j.$$

Eine Permutation heißt *gerade* oder *ungerade*, je nachdem, ob sie eine gerade oder eine ungerade Anzahl von Inversionen enthält.

Es gibt gleich viele gerade wie ungerade Permutationen, denn vertauscht man in einer Permutation zwei Elemente, dann ergibt sich aus einer geraden eine ungerade Permutation und umgekehrt, wie man folgendermaßen einsieht: Vertauscht man zwei benachbarte Elemente in $(a_1 \, a_2 \, a_3 \, \ldots \, a_n)$, dann ändert sich die Anzahl der Inversionen um ± 1. Möchte man in $(a_1 \, a_2 \, \ldots \, a_r \, \ldots \, a_s \, \ldots \, a_n)$ mit $r + 1 < s$ die Zahlen a_r und a_s vertauschen, so erhält man zunächst durch $s - r$ Nachbarvertauschungen (Transpositionen) $(a_1 \, a_2 \, \ldots \, a_{r+1} \, \ldots \, a_s \, a_r \, \ldots \, a_n)$, so dass jetzt a_r an der früheren Stelle von a_s steht und a_s unmittelbar davor. Durch weitere $s - r - 1$ Vertauschungen benachbarter Elemente kommt a_s schließlich an die frühere Stelle von a_r. Man hat also $2(s - r) - 1$ Nachbarvertauschungen vorgenommen, und dies ist eine ungerade Zahl.

Eine Permutation ist also gerade oder ungerade, je nachdem ob sie aus $(1 \, 2 \, 3 \, \ldots \, n)$ durch eine gerade oder eine ungerade Anzahl von Nachbarvertauschungen (Transpositionen) hervorgeht.

Satz 1 (Explizite Darstellung der Determinante): Es gilt

$$
\begin{vmatrix}
a_{11} & a_{12} & \ldots & a_{1n} \\
a_{21} & a_{22} & \ldots & a_{2n} \\
\vdots & \vdots & & \vdots \\
a_{n1} & a_{n2} & \ldots & a_{nn}
\end{vmatrix}
= \sum_{\pi} \sigma(\pi) \cdot a_{1\pi(1)} a_{2\pi(2)} \cdots a_{n\pi(n)},
$$

wobei über alle $n!$ Permutationen π von $(1, 2, \ldots, n)$ summiert wird und $\sigma(\pi) = +1$, falls die Permutation π gerade ist, und $\sigma(\pi) = -1$, falls sie ungerade ist.

Beweis: Für $i = 1, 2, \ldots, n$ sei $\vec{a}_i$ der i-te Spaltenvektor. Es ist also $\vec{a}_i = \sum_{j=1}^{n} a_{ji} \vec{e}_j$, wobei $\{\vec{e}_1, \vec{e}_2, \ldots, \vec{e}_n\}$ die Standardbasis von K^n ist:

$$
\det(\vec{a}_1, \vec{a}_2, \ldots, \vec{a}_n) = \det\left(\sum_{j=1}^{n} a_{j1} \vec{e}_j, \sum_{j=1}^{n} a_{j2} \vec{e}_j, \ldots, \sum_{j=1}^{n} a_{jn} \vec{e}_j \right)
$$

Auflösung der Determinante nach den Regeln und Sätzen aus IV.1 liefert Summanden der Form

$$
\det(a_{j_1 1} \vec{e}_{j_1}, a_{j_2 2} \vec{e}_{j_2}, \ldots, a_{j_n n} \vec{e}_{j_n}) = a_{j_1 1} a_{j_2 2} \cdot \ldots \cdot a_{j_n n} \det(\vec{e}_{j_1}, \vec{e}_{j_2}, \ldots, \vec{e}_{j_n}),
$$

wobei $(j_1 \, j_2 \, \ldots \, j_n)$ eine Permutation π von $(1 \, 2 \, \ldots \, n)$ ist. Die Matrix $(\vec{e}_{j_1}, \vec{e}_{j_2}, \ldots, \vec{e}_{j_n})$ entsteht aus der Einheitsmatrix durch die Permutation π, ihre Determinante ist also $\sigma(\pi)$. Es ergibt sich die im Satz angegebene Formel, allerdings mit anderer Reihenfolge der Indizes; dies lässt sich aber durch Übergang zur Umkehrpermutation π^{-1} beheben, wobei sich wegen $\sigma(\pi^{-1}) = \sigma(\pi)$ nichts ändert. $\qquad \square$

Man könnte die Formel aus Satz 1 auch zur *Definition* der Determinante verwenden. Die in IV.1 benutzten definierenden Eigenschaften der Determinante muss man dann aus dieser Formel ablesen, was aber kein großes Problem ist. Weitere Eigenschaften wie etwa $\det A^T = \det A$ erkennt man auch sofort an der Formel in Satz 1. Diese Formel ist aber zur *Berechnung* einer Determinante in der Regel weniger brauchbar als die in IV.1 benutzten Verfahren. Für $n = 3$ ergibt Satz 1 die Formel von Sarrus (siehe III.4).

Der folgende Satz 3 ist auch zur Berechnung einer Determinante manchmal nützlich; Satz 2 dient zur Vorbereitung von Satz 3.

Satz 2: Die Matrix $A_{ij} \in K^{n-1,n-1}$ entstehe aus der Matrix $A \in K^{n,n}$, indem man die i-te Zeile und j-te Spalte streicht $(i, j = 1, 2, \ldots, n)$.
Die Matrix $A_{ij}^* \in K^{n,n}$ entstehe aus der Matrix $A \in K^{n,n}$, indem man a_{ij} durch 1 und alle übrigen Elemente der i-ten Zeile und j-ten Spalte durch 0 ersetzt $(i, j = 1, 2, \ldots, n)$:

$$A_{ij}^* = \begin{pmatrix} a_{11} & a_{12} & \cdots & a_{1,j-1} & \mathbf{0} & a_{1,j+1} & \cdots & a_{1n} \\ a_{21} & a_{22} & \cdots & a_{2,j-1} & \mathbf{0} & a_{2,j+1} & \cdots & a_{2n} \\ \vdots & \vdots & & \vdots & \vdots & \vdots & & \vdots \\ a_{i-1,1} & a_{i-1,2} & \cdots & a_{i-1,j-1} & 0 & a_{i-1,j+1} & \cdots & a_{i-1,n} \\ \mathbf{0} & \mathbf{0} & \cdots & \mathbf{0} & 1 & \mathbf{0} & \cdots & \mathbf{0} \\ a_{i+1,1} & a_{i+1,2} & \cdots & a_{i+1,j-1} & \mathbf{0} & a_{i+1,j+1} & \cdots & a_{i+1,n} \\ \vdots & \vdots & & \vdots & \vdots & \vdots & & \vdots \\ a_{n1} & a_{n2} & \cdots & a_{n,j-1} & \mathbf{0} & a_{n,j+1} & \cdots & a_{nn} \end{pmatrix}$$

Dann ist

$$\det A_{ij}^* = (-1)^{i+j} \det A_{ij}.$$

Beweis: Durch $j - 1$ Nachbarvertauschungen bringe man die j-te Spalte von A_{ij}^* an die erste Stelle und dann durch $i - 1$ Nachbarvertauschungen die i-te Zeile an die erste Stelle. Der Wert von $\det A_{ij}^*$ hat dadurch $(i - 1 + j - 1)$-mal das Vorzeichen gewechselt, er hat sich also um den Faktor $(-1)^{i-1+j-1} = (-1)^{i+j}$ geändert. Nun gilt aufgrund von Satz 6 aus IV.1 allgemein

$$\begin{vmatrix} 1 & 0 & 0 & \cdots & 0 \\ 0 & v_{11} & v_{12} & \cdots & v_{1k} \\ 0 & v_{21} & v_{22} & \cdots & v_{2k} \\ \vdots & \vdots & \vdots & & \vdots \\ 0 & v_{k1} & v_{k2} & \cdots & v_{kk} \end{vmatrix} = \begin{vmatrix} v_{11} & v_{12} & \cdots & v_{1k} \\ v_{21} & v_{22} & \cdots & v_{2k} \\ \vdots & \vdots & & \vdots \\ v_{k1} & v_{k2} & \cdots & v_{kk} \end{vmatrix}. \qquad \square$$

Im folgenden Satz beziehen wir uns auf die oben eingeführten Bezeichnungen.

Satz 3 (*Entwicklungssatz*): Für $j = 1, 2, \ldots, n$ gilt

$$\det A = \sum_{i=1}^{n} (-1)^{i+j} a_{ij} \det A_{ij} \quad \text{(Entwicklung nach der j-ten Spalte)}.$$

Beweis: Den j-ten Spaltenvektor $\vec{a}_j$ zerlegen wir in $\sum\limits_{i=1}^{n} a_{ij}\vec{e}_i$, wobei $\{\vec{e}_1, \vec{e}_2, \ldots, \vec{e}_n\}$ die Standardbasis ist. Dann gilt

$$\det A = \det(\vec{a}_1, \vec{a}_2, \ldots, \vec{a}_n) = \sum_{i=1}^{n} \det(\vec{a}_1, \ldots, \vec{a}_{j-1}, a_{ij}\vec{e}_i, \vec{a}_{j+1}, \ldots, \vec{a}_n).$$

Ist $a_{ij} = 0$, dann hat die entsprechende Determinante in der Summe den Wert 0. Ist $a_{ij} \neq 0$, dann kann man in der entsprechenden Determinante alle anderen Elemente in der i-ten Zeile gleich 0 setzen. Man erhält also $\det A = \sum\limits_{i=1}^{n} a_{ij} \det A_{ij}^*$, woraus mit Satz 2 die Behauptung folgt. $\qquad\qquad\qquad\qquad\qquad\qquad\square$

Wegen $\det A^T = \det A$ gilt auch für $i = 1, 2, \ldots, n$

$$\det A = \sum_{j=1}^{n} (-1)^{i+j} a_{ij} \det A_{ij} \quad \text{(Entwicklung nach der i-ten Zeile).}$$

Eine Matrix $A \in K^{n,n}$ ist genau dann invertierbar, wenn $\det A \neq 0$ gilt. Der folgende Satz enthält eine Formel zur Berechnung der inversen Matrix A^{-1}.

Satz 4: Ist $\det A \neq 0$ für eine Matrix $A \in K^{n,n}$, dann ist

$$A^{-1} = \frac{1}{\det A} \begin{pmatrix} \alpha_{11} & \alpha_{21} & \cdots & \alpha_{n1} \\ \alpha_{12} & \alpha_{22} & \cdots & \alpha_{n2} \\ \vdots & \vdots & & \vdots \\ \alpha_{1n} & \alpha_{2n} & \cdots & \alpha_{nn} \end{pmatrix} \quad \text{mit } \alpha_{ji} = (-1)^{j+i} \det A_{ji},$$

wobei die A_{ji} die in Satz 2 definierten Matrizen sind.

Beweis: Die Matrix $X = A^{-1}$ habe die Spaltenvektoren $\vec{x}_1, \vec{x}_2, \ldots, \vec{x}_n$. Die Gleichung $AX = E$ ist gleichbedeutend mit den n Gleichungen

$$A\vec{x}_i = \vec{e}_i \ (i = 1, 2, \ldots, n),$$

wobei $\{\vec{e}_1, \vec{e}_2, \ldots, \vec{e}_n\}$ die Standardbasis ist. Nach der cramerschen Regel (IV.1) hat $A\vec{x}_i = \vec{e}_i$ die Lösung $\vec{x}_i^T = (x_{1i} \ x_{2i} \ \ldots \ x_{ni})$ mit

$$x_{ji} = \frac{\det(\vec{a}_1, \vec{a}_2, \ldots, \vec{a}_{j-1}, \vec{e}_i, \vec{a}_{j+1}, \ldots, \vec{a}_n)}{\det(\vec{a}_1, \vec{a}_2, \ldots, \vec{a}_{j-1}, \vec{a}_j, \vec{a}_{j+1}, \ldots, \vec{a}_n)} = \frac{(-1)^{i+j} \det A_{ji}}{\det A} \quad (j = 1, 2, \ldots, n)$$

mit den in Satz 2 definierten Matrizen A_{ij}. $\qquad\qquad\qquad\qquad\qquad\qquad\square$

Das Ergebnis in Satz 4 ist zwar von theoretischem Interesse, in der Praxis ist es aber meistens einfacher, die Inverse folgendermaßen zu berechnen: Man löse für $i = 1, 2, \ldots, n$ die Gleichungen $A\vec{x}_i = \vec{e}_i$ durch elementare Zeilenumformungen, bilde also $\vec{x}_i = A^{-1}\vec{e}_i$, woraus sich $X = A^{-1}E = A^{-1}$ ergibt. Die Lösung obiger Gleichungen kann dabei simultan erfolgen. Ein Beispiel hierfür haben wir schon in II.2 vorgerechnet, wir betrachten hier ein weiteres Beispiel für das genannte Verfahren.

Beispiel: Es soll die Inverse der Matrix $A = \begin{pmatrix} 1 & -2 & 0 \\ 3 & -4 & 7 \\ 2 & 3 & 4 \end{pmatrix}$ berechnet werden.

Dazu nehme man Zeilenumformungen an der um E erweiterten Matrix vor:

$$\left(\begin{array}{ccc|ccc} 1 & -2 & 0 & 1 & 0 & 0 \\ 3 & -4 & 7 & 0 & 1 & 0 \\ 2 & 3 & 4 & 0 & 0 & 1 \end{array}\right) \rightarrow \left(\begin{array}{ccc|ccc} 1 & -2 & 0 & 1 & 0 & 0 \\ 0 & 2 & 7 & -3 & 1 & 0 \\ 0 & 7 & 4 & -2 & 0 & 1 \end{array}\right)$$

$$\rightarrow \left(\begin{array}{ccc|ccc} 1 & -2 & 0 & 1 & 0 & 0 \\ 0 & 2 & 7 & -3 & 1 & 0 \\ 0 & 14 & 8 & -4 & 0 & 2 \end{array}\right) \rightarrow \left(\begin{array}{ccc|ccc} 1 & -2 & 0 & 1 & 0 & 0 \\ 0 & 2 & 7 & -3 & 1 & 0 \\ 0 & 0 & -41 & 17 & -7 & 2 \end{array}\right)$$

$$\rightarrow \left(\begin{array}{ccc|ccc} 1 & -2 & 0 & 1 & 0 & 0 \\ 0 & 82 & 287 & -123 & 41 & 0 \\ 0 & 0 & -287 & 119 & -49 & 14 \end{array}\right) \rightarrow \left(\begin{array}{ccc|ccc} 1 & -2 & 0 & 1 & 0 & 0 \\ 0 & 82 & 0 & -4 & -8 & 14 \\ 0 & 0 & -287 & 119 & -49 & 14 \end{array}\right)$$

$$\rightarrow \left(\begin{array}{ccc|ccc} 41 & -82 & 0 & 41 & 0 & 0 \\ 0 & 82 & 0 & -4 & -8 & 14 \\ 0 & 0 & -287 & 119 & -49 & 14 \end{array}\right) \rightarrow \left(\begin{array}{ccc|ccc} 41 & 0 & 0 & 37 & -8 & 14 \\ 0 & 82 & 0 & -4 & -8 & 14 \\ 0 & 0 & -287 & 119 & -49 & 14 \end{array}\right)$$

$$\rightarrow \left(\begin{array}{ccc|ccc} 41 & 0 & 0 & 37 & -8 & 14 \\ 0 & 41 & 0 & -2 & -4 & 7 \\ 0 & 0 & 41 & -17 & 7 & -2 \end{array}\right)$$

Links steht jetzt $41\,E$, rechts also das 41-fache von A^{-1}. Die gesuchte Inverse ist daher

$$A^{-1} = \frac{1}{41} \begin{pmatrix} 37 & -8 & 14 \\ -2 & -4 & 7 \\ -17 & 7 & -2 \end{pmatrix}.$$

Aufgaben

1. Man berechne die Determinanten

a) $\begin{vmatrix} 1+a & 1 & 1 & 1 \\ 1 & 1+b & 1 & 1 \\ 1 & 1 & 1+c & 1 \\ 1 & 1 & 1 & 1+d \end{vmatrix}$
b) $\begin{vmatrix} a & 1 & 0 & 0 \\ -1 & b & 1 & 0 \\ 0 & -1 & c & 1 \\ 0 & 0 & -1 & d \end{vmatrix}$

2. Man berechne die Inverse der Matrix

$$\begin{pmatrix} 1 & 1 & 1 & 1 \\ 1 & 2 & 1 & 1 \\ 1 & 1 & 3 & 1 \\ 1 & 1 & 1 & 4 \end{pmatrix}.$$

3. Man zeige, dass

$$
\begin{vmatrix} 1 & a_1 & a_2 \\ 1 & b_1 & b_3 \\ 1 & x_1 & x_2 \end{vmatrix} = 0 \quad \text{bzw.} \quad \begin{vmatrix} 1 & a_1 & a_2 & a_3 \\ 1 & b_1 & b_3 & b_3 \\ 1 & c_1 & c_2 & c_3 \\ 1 & x_1 & x_2 & x_3 \end{vmatrix} = 0
$$

die Gleichung einer Geraden in der Ebene durch die Punkte $A(a_1, a_2)$ und $B(b_1, b_2)$ bzw. die Gleichung einer Ebene im Raum durch die Punkte $A(a_1, a_2, a_3), B(b_1, b_2, b_3), C(c_1, c_2, c_3)$ ist.

4. a) Die Zeilenvektoren der Matrix $A_n \in K^{n,n}$ seien

$$
(1 \ x_i \ x_i^2 \ \ldots \ x_i^{n-1}) \quad (1 = 1, 2, \ldots, n).
$$

Man berechne $\det A_n$ für $n = 2, 3, 4, 5$. Man zeige dann durch vollständige Induktion, dass für alle $n \in \mathbb{N}$ gilt:

$$
\det A_n \text{ ist das Produkt aller Terme } x_i - x_j \text{ mit } j < i.
$$

b) Man beweise mit Hilfe einer Determinante, dass ein Polynom vom Grad n durch seine Werte an $n + 1$ verschiedenen Stellen eindeutig bestimmt ist.

5. Man zeige, dass die Determinante

$$
D_n = \begin{vmatrix} a_1 & 1 & 0 & \ldots & 0 & 0 \\ -1 & a_2 & 1 & \ldots & 0 & 0 \\ 0 & -1 & a_3 & \ldots & 0 & 0 \\ \vdots & \vdots & \vdots & & \vdots & \vdots \\ 0 & 0 & 0 & \ldots & a_{n-1} & 1 \\ 0 & 0 & 0 & \ldots & -1 & a_n \end{vmatrix}
$$

der Rekursion $D_n = a_n D_{n-1} + D_{n-2}$ genügt.

6. a) Man berechne die Determinanten

$$
(1) \ \begin{vmatrix} 1 & 2 \\ 2 & 1 \end{vmatrix} \qquad (2) \ \begin{vmatrix} 1 & 2 & 3 \\ 2 & 3 & 1 \\ 3 & 1 & 2 \end{vmatrix} \qquad (3) \ \begin{vmatrix} 1 & 2 & 3 & 4 \\ 2 & 3 & 4 & 1 \\ 3 & 4 & 1 & 2 \\ 4 & 1 & 2 & 3 \end{vmatrix}
$$

b) Man zeige, dass für alle $n \in \mathbb{N}$

$$
\begin{vmatrix} 1 & 2 & 3 & \ldots & n \\ 2 & 3 & 4 & \ldots & 1 \\ \vdots & \vdots & \vdots & & \vdots \\ n & 1 & 2 & \ldots & n-1 \end{vmatrix} = (-1)^{\frac{n(n-1)}{2}} \frac{n(n+1)}{2} n^{n-2}.
$$

7. Eine Matrix $A = (a_{ij}) \in K^{n,n}$ heißt *Linksdreiecksmatrix*, wenn $a_{ij} = 0$ für $i < j$; sie heißt *Rechtsdreiecksmatrix*, wenn $a_{ij} = 0$ für $i > j$. Man zeige, dass die Inverse einer invertierbaren Linksdreiecksmatrix wieder einen solche und dass die Inverse einer invertierbaren Rechtsdreiecksmatrix ebenfalls wieder eine solche ist.

V Affine Abbildungen

V.1 Darstellung affiner Abbildungen

Definition 1: Eine bijektive (umkehrbare) Abbildung der Ebene oder des Raums auf sich nennt man eine *affine Abbildung* oder *Affinität*, wenn sie geradentreu ist, wenn sie also jede Gerade wieder auf eine Gerade abbildet.

Satz 1: Jede affine Abbildung ist parallelentreu und teilverhältnistreu.

Beweis: Haben die Geraden g, h keinen Punkt gemeinsam, dann gilt dies auch für die Bildgeraden g', h', denn wäre P' ein gemeinsamer Punkt von g', h', dann wäre der Urbildpunkt P von P' ein gemeinsamer Punkt von g und h.

Ein Parallelogramm wird daher wieder auf ein solches abgebildet. Also wird der Mittelpunkt einer Strecke AB auf den Mittelpunkt der Bildstrecke $A'B'$ abgebildet (Fig. 1). Ist allgemeiner $\overrightarrow{AT} = t\,\overrightarrow{AB}$, dann ist auch $\overrightarrow{A'T'} = t\,\overrightarrow{A'B'}$, wie man mit Hilfe der Strahlensätze sieht (Fig. 2). $\square$

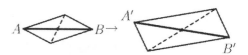

Fig. 1: Mitte bleibt Mitte

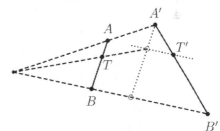

Fig. 2: Teilverhältnistreue

Nun sei in der Ebene ein kartesisches Koordinatensystem gegeben. Die Bildpunkte von $E_1(1,0)$, $E_2(0,1)$ und $O(0,0)$ bei der affinen Abbildung α seien $E_1'(a_1, a_2)$, $E_2'(b_1, b_2)$ und $O'(c_1, c_2)$.

Die beiden Vektoren $\overrightarrow{OE_1} = \begin{pmatrix} 1 \\ 0 \end{pmatrix}$ und $\overrightarrow{OE_2} = \begin{pmatrix} 0 \\ 1 \end{pmatrix}$ werden also auf die Vektoren

$\overrightarrow{O'E_1'} = \begin{pmatrix} a_1 - c_1 \\ a_2 - c_2 \end{pmatrix} = \begin{pmatrix} u_1 \\ u_2 \end{pmatrix}$ und $\overrightarrow{O'E_2'} = \begin{pmatrix} b_1 - c_1 \\ b_2 - c_2 \end{pmatrix} = \begin{pmatrix} v_1 \\ v_2 \end{pmatrix}$ abgebildet.

Wegen der Geradentreue und der Teilverhältnistreue von α wird dann der Punkt $X(x_1, x_2)$ auf den Punkt $X'(x_1', x_2')$ mit dem Ortsvektor

$$\begin{pmatrix} x_1' \\ x_2' \end{pmatrix} = x_1 \begin{pmatrix} u_1 \\ u_2 \end{pmatrix} + x_2 \begin{pmatrix} v_1 \\ v_2 \end{pmatrix} + \begin{pmatrix} c_1 \\ c_2 \end{pmatrix}$$

$$= \begin{pmatrix} u_1 & v_1 \\ u_2 & v_2 \end{pmatrix} \begin{pmatrix} x_1 \\ x_2 \end{pmatrix} + \begin{pmatrix} c_1 \\ c_2 \end{pmatrix}$$

abgebildet (Fig. 3).

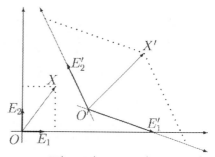

Fig. 3: $\overrightarrow{OX'} = \overrightarrow{OO'} + x_1\,\overrightarrow{O'E_1'} + x_2\,\overrightarrow{O'E_2'}$

Das kartesische Koordinatensystem wird dabei auf ein *affines Koordinatensystem* abgebildet. (Bei einem affinen Koordinatensystem sind die Achsen nicht notwendigerweise rechtwinklig und die Einheiten auf den Achsen nicht notwendigerweise gleich.) Ein Punkt mit den Koordinaten x_1, x_2 im kartesischen Koordinatensystem wird auf den Punkt mit denselben Koordinaten x_1, x_2 in diesem affinen Koordinatensystem abgebildet:

$$\text{Ist } \overrightarrow{OX} = x_1 \, \overrightarrow{OE_1} + x_2 \, \overrightarrow{OE_2}, \quad \text{dann ist} \quad \overrightarrow{O'X'} = x_1 \, \overrightarrow{O'E_1'} + x_2 \, \overrightarrow{O'E_2'} .$$

Entsprechendes gilt für affine Abbildungen im Raum. Eine affine Abbildung α von $\mathbb{R}^2$ bzw. $\mathbb{R}^3$ auf sich wird also durch die Abbildungsgleichung

$$\vec{x}' = \alpha(\vec{x}) = A\vec{x} + \vec{c}$$

gegeben, wobei die Matrix A invertierbar sein muss, damit α umkehrbar ist. Durch jede solche Abbildungsgleichung ist auch eine affine Abbildung gegeben, denn das Bild einer Geraden ist wieder eine Gerade: Die lineare Mannigfaltigkeit

$$\{\vec{a} + t\vec{b} \mid t \in \mathbb{R}\} = \vec{a} + \langle \vec{b} \rangle$$

wird auf die lineare Mannigfaltigkeit

$$\{A(\vec{a} + t\vec{b}) + \vec{c} \mid t \in \mathbb{R}\} = \{(A\vec{a} + \vec{c}) + tA\vec{b} \mid t \in \mathbb{R}\} = (A\vec{a} + \vec{c}) + \langle A\vec{b} \rangle$$

abgebildet. Damit ist folgender Satz bewiesen:

Satz 2: Die affinen Abbildungen von $\mathbb{R}^2$ auf sich bzw. $\mathbb{R}^3$ auf sich sind genau die Abbildungen $\vec{x} \mapsto A\vec{x} + \vec{c}$ mit $A \in \mathbb{R}^{2,2}$ bzw. $A \in \mathbb{R}^{3,3}$ und $\vec{c} \in \mathbb{R}^2$ bzw. $\vec{c} \in \mathbb{R}^3$, wobei die Matrix A invertierbar ist.

Satz 3: Die affinen Abbildungen von $\mathbb{R}^i$ auf sich ($i = 2, 3$) bilden bezüglich der Verkettung eine Gruppe.

Beweis: Für $\alpha : \vec{x} \mapsto A\vec{x} + \vec{c}$ und $\beta : \vec{x} \mapsto B\vec{x} + \vec{d}$ gilt

$$\alpha \circ \beta : \vec{x} \mapsto A(B\vec{x} + \vec{d}) + \vec{c} = (AB)\vec{x} + (A\vec{d} + \vec{c}),$$

und AB ist invertierbar, wenn A und B invertierbar sind. Die Umkehrabbildung der affinen Abbildung $x \mapsto A\vec{x} + \vec{c}$ ist die affine Abbildung $x \mapsto A^{-1}\vec{x} - A^{-1}\vec{c}$. □

Satz 4: a) Eine affine Abbildung von $\mathbb{R}^2$ auf sich ist durch drei nichtkollineare (nicht auf einer Geraden liegende) Punkte und ihre Bildpunkte eindeutig bestimmt.

b) Eine affine Abbildung von $\mathbb{R}^3$ auf sich ist durch vier nichtkomplanare (nicht in einer Ebenen liegende) Punkte und ihre Bildpunkte eindeutig bestimmt.

Beweis: a) Die Behauptung lässt sich elementargeometrisch beweisen: Ist $P'Q'R'$ das Bild des Dreiecks PQR, dann liegt das Bild S' eines weiteren Punktes S

eindeutig fest: Die Gerade durch P und S schneide die Gerade durch Q und R in einem Punkt T. Aufgrund der Teilverhältnistreue liegt der Bildpunkt T' von T auf der Geraden durch Q' und S' eindeutig fest. Ebenfalls aufgrund der

Teilverhältnistreue liegt dann auch der Bildpunkt S' von S auf der Geraden durch P' und T' eindeutig fest (Fig. 4).

Man kann dies aber auch mit Hilfe einer Rechnung beweisen: Für die linear unabhängigen Vektoren $\vec{u} = \overrightarrow{PQ}$ und $\vec{v} = \overrightarrow{PR}$ und und ihre Bildvektoren $\vec{u}\,',\vec{v}\,'$ ist die Matrix A mit

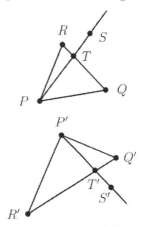

$$A\vec{u} = \vec{u}\,' \text{ und } A\vec{v} = \vec{v}\,'$$

eindeutig bestimmt: Es gilt

$$A = (\vec{u}\,'\ \ \vec{v}\,')(\vec{u}\ \ \vec{v})^{-1},$$

wobei $(\vec{u}\ \ \vec{v})$ die Matrix mit den Spaltenvektoren $\vec{u}, \vec{v}$ bedeutet. Mit

Fig. 4: Affine Abbildung

$$\vec{c} = \vec{p}\,' - A\vec{p} = \vec{q}\,' - A\vec{q} = \ldots$$

($\vec{p}, \vec{q}, \ldots$ Ortsvektoren von P,Q,...) ist die lineare Abbildung $\vec{x} \mapsto A\vec{x} + \vec{c}$ eindeutig bestimmt.

b) Der Beweis für affine Abbildungen im Raum verläuft analog.   □

Beispiel 1: Die affine Abbildung der Ebene, welche $(0,0)$, $(1,0)$, $(0,1)$ (in dieser Reihenfolge) auf $(1,2)$, $(5,3)$, $(3,9)$ abbildet, ist

$$\alpha : \vec{x} \mapsto \begin{pmatrix} 4 & 2 \\ 1 & 7 \end{pmatrix} \vec{x} + \begin{pmatrix} 1 \\ 2 \end{pmatrix}.$$

Die affine Abbildung der Ebene, welche $(0,0)$, $(1,0)$, $(0,1)$ (in dieser Reihenfolge) auf $(3,-5)$, $(11,1)$, $(7,-2)$ abbildet, ist

$$\beta : \vec{x} \mapsto \begin{pmatrix} 8 & 4 \\ 6 & 3 \end{pmatrix} \vec{x} + \begin{pmatrix} 3 \\ -5 \end{pmatrix}.$$

Die affine Abbildung der Ebene, welche $(1,2)$, $(5,3)$, $(3,9)$ (in dieser Reihenfolge) auf $(3,-5)$, $(11,1)$, $(7,-2)$ abbildet, ist dann also

$$\beta \circ \alpha^{-1} : \vec{x} \mapsto \begin{pmatrix} 8 & 4 \\ 6 & 3 \end{pmatrix} \begin{pmatrix} 4 & 2 \\ 1 & 7 \end{pmatrix}^{-1} \left(\vec{x} - \begin{pmatrix} 1 \\ 2 \end{pmatrix} \right) + \begin{pmatrix} 3 \\ -5 \end{pmatrix}.$$

Definition 2: Eine affine Abbildung heißt eine *Ähnlichkeitsabbildung*, wenn sie winkeltreu ist, wenn also jeder Winkel auf einen gleichgroßen Winkel abgebildet wird. Sie heißt eine *Kongruenzabbildung*, wenn sie längentreu ist, wenn also jede Strecke auf eine gleichlange Strecke abgebildet wird.

Natürlich ist eine Kongruenzabbildung ein Sonderfall einer Ähnlichkeitsabbildung. Äquivalent mit der Winkeltreue ist die Forderung, dass sich alle Längen um den gleichen Faktor (Ähnlichkeitsfaktor) ändern, wie man elementargeometrisch einsieht.

Eine Matrix $A \in \mathbb{R}^{n,n}$ haben wir *Orthonormalmatrix* genannt, wenn $A^T A = E$, wenn also ihre Spaltenvektoren paarweise orthogonale Einheitsvektoren bezüglich des Standardskalarprodukts in $\mathbb{R}^n$ sind. Auch die Zeilenvektoren einer Orthonormalmatrix sind paarweise orthogonale Einheitsvektoren, d.h. mit $A^T A = E$ gilt auch $AA^T = E$ (Aufgabe 2). Im folgenden Satz beachte man, dass mit A auch $-A$ orthogonal bzw. orthonormal ist, der in Satz 5 auftretende Faktor k kann also stets als positiv angenommen werden.

Satz 5: Die Matrix einer Ähnlichkeitsabbildung hat die Form kA, wobei $k \in \mathbb{R}^+$ und A eine Orthonormalmatrix ist. Die Matrix einer Kongruenzabbildung ist eine Orthnormalmatrix.

Beweis: Die Bilder orthogonaler Einheitsvektoren müssen orthogonale Vektoren gleicher Länge k sein; im Fall der Kongruenzabbildung ist dabei $k = 1$.   □

Satz 6: Jede Ähnlichkeitsabbildung ist die Verkettung einer Kongruenzabbildung mit einer zentrischen Streckung mit dem Zentrum O.

Beweis: Ist A eine Orthonormalmatrix, $\vec{c} \in \mathbb{R}^n$ und $k \in \mathbb{R}$ mit $k \neq 0$, dann ist kE die Matrix der zentrischen Streckung an O und $kA = (kE)A$, also

$$kA\vec{x} + \vec{c} = (kE)\left(A\vec{x} + \frac{1}{k}\vec{c}\right) = A(kE\vec{x}) + \vec{c} \quad \text{für alle } \vec{x} \in \mathbb{R}^n. \qquad □$$

Es werden nun zwei wichtige Beispiele für Kongruenzabbildungen vorgestellt.

Beispiel 2: Wir betrachten bezüglich eines kartesischen Koordinatensystems die Spiegelung an der Geraden mit der Gleichung $x_2 = ax_1$ (Fig. 5). Zwischen einem Punkt $P(p_1, p_2)$ und seinem Bildpunkt $P'(p_1', p_2')$ bestehen die Beziehungen

$$\frac{p_2' + p_2}{2} = a\frac{p_1' + p_1}{2},$$

$$(p_1' - p_1) + a(p_2' - p_2) = 0,$$

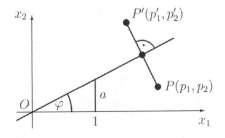

Fig. 5: Spiegelung an einer Geraden

denn der Mittelpunkt der Strecke PP' liegt auf der Spiegelgeraden, und der Vektor $\overrightarrow{PP'}$ ist orthogonal zu $\begin{pmatrix} 1 \\ a \end{pmatrix}$. Es ergibt sich für p_1', p_2' das LGS

$$\begin{array}{rrrrr} ap_1' & - & p_2' & = & -ap_1 + p_2 \\ p_1' & + & ap_2' & = & p_1 + ap_2 \end{array} \quad \text{bzw.} \quad \begin{pmatrix} a & -1 \\ 1 & a \end{pmatrix}\begin{pmatrix} p_1' \\ p_2' \end{pmatrix} = \begin{pmatrix} -a & 1 \\ 1 & a \end{pmatrix}\begin{pmatrix} p_1 \\ p_2 \end{pmatrix}.$$

Also ist

$$\binom{p_1'}{p_2'} = \begin{pmatrix} a & -1 \\ 1 & a \end{pmatrix}^{-1} \begin{pmatrix} -a & 1 \\ 1 & a \end{pmatrix} \binom{p_1}{p_2}.$$

Die Abbildungsmatrix der Spiegelung ist daher

$$\begin{pmatrix} a & -1 \\ 1 & a \end{pmatrix}^{-1} \begin{pmatrix} -a & 1 \\ 1 & a \end{pmatrix} = \frac{1}{1+a^2} \begin{pmatrix} a & 1 \\ -1 & a \end{pmatrix} \begin{pmatrix} -a & 1 \\ 1 & a \end{pmatrix}$$

$$= \frac{1}{1+a^2} \begin{pmatrix} 1-a^2 & 2a \\ 2a & -(1-a^2) \end{pmatrix}.$$

Ist φ der Steigungswinkel der Spiegelgeraden, also $a = \tan\varphi$, dann ergibt sich für diese Matrix

$$\begin{pmatrix} \cos^2\varphi - \sin^2\varphi & 2\sin\varphi\cos\varphi \\ 2\sin\varphi\cos\varphi & -(\cos^2\varphi - \sin^2\varphi) \end{pmatrix} = \begin{pmatrix} \cos 2\varphi & \sin 2\varphi \\ \sin 2\varphi & -\cos 2\varphi \end{pmatrix}.$$

Wir haben dabei die trigonometrischen Beziehungen

$$1 + \tan^2\varphi = \frac{1}{\cos^2\varphi}, \; \cos^2\varphi - \sin^2\varphi = \cos 2\varphi \text{ und } 2\sin\varphi\cos\varphi = \sin 2\varphi$$

benutzt. Eine Spiegelung an einer Ursprungsgeraden hat also die Abbildungsmatrix

$$\begin{pmatrix} r & s \\ s & -r \end{pmatrix} \quad \text{mit} \quad r^2 + s^2 = 1.$$

Die Spiegelung an einer Geraden, die nicht durch O geht, kann dann mit Hilfe einer geeigneten Verschiebung $\vec{c}$ durch $\vec{x}' = A(\vec{x} - \vec{c}) + \vec{c}$ beschrieben werden: Man verschiebe die Gerade und den zu spiegelnden Punkt so, dass die Gerade durch O geht, spiegele und mache dann die Verschiebung rückgängig.

Beispiel 3: Die Verkettung zweier Spiegelungen an zwei sich schneidenden Geraden ist eine Drehung um den Schnittpunkt der Geraden, wobei der Drehwinkel doppelt so groß ist wie der Schnittwinkel der Geraden. Der Drehsinn hängt dabei von der Reihenfolge der Spiegelungen ab. Das ist elementargeometrisch zu erkennen (Fig. 6). Die Multiplikation zweier Spiegelungsmatrizen ergibt eine Drehmatrix:

$$\begin{pmatrix} r & s \\ s & -r \end{pmatrix} \begin{pmatrix} u & v \\ v & -u \end{pmatrix} = \begin{pmatrix} ru + sv & -(su - rv) \\ su - rv & ru + sv \end{pmatrix}$$

Dabei ist $ru + sv$ das Skalarprodukt der beiden Einheitsvektoren

$$\binom{r}{s} = \binom{\cos 2\varphi}{\sin 2\varphi} \quad \text{und} \quad \binom{u}{v} = \binom{\cos 2\psi}{\sin 2\psi},$$

also gleich dem Kosinus des Winkels zwischen diesen Vektoren, nämlich $\cos 2(\psi - \varphi)$. Ferner ist $su - rv = \sin 2(\psi - \varphi)$. Die Drehung um O mit dem Winkel δ hat also die Abbildungsmatrix

$$\begin{pmatrix} \cos\delta & -\sin\delta \\ \sin\delta & \cos\delta \end{pmatrix},$$

wie schon in II.3 bei der Betrachtung der komplexen Zahlen gezeigt wurde. Die Verkettung zweier Spiegelungen an parallelen Geraden ergibt offensichtlich eine Verschiebung.

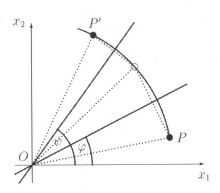

Fig. 6: Drehung als Doppelspiegelung

Auf Grundlage von Satz 4 a) kann man zeigen, dass jede Kongruenzabbildung als Verkettung von drei Spiegelungen geschrieben werden kann (*Dreispiegelungssatz*). Ein Dreifachspiegelung lässt sich stets als Verkettung einer Spiegelung mit einer Verschiebung parallel zur Spiegelachse (*Schubspiegelung*) schreiben (Aufgabe 7).

Nun werden noch zwei Beispiele für affine Abbildungen der Ebene angegeben, welche i. Allg. keine Ähnlichkeitsabbildungen sind.

Beispiel 4: Bei einer *Scherung* an einer Geraden g liegen ein Punkt P und sein Bildpunkt P' auf einer Parallelen zu g. Ist ferner L der Lotfußpunkt von P auf g, dann ist der Winkel φ zwischen PL und $P'L$ fest gegeben. Die Scherung an der x_1-Geraden mit dem Winkel φ hat die Abbildungsmatrix $\begin{pmatrix} 1 & k \\ 0 & 1 \end{pmatrix}$ mit $k = \tan\varphi$ (Fig. 7).

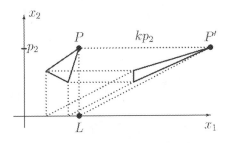

Fig. 7: Scherung

Beispiel 5: Bei einer *Parallelstreckung* an einer Geraden g parallel zur Geraden h liegen ein Punkt P und sein Bildpunkt P' auf einer Parallelen zu h und für den Schnittpunkt S von g mit der Geraden durch P und P' gilt $\overrightarrow{SP'} = k\,\overrightarrow{SP}$ (Fig. 8). Für $k = -1$ liegt eine *Schrägspiegelung* vor.

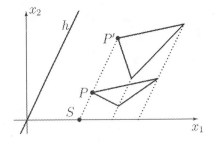

Fig. 8: Parallelstreckung

Die Parallestreckung an der x_1-Achse parallel zur Geraden mit der Gleichung $x_2 = ax_1$ und dem Streckfaktor k hat die Abbildungsmatrix

$$\begin{pmatrix} 1 & m \\ 0 & k \end{pmatrix} \text{ mit } m = \frac{k-1}{a},$$

denn für einen Punkt (p_1, p_2) und seinen Bildpunkt (p_1', p_2') gilt

$$\frac{x_2' - x_2}{x_1' - x_1} = a \text{ und } x_2' = kx_2.$$

Aufgaben

1. Man bestimme die affine Abbildung des Raumes, welche die Punkte

$$A(1,2,1), B(0,3,4), C(5,-1,0), D(-1,9,1)$$

der Reihe nach abbildet auf die Punkte

$$A'(7,9,6), B'(15,27,5), C'(8,-7,12), D'(5,20,14).$$

2. Man zeige, dass die Determinante einer Orthonormalmatrix die Werte 1 oder -1 hat.

3. Es sei $A \in K^{n,n}$ und A^T die Transponierte von A.
a) Man zeige, dass AA^T symmetrisch ist.
b) Man zeige, dass mit $A^T A = E$ auch stets $AA^T = E$ gilt.

4. Man beweise, dass sich bei einer affinen Abbildung der Ebene mit der Matrix A der Flächeninhalt einer jeden Figur mit dem Faktor $|\det(A)|$ ändert.

5. Es seien zwei Punkte $A(a_1, a_2)$ und $B(b_1, b_2)$ in der Ebene gegeben. Wie lautet die Abbildungsgleichung der Spiegelung, die A auf B abbildet?

6. Man zeige elementargeometrisch: Sind die Dreiecke ABC und $A'B'C'$ kongruent (in Übereinstimmung mit den Eckenbezeichnungen), dann gibt es eine Dreifachspiegelung, welche A auf A', B auf B' und C auf C' abbildet.

7. Man zeige elementargeometrisch: Jede Dreifachspiegelung lässt sich als Schubspiegelung darstellen. Man betrachte dazu die Bilderfolge in Fig. 9.

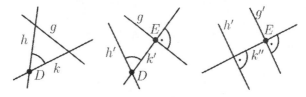

Fig. 9: Dreifachspiegelung

8. Beim Verketten affiner Abbildungen kommt es auf die Reihenfolge an, die Gruppe der affinen Abbildungen (der Ebene oder des Raumes) ist nicht kommutativ. In welchen Fällen sind

a) zwei Spiegelungen   b) zwei Drehungen   c) zwei Verschiebungen
d) eine Spiegelung und eine Verschiebung
e) eine Drehung und eine Verschiebung

miteinander vertauschbar?

9. Bei einer Ähnlichkeitsabbildung der Ebene werde $A(1,1)$ auf $A'(2,-3)$ und $B(-1,4)$ auf $B'(3,0)$ abgebildet. Man bestimme den Bildpunkt von $C(7,2)$.

10. Eine Kongruenzabbildung heißt eine *eigentliche Bewegung*, wenn sie den Umlaufsinn einer Figur (z.B. eines Dreiecks) erhält; ändert sie den Umlaufsinn, dann heißt sie eine *uneigentliche Bewegung*. Welchen Wert hat die Determinante der Matrix einer eigentlichen bzw. einer uneigentlichen Bewegung?

11. Es sei A die Matrix einer affinen Abbildung der Ebene. Für welche Abbildungen gilt   a) $A = A^{-1}$ b) $A = A^T$ c) $A^{-1} = A^T$?

12. Die Verkettung einer Verschiebung $\vec{c}$ mit einer zentrischen Streckung am Zentrum Z mit dem Faktor k (in dieser Reihenfolge) ist eine zentrische Streckung am Zentrum Z^* mit demselben Faktor k; man bestimme Z^*.

13. Man bestimme die Matrix der Spiegelung im Raum an der Ebene mit der Gleichung
$$x_1 + x_2 + x_3 = 0.$$

14. Im Raum seien drei Abbildungen α, β, γ gegeben, und zwar sei

α die zentrische Streckung an $Z(1,2,-1)$ mit dem Faktor 3,
β die Verschiebung mit dem Vektor $(3\ 7\ 5)^T$,
γ die Spiegelung an der Ebene mit der Gleichung $x_2 + x_3 = 0$.

Man bestimme die Abbildungsgleichungen von $\alpha \circ \beta \circ \gamma$, $\alpha \circ \gamma \circ \beta$, $\beta \circ \alpha \circ \gamma$, $\beta \circ \gamma \circ \alpha$, $\gamma \circ \alpha \circ \beta$ und $\gamma \circ \beta \circ \alpha$.

15. Man untersuche, ob die affine Abbildung
$$\alpha : \vec{x} \mapsto \begin{pmatrix} 1 & 0 & 3 \\ 2 & 5 & 0 \\ 1 & 1 & -1 \end{pmatrix} \vec{x} + \begin{pmatrix} -1 \\ 4 \\ 2 \end{pmatrix}$$
des Raums Fixpunkte besitzt.

V.2 Eigenwerte und Eigenräume einer Matrix

Ist $\alpha : \vec{x} \mapsto A\vec{x} + \vec{c}$ eine affine Abbildung von $\mathbb{R}^i$ auf sich ($i \in \{2,3\}$), sind ferner P, Q Punkte aus $\mathbb{R}^i$ mit den Ortsvektoren $\vec{p}, \vec{q}$ und $P' = \alpha(P)$, $Q' = \alpha(Q)$ ($P, Q \in \mathbb{R}^i$), dann wird der Vektor $\vec{v} = \overrightarrow{PQ} = \vec{q} - \vec{p}$ auf den Vektor

$$\alpha(\vec{v}) = \alpha(\overrightarrow{PQ}) = (A\vec{q} + \vec{c}) - (A\vec{p} + \vec{c}) = A(\vec{q} - \vec{p}) = A\vec{v}$$

abgebildet. Wird dabei ein Vektor $\vec{f} \neq \vec{o}$ auf ein Vielfaches von $\vec{f}$ abgebildet, dann beschreibt er eine *Fixrichtung*: Jede Gerade mit dem Richtungsvektor $\vec{f}$ wird auf eine dazu parallele Gerade abgebildet. Die Gleichung

$$A\vec{f} = \lambda\vec{f} \quad \text{bzw.} \quad (A - \lambda E)\vec{f} = \vec{o} \quad \text{mit } \lambda \in \mathbb{R}$$

hat nur dann nicht-triviale Lösungen $\vec{f}$, wenn

$$\det(A - \lambda E) = 0.$$

Dies ist eine algebraische Gleichung für λ. Hat man eine reelle Lösung λ gefunden, dann kann man aus $(A - \lambda E)\vec{f} = \vec{o}$ einen Vektor $\vec{f} \neq \vec{o}$ berechnen, welcher eine Fixrichtung der affinen Abbildung angibt.

Definition 1: Für $A \in \mathbb{R}^{n,n}$ nennt man die algebraische Gleichung

$$\det(A - \lambda E) = 0$$

die *charakteristische Gleichung* von A; das Polynom $\det(A - \lambda E)$ heißt *charakteristisches Polynom*. Die Lösungen dieser Gleichung nennt man die *Eigenwerte* von A. Ist λ ein Eigenwert von A, dann nennt man einen Vektor $\vec{f} \neq \vec{o}$ mit

$$(A - \lambda E)\vec{f} = \vec{o} \quad \text{bzw.} \quad A\vec{f} = \lambda\vec{f}$$

einen *Eigenvektor* von A zum Eigenwert λ. Die Menge aller Eigenvektoren von A zum Eigenwert λ einschließlich $\vec{o}$ bildet den *Eigenraum* von A zum Eigenwert λ.

Man beachte, dass ein Eigenraum als Lösungsmenge eines homogenen LGS ein Vektorraum ist. Da Eigenvektoren von $\vec{o}$ verschieden sein sollen, ist ein Eigenraum nie der Nullraum.

Eine Matrix $A \in \mathbb{R}^{n,n}$ muss für gerades n keine reellen Eigenwerte besitzen, denn ein Polynom von geradem Grad besitzt nicht immer reelle Nullstellen. Ist aber n ungerade, dann besitzt A mindestens eine reelle Nullstelle: Ist

$$p(x) = x^n + a_{n-1}x^{n-1} + \ldots + a_2x^2 + a_1x + a_0$$

ein Polynom über $\mathbb{R}$ von ungeradem Grad n, dann hat $p(x)$

für negative Werte von x von hinreichend großem Betrag negative Werte,
für positive Werte von x von hinreichend großem Betrag positive Werte.

Weil die Funktion $x \mapsto p(x)$ stetig ist, muss sie also an mindestens einer Stelle x den Wert 0 annehmen, wie man in der Analysis lernt.

Satz 1: Beschreiben $A, B \in \mathbb{R}^{n,n}$ die gleiche lineare Abbildung von $\mathbb{R}^n$ in $\mathbb{R}^n$, aber bezüglich verschiedener Basen, dann haben A und B das gleiche charakteristische Polynom, also auch die gleichen Eigenwerte. (In diesem Sinne sagt man, das charakteristische Polynom und damit die Eigenwerte einer Matrix seien invariant gegenüber Basistransformationen.)

Beweis: Eine lineare Abbildung von $\mathbb{R}^n$ in $\mathbb{R}^n$ sei bezüglich der Basis $\{\vec{u}_1, \vec{u}_2, \ldots, \vec{u}_n\}$ von $\mathbb{R}^n$ durch die Matrix A dargestellt, bezüglich der Basis $\{\vec{v}_1, \vec{v}_2, \ldots, \vec{v}_n\}$ durch die Matrix B. Die Matrix T bilde nun die erste Basis auf die zweite Basis ab, wobei $T\vec{u}_i = \vec{v}_i$ ($i = 1, 2, \ldots, n$). Dann ist

$$B = TAT^{-1}$$

(Fig. 1). Es gilt daher aufgrund des Multiplikationssatzes für Determinanten

$$
\begin{aligned}
\det(B - \lambda E) &= \det(TAT^{-1} - \lambda TT^{-1}) \\
&= \det(T(A - \lambda E)T^{-1}) \\
&= \det T \cdot \det T^{-1} \cdot \det(A - \lambda E) \\
&= \det(A - \lambda E). \qquad \square
\end{aligned}
$$

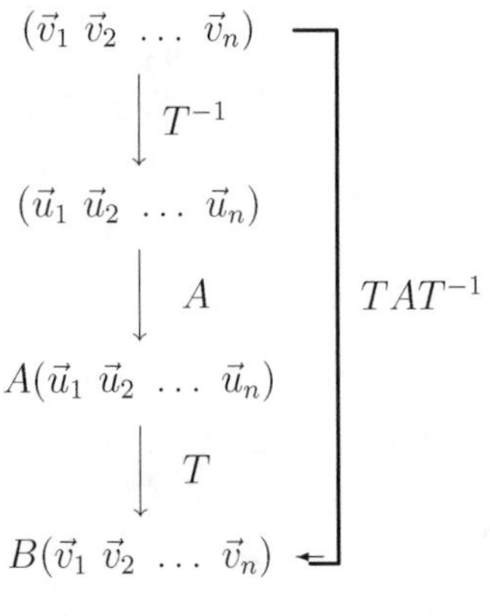

$$(\vec{v}_1 \ \vec{v}_2 \ \ldots \ \vec{v}_n)$$
$$\Big\downarrow T^{-1}$$
$$(\vec{u}_1 \ \vec{u}_2 \ \ldots \ \vec{u}_n)$$
$$\Big\downarrow A \qquad\qquad TAT^{-1}$$
$$A(\vec{u}_1 \ \vec{u}_2 \ \ldots \ \vec{u}_n)$$
$$\Big\downarrow T$$
$$B(\vec{v}_1 \ \vec{v}_2 \ \ldots \ \vec{v}_n)$$

Fig. 1: Basistransformation

Satz 2: Eigenvektoren zu verschiedenen Eigenwerten sind linear unabhängig.

Beweis: Es seien $\vec{f}_1, \vec{f}_2$ Eigenvektoren von A zu λ_1 bzw. λ_2. Ist $r\vec{f}_1 + s\vec{f}_2 = \vec{o}$ ($r, s \in \mathbb{R}$), dann ist auch $A(r\vec{f}_1 + s\vec{f}_2) = \vec{o}$, also

$$r(\lambda_1 \vec{f}_1) + s(\lambda_2 \vec{f}_2) = \lambda_1(r\vec{f}_1) - \lambda_2(r\vec{f}_1) = (\lambda_1 - \lambda_2)r\vec{f}_1 = \vec{o}.$$

Wegen $\lambda_1 \neq \lambda_2$ und $\vec{f} \neq \vec{o}$ ist daher $r = 0$ und somit auch $s = 0$, also sind $\vec{f}_1, \vec{f}_2$ linear unabhängig. Es sei $\vec{f}_3$ ein Eigenvektor zu einem weiteren Eigenwert λ_3. Aus $r\vec{f}_1 + s\vec{f}_2 + t\vec{f}_3 = \vec{o}$ ($r, s, t \in \mathbb{R}$) folgt $A(r\vec{f}_1 + s\vec{f}_2 + t\vec{f}_3) = \vec{o}$, also

$$r(\lambda_1 \vec{f}_1) + s(\lambda_2 \vec{f}_2) + t(\lambda_3 \vec{f}_3) = (\lambda_1 - \lambda_3)r\vec{f}_1 + (\lambda_2 - \lambda_3)s\vec{f}_2 = \vec{o}.$$

Wegen $\lambda_1 \neq \lambda_3$ und $\lambda_2 \neq \lambda_3$ und der linearen Unabhängigkeit von $\vec{f}_1, \vec{f}_2$ folgt $r = s = 0$ und somit auch $t = 0$. So fortfahrend zeigt man die lineare Unabhängigkeit von Eigenvektoren zu einer beliebigen Anzahl von paarweise verschiedenen Eigenwerten. $\qquad \square$

Die Begriffe aus Definition 1 benötigen wir hier nur für Matrizen aus $\mathbb{R}^{2,2}$ oder $\mathbb{R}^{3,3}$, wir möchten mit ihrer Hilfe nämlich zunächst die affinen Abbildungen der Ebene oder des Raums klassifizieren (Abschnitt V.3), in Kapitel VI benutzen wir diese Begriffe dann zur Klassifikation der Kurven und Flächen zweiter Ordnung.

Aufgaben

1. Man bestimme die reellen Eigenwerte und die zugehörigen Eigenräume der affinen Abbildungen von $\mathbb{R}^3$ in sich mit den Matrizen

$$A = \begin{pmatrix} 1 & -1 & 1 \\ 1 & 2 & 0 \\ -3 & 1 & -3 \end{pmatrix}, \quad B = \begin{pmatrix} 1 & -1 & 2 \\ 2 & 2 & -2 \\ 3 & 1 & 0 \end{pmatrix}, \quad C = \begin{pmatrix} 4 & -1 & 1 \\ -2 & 3 & 2 \\ 1 & 5 & 3 \end{pmatrix}.$$

2. Wie kann man die Eigenwerte einer Diagonalmatrix bzw. einer Dreiecksmatrix sofort an der Matrix ablesen?

3. Man zeige, dass die Drehmatrix $\begin{pmatrix} \cos\alpha & -\sin\alpha \\ \sin\alpha & \cos\alpha \end{pmatrix}$ keine reellen Eigenwerte besitzt. Welche Eigenwerte besitzt die Spiegelmatrix $\begin{pmatrix} \cos\alpha & \sin\alpha \\ \sin\alpha & -\cos\alpha \end{pmatrix}$?

4. Man zeige, dass für die Eigenwerte λ der Matrix

$$A = \begin{pmatrix} 0 & 1 & 0 & 0 \\ 0 & 0 & 1 & 0 \\ 0 & 0 & 0 & 1 \\ 1 & 0 & 0 & 0 \end{pmatrix}$$

$\lambda^4 = 1$ gilt, und dass auch $A^4 = E$ gilt.

5. Man bestimme das charakteristische Polynom der Matrix

$$F = \begin{pmatrix} 0 & 1 & 0 & 0 & 0 \\ 0 & 0 & 1 & 0 & 0 \\ 0 & 0 & 0 & 1 & 0 \\ 0 & 0 & 0 & 0 & 1 \\ -a_0 & -a_1 & -a_2 & -a_3 & -a_4 \end{pmatrix}.$$

Man zeige: Ist λ ein Eigenwert von F, dann ist $(1 \ \lambda \ \lambda^2 \ \lambda^3 \ \lambda^4)^T$ ein zugehöriger Eigenvektor, und jeder Eigenraum von F hat die Dimension 1.

6. a) Man bestimme die Eigenwerte der Matrix $A = (a_{ij}) \in \mathbb{R}^{n,n}$ mit $a_{ij} = 1$ für alle $i, j = 1, 2 \ldots, n$.

b) Man bestimme die Eigenwerte der Matrix $B = (b_{ij}) \in \mathbb{R}^{n,n}$ mit $a_{ij} = 1$ für alle $i, j = 1, 2 \ldots, n$ mit $i \neq j$ und $a_{ii} = 0$ für $i = 1, 2, \ldots, n$.

7. Man bestimme für $A = \dfrac{1}{2} \begin{pmatrix} 1 & 0 & -3 \\ 0 & 6 & 0 \\ -3 & 0 & 1 \end{pmatrix}$ eine Matrix T derart, dass

$$T^{-1}AT = \begin{pmatrix} \lambda_1 & 0 & 0 \\ 0 & \lambda_2 & 0 \\ 0 & 0 & \lambda_3 \end{pmatrix},$$

wobei $\lambda_1, \lambda_2, \lambda_3$ die Eigenwerte von A sind.

V.3 Klassifikation der affinen Abbildungen

Eine affine Abbildung $\vec{x} \mapsto A\vec{x} + \vec{c}$ ist die Verkettung der Abbildung $\vec{x} \mapsto A\vec{x}$ (mit dem Fixpunkt O) und der Verschiebung $\vec{x} \mapsto \vec{x} + \vec{c}$ (in dieser Reihenfolge). Für $A \in \mathbb{R}^{2,2}$ betrachten wir zunächst nur die Abbildung $\vec{x} \mapsto A\vec{x}$ und unterscheiden drei Fälle, je nach Anzahl der reellen Eigenwerte von A. Man beachte dabei, dass wegen $\det(A) \neq 0$ die Zahl 0 kein Eigenwert sein kann.

Fall 1: Die Matrix A hat zwei verschiedene reelle Eigenwerte λ_1, λ_2.

Sind $\vec{f_1}, \vec{f_2}$ zugehörige Eigenvektoren und wählt man $\{\vec{f_1}, \vec{f_2}\}$ als Basis eines (affinen) Koordinatensystems, dann hat der Punkt mit dem Ortsvektor

$$\vec{x} = \begin{pmatrix} x_1 \\ x_2 \end{pmatrix} = x_1 \vec{f_1} + x_2 \vec{f_2}$$

den Bildpunkt mit dem Ortsvektor

$$\vec{x}' = \begin{pmatrix} x_1' \\ x_2' \end{pmatrix} = A(x_1 \vec{f_1} + x_2 \vec{f_2}) = \lambda_1 x_1 \vec{f_1} + \lambda_2 x_2 \vec{f_2} = \begin{pmatrix} \lambda_1 x_1 \\ \lambda_2 x_2 \end{pmatrix}.$$

Die Abbildungsmatrix bezüglich des durch $\{\vec{f_1}, \vec{f_2}\}$ gegebenen Koordinatensystems ist also die Diagonalmatrix $\begin{pmatrix} \lambda_1 & 0 \\ 0 & \lambda_2 \end{pmatrix}$.

In Fig. 1 ist die durch A vermittelte Abbildung durch eine Zeichnung veranschaulicht. Sie besteht aus zwei Parallelstreckungen an den durch die Fixrichtungen gegebenen Geraden. Eine solche affine Abbildung nennt man eine *Euler-Affinität* (nach Leonhard Euler, 1707–1783).

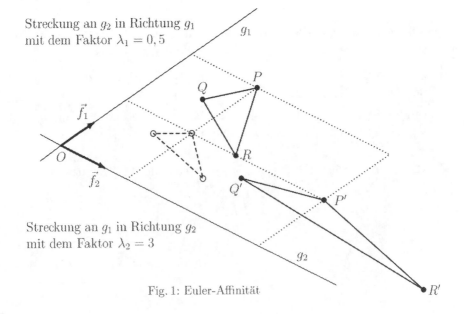

Streckung an g_2 in Richtung g_1
mit dem Faktor $\lambda_1 = 0,5$

Streckung an g_1 in Richtung g_2
mit dem Faktor $\lambda_2 = 3$

Fig. 1: Euler-Affinität

Ist ein Eigenwert 1, dann ist die Parallelstreckung in Richtung des entsprechenden Eigenvektors die identische Abbildung und es handelt sich um einen einfache Parallelstreckung in Richtung des anderen Eigenvektors (Fig. 2).

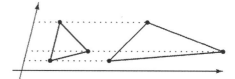

Fig. 2: Parallelstreckung

Ist ein Eigenwert 1 und der andere Eigenwert -1, dann liegt eine *Schrägspiegelung* vor (Fig. 3).

Die Verkettung zweier Parallelstreckungen mit gleichen Streckfaktoren gehört zunächst nicht zu Fall 1, wo ja *verschiedene* Eigenwerte vorliegen sollten, sondern zu Fall 2 (s. unten), wird in der Regel aber auch als eine Euler-Affinität betrachtet; es handelt sich dabei um eine *zentrische Streckung* (Fig. 4). Hier ist der Eigenraum zum (einzigen) Eigenwert zweidimensional, denn jeder Vektor $\neq \vec{o}$ aus $\mathbb{R}^2$ ist ein Eigenvektor.

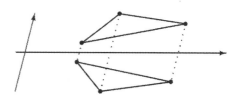

Fig. 3: Schrägspiegelung

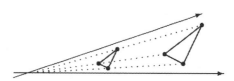

Fig. 4: Zentrische Streckung

Fall 2: Die Matrix A hat genau einen reellen Eigenwert λ.

Es sei $\vec{f}$ ein Eigenvektor zum Eigenwert λ, ferner $\vec{g}$ ein Vektor so, dass $\{\vec{f}, \vec{g}\}$ eine Basis von $\mathbb{R}^2$ ist. Der Vektor

$$\vec{x} = x_1 \vec{f} + x_2 \vec{g}$$

wird dann durch die Matrix A auf

$$\vec{x}\,' = \lambda x_1 \vec{f} + x_2 A\vec{g}$$

abgebildet. Ist $A\vec{g} = r\vec{f} + s\vec{g}$, dann ist

$$\vec{x}\,' = (\lambda x_1 + r x_2)\vec{f} + s x_2 \vec{g},$$

die Abbildungsmatrix hat also bezüglich der Basis $\{\vec{f}, \vec{g}\}$ die Gestalt $\begin{pmatrix} \lambda & r \\ 0 & s \end{pmatrix}$. Da außer λ kein weiterer Eigenwert existiert, ist $s = \lambda$. Ist der Eigenraum von λ eindimensional, dann kann man $\vec{f}$ so wählen, dass $r = 1$ gilt. Ist der Eigenraum von λ zweidimensional, dann ist auch $\vec{g}$ ein Eigenvektor zu λ, also $A\vec{g} = \lambda\vec{g}$ und somit $r = 0$. Bezüglich der Basis $\{\vec{f}, \vec{g}\}$ hat die Abbildungsmatrix also die Gestalt

$$\begin{pmatrix} \lambda & 1 \\ 0 & \lambda \end{pmatrix} \quad \text{oder} \quad \begin{pmatrix} \lambda & 0 \\ 0 & \lambda \end{pmatrix}.$$

Im ersten Fall liegt eine *Streckscherung* vor, also die Verkettung einer zentrischen Streckung mit dem Zentrum O und dem Streckfaktor λ und einer Scherung an der Geraden durch O mit dem Richtungsvektor $\vec{f}$ (Fig. 5).

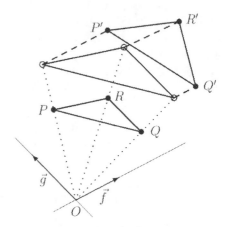

Im zweiten Fall liegt eine zentrische Streckung mit dem Zentrum O und dem Streckfaktor λ vor.

Fall 3: Die Matrix A hat keinen reellen Eigenwert.

Mit Hilfe einer Drehung kann man diesen Fall auf einen der Fälle 1 oder 2 zurückführen. Die Drehung um O um

Fig. 5: Streckscherung

den Winkel φ hat die Matrix $D = \begin{pmatrix} u & -v \\ v & u \end{pmatrix}$ mit $u = \cos\varphi$ und $v = \sin\varphi$.

Mit $A = \begin{pmatrix} a_{11} & a_{12} \\ a_{21} & a_{22} \end{pmatrix}$ ist $DA = \begin{pmatrix} a_{11}u - a_{21}v & a_{12}u - a_{22}v \\ a_{11}v + a_{21}u & a_{12}v + a_{22}u \end{pmatrix}$.

Man wähle φ so, dass

$$a_{11}v + a_{21}u = 0, \quad \text{also} \quad \tan\varphi = \frac{v}{u} = -\frac{a_{21}}{a_{11}}$$

(mit $\varphi = 90^\circ$ im Fall $a_{11} = 0$). Dann besitzt DA Eigenwerte und $A = D^{-1}(DA)$ ist die Matrix einer Verkettung einer Abbildung aus Fall 1 oder 2 mit einer Drehung.

Beispiel 1: Die Matrix $A = \begin{pmatrix} 1 & -1 \\ 1 & 1 \end{pmatrix}$ hat keinen Eigenwert. Aus $\tan\varphi = -1$ folgt $\varphi = 135^\circ$, also $\sin\varphi = \frac{1}{2}\sqrt{2}$, $\cos\varphi = -\frac{1}{2}\sqrt{2}$ und somit $D = \frac{1}{2}\sqrt{2}\begin{pmatrix} -1 & -1 \\ 1 & -1 \end{pmatrix}$. Die Matrix $DA = -\sqrt{2}\begin{pmatrix} 1 & 0 \\ 0 & 1 \end{pmatrix}$ beschreibt eine zentrische Streckung mit dem Streckfaktor $-\sqrt{2}$. Die Matrix $A = D^{-1}(DA)$ beschreibt also diese zentrische Streckung, gefolgt von einer Drehung um 225°.

Eine affine Abbildung der Ebene mit dem Fixpunkt O ist also

- eine Euler-Affinität mit den Sonderfällen Parallelstreckung (ein Eigenwert 1) und Schrägspiegelung (Eigenwerte 1 und -1),

- eine Streckscherung mit den Sonderfällen Scherung (Eigenwert 1, Eigenraumdimension 1) und zentrische Streckung (Eigenraumdimension 2),

- die Verkettung einer Euler-Affinität oder einer Streckscherung mit einer Drehung mit dem Sonderfall einer reinen Drehung.

Hat die affine Abbildung $\vec{x} \mapsto A\vec{x} + \vec{c}$ den Fixpunkt mit dem Ortsvektor $\vec{p}$, gilt also $A\vec{p} + \vec{c} = \vec{p}$, dann kann man die Abbildung nach der Substitution $\vec{y} = \vec{x} - \vec{p}$ bzw. $\vec{x} = \vec{y} + \vec{p}$ wieder als eine Abbildung mit dem Fixpunkt O betrachten: Die Abbildung $\vec{y} + \vec{p} \mapsto A(\vec{y} + \vec{p}) + \vec{c}$ hat den Fixpunkt O.

Existiert ein weiterer Fixpunkt mit dem Ortsvektor $\vec{q}$, dann sind alle Punkte der Geraden durch die beiden Fixpunkte ebenfalls Fixpunkte, es gibt also eine *Fixpunktgerade*; denn es gilt dann für $\alpha : \vec{x} \mapsto A\vec{x} + \vec{c}$

$$\alpha(\vec{p} + t\vec{q}) = \vec{p} + t\vec{q} \text{ für alle } t \in \mathbb{R}.$$

Hat die affine Abbildung $\vec{x} \mapsto A\vec{x} + \vec{c}$ keinen Fixpunkt, ist also die Gleichung $(A - E)\vec{x} + \vec{c} = \vec{o}$ nicht lösbar, dann ist $\det(A - E) = 0$ und somit 1 ein Eigenwert von A. Es handelt sich also um die Verkettung einer Parallelstreckung oder Scherung mit einer Verschiebung.

Die Gerade $\{\vec{a} + t\vec{b} \mid t \in \mathbb{R}\}$ ist genau dann eine *Fixgerade* der affinen Abbildung $\vec{x} \mapsto A\vec{x} + \vec{c}$, wenn $\vec{b}$ ein Eigenvektor von A und $A\vec{a} + \vec{c} - \vec{a}$ ein Vielfaches von $\vec{b}$ ist. Die letzte Bedingung ist stets erfüllt, wenn der Punkt mit dem Ortsvektor $\vec{a}$ ein Fixpunkt ist, weil $A\vec{a} + \vec{c} - \vec{a} = \vec{o}$ ein Vielfaches von $\vec{b}$ ist. Eine Gerade durch einen Fixpunkt ist also genau dann eine Fixgerade einer affinen Abbildung, wenn ihr Richtungsvektor ein Eigenvektor der Matrix der affinen Abbildung ist. Dies beachte man im folgenden Beispiel.

Beispiel 2: Die affine Abbildung $\alpha : \vec{x} \mapsto \begin{pmatrix} -3 & 6 \\ 0 & 3 \end{pmatrix} \vec{x} + \begin{pmatrix} 0 \\ -4 \end{pmatrix}$ hat den Fixpunkt $F(3, 2)$, denn das LGS $\left\{ \begin{array}{rcl} -4x_1 + 6x_2 + 0 & = & 0 \\ 2x_2 - 4 & = & 0 \end{array} \right\}$ hat die (einzige) Lösung $(3, 2)$. Die Matrix von α hat die Eigenwerte 3 und -3, zugehörige Eigenvektoren sind $\begin{pmatrix} 1 \\ 1 \end{pmatrix}$ und $\begin{pmatrix} 1 \\ 0 \end{pmatrix}$. Die Geraden $\left\{ \begin{pmatrix} 3 \\ 2 \end{pmatrix} + t \begin{pmatrix} 1 \\ 1 \end{pmatrix} \mid t \in \mathbb{R} \right\}$ und $\left\{ \begin{pmatrix} 3 \\ 2 \end{pmatrix} + t \begin{pmatrix} 1 \\ 0 \end{pmatrix} \mid t \in \mathbb{R} \right\}$ sind also Fixgeraden. Wegen $\begin{pmatrix} -3 & 6 \\ 0 & 3 \end{pmatrix} = \begin{pmatrix} -1 & 2 \\ 0 & 1 \end{pmatrix} \begin{pmatrix} 3 & 0 \\ 0 & 3 \end{pmatrix}$ ist α die Verkettung einer zentrischen Streckung, einer Schrägspiegelung und einer Verschiebung (Fig. 6).

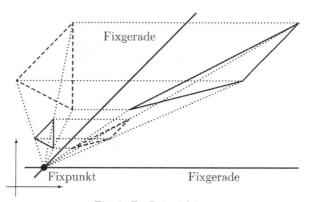

Fig. 6: Zu Beispiel 3

Als Eigenwerte einer Ähnlichkeitsabbildung mit dem Ähnlichkeitsfaktor k kommen nur die Zahlen k oder $-k$ in Frage, da die Länge von Vektoren um den Faktor k wächst; bei Kongruenzabbildungen können also nur die Eigenwerte 1 oder -1 auftreten. Sind k und $-k$ beides Eigenwerte der Ähnlichkeitsabbildung mit der Matrix A, dann sind die zugehörigen Eigenvektoren orthogonal: Aus $A\vec{f_1} = k\vec{f_1}$ und $A\vec{f_2} = -k\vec{f_2}$ folgt $\vec{f_1}^T\vec{f_2} = 0$, denn

$$-k^2(\vec{f_1}^T\vec{f_2}) = (A\vec{f_1})^T(A\vec{f_2}) = \vec{f_1}^T(A^TA)\vec{f_2} = k^2(\vec{f_1}^T\vec{f_2}).$$

Beispiel 3: Die Spaltenvektoren der Matrix $A = \dfrac{1}{13}\begin{pmatrix} -5 & 12 \\ 12 & 5 \end{pmatrix}$ sind orthogonale Einheitsvektoren; man beachte $5^2 + 12^2 = 13^2$.

Die Eigenwerte sind 1 und -1, zugehörige Eigenvektoren sind $\begin{pmatrix} 2 \\ 3 \end{pmatrix}, \begin{pmatrix} -3 \\ 2 \end{pmatrix}$.

Die Gerade g durch O und $P(2,3)$ ist eine Fixpunktgerade, alle zu ihr orthogonalen Geraden sind Fixgeraden. Es handelt sich bei dieser Abbildung um die Spiegelung an der Fixpunktgeraden g (Fig. 7).

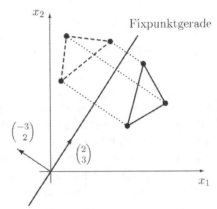

Fig. 7: Spiegelung

Nun betrachten wir affine Abbildungen im Raum. Das charakteristische Polynom der Abbildungsmatrix A hat (unter Berücksichtigung der Vielfachheit) drei reelle Nullstellen (Fall 1) oder genau eine reelle Nullstelle (Fall 2).

Fall 1 (drei reelle Nullstellen):

(1) Hat A drei *verschiedene* Eigenwerte $\lambda_1, \lambda_2, \lambda_3$ und sind $\vec{f_1}, \vec{f_2}, \vec{f_3}$ zugehörige Eigenvektoren, dann ist die Abbildungsmatrix bezüglich des durch die Eigenvektoren gebildeten Koordinatensystems die Diagonalmatrix mit den Einträgen $\lambda_1, \lambda_2, \lambda_3$. Es handelt sich bei der Abbildung $\vec{x} \mapsto A\vec{x}$ um ein räumliches Analogon einer Euler-Affität, also um die Verkettung von drei Parallelstreckungen.

(2) Ist λ_1 eine einfache und λ_2 eine doppelte Nullstelle des charakteristischen Polynoms und sind ferner $\vec{f_1}, \vec{f_2}$ Eigenvektoren zu λ_1, λ_2, dann wähle man einen Vektor $\vec{g}$ so, dass $\{\vec{f_1}, \vec{f_2}, \vec{g}\}$ eine Basis von $\mathbb{R}^3$ ist. Mit $A\vec{g} = r\vec{f_1} + s\vec{f_2} + t\vec{g}$ ist

$$A(x_1\vec{f_1} + x_2\vec{f_2} + x_3\vec{g}) = (\lambda_1 x_1 + rx_3)\vec{f_1} + (\lambda_2 x_2 + sx_3)\vec{f_2} + tx_3\vec{g}.$$

Die Matrix dieser Abbildung ist

$$\begin{pmatrix} \lambda_1 & 0 & r \\ 0 & \lambda_2 & s \\ 0 & 0 & t \end{pmatrix}.$$

Das charakteristische Polynom dieser Matrix hat die Nullstelle t, also ist $t = \lambda_2$. Der Eigenraum von λ_1 ist eindimensional, denn die Gleichung

$$\begin{pmatrix} 0 & 0 & r \\ 0 & \lambda_2 - \lambda_1 & s \\ 0 & 0 & \lambda_2 - \lambda_1 \end{pmatrix} \vec{x} = \vec{o}$$

hat für $\lambda_1 \neq \lambda_2$ nur die Lösungen $(k\ 0\ 0)^T$ mit $k \in \mathbb{R}$. Der Eigenraum von λ_2 kann ein- oder zweidimensional sein.

a) Ist der Eigenraum von λ_2 zweidimensional, dann ist auch $\vec{g}$ ein Eigenvektor zu λ_2, also $A\vec{g} = \lambda_2\vec{g}$ und somit $r = s = 0$. Bezüglich der Basis $\{\vec{f_1}, \vec{f_2}, \vec{g}\}$ lautet die Abbildungsmatrix $\begin{pmatrix} \lambda_1 & 0 & 0 \\ 0 & \lambda_2 & 0 \\ 0 & 0 & \lambda_2 \end{pmatrix}$ (spezielle Euler-Affinität).

b) Ist der Eigenraum von λ_2 eindimensional, dann ist $s \neq 0$, da andernfalls der Lösungsraum von $\begin{pmatrix} \lambda_1 - \lambda_2 & 0 & r \\ 0 & 0 & s \\ 0 & 0 & 0 \end{pmatrix} \vec{x} = \vec{o}$ zweidimensional wäre. Die Abbildung ist die Verkettung zweier Streckscherungen mit einer Parallelstreckung (Fig. 8).

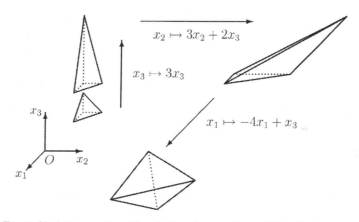

Fig. 8: Verkettung einer Parallelstreckung mit zwei Streckscherungen

In Fig. 8 handelt es sich um die Abbildung mit der Matrix

$$\begin{pmatrix} -4 & 0 & 3 \\ 0 & 3 & 6 \\ 0 & 0 & 3 \end{pmatrix} = \begin{pmatrix} -4 & 0 & 1 \\ 0 & 1 & 0 \\ 0 & 0 & 1 \end{pmatrix} \begin{pmatrix} 1 & 0 & 0 \\ 0 & 3 & 2 \\ 0 & 0 & 1 \end{pmatrix} \begin{pmatrix} 1 & 0 & 0 \\ 0 & 1 & 0 \\ 0 & 0 & 3 \end{pmatrix}.$$

(3) Ist λ dreifache Nullstelle des charakteristischen Polynoms und $\vec{f}$ ein Eigenvektor zu λ, ferner $\{\vec{f}, \vec{g}, \vec{h}\}$ eine Basis von $\mathbb{R}^3$, dann wird $x_1\vec{f} + x_2\vec{g} + x_3\vec{h}$ durch $\vec{x} \mapsto A\vec{x}$ abgebildet auf $x_1\lambda\vec{f} + x_2A\vec{g} + x_3A\vec{h}$, wobei zunächst $A\vec{g} = r\vec{f} + s\vec{g} + t\vec{h}$ und $A\vec{h} = u\vec{f} + v\vec{g} + w\vec{h}$.

a) Ist der Eigenraum von λ dreidimensional, dann ist $A\vec{g} = \lambda\vec{g}$ und $A\vec{h} = \lambda\vec{h}$,

die Abbildungsmatrix bezüglich $\{\vec{f},\vec{g},\vec{h}\}$ lautet also $\begin{pmatrix} \lambda & 0 & 0 \\ 0 & \lambda & 0 \\ 0 & 0 & \lambda \end{pmatrix}$ und es handelt

sich um eine zentrische Streckung.

b) Ist der Eigenraum von λ zweidimensional, dann kann man $\vec{g}$ als weiteren Eigenvektor wählen, also $A\vec{g} = \lambda\vec{g}$. Die Abbildungsmatrix bezüglich $\{\vec{f},\vec{g},\vec{h}\}$

lautet also $\begin{pmatrix} \lambda & 0 & u \\ 0 & \lambda & v \\ 0 & 0 & w \end{pmatrix}$. Es ist dann auch $w = \lambda$, die Matrix beschreibt daher

eine Streckscherung:

$$\begin{pmatrix} \lambda & 0 & u \\ 0 & \lambda & v \\ 0 & 0 & \lambda \end{pmatrix} = \begin{pmatrix} \lambda & 0 & 0 \\ 0 & \lambda & 0 \\ 0 & 0 & \lambda \end{pmatrix} \begin{pmatrix} 1 & 0 & u' \\ 0 & 1 & v' \\ 0 & 0 & 1 \end{pmatrix} \quad \text{mit} \quad u' = \frac{u}{\lambda}, \; v' = \frac{v}{\lambda}.$$

c) Der Eigenraum von λ sei eindimensional, ein Eigenvektor sei $\vec{f}$. Es sei $\{\vec{f},\vec{g},\vec{h}\}$ eine Basis von $\mathbb{R}^3$ und $A\vec{g} = r\vec{f} + s\vec{g} + t\vec{h}$ sowie $A\vec{h} = u\vec{f} + v\vec{g} + w\vec{h}$. Dann hat die Abbildungsmatrix die Gestalt

$$\begin{pmatrix} \lambda & r & u \\ 0 & s & v \\ 0 & t & w \end{pmatrix} = \begin{pmatrix} \lambda & 0 & 0 \\ 0 & s & v \\ 0 & t & w \end{pmatrix} \begin{pmatrix} 1 & r' & u' \\ 0 & 1 & 0 \\ 0 & 0 & 1 \end{pmatrix} \quad \text{mit} \quad r' = \frac{r}{\lambda}, \; u' = \frac{u}{\lambda}.$$

Dabei muss das charakteristische Polynom von $\begin{pmatrix} s & v \\ t & w \end{pmatrix}$ die doppelte Nullstelle λ haben, es muss also $s + w = 2\lambda$ und $sw - tv = \lambda^2$ gelten. In diesem Fall ist aber das LGS $\left\{ \begin{array}{l} (s-\lambda)x_2 + vx_3 = 0 \\ tx_2 + (w-\lambda)x_3 = 0 \end{array} \right\}$ nichttrivial lösbar, so dass $rv \neq (s-\lambda)u$ ist.

Fall 2 (genau eine reelle Nullstelle):

Der Eigenraum ist eindimensional, sonst läge die Situation a) oder b) aus Fall 1 (3) vor. Die Matrix hat also die Gestalt wie in c) aus Fall 1 (3), wobei aber $(s+w)^2 < 4(sw-tv)$ gelten muss, weil das charakteristische Polynom von $\begin{pmatrix} s & v \\ t & w \end{pmatrix}$ keine reellen Nullstellen hat. Man kann dabei $r = u = 0$ erreichen, wenn man $\vec{g}$ und $\vec{h}$ um ein geeignetes Vielfaches von $\vec{f}$ abändert, so dass die Abbildungsmatrix die Gestalt

$$\begin{pmatrix} \lambda & 0 & 0 \\ 0 & s & v \\ 0 & t & w \end{pmatrix}$$

erhält: Man ersetze $\vec{g}$ durch $\vec{g} + x\vec{f}$ und $\vec{h}$ durch $\vec{h} + y\vec{f}$, wobei (x, y) die Lösung des LGS

$$\begin{array}{rcl} (\lambda - s)x - ty + r & = & 0 \\ -vx + (\lambda - w)y + u & = & 0 \end{array}$$

ist. Man beachte, dass dieses LGS die Determinante

$$(\lambda - s)(\lambda - w) - vt = \lambda^2 - (s + w)\lambda + (sw - vt) \neq 0$$

hat. Mit $A\vec{g} = r\vec{f} + s\vec{g} + t\vec{h}$ und $A\vec{h} = u\vec{f} + v\vec{g} + w\vec{h}$ ist dann nämlich

$$
\begin{aligned}
A(\vec{g} + x\vec{f}) &= (r - sx - ty + x\lambda)\vec{f} + s(\vec{g} + x\vec{f}) + t(\vec{h} + y\vec{f}) \\
&= s(\vec{g} + x\vec{f}) + t(\vec{h} + y\vec{f}), \\
A(\vec{h} + y\vec{f}) &= (u - vx - wy + y\lambda)\vec{f} + v(\vec{g} + x\vec{f}) + w(\vec{h} + y\vec{f}) \\
&= v(\vec{g} + x\vec{f}) + w(\vec{h} + y\vec{f}).
\end{aligned}
$$

Aufgaben

1. In V.1 Beispiel 1 haben wir die affine Abbildung betrachtet, welche $(1,2), (5,3), (3,9)$ der Reihe nach auf $(3,-5), (11,1), (7,-2)$ abbildet. Bestimme die Eigenwerte und die Eigenräume. Von welchem Typ ist diese Abbildung?

2. Eine Euler-Affinität von $\mathbb{R}^2$ habe die Fixgeraden

$$a : x_1 + x_2 = 1 \quad \text{und} \quad b : 3x_1 - x_2 = 7.$$

Der Streckfaktor bezüglich a sei 2, derjenige bezüglich b sei -3. Welche Gestalt hat die Abbildungsgleichung bezüglich des ursprünglich gegebenen kartesischen Koordinatensystems?

3. Man beschreibe für $t \in \mathbb{R}$ die Abbildung $\alpha : \vec{x} \mapsto \begin{pmatrix} 2t + 1 & 2t \\ t & t + 1 \end{pmatrix} \vec{x} + \begin{pmatrix} t \\ 0 \end{pmatrix}$ von $\mathbb{R}^2$ in $\mathbb{R}^2$.

4. Im kartesischen Koordinatensystem im Raum sei g die Gerade durch $A(1,1,0)$ mit dem Richtungsvektor $(2\ 0\ 1)^T$. Man bestimme die Abbildungsmatrix für die Drehung um g mit einem Winkel von $30°$.

5. Bezüglich des kartesischen Koordinatensystems habe eine affine Abbildung die Matrix $A = \begin{pmatrix} 1 & -1 & 1 \\ 1 & 2 & 0 \\ -3 & 1 & -3 \end{pmatrix}$. Gibt es eine Basis des Vektoraums $\mathbb{R}^3$, bezüglich welcher die Matrix dieser affinen Abbildung eine Diagonalmatrix ist? (Vgl. Aufgabe 1 in V.2.)

6. Man zeige: Sind alle reellen Eigenwerte von A von 0 verschieden, dann ist A invertierbar und die reellen Eigenwerte von A^{-1} sind die Kehrwerte der reellen Eigenwerte von A.

VI Kurven und Flächen zweiter Ordnung

VI.1 Die Kegelschnittkurven

Die bekannten *Kegelschnittkurven* in der Ebene haben Gleichungen, in denen die Variablen x_1, x_2 quadratisch und linear vorkommen, insbesondere kann das Produkt $x_1 x_2$ in einer solchen Gleichung auftreten (Fig. 1).

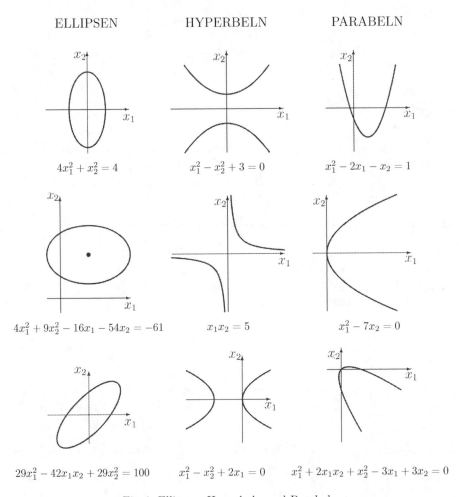

Fig. 1: Ellipsen, Hyperbeln und Parabeln

Diese Kurven nennt man Kegelschnittkurven oder kurz *Kegelschnitte*, weil sie als Schnittkurven eines Kegels mit einer Ebene entstehen (Fig. 2). Das wird in VI.2 gezeigt. Einige geometrische Eigenschaften der Kegelschnitte werden in den Aufgaben behandelt.

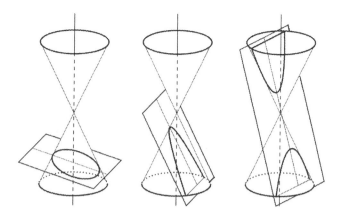

Fig. 2: Kegelschnitte

Definition: Die Punktmenge

$$\{(x_1, x_2) \in \mathbb{R}^2 \mid a_{11}x_1^2 + 2a_{12}x_1x_2 + a_{22}x_2^2 + a_1x_1 + a_2x_2 + a = 0\}$$

$(a_{11}, a_{12}, a_{22}, a, a_1, a_2 \in \mathbb{R})$ nennt man eine *Kurve zweiter Ordnung*.

Setzt man $A = \begin{pmatrix} a_{11} & a_{12} \\ a_{12} & a_{22} \end{pmatrix}, \vec{a} = \begin{pmatrix} a_1 \\ a_2 \end{pmatrix}$ und $\vec{x} = \begin{pmatrix} x_1 \\ x_2 \end{pmatrix}$, dann kann man die Gleichung
einer Kurve zweiter Ordnung folgendermaßen schreiben:

$$\vec{x}^T A \, \vec{x} + \vec{a}^T \vec{x} + a = 0.$$

Für die weitere Untersuchung der Kurven zweiter Ordnung (und auch der Flächen zweiter Ordnung in VI.2) wollen wir die Eigenwerte von A betrachten. Die Matrix A ist *symmetrisch*, d.h. es gilt $A^T = A$. Reelle symmetrische Matrizen haben bezüglich der Eigenwerte und Eigenräume besondere Eigenschaften, welche wir zunächst allgemein untersuchen wollen. Im Folgenden gelten auch die komplexen Nullstellen des charakteristischen Polynoms als Eigenwerte, so dass man zwischen reellen und komplexen Eigenwerten unterscheiden muss.

Satz 1: Ist die Matrix $A \in \mathbb{R}^{n,n}$ symmetrisch, dann sind alle Eigenwerte von A reell und Eigenvektoren zu verschiedenen Eigenwerten sind orthogonal. Ist dabei λ ein r-facher Eigenwert von A, dann hat der zugehörige Eigenraum die Dimension r und besitzt eine Orthonormalbasis aus Eigenvektoren von A.

Beweis: Mit $\bar{a}, \bar{\vec{a}}$ bzw. $\overline{A}$ bezeichnen wir die zu $a \in \mathbb{C}$, $\vec{a} \in \mathbb{C}^n$ bzw. $A \in \mathbb{C}^{n,n}$ komplex-konjugierten Elemente, wobei das Konjugieren von Vektoren und Matrizen elementweise zu verstehen ist. Der *Fundamentalsatz der Algebra* besagt, dass eine algebraische Gleichung (Polynomgleichung) vom Grad n im Körper $\mathbb{C}$ der komplexen Zahlen genau n Lösungen hat, wenn man mehrfache Lösungen mit ihrer Vielfachheit zählt. Also hat A in $\mathbb{C}$ genau n Eigenwerte, wenn man mehrfache Eigenwerte mit ihrer Vielfachheit zählt. Ist λ ein Eigenwert mit dem Eigenvektor $\vec{u} \in \mathbb{C}^n$, so gilt wegen $A = \overline{A}$ mit $A\vec{u} = \lambda\vec{u}$ auch $A\overline{\vec{u}} = \overline{\lambda}\,\overline{\vec{u}}$. Also ist

$$\lambda\,(\overline{\vec{u}}^T \vec{u}) = \overline{\vec{u}}^T(\lambda\vec{u}) = \overline{\vec{u}}^T A\,\vec{u} = (A\,\overline{\vec{u}})^T \vec{u} = (\overline{\lambda}\,\overline{\vec{u}})^T \vec{u} = \overline{\lambda}\,(\overline{\vec{u}}^T \vec{u}).$$

Wegen $\overline{\vec{u}}^T \vec{u} = |\vec{u}|^2 \neq 0$ ist daher $\lambda = \overline{\lambda}$, also $\lambda \in \mathbb{R}$. Sind λ, μ verschiedene Eigenwerte und $\vec{u}, \vec{v}$ zugehörige Eigenvektoren, dann ist

$$\mu(\vec{u}^T \vec{v}) = \vec{u}^T(A\vec{v}) = \vec{u}^T A\,\vec{v} = (A\,\vec{u})^T \vec{v} = \lambda(\vec{u}^T \vec{v}),$$

wegen $\mu \neq \lambda$ also $\vec{u}^T \vec{v} = 0$. Nun sei λ ein r-facher Eigenwert und $\vec{u}_1$ ein normierter Eigenvektor zu λ, ferner $\{\vec{u}_1, \vec{v}_2, \ldots, \vec{v}_n\}$ eine Orthonormalbasis von $\mathbb{R}^n$. Wegen $\vec{u}_1^T A\vec{u}_1 = \vec{u}_1^T(\lambda\vec{u}_1) = \lambda\vec{u}_1^T\vec{u}_1 = \lambda$ und

$$\vec{v}_i^T A\vec{u}_1 = \vec{v}_i^T(\lambda\vec{u}_1) = \lambda\vec{v}_i^T\vec{u}_1 = 0 \quad (i = 2, 3, \ldots, n)$$

ist dann

$$(\vec{u}_1\ \vec{v}_2\ \ldots\ \vec{v}_n)^T A\ (\vec{u}_1\ \vec{v}_2\ \ldots\ \vec{v}_n) = \begin{pmatrix} \lambda & 0 & \ldots & 0 \\ 0 & & & \\ \vdots & & A' & \\ 0 & & & \end{pmatrix},$$

wobei $A' \in \mathbb{R}^{n-1,n-1}$ wieder symmetrisch ist und eine lineare Abbildung von $\langle\vec{v}_2, \ldots, \vec{v}_n\rangle$ in sich beschreibt. Ist E bzw. E' die Einheitsmatrix aus $\mathbb{R}^{n,n}$ bzw. $\mathbb{R}^{n-1,n-1}$, dann gilt $\det(A - xE) = (x - \lambda)\det(A' - xE')$. Ist $r > 1$, dann ist λ auch ein Eigenwert von A'; ein zugehöriger Eigenvektor $\vec{u}_2' \in \mathbb{R}^{n-1}$ kann als normiert angenommen werden. Durch Hinzufügen einer ersten Koordinate 0 ergänzen wir ihn zu einem normierten Vektor $\vec{u}_2 \in \mathbb{R}^n$. Wegen $\vec{u}_2' \in \langle\vec{v}_2, \ldots, \vec{v}_n\rangle$ ist dabei $\vec{u}_2$ orthogonal zu $\vec{u}_1$. Wir ergänzen $\{\vec{u}_1, \vec{u}_2\}$ zu einer Orthonormalbasis $\{\vec{u}_1, \vec{u}_2, \vec{w}_3, \ldots, \vec{w}_n\}$ von $\mathbb{R}^n$. Es ist dann

$$(\vec{u}_1\ \vec{u}_2\ \vec{w}_3\ \ldots\ \vec{w}_n)^T A\ (\vec{u}_1\ \vec{u}_2\ \vec{w}_3\ \ldots\ \vec{w}_n) = \begin{pmatrix} \lambda & 0 & 0 & \ldots & 0 \\ 0 & \lambda & 0 & \ldots & 0 \\ 0 & 0 & & & \\ \vdots & \vdots & & A'' & \\ 0 & 0 & & & \end{pmatrix},$$

wobei $A'' \in \mathbb{R}^{n-2,n-2}$ wieder symmetrisch ist. Führt man dieses Verfahren r-mal aus, dann ergibt sich $\det(A - xE) = (x - \lambda)^r \det(A^{(r)} - xE^{(r)})$ mit $A^{(r)}, E^{(r)} \in \mathbb{R}^{n-r,n-r}$, wobei $A^{(r)}$ symmetrisch ist. Die r orthonormierten Eigenvektoren spannen den gesamten Eigenraum von λ auf, da die Summe der Dimensionen der Eigenräume nicht größer als n sein kann. $\square$

Folgerung aus Satz 1: Zu jeder symmetrischen Matrix $A \in \mathbb{R}^{n,n}$ gibt es eine Orthonormalmatrix $U \in \mathbb{R}^{n,n}$, so dass

$$U^T AU = \begin{pmatrix} \lambda_1 & 0 & \ldots & 0 \\ 0 & \lambda_2 & \ldots & 0 \\ \vdots & \vdots & & \vdots \\ 0 & 0 & \ldots & \lambda_n \end{pmatrix}.$$

In dieser Diagonalmatrix sind $\lambda_1, \lambda_2, \ldots, \lambda_n$ die Eigenwerte von A entsprechend ihrer Vielfachheit (also $\lambda_1 = \lambda_2 = \ldots = \lambda_r$, falls λ_1 Eigenwert der Vielfachheit r ist) und die Spaltenvektoren von U sind zugehörige Eigenvektoren gemäß der Konstruktion im Beweis von Satz 1.

Nun kehren wir zur Untersuchung der Kurven zweiter Ordnung zurück, wobei das Ziel ist, durch eine Koordinatentransformation mit einer Orthonormalmatrix den quadratischen Term $\vec{x}^T A \vec{x}$ zu vereinfachen, indem man A in eine Diagonalmatrix verwandelt. Die Orthonormalmatrix vermittelt eine Kongruenzabbildung, bildet also die gegebene Kurve auf eine zu ihr kongruente Kurve ab.

Besitzt A *genau einen* (also doppelten) Eigenwert λ, dann hat die Diskriminante der quadratischen Gleichung $\det(A - xE) = 0$ bzw.

$$x^2 - (a_{11} + a_{22})x + (a_{11}a_{22} - a_{12}^2) = 0$$

den Wert 0, es ist also

$$(a_{11} + a_{22})^2 - 4(a_{11}a_{22} - a_{12}^2) = (a_{11} - a_{22})^2 + 4a_{12}^2 = 0,$$

also $a_{12} = 0$ und $a_{11} = a_{22} = \lambda$. Die Kurvengleichung lässt sich im Fall $\lambda \neq 0$ damit umformen zu

$$(x_1 - b_1)^2 + (x_2 - b_2)^2 = b.$$

Dabei wurde das Verfahren der *quadratischen Ergänzung* benutzt, welches auf der binomischen Formel beruht: $x^2 - 2bx = (x - b)^2 - b^2$. Diese Umformung wird im Folgenden häufiger verwendet.

Für $b > 0$ ist die Kurve ein Kreis um (b_1, b_2) mit dem Radius $\sqrt{b}$; für $b = 0$ wird nur der Punkt (b_1, b_2) dargestellt, für $b < 0$ die leere Menge.

Im Fall $\lambda = 0$ wird eine Gerade (falls $\vec{a} \neq \vec{o}$), die leere Menge (falls $\vec{a} = \vec{o}$ und $a \neq 0$) oder die gesamte Ebene (falls $\vec{a} = \vec{o}$ und $a = 0$) dargestellt.

Besitzt A *zwei verschiedene* Eigenwerte λ_1, λ_2, sind ferner $\vec{u}_1, \vec{u}_2$ zugehörige orthonormierte Eigenvektoren und ist $U = (\vec{u}_1 \ \vec{u}_2)$, dann liefert die Kongruenzabbildung $\vec{x}' = U^T \vec{x}$ bzw. $\vec{x} = U\vec{x}'$ (beachte $U^T U = E$)

$$\vec{x}^T A \vec{x} = \vec{x}'^T U^T A U \vec{x}' = \vec{x}'^T \begin{pmatrix} \lambda_1 & 0 \\ 0 & \lambda_2 \end{pmatrix} \vec{x}' = \lambda_1 x_1'^2 + \lambda_2 x_2'^2.$$

Die Gleichung der Fläche zweiter Ordnung ist dann

$$\lambda_1 x_1^2 + \lambda_2 x_2^2 + b_1 x_1 + b_2 x_2 + a = 0 \quad \text{mit} \quad \begin{pmatrix} b_1 \\ b_2 \end{pmatrix} = U^T \vec{a},$$

wobei wir zur Vereinfachung wieder x_1, x_2 statt x_1', x_2' geschrieben haben.

Ist ein Eigenwert 0, etwa $\lambda_1 = 0, \lambda_2 \neq 0$, dann lautet im Fall $b_1 \neq 0$ die Gleichung $(x_2 - c_2)^2 = c_1(x_1 - c_3)$. Diese stellt eine Parabel mit dem Scheitelpunkt (c_3, c_2) dar, deren Achse parallel zur x_1- Achse ist. Im Fall $b_1 = 0$ lautet die Gleichung $(x_2 - c_2)^2 = c$ und stellt ein Geradenpaar, eine Gerade oder die leere Menge dar, je nachdem ob $c > 0, c = 0$ oder $c < 0$ ist.

Sind beide Eigenwerte λ_1, λ_2 von 0 verschieden, dann kann man die Gleichung umformen zu $\lambda_1(x_1 - c_1)^2 + \lambda_2(x_2 - c_2)^2 = c$. Ist $c = 0$, dann wird ein Punkt oder ein Geradenpaar dargestellt, je nachdem ob λ_1, λ_2 gleiche oder verschiedene Vorzeichen haben. Ist $c \neq 0$, dann wird je nach Vorzeichen von λ_1, λ_2 und c eine Ellipse, eine Hyperbel oder die leere Menge dargestellt.

Abgesehen von den Entartungsfällen (leere Menge, Punkt, Gerade, Geradenpaar, ganze Ebene) ist eine Kurve zweiter Ordnung also eine Kegelschnittkurve (Ellipse, Hyperbel, Parabel).

In einem geeigneten Koordinatensystem haben diese Kegelschnittkurven die in Fig. 3 angegebenen *Standardgleichungen*; die Bedeutung der Parameter a, b bzw. p entnehme man den Zeichnungen. Ist der Mittelpunkt der Ellipse bzw. der Hyperbel und der Scheitel der Parabel nicht $(0,0)$, sondern (m_1, m_2), dann ersetze man in den Standardgleichungen x_1 durch $x_1 - m_1$ und x_2 durch $x_2 - m_2$.

ELLIPSE   HYPERBEL   PARABEL

$$\frac{x_1^2}{a^2} + \frac{x_2^2}{b^2} = 1 \qquad\qquad \frac{x_1^2}{a^2} - \frac{x_2^2}{b^2} = 1 \qquad\qquad x_2^2 = 2px_1$$

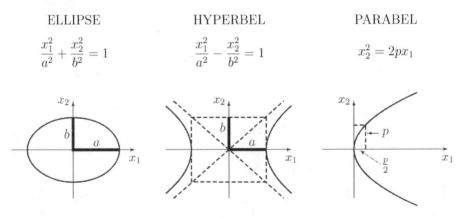

Fig. 3: Standardgleichungen der Kegelschnitte

Alle Ellipsen, alle Hyperbeln bzw. alle Parabeln sind jeweils zueinander affin: Man setze $x_1' = ax_1, x_2' = bx_2$ bzw. $x_1' = px_1, x_2' = x_2$. Bis auf Affinität lauten die Standardgleichungen der nicht-ausgearteten Kegelschnitte also

$$x_1^2 + x_2^2 = 1, \qquad x_1^2 - x_2^2 = 1, \qquad x_2^2 = 2x_1.$$

Zur Klassifizierung der Kegelschnitte ist die Theorie der Eigenwerte nicht unbedingt notwendig, es wird eigentlich mit Kanonen auf Spatzen geschossen. Man könnte einfach mit quadratischen Ergänzungen arbeiten: Beispielsweise könnte man für $a_{11} \neq 0$ mit der Umformung

$$a_{11}x_1^2 + 2a_{12}x_1x_2 + a_{22}x_2^2 = a_{11}\left(x_1 + \frac{a_{12}}{a_{11}}x_2\right)^2 + \left(a_{22} - \frac{a_{12}^2}{a_{11}}\right)x_2^2$$

beginnen und dann die neuen Koordinaten $x_1' = x_1 + \dfrac{a_{12}}{a_{11}}$, $x_2' = x_2$ einführen usw. Andererseits ist die Verwendung der Eigenwerttheorie als Vorbereitung auf die Untersuchungen im nächsten Abschnitt nützlich.

Aufgaben

1. Es sei eine affine Abbildung $\vec{x} \mapsto C\vec{x}$ der Ebene gegeben. Man bestimme Vektoren $\vec{u}, \vec{v} \neq \vec{o}$ mit $\vec{u} \perp \vec{v}$ und $C\vec{u} \perp C\vec{v}$. (Man findet genau ein solches *invariantes Rechtwinkelpaar*. Wird ein Kreis um O durch die affine Abbildung $\vec{x} \mapsto C\vec{x}$ auf eine Ellipse abgebildet, welche kein Kreis ist, dann findet man stets genau zwei orthogonale Kreisdurchmesser, die auf zwei orthogonale Ellipsendurchmesser abgebildet werden; diese Ellipsendurchmesser sind die *Hauptachsen* der Ellipse. Vgl. hierzu Aufgabe 2.)

2. Eine Ellipse ist das affine Bild eines Kreises. Die Bilder von zwei rechtwinkligen Durchmessern eines Kreises nennt man *konjugierte Durchmesser* der Ellipse. Fig. 4 zeigt eine *Hauptachsenkonstruktion* für eine Ellipse mit zwei gegebenen konjugierten Durchmessern. Man erläutere diese Konstruktion.

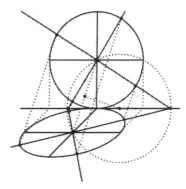

Fig. 4: Hauptachsenkonstruktion

3. Die Ellipse mit dem Mittelpunkt O und den Halbachsenlängen a, b entsteht aus dem Kreis um O mit dem Radius a durch Streckung an der x_1-Achse parallel zur x_2-Achse mit dem Faktor $\dfrac{b}{a}$.

Zwei Ellipsendurchmesser heißen *konjugiert*, wenn sie als Bilder orthogonaler Kreisdurchmesser entstehen; sie bestimmen *konjugierte Richtungen*. Man beweise:

a) Die Mittelpunkte der Sehnen, welche eine Ellipse aus einer Parallelenschar ausschneidet, liegen auf dem zu ihrer Richtung konjugierten Durchmesser der Ellipse.

b) Das Produkt der Steigungen konjugierter Richtungen ist $-\left(\dfrac{b}{a}\right)^2$.

4. Ellipsen, Hyperbeln und Parabeln lassen sich als *Ortskurven* definieren. Man zeige:

a) Eine Ellipse ist der geometrische Ort aller Punkte, die zu zwei gegebenen Punkten die gleiche Abstandssumme haben (Fig. 5).

b) Eine Hyperbel ist der geometrische Ort aller Punkte, die zu zwei gegebenen Punkten die gleiche Abstandsdifferenz haben (Fig. 6).

c) Eine Parabel ist der geometrische Ort aller Punkte, die zu einem gegebenen Punkt und einer gegebenen Geraden den gleichen Abstand haben (Fig. 7).

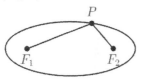 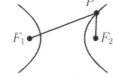

    Fig. 5: Ellipse   Fig. 6: Hyperbel   Fig. 7: Parabel

5. Die Tangente an den Kreis um O mit dem Radius a im Kreispunkt $P(p_1, p_2)$ hat offensichtlich die Gleichung $p_1 x_1 + p_2 x_2 = a^2$. Wieso folgt daraus unmittelbar, dass die Tangente an die Ellipse mit der Gleichung $\frac{x_1^2}{a^2} + \frac{x_2^2}{b^2} = 1$ im Ellipsenpunkt $P(p_1, p_2)$ die Gleichung $\frac{p_1 x_1}{a^2} + \frac{p_2 x_2}{b^2} = 1$ hat? Wie lautet die Gleichung der Polaren bezüglich obiger Ellipse zum Pol $P(p_1, p_2)$?

6. Die Punkte F_1, F_2 bzw. F der Ellipse, Hyperbel bzw. Parabel in Aufgabe 4 (vgl. Fig. 5, 6, 7) heißen *Brennpunkte* der betreffenden Kurve. Man zeige: Ein von einem Brennpunkt ausgehender Strahl wird an der Kurve so reflektiert, dass er durch den anderen Brennpunkt bzw. bei der Parabel parallel zur Achse verläuft.

7. Die *Scheitelkrümmungskreise* einer Kegelschnittkurve approximieren die Kurve in den Scheiteln bestmöglich.

a) Man bestimme diese Kreise für die Kegelschnittkurven, welche durch ihre Standardgleichung gegeben sind.

b) Man begründe die Konstruktion der Scheitelkrümmungskreise der Ellipse in Fig. 8.

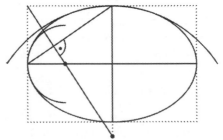

Fig. 8: Scheitelkrümmungskreise

VI.2 Flächen zweiter Ordnung

Definition 1: Die Punktmenge

$$\{(x_1, x_2, x_3) \in \mathbb{R}^3 \mid a_{11}x_1^2 + a_{22}x_2^2 + a_{33}x_3^2 + 2a_{12}x_1x_2 + 2a_{13}x_1x_3 + 2a_{23}x_2x_3$$
$$+a_1x_1 + a_2x_2 + a_3x_3 + a = 0\}$$

$(a_{11}, a_{22}, a_{33}, a_{12}, a_{13}, a_{23}, a_1, a_2, a_3, a \in \mathbb{R})$ heißt eine *Fläche zweiter Ordnung*.

Setzt man $A = \begin{pmatrix} a_{11} & a_{12} & a_{13} \\ a_{12} & a_{22} & a_{23} \\ a_{13} & a_{23} & a_{33} \end{pmatrix}$, $\vec{a} = \begin{pmatrix} a_1 \\ a_2 \\ a_3 \end{pmatrix}$ und $\vec{x} = \begin{pmatrix} x_1 \\ x_2 \\ x_3 \end{pmatrix}$, dann kann man

die Gleichung einer Fläche zweiter Ordnung folgendermaßen schreiben:

$$\vec{x}^T A \, \vec{x} + \vec{a}^T \vec{x} + a = 0$$

Da A symmetrisch ist, existiert eine Orthonormalmatrix U mit

$$U^T A U = \begin{pmatrix} \lambda_1 & 0 & 0 \\ 0 & \lambda_2 & 0 \\ 0 & 0 & \lambda_3 \end{pmatrix},$$

wobei $\lambda_1, \lambda_2, \lambda_3$ die Eigenwerte von A und die Spaltenvektoren von U zugehörige Eigenvektoren sind (vgl. Folgerung aus Satz 1 in VI.1). Die Orthonormalmatrix U vermittelt eine Kongruenzabbildung. Mit $\vec{x}' = U^T\vec{x}$ bzw. $\vec{x} = U\vec{x}'$ ist

$$\vec{x}^T A\vec{x} = \vec{x}'^T \, U^T A U \, \vec{x}' = \lambda_1 x_1'^2 + \lambda_2 x_2'^2 + \lambda_3 x_3'^2.$$

Mit $\vec{b} = U^T\vec{a}$ lautet die Gleichung der Fläche dann

$$\lambda_1 x_1^2 + \lambda_2 x_2^2 + \lambda_3 x_3^2 + b_1 x_1 + b_2 x_2 + b_3 x_3 + a = 0,$$

wenn man statt x_1', x_2', x_3' zur Vereinfachung wieder x_1, x_2, x_3 schreibt.

Wir klassifizieren nun die Flächen zweiter Ordnung nach der Anzahl der Eigenwerte, welche 0 sind. Sind *alle* Eigenwerte 0, dann beschreibt die Gleichung eine Ebene (falls $\vec{b} \neq \vec{o}$), die leere Menge (falls $\vec{b} = \vec{o}, a \neq 0$) oder den gesamten Raum (falls $\vec{b} = \vec{o}, a = 0$).

Sind *genau zwei* der Eigenwerte 0, etwa $\lambda_1 \neq 0, \lambda_2 = \lambda_3 = 0$, dann lässt sich die Gleichung umformen zu

$$(x_1 - c_1)^2 = c_2 x_2 + c_3 x_3 + c.$$

Ist $(c_2, c_3) = (0, 0)$, dann beschreibt die Gleichung ein Paar paralleler Ebenen (falls $c > 0$), eine Ebene (falls $c = 0$) oder die leere Menge (falls $c < 0$). Ist

$(c_2, c_3) \neq (0,0)$, etwa $c_2 \neq 0$, dann erhält die Gleichung mit der Koordinaten-transformation $x_1' = x_1 - c_1$, $x_2' = x_2 + \dfrac{c}{c_2}$, $x_3' = x_3$ (Verschiebung) die Form $x_1'^2 = d_2 x_2' + d_3 x_3'$, wofür wir wieder ohne Striche

$$x_1^2 = d_2 x_2 + d_3 x_3$$

schreiben. Die Kongruenzabbildung $\vec{x} \mapsto \vec{x}'$ mit

$$x_1 = x_1', \quad \begin{pmatrix} x_2 \\ x_3 \end{pmatrix} = \frac{1}{d} \begin{pmatrix} d_2 & -d_3 \\ d_3 & d_2 \end{pmatrix} \begin{pmatrix} x_2' \\ x_3' \end{pmatrix} \quad \text{mit} \quad d = \sqrt{d_2^2 + d_3^2}$$

(Drehung der $x_2 x_3$-Ebene um die x_1-Achse) ergibt $x_1'^2 + d x_2' = 0$, wofür wir wieder

$$x_1^2 + d x_2 = 0$$

schreiben. Diese Gleichung beschreibt einen *parabolischen Zylinder*.

Ist *genau ein* Eigenwert 0, etwa $\lambda_1 \lambda_2 \neq 0, \lambda_3 = 0$, dann erhält die Gleichung nach einer Verschiebung des Koordinatensystems die Form

$$\lambda_1 x_1^2 + \lambda_2 x_2^2 + c_3 x_3 + c = 0.$$

Ist $c_3 = 0$, dann beschreibt diese Gleichung

- eine Gerade, falls $c = 0$ und $\lambda_1 \lambda_2 > 0$,
- ein Ebenenpaar, falls $c = 0$ und $\lambda_1 \lambda_2 < 0$,
- die leere Menge, falls $c \lambda_1 > 0$ und $c \lambda_2 > 0$,
- einen *elliptischen Zylinder*, falls $c \lambda_1 < 0$ und $c \lambda_2 < 0$
- einen *hyperbolischen Zylinder*, falls $c \lambda_1 \cdot c \lambda_2 < 0$.

Ist $c_3 \neq 0$, dann ergibt sich nach einer geeigneten Verschiebung des Koordinaten-systems die Gleichung
$$\lambda_1 x_1^2 + \lambda_2 x_2^2 + c_3 x_3 = 0.$$

Sie beschreibt ein *elliptisches Paraboloid* (falls $\lambda_1 \lambda_2 > 0$) oder ein *hyperbolisches Paraboloid* (falls $\lambda_1 \lambda_2 < 0$).

Ist *kein* Eigenwert 0, dann ergibt sich nach einer geeigneten Verschiebung die Gleichung
$$\lambda_1 x_1^2 + \lambda_2 x_2^2 + \lambda_3 x_3^2 + c = 0.$$

Ist $c = 0$, dann beschreibt die Gleichung einen Punkt, falls alle Eigenwerte das gleiche Vorzeichen haben, oder einen *Kegel* (genauer einen *elliptischen Doppel-kegel*) in den anderen Fällen. Ist $c \neq 0$, dann kann man die Gleichung auf die Form
$$\mu_1 x_1^2 + \mu_2 x_2^2 + \mu_3 x_3^2 = 1$$

bringen. Diese Gleichung beschreibt die leere Menge (falls alle Koeffizienten $\mu \leq 0$ sind), ein *zweischaliges Hyperboloid* (falls genau ein Koeffizient μ positiv ist), ein *einschaliges Hyperboloid* (falls genau zwei Koeffizienten μ positiv sind) oder ein *Ellipsoid* (falls alle Koeffizienten μ positiv sind).

Mit den ausgeführten Transformationen des Koordinatensystems hat man erreicht, dass möglichst viele Koordinatenachsen und -ebenen Symmetrieachsen und -ebenen der Flächen zweiter Ordnung werden. Man spricht daher bei diesen Transformationen auch von *Hauptachsentransformationen.*

Eine Fläche zweiter Ordnung nennt man auch eine *Quadrik.* In Fig. 3 sind die neun interessanten Quadriken bezüglich ihrer *Standardgleichungen* dargestellt. Das Ellipsoid, die Paraboloide (elliptisch oder hyperbolisch) und die Hyperboloide (einschalig oder zweischalig) nennt man *nicht-ausgeartete* Quadriken, den Kegel und die Zylinder (elliptisch, parabolisch oder hyperbolisch) nennt man *ausgeartete* Quadriken. Die ausgearteten Quadriken, aber auch das hyperbolische Paraboloid und das einschalige Hyperboloid enthalten Geradenscharen; man nennt solche Flächen *Regelflächen.* Vgl. VI.3.

Die Schnittkurve einer Ebene mit einer Fläche zweiter Ordnung ist stets eine Kurve zweiter Ordnung: Durch eine geeignete Transformation des Koordinatensystems kann man die Schnittebene stets als die x_1x_2-Ebene ansehen (Gleichung $x_3 = 0$); setzt man in der allgemeinen Gleichung für eine Fläche zweiter Ordnung für x_3 die Zahl 0 ein, dann ergibt sich die Gleichung einer Kurve zweiter Ordnung in der x_1x_2-Ebene. Die Schnittkurven paralleler Ebenen mit einer Quadrik sind ähnlich zueinander (Aufgabe 12).

Die Bezeichnungen *elliptisch, hyperbolisch, parabolisch* kennzeichnen die Art der Schnittkurven der entsprechenden Fläche mit einer Ebene. Die Hyperboloide in Fig. 3 sind beide elliptisch und können zusammen mit dem Doppelkegel als verwandt betrachtet werden (Aufgabe 8).

Ellipsen treten auf als Schnittlinien einer Ebene mit einem Ellipsoid, einem elliptischen Paraboloid, einem (einschaligen oder zweischaligen) Hyperboloid, einem Kegel und einem elliptischen Zylinder. Hyperbeln treten auch als Schnittlinien einer Ebene mit einem hyperbolischen Paraboloid, einem (einschaligen oder zweischaligen) Hyperboloid, einem Kegel und einem hyperbolischen Zylinder auf. Parabeln treten auf als Schnittlinien einer Ebene mit einem (elliptischen oder hyperbolischen) Paraboloid, einem Kegel und einem parabolischen Zylinder. Die einzige Quadrik, bei der alle drei Kegelschnitte Ellipse, Parabel und Hyperbel auftreten, ist in der Tat der Kegel.

Mit Hilfe einer affinen Abbildung lassen sich die Gleichungen der Quadriken weiter vereinfachen. Bis auf Affinität gibt es also folgende nicht-ausgeartete Quadriken:

$$x_1^2 + x_2^2 + x_3^2 = 1, \quad x_1^2 + x_2^2 - x_3^2 = 1, \quad x_1^2 - x_2^2 - x_3^2 = 1,$$
$$x_1^2 + x_2^2 - x_3 = 0, \quad x_1^2 - x_2^2 - x_3 = 0.$$

Ellipsoid

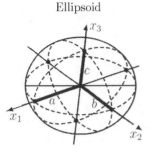

$$\frac{x_1^2}{a^2} + \frac{x_2^2}{b^2} + \frac{x_3^2}{c^2} = 1$$

Elliptisches Paraboloid

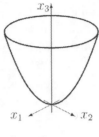

$$\frac{x_1^2}{a^2} + \frac{x_2^2}{b^2} - x_3 = 0$$

Hyperbolisches Paraboloid

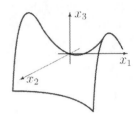

$$\frac{x_1^2}{a^2} - \frac{x_2^2}{b^2} - x_3 = 0$$

Einschaliges Hyperboloid

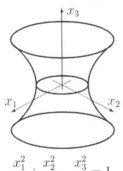

$$\frac{x_1^2}{a^2} + \frac{x_2^2}{b^2} - \frac{x_3^2}{c^2} = 1$$

Zweischaliges Hyperboloid

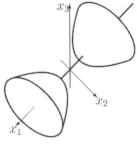

$$\frac{x_1^2}{a^2} - \frac{x_2^2}{b^2} - \frac{x_3^2}{c^2} = 1$$

Doppelkegel

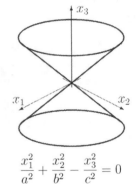

$$\frac{x_1^2}{a^2} + \frac{x_2^2}{b^2} - \frac{x_3^2}{c^2} = 0$$

Elliptischer Zylinder

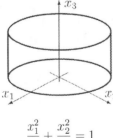

$$\frac{x_1^2}{a^2} + \frac{x_2^2}{b^2} = 1$$

Parabolischer Zylinder

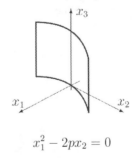

$$x_1^2 - 2px_2 = 0$$

Hyperbolischer Zylinder

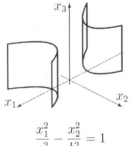

$$\frac{x_1^2}{a^2} - \frac{x_2^2}{b^2} = 1$$

Fig. 1: Quadriken und ihre Standardgleichungen

Beispiel 1: Es soll die Fläche mit der Gleichung

$$4x_1^2 + 2x_2^2 + 3x_3^2 + 4x_1x_3 - 4x_2x_3 + 12x_1 + 30x_2 + 36x_3 + 2 = 0$$

untersucht werden. Die Matrix

$$A = \begin{pmatrix} 4 & 0 & 2 \\ 0 & 2 & -2 \\ 2 & -2 & 3 \end{pmatrix}$$

hat das charakteristische Polynom

$$\det(A - xE) = -x^3 + 9x^2 - 18x$$

mit den Nullstellen $\lambda_1 = 0$, $\lambda_2 = 3$, $\lambda_3 = 6$, dies sind also die Eigenwerte von A. Normierte Eigenvektoren dazu sind

$$\vec{u}_1 = \frac{1}{3}\begin{pmatrix} -1 \\ 2 \\ 2 \end{pmatrix}, \ \vec{u}_2 = \frac{1}{3}\begin{pmatrix} 2 \\ 2 \\ -1 \end{pmatrix}, \ \vec{u}_3 = \frac{1}{3}\begin{pmatrix} 2 \\ -1 \\ 2 \end{pmatrix}.$$

Mit der Matrix $U = (\vec{u}_1 \ \vec{u}_2 \ \vec{u}_3)$ ergibt sich

$$U^T A U = \begin{pmatrix} 0 & 0 & 0 \\ 0 & 3 & 0 \\ 0 & 0 & 6 \end{pmatrix} \quad \text{und} \quad U^T \begin{pmatrix} 12 \\ 30 \\ 36 \end{pmatrix} = \begin{pmatrix} 40 \\ 16 \\ 22 \end{pmatrix}.$$

Es ergibt sich die Gleichung

$$3x_2^3 + 6x_3^2 + 40x_1 + 16x_2 + 22x_3 + 2 = 0$$

bzw.

$$3\left(x_2 + \frac{8}{3}\right)^2 + 6\left(x_3 + \frac{11}{6}\right)^2 + 40\left(x_1 - \frac{79}{80}\right) = 0.$$

Bis auf eine Verschiebung des Koordinatensystems handelt es sich also um die Fläche mit der Gleichung

$$x_2^2 + 2x_3^2 + \frac{40}{3}x_1 = 0.$$

Dies ist die Gleichung eines elliptischen Paraboloids. Die Standardgleichung aus Fig. 1 ergibt sich durch

Ersetzung von x_1 durch $-x_1$ (Spiegeln an der x_2x_3-Ebene),
Division der Gleichung durch $\frac{40}{3}$,
Vertauschung der Variablen $(x_1, x_2, x_3) \mapsto (x_3, x_1, x_2)$.

Aufgaben

1. Man bestimme a, b so, dass

$$2x_1^2 + 2ax_1x_2 + 2y_2^2 - 7x_1 + bx_2 + 3 = 0$$

ein Paar paralleler Ebenen darstellt.

2. Beweise, dass das einschalige Hyperboloid aus Fig. 1 die beiden folgenden Geradenscharen enthält:

$$g_t : \ \vec{x} = \begin{pmatrix} at \\ b\sqrt{1-t^2} \\ 0 \end{pmatrix} + r \begin{pmatrix} -a\sqrt{1-t^2} \\ bt \\ c \end{pmatrix} \quad (r \in \mathbb{R}, \ -1 \le t \le 1),$$

$$h_t : \ \vec{x} = \begin{pmatrix} at \\ -b\sqrt{1-t^2} \\ 0 \end{pmatrix} + r \begin{pmatrix} a\sqrt{1-t^2} \\ bt \\ c \end{pmatrix} \quad (r \in \mathbb{R}, \ -1 \le t \le 1).$$

3. Es sei $P(p_1, p_2, p_3)$ ein Punkt des in Fig. 1 angegebenen hyperbolischen Paraboloids (Sattelfläche). Beweise, dass die Gerade durch P mit dem Richtungsvektor $(a^2b \quad ab^2 \quad 2(bp_1 - ap_2))^T$ auf dieser Sattelfläche liegt.

4. Die Gleichung $\frac{x_1^2}{a^2} + \frac{x_2^2}{b^2} - \frac{x_3^2}{c^2} = 0$ beschreibt eine Kegelfläche (Fig. 1).

Welche Geraden liegen auf ihr?

5. Die Gerade durch die Punkte $A(0, 2, 0)$ und $B(2, 2, 3)$ rotiere um die x_1-Achse. Man zeige, dass dadurch ein einschaliges Hyperboloid entsteht.

6. Die Tangentialebene an das Ellipsoid mit der Gleichung $\frac{x_1^2}{a^2} + \frac{x_2^2}{b^2} + \frac{x_3^2}{c^2} = 1$

im Punkt $B(b_1, b_2, b_3)$ hat die Gleichung $\frac{b_1x_1}{a^2} + \frac{b_2x_2}{b^2} + \frac{b_3x_3}{c^2} = 1$.

Beweise dies mit Hilfe einer geeigneten affinen Abbildung des Raumes.

7. a) Unter welchen Bedingungen für die Parameter a, b, c handelt es sich bei den einzelnen Quadriken in Fig. 1 um einen Rotationskörper?

b) Man bestimme c so, dass der Kegel mit der Gleichung $x_1^2 - 2x_1x_2 + cx_3^2 = 0$ ein Rotationskegel (Kreiskegel) ist, und gebe die Rotationsachse an.

8. Welche Fläche wird durch $x_1^2 + x_2^2 - x_3^2 = \varepsilon$ für $\varepsilon \in \{-1, 0, 1\}$ dargestellt?

9. Man bestimme den Typ der Quadrik mit der Gleichung

a) $x_1^2 + x_2^2 + x_3^2 - 2x_1x_2 + 2x_2x_3 + 2x_1x_3 - 1 = 0$,

b) $x_1^2 + x_2^2 + x_3^2 + 2x_1x_3 + 2x_2 + 1 = 0$,

c) $3x_1^2 + 3x_2^2 + 3x_3^2 + 2x_1x_2 + 2x_1x_3 - 2x_2x_3 + 2x_1 - 2x_2 - 2x_3 + 3 = 0$,

d) $7x_1^2 + 6x_2^2 + 5x_3^2 - 4x_{12} - 4x_{23} - 6 = 0$.

10. Welche Gestalt hat die Fläche mit der Gleichung

$$x_1^2 + (2m^2 + 1)(x_2^2 + x_3^2) - 2x_1x_2 - 2x_1x_3 - 2x_2x_3 = 2m^2 - 3m + 1$$

in Abhängigkeit vom Parameter $m \in \mathbb{R}$?

11. Die Ebene mit der Gleichung $3x_1 + 3x_2 - x_3 = 7$ schneidet das hyperbolische Paraboloid mit der Gleichung $2x_1^2 - 5x_2^2 - 10x_3 = 0$ in einer Kurve zweiter Ordnung. Man beschreibe diese Kurve. (Bestimme zunächst eine Gleichung für die Projektion dieser Schnittkurve in die x_1x_2-Ebene.)

12. Man zeige, dass die Schnittkurven paralleler Ebenen mit einer Quadrik zueinander ähnlich sind. Warum genügt es, die Schnittebenen parallel zur x_1x_2-Ebene zu betrachten?

VII.3 Regelflächen

Eine von einer Geradenschar (lat. *regulus*) erzeugte Fläche heißt *Regelfläche*. Einfache Beispiele dafür sind die Zylinder und die Kegel. Aber auch die hyperbolischen Paraboloide und die einschaligen Hyperboloide sind Regelflächen, wie wir nun zeigen wollen.

Da eine Geradenschar bei einer affinen Abbildung wieder in eine Geradenschar übergeht und auch eine Fläche zweiter Ordnung wieder in eine solche vom gleichen Typ abgebildet wird, genügt es, die Flächengleichungen in ihrer affinen Standardform zu betrachten. (Dass sich der Typ einer Quadrik bei einer affine Abbildung nicht ändert, erkennt man durch Betrachtung der verschiedenen affinen Abbildungen, vgl. VI.)

Wir betrachten das hyperbolische Paraboloid (Sattelfläche) mit der Gleichung

$$x_1^2 - x_2^2 - x_3 = 0.$$

Die Gerade $\vec{a} + \langle \vec{u} \rangle$ liegt genau dann auf der Fläche, wenn

$$(a_1 + tu_1)^2 - (a_2 + tu_2)^2 - (a_3 + tu_3) = 0 \quad \text{für alle } t \in \mathbb{R},$$

wenn also

$$
\begin{aligned}
a_1^2 - a_2^2 - a_3 &= 0, \\
2a_1u_1 - 2a_2u_2 - u_3 &= 0, \\
u_1^2 - u_2^2 &= 0.
\end{aligned}
$$

(Ein Polynom ist genau dann das Nullpolynom, wenn alle Koeffizienten 0 sind!)

Es ist keine Beschränkung der Allgemeinheit, $u_1 = 1$ zu setzen. Dann ist $u_2 = \pm 1$ und $u_3 = 2a_1 \mp 2a_2$. Wählt man a_1, a_2 als Parameter und setzt $a_1 = r, a_2 = s, a_3 = r^2 - s^2$, dann ergeben sich die beiden Geradenscharen

$$\begin{pmatrix} r \\ s \\ r^2 - s^2 \end{pmatrix} + t \begin{pmatrix} 1 \\ 1 \\ 2(r - s) \end{pmatrix} \ (t \in \mathbb{R}), \quad \begin{pmatrix} r \\ s \\ r^2 - s^2 \end{pmatrix} + t \begin{pmatrix} 1 \\ -1 \\ 2(r + s) \end{pmatrix} \ (t \in \mathbb{R})$$

bzw.

$$\frac{1}{2} \begin{pmatrix} r - s \\ s - r \\ 0 \end{pmatrix} + t \begin{pmatrix} 1 \\ 1 \\ 2(r - s) \end{pmatrix} \ (t \in \mathbb{R}), \quad \frac{1}{2} \begin{pmatrix} r + s \\ r + s \\ 0 \end{pmatrix} + t \begin{pmatrix} 1 \\ -1 \\ 2(r + s) \end{pmatrix} \ (t \in \mathbb{R})$$

bzw. mit den neuen Parametern $u = r - s$ und $v = r + s$

$$\frac{u}{2} \begin{pmatrix} 1 \\ -1 \\ 0 \end{pmatrix} + t \begin{pmatrix} 1 \\ 1 \\ 2u \end{pmatrix} \ (t \in \mathbb{R}), \quad \frac{v}{2} \begin{pmatrix} 1 \\ 1 \\ 0 \end{pmatrix} + t \begin{pmatrix} 1 \\ -1 \\ 2v \end{pmatrix} \ (t \in \mathbb{R}).$$

Die Parameter u, v durchlaufen dabei die Menge $\mathbb{R}$. Man kann leicht verifizieren, dass diese Geradenscharen auf der Sattelfläche liegen; beispielsweise ist bei der ersten Schar $x_1 - x_2 = u$, $x_1 + x_2 = 2t$, $x_3 = 2ut$ und damit $(x_1 - x_2)(x_1 + x_2) = x_3$, also $x_1^2 - x_2^2 - x_3 = 0$. Vgl. Aufgabe 4.

Je zwei Geraden einer Schar sind windschief, was wir an der ersten der beiden Scharen zeigen: Die Geraden sind für $u \neq u^*$ nicht parallel. Hätten die Geraden zum Parameter u bzw. zum Parameter u^* für den Wert t bzw. den Wert t^* einen gemeinsamen Punkt, dann wäre

$$t - t^* = \frac{u^*}{2} - \frac{u}{2} \quad \text{und} \quad t - t^* = \frac{u}{2} - \frac{u^*}{2}, \quad \text{also } u = u^*.$$

Jede Gerade der einen Schar schneidet jede Gerade der anderen Schar, denn die Gleichung

$$\frac{u}{2} \begin{pmatrix} 1 \\ -1 \\ 0 \end{pmatrix} + t \begin{pmatrix} 1 \\ 1 \\ 2u \end{pmatrix} = \frac{v}{2} \begin{pmatrix} 1 \\ 1 \\ 0 \end{pmatrix} + t^* \begin{pmatrix} 1 \\ -1 \\ 2v \end{pmatrix}$$

hat die Lösung $2t = v, 2t^* = u$.

Wir betrachten nun das einschalige Hyperboloid mit einer Gleichung in affiner Standardform, also

$$x_1^2 + x_2^2 - x_3^2 = 1.$$

Die Gerade $\vec{a} + \langle \vec{u} \rangle$ liegt genau dann auf der Fläche, wenn

$$(a_1 + tu_1)^2 + (a_2 + tu_2)^2 - (a_3 + tu_3)^2 = 1 \quad \text{für alle } t \in \mathbb{R},$$

wenn also

$$a_1^2 + a_2^2 - a_3^2 = 1,$$
$$a_1 u_1 + a_2 u_2 - a_3 u_3 = 0,$$
$$u_1^2 + u_2^2 - u_3^2 = 0.$$

Jede Gerade einer Regelschar muss durch einen Punkt der $x_1 x_2$-Ebene gehen, und zwar durch einen „Gürtelpunkt" des Hyperboloids (Fig. 1). Wir setzen daher $a_3 = 0$ und

$$a_1 = \cos\alpha, \ a_2 = \sin\alpha \ (0 \le \alpha < 2\pi).$$

Eine Gerade der Regelschar kann nicht parallel zur $x_1 x_2$-Ebene sein, wir setzen daher $u_3 = 1$ und

$$u_1 = \cos\varphi, \ u_2 = \pm\sin\varphi \ (0 \le \varphi < 2\pi).$$

Fig. 1: Einschaliges Hyperboloid

Wegen $a_1 u_1 + a_2 u_2 = 0$ gilt dann $\cos\alpha\cos\varphi \pm \sin\alpha\sin\varphi = \cos(\alpha \mp \varphi) = 0$, also $\alpha \mp \varphi = \pm\frac{\pi}{2}$. Damit ergeben sich zwei Geradenscharen:

$$\begin{pmatrix} \sin\varphi \\ \cos\varphi \\ 0 \end{pmatrix} + t \begin{pmatrix} \cos\varphi \\ \sin\varphi \\ 1 \end{pmatrix} \ (t \in \mathbb{R}), \qquad \begin{pmatrix} \sin\varphi \\ \cos\varphi \\ 0 \end{pmatrix} + t \begin{pmatrix} \cos\varphi \\ -\sin\varphi \\ 1 \end{pmatrix} \ (t \in \mathbb{R})$$

Man beachte dabei $\cos(\varphi \pm \frac{\pi}{2}) = \pm\sin\varphi$ usw. Diese Geradenscharen werden erzeugt, wenn die beiden Geraden

$$\begin{pmatrix} 1 \\ 0 \\ 0 \end{pmatrix} + t \begin{pmatrix} 0 \\ \pm 1 \\ 1 \end{pmatrix} \ (t \in \mathbb{R})$$

um die x_3-Achse rotieren. Wie bei der Sattelfläche gilt: Zwei Geraden einer Schar sind windschief, zwei Geraden aus verschiedenen Scharen schneiden sich.

Aufgaben

1. Welche Geraden liegen auf dem Doppelkegel mit der Gleichung

$$x_1^2 + x_2^2 - x_3^2 = 0 ?$$

2. Es sei g_1 die Gerade durch $(\frac{1}{2}, \frac{1}{2}\sqrt{3}, 0)$ mit dem Richtungsvektor $(\sqrt{3} \ 1 \ 2)^T$ und g_1 die Gerade durch $(\frac{1}{2}\sqrt{3}, \frac{1}{2}, 0)$ mit dem Richtungsvektor $(1 \ \sqrt{3} \ 2)^T$.

Man weise nach, dass g_1 und g_2 zu verschiedenen Regelscharen des im Text behandelten einschaligen Hyperboloids gehören und berechne ihren Schnittpunkt.

3. Es seien Geraden $g : \left\langle \begin{pmatrix} 0 \\ 0 \\ 1 \end{pmatrix} \right\rangle$ und $h : \begin{pmatrix} 0 \\ 1 \\ 0 \end{pmatrix} + \left\langle \begin{pmatrix} 1 \\ 0 \\ 0 \end{pmatrix} \right\rangle$ gegeben. Diese sind offensichtlich windschief. Man zeige, dass die Verbindungsgeraden je eines Punktes von g mit dem Punkt von h mit demselben Parameterwert ein hyperbolisches Paraboloid erzeugen.

4. a) Die Gleichung $x_1^2 - x_2^2 - x_3 = 0$ bzw. $(x_1 + x_2)(x_1 - x_2) = x_3$ einer Sattelfläche wird jeweils von allen Lösungen der beiden LGS

$$
\begin{array}{rcl}
x_1 + x_2 & = & r x_3 \\
r(x_1 - x_2) & = & 1
\end{array}
\qquad
\begin{array}{rcl}
x_1 + x_2 & = & s \\
s(x_1 - x_2) & = & x_3
\end{array}
$$

erfüllt, wobei r, s Parameter sind. Man zeige, dass diese LGS die Regelscharen der Sattelfläche darstellen.

b) Man stelle auf ähnliche Art die Regelscharen des einschaligen Hyperboloids als Lösungsmengen von Gleichungssystemen dar.

VI.4 Kreisschnittebenen

In der Gleichung

$$
\frac{x_1^2}{a^2} + \frac{x_2^2}{b^2} + \frac{x_3^2}{c^2} = 1
$$

eines Ellipsoids sei $c < a < b$. Dann schneidet die Kugel um O mit dem Radius a aus dem Ellipsoid zwei Kreise mit dem Mittelpunkt O und dem Radius a aus (Fig. 1). Die Ebenen, in denen diese Kreise liegen, sind Beispiele für *Kreisschnittebenen* des Ellipsoids.

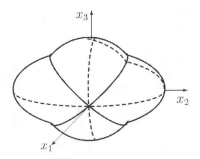

Fig. 1: Kreisschnitte des Ellipsoids

Parallele Ebenen schneiden eine Quadrik in zueinander ähnlichen Kurven zweiter Ordnung (vgl. VI.1 Aufgabe 12). Also sind die zu den beiden oben angegebenen Ebenen parallelen Ebenen ebenfalls Kreisschnittebenen des Ellipsoids. Um die Kreisschnittebenen einer Quadrik mit dem Mittelpunkt O (Ellipsoid, einschaliges Hyperboloid, zweischaliges Hyperboloid) zu finden, schneidet man also die Quadrik mit einer Kugel um O mit geeignet zu wählendem Radius r:

$$
\text{Quadrik:} \quad A x_1^2 + B x_2^2 + C x_3^2 - 1 = 0
$$

$$\text{Kugel:} \quad x_1^2 + x_2^2 + x_3^2 - r^2 = 0$$

Man betrachtet nun die Gleichung

$$(Ax_1^2 + Bx_2^2 + Cx_3^2 - 1) - \mu(x_1^2 + x_2^2 + x_3^2 - r^2) = 0,$$

welche zunächst wieder eine Quadrik beschreibt. Durch geeignete Wahl von r und μ soll diese in zwei Ebenen (durch O) zerfallen. Es muss also $\mu \in \{A, B, C\}$ und $\mu r^2 = 1$ gelten. Wir nehmen $A < B < C$ an. Mit $\mu = A$ oder $\mu = C$ und $\mu r^2 = 1$ ergeben sich die Gleichungen

$$(B - A)x_2^2 + (C - A)x_3^2 = 0 \quad \text{bzw} \quad (C - A)x_1^2 + (C - B)x_2^2 = 0,$$

welche nur den Punkt O darstellen. Man muss also $\mu = B$ wählen und erhält die Gleichung

$$(B - A)x_1^2 - (C - B)x_2^2 = 0,$$

welche ein Ebenenpaar darstellt:

$$x_1 \pm sx_3 = 0 \quad \text{mit} \quad s = \sqrt{\frac{C - B}{B - A}}$$

Bei den Paraboloiden, die ja keinen Mittelpunkt besitzen, geht man ähnlich vor: Man schneidet das Paraboloid mit der Gleichung $Ax_1^2 + Bx_2^2 - 2x_3 = 0$ mit einer Kugel durch O, deren Mittelpunkt auf der x_3-Achse liegt, welche also die Gleichung $x_1^2 + x_2^2 + x_3^2 - 2rx_3 = 0$ hat. Man untersucht, wann die Quadrik mit der Gleichung

$$(Ax_1^2 + Bx_2^2 - 2x_3) - \mu(x_1^2 + x_2^2 + x_3^2 - 2rx_3) = 0$$

in ein Ebenenpaar zerfällt. Dazu muss $\mu \in \{A, B\}$ und $\mu r = 1$ gelten. Für das elliptische Paraboloid mit $0 < A < B$ erhält man mit $\mu = A$ das Ebenenpaar mit der Gleichung

$$(B - A)x_2^2 - Ax_3^2 = 0.$$

Für das hyperbolische Paraboloid mit $A < 0 < B$ gibt es keine Kreisschnittebenen, weil für $\mu \in \{A, B\}$ und $\mu r = 1$ nur ein Punkt dargestellt wird.

Aufgaben

1. Man bestimme die Kreisschnittebenen der Quadrik mit der Gleichung

$$2x_1^2 + 5x_2^2 - 4x_3 = 0.$$

2. Man bestimme in Fig. 1 die Kreisschnittebenen durch O durch Berechnung der Schnittpunkte von Ellipsoid und Kugel in der x_2x_3-Ebene.

3. Die parallelen Ebenen mit den Gleichungen $x_2 - 2x_3 = c$ schneiden den Kegel mit der Gleichung $x_1^2 + x_2^2 - x_3^2 = 0$ in zueinander ähnlichen Ellipsen. Man bestimme das Achsenverhältnis dieser Ellipsen.

VII Projektive Geometrie

VII.1 Homogene Koordinaten

Viele Begriffe, Sätze und Beweise der analytischen Geometrie erlauben elegantere Formulierungen, wenn man statt der bekannten affinen Koordinaten die in folgender Definition beschriebenen „homogenen" Koordinaten benutzt. Im Gegensatz zur üblichen („affinen") Geometrie haben dann je zwei Geraden in der Ebene und je zwei Ebenen im Raum auch dann einen Schnittpunkt bzw. eine Schnittgerade, wenn sie als affine Gebilde parallel sind. Die Einführung homogener Koordinaten wird dadurch motiviert, dass in den Grundlagen der Geometrie Punkte und Geraden eine auffallende „duale" Rolle spielen: Zwei verschiedene Punkte inzidieren mit genau einer Geraden, und zwei verschiedene Geraden inzidieren mit genau einem Punkt (falls sie nicht parallel sind). Eine Gerade wird bezüglich eines affinen Koordinatensystems durch eine Gleichung der Form $a_0 + a_1 x_1 + a_2 x_2 = 0$ beschrieben, also durch ein Tripel $(a_0, a_1, a_2) \neq (0, 0, 0)$, wobei ein Vielfaches dieses Tripels die gleiche Gerade beschreibt. Möchten wir nun Punkte in der Ebene ebenfalls durch Zahlentripel beschreiben, so orientieren wir uns an der Beschreibung von Geraden und kommen so auf die Idee der Einführung homogener Koordinaten.

Definition: Ist in der Ebene bzw. im Raum ein affines Koordinatensystem gegeben, dann ordnet man dem Tripel $(x_0, x_1, x_2) \in \mathbb{R}^3$ bzw. dem Quadrupel $(x_0, x_1, x_2, x_3) \in \mathbb{R}^4$ den Punkt $\left(\frac{x_1}{x_0}, \frac{x_2}{x_0} \right)$ bzw. den Punkt $\left(\frac{x_1}{x_0}, \frac{x_2}{x_0}, \frac{x_3}{x_0} \right)$ im affinen Koordinatensystem zu, wobei $x_0 \neq 0$ sein muss. Wir erweitern die affine Ebene bzw. den affinen Raum um die Punkte mit $x_0 = 0$, nennen diese Punkte *uneigentlich* oder *unendlich fern* und sprechen dann von der *projektiven Ebene* bzw. vom *projektiven Raum*. Dem Tripel $(0, 0, 0)$ bzw. dem Quadrupel $(0, 0, 0, 0)$ ist jedoch kein Punkt zugeordnet. Die Tripel (x_0, x_1, x_2) bzw. Quadrupel (x_0, x_1, x_2, x_3) heißen *homogene* oder *projektive* Koordinaten, besser „Koordinatentripel" bzw. „Koordinatenquadrupel" des betreffenden Punktes.

Es ist zweckmäßig, diese Tripel bzw. Quadrupel aus $\mathbb{R}^3$ bzw. $\mathbb{R}^4$ als Vektoren aufzufassen, obwohl sie keinen Vektorraum bilden, da der Nullvektor nicht dazu gehört. Man beachte, dass das Tripel bzw. Quadrupel $\vec{x}$ denselben Punkt beschreibt wie das Tripel bzw. Quadrupel $r\vec{x}$ mir $r \in \mathbb{R}$, $r \neq 0$.

Auch eine Gerade mit einem affinen Koordinatensystem (Skala) lässt sich zu einer *projektiven* Geraden machen, indem man ihre Punkte durch Paare (x_0, x_1) mit $x_0 \neq 0$ kennzeichnet, diesen Paaren die Skalenpunkte $\frac{x_1}{x_0}$ zuordnet und schließlich $(0, 1)$ als einen uneigentlichen Punkt hinzunimmt. Im Folgenden wird die projektive Gerade selten vorkommen, da sie äußerst langweilig ist: Auf ihr lassen sich nur Punkte (keine Geraden usw.) betrachten. Trotzdem ist der Begriff der projektiven Abbildung auf einer projektiven Geraden von Interesse (vgl. VII.2).

Zwei Tripel bzw. Quadrupel definieren den gleichen Punkt der projektiven Ebene bzw. des projektiven Raums, wenn sie sich nur um einen gemeinsamen Faktor unterscheiden, wie wir schon oben festgehalten haben. Für $\vec{x} \in \mathbb{R}^3$ bzw. $\vec{x} \in \mathbb{R}^4$ mit $\vec{x} \neq \vec{o}$ bezeichnen wir mit $[\vec{x}]$ den Punkt der projektiven Ebene bzw. des projektiven Raums mit dem homogenen Koordinatenvektor $\vec{x}$. (Im Folgenden werden die Koordinaten von $\vec{x}$ für jeden Buchstaben x immer mit x_0, x_1, x_2 bzw. mit x_0, x_1, x_2, x_3 bezeichnet.) Es gilt

$$[\vec{x}] = [\vec{y}] \quad \text{genau dann, wenn} \quad \vec{x} = r\vec{y} \text{ mit } r \in \mathbb{R}, r \neq 0.$$

Die Gleichung einer Geraden in der affinen Ebene bzw. einer Ebene im affinen Raum hat die Form $a_0 + a_1 x_1 + a_2 x_2 = 0$ bzw. $a_0 + a_1 x_1 + a_2 x_2 + a_3 x_3 = 0$, wobei $(a_1, a_2) \neq (0,0)$ bzw. $(a_1, a_2, a_3) \neq (0,0,0)$ ist. Ersetzt man x_1, x_2 bzw. x_1, x_2, x_3 durch $\frac{x_1}{x_0}, \frac{x_2}{x_0}$ bzw. $\frac{x_1}{x_0}, \frac{x_2}{x_0}, \frac{x_3}{x_0}$, so lautet die Gleichung in homogenen Koordinaten

$$a_0 x_0 + a_1 x_1 + a_2 x_2 = 0 \quad \text{bzw.} \quad a_0 x_0 + a_1 x_1 + a_2 x_2 + a_3 x_3 = 0.$$

Ist jetzt $(a_1, a_2) = (0,0)$ bzw. $(a_1, a_2, a_3) = (0,0,0)$ und $a_0 \neq 0$, dann definiert diese Gleichung die *uneigentliche* oder *unendlich ferne* Gerade bzw. Ebene mit der Gleichung $x_0 = 0$. Auf der projektiven Geraden ist $a_0 x_0 + a_1 x_1 = 0$ natürlich nur die Gleichung eines einzigen Punktes.

Für $\vec{a} \in \mathbb{R}^3$ bzw. $\vec{a} \in \mathbb{R}^4$ mit $\vec{a} \neq \vec{o}$ sei $\langle \vec{a} \rangle$ die Gerade der projektiven Ebene bzw. die Ebene des projektiven Raums mit dem Koeffizientenvektor $\vec{a}$. Es gilt

$$\langle \vec{a} \rangle = \langle \vec{b} \rangle \quad \text{genau dann, wenn} \quad \vec{a} = r\vec{b} \text{ mit } r \in \mathbb{R}, r \neq 0.$$

Spitze Klammern $\langle \ \rangle$ haben wir früher zur Bezeichnung des Erzeugnisses einer Vektormenge benutzt, $\langle \vec{a} \rangle$ war also die Menge aller Vielfachen des Vektors $\vec{a}$. Jetzt hat dieses Symbol eine etwas andere Bedeutung, da jetzt der Nullvektor nicht zu $\langle \vec{a} \rangle$ gehört.

Genau dann liegt der Punkt $[\vec{u}]$ auf der Geraden bzw. der Ebene $\langle \vec{v} \rangle$, wenn

$$\vec{u}^T \vec{v} = 0.$$

Wegen $\vec{u}^T \vec{v} = \vec{v}^T \vec{u}$ ist dies genau dann der Fall, wenn der Punkt $[\vec{v}]$ auf der Geraden bzw. der Ebene $\langle \vec{u} \rangle$ liegt. Gilt

$$\vec{a}^T \vec{u} = 0 \quad \text{und} \quad \vec{b}^T \vec{u} = 0$$

und ist $\vec{a}$ kein Vielfaches von $\vec{b}$, dann bedeutet dies in der projektiven Ebene:

$[\vec{u}]$ ist der Schnittpunkt der Geraden $\langle \vec{a} \rangle$ und $\langle \vec{b} \rangle$,

$\langle \vec{u} \rangle$ ist die Verbindungsgerade der Punkte $[\vec{a}]$ und $[\vec{b}]$.

Gilt $\vec{a}^T \vec{u} = 0$, $\vec{b}^T \vec{u} = 0$, $\vec{c}^T \vec{u} = 0$ und ist $\{\vec{a}, \vec{b}, \vec{c}\}$ linear unabhängig, dann bedeutet dies im projektiven Raum:

$[\vec{u}]$ ist der Schnittpunkt der Ebenen $\langle \vec{a} \rangle$, $\langle \vec{b} \rangle$, $\langle \vec{c} \rangle$,

$\langle \vec{u} \rangle$ ist die Ebene durch die Punkte $[\vec{a}]$, $[\vec{b}]$, $[\vec{c}]$.

In der projektiven Ebene besitzen (im Gegensatz zur affinen Ebene) je zwei verschiedene Geraden einen Schnittpunkt, denn ist $\{\vec{a}, \vec{b}\}$ linear unabhängig, dann besitzt das homogene LGS $\left\{ \begin{array}{l} a_0 x_0 + a_1 x_1 + a_2 x_2 = 0 \\ b_0 x_0 + b_1 x_1 + b_2 x_2 = 0 \end{array} \right\}$ einen eindimensionalen Lösungsraum. Für die Lösungen gilt genau dann $x_0 = 0$, wenn auch $\left\{ \begin{array}{l} a_1 x_1 + a_2 x_2 = 0 \\ b_1 x_1 + b_2 x_2 = 0 \end{array} \right\}$ einen eindimensionalen Lösungsraum besitzt, wenn also die Geraden parallel sind. Diese und alle anderen dazu parallelen Geraden gehen durch den uneigentlichen Punkt mit den Koordinaten $0, a_2, -a_1$. Ein uneigentlicher Punkt kann also durch einen Parallelenschar beschrieben werden (Fig. 1). Die uneigentlichen Punkte zweier nicht paralleler Geraden sind verschieden.

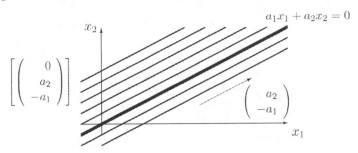

Fig. 1: Parallelenschar und ihr uneigentlicher Punkt

Im projektiven Raum müssen zwei Geraden nicht stets einen Schnittpunkt haben. Zwei Ebenen schneiden sich aber stets in einer Geraden, wobei die Schnittgerade von parallelen Ebenen eine uneigentliche Gerade ist.

In der projektiven Ebene bedeutet (falls $\{\vec{a}, \vec{b}\}$ linear unabhängig ist)

$$\{[r\vec{a} + s\vec{b}] \mid r, s \in \mathbb{R}, (r, s) \neq (0, 0)\}$$

die Menge aller Punkte der Geraden durch $[\vec{a}]$ und $[\vec{b}]$, und

$$\{\langle r\vec{a} + s\vec{b}\rangle \mid r, s \in \mathbb{R}, (r, s) \neq (0, 0)\}$$

die Menge aller Geraden durch den Schnittpunkt von $\langle \vec{a}\rangle$ und $\langle \vec{b}\rangle$. Eine Gerade wird dabei als „Punktreihe" und ein Punkt als „Geradenbüschel" verstanden (Fig. 2).

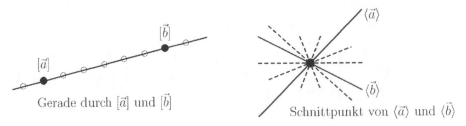

Fig. 2: Gerade als Punktreihe und Punkt als Geradenbüschel

Im projektiven Raum bedeutet (falls $\{\vec{a}, \vec{b}, \vec{c}\}$ linear unabhängig ist)

$$\{[r\vec{a} + s\vec{b} + t\vec{c}] \mid r, s, t \in \mathbb{R}, (r, s, t) \neq (0, 0, 0)\}$$

die Menge aller Punkte der Ebene durch $[\vec{a}], [\vec{b}], [\vec{c}]$, und

$$\{\langle r\vec{a} + s\vec{b} + t\vec{c}\rangle \mid r, s, t \in \mathbb{R}, (r, s, t) \neq (0, 0, 0)\}$$

die Menge aller Ebenen durch den Schnittpunkt von $\langle\vec{a}\rangle, \langle\vec{b}\rangle, \langle\vec{c}\rangle$ (Punkt als „Ebenenbüschel"). Ferner bedeutet wieder

$$\{[r\vec{a} + s\vec{b}] \mid r, s \in \mathbb{R}, (r, s) \neq (0, 0)\}$$

die Gerade durch $[\vec{a}]$ und $[\vec{b}]$ und

$$\{\langle r\vec{a} + s\vec{b}\rangle \mid r, s \in \mathbb{R}, (r, s) \neq (0, 0)\}$$

die Menge aller Ebenen durch die Schnittgerade von $\langle\vec{a}\rangle$ und $\langle\vec{b}\rangle$ (Gerade als „Ebenenbündel").

Diese Überlegungen zeigen, dass in der projektiven Ebene bzw. im projektiven Raum das folgende *Dualitätsprinzip* gilt:

Ein Satz (eine wahre Aussage) über Inzidenzen von Punkten und Geraden in der Ebene geht wieder in einen Satz über, wenn man

Punkt liegt auf Gerade		Gerade geht durch Punkt
Gerade geht durch Punkt		Punkt liegt auf Gerade
Geraden schneiden	ersetzt durch	Punkte verbinden
Punkte verbinden		Geraden schneiden

Ein Satz (eine wahre Aussage) über Inzidenzen von Punkten und Geraden im projektiven Raum geht wieder in einen Satz über, wenn man

Punkt liegt auf Ebene		Ebene geht durch Punkt
Ebene geht durch Punkt		Punkt liegt auf Ebene
Punkt liegt auf Gerade		Ebene geht durch Gerade
Ebene geht durch Gerade		Punkt liegt auf Gerade
Gerade geht durch Punkt	ersetzt durch	Gerade liegt auf Ebene
Gerade liegt auf Ebene		Gerade geht durch Punkt
Ebenen schneiden		Punkte verbinden
Punkte verbinden		Ebenen schneiden

Geraden oder Ebenen mit genau einem gemeinsamen Punkt nennt man *kopunktal*; Punkte, die auf einer gemeinsamen Geraden liegen, nennt man *kollinear*; Punkte, die in einer gemeinsamen Ebene liegen, heißen *komplanar*.

In der projektiven Ebene gilt: Genau dann sind die Punkte $[\vec{a}], [\vec{b}], [\vec{c}]$ kollinear, wenn die Geraden $\langle \vec{a} \rangle, \langle \vec{b} \rangle, \langle \vec{c} \rangle$ kopunktal sind, und dies ist genau dann der Fall, wenn $\{\vec{a}, \vec{b}, \vec{c}\}$ linear abhängig ist, also wenn $\det(\vec{a}, \vec{b}, \vec{c}) = 0$. Eine Gleichung für die Gerade durch die Punkte $[\vec{a}], [\vec{b}]$ ist also $\det(\vec{a}, \vec{b}, \vec{x}) = 0$. Analoges gilt im projektiven Raum: Eine Gleichung für die Ebene durch die Punkte $[\vec{a}], [\vec{b}], [\vec{c}]$ ist also $\det(\vec{a}, \vec{b}, \vec{c}, \vec{x}) = 0$.

Die Tangente an den Kreis mit der (projektiven) Gleichung $x_1^2 + x_2^2 = r^2 x_0^2$ im Kreispunkt $[\vec{b}]$ hat die Gleichung $b_1 x_1 + b_2 x_2 = r^2 b_0 x_0$, also $(-r^2 b_0 \quad b_1 \quad b_2)\vec{x} = 0$. Ist also die Gerade $\langle \vec{y} \rangle$ eine Tangente an den Kreis, dann ist

$$\langle \vec{y} \rangle = \left\langle \begin{pmatrix} -r^2 b_0 \\ b_1 \\ b_2 \end{pmatrix} \right\rangle, \quad \text{wegen } b_1^2 + b_2^2 = r^2 b_0^2 \text{ also } y_1^2 + y_2^2 = \frac{y_0^2}{r^2}.$$

Man kann daher den Kreis um O mit dem Radius r (und analog jede andere Kurve) einerseits als die Menge aller Punkte $[\vec{x}]$ betrachten, welche der Gleichung $x_1^2 + x_2^2 = r^2 x_0^2$ genügen, andererseits als die Menge aller Geraden $\langle \vec{y} \rangle$, welche der Gleichung $y_1^2 + y_2^2 = \frac{y_0^2}{r^2}$ genügen (Fig. 3).

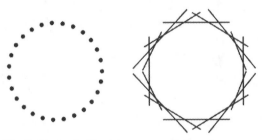

Fig. 3: Kreis als Punktmenge und Geradenmenge

Aufgaben

1. Es sei $\vec{a} = \begin{pmatrix} 1 \\ 0 \\ 0 \end{pmatrix}$ und $\vec{b} = \begin{pmatrix} 0 \\ 1 \\ 0 \end{pmatrix}$. Man bestimme den Schnittpunkt von $\langle \vec{a} \rangle$ und $\langle \vec{b} \rangle$ sowie die Verbindungsgerade von $[\vec{a}]$ und $[\vec{b}]$.

2. Man zeige, dass folgende Determinantengleichung eine Gerade in der affinen Ebene beschreibt:
$$\begin{vmatrix} 1 & a_1 & a_2 \\ 1 & b_1 & b_2 \\ 1 & x_1 & x_2 \end{vmatrix} = 0$$

3. a) Welche Koordinaten hat der uneigentliche Punkt der Geraden mit der Gleichung $3x_0 + x_1 - 4x_2 = 0$ in der projektiven Ebene?

b) Bestimme die uneigentliche Gerade im projektiven Raum, welche zu der Ebene mit der Gleichung $2x_0 - x_1 - x_2 + 5x_3 = 0$ gehört.

c) Welche Koordinaten hat der uneigentliche Punkt, der zu den beiden Ebenen mit den Gleichungen $x_0 + x_1 + x_2 + 2x_3 = 0$ und $3x_0 - 5x_2 + x_3 = 0$ gehört?

4. Wir betrachten folgende bijektive Abbildung der Punkte auf die Geraden der projektiven Ebene: $P = \left[\begin{pmatrix} p_0 \\ p_1 \\ p_2 \end{pmatrix} \right]$ werde auf $p = \left[\begin{pmatrix} -r^2 p_0 \\ p_1 \\ p_2 \end{pmatrix} \right]$ abgebildet, wobei $r \neq 0$ (Pol-Polare-Beziehung). Mit großen lateinischen Buchstaben bezeichnen wir Punkte, mit den entsprechenden kleinen Buchstaben die ihnen zugeordneten Geraden. Man zeige:

a) Liegt Q auf p, dann liegt P auf q.

b) Liegt B auf dem Kreis um O mit dem Radius r, dann ist b die Tangente an den Kreis mit dem Berührpunkt B.

c) Sind A, B zwei Punkte auf dem Kreis um O mit dem Radius r und ist P der Schnittpunkt von a und b, dann ist die Polare p zu P die Verbindungsgerade von A und B (Fig. 4).

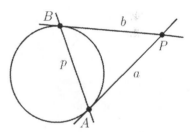

Fig. 4: Pol-Polare-Beziehung

5. Die folgenden Vektoren $\vec{a}, \vec{b}, \vec{c}, \vec{d}$ sind linear unabhängig:

$$\begin{pmatrix} 1 \\ 1 \\ 1 \\ 0 \end{pmatrix}, \begin{pmatrix} 1 \\ 1 \\ 0 \\ 1 \end{pmatrix}, \begin{pmatrix} 1 \\ 0 \\ 1 \\ 1 \end{pmatrix}, \begin{pmatrix} 1 \\ 1 \\ 2 \\ 3 \end{pmatrix}.$$

Man betrachte für jedes Paar $(r, s) \in \mathbb{R}^2$ mit $(r, s) \neq (0, 0)$ die Gerade

$$\langle u(r\vec{a} + s\vec{b}) + v(r\vec{c} + s\vec{d}) \rangle$$

und zeige, dass je zwei dieser Geraden windschief sind. Man zeige dann, dass diese Geraden ein hyperbolisches Paraboloid (Sattelfläche) erzeugen (Fig. 5). Vgl. hierzu VI.3.

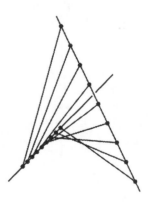

Fig. 5: Sattelfläche

VII.2 Projektive Abbildungen

Definition 1: Es sei A eine invertierbare Matrix aus $\mathbb{R}^{2,2}$, $\mathbb{R}^{3,3}$ bzw. aus $\mathbb{R}^{4,4}$, es sei also $\det A \neq 0$. Dann nennt man die Abbildung $[\vec{x}] \mapsto [A\vec{x}]$ eine *projektive Abbildung* der projektiven Geraden, der projektiven Ebene bzw. des projektiven Raums auf sich. Zwei Matrizen bestimmen also die gleiche projektive Abbildung, wenn sie sich nur um einen reellen Faktor unterscheiden.

Beispiel 1: Die projektive Abbildung der projektiven Geraden auf sich mit der Matrix $\begin{pmatrix} 1 & 2 \\ 3 & -1 \end{pmatrix}$ bildet das Intervall $[0,1]$ auf das Intervall $\left[\frac{2}{3}, 3\right]$ ab, und zwar unter Umkehrung der Anordnung (Fig. 1). Denn

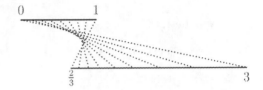

Fig. 1: Projektives Bild einer Strecke

$$\begin{pmatrix} 1 & 2 \\ 3 & -1 \end{pmatrix} \left(r \begin{pmatrix} 1 \\ 0 \end{pmatrix} + s \begin{pmatrix} 1 \\ 1 \end{pmatrix} \right) = r \begin{pmatrix} 1 \\ 3 \end{pmatrix} + s \begin{pmatrix} 3 \\ 2 \end{pmatrix} \quad \text{für } r, s \in \mathbb{R}.$$

Die Bruchzahl $\frac{u}{v}$ aus dem Intervall $[0,1]$ wird auf die Bruchzahl $\frac{-u+3v}{2u+v}$ abgebildet, welche zwischen 3 (für $u = 0$) und $\frac{2}{3}$ (für $u = v$) liegt.

Beispiel 2: Fig. 2 zeigt, auf welches Viereck $A'B'C'D'$ das Quadrat $ABCD$ bei der projektiven Abbildung mit der Matrix

$$\begin{pmatrix} 2 & -1 & -1 \\ 0 & 3 & 1 \\ 1 & 2 & 1 \end{pmatrix}$$

abgebildet wird. Dabei ist C' der uneigentliche Punkt auf der Geraden mit der Gleichung

$$x_0 + x_1 - x_2 = 0.$$

Denn

Fig. 2: Projektives Bild eines Quadrats

$$\begin{pmatrix} 2 & -1 & -1 \\ 0 & 3 & 1 \\ 1 & 2 & 1 \end{pmatrix} \begin{pmatrix} 1 & 1 & 1 & 1 \\ -1 & 1 & 1 & -1 \\ -1 & -1 & 1 & 1 \end{pmatrix} = \begin{pmatrix} 4 & 2 & 0 & 2 \\ -4 & 2 & 4 & -2 \\ -2 & 2 & 4 & 0 \end{pmatrix},$$

die Bildpunkte A', B', C', D' sind also der Reihe nach

$$\left[\begin{pmatrix} 1 \\ -1 \\ -\frac{1}{2} \end{pmatrix}\right], \left[\begin{pmatrix} 1 \\ 1 \\ 1 \end{pmatrix}\right], \left[\begin{pmatrix} 0 \\ 1 \\ 1 \end{pmatrix}\right], \left[\begin{pmatrix} 1 \\ -1 \\ 0 \end{pmatrix}\right].$$

In der affinen Ebene bzw. im affinen Raum ist die affine Abbildung, die ein gegebenes Dreieck bzw. Vierflach (allgemeines Tetraeder) auf ein ebenfalls gegebenes Dreieck bzw. Vierflach abbildet, eindeutig bestimmt. Dies gilt für eine projektive Abbildung der projektiven Ebene oder des projektiven Raums aber nicht. Dies gilt auch nicht für eine projektive Abbildung der projektiven Geraden, wie folgendes Beispiel zeigt.

Beispiel 3: Bei einer projektiven Abbildung der projektiven Geraden werde $\left[\begin{pmatrix} 1 \\ 0 \end{pmatrix}\right]$ auf $\left[\begin{pmatrix} 1 \\ 2 \end{pmatrix}\right]$ und $\left[\begin{pmatrix} 1 \\ 1 \end{pmatrix}\right]$ auf $\left[\begin{pmatrix} 1 \\ 4 \end{pmatrix}\right]$ abgebildet. Mit $A = \begin{pmatrix} a_{00} & a_{01} \\ a_{10} & a_{11} \end{pmatrix}$ gilt

$$A\begin{pmatrix} 1 \\ 0 \end{pmatrix} = r\begin{pmatrix} 1 \\ 2 \end{pmatrix} \quad \text{und} \quad A\begin{pmatrix} 1 \\ 1 \end{pmatrix} = s\begin{pmatrix} 1 \\ 4 \end{pmatrix}, \quad \text{also} \quad \begin{cases} a_{00} = r, & a_{01} = s - r, \\ a_{10} = 2r, & a_{11} = 4s - 2r \end{cases}$$

mit $r, s \neq 0$. Durch geeignete Wahl von r, s findet man zwei Matrizen A, von denen die eine kein Vielfaches der anderen ist, die also zu verschiedenen projektiven Abbidungen gehören:

$$\text{Für } r = 1, \ s = 1 \text{ erhält man } A = \begin{pmatrix} 1 & 0 \\ 2 & 2 \end{pmatrix},$$

$$\text{für } r = 1, \ s = 2 \text{ erhält man } A = \begin{pmatrix} 1 & 1 \\ 2 & 7 \end{pmatrix}.$$

Kennt man aber einen weiteren Punkt und seinen Bildpunkt, etwa $A\begin{pmatrix} 0 \\ 1 \end{pmatrix} = t\begin{pmatrix} 1 \\ 3 \end{pmatrix}$, dann ist A bis auf einen Faktor aus $\mathbb{R}$ eindeutig bestimmt:

$$\begin{pmatrix} r & s - r \\ 2r & 4s - 2r \end{pmatrix}\begin{pmatrix} 0 \\ 1 \end{pmatrix} = \begin{pmatrix} r - s \\ 4r - 2s \end{pmatrix} = t\begin{pmatrix} 1 \\ 3 \end{pmatrix} \quad \text{liefert} \quad r = \frac{t}{2}, \ s = -\frac{t}{2}$$

und damit

$$A = \frac{t}{2}\begin{pmatrix} 1 & -2 \\ 2 & -6 \end{pmatrix}.$$

Der folgende Satz 1 wird *Hauptsatz der projektiven Geometrie* genannt. Er garantiert z. B., dass es genau eine projektive Abbildung der projektiven Ebene gibt, welche vier gegebene Punkte $[\vec{a}], [\vec{b}], [\vec{c}], [\vec{d}]$, von denen je drei nicht kollinear sind, auf vier gegebene Punkte $[\vec{a}'], [\vec{b}'], [\vec{c}'], [\vec{d}']$ abbildet, von denen ebenfalls je drei nicht kollinear sind. Dual dazu gilt natürlich, dass es genau eine projektive Abbildung der projektiven Ebene gibt, welche vier gegebene Geraden $\langle \vec{a} \rangle, \langle \vec{b} \rangle, \langle \vec{c} \rangle, \langle \vec{d} \rangle$, von denen je drei nicht kopunktal sind, auf vier gegebene Geraden $\langle \vec{a}' \rangle, \langle \vec{b}' \rangle, \langle \vec{c}' \rangle, \langle \vec{d}' \rangle$ abbildet, von denen ebenfalls je drei nicht kopunktal sind.

Der Hauptsatz der projektiven Geometrie ist eine allgemeine Aussage über lineare Abbildungen in $\mathbb{R}^n$ und gewinnt erst durch Interpretation der Vektoren als

Repräsentanten von Punkten, Geraden oder Ebenen in der projektiven Ebene oder im projektiven Raum eine geometrische Bedeutung.

Satz 1 (*Hauptsatz der projektiven Geometrie*): Sind je n der $n + 1$ Vektoren $\vec{x}_1, \vec{x}_2, \ldots, \vec{x}_{n+1} \in \mathbb{R}^n$ linear unabhängig und sind auch je n der $n + 1$ Vektoren $\vec{y}_1, \vec{y}_2, \ldots, \vec{y}_{n+1} \in \mathbb{R}^{n+1}$ linear unabhängig, dann ist eine Matrix A mit $[A\vec{x}_i] = [\vec{y}_i]$ $(i = 1, 2, \ldots, n + 1)$ bis auf einen konstanten Faktor eindeutig bestimmt. Dabei bedeutet allgemein $[\vec{x}]$ die Menge der von $\vec{o}$ verschiedenen Vielfachen von $\vec{x}$.

Beweis: Es gibt eindeutig bestimmte Zahlen $r_i, s_i \neq 0$, so dass

$$\vec{x}_{n+1} = r_1\vec{x}_1 + r_2\vec{x}_2 + \ldots + r_n\vec{x}_n \quad \text{und} \quad \vec{y}_{n+1} = s_1\vec{y}_1 + s_2\vec{y}_2 + \ldots + s_n\vec{y}_n.$$

Definiert man λ_i durch $r_i\lambda_i = s_i\lambda_{n+1}$ für $i = 1, 2, \ldots, n$ mit noch unbestimmtem λ_{n+1}, dann ist

$$\lambda_{n+1}\vec{y}_{n+1} = r_1\lambda_1\vec{y}_1 + r_2\lambda_2\vec{y}_2 + \ldots + r_n\lambda_n\vec{x}_n.$$

Mit der Matrix

$$A = (\lambda_1\vec{y}_1 \; \lambda_2\vec{y}_2 \; \ldots \; \lambda_n\vec{y}_n)(\vec{x}_1 \; \vec{x}_2 \; \ldots \; \vec{x}_n)^{-1}$$

(und nur mit dieser!) gilt $A\vec{x}_i = \lambda_i\vec{y}_i$ $(i = 1, 2, \ldots, n)$. Ferner ist

$$\lambda_{n+1}\vec{y}_{n+1} = r_1A\vec{x}_1 + r_2A\vec{x}_2 + \ldots + r_nA\vec{x}_n$$
$$= A(r_1\vec{x}_1 + r_2\vec{x}_2 + \ldots + r_n\vec{x}_n) = A\vec{x}_{n+1}.$$

Die Matrix A ist also bis auf den Faktor λ_{n+1} eindeutig bestimmt. $\qquad\square$

Satz 2: Ist $[\vec{x}] \mapsto [A\vec{x}]$ eine projektive Abbildung, dann ist

$$\langle\vec{x}\rangle \mapsto \langle(A^{-1})^T\vec{x}\rangle.$$

Wird also der Punkt $[\vec{x}]$ auf den Punkt $[A\vec{x}]$ abgebildet, dann wird die Gerade bzw. die Ebene $\langle\vec{x}\rangle$ auf die Gerade bzw. die Ebene $\langle(A^{-1})^T\vec{x}\rangle$ abgebildet.

Beweis: Ist $\vec{x}^T\vec{y} = 0$, dann ist $\vec{x}^T\vec{y} = \vec{x}^T(A^{-1}A)\vec{y} = ((A^{-1})^T\vec{x})^TA\vec{y} = 0$. Liegt also $[\vec{y}]$ auf $\langle\vec{x}\rangle$, dann liegt der Bildpunkt $[A\vec{y}]$ auf der Geraden $\langle(A^{-1})^T\vec{x}\rangle$, welche somit die Bildgerade ist. $\qquad\square$

Das nächste Beispiel soll erklären, woher die „projektiven Abbildungen" ihren Namen haben.

Beispiel 4: Zwei sich in einer Geraden a schneidende Ebenen werden als zwei Exemplare E_1, E_2 der projektiven Ebene aufgefasst. Eine Zentralprojektion mit dem Zentrum Z (außerhalb von E_1 und E_2) definiert dann eine projektive Abbildung der projektiven Ebene. Die Gerade g aus dem Exemplar E_1, durch welche die Projektionsstrahlen parallel zu E_2 verlaufen, heißt *Verschwindungsgerade*; sie wird auf die uneigentliche Gerade abgebildet. Die Gerade h aus dem Exemplar E_2, durch welche die Projektionsstrahlen parallel zu E_1 verlaufen, heißt *Fluchtgerade*; sie ist das Bild der uneigentlichen Geraden.

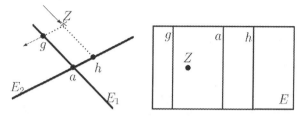

Fig. 3: Zentralprojektion

Bringt man die Exemplare E_1 und E_2 durch Drehen um a zur Deckung, dann liegt eine projektive Abbildung in der projektiven Ebene vor (Fig. 3). Eine solche Abbildung mit

$$Z = [(1\ 0\ 0)^T],\ a = \langle (1\ -1\ -1)^T \rangle \text{ und } h = \langle (1\ 1\ 1)^T \rangle$$

wird durch die Matrix $A = \begin{pmatrix} 1 & 1 & 1 \\ 0 & 2 & 0 \\ 0 & 0 & 2 \end{pmatrix}$ beschrieben (Aufgabe 1).

Genau dann ist eine projektive Abbildung eine *affine* Abbildung, wenn uneigentliche Punkte wieder auf uneigentliche Punkte abgebildet werden, wenn also z.B. im Fall der Ebene

$$A = \begin{pmatrix} a_{00} & 0 & 0 \\ a_{10} & a_{11} & a_{12} \\ a_{20} & a_{21} & a_{22} \end{pmatrix} \text{ mit } a_{00} \neq 0 \text{ und } \begin{vmatrix} a_{11} & a_{12} \\ a_{21} & a_{22} \end{vmatrix} \neq 0.$$

Beispiel 5: Die projektive Abbildung der projektiven Ebene mit der Matrix

$$A = \begin{pmatrix} 3 & 0 & -1 \\ 0 & 1 & 0 \\ 1 & 1 & 1 \end{pmatrix}$$

bildet die affinen Punkte $(c, 3)$ mit $c \in \mathbb{R}$ auf die uneigentlichen Punkte $[(0\ c\ 4 + c)^T]$ ab. Die Gerade mit der affinen Gleichung $x_2 = 3$ ist also eine "Verschwindungsgerade" im Sinn von Beispiel 4, und zwar die einzige. Das Bild der uneigentlichen Geraden ist die „Fluchtgerade" mit der affinen Gleichung $x_2 = x_1 + 1$, denn ein uneigentlicher Punkt $[(0\ a\ b)^T]$ wird auf den eigentlichen affinen Punkt $(u, u + 1)$ (mit $u = -\frac{a}{b}$) abgebildet. Die Eigenwerte von A sind 1 und 2, zugehörige Eigenvektoren sind $(1\ -1\ 2)^T$ und $(1\ 0\ 1)^T$. Also sind die affinen Punkte $(-1, 2)$ und $(0, 1)$ Fixpunkte. Die Gerade durch diese Fixpunkte hat die affine Gleichung $x_1 + x_2 = 1$, also die projektive Gleichung $x_1 + x_2 = x_0$. Dies ist eine Fixgerade (aber keine Fix*punkt*gerade), denn die Matrix

$$(A^{-1})^T = \frac{1}{4} \begin{pmatrix} 1 & 0 & -1 \\ -1 & 4 & -3 \\ 1 & 0 & 3 \end{pmatrix}$$

bildet $(1 \ -1 \ -1)^T$ auf $\frac{1}{2}(1 \ -1 \ -1)^T$
ab. In Fig. 4 sind die Fixgerade, die Verschwindungsgerade und die Fluchtgerade in einem kartesischen Koordinatensystem eingezeichnet. Die Halbgerade
VU^+ der Fixgeraden (von V über U,
siehe Fig. 4) wird auf die Halbgerade
UV^+ abgebildet, die andere Halbgerade VU^- wird auf UV^- abgebildet. Das
erkennt man alles an der Zuordnung
$\vec{x} \mapsto A\vec{x}$ bzw.

$$(1 \quad x \quad 1-x)^T \mapsto (2+x \quad x \quad 2)^T.$$

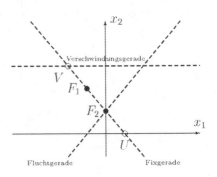

Fig. 4: Zu Beispiel 5

Es ist unmittelbar klar, dass alle Aussagen über Inzidenzen von Punkten, Geraden
und Ebenen bei einer projektiven Abbildung erhalten bleiben: Schneiden sich drei
Geraden in einem Punkt, dann gilt das auch für die Bildgeraden usw. Die (triviale)
Begründung dafür folgt aus Satz 1:

$$\vec{x}^T\vec{y} = \vec{x}^T(A^{-1}A)\vec{y} = ((A^{-1})^T\vec{x})^T(A\vec{y})$$

Dies benutzt man beim Beweis geometrischer Sätze, indem man die zu untersu-
chende Konfiguration zunächst mit einer projektiven Abbildung auf eine einfachere abbildet (in der Regel eine allgemeine auf eine spezielle), wobei man nur
beachten muss, dass alle auftretenden Begriffe „projektiv invariant" sind. Dies ist
ein wichtiges Beweisprinzip der so genannten Abbildungsgeometrie. Wir betrachten ein Beispiel hierfür:

Satz 3 (*Satz von Desargues*, nach Girard Desargues, 1593–1662): Gegeben seien
zwei Dreiecke ABC und $A'B'C'$. Sind die Geraden durch einander zugeordnete Ecken kopunktal, dann sind die Schnittpunkte der Geraden
durch einander zugeordnete Seiten kollinear (Fig. 5).

Beweis: Es sei $A = [(a_0 \ a_1 \ a_2)^T]$, $B = [(b_0 \ b_1 \ b_2)^T]$, $C = [(c_0 \ c_1 \ c_2)^T]$. Es genügt,
für die Punkte A', B', C' folgenden Sonderfall zu betrachten:

$$A' = [(1 \ 0 \ 0)^T], \quad B' = [(0 \ 1 \ 0)^T], \quad C' = [(0 \ 0 \ 1)^T]$$

Die Geraden durch einander zugeordnete Ecken haben die Gleichungen

$$
\begin{aligned}
a_2 x_1 \quad - \quad a_1 x_2 &= 0, \\
b_2 x_0 \qquad\qquad - \quad b_0 x_2 &= 0, \\
c_1 x_0 \quad - \quad c_0 x_1 \qquad\qquad &= 0.
\end{aligned}
$$

Sie schneiden sich genau dann in einem Punkt, wenn dieses homogene LGS eine nichttriviale Lösung hat, wenn also

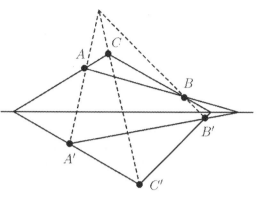

$$D = \begin{vmatrix} 0 & a_2 & -a_1 \\ b_2 & 0 & -b_0 \\ c_1 & -c_0 & 0 \end{vmatrix} = 0.$$

Die Geraden durch $B'C'$, $A'C'$, $A'B'$ haben die Gleichungen

$$x_0 = 0, \ x_1 = 0, \ x_2 = 0.$$

Die Geraden durch BC, AC, AB haben die Gleichungen

Fig. 5: Satz von Desargues

$$\begin{vmatrix} x_0 & b_0 & c_0 \\ x_1 & b_1 & c_1 \\ x_2 & b_2 & c_2 \end{vmatrix} = 0, \quad \begin{vmatrix} x_0 & a_0 & c_0 \\ x_1 & a_1 & c_1 \\ x_2 & a_2 & c_2 \end{vmatrix} = 0, \quad \begin{vmatrix} x_0 & a_0 & b_0 \\ x_1 & a_1 & b_1 \\ x_2 & a_2 & b_2 \end{vmatrix} = 0.$$

Für die Schnittpunktkoordinaten gilt daher

$$\begin{vmatrix} \mathbf{0} & b_0 & c_0 \\ x_1 & b_1 & c_1 \\ x_2 & b_2 & c_2 \end{vmatrix} = 0, \quad \begin{vmatrix} x_0 & a_0 & c_0 \\ \mathbf{0} & a_1 & c_1 \\ x_2 & a_2 & c_2 \end{vmatrix} = 0, \quad \begin{vmatrix} x_0 & a_0 & b_0 \\ x_1 & a_1 & b_1 \\ \mathbf{0} & a_2 & b_2 \end{vmatrix} = 0$$

bzw.

$$-(b_0 c_2 - b_2 c_0)x_1 + (b_0 c_1 - b_1 c_0)x_2 = 0,$$
$$(c_1 a_2 - c_2 a_1)x_0 \qquad\qquad + (c_0 a_1 - c_1 a_0)x_2 = 0,$$
$$(a_1 b_2 - a_2 b_1)x_0 - (a_0 b_2 - a_2 b_0)x_1 \qquad\qquad = 0.$$

Die Matrix dieses LGS hat bis auf das Vorzeichen dieselbe Determinante Δ wie die Matrix

$$\begin{pmatrix} 0 & a_2 b_1 - a_1 b_2 & c_1 a_2 - c_2 a_1 \\ a_0 b_2 - a_2 b_0 & 0 & b_2 c_0 - b_0 c_2 \\ c_1 a_0 - c_0 a_1 & b_0 c_1 - b_1 c_0 & 0 \end{pmatrix},$$

denn allgemein gilt $\begin{vmatrix} 0 & e & f \\ a & 0 & g \\ c & b & 0 \end{vmatrix} = abf + ceg$. Es gilt

$$\begin{pmatrix} 0 & a_2 b_1 - a_1 b_2 & c_1 a_2 - c_2 a_1 \\ a_0 b_2 - a_2 b_0 & 0 & b_2 c_0 - b_0 c_2 \\ c_1 a_0 - c_0 a_1 & b_0 c_1 - b_1 c_0 & 0 \end{pmatrix} = \begin{pmatrix} 0 & a_2 & -a_1 \\ b_2 & 0 & -b_0 \\ c_1 & -c_0 & 0 \end{pmatrix} \begin{pmatrix} a_0 & b_0 & c_0 \\ a_1 & b_1 & c_1 \\ a_2 & b_2 & c_2 \end{pmatrix}.$$

Es existiert ein Schnittpunkt, wenn $\Delta = 0$. Die Behauptung des Satzes folgt nun daraus, dass genau dann $D = 0$ ist, wenn $\Delta = 0$ ist. $\qquad\qquad\square$

Der zu Satz 3 duale Satz ist die Umkehrung von Satz 3. Man kann in Satz 3 also „dann" durch „genau dann" ersetzen. Der Satz von Desargues wird durch Fig. 4 plausibel, wenn man sie als Zentralprojektion einer Ebene auf eine andere deutet.

Der Beweis des Satzes von Desargues mit Methoden der projektiven Geometrie hat gegenüber den Methoden der affinen Geometrie den Vorteil, dass man den Fall, dass die Geraden durch A, A', durch B, B' und durch C, C' parallel sind, nicht als Sonderfall behandeln muss, dass also mit Satz 3 auch der folgende Satz aus der affinen Geometrie bewiesen ist:

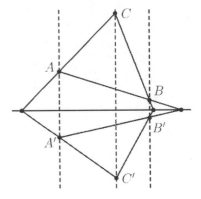

Gegeben seien zwei Dreiecke ABC und $A'B'C'$. Sind die Geraden durch einander zugeordnete Ecken parallel, dann sind die Geraden durch einander zugeordnete Seiten kollinear (Fig. 6).

Fig. 6: Satz von Desargues
(Sonderfall)

Definition 2: Auf einer Geraden $\langle r_1\vec{u}_1 + r_2\vec{u}_2\rangle$ $(r_1, r_2 \in \mathbb{R})$ seien vier Punkte A, B, P, Q durch die Vektoren

$$\binom{r_1}{r_2} \in \left\{ \binom{a_1}{a_2}, \binom{b_1}{b_2}, \binom{p_1}{p_2}, \binom{q_1}{q_2} \right\}$$

(jeweils bis auf einen skalaren Faktor) gegeben. Dann nennt man die Zahl

$$\mathrm{DV}(A, B, P, Q) = \frac{\begin{vmatrix} a_1 & p_1 \\ a_2 & p_2 \end{vmatrix}}{\begin{vmatrix} b_1 & p_1 \\ b_2 & p_2 \end{vmatrix}} : \frac{\begin{vmatrix} a_1 & q_1 \\ a_2 & q_2 \end{vmatrix}}{\begin{vmatrix} b_1 & q_1 \\ b_2 & q_2 \end{vmatrix}}$$

das *Doppelverhältnis* des kollinearen Punktequadrupels (A, B, C, D).

Diese Bezeichnung wird in dem unten folgenden Satz 6 verständlich.

Satz 4: Das Doppelverhältnis in Definition 2 hängt nicht von der Wahl der Grundvektoren $\vec{u}_1, \vec{u}_2$ ab.

Beweis: Sind $\vec{v}_1, \vec{v}_2$ andere Grundvektoren der Geraden $\langle r_1\vec{u}_1 + r_2\vec{u}_2\rangle$, dann ist

$$\begin{aligned} \vec{u}_1 &= t_{11}\vec{v}_1 + t_{12}\vec{v}_2 \\ \vec{u}_2 &= t_{21}\vec{v}_1 + t_{22}\vec{v}_2 \end{aligned} \quad \text{mit} \quad \begin{vmatrix} t_{11} & t_{12} \\ t_{21} & t_{22} \end{vmatrix} \neq 0.$$

Es folgt $r_1\vec{u}_1 + r_2\vec{u}_2 = (t_{11}r_1 + t_{21}r_2)\vec{v}_1 + (t_{21}r_1 + t_{22}r_2)\vec{v}_2 = r_1^*\vec{v}_1 + r_2^*\vec{v}_2$ mit

$$\binom{r_1^*}{r_2^*} = \begin{pmatrix} t_{11} & t_{12} \\ t_{21} & t_{22} \end{pmatrix} \binom{r_1}{r_2}.$$

Daher ist

$$\left| \begin{matrix} r_1 & s_1 \\ r_2 & s_2 \end{matrix} \right| = \left| \left(\begin{matrix} t_{11} & t_{12} \\ t_{21} & t_{22} \end{matrix} \right) \left(\begin{matrix} r_1^* & s_1^* \\ r_2^* & s_2^* \end{matrix} \right) \right| = \left| \begin{matrix} t_{11} & t_{12} \\ t_{21} & t_{22} \end{matrix} \right| \cdot \left| \begin{matrix} r_1^* & s_1^* \\ r_2^* & s_2^* \end{matrix} \right| .$$

Also multiplizieren sich die Determinanten in der Definition des Doppelverhältnisses alle mit der Determinante von (t_{ij}), was sich aber wieder herauskürzt.   □

Satz 5: Das Doppelverhältnis ist invariant gegenüber projektiven Abbildungen.

Beweis: Ist A die Matrix einer projektiven Abbildung und $\vec{x} = r_1\vec{u}_1 + r_2\vec{u}_2$, dann ist $A\vec{x} = r_1A\vec{u}_1 + r_2A\vec{u}_2$. Nun sind aber $A\vec{u}_1, A\vec{u}_2$ Grundvektoren der Bildgeraden, bezüglich welcher die Bildpunkte die gleichen Koordinatenvektoren wie die Urbildpunkte haben.   □

Satz 6: Sind A, B, P, Q eigentliche kollineare Punkte, dann gilt

$$\mathrm{DV}(A, B, P, Q) = \frac{\overline{AP}}{\overline{BP}} : \frac{\overline{AQ}}{\overline{AQ}},$$

wobei allgemein $\overline{UV}$ die Länge der Strecke UV bedeutet.

Beweis: Wegen der projektiven Invarianz des Doppelverhältnisses genügt es, die Gerade mit den Grundvektoren $\vec{u}_1 = (1\ 0\ 0)^T$ und $\vec{u}_2 = (0\ 1\ 0)^T$ zu betrachten. Dann ist $r_1\vec{u}_1 + r_2\vec{u}_2 = (r_1\ r_2\ 0)^T$, und im Fall $r_1 \neq 0$ ist dies der Punkt auf der x_1-Achse an der Stelle $\frac{r_2}{r_1}$. Es ist also

$$\frac{\left| \begin{matrix} a_1 & p_1 \\ a_2 & p_2 \end{matrix} \right|}{\left| \begin{matrix} b_1 & p_1 \\ b_2 & p_2 \end{matrix} \right|} : \frac{\left| \begin{matrix} a_1 & q_1 \\ a_2 & q_2 \end{matrix} \right|}{\left| \begin{matrix} b_1 & q_1 \\ b_2 & q_2 \end{matrix} \right|} = \frac{a_1p_2 - a_2p_1}{b_1p_2 - b_2p_1} : \frac{a_1p_2 - a_2q_1}{b_1q_2 - b_2q_1} = \frac{\frac{p_2}{p_1} - \frac{a_2}{a_1}}{\frac{p_2}{p_1} - \frac{b_2}{b_1}} : \frac{\frac{q_2}{q_1} - \frac{a_2}{a_1}}{\frac{q_2}{q_1} - \frac{b_2}{b_1}} . \qquad □$$

Definition 3: Das Doppelverhältnis von vier kopunktalen Geraden wird definiert durch

$$\mathrm{DV}(\langle\vec{a}\rangle, \langle\vec{b}\rangle, \langle\vec{c}\rangle, \langle\vec{d}\rangle) = \mathrm{DV}([\vec{a}], [\vec{b}], [\vec{c}], [\vec{d}]).$$

Auch hierfür gelten natürlich die Sätze 4 und 5.

Satz 7: Werden vier Geraden eines Büschels in der projektiven Ebene (kopunktale Geraden) von einer nicht zum Büschel gehörenden Geraden geschnitten, dann ist das Doppelverhältnis der Geraden gleich dem Doppelverhältnis der Schnittpunkte.

Beweis: Die Gerade $\langle r_1\vec{u}_1 + r_2\vec{u}_2 \rangle$ soll nicht zum Büschel

$$\{ \langle s_1\vec{v}_1 + s_2\vec{v}_2 \rangle \mid s_1, s_2 \in \mathbb{R}, (s_1, s_2) \neq (0, 0) \}$$

gehören. Die Schnittbedingung $(r_1\vec{u}_1 + r_2\vec{u}_2)^T(s_1\vec{v}_1 + s_2\vec{v}_2) = 0$ bzw.

$$r_1(s_1\vec{u}_1^T\vec{v}_1 + s_2\vec{u}_1^T\vec{v}_2) = r_2(-s_1\vec{u}_2^T\vec{v}_1 - s_2\vec{u}_2^T\vec{v}_2)$$

ist erfüllt, wenn der Vektor

$$\begin{pmatrix} -s_1\vec{u}_2^T\vec{v}_1 - s_2\vec{u}_2^T\vec{v}_2 \\ s_1\vec{u}_1^T\vec{v}_1 + s_2\vec{u}_1^T\vec{v}_2 \end{pmatrix} = \begin{pmatrix} -\vec{u}_2^T\vec{v}_1 & -\vec{u}_2^T\vec{v}_2 \\ \vec{u}_1^T\vec{v}_1 & \vec{u}_1^T\vec{v}_2 \end{pmatrix} \begin{pmatrix} s_1 \\ s_2 \end{pmatrix}$$

ein Vielfaches von $\begin{pmatrix} r_1 \\ r_2 \end{pmatrix}$ ist. Die dabei aufgetretene Matrix M ist das Produkt von

zwei Matrizen vom Rang 2 (und somit regulär), nämlich $M = \begin{pmatrix} -\vec{u}_2^T \\ \vec{u}_1^T \end{pmatrix} (\vec{v}_1 \quad \vec{v}_2)$.

Wie im Beweis von Satz 2 folgt daraus, dass sich die Doppelverhältnisse vom

Geradenbüschel auf die Schnittgerade vermöge $\begin{pmatrix} r_1 \\ r_2 \end{pmatrix} = M \begin{pmatrix} s_1 \\ s_2 \end{pmatrix}$ übertragen bzw.

umgekehrt.   □

Satz 7 findet Anwendung bei der Konstruktion von Bildpunkten und Bildgeraden bei einer projektiven Abbildung:

Kennt man zu drei von vier kollinearen Punkten die Bildpunkte, dann kann
man den vierten Bildpunkt konstruieren. Kennt man zu drei von vier
kopunktalen Geraden die Bildgeraden,
dann kann man die vierte Bildgerade
konstruieren (Fig. 7).

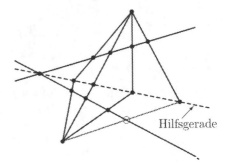

Fig. 7: Anwendung von Satz 7

Der folgende Satz beinhaltet eine interessante Anwendung des Begriff des
Doppelverhälnisses.

Satz 8 (*Satz von Ceva*, nach Giovan-
ni Ceva, 1648–1737): In einem Drei-
eck ABC seien A_1, A_2 bzw. B_1, B_2 bzw.
C_1, C_2 zwei Punkte auf der Geraden
durch die dem Punkt A bzw. B bzw. C
gegenüberliegende Seite (Fig. 8). Dann
folgt aus je zwei der folgenden Aussagen die dritte:

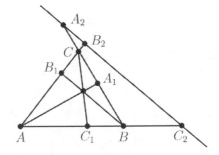

Fig. 8: Zum Satz von Ceva

- Die Transversalen AA_1, BB_1, CC_1 sind kopunktal.
- Die Punkte A_2, B_2, C_2 sind kollinear.
- $\mathrm{DV}(A, B, C_1, C_2) \cdot \mathrm{DV}(B, C, A_1, A_2) \cdot \mathrm{DV}(C, A, B_1, B_2) = -1$.

Oft versteht man unter dem Satz von Ceva nur, dass aus der ersten und zweiten die dritte Aussage folgt. Die vorliegende Form des Satzes besagt auch, dass aus jeder der drei Aussagen folgt, dass sich die beiden anderen gegenseitig bedingen.

Beweis: Die Punkte $A, B, C, A_1, B_1, C_2, A_2, B_2, C_2$ sollen der Reihe nach folgende Koordinatenvektoren haben:

$$\vec{a}, \ \vec{b}, \ \vec{c}, \ \vec{a} + \lambda_1 \vec{b}, \ \vec{b} + \mu_1 \vec{c}, \ \vec{c} + \nu_1 \vec{a}, \ \vec{a} + \lambda_2 \vec{b}, \ \vec{b} + \mu_2 \vec{c}, \ \vec{c} + \nu_2 \vec{a}$$

Die Punkte A_2, B_2, C_2 sind genau dann kollinear, wenn ihre Koordinatenvektoren linear abhängig sind, wenn also die Gleichung

$$x(\vec{a} + \lambda_2 \vec{b}) + y(\vec{b} + \mu_2 \vec{c}) + z(\vec{c} + \nu_2 \vec{a})$$
$$= (x + \nu_2 z)\vec{a} + (\lambda_2 x + y)\vec{b} + (\mu_2 y + z)\vec{c} = \vec{o}$$

eine nichttriviale Lösung (x, y, z) hat, wenn also (wegen der linearen Unabhängigkeit von $\vec{a}, \vec{b}, \vec{c}$) gilt:

$$\begin{vmatrix} 1 & 0 & \nu_2 \\ \lambda_2 & 1 & 0 \\ 0 & \mu_2 & 1 \end{vmatrix} = 1 + \lambda_2 \mu_2 \nu_2 = 0$$

Wegen der Invarianz des Doppelverhältnisses können wir für die weitere Untersuchung die Punkte A, B, C mit den Koordinatenvektoren $(1\ 0\ 0)^T, (1\ 1\ 0)^T, (1\ 0\ 1)^T$ wählen. Dann gilt:

Die Gerade durch A und A_1 hat den Koordinatenvektor $(0 \quad \mu_1 \quad -1)^T$;
die Gerade durch B und B_1 hat den Koordinatenvektor $(-1 \quad 1 \quad 1 + \nu_1)^T$;
die Gerade durch C und C_1 hat den Koordinatenvektor $(-\lambda_1 \quad 1 + \lambda_1 \quad \lambda_1)^T$.

Diese Geraden sind genau dann kopunktal, wenn gilt:

$$\begin{vmatrix} 0 & -1 & -\lambda_1 \\ \mu_1 & 1 & 1 + \lambda_1 \\ -1 & 1 + \nu_1 & \lambda_1 \end{vmatrix} = 1 - \lambda_1 \mu_1 \nu_1 = 0$$

Wegen

$$d_1 = DV(A, B, C_1, C_2) = \frac{\lambda_1}{\lambda_2},$$
$$d_2 = DV(B, C, A_1, A_2) = \frac{\mu_1}{\mu_2},$$
$$d_3 = DV(C, A, B_1, B_2) = \frac{\nu_1}{\nu_2}$$

ist

$$\lambda_2 \mu_2 \nu_2 = (d_1 d_2 d_3)\, \lambda_1 \mu_1 \nu_1.$$

Also folgt aus zwei der Aussagen

- $1 - \lambda_1 \mu_1 \nu_1 = 0$ • $1 + \lambda_2 \mu_2 \nu_2 = 0$ • $d_1 d_2 d_3 = -1$

stets die dritte. $\qquad\qquad\square$

Aufgaben

1. Beweise die Behauptung am Ende von Beispiel 4.

2. Das kollineare Punktequadrupel (A, B, C, D) heißt *harmonisch*, wenn $DV(A, B, C, D) = -1$. Man bestimme zu
$$A = [(1\ 0\ 2)^T],\ B = [(1\ 2\ 1)^T],\ C = [(5\ 4\ 8)^T]$$
einen Punkt C so, dass (A, B, C, D) harmonisch ist.

3. Man zeige, dass auf der projektiven Geraden die Punkte
$$A = [\vec{a}],\ B = [\vec{b}],\ C = [\vec{a} + t\vec{b}],\ D = [\vec{a} - t\vec{b}]$$
für $t \neq 0$ ein harmonisches Quadrupel bilden.

4. Bei einer projektiven Abbildung der projektiven Ebene seien die Bilder von $[(1\ 2\ 1)^T]$, $[(2\ 3\ 7)^T]$, $[(1\ -1\ 0)^T]$, $[(3\ 1\ -4)^T]$ der Reihe nach $[(0\ 3\ 2)^T]$, $[(-1\ 0\ 2)^T]$, $[(1\ 1\ 1)^T]$, $[(4\ 7\ -1)^T]$. Man bestimme die Matrix der Abbildung.

5. In einem räumlichen kartesischen Koordinatensystem denke man sich die $x_2 x_3$-Ebene durch eine Zentralprojektion mit dem Zentrum $Z(-1, 0, 1)$ auf die $x_1 x_2$-Ebene projiziert. Dann drehe man die $x_1 x_2$-Ebene um die x_2-Achse in die $x_2 x_3$-Ebene, wobei der Punkt $(1, 0, 0)$ auf den Punkt $(0, 0, 1)$ fällt. Auf diese Art ergibt sich eine projektive Abbildung der $x_2 x_3$-Ebene, verstanden als projektive Ebene. Man bestimme die Abbildungsmatrix.

6. Gegeben sei die Abbildung des projektiven Raums auf sich mit der Matrix
$$A = \begin{pmatrix} 1 & 1 & -1 & 0 \\ 2 & 0 & 1 & 0 \\ 1 & -1 & 4 & 0 \\ 0 & 3 & 2 & 1 \end{pmatrix}.$$

a) Welche Ebene wird auf die uneigentliche Ebene abgebildet?

b) Auf welche Ebene wird die uneigentliche Ebene abgebildet?

c) Auf welche Gerade wird die Schnittgerade der Ebenen mit den Gleichungen $x_0 - 2x_1 + x_2 - 5x_3 = 0$ und $2x_0 + x_1 + 3x_2 + 3x_3 = 0$ abgebildet?

d) Welche Geraden werden auf uneigentliche Geraden abgebildet?

7. Zum Beweis des Satzes von Desargues betrachte man drei Punkte und ihre Bildpunkte mit den Koordinatenvektoren $\vec{a}, \vec{b}, \vec{c}$ und $\vec{a}', \vec{b}', \vec{c}'$, ferner einen Punkt mit mit dem Koordinatenvektor $\vec{z}$. Es sei $\vec{z}$ eine Linearkombination von $\vec{a}$ und $\vec{a}'$, von $\vec{b}$ und $\vec{b}'$ und von $\vec{c}$ und $\vec{c}'$. Man zeige: Ist

$\vec{u}$ Linearkombination von $\vec{a}, \vec{b}$ und von $\vec{a}', \vec{b}'$,
$\vec{v}$ Linearkombination von $\vec{b}, \vec{c}$ und von $\vec{b}', \vec{c}'$,
$\vec{w}$ Linearkombination von $\vec{c}, \vec{a}$ und von $\vec{c}', \vec{a}'$,

dann ist $\{\vec{u}, \vec{v}, \vec{w}\}$ linear abhängig.

VII.3 Kegelschnitte in der projektiven Ebene

Die Gleichung einer Kurve zweiter Ordnung in homogenen Koordinaten lautet

$$a_{00}x_0^2 + a_{11}x_1^2 + a_{22}x_2^2 + 2a_{01}x_0x_1 + 2a_{02}x_0x_2 + 2a_{12}x_1x_2 = 0$$

$$\text{bzw.} \quad \vec{x}^T A \vec{x} = 0 \quad \text{mit } A = \begin{pmatrix} a_{00} & a_{01} & a_{02} \\ a_{01} & a_{11} & a_{12} \\ a_{02} & a_{12} & a_{22} \end{pmatrix}.$$

Die Matrix A ist dabei symmetrisch, es gilt also $A^T = A$. (Die Koeffizienten a_{01}, a_{02}, a_{03} werden dabei mit einem Faktor 2 notiert, damit die Matrix diese einfache Form erhält.)

Die Gleichung des Einheitskreises lautet in homogenen Koordinaten

$$-x_0^2 + x_1^2 + x_2^2 = 0 \quad \text{bzw.} \quad \vec{x}^T K \vec{x} \quad \text{mit } K = \begin{pmatrix} -1 & 0 & 0 \\ 0 & 1 & 0 \\ 0 & 0 & 1 \end{pmatrix}.$$

Wird durch die reguläre Matrix $B \in \mathbb{R}^{3,3}$ eine projektive Abbildung $\vec{x} \mapsto \vec{x}'$ der Ebene auf sich definiert, ist also $\vec{x}' = B\vec{x}$ bzw. $\vec{x} = C\vec{x}'$ mit $C = B^{-1}$, dann wird der Einheitskreis auf die Kegelschnittkurve mit der Gleichung

$$\vec{x}^T C^T K C \, \vec{x} = 0$$

abgebildet. Jeder nicht-ausgeartete Kegelschnitt (Ellipse, Hyperbel, Parabel) ist das Bild des Einheitskreises bei einer geeigneten projektiven Abbildung der Ebene: Die Ellipse erhält man bereits mit einer affinen Abbildung, bei der affinen Normalform der Hyperbel bzw. Parabel mit den Matrizen

$$A = \begin{pmatrix} 1 & 0 & 0 \\ 0 & -1 & 0 \\ 0 & 0 & 1 \end{pmatrix} \quad \text{bzw.} \quad A = \begin{pmatrix} 0 & -1 & 0 \\ -1 & 0 & 0 \\ 0 & 0 & 1 \end{pmatrix}$$

(also $x_0^2 - x_1^2 + x_2^2 = 0$ bzw. $x_2^2 - 2x_0x_1 = 0$) verwende man

$$C = \begin{pmatrix} 0 & 1 & 0 \\ 1 & 0 & 0 \\ 0 & 0 & 1 \end{pmatrix} \quad \text{bzw.} \quad C = \begin{pmatrix} 1 & 1 & 1 \\ 1 & 0 & 1 \\ 0 & 1 & 1 \end{pmatrix}.$$

Beispiel 1: Folgende Transformation bildet den Einheitskreis auf die Hyperbel mit der Gleichung $5x_1^2 + 2x_1x_2 - 2x_2 - 1 = 0$ (im kartesischen x_1x_2-Koordinatensystem) ab:

$$\begin{pmatrix} 1 & 0 & 0 \\ 0 & 2 & 1 \\ 1 & 0 & 1 \end{pmatrix} \begin{pmatrix} -1 & 0 & 0 \\ 0 & 1 & 0 \\ 0 & 0 & 1 \end{pmatrix} \begin{pmatrix} 1 & 0 & 1 \\ 0 & 2 & 0 \\ 0 & 1 & 1 \end{pmatrix} = \begin{pmatrix} 1 & 0 & 1 \\ 0 & -5 & -1 \\ 1 & -1 & 0 \end{pmatrix}$$

Die Entstehung der Kegelschnitte als projektive Bilder eines Kreises kann man anschaulich darstellen, wenn man die Mantellinien eines Kreiskegels als Projektionsstrahlen deutet, wobei die Kegelspitze das Projektionszentrum ist und die Schnittebene als Projektionsebene dient. In Fig. 1 sind die Kegelschnitte nochmals als Zentralprojektionen eines Kreises beschrieben.

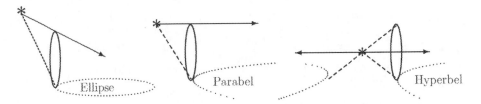

Fig. 1: Kegelschnitte als Zentralprojektionen eines Kreises

Satz 1: Es sei $\langle r_1\vec{u}_1 + r_2\vec{u}_2\rangle$ $((r_1, r_2) \neq (0,0))$ ein Geradenbüschel und C die Matrix einer projektiven Abbildung der Ebene. Dann bilden die Schnittpunkte jeweils einer Büschelgeraden mit ihrer Bildgeraden eine Kurve zweiter Ordnung.

Beweis: Das Bild der Geraden $\langle r_1\vec{u}_1 + r_2\vec{u}_2\rangle$ ist $\langle r_1\vec{v}_1 + r_2\vec{v}_2\rangle$ mit $\vec{v}_i = (C^{-1})^T\vec{u}_i$. Für den Schnittpunkt $[\vec{x}]$ der Geraden und ihrer Bildgeraden gilt

$$r_1(\vec{x}^T\vec{u}_1) + r_2(\vec{x}^T\vec{u}_2) = 0 \quad \text{und} \quad r_1(\vec{x}^T\vec{v}_1) + r_2(\vec{x}^T\vec{v}_2) = 0.$$

Dieses homogene LGS für r_1, r_2 muss eine von $(0,0)$ verschiedene Lösung haben, es gilt also

$$(\vec{x}^T\vec{u}_1)(\vec{x}^T\vec{v}_2) - (\vec{x}^T\vec{u}_2)(\vec{x}^T\vec{v}_1) = 0$$

bzw.

$$\vec{x}^T(\vec{u}_1\vec{v}_2{}^T - \vec{u}_2\vec{v}_1{}^T)\vec{x} = 0.$$

Mit der Matrix $B = \vec{u}_1\vec{v}_2{}^T - \vec{u}_2\vec{v}_1{}^T$ bilde man $A = B + B^T$. Dann gilt

$$\vec{x}^T A\,\vec{x} = 0 \quad \text{mit } A^T = A. \qquad\qquad \square$$

Beispiel 2: Auf das Geradenbüschel $\langle r_1(1\ 1\ 1)^T + r_2(2\ -1\ 5)^T\rangle$ wende man die projektive Abbildung mit der Matrix

$$C = \begin{pmatrix} 1 & 0 & 1 \\ 0 & 2 & -1 \\ 1 & 3 & 0 \end{pmatrix} \quad \text{bzw.} \quad (C^{-1})^T = \begin{pmatrix} 3 & -1 & -2 \\ 3 & -1 & -3 \\ -2 & 1 & 2 \end{pmatrix}$$

an. Es ist $(C^{-1})^T(1\ 1\ 1)^T = (0\ -1\ 1)^T$ und $(C^{-1})^T(2\ -1\ 5)^T = (-3\ -8\ 5)^T$. Für obige Matrix B (siehe Beweis von Satz 1) ergibt sich

$$B = (1\ 1\ 1)^T(-3\ -8\ 5) - (2\ -1\ 5)^T(0\ -1\ \ 1) = 3\begin{pmatrix} -1 & -2 & 1 \\ -1 & -3 & 2 \\ -1 & -1 & 0 \end{pmatrix}$$

und damit unter Weglassung des Faktors 3

$$A = B + B^T = \begin{pmatrix} -2 & -3 & 0 \\ -3 & -6 & 1 \\ 0 & 1 & 0 \end{pmatrix}.$$

Die Gleichung der Kurve lautet $x_0^2 + 3x_1^2 + 3x_0x_1 - x_1x_2 = 0$, in affinen Koordinaten also $3x_1^2 - x_1x_2 + 3x_1 = -1$ bzw. $x_1(3x_1 - x_2 + 3) = -1$. Mit der affinen Abbildung

$$x_1' = x_1, \; x_2' = -3x_1 + x_2 - 3$$

lässt sich dies in

$$x_1x_2 = 1$$

überführen, es handelt sich also um eine Hyperbel.

Beispiel 3: In Fig. 2 ist gemäß Satz 1 eine Parabel mit Hilfe zweier Geradenbüschel definiert; vgl. hierzu Aufgabe 3.

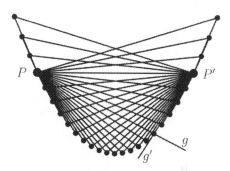

Fig. 2: Beispiel zu Satz 1

Viele interessante Sätze über Kegelschnitte lassen sich sehr einfach beweisen, wenn die im Satz auftretenden Begriffe projektive Invarianten sind (z.B. Schnittpunkt zweier Geraden, Verbindungsgerade zweier Punkte, nicht-ausgeartete Kurve zweiter Ordnung usw.).

Satz 2 (*Satz von Pascal*, nach Blaise Pascal, 1623–1662): Für ein Sehnensechseck eines nicht-ausgearteten Kegelschnitts gilt (Fig. 3):

Die drei Schnittpunkte je zweier Gegenseiten sind kollinear.

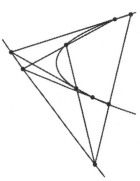

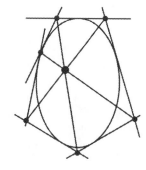

Fig. 3: Satz von Pascal   Fig. 4: Satz von Brianchon

Satz 3 (*Satz von Brianchon*, nach Charles Brianchon, 1783–1864): Für ein Tangentensechseck eines nicht-ausgearteten Kegelschnitts gilt (Fig. 4):

Die drei Verbindungsgeraden je zweier Gegenecken sind kopunktal.

Da jede Kegelschnittkurve das projektive Bild des Einheitskreises ist, genügt es, die beiden Sätze für den Einheitskreis zu beweisen. Von diesen beiden Sätzen über den Einheitskreis muss nur einer bewiesen werden, da die Sätze zueinander dual sind. Den Satz von Pascal für den Einheitskreis kann man nun elementargeometrisch beweisen, wie es Fig. 5 für den Fall eines konvexen (nicht-überschlagenen) Sehnensechsecks zeigt. Mit Hilfe des Satzes über das Sehnenviereck im Kreis, wonach sich einander gegenüberliegende Winkel zu 180° ergänzen, weist man nach, dass die Dreiecke S_2UV und $S_1A_3A_6$ paarweise parallele Seiten haben und daher zentrisch ähnlich bezüglich des Streckzentrums S_3 sind. Daher liegt S_1 auf der Geraden durch S_2 und S_3.

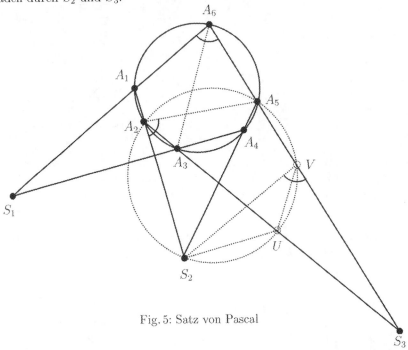

Fig. 5: Satz von Pascal

Aufgaben

1. Welche projektive Abbildung bildet die Scheitel der Ellipse mit der affinen Gleichung $4x_1^2 + 9x_2^2 = 36$ auf die Punkte $[(1\ -1\ -1)^T]$, $[(1\ 1\ 1)^T]$, $[(0\ 1\ 0)^T]$, $[(0\ 0\ 1)^T]$ der Hyperbel mit der affinen Gleichung $x_1x_2 = 1$ ab? Man prüfe, ob die Ellipse auf die Hyperbel abgebildet wird.

2. Die Geraden durch die Punkte $(r, 0, 0)$ und $(0, r, 1)$ $(r \in \mathbb{R})$ des affinen Raums erzeugen eine Quadrik. Man bestimme ihre Gleichung.

3. In Beispiel 3 soll mit $P(-1, 0)$ und $P'(1, 0)$ gemäß Satz 1 die Parabel mit der Gleichung $x_2 = x_1^2 - 1$ im kartesischen Koordinatensystem entstehen. Man bestimme die Matrix C der zugehörigen projektiven Abbildung.

VIII Lineare Optimierung

VIII.1 Problemstellung und Grundbegriffe

Beispiel 1: Ein Landwirt hat 40 ha Anbaufläche, 12 000,– Kapital und 240 Arbeitstage zur Verfügung. Er möchte Weizen und Zuckerrüben anbauen. Der Zeitaufwand, der Kapitalaufwand und der Netto-Verkaufserlös pro ha sind in nebenstehender Tabelle angegeben.

	Weizen	Zuckerrüben
Kosten/ha	200,–	600,–
Tage/ha	5	10
Erlös/ha	1000,–	1200,–

Wie muss er die Anzahlen x_1 und x_2 der für Weizen bzw. Zuckerrüben zu verwendenden ha festlegen, um einen möglichst großen Gewinn zu erzielen?

Zunächst muss ein System von 5 linearen Ungleichungen betrachtet werden:

$$x_1 \geq 0, \quad x_2 \geq 0, \quad x_1 + x_2 \leq 40, \quad 200x_1 + 600x_2 \leq 12\,000, \quad 5x_1 + 10x_2 \leq 240$$

Die Lösungsmenge des Ungleichungssystems ist ein Fünfeck im x_1x_2-Koordinatensystem, das *Planungsvieleck* der gestellten Aufgabe. Die Ecken des Planungsvielecks ergeben sich als Schnittpunkte der Geraden, welche die durch die Ungleichungen gegebenen Halbebenen begrenzen. Der Verkaufserlös beträgt

$$Z = 1000x_1 + 1200x_2.$$

Dies ist die *Zielfunktion* des Problems. Unter den zu der Geraden mit der Gleichung $1000x_1 + 1200x_2 = 0$ parallelen Geraden, welche mindestens einen Punkt mit dem Planungsvieleck gemeinsam haben, ist diejenige mit dem größten Wert der Zielfunktion zu bestimmen. Dieser optimale Wert wird in der Ecke (32,8) des Planungsvielecks angenommen (Fig. 1) und beträgt

$$Z_{\max} = 1000 \cdot 32 + 1200 \cdot 8 = 41\,600.$$

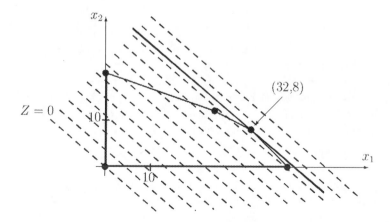

Fig. 1: Planungsvieleck und Zielfunktion

In diesem einführenden Beispiel ist anschaulich klar, dass die Lösung eine Ecke des Planungsvielecks ist. Es ist natürlich auch denkbar, dass zwei benachbarte Ecken und damit alle Punkte der Vielecksseite zwischen diesen Ecken Lösungen sind, nämlich dann, wenn die Zielfunktion eine zu einer Vielecksseite parallele Gerade beschreibt. Ohne Bezug auf die Zeichnung in Fig. 1 zu nehmen kann man das Problem lösen, indem man die Ecken berechnet (als Schnittpunkte von Geraden), dann die Werte von Z in den Ecken bestimmt und prüft, für welche Ecke sich dabei der größte Wert ergibt (vgl. nebenstehende Tabelle).

Ecke	Z
$(0,0)$	0
$(40,0)$	$40\,000$
$(32,8)$	$41\,600$
$(24,12)$	$38\,400$
$(0,20)$	$24\,000$

Man kann obige Aufgabe durch Einführung weiterer Variabler (*Schlupfvariable*) so umgestalten, dass außer den *Positivitätsbedingungen* $x_i \geq 0$ nur Gleichungen (statt Ungleichungen) auftreten: Setzt man x_3, x_4, x_5 für die übrigbleibende Fläche, das übrigbleibende Kapital und die übrigbleibende Zeit, dann erhält man abgesehen von den fünf Positivitätsbedingungen drei Gleichungen mit fünf Variablen:

$$
\begin{aligned}
x_1 &+& x_2 &+& x_3 & & & & &=& 40 \\
200x_1 &+& 600x_2 & & &+&x_4 & & &=& 12\,000 \qquad (x_1, x_2, x_3, x_4, x_5 \geq 0). \\
5x_1 &+& 10x_2 & & & & &+& x_5 &=& 240
\end{aligned}
$$

Die Auflösung des LGS nach x_1, x_2, x_3 (mit den Parametern x_4, x_5) ist

$$
x_1 = 24 + \frac{1}{100}x_4 - \frac{3}{5}x_5, \quad x_2 = 12 - \frac{1}{200}x_4 + \frac{1}{5}x_5, \quad x_3 = 4 - \frac{1}{200}x_4 + \frac{2}{5}x_5.
$$

Damit ergibt sich

$$
Z = 4x_4 - 360x_5 + 38\,400.
$$

Damit Z möglichst groß wird wähle man $x_5 = 0$ und x_4 größtmöglich so, dass $x_3 \geq 0$ (also $x_4 \leq 800$) und $x_2 \geq 0$ (also $x_4 \leq 2400$) und somit $x_4 = 800$. Damit erhält man $x_1 = 32$, $x_2 = 8$ und $Z_{\max} = 3200 + 38\,400 = 41\,600$.

Durch Einführung der Schlupfvariablen haben wir (zumindest bei dieser Aufgabe) erreicht, dass wir uns nicht mehr auf geometrische Konzepte (Ecken des Planungsvielecks) stützen müssen, sondern rein algebraisch vorgehen können. Trotzdem werden wir weiterhin den Bereich der möglichen Lösungen als Polyeder (Planungspolyeder) auffassen und uns für dessen Ecken interessieren. Die Ecken des hier vorliegenden fünfdimensionalen Planungspolyeders ergeben sich, indem man von den acht Gleichungen (einschließlich der Gleichungen $x_1 = 0, \ldots, x_5 = 0$) der „Begrenzungsebenen" des Planungspolyeders fünf auswählt und deren Schnittpunkte mit nichtnegativen Koordinaten berechnet. Es ergeben sich die Ecken in nebenstehender Tabelle, an denen man wieder die oben angegebenen Ecken in der x_1x_2-Ebene erkennt.

$(0, 0, 40, 12\,000, 240)$
$(\underline{40}, 0, 0, 4000, 40)$
$(\underline{32}, \underline{8}, 0, 800, 0)$
$(\underline{24}, \underline{12}, 4, 0, 0)$
$(0, \underline{20}, 20, 0, 40)$

Projiziert man den betrachteten fünfdimensionalen Planungsbereich in die x_1x_2-Ebene (indem man die x_3-, x_4- und x_5- Koordinaten gleich 0 setzt), dann ergibt sich der ursprüngliche zweidimensionale Planungsbereich.

Beispiel 2: Wir betrachten die Optimierungsaufgabe

$$\left\{ \begin{array}{l} x_1 + x_2 + x_3 \le 7 \\ 2x_1 + x_2 + x_3 \le 8 \\ 4x_1 + x_2 + 2x_2 \le 12 \end{array} \right\}, \; x_1, x_2, x_3 \ge 0, \; Z = 2x_1 + 3x_2 + 5x_3 \text{ maximal!}$$

Die Ungleichungen definieren Halbebenen, welche ein Polyeder mit acht Ecken begrenzen (Fig. 2). Die Ebene mit der Gleichung $2x_1 + 3x_2 + 5x_3 = 0$ wird parallel in Richtung wachsender Werte von x_1, x_2, x_3 verschoben, bis sie gerade noch einen Punkt mit dem Polyeder gemeinsam hat, und dieser Punkt ist (offenbar?) eine Ecke des Polyeders. In dieser Ecke ist dann $2x_1 + 3x_2 + 5x_3$ maximal.

Zur Berechnung der Ecken muss man Schnittpunkte von Ebenen bestimmen, z.B.

muss man zur Berechnung der Ecke (1,4,2) das LGS $\left\{ \begin{array}{l} x_1 + x_2 + x_3 = 7 \\ 2x_1 + x_2 + x_3 = 8 \\ 4x_1 + x_2 + 2x_3 = 12 \end{array} \right\}$ lösen.

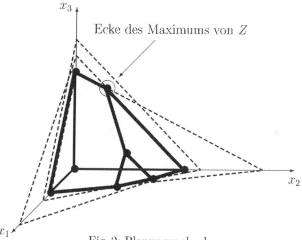

Fig. 2: Planungspolyeder

Wir können aber auch folgendermaßen argumentieren: Mit den Schlupfvariablen x_4, x_5, x_6 betrachten wir das Gleichungssystem

$$\begin{array}{rcrcrcrcrcrcr} x_1 & + & x_2 & + & x_3 & + & x_4 & & & & & = & 7 \\ 2x_1 & + & x_2 & + & x_3 & & & + & x_5 & & & = & 8 \\ 4x_1 & + & x_2 & + & 2x_3 & & & & & + & x_6 & = & 12 \end{array}$$

mit den Positivitätsbedingungen $x_1, x_2, x_3, x_4, x_5, x_6 \ge 0$. Die Auflösung des LGS nach x_1, x_2, x_3 (mit den Parametern x_4, x_5, x_6) ist

$$x_1 = 1 + x_4 - x_5, \; x_2 = 4 - 2x_5 + x_6, \; x_3 = 2 - 2x_4 + 3x_5 - x_6.$$

Damit ergibt sich

$$Z = 24 - 8x_4 + 7x_5 - 2x_6.$$

Wegen $x_1 \geq 0$ ist $x_5 \leq x_4 + 1$ und damit

$$Z \leq 31 - x_4 - 2x_6.$$

Mit $x_4 = x_6 = 0$ und damit $x_5 = 1$ ergibt sich $Z_{\max} = 31$, und zwar in der Ecke $(0, 2, 5)$.

Das sind alles keine sehr systematischen und weittragenden Überlegungen, sie deuten aber schon den Weg zu einer systematischen Lösung solcher Optimierungsprobleme an.

Die *Grundaufgabe der linearen Optimierung* lautet zunächst: Gegeben sei eine Matrix $A = (a_{ij}) \in \mathbb{R}^{m,n}$, ein Vektor $\vec{b} = (b_i) \in \mathbb{R}^m$ und ein Vektor $\vec{u} = (u_j) \in \mathbb{R}^n$. Gesucht sind alle $\vec{x} = (x_j) \in \mathbb{R}^n$ mit $x_1, x_2, \ldots, x_n \geq 0$ und

$$
\begin{aligned}
a_{11}x_1 + a_{12}x_2 + \ldots + a_{1n}x_n \quad (\leq, =, \geq) \quad & b_1, \\
a_{21}x_1 + a_{22}x_2 + \ldots + a_{2n}x_n \quad (\leq, =, \geq) \quad & b_2, \\
\vdots \quad & \\
a_{m1}x_1 + a_{m2}x_2 + \ldots + a_{mn}x_n \quad (\leq, =, \geq) \quad & b_m,
\end{aligned}
$$

für welche die Linearform (Zielfunktion)

$$Z(\vec{x}) = \vec{u}^T \vec{x} = u_1 x_1 + u_2 x_2 + \ldots + u_n x_n$$

einen minimalen oder maximalen Wert annimmt.

In den obigen m Gleichungen oder Ungleichungen kann man die Beziehungen $\geq$ durch $\leq$ ersetzen, indem man die betreffenden Ungleichungen mit -1 multipliziert. Ferner kann man durch Einführung von m weiteren Variablen $x_{n+1}, x_{n+2}, \ldots x_{n+m}$ (Schlupfvariable) und Ergänzung der i-ten Gleichung durch $+x_{n+i}$ alle Ungleichungen in Gleichungen verwandeln, wobei die weiteren Positivitätsbedingungen $x_{n+1}, x_{n+2}, \ldots x_{n+m} \geq 0$ gelten sollen. Ferner soll dann stets $b_1, b_2, \ldots, b_m \geq 0$ gelten, was man durch eventuelle Multiplikation einer Gleichung mit -1 erreicht. Statt $b_1, b_2, \ldots, b_m \geq 0$ schreiben wir künftig kurz $\vec{b} \geq \vec{o}$.

Weiterhin fragen wir immer nach einem *Minimum* der Zielfunktion Z, was man durch Ersetzung von $\vec{u}$ durch $-\vec{u}$ erreichen kann. Die derart standardisierte Grundaufgabe der linearen Optimierung nennt man auch *Standardaufgabe der linearen Optimierung*. Wir behalten die obigen Bezeichnungen bei (auch wenn es jetzt mehr Variable sind) und formulieren die Standardaufgabe folgendermaßen:

Gegeben sei eine Matrix $A = (a_{ij}) \in \mathbb{R}^{m,n}$, ein Vektor $\vec{b} = (b_i) \in \mathbb{R}^m$ mit $\vec{b} \geq \vec{o}$ und ein Vektor $\vec{u} = (u_j) \in \mathbb{R}^n$. Gesucht sind alle $\vec{x} = (x_j) \in \mathbb{R}^n$ mit

$$A\vec{x} = \vec{b} \quad \text{und} \quad \vec{x} \geq \vec{o},$$

für welche die Linearform (Zielfunktion)

$$Z(\vec{x}) = \vec{u}^T \vec{x}$$

einen minimalen Wert annimmt. Dabei steht $\vec{x} \geq \vec{o}$ für $x_1, x_2, \ldots, x_n \geq 0$.

Die Menge

$$M = \{\vec{x} \in \mathbb{R}^n \mid A\vec{x} = \vec{b}, \ \vec{x} \geq \vec{o}\}$$

heißt die *zulässige Menge* der Optimierungsaufgabe. Die Elemente von M nennen wir im Folgenden *Punkte* aus M. Ist $M = \emptyset$, dann gibt es natürlich keine Lösung der Aufgabe. Notwendige Bedingung für $M \neq \emptyset$ ist, dass der Rang der Matrix A gleich dem Rang der erweiterten Matrix $(A, \vec{b})$ ist. Ist dabei der Rang r von A und $(A, \vec{b})$ kleiner als die Anzahl m der Gleichungen, dann kann man $m - r$ Gleichungen weglassen, weil sie Linearkombinationen der übrigen sind. Daher ist es keine Beschränkung der Allgemeinheit, $r = m$ anzunehmen. Im Folgenden ist also stets vorausgesetzt, dass

Rang von $A = m =$ Anzahl der Zeilen von A.

Natürlich ist $m < n$ (= Anzahl der Variablen) anzunehmen, weil andernfalls die zulässige Menge aus höchstens einem Punkt bestände.

Die Menge M ist offensichtlich *konvex*, d.h. zu je k Punkten $\vec{x}_1, \vec{x}_2, \ldots, \vec{x}_k$ und k nichtnegativen Zahlen $r_1, r_2, \ldots, r_k$ mit $\sum_{i=1}^{k} r_i = 1$ gehört auch die *Konvexkombination* $\sum_{i=1}^{k} r_i \vec{x}_i$ zu M.

Ist $M \neq \emptyset$ und *beschränkt*, existiert also ein $K \in \mathbb{R}$ mit $|\vec{x}| \leq K$ für alle $\vec{x} \in M$, dann existiert auch ein $\vec{x}^{(0)} \in M$ mit $Z(\vec{x}^{(0)}) = Z_{\min}$. Das folgt aus dem bekannten Satz aus der Analysis, dass jede auf einer abgeschlossenen und beschränkten Teilmenge von $\mathbb{R}^n$ definierte stetige Funktion dort ein Maximum und ein Minimum annimmt.

Ein Punkt aus M, in welchem Z sein Minimum $Z_{\min}$ annimmt, heißt ein *Minimalpunkt* der Aufgabe. Sind $\vec{x}_1, \vec{x}_2$ zwei Minimalpunkte, dann ist auch $r_1\vec{x}_1 + r_2\vec{x}_2$ mit $r_1, r_2 \geq 0$ und $r_1 + r_2 = 1$ ein Minimalpunkt, denn

$$\begin{aligned} A(r_1\vec{x}_1 + r_2\vec{x}_2) &= r_1 A\vec{x}_1 + r_2 A\vec{x}_2 = r_1\vec{b} + r_2\vec{b} = \vec{b}, \\ Z(r_1\vec{x}_1 + r_2\vec{x}_2) &= r_1 Z(\vec{x}_1) + r_2 Z(\vec{x}_2) = r_1 Z_{\min} + r_2 Z_{\min} = Z_{\min}. \end{aligned}$$

Ebenso folgt für jede endliche Menge $\vec{x}_1, \vec{x}_2, \ldots, \vec{x}_k$ von Minimalpunkten, dass auch jede Konvexkombination

$$\sum_{i=1}^{k} r_i \vec{x}_i \ (r_1, r_2, \ldots, r_k \geq 0, \ r_1 + r_2 + \ldots + r_k = 1)$$

ein Minimalpunkt ist. Die *konvexe Hülle* (Menge aller Konvexkombinationen) gegebener Minimalpunkte besteht also aus Minimalpunkten.

Von entscheidender Bedeutung für ein allgemeines Lösungsverfahren der Optimierungsaufgabe wird sich Satz 5 herausstellen. Dazu benötigt man den Begriff der Ecke der zulässigen Menge M.

Eine Punkt aus M heißt eine *Ecke* von M, wenn er keine echte Konvexkombination

$$r_1\vec{x}_1 + r_2\vec{x}_2, \ (r_1, r_2 > 0, \ r_1 + r_2 = 1)$$

von zwei verschiedenen Punkten $\vec{x}_1, \vec{x}_2$ aus M ist, wenn er also nicht im Inneren einer einer zu M gehörenden „Strecke" liegt (Fig. 3). Der Punkt $\vec{o}$ ist, falls er zu M gehört, stets eine Ecke von M (Aufgabe 5).

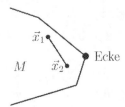

Fig. 3: Begriff der Ecke von M

Die Spaltenvektoren von A bezeichnen wir im Folgenden mit $\vec{a}_1, \vec{a}_2, \ldots, \vec{a}_n$. Für $\vec{x}^{(0)} \in M$ mit den Koordinaten $x_j^{(0)}$ $(j = 1, 2, \ldots, n)$ sei

$$P(\vec{x}^{(0)}) = \{j \mid x_j^{(0)} > 0\} \quad \text{und} \quad S(\vec{x}^{(0)}) = \{\vec{a}_j \mid j \in P(\vec{x}^{(0)})\}.$$

Satz 1: Ein Punkt $\vec{x}^{(0)} \in M$ ist genau dann eine Ecke von M, wenn $S(\vec{x}^{(0)})$ linear unabhängig ist.

Beweis: 1) Der Punkt $\vec{x}^{(0)}$ sei eine Ecke von M.

Ist $\vec{x}^{(0)} = \vec{o}$, dann ist $S(\vec{x}^{(0)}) = \emptyset$ und daher definitionsgemäß linear unabhängig. Ist $\vec{x}^{(0)} \neq \vec{o}$, dann ist $p = |P(\vec{x}^{(0)})| > 0$. Wir wählen die Nummerierung der Spaltenvektoren von A und der Koordinaten von $\vec{x}^{(0)}$ so, dass

$$x_1^{(0)} > 0, \ x_2^{(0)} > 0, \ \ldots, \ x_p^{(0)} > 0, \ x_{p+1}^{(0)} = 0, \ \ldots, \ x_n^{(0)} = 0.$$

Dann ist $\sum\limits_{i=1}^{p} x_i^{(0)} \vec{a}_i = \vec{b}$. Wäre $S(\vec{x}^{(0)}) = \{\vec{a}_1, \vec{a}_2, \ldots, \vec{a}_p\}$ linear abhängig, gäbe es also ein p-Tupel $(k_1, k_2, \ldots, k_p) \neq (0, 0, \ldots, 0)$ mit $\sum\limits_{i=1}^{p} k_i \vec{a}_i = \vec{o}$, dann wäre für alle $\varepsilon \in \mathbb{R}$ mit $\varepsilon > 0$ auch

$$\sum_{i=1}^{p}(x_i^{(0)} + \varepsilon k_i)\vec{a}_i = \vec{b} \quad \text{und} \quad \sum_{i=1}^{p}(x_i^{(0)} - \varepsilon k_i)\vec{a}_i = \vec{b}.$$

Wählt man ε so klein, dass

$$x_i^{(1)} = x_i^{(0)} + \varepsilon k_i > 0 \text{ und } x_i^{(2)} = x_i^{(0)} - \varepsilon k_i > 0 \text{ für } i = 1, 2, \ldots, p,$$

was wegen $x_i^{(0)} > 0$ für $i = 1, 2, \ldots, p$ möglich ist, dann hat man zwei verschiedene Punkte $\vec{x}^{(1)}$ und $\vec{x}^{(2)}$ aus M gefunden, so dass $\vec{x}^{(0)} = \frac{1}{2}\vec{x}^{(1)} + \frac{1}{2}\vec{x}^{(2)}$. Dann ist aber $\vec{x}^{(0)}$ keine Ecke. Daher ist die Annahme, $\{\vec{a}_1, \vec{a}_2, \ldots, \vec{a}_p\}$ wäre linear abhängig, auf einen Widerspruch geführt.

2) $S(\vec{x}^{(0)})$ sei linear unabhängig.

Ist $\vec{x}^{(0)} = \vec{o}$, dann ist $\vec{x}^{(0)}$ eine Ecke. Andernfalls ist $p = |P(\vec{x}^{(0)})| > 0$.

Wir wählen die Nummerierung der Spaltenvektoren von A und der Koordinaten von $\vec{x}^{(0)}$ wieder wie oben. Wäre $\vec{x}^{(0)}$ keine Ecke, dann gäbe es zwei verschiedene Punkte $\vec{x}_1, \vec{x}_2 \in M$ und $r_1, r_2 \in \mathbb{R}$ mit

$$\vec{x}^{(0)} = r_1\vec{x}_1 + r_2\vec{x}_2, \quad r_1 > 0, \ r_2 > 0, \ r_1 + r_2 = 1.$$

Die $(p+1)$-te bis n-te Koordinate von $\vec{x}_1$ und von $\vec{x}_2$ muss dabei 0 sein (weil sie nicht negativ sein kann). Aus $A\vec{x}_1 = \vec{b} = A\vec{x}_2$ folgt $A(\vec{x}_1 - \vec{x}_2) = \vec{o}$, wegen der linearen Unabhängigkeit von $S(\vec{x}^{(0)})$ ergibt sich also $\vec{x}_1 = \vec{x}_2$, im Widerspruch zu der Annahme, $\vec{x}^{(0)}$ wäre keine Ecke. $\qquad \square$

Der Rang von A soll, wie oben vereinbart, gleich der Anzahl m der Gleichungen, also gleich der Anzahl der Zeilen von A sein. Also ist in obigen Bezeichnungen $|S(\vec{x}^{(0)})| \leq m$ für alle $\vec{x}^{(0)} \in M$. Aus Satz 1 folgt daher, dass eine Ecke von M höchstens m positive Koordinaten besitzt. Ist $|S(\vec{x}^{(0)})| = m$, dann ist die Ecke $\vec{x}^{(0)}$ eindeutig bestimmt, es gibt keine andere Ecke $\vec{x}^{(*)}$ mit $|S(\vec{x}^{(*)})| = |S(\vec{x}^{(0)})|$.

Beispiel 3: In Beispiel 2 sind z.B. der zweite, dritte und fünfte Spaltenvektor linear unabhängig. Die zugehörige Ecke ergibt sich aus $x_1 = x_4 = x_6 = 0$ und dem LGS

$$\begin{array}{rcrcrcl} x_2 & + & x_3 & & & = & 7 \\ x_2 & + & x_3 & + & x_5 & = & 8 \\ x_2 & + & 2x_3 & & & = & 12 \end{array}$$

zu $(0\ 2\ 5\ 0\ 1\ 0)^T$, man erhält also die in Beispiel 2 berechnete Maximalecke $(0,2,5)$ des Polyeders. Auch $(2,4,0)$ tritt in Beispiel 2 als Ecke des Polyeders auf. Sie entspricht der Lösung $(2\ 4\ 0\ 1\ 0\ 0)^T$ des Gleichungssystems. Also weiß man aufgrund von Satz 1, dass der erste, zweite und vierte Spaltenvektor linear unabhängig sind (was man natürlich im Beispiel sofort nachprüfen kann).

Satz 2: Ist die zulässige Menge M nicht leer, dann besitzt sie eine Ecke.

Beweis: Gehört $\vec{o}$ zu M, dann hat M die Ecke $\vec{o}$. Es sei nun $p > 0$ die kleinste Anzahl positiver Koordinaten, die unter den Punkten von M auftritt, und es sei $\vec{x}^*$ ein Punkt mit genau p positiven Koordinaten sowie I die Indexmenge dieser Koordinaten. Dann sind die Spaltenvektoren $\vec{a}_i$ für $i \in I$ linear unabhängig, und $\vec{x}^*$ ist damit nach Satz 1 eine Ecke. Wäre nämlich

$$\sum_{i \in I} r_i \vec{a}_i = \vec{o} \quad \text{und} \quad \varepsilon = \min_{i \in I, r_i \neq 0} \frac{x_i^*}{r_i},$$

dann könnte man einen Punkt $\vec{x}^{**} \in M$ mit weniger als p positiven Koordinaten konstruieren: $x_i^{**} = x_i^* - \varepsilon r_i$ für $i \in I$ und $x_i^{**} = 0$ für $i \notin I$. $\qquad \square$

Satz 3: Die zulässige Menge M besitzt höchstens endlich viele Ecken.

Beweis: Aus der Menge der Spaltenvektoren von A wählen wir m linear unabhängige Vektoren aus und nummerieren diese mit $\vec{a}_1, \vec{a}_2, \ldots, \vec{a}_m$. Das LGS

$$x_1\vec{a}_1 + x_2\vec{a}_2 + \ldots + x_m\vec{a}_m = \vec{b} - (x_{m+1}\vec{a}_{m+1} + \ldots + x_n\vec{a}_n)$$

mit den Variablen $x_1, x_2, \ldots, x_m$ und den Parametern $x_{m+1}, \ldots, x_n$ besitzt für jede Wahl der Parameterwerte, also auch für $x_{m+1} = \ldots = x_n = 0$, *genau eine* Lösung $(x_1^{(0)}, x_2^{(0)}, \ldots, x_m^{(0)})$. Der Punkt $\vec{x}^{(0)}$ mit diesen Koordinaten, ergänzt um $x_i^{(0)} = 0$ für $i = m+1, \ldots, n$, ist Lösung von $A\vec{x} = \vec{b}$. Gilt außerdem $\vec{x}^{(0)} \geq \vec{o}$, dann gehört $\vec{x}^{(0)}$ zu M und ist nach Satz 1 eine Ecke von M. Jeder linear unabhängigen Menge von m der Spaltenvektoren von A ist also *höchstens eine* Ecke von M zugeordnet. Jede Ecke $\vec{x}^{(0)}$ lässt sich aber auch auf diese Art gewinnen: Man ordne ihren positiven Koordinaten die Spaltenvektoren von A mit dem gleichen Index zu, ergänze diese durch weitere Spaltenvektoren von A zu einer Basis von $\mathbb{R}^m$ und wende obiges Verfahren zur Gewinnung einer Ecke an. Dabei ergibt sich die Ecke $\vec{x}^{(0)}$. Die Anzahl der Ecken von M ist also höchstens gleich der Anzahl der verschiedenen m-Teilmengen der Menge der n Spaltenvektoren von A, also höchstens gleich dem Binomialkoeffizient $\binom{n}{m}$. $\qquad\qquad\square$

Beispiel 4: In Beispiel 2 kann man auf höchstens 20 Arten drei linear unabhängige Spaltenvektoren auswählen, es gibt also höchstens 20 Ecken. Im Folgenden sind einige Fälle durchgerechnet. Ob eine Ecke vorliegt, erkennt man am Vorzeichen der Koordinatenwerte.

		Ecke?
$\begin{pmatrix} 1 \\ 2 \\ 4 \end{pmatrix}, \begin{pmatrix} 1 \\ 1 \\ 1 \end{pmatrix}, \begin{pmatrix} 1 \\ 1 \\ 2 \end{pmatrix}$	$x_4 = x_5 = x_6 = 0, \quad x_1 = 1, \ x_2 = 4, \ x_3 = 2$	ja
$\begin{pmatrix} 1 \\ 2 \\ 4 \end{pmatrix}, \begin{pmatrix} 1 \\ 1 \\ 1 \end{pmatrix}, \begin{pmatrix} 1 \\ 0 \\ 0 \end{pmatrix}$	$x_3 = x_5 = x_6 = 0, \quad x_1 = 2, \ x_2 = 4, \ x_4 = 1$	ja
$\begin{pmatrix} 1 \\ 1 \\ 1 \end{pmatrix}, \begin{pmatrix} 0 \\ 1 \\ 0 \end{pmatrix}, \begin{pmatrix} 0 \\ 0 \\ 1 \end{pmatrix}$	$x_1 = x_3 = x_4 = 0, \quad x_2 = 7, \ x_5 = 1, \ x_6 = 5$	ja
$\begin{pmatrix} 1 \\ 2 \\ 4 \end{pmatrix}, \begin{pmatrix} 1 \\ 0 \\ 0 \end{pmatrix}, \begin{pmatrix} 0 \\ 0 \\ 1 \end{pmatrix}$	$x_2 = x_3 = x_5 = 0, \quad x_1 = 4, \ x_4 = 3, \ x_6 = -4$	nein
$\begin{pmatrix} 1 \\ 1 \\ 2 \end{pmatrix}, \begin{pmatrix} 0 \\ 1 \\ 0 \end{pmatrix}, \begin{pmatrix} 0 \\ 0 \\ 1 \end{pmatrix}$	$x_1 = x_2 = x_4 = 0, \quad x_3 = 7, \ x_5 = 1, \ x_6 = -2$	nein
$\begin{pmatrix} 1 \\ 0 \\ 0 \end{pmatrix}, \begin{pmatrix} 0 \\ 1 \\ 0 \end{pmatrix}, \begin{pmatrix} 0 \\ 0 \\ 1 \end{pmatrix}$	$x_1 = x_2 = x_3 = 0, \quad x_4 = 7, \ x_5 = 8, \ x_6 = 12$	ja

Die zulässige Menge M in Beispiel 2 ist beschränkt: $x_1, x_2, x_2, x_4 \leq 7$, $x_5 \leq 8$, $x_6 \leq 12$. Die zulässige Menge einer Optimierungsaufgabe muss aber nicht beschränkt sein; beispielsweise gehören bei der Aufgabe mit

$$
\begin{array}{rrrrrl}
x_1 & - & x_2 & + & x_3 & & = 2 \\
-2x_1 & + & x_2 & & & + \; x_4 & = 1
\end{array}
$$

alle Quadrupel $(t, t, 2, t+1)$ mit $t \in \mathbb{R}, t \geq 0$ zur zulässigen Menge.

Satz 4: Ist die zulässige Menge M nicht leer und beschränkt, dann ist sie die konvexe Hülle ihrer Ecken, sie ist also ein Polyeder.

Beweis: Da die konvexe Hülle der Menge der Ecken von M offensichtlich zu M gehört, ist nur zu zeigen, dass jeder Punkt von M eine Konvexkombination der (nach Satz 3 höchstens endlich vielen) Ecken ist.

Ist $m = n$, dann besitzt $A\vec{x} = \vec{b}$ genau eine Lösung $\vec{x}^{(0)}$, wegen $M \neq \emptyset$ ist also $M = \{\vec{x}^{(0)}\}$, die zulässige Menge besteht also nur aus einer Ecke.

Ist $m < n$ und $\vec{b} = \vec{o}$, dann ist die Lösungsmenge von $A\vec{x} = \vec{b}$ bzw. $A\vec{x} = \vec{o}$ ein $(n-m)$-dimensionaler Unterraum von $\mathbb{R}^n$. Da M beschränkt ist und da mit $\vec{x}$ auch $k\vec{x}$ $(k \in \mathbb{R})$ zu M gehören müsste, besteht M nur aus dem Punkt $\vec{o}$.

Wir nehmen nun $m < n$ und $\vec{b} \neq \vec{o}$ an. Dann ist $\vec{o} \notin M$, jeder Punkt aus M besitzt also mindestens eine positive Koordinate. Es sei $\vec{x}^{(0)}$ ein Punkt aus M mit genau r positiven Koordinaten $(r \geq 1)$ und I die Indexmenge dieser positiven Koordinaten.

Ist $\{\vec{a}_i \mid i \in I\}$ linear unabhängig, dann ist $\vec{x}^{(0)}$ nach Satz 1 eine Ecke von M und als solche eine (triviale) Konvexkombination von Ecken aus M.

Sei $\{\vec{a}_i \mid i \in I\}$ linear abhängig, also $\sum\limits_{i \in I} k_i \vec{a}_i = \vec{o}$, wobei mindestens einer der Koeffizienten k_i als positiv angenommen werden kann. Setzt man mit $\delta \in \mathbb{R}$

$$
x_i^*(\delta) = x_i^{(0)} + \delta k_i \text{ für } i \in I \quad \text{und} \quad x_i^*(\delta) = 0 \text{ sonst,}
$$

dann ist $\vec{x}^*(\delta)$ für jedes $\delta \in \mathbb{R}$ eine Lösung von $A\vec{x} = \vec{b}$. Wäre keiner der Koeffizienten k_i negativ, dann wäre $\vec{x}^*(\delta) \in M$ für alle $\delta \in \mathbb{R}$ mit $\delta > 0$ und somit M nicht beschränkt. Daher ist mindestens einer der Koeffizienten k_i negativ. Setzt man

$$
\delta_1 = -\min_{i \in I, k_i > 0} \frac{x_i^{(0)}}{k_i} = -\frac{x_p^{(0)}}{k_p} \quad \text{und} \quad \delta_2 = \min_{i \in I, k_i < 0} \frac{x_i^{(0)}}{|k_i|} = \frac{x_q^{(0)}}{-k_q},
$$

dann gilt $\delta_1 < 0 < \delta_2$ und

$$
x_i^*(\delta) = x_i^{(0)} + \delta k_i \geq 0 \quad \text{für alle } i \in I \text{ und alle } \delta \text{ mit } \delta_1 \leq \delta \leq \delta_2.
$$

Es gilt $x_p^*(\delta_1) = 0$ und $x_q^*(\delta_2) = 0$. Die Punkte $\vec{x}^*(\delta_1)$ und $\vec{x}^*(\delta_2)$ sind also verschieden und haben nur noch höchstens $r-1$ positive Koordinaten. Für jedes

$\delta \in \mathbb{R}$ mit $\delta_1 \leq \delta \leq \delta_2$ gilt nun

$$\delta = r_1\delta_1 + r_2\delta_2 \quad \text{mit} \quad r_1, r_2 \geq 0, \; r_1 + r_2 = 1.$$

Damit erhält man für alle $i \in I$

$$x_i^*(\delta) = x_i^{(0)} + \delta k_i = (r_1 + r_2)x_i^{(i)} + (r_1\delta_1 + r_2\delta_2)k_i$$
$$= r_1(x_i^{(0)} + \delta_1 k_i) + r_2(x_i^{(0)} + \delta_2 k_i).$$

Wegen $\delta_1 < 0 < \delta_2$ gilt dies insbesondere für $\delta = 0$. Der Punkt $\vec{x}^{(0)}$ ist also Konvexkombination der Punkte $\vec{x}^*(\delta_1)$ und $\vec{x}^*(\delta_2)$ aus M, welche höchstens $r-1$ positive Koordinaten haben.

Wiederholung der Argumentation liefert, dass $\vec{x}^{(0)}$ Konvexkombination von zwei Punkten mit je genau einer positiven Koordinate ist. Diese sind Ecken von M. Denn zu einem Punkt mit genau einer positiven Koordinate gehört ein einziger Spaltenvektor $\vec{a}$; dabei muss $\{\vec{a}\}$ linear unabhängig sein (es muss also eine Ecke vorliegen), denn wäre $\vec{a} = \vec{o}$, dann wäre M nicht beschränkt. $\qquad\square$

Satz 5: Ist die Menge der Minimalpunkte nicht leer, dann enthält sie mindestens eine Ecke aus M.

Beweis: Es sei $\vec{x}_0$ ein Minimalpunkt. Ist $\vec{x}_0 = \vec{o}$, dann ist $\vec{x}_0$ eine Ecke. Ist $\vec{x}_0 \neq \vec{o}$ und $S(\vec{x}_0)$ linear unabhängig, dann ist $\vec{x}_0$ nach Satz 1 eine Ecke von M. Ist $S(\vec{x}_0)$ linear abhängig und (mit den schon oben verwendeten Bezeichnungen) $\sum_{i=1}^{p} k_i\vec{a}_i = \vec{o}$, wobei nicht alle k_i gleich 0 sind, dann definieren wir $\vec{x}_1, \vec{x}_2$ durch

$$x_1^{(i)} = x_0^{(i)} - \varepsilon k_i, \; x_2^{(i)} = x_0^{(i)}i + \varepsilon k_i \; (i = 1, 2, \ldots, p)$$

mit $\varepsilon > 0$ und $x_1^{(i)} = x_2^{(i)} = 0$ für $i = p+1, \ldots, n$.

Die Punkte $\vec{x}_1, \vec{x}_2$ sind Lösungen von $A\vec{x} = \vec{b}$. Setzen wir ε gleich dem Minimum aller Werte $\dfrac{x_0^{(i)}i}{k_i}$ mit $k_i \neq 0$, dann sind $\vec{x}_1, \vec{x}_2$ zulässige Punkte. Es gilt

$$Z(\vec{x}_1) = Z(\vec{x}_0) - \varepsilon \sum_{i=1}^{p} u_i k_i \quad \text{und} \quad Z(\vec{x}_2) = Z(\vec{x}_0) + \varepsilon \sum_{i=1}^{p} u_i k_i.$$

Wegen $Z(\vec{x}_0) \leq Z(\vec{x})$ für alle $\vec{x} \in M$ ist

$$\sum_{i=1}^{p} u_i k_i \geq 0 \quad \text{und} \quad \sum_{i=1}^{p} u_i k_i \leq 0, \quad \text{also} \quad \sum_{i=1}^{p} u_i k_i = 0$$

und damit $Z(\vec{x}_1) = Z(\vec{x}_2) = Z(\vec{x}_0)$. Demnach sind $\vec{x}_1$ und $\vec{x}_2$ Minimalpunkte; von diesen hat mindestens einer aufgrund der Wahl von ε eine positive Koordinate weniger als $\vec{x}_0$. Ist $\vec{x}_1$ ein solcher, dann definiere man $S(\vec{x}_1)$ analog zu $S(\vec{x}_0)$ und wiederhole die gesamte Argumentation. Schließlich erreicht man den Fall, dass $S(\vec{x}_j)$ linear unabhängig ist, und zwar spätestens dann, wenn diese Menge leer ist. $\qquad\square$

Aufgaben

1. Die Werkstücke A, B durchlaufen die Maschinen M_1, M_2, M_3. Die Bearbeitungszeit von A, B in den einzelnen Maschinen, die wartungsfreie Laufzeit der Maschinen pro Tag und die Gewinne pro Werkstück (drei Möglichkeiten) entnehme man untenstehender Tabelle. Für welche Stückzahlen ist der Gesamtgewinn pro Tag jeweils maximal?

	A	B	Laufzeit
M_1 min/Stck	2	6	12 h
M_2 min/Stck	4	4	10 h 40 m
M_3 min/Stck	7	2	12 h 50 m
Gewinn/Stck	90,–	30,–	← Fall 1
Gewinn/Stck	60,–	60,–	← Fall 2
Gewinn/Stck	40,–	80,–	← Fall 3

2. Das Planungspolyeder in Beispiel 2 hat u.a. die Ecken $A(2,4,0)$, $B(1,4,2)$, $C(1,6,0)$. Für welche Zielfunktionen sind alle Punkte der Strecke AB Maximalpunkte? Für welche Zielfunktion sind alle Punkte der Dreiecksfläche ABC Maximalpunkte?

3. Das Planungspolyeder in Beispiel 2 ist ein konvexer Körper, d.h. mit je zwei Punkten gehört auch die Verbindungsstrecke zu diesem Körper. Das Planungspolyeder ist die Schnittmenge von Halbräumen, und solche sind konvex. Man zeige allgemein: Die Schnittmenge von konvexen Mengen ist konvex.

4. Man löse das Optimierungsproblem

$$\begin{array}{ccccccc} x_1 & + & 2x_2 & + & x_3 & \leq & 5 \\ x_1 & - & x_2 & + & x_3 & \leq & 4 \\ x_1 & + & x_2 & + & 3x_3 & \leq & 6 \end{array} \,, \quad x_1, x_2, x_3 \geq 0, \; Z = 6x_1 + 4x_2 + 2x_2 \text{ max.}$$

5. Man zeige: Gehört der Nullvektor $\vec{o}$ zur zulässigen Menge M einer linearen Optimierungaufgabe in Standardform, dann ist er eine Ecke von M.

6. Man betrachte die Standardaufgabe der linearen Optimierung mit

$$A = \begin{pmatrix} 1 & -2 & 1 & 0 & 0 \\ -2 & 1 & 0 & 1 & 0 \\ 1 & 1 & 0 & 0 & 1 \end{pmatrix}, \quad \vec{b} = \begin{pmatrix} 2 \\ 2 \\ 1 \end{pmatrix}, \quad \vec{u} = (2 \; 2 \; -3 \; 1 \; 5)^T.$$

a) Man gebe alle Ecken der zulässigen Menge an.

b) Man bestimme alle Minimalpunkte von $\vec{u}^T \vec{x}$.

VIII.2 Das Simplexverfahren

Beim Simplexverfahren wird zunächst eine Ecke der zulässigen Menge ermittelt (Startecke, Basislösung) und von dieser ausgehend eine Folge von Ecken mit abnehmenden Werten der Zielfunktion konstruiert. Nach Satz 5 aus VIII.1 nimmt nämlich die Zielfunktion, falls sie ein Minimum besitzt, ihren minimalen Wert in einer Ecke an. Man hat dabei die Vorstellung, Ecken eines mehrdimensionalen Polyeders zu durchwandern. Solche Polyeder kann man sich aus einfachen Polyedern zusammengesetzt denken, welche den Namen *Simplex* tragen: Ein Simplex der Dimension r im Punktraum $\mathbb{R}^n$ ist die Menge aller Punkte, deren Ortsvektoren eine Konvexkombination von $r+1$ linear unabhängigen Vektoren des Vektorraums $\mathbb{R}^n$ sind. Im $\mathbb{R}^3$ ist ein Punkt ein 0- dimensionaler Simplex, eine Strecke ein 1-dimensionaler Simplex, ein Dreieck ein 2-dimensionaler Simplex und ein Tetraeder ein 3-dimensionaler Simplex. Obwohl wir es im Folgenden nicht mit Simplexen, sondern mit allgemeineren Polyedern zu tun haben, spricht man vom *Simplexverfahren*.

Wir formulieren hier nochmals die *Standardaufgabe* der linearen Optimierung und wiederholen einige Definitionen und Bezeichnungen:

Standardaufgabe: Es sei $A = (a_{ij}) \in \mathbb{R}^{m,n}$ eine Matrix vom Rang m mit den Spaltenvektoren $\vec{a}_j$ $(j = 1, 2, \ldots, n)$ und $\vec{b} \in \mathbb{R}^m$ mit $\vec{b} \geq \vec{o}$, ferner $\vec{u} \in \mathbb{R}^n$ und $Z(\vec{x}) = \vec{u}^T \vec{x}$. Gesucht sind die Punkte aus $M = \{\vec{x} \mid A\vec{x} = \vec{b},\ \vec{x} \geq \vec{o}\}$ mit einem minimalen Wert von $Z(\vec{x})$.

Die Menge $M = \{\vec{x} \mid A\vec{x} = \vec{b},\ \vec{x} \geq \vec{o}\}$ heißt *zulässige Menge* der Standardaufgabe. Eine Punkt $\vec{x}^{(0)} \in M$ heißt eine *Ecke* von M, wenn er keine echte Konvexkombination von zwei anderen Punkten aus M ist.

Zunächst untersuchen wir, wie man eine Startecke (Basislösung) $\vec{x}^{(0)}$ ermittelt und ob überhaupt eine solche existiert.

Geht man von der Nichtstandardform mit

$$M = \{\vec{x} \in \mathbb{R}^n \mid A\vec{x} \leq \vec{b},\ \vec{x} \geq \vec{o}\} \quad (A \in \mathbb{R}^{m,n},\ \vec{b} \in \mathbb{R}^m)$$

durch Einführung von m Schlupfvariablen $x_{n+1}, \ldots, x_{n+m}$ zur Standardform mit

$$M' = \{\vec{x}' \in \mathbb{R}^{n+m} \mid A'\vec{x}' = \vec{b}',\ \vec{x}' \geq \vec{o}\} \quad (A' \in \mathbb{R}^{m,n+m},\ \vec{b} \in \mathbb{R}^m,\ \vec{b} \geq \vec{o})$$

über, dann ist $(0\ 0\ \ldots\ 0\ b_1\ b_2\ \ldots\ b_m)^T = (\vec{o}^T\ \vec{b}^T)^T$ eine Ecke von M', denn die zu den von 0 verschiedenen Koordinaten dieses Punktes gehörenden Spalten sind Spalten der beim Übergang von A zu A' hinzugefügten Einheitsmatrix, also linear unabhängig. (Dies ist der in der Praxis am häufigsten auftretende Fall, so dass man sich über das Auffinden einer Startecke in der Regel keine Gedanken machen muss.)

Ist aber die Aufgabe bereits in Standardform (mit $A \in \mathbb{R}^{m,n}$, $\vec{b} \in \mathbb{R}^m$) gegeben, wobei keineswegs m der Spaltenvektoren von A die verschiedenen Einheitsvektoren sein müssen, dann geht man folgendermaßen vor:

Man fügt m Schlupfvariable $y_1, y_2, \ldots, y_m$ mit den Bedingungen $y_i \geq 0$ hinzu, ergänzt also A um die Spalten der Einheitsmatrix aus $\mathbb{R}^m$ zu $A' = (A\ E)$, setzt

$$\vec{x}' = (x_1\ \ldots\ x_n\ y_1\ \ldots\ y_m)^T = (\vec{x}^T\ \vec{y}^T)^T$$

und sucht das Minimum von $Z'(\vec{x}') = y_1 + y_2 + \ldots + y_m$ auf der wie üblich definierten zulässigen Menge M'. Der Punkt $(\vec{o}^T\ \vec{b}^T)^T$ ist eine Ecke von M'. Wegen $Z(\vec{x}') \geq 0$ für alle $\vec{x}' \in M'$ besitzt Z' ein Minimum auf M'. Zur Bestimmung dieses Minimums kann man $(\vec{o}^T\ \vec{b}^T)^T$ als Startecke verwenden.

Es sei $(\vec{x}^{(0)\,T}\ \vec{y}^{(0)\,T})^T$ ein Minimalpunkt dieser Aufgabe (den man mit den im Folgenden dargestellten Methoden finden kann).

Ist $Z'((\vec{x}^{(0)\,T}\ \vec{y}^{(0)\,T})^T) > 0$, dann ist die zulässige Menge M des Ausgangsproblems leer: Wäre $\vec{z} \in M$, dann wäre $A\vec{z} + E\vec{o} = \vec{b}$ und $(\vec{z}^T\ \vec{o}^T)^T \geq \vec{o}$, also $(\vec{z}^T\ \vec{o}^T)^T \in M'$ und $Z'((\vec{z}^T\ \vec{o}^T)^T) = 0$, das Minimum von Z' wäre also nicht positiv.

Ist $Z'((\vec{x}^{(0)\,T}\ \vec{y}^{(0)\,T})^T) = 0$, dann ist $\vec{y}^{(0)} = \vec{o}$ und damit $\vec{x}^{(0)} \in M$. Die zulässige Menge des Ausgangsproblems ist also nicht leer. Da $(\vec{x}^{(0)\,T}\ \vec{o}^T)^T$ als Minimalpunkt eine Ecke von M' ist, besitzt diese höchstens m positive Koordinaten und die zugehörigen Spaltenvektoren von A sind linear unabhängig. Also ist $\vec{x}^{(0)}$ eine Ecke von M und damit eine mögliche Startecke des Ausgangsproblems.

Im Folgenden können wir also stets davon ausgehen, dass wir eine Startecke $\vec{x}^{(0)}$ der Standardaufgabe kennen. Wir wollen nun untersuchen, ob und wie man von einer gegebenen Ecke $\vec{x}^{(0)}$ zu einer Ecke $\vec{x}^{(1)}$ mit $Z(\vec{x}^{(1)}) < Z(\vec{x}^{(0)})$ gelangt.

Für eine Ecke $\vec{x}^{(0)} \in M$ sei

$P(\vec{x}^{(0)})$ die Menge aller Indizes j, für welche $x_j^{(0)} > 0$ ist,

$S(\vec{x}^{(0)})$ die Menge aller Spaltenvektoren $\vec{a}_j$ von A mit $j \in P(\vec{x}^{(0)})$.

Man beachte, dass eine Ecke von M *höchstens* m positive Koordinaten hat, wie wir in VIII.1 gesehen haben, dass also $|P(\vec{x}^{(0)})| = |S(\vec{x}^{(0)})| \leq m$.

Definition 1: Eine Ecke $\vec{x}^{(0)}$ von M heißt *entartet*, wenn sie weniger als m positive Koordinaten besitzt; andernfalls heißt sie *nicht-entartet*.

Definition 2: Es sei $\vec{x}^{(0)}$ eine Ecke von M. Eine Menge B von m linear unabhängigen Spaltenvektoren von A mit $S(\vec{x}^{(0)}) \subseteq B$ heißt eine *Basis* von $\vec{x}^{(0)}$. Die zu B gehörenden Variablen heißen *Basisvariable*, die anderen *Nichtbasisvariable* von $\vec{x}^{(0)}$ zur Basis B.

Die Basis einer nicht-entarteten Ecke $\vec{x}^{(0)}$ ist eindeutig bestimmt (nämlich als $S(\vec{x}^{(0)})$), eine entartete Ecke hat in der Regel verschiedene Basen.

Im Folgenden sei

$$B = \{\vec{a}_{i_1}, \vec{a}_{i_2}, \ldots, \vec{a}_{i_m}\} \text{ eine Basis der Ecke } \vec{x}^{(0)},$$

$$I = \{i_1, i_2, \ldots, i_m\} \text{ die zugehörige Indexmenge,}$$

$$\overline{I} = \{1, 2, \ldots, n\} \setminus I = \{i_{m+1}, i_{m+2}, \ldots, i_n\}.$$

Die Darstellung der Nichtbasisvektoren und des Vektors $\vec{b}$ in der Basis B sei

$$\vec{a}_k = \sum_{i \in I} c_{ik}\vec{a}_i \quad \text{für} \quad k \in \overline{I} \qquad \text{und} \qquad \vec{b} = \sum_{i \in I} c_i\vec{a}_i \quad (c_{ik}, c_i \in \mathbb{R}).$$

Dann ist

$$A\vec{x} = \sum_{i \in I} x_i\vec{a}_i + \sum_{k \in \overline{I}} x_k \left(\sum_{i \in I} c_{ik}\vec{a}_i \right) = \sum_{i \in I} \left(x_i + \sum_{k \in \overline{I}} c_{ik}x_k \right) \vec{a}_i.$$

Das Gleichungssystem $A\vec{x} = \vec{b}$ ist daher äquivalent mit

$$\sum_{i \in I} \left(x_i + \sum_{k \in \overline{I}} c_{ik}x_k \right) \vec{a}_i = \sum_{i \in I} c_i\vec{a}_i.$$

Wegen der linearen Unabhängigkeit von B gilt also für alle $\vec{x} \in M$

$$x_i + \sum_{k \in \overline{I}} c_{ik}x_k = c_i \quad \text{für alle } i \in I.$$

Dies gilt insbesondere für die Ecke $\vec{x}^{(0)}$, für welche ja $x_k^{(0)} = 0$ für $k \in \overline{I}$ gilt, also ist $c_i = x_i^{(0)}$ und damit $c_i \geq 0$ für alle $i \in I$. Ferner ist wegen $x_i = x_i^{(0)} - \sum_{k \in \overline{I}} c_{ik}x_k$

$$Z(\vec{x}) = \sum_{i \in I} u_ix_i + \sum_{k \in \overline{I}} u_kx_k = \sum_{i \in I} u_ix_i^{(0)} + \sum_{k \in \overline{I}} (u_k - \sum_{i \in I} u_ic_{ik})x_k.$$

Die Koeffizienten $f_k = u_k - \sum_{i \in I} u_ic_{ik}$ für $k \in \overline{I}$ heißen *Formkoeffizienten* (von $\vec{x}^{(0)}$ bezüglich der Basis B). Mit ihnen gilt also

$$Z(\vec{x}) = Z(\vec{x}^{(0)}) + \sum_{k \in \overline{I}} f_kx_k.$$

Beispiel 1: Wir betrachten die Aufgabe aus Beispiel 2 in VIII.1:

$$
\begin{array}{rcrcrcrcrcrcr}
x_1 & + & x_2 & + & x_3 & + & x_4 & & & & & = & 7 \\
2x_1 & + & x_2 & + & x_3 & & & + & x_5 & & & = & 8 \\
4x_1 & + & x_2 & + & 2x_3 & & & & & + & x_6 & = & 12
\end{array}
$$

mit den Positivitätsbedingungen $x_1, x_2, x_3, x_4, x_5, x_6 \geq 0$. Die zu minimierende Zielfunktion sei $Z = -2x_1 - 3x_2 - 5x_3$. (In VIII.1 haben wir das Maximum der Zielfunktion $Z = 2x_1 + 3x_2 + 5x_3$ gesucht.) Eine nicht-entartete Ecke ist $(1\ 4\ 2\ 0\ 0\ 0)^T$. Die Spaltenvektoren $\vec{a}_1, \vec{a}_2, \vec{a}_3$ bilden die Basis dieser Ecke. Es ist

$$
\begin{aligned}
\vec{a}_4 &= -\vec{a}_1 && + 2\vec{a}_3 \\
\vec{a}_5 &= \vec{a}_1 + 2\vec{a}_2 - 3\vec{a}_3 && \text{und} \quad \vec{b} = \vec{a}_1 + 4\vec{a}_2 + 2\vec{a}_3. \\
\vec{a}_6 &= -\vec{a}_2 + \vec{a}_3
\end{aligned}
$$

Bezogen auf die Basis $\{\vec{a}_1, \vec{a}_2, \vec{a}_3\}$ lautet das Gleichungssystem also

$$
\begin{aligned}
x_1 && - x_4 + x_5 && = 1 \\
x_2 && + 2x_5 - x_6 &= 4 \ . \\
x_3 + 2x_4 && - 3x_5 + x_6 &= 2
\end{aligned}
$$

Die Zielfunktion ist

$$
\begin{aligned}
Z(\vec{x}) &= -2(1 + x_4 - x_5) - 3(4 - 2x_5 + x_6) - 5(2 - 2x_4 + 3x_5 - x_6) \\
&= -24 + 8x_4 - 7x_5 + 2x_6
\end{aligned}
$$

Für die Ecke $\vec{x}^{(0)} = (1\ 4\ 2\ 0\ 0\ 0)^T$ ist $x_4 = x_5 = x_6 = 0$, in dieser Ecke hat die Zielfunktion also den Wert -24.

Alle berechneten Daten sind in Tab. 1 zusammengefasst. In der letzten Zeile stehen die Koeffizienten der Zielfunktion („Formkoeffizienten") und der Wert der Zielfunktion in der betrachteten Ecke.

x_1	x_2	x_3	x_4	x_5	x_6	$\vec{b}$
1	0	0	-1	1	0	1
0	1	0	0	2	-1	4
0	0	1	2	-3	1	2
Zielfunktion			8	-7	2	-24

Tab. 1

Für die Ecke $\vec{x}^{(0)} = (0\ 0\ 0\ 7\ 8\ 12)^T$ („triviale" Ecke) ist $x_1 = x_2 = x_3 = 0$, in dieser Ecke hat die Zielfunktion also den Wert 0 (Tab. 2). Diese Ecke kann man beim Optimierungsverfahren (Satz 3) als Startecke wählen, wenn man keine „günstigere" Ecke kennt.

x_4	x_5	x_6	x_1	x_2	x_3	$\vec{b}$
1	0	0	1	1	1	7
0	1	0	2	1	1	8
0	0	1	4	1	2	12
Zielfunktion			-2	-3	-5	0

Tab. 2

Zum Auffinden von Tabelle 1 führt man mit dem gegebenen LGS bzw. seiner Koeffizentenmatrix die Zeilenumformungen durch, die man schon beim Lösen eines LGS verwendet hat:

Aus
$$
\begin{pmatrix}
1 & 1 & 1 & 1 & 0 & 0 & 7 \\
2 & 1 & 1 & 0 & 1 & 0 & 8 \\
4 & 1 & 2 & 0 & 0 & 1 & 12
\end{pmatrix}
\quad \text{folgt} \quad
\begin{pmatrix}
1 & 1 & 1 & 1 & 0 & 0 & 7 \\
0 & -1 & -1 & -2 & 1 & 0 & -6 \\
0 & -3 & -2 & -4 & 0 & 1 & -16
\end{pmatrix},
$$

$$
\begin{pmatrix}
1 & 1 & 1 & 1 & 0 & 0 & 7 \\
0 & 1 & 1 & 2 & -1 & 0 & 6 \\
0 & 0 & 1 & 2 & -3 & 1 & 2
\end{pmatrix}
\quad \text{und schließlich} \quad
\begin{pmatrix}
1 & 0 & 0 & -1 & 1 & 0 & 1 \\
0 & 1 & 0 & 0 & 2 & -1 & 4 \\
0 & 0 & 1 & 2 & -3 & 1 & 2
\end{pmatrix}.
$$

Im Folgenden sei $\vec{x}^{(0)}$ stets eine gegebene Ecke der Standardaufgabe.

Satz 1: a) Sind die Formkoeffizienten f_k für $k \in \overline{I}$ in der Darstellung

$$Z(\vec{x}) = Z(\vec{x}^{(0)}) + \sum_{k \in \overline{I}} f_k x_k$$

von $Z(\vec{x})$ bezüglich der Basis von $\vec{x}^{(0)}$ alle positiv, dann ist $\vec{x}^{(0)}$ der einzige Minimalpunkt.

b) Ist kein Formkoeffizient negativ, dann existieren Minimalpunkte. Es sei I_0 die Menge der Indizes $k \in \overline{I}$ mit $f_k = 0$. Dann sind die Minimalpunkte genau die Punkte $\vec{x}$ mit $x_i \geq 0$ $(i = 1, 2, \ldots, n)$ und

$$x_i = x_i^{(0)} - \sum_{k \in I_0} c_{ik} x_k, \quad \text{falls} \ \ i \in I \ \ \text{und} \ \ x_k = 0, \quad \text{falls} \ \ k \in \overline{I} \setminus I_0.$$

Für die Koordinaten mit Indizes aus I_0 sind außer $x_i \geq 0$ keine Bedingungen festgelegt, sie sind freie Parameter.

Beweis: a) Aus der angegebenen Bedingung folgt

$$Z(\vec{x}) \geq \sum_{i \in I} u_i x_i^{(0)} = Z(\vec{x}^{(0)}) \quad \text{für alle} \ \ \vec{x} \in M.$$

Für $\vec{x} \neq \vec{x}^{(0)}$ ist mindestens ein x_k mit $k \in \overline{I}$ positiv, sonst wäre $x_i = x_i^{(0)}$ für alle $i \in I$ (wegen $x_i + \sum_{k \in \overline{I}} c_{ik} x_k = x_i^{(0)}$ für $i \in I$). Also ist $Z(\vec{x}) > Z(\vec{x}^{(0)})$.

b) Wie in a) sieht man, dass $\vec{x}^{(0)}$ Minimalpunkt ist. Die weitere Behauptung folgt aus obiger Gleichung $Z(\vec{x}) = Z(\vec{x}^{(0)}) + \sum_{k \in \overline{I}} f_k x_k$. Ist nämlich $f_k = 0$ (also $k \in I_0$), so kann man $x_k \geq 0$ beliebig wählen; ist $f_k > 0$ (also $k \in \overline{I} \setminus I_0$), so muss man zur Erreichung eines Minimums $x_k = 0$ setzen. $\qquad\square$

Für die Minimalpunkte $\vec{x}$ gilt also nach Satz 1b)

$$x_i = 0 \text{ für } i \in \overline{I} \setminus I_0, \quad x_i \geq 0 \text{ beliebig für } i \in I_0,$$

$$x_i = x_i^{(0)} - \sum_{k \in I_0} x_k c_{ik} \text{ für } i \in I$$

bzw.

$$\vec{x} = \vec{x}^{(0)} - \sum_{k \in I_0} t_k \vec{c}_k \quad \text{mit } t_k \geq 0,$$

wobei wir für x_k die Parameterbezeichnung t_k gewählt haben. Die Vektoren $\vec{c}_k$ haben dabei $|\overline{I} \setminus I_0|$ Koordinaten 0, und zwar an den Stellen i, an denen $x_i^{(0)} = 0$ und $f_i > 0$ gilt.

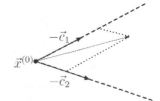

Fig. 1: Kegel mit der Spitze $\vec{x}^{(0)}$

Diese Punkte bilden einen r-dimensionalen Kegel mit der Spitze $\vec{x}^{(0)}$, wobei $r = |I_0|$ (Fig. 1). Die Menge der Minimalpunkte in Satz 1b) ist die Schnittmenge dieses Kegels mit der Menge $\{\vec{x} \mid \vec{x} \geq \vec{o}\}$. Die Menge dieser Minimalpunkte kann unbeschränkt sein.

Beispiel 2: Es sei $A = \begin{pmatrix} 1 & -2 & 1 & 0 & 0 \\ -2 & 1 & 0 & 1 & 0 \\ 1 & 1 & 0 & 0 & -1 \end{pmatrix}$, $\vec{b} = \begin{pmatrix} 2 \\ 2 \\ 1 \end{pmatrix}$ und $Z(\vec{x}) = -x_1 + 4x_2$.

Der Punkt $\vec{x}^{(0)} = (1\ 0\ 0\ 6\ 1)^T \in M$ ist eine (nicht-entartete) Ecke, denn die zu den positiven Koordinaten gehörenden Spaltenvektoren $\vec{a}_1, \vec{a}_4, \vec{a}_5$ von A sind linear unabhängig. Bezogen auf die Basis $\{\vec{a}_1, \vec{a}_4, \vec{a}_5\}$ von $\vec{x}^{(0)}$ lautet das Gleichungssystem

$$
\begin{array}{rcl}
x_1 \quad - 2x_2 + x_3 &=& 2 \\
x_4 \quad - x_2 + 2x_3 &=& 6 \\
x_5 - 3x_2 + x_3 &=& 1
\end{array}
$$

und die Zielfunktion $Z(\vec{x}) = -2 + 2x_2 + 2x_3$. Die Koeffizienten von x_2, x_3 in der Zielfunktion sind positiv, also ist nach Satz 1 die Ecke $(1\ 0\ 0\ 6\ 1)^T$ der einzige Minimalpunkt und der minimale Wert von Z ist -2.

Beispiel 3: Eine Aufgabe habe mit dem Eckpunkt $(0\ 5\ 0\ 0\ 10\ 7\ 3\ 0\ 0)^T$ die Werte in der folgenden Tabelle ergeben (vgl. Beispiel 1). Dieser Eckpunkt ist aufgrund der Werte von f_k ein Minimalpunkt.

x_2	x_5	x_6	x_7	x_1	x_3	x_4	x_8	x_9	
1	0	0	0	1	**0**	1	3	5	25
0	1	0	0	3	**5**	1	-1	7	80
0	0	1	0	-1	**1**	0	2	-3	75
0	0	0	1	2	**3**	-2	3	**0**	40
				$f_k =$ 3	**0**	11	4	**0**	

Minimalpunkte sind dann nach Satz 1b) alle Punkte der folgenden Form mit nichtnegativen Parameterwerten und nichtnegativen Koordinaten:

$$
\begin{pmatrix} 0 \\ 25 \\ 0 \\ 0 \\ 80 \\ 75 \\ 40 \\ 0 \\ 0 \end{pmatrix}
- t_3 \begin{pmatrix} 0 \\ 0 \\ \boxed{-1} \\ 0 \\ 5 \\ 1 \\ 3 \\ 0 \\ 0 \end{pmatrix}
- t_9 \begin{pmatrix} 0 \\ 5 \\ 0 \\ 0 \\ 7 \\ -3 \\ 0 \\ 0 \\ \boxed{-1} \end{pmatrix}
\quad \text{mit} \quad
\begin{array}{l}
t_3 \geq 0 \\
t_9 \geq 0 \\
25 - 5t_9 \geq 0 \\
80 - 5t_3 - 7t_9 \geq 0 \\
75 - t_3 + 3t_9 \geq 0 \\
40 - 3t_3 \geq 0
\end{array}
$$

Es gibt unendlich viele Minimalpunkte, denn für alle Punkte (t_3, t_9) aus dem in Fig. 2 dargestellten Viereck $ABCD$ ergibt sich ein Minimalpunkt der gegebenen Aufgabe.

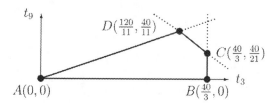

Fig. 2: Parameterbereich in Beispiel 3

Zur Formulierung des nächsten Satzes benötigen wir wieder die obige Darstellung von $A\vec{x} = \vec{b}$ in der Form

$$x_i + \sum_{k \in \overline{I}} c_{ik} x_k = x_i^{(0)} \quad \text{für} \quad i \in I,$$

welche sich auf eine Basis einer gegebenen Ecke $\vec{x}^{(0)}$ bezieht. Den aus den Koeffizienten c_{ik} bei festem k gebildeten Vektor aus $\mathbb{R}^m$ bezeichnen wir (wie schon oben) mit $\vec{c}_k$. (Die Vektoren $\vec{c}_k$ bilden die Spalten in der zweiten Abteilung der Tabellen in Beispiel 1 und Beispiel 3.).

Satz 2: Gibt es bezüglich einer Basis einer Ecke von M einen negativen Formkoeffizient f_h und hat der zugehörige Vektor $\vec{c}_h$ keinen einzigen positiven Koeffizient, dann existiert kein Minimalpunkt.

Beweis: Für die Punkte $\vec{x}$ mit

$$x_i = x_i^{(0)} + |c_{ih}|t \text{ für } i \in I, \ x_h = t \text{ und } x_k = 0 \text{ für } k \in \overline{I}, k \neq h$$

mit $t \geq 0$ gilt $\vec{x} \geq \vec{o}$ und

$$x_i + \sum_{k \in \overline{I}} c_{ik} x_k = x_i^{(0)} + |c_{ih}|t + c_{ih}t = x_i^{(0)} \quad \text{für} \quad i \in I$$

und damit $\vec{x} \in M$. Für diese Punkte gilt

$$Z(\vec{x}) = Z(\vec{x}^{(0)}) + \sum_{k \in \overline{I}} f_k x_k = Z(\vec{x}^{(0)}) - |f_h|t.$$

Da t beliebig große Werte annehmen kann, ist M nicht beschränkt und $Z(\vec{x})$ nimmt auf M kein Minimum an. $\qquad\square$

Es verbleibt der Fall, dass ein negativer Formkoeffizient existiert und jeder Vektor $\vec{c}_k$ für $k \in \overline{I}$ mindestens *eine* positive Koordinate besitzt. Hier betrachten wir zunächst den Fall, dass die Startecke $\vec{x}^{(0)}$ nicht entartet ist, dass $\vec{x}^{(0)}$ also genau m positive Koordinaten besitzt und damit $x_i^{(0)} > 0$ für alle $i \in I$ gilt.

Ist f_h ein negativer Formkoeffizient und wird der Index μ definiert durch

$$\frac{x_\mu^{(0)}}{c_{\mu h}} = \min_{c_{ih} > 0} \frac{x_i^{(0)}}{c_{ih}},$$

dann gehören alle $\vec{x}$ mit

$$x_i = x_i^{(0)} - c_{ih}t \text{ für } i \in I, \quad x_h = t, \quad x_k = 0 \text{ für } k \in \overline{I}, k \neq h$$

mit $0 \leq t \leq \frac{x_\mu^{(0)}}{c_{\mu h}}$ zu M, denn dann ist $\vec{x} \geq \vec{o}$ und

$$x_i + \sum_{k \in \overline{I}} c_{ik} x_k = x_i^{(0)} - c_{ih}t + c_{ih}t = x_i^{(0)} \quad \text{für} \quad i \in I.$$

Es gilt $Z(\vec{x}) = Z(\vec{x}^{(0)}) - |f_h|t$. Für $t = \frac{x_\mu^{(0)}}{c_{\mu h}}$ ergibt sich der Punkt $\vec{x}^{(1)}$ mit

$$Z(\vec{x}^{(1)}) = Z(\vec{x}^{(0)}) - |f_h| \frac{x_\mu^{(0)}}{c_{\mu h}}.$$

Es gilt

$$x_\mu^{(1)} = x_\mu^{(0)} - c_{\mu h} \frac{x_\mu^{(0)}}{c_{\mu h}} = 0 \text{ und } x_h^{(1)} = t > 0;$$

der Punkt $\vec{x}^{(1)}$ hat also mindestens eine und höchstens m positive Koordinaten. Für die Spaltenvektoren von A gilt

$$\vec{a}_h = \sum_{i \in I} c_{ih} \vec{a}_i = \sum_{i \in I, i \neq \mu} c_{ih} \vec{a}_i + c_{\mu h} \vec{a}_\mu \quad \text{mit} \quad c_{\mu h} > 0.$$

Nun tauschen wir den Vektor $\vec{a}_\mu$ in der Basis B gegen den Vektor $\vec{a}_h$ aus und erhalten wieder eine linear unabhängige Menge $B^{(1)}$ von m Spaltenvektoren. Sie enthält als Teilmenge die Spaltenvektoren, die zu den (höchstens m) positiven Koordinaten von $\vec{x}^{(1)}$ gehören. Folglich ist $\vec{x}^{(1)}$ eine Ecke von M mit der Basis $B^{(1)}$ und es gilt

$$Z(\vec{x}^{(1)}) < Z(\vec{x}^{(0)}).$$

Die beschriebene *Austauschung* von Basisvektoren hat also, ausgehend von einer Ecke $\vec{x}^{(0)}$, eine Ecke $\vec{x}^{(1)}$ geliefert, für welche der Wert der Zielfunktion kleiner ist als für die Ausgangsecke.

Ist die Ausgangsecke $\vec{x}^{(0)}$ entartet, hat sie also auch Koordinaten mit dem Wert 0, dann kann es passieren, dass obige Zahl $\frac{x_\mu^{(0)}}{c_{\mu h}}$ den Wert 0 hat. In diesem Fall führt obige Austauschung wieder zu $\vec{x}^{(0)}$ zurück. Insgesamt ist damit folgender Satz bewiesen:

Satz 3: Ist mindestens einer der Formkoeffizienten f_k negativ und besitzt der zugehörige Vektor $\vec{c}_k$ mindestens eine positive Koordinate, dann führt die oben beschriebene Austauschung von der Ausgangsecke $\vec{x}_0$ auf eine Ecke $\vec{x}^{(1)}$ mit

$$Z(\vec{x}^{(1)}) < Z(\vec{x}^{(0)}),$$

falls $\vec{x}^{(0)}$ nicht entartet ist. Wenn aber $\vec{x}^{(0)}$ entartet ist, führt die Austauschung auf eine solche Ecke $\vec{x}^{(1)}$ oder wieder auf $\vec{x}^{(0)}$ zurück.

Beispiel 4: Wir betrachten nochmals die Situation in Beispiel 2, es sei also

$$A = \begin{pmatrix} 1 & -2 & 1 & 0 & 0 \\ -2 & 1 & 0 & 1 & 0 \\ 1 & 1 & 0 & 0 & -1 \end{pmatrix}, \vec{b} = \begin{pmatrix} 2 \\ 2 \\ 1 \end{pmatrix} \text{ und } Z(\vec{x}) = -x_1 + 4x_2.$$

Der Punkt $\vec{x}^{(0)} = (0\ 1\ 4\ 1\ 0)^T \in M$ ist eine (nicht-entartete) Ecke, denn die zu den positiven Koordinaten gehörenden Spaltenvektoren $\vec{a}_2, \vec{a}_3, \vec{a}_4$ von A sind linear unabhängig. Es ist $Z(\vec{x}^{(0)}) = 4$. Bezogen auf die Basis $\{\vec{a}_2, \vec{a}_3, \vec{a}_4\}$ von $\vec{x}^{(0)}$ lautet das Gleichungssystem

$$
\begin{aligned}
x_2 && + && x_1 && - && x_5 &= 1 \\
&& x_3 && + && 3x_1 && - && 2x_5 &= 4 \\
&& && x_4 && - && 3x_1 && + && x_5 &= 1
\end{aligned}
$$

und die Zielfunktion $Z(\vec{x}) = -x_1 + 4(1 - x_1 + x_5) = 4 - 5x_1 + 4x_5$.

Die Formkoeffizienten sind -5 und 4. Es gibt also einen negativen Formkoeffizient, nämlich $f_1 = -5$. Also ist in obigen Bezeichnungen $h = 1$ und

$$
\frac{x_2^{(0)}}{c_{21}} = \frac{1}{1}, \quad \frac{x_3^{(0)}}{c_{31}} = \frac{4}{3}, \quad \frac{x_4^{(0)}}{c_{41}} = \frac{1}{-3}.
$$

Das Minimum unter diesen Werten mit positivem Nenner ist 1, also ist $\mu = 2$. Man tauscht daher in dem neuen Gleichungssystem die Spaltenvektoren zu x_1 und x_2 aus. Bezogen auf die neue Basis $\{\vec{b}_1, \vec{b}_3, \vec{b}_4\}$ von $\vec{x}^{(0)}$ lautet das Gleichungssystem

$$
\begin{aligned}
x_1 && + && x_2 && - && x_5 &= 1 \\
&& x_3 && - && 3x_2 && + && x_5 &= 1 \\
&& && x_4 && + && 3x_2 && - && 2x_5 &= 4
\end{aligned}
$$

und die Zielfunktion $Z(\vec{x}) = 4 - 5(1 - x_2 + x_5) + 4x_5 = -1 + 5x_2 - x_5$.

Für die neue Ecke $\vec{x}^{(1)} = (1\ 0\ 1\ 4\ 0)^T$ ist $Z(\vec{x}^{(1)}) = -1$, der Wert von Z ist also gesunken. Bezüglich der neuen Basis gibt es wieder einen negativen Formkoeffizienten, nämlich $f_5 = -1$. Also ist in obigen Bezeichnungen $h = 5$ und

$$
\frac{x_1^{(1)}}{c_{15}} = \frac{1}{-1}, \quad \frac{x_3^{(1)}}{c_{35}} = \frac{1}{1}, \quad \frac{x_4^{(1)}}{c_{45}} = \frac{4}{-2}.
$$

Das Minimum unter diesen Werten mit positivem Nenner ist 1, also ist $\mu = 3$. Man tauscht daher in dem neuen Gleichungssystem die Spaltenvektoren zu x_3 und x_5 aus. Bezogen auf die neue Basis von $\vec{x}^{(1)}$ lautet das Gleichungssystem

$$
\begin{aligned}
x_1 && - && 2x_2 && + && x_3 &= 2 \\
&& x_5 && - && 3x_2 && + && x_3 &= 1 \\
&& && x_4 && - && 3x_2 && + && 2x_3 &= 6
\end{aligned}
$$

und die Zielfunktion $Z(\vec{x}) = -1 + 5x_2 - (1 + 2x_2 - x_3) = -2 + 3x_2 + x_3$. Jetzt sind alle Formkoeffizienten positiv. Es ergibt sich somit die Lösung der Optimierungsaufgabe: Z nimmt das Minimum -2 in der Ecke $(2\ 0\ 0\ 6\ 1)^T$ (also für $x_1 = 2, x_2 = 0$) an.

Ein Ärgernis in Satz 3 ist die Tatsache, dass eine Basis von $\vec{x}^{(0)}$ erneut auftauchen kann, wenn $\vec{x}^{(0)}$ entartet ist. Solche Zyklen kann man durch geeignete Zusatzvorschriften vermeiden, worauf wir aber nicht eingehen wollen.

Zum Abschluss führen wir die Basisaustauschung noch an einem etwas umfangreicheren Beispiel vor.

Beispiel 5: Die 6 Artikel eines Fertigungssortiments sollen mit den Stückzahlen $x_1, x_2, \ldots, x_6$ hergestellt werden. Der Gewinn pro Artikel beträgt 2, 4, 1, 5, 4, bzw. 1 (Geldeinheiten). An der Fertigung sind 4 Maschinen beteiligt, die täglich höchstens 8 Stunden laufen. Die Bearbeitungszeit des j-ten Artikels in der i-ten Maschine beträgt a_{ij} Sekunden und ist in nebenstehender Tabelle angegeben. Bei welchen Stückzahlen ist der Gewinn maximal? Es ist

	M_1	M_2	M_3	M_4
a_{i1}	4	9	6	2
a_{i2}	8	17	12	5
a_{i3}	2	5	7	1
a_{i4}	10	25	12	6
a_{i5}	6	12	7	3
a_{i6}	4	7	5	1

$$Z(\vec{x}) = -(2x_1 + 4x_2 + x_3 + 5x_4 + 4x_5 + x_6)$$

zu minimieren, wobei die zulässige Menge durch

$$
\begin{aligned}
4x_1 + \ \ 8x_2 + 2x_3 + 10x_4 + \ \ 6x_5 + 4x_6 \ &+ \ x_7 & & & & = a \\
9x_1 + 17x_2 + 5x_3 + 25x_4 + 12x_5 + 7x_6 \ & & +\ x_8 & & & = a \\
6x_1 + 12x_2 + 7x_3 + 12x_4 + \ \ 7x_5 + 5x_6 \ & & & +\ x_9 & & = a \\
2x_1 + \ \ 5x_2 + \ \ x_3 + \ \ 6x_4 + \ \ 3x_5 + \ \ x_6 \ & & & & +\ x_{10} &= a
\end{aligned}
$$

mit $x_1, x_2, \ldots, x_{10} \geq 0$ und $a = 28\,800$ (8 h $=28800$ s) gegeben ist. Eine Ecke der zulässigen Menge ist $(0,0,0,0,0,0,a,a,a,a)$, die zugehörigen Basisvariablen sind x_7, x_8, x_9, x_{10}. Zum gegebenen LGS gehört folgendes Schema:

x_7	x_8	x_9	x_{10}	x_1	x_2	x_3	x_4	x_5	x_6	
1	0	0	0	4	8	2	10	6	4	a
0	1	0	0	9	17	5	25	12	7	a
0	0	1	0	6	12	7	12	7	5	a
0	0	0	1	2	5	1	6	3	1	a
				-2	-4	-1	-5	-4	-1	0

Alle Formkoeffizienten sind negativ und in den zugehörigen Spalten stehen nur positive Zahlen, so dass man eine beliebige der letzten 6 Spalten (x_1 bis x_6) gegen eine geeignete der ersten 4 Spalten (x_7 bis x_{10}) austauschen kann. Die größte (positive) Zahl der x_1-Spalte steht an der zweiten Stelle, so dass man die x_1-Spalte gegen die x_8-Spalte austauschen muss:

x_7	x_1	x_9	x_{10}	x_8	x_2	x_3	x_4	x_5	x_6	
1	4	0	0	0	8	2	10	6	4	a
0	9	0	0	1	17	5	25	12	7	a
0	6	1	0	0	12	7	12	7	5	a
0	2	0	1	0	5	1	6	3	1	a

Multiplikation der ersten, dritten und vierten Zeile mit 9 bzw. 3 liefert

x_7	x_1	x_9	x_{10}	x_8	x_2	x_3	x_4	x_5	x_6	
9	36	0	0	0	72	18	90	54	36	$9a$
0	9	0	0	1	17	5	25	12	7	a
0	18	3	0	0	36	21	36	21	15	$3a$
0	18	0	9	0	45	9	54	27	9	$9a$

Subtraktion des 4-fachen bzw. 2-fachen der zweiten Zeile von der ersten bzw. dritten und vierten Zeile ergibt

x_7	x_1	x_9	x_{10}	x_8	x_2	x_3	x_4	x_5	x_6	
9	0	0	0	-4	4	-2	-10	6	8	$5a$
0	9	0	0	1	17	5	25	12	7	a
0	0	3	0	-2	2	11	-14	-3	1	a
0	0	0	9	-2	11	-1	4	3	-5	$7a$

Mit $x_1 = (a - x_8 - 17x_2 - 5x_3 - 25x_4 - 12x_5 - 7x_6) : 9$ ist

$$Z = (-2a - 2x_2 + x_3 + 5x_4 - 12x_5 + 5x_6 + 2x_8) : 9.$$

Damit hat sich das Schema

x_7	x_1	x_9	x_{10}	x_8	x_2	x_3	x_4	x_5	x_6	
9	0	0	0	-4	4	-2	-10	6	8	$5a$
0	9	0	0	1	17	5	25	12	7	a
0	0	3	0	-2	2	11	-14	-3	1	a
0	0	0	9	-2	11	-1	4	3	-5	$7a$
				$2/9$	$-2/9$	$1/9$	$5/9$	$-4/3$	$5/9$	$-2a/9$

ergeben. Jetzt sind nur noch zwei Formkoeffizienten negativ. Für die neue Ecke $\vec{x}^{(1)}$ gilt $x_2 = x_3 = x_4 = x_5 = x_6 = x_8 = 0$ und

$$x_1^{(1)} = \frac{1}{9}a, \quad x_7^{(1)} = a - \frac{4}{9}a, \quad x_9^{(1)} = a - \frac{6}{9}a, \quad x_{10}^{(1)} = a - \frac{2}{9}a,$$

sie ist also

$$\left(\frac{1}{9}a, \ 0, \ 0, \ 0, \ 0, \ 0, \ \frac{5}{9}a, \ 0, \ \frac{3}{9}a, \frac{7}{9}a \right),$$

und Z hat in dieser Ecke den Wert $-\frac{2}{9}a$.

Nun muss man die x_2-Spalte oder die x_5-Spalte gegen die x_1-Spalte austauschen; wir betrachten die zweite Möglichkeit. Es ergibt sich:

x_7	x_5	x_9	x_{10}	x_8	x_2	x_3	x_4	x_1	x_6	
18	0	0	0	-9	-11	-9	-45	-9	9	$9a$
0	12	0	0	1	17	5	25	9	7	a
0	0	12	0	-7	25	49	-31	9	11	$5a$
0	0	0	36	-9	27	-9	-9	-9	-27	$-21a$

Mit $x_5 = (a - x_8 - 17x_2 - 5x_3 - 25x_4 - 9x_1 - 7x_6) : 12$ ist

$$Z = (-3a + 9x_1 + 15x_2 + 6x_3 + 29x_4 + 12x_6 + 3x_8) : 9.$$

Jetzt sind alle Formkoeffizienten positiv und wir haben das Minimum $-\frac{1}{3}a$ von Z erreicht. Der maximale Gewinn (vgl. Aufgabenstellung) ist also 9600,–. Für die Ecke $\vec{x}^{(2)}$, in welcher das Minimum von Z angenommen wird, gilt

$x_1^{(2)} = x_2^{(2)} = x_3^{(2)} = x_4^{(2)} = x_6^{(2)} = x_8^{(2)} = 0$. Man wird also nur Artikel 5 herstellen, und zwar $\frac{a}{12} = 2400$ Stück. (Maschine M_2 läuft täglich 8 Std, Maschinen M_1, M_3, M_4 laufen täglich 4 Std., 4 Std.40 min bzw. 2 Std.) Dieses Resultat hätte man vielleicht auch ohne große Rechnung an der Tabelle bei der Aufgabenstellung ablesen können, es kam hier aber nur darauf an, die Systematik des Eckenaustauschens an einem rechnerisch einfachen Beispiel darzustellen. In der Praxis sind solche Aufgaben in der Regel derart rechenaufwendig, dass man sie sinnvollerweise auf einem elektronischen Rechner programmiert.

Aufgaben

1. a) Man bestimme die Ecken der zulässigen Menge M für

$$A = \begin{pmatrix} 1 & -2 & 1 & 0 & 0 \\ -2 & 1 & 0 & 1 & 0 \\ 1 & 1 & 0 & 0 & -1 \end{pmatrix}, \vec{b} = \begin{pmatrix} 2 \\ 2 \\ 1 \end{pmatrix}$$

b) Man bestimme in a) die Menge der Minimalpunkte für

(1) $Z = -x_1 + 4x_2$ (2) $Z = x_1 + x_2$ (3) $Z = -x_1 + 2x_2$ (4) $Z = -x_1 + x_2$.

2. Man zeige, dass die lineare Optimierungsaufgabe mit

$$A = \begin{pmatrix} 1 & 0 & 0 & -2 & 1 & 2 \\ 0 & 1 & 0 & -1 & 1 & -2 \\ 0 & 0 & 1 & 1 & 0 & -1 \end{pmatrix}, \vec{b} = \begin{pmatrix} 3 \\ 3 \\ 0 \end{pmatrix}, \quad -x_4 + x_5 - x_6 - 3 \text{ minimal!}$$

keine Lösung hat. Man bestimme $Z = ax_4 + bx_5 + cx_6$ so, dass genau eine bzw. unendlich viele Lösungen existieren.

3. Man behandele die Optimierungsaufgabe

$$\left. \begin{array}{c} x_1 + x_2 + x_3 \leq 7 \\ 2x_1 + x_2 + x_3 \leq 8 \\ 4x_1 + x_2 + 2x_2 \leq 12 \end{array} \right\}, x_1, x_2, x_3 \geq 0, \ Z = 2x_1 + 3x_2 + 5x_3 \text{ maximal!}$$

(vgl. Beispiel 2 in VIII.1) jeweils mit den Startecken $(1,4,2,0,0,0)$, $(0,2,5,0,1,0)$, $(0,0,6,1,2,0)$, $(0,0,0,7,8,12)$.

4. Ein Rohstoff (z.B. Heizöl) werde in m Hauptlagern mit den Kapazitäten a_i $(i = 1, 2, \ldots, m)$ vorgehalten und von n Zwischenlagern mit den Bedarfsmengen b_j $(j = 1, 2, \ldots, n)$ nachgefragt. Die Transportkosten vom Hauptlager i zum Zwischenlager j betragen c_{ij} pro Mengeneinheit. Es ergibt sich die Frage, wie man die vom Hauptlager i zum Zwischenlager j zu transportierenden Mengen x_{ij} wählen muss, damit die Gesamttransportkosten minimal sind. Man schreibe dieses *lineare Transportproblem* in der Standardform einer linearen Optimierungsaufgabe.

Analysis

IX Folgen reeller Zahlen

IX.1 Grundlegende Begriffe und Beispiele

Wir setzen den Umgang mit reellen Zahlen zunächst als bekannt voraus. Dass der Begriff der reellen Zahl durchaus Probleme birgt, werden wir erst in Abschnitt IX.5 genauer untersuchen. Die Menge der reellen Zahlen bezeichnen wir, wie üblich, mit $\mathbb{R}$. Die darin enthaltene Menge der rationalen Zahlen (Quotienten aus ganzen Zahlen) bezeichnet man üblicherweise mit $\mathbb{Q}$. Diese enthält die Menge $\mathbb{Z}$ der ganzen Zahlen $\{0, 1, -1, 2, -2, \ldots\}$ und diese wiederum die Menge $\mathbb{N}$ der natürlichen Zahlen $\{1, 2, 3, \ldots\}$. Die Menge $\mathbb{N} \cup \{0\} = \{0, 1, 2, 3, \ldots\}$ bezeichnen wir mit $\mathbb{N}_0$.

Eine Abbildung, die jeder Zahl aus $\mathbb{N}$ oder $\mathbb{N}_0$ eine reelle Zahl zuordnet, nennt man eine *Folge* reeller Zahlen. Man schreibt $n \mapsto a_n$, wenn der Zahl n aus $\mathbb{N}$ oder aus $\mathbb{N}_0$ die reelle Zahl a_n zugeordnet ist. Wir wollen die Folge dann kurz in der Form $(a_n)_{\mathbb{N}}$ bzw. $(a_n)_{\mathbb{N}_0}$ schreiben, bzw. noch kürzer in der Form (a_n), wenn klar oder irrelevant ist, ob der Index n ab 0 oder ab 1 läuft. Die Folgen $(a_n)_{\mathbb{N}}$ und $(a_{n+1})_{\mathbb{N}_0}$ muss man nicht unterscheiden, beide beginnen mit $a_1, a_2, \ldots$. Ebenso muss man $(a_n)_{\mathbb{N}_0}$ und $(a_{n-1})_{\mathbb{N}}$ nicht unterscheiden, beide beginnen mit $a_0, a_1, \ldots$. Es ist also kein Problem, bei einer Folge vom Anfangsindex 0 zum Anfangsindex 1 überzugehen oder umgekehrt. Eine Beschreibung der Folge durch Angabe der ersten Glieder, also $a_1, a_2, a_3, \ldots$ bzw. $a_0, a_1, a_2, a_3, \ldots$ ist natürlich nur möglich, wenn klar oder ohne Bedeutung ist, wie es bei den Pünktchen „weitergeht".

Besonders übersichtlich sind Folgen (a_n), deren Glieder a_n explizit durch einen Term mit der Variablen n gegeben sind, etwa $a_n = n^2 + 1$ ($n \in \mathbb{N}$). Sehr oft sind Folgen *rekursiv definiert*, d.h., ein Glied der Folge wird mit Hilfe der vorangehenden Glieder berechnet, wenn man das erste Glied oder die ersten Glieder kennt. Viele wichtige Folgen können weder durch einen Term noch durch ein Rekursion definiert werden, z. B. die Folge (a_n) mit $a_n = n^{\text{te}}$ Primzahl. Die Menge aller Folgen reeller Zahlen bezeichnen wir je nach Anfangsindex mit $\mathcal{F}$ oder mit $\mathcal{F}_0$.

Beispiel 1: Leonardo von Pisa (etwa 1170–1240), der auch Fibonacci genannt wurde, hat im Jahr 1225 ein Buch mit dem Titel *liber quadratorum* veröffentlicht, in welchem allerlei interessante Beziehungen zwischen Quadratzahlen untersucht werden. Dabei berechnet er eine Quadratzahl n^2 nicht durch Multiplizieren als „n mal n", sondern in der Form $1 + 3 + 5 + 7 + \ldots + (2n - 1) = n^2$. Er nutzt also aus, dass man die n-te Quadratzahl Q_n aus der $(n-1)$-ten Quadratzahl Q_{n-1} durch Addition der ungeraden Zahl $2n - 1$ gewinnt, also

$$(1) \qquad Q_n = Q_{n-1} + (2n - 1).$$

Das folgt natürlich sofort aus der binomischen Formel. Auf diese Art kann man sehr schnell eine Tafel der Quadratzahlen gewinnen, ohne komplizierte Multiplikationen durchführen zu müssen:

Formel (1) beschreibt eine *Rekursion* für die Berechnung der Folge 1, 4, 9, 16, 25, 36, 49, 64, ... der Quadratzahlen: Kennt man das $(n-1)^{\text{te}}$ Glied dieser Folge, so kann man nach (1) das n^{te} Glied berechnen.

Beispiel 2: Berühmter als der *liber quadratorum* ist Fibonaccis *liber abbaci* aus dem Jahr 1202. Dies ist wohl das großartigste Mathematikbuch des Mittelalters. Die Probleme in den Beispielen 2 und 3 stammen aus diesem Buch. In beiden Aufgaben handelt es sich darum, die Glieder einer Folge rekursiv zu bestimmen. Es geht hier um eine Frage, die in ähnlicher Form schon in Rechenbüchern der Antike gestellt wird: *7 Leute gehen nach Rom. Jeder hat 7 Maultiere, jedes Maultier trägt 7 Säcke, in jedem Sack befinden sich 7 Brote, jedes Brot hat 7 Messer und jedes Messer 7 Scheiden.* Gesucht ist die Gesamtzahl an Leuten, Maultieren usw. Man kann nun die Summe $7 + 7^2 + 7^3 + 7^4 + 7^5 + 7^6$ $(= 137\,256)$ durch Addition der Potenzen berechnen, wie es auch Fibonacci zunächst tut. Man kann sie aber auch (mit Fibonacci) folgendermaßen bestimmen, wobei man von rechts nach links rechnet:

$$7(1 + 7(1 + 7(1 + 7(1 + 7(1 + 7))))).$$

Man rechnet also wie in nebenstehender Tabelle. Die Glieder dieser Folge (bis auf das letzte) ergeben sich nach der Rekursionsvorschrift

(2) $a_n = 7a_{n-1} + 1,$

wobei man als Startwert $a_0 = 1$ setzt.

$$
\begin{aligned}
a_0 &= 1 \\
a_1 &= 7a_0 + 1 = 7 \cdot 1 + 1 = 8 \\
a_2 &= 7a_1 + 1 = 7 \cdot 8 + 1 = 57 \\
a_3 &= 7a_2 + 1 = 7 \cdot 57 + 1 = 400 \\
a_4 &= 7a_3 + 1 = 7 \cdot 400 + 1 = 2801 \\
a_5 &= 7a_4 + 1 = 7 \cdot 2801 + 1 = 19\,608 \\
a_6 &= 7a_5 = 7 \cdot 19\,608 = 137\,256
\end{aligned}
$$

Beispiel 3: Die zweite Aufgabe aus dem *liber abbaci* von Fibonacci ist die berühmte Kaninchenaufgabe: Wie viele Kaninchenpaare stammen am Ende eines Jahres von einem Kaninchenpaar ab, wenn jedes Paar, beginnend am Ende des zweiten Lebensmonats, jeden Monat ein neues Paar gebiert? Bezeichnen wir zu Ehren Fibonaccis mit F_n die Anzahl der Kaninchenpaare nach n Monaten, so ist $F_0 = F_1 = 1$ und

(3) $F_n = F_{n-1} + F_{n-2}$

für $n = 2, 3, \dots$. Die Rekursion (3) mit den genannten Startwerten beschreibt die Folge der *Fibonacci-Zahlen*. Hier benötigt man zur Berechnung eines Folgenglieds die *beiden* vorangehenden Folgenglieder:

n	0	1	2	3	4	5	6	7	8	9	10	11	12	13	...
F_n	1	1	2	3	5	8	13	21	34	55	89	144	233	377	...

Um das Wachstum der Fibonacci-Folge beurteilen zu können, betrachten wir für $n \geq 1$ die Quotienten aufeinanderfolgender Glieder, also

$$a_n = \frac{F_{n+1}}{F_n} = \frac{F_n + F_{n-1}}{F_n} = 1 + \frac{F_{n-1}}{F_n} = 1 + \frac{1}{\dfrac{F_n}{F_{n-1}}}.$$

Es ist $a_0 = 1$ und

$$(4) \qquad a_n = 1 + \frac{1}{a_{n-1}}$$

für $n \geq 1$. Wir werden später sehen, dass sich diese Zahlen immer mehr der Zahl $\dfrac{1 + \sqrt{5}}{2}$ nähern, welche als Verhältnis des Goldenen Schnitts eine große Rolle in der Geometrie und in der Kunst spielt.

Beispiel 4: In der bekannten *Wurzelschnecke* wird mit Hilfe des Satzes von Pythagoras die Folge $\sqrt{1}, \sqrt{2}, \sqrt{3}, \sqrt{4}, \sqrt{5}, \dots$ konstruiert (Fig. 1). Auch hier liegt eine Rekursion vor; diese könnte man folgendermaßen arithmetisch beschreiben: $a_1 = 1$ und

$$(5) \quad a_n = \sqrt{a_{n-1}^2 + 1}$$

für $n \geq 2$. Selbstverständlich ist

$$a_n = \sqrt{n},$$

die Glieder dieser Folge lassen sich also „explizit" in Abhängigkeit vom Folgenindex n angeben.

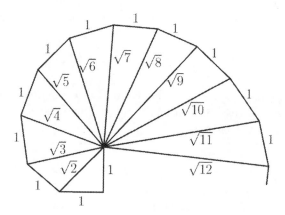

Fig. 1: Wurzelschnecke

Beispiel 5: Bekanntlich ist $\sqrt{2}$ keine rationale Zahl, d.h., es existiert kein Bruch $\frac{a}{b}$ (a, b natürliche Zahlen) mit $\sqrt{2} = \frac{a}{b}$. Nun kann man aber versuchen, $\sqrt{2}$ möglichst gut durch Bruchzahlen anzunähern. Wegen $(\sqrt{2} + 1)(\sqrt{2} - 1) = 1$ ist

$$\sqrt{2} = 1 + (\sqrt{2} - 1) \;=\; 1 + \frac{1}{\sqrt{2} + 1} = 1 + \frac{1}{2 + (\sqrt{2} - 1)}$$

$$=\; 1 + \frac{1}{2 + \dfrac{1}{2 + (\sqrt{2} - 1)}} = 1 + \frac{1}{2 + \dfrac{1}{2 + \dfrac{1}{2 + (\sqrt{2} - 1)}}}$$

usw. Die Folge (a_n) mit $a_0 = 1$ und der Rekursionsvorschrift

$$(6) \hspace{3cm} a_n = 1 + \frac{1}{1 + a_{n-1}}$$

für $n = 1, 2, 3, \ldots$ beginnt mit $1, \frac{3}{2}, \frac{7}{5}, \frac{17}{12}, \frac{41}{29}, \frac{99}{70}, \ldots$. Sie schachtelt die Zahl $\sqrt{2}$ ein:

$$1 < \frac{7}{5} < \frac{41}{29} < \ldots \sqrt{2} \ldots < \frac{99}{70} < \frac{17}{12} < \frac{3}{2}.$$

Der Abstand der Folgenglieder zu $\sqrt{2}$ kann beliebig klein gemacht werden, wenn man nur in der Folge hinreichend weit geht. Dieses Beispiel lässt schon erkennen, wie man irrationale Zahlen durch Folgen rationaler Zahlen bestimmen kann.

Beispiel 6: Weitaus komplizierter als bei $\sqrt{2}$ liegt der Fall bei der Kreiszahl π, welche den Inhalt eines Kreises vom Radius 1 angibt. Im alten Ägypten benutzte man hierfür den Näherungswert $\left(\frac{16}{9}\right)^2 = \frac{256}{81} \approx 3{,}1605$ und kümmerte sich nicht um die Frage einer Verbesserung dieses Wertes. Archimedes von Syrakus (um 287–212 v. Chr.) hat wesentlich bessere Näherungswerte für π bestimmt:

$$3\frac{10}{71} = 3\frac{284\frac{1}{4}}{2018\frac{7}{40}} < 3\frac{284\frac{1}{4}}{2017\frac{1}{4}} < \pi < 3\frac{667\frac{1}{2}}{4673\frac{1}{2}} < 3\frac{667\frac{1}{2}}{4672\frac{1}{2}} = 3\frac{1}{7}.$$

Er hat diese gefunden, indem er einen Kreis durch regelmäßige Polygone mit möglichst vielen Ecken ausgeschöpft hat. Weniger Mühe macht die Approximation von π durch die Glieder der Folge $a_0, a_1, a_2, \ldots$ mit $a_0 = \frac{16}{5} - \frac{4}{239}$ und

$$(7) \hspace{2cm} a_n = a_{n-1} + \frac{(-1)^{n-1} \cdot 4}{2n - 1}\left(\frac{4}{5^{2n-1}} - \frac{1}{239^{2n-1}}\right)$$

für $n = 1, 2, 3, \ldots$. Auf diese merkwürdige Formel stoßen wir in Abschnitt XI.3.

Beispiel 7: Für die Folge mit den Gliedern $a_n = 1 + 2 + 3 + \ldots + n$ ist $2a_n = (1+n) + (2+(n-1)) + (3+(n-2)) + \ldots + (n+1) = n \cdot (n+1)$, also

$a_n = \dfrac{n(n+1)}{2}$. Diese Formel für die Summe der ersten n natürlichen Zahlen verwenden wir, um eine Formel für die Summe s_n der ersten n Quadratzahlen zu erhalten. Es sei also $s_0 := 0$ und

$$(8) \qquad\qquad s_n = s_{n-1} + n^2$$

bzw. $s_n = 1^2 + 2^2 + 3^2 + \ldots + n^2$ für $n \in \mathbb{N}$. Hierfür wollen wir einen Term finden, in welchem die Berechnung von s_n etwas leichter fällt als mit (8). Auf arabische Gelehrte des Mittelalters geht folgende Überlegung zurück (Fig. 2):

Offensichtlich gilt

$$3 s_n = \frac{n(n+1)}{2} \cdot (2n + 1),$$

also

$$s_n = \frac{n(n+1)(2n+1)}{6}.$$

Im folgenden Beispiel benötigen wir diese Formel zur Berechnung des Volumens einer quadratischen Pyramide.

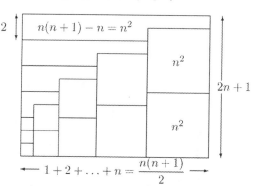

Fig. 2: Berechnung der Quadratsumme

Beispiel 8: Bei der Berechnung des Volumens von Körpern ist man oft auf die Approximation durch Folgen angewiesen, selbst wenn der Körper durch ebene Flächenstücke begrenzt wird. Wir behandeln als Beispiel den einfachen Fall einer geraden quadratischen Pyramide. In der Schule lernt man die Volumenformel $V = \frac{1}{3} G h$, wobei G der Inhalt der Grundfläche und h die Höhe der Pyramide ist. Diese Formel kann man aber nicht, wie die analoge Flächeninhaltsformel $A = \frac{1}{2} g h$ für Dreiecke mit der Grundseite g und der Höhe h, durch Zerschneiden eines Prismas in volumengleiche Teile erhalten; sie lässt sich vielmehr nur mit *infinitesimalen Methoden* gewinnen: Wir schließen die Pyramide zwischen einen umbeschriebenen und einen einbeschriebenen Treppenkörper ein, wie es Fig. 3 als Schnittbild darstellt.

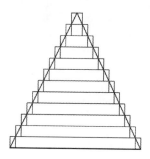

Fig. 3: Treppenkörper

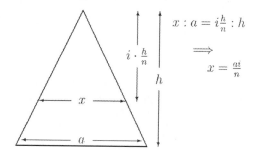

Fig. 4: Schnittbild

Die Höhe der n Treppenstufen ist jeweils $\frac{h}{n}$, wenn h die Höhe der Pyramide ist. Der Quader, der die i-te Treppenstufe (von oben gezählt) des umbeschriebenen Treppenkörpers bildet, hat das Volumen

$$V_i = \left(\frac{ai}{n}\right)^2 \cdot \frac{h}{n},$$

wenn a die Grundseitenlänge der Pyramide ist (vgl. Fig. 4). Das Volumen V der Pyramide liegt zwischen $V_1 + V_2 + \ldots + V_{n-1}$ und $V_1 + V_2 + \ldots + V_n$. Nun ist

$$V_1 + V_2 + \ldots + V_n = \frac{a^2 h}{n^3}(1^2 + 2^2 + \ldots + n^2).$$

Wegen $1^2 + 2^2 + \ldots + n^2 = \frac{n(n+1)(2n+1)}{6}$ (vgl. Beispiel 7) ergibt sich

$$V_1 + V_2 + \ldots + V_n = \frac{a^2 h}{6} \cdot \frac{(n+1)(2n+1)}{n^2}$$

und somit wegen $V_n = \frac{a^2 h}{n}$

$$\frac{a^2 h}{6} \cdot \frac{(n+1)(2n+1)}{n^2} - \frac{a^2 h}{n} < V < \frac{a^2 h}{6} \cdot \frac{(n+1)(2n+1)}{n^2}.$$

Nun denken wir uns die Zahl n über jede Größe hinaus wachsend, so dass die Treppenkörper immer besser die Pyramide annähern. Dann nähern sich die Zahlen

$$\frac{(n+1)(2n+1)}{n^2} = \frac{2n^2 + 3n + 1}{n^2} = 2 + \frac{3}{n} + \frac{1}{n^2}$$

immer mehr der Zahl 2, da sich $\frac{1}{n}$ der Zahl 0 nähert. Daraus ergibt sich

$$V = \frac{a^2 h}{6} \cdot 2 = \frac{1}{3} a^2 h.$$

Wir haben hier *Grenzwerte* von Folgen betrachtet; mit diesem Begriff werden wir uns in Abschnitt IX.6 ausführlich befassen.

Beispiel 9: Zahlenfolgen spielen auch in der Zins- und Rentenrechnung eine Rolle. Wir denken uns ein Land, in welchem die folgenden idealen Verhältnisse herrschen: Es gibt keine Inflation, und der Zinssatz ist für alle Zeiten auf 5% p.a. festgeschrieben. Herr Methusalem möchte n Jahre lang jährlich eine Rente von $a = 100\,000$ Talern beziehen, die erste Rentenzahlung soll heute erfolgen. Welchen Geldbetrag K_n muss er dann heute anlegen? Die Rentenzahlung nach i Jahren hat heute den Wert $a \cdot 1{,}05^{-i}$, denn i-malige Verzinsung bedeutet Multiplikation mit dem Faktor $1{,}05^i$. Daher muss

$$K_n = a + au + au^2 + \ldots + au^{n-1} \quad \text{mit} \quad u := 1{,}05^{-1}$$

gelten. Es muss also $s_n = 1 + u + u^2 + \ldots + u^{n-1}$ berechnet werden. Hier ist es hilfreich, dass diese Folge durch $s_1 = 1$ und

$$(9) \qquad\qquad s_n := s_{n-1} + u^{n-1}$$

oder auch durch $s_1 := 1$ und

$$(10) \qquad\qquad s_n := us_{n-1} + 1$$

rekursiv definiert werden kann. Es ist nach (9) und (10)

$$(1 - u)s_n = 1 + us_{n-1} - us_n = 1 - u(s_n - s_{n-1}) = 1 - u \cdot u^{n-1} = 1 - u^n,$$

also

$$s_n = \frac{1 - u^n}{1 - u}.$$

Da Herr Methusalem damit rechnet, sehr alt zu werden, setzt er für n eine sehr große Zahl ein. Er stellt fest, dass dann u^n sehr klein gegenüber 1 ist, so dass man diese Zahl vernachlässigen kann. Er bestimmt daher das anzulegende Kapital zu

$$K = a \cdot \frac{1}{1 - u} = 100\,000 \cdot \frac{1}{1 - 1{,}05^{-1}} = 2\,100\,000 \text{ (Taler)}.$$

Bei dieser Überlegung haben wir mit einer Summe mit unendlich vielen Summanden argumentiert, wir haben nämlich Herrn Methusalem die Rechnung

$$1 + u + u^2 + u^3 + \ldots = \frac{1}{1 - u}$$

unterstellt. Man darf dies nicht mehr eine „Summe" nennen, die üblichen Bezeichnungen werden wir später kennenlernen. Es sollte sich aber niemand darüber wundern, dass sich unendlich viele Zahlen zu einem endlichen Ergebnis aufsummieren können, wie das folgende Beispiel zeigt: Moritz hat eine Tafel Schokolade und beschließt, jeden Tag die Hälfte davon bzw. vom verbliebenen Rest aufzuessen. Hier summieren sich unendlich viele positive (selbstverständlich immer kleiner werdende) Zahlen zu 1 auf: $\frac{1}{2} + \frac{1}{4} + \frac{1}{8} + \frac{1}{16} + \frac{1}{32} + \frac{1}{64} + \frac{1}{128} + \ldots = 1$

Beispiel 10: Folgen spielen auch eine Rolle beim näherungsweisen Lösen von Gleichungen. Um etwa die Gleichung $x = \cos x$ zu lösen, gibt man dem Computer eine erste Näherungslösung x_0 ein (etwa $x_0 = 0{,}5$) und lässt ihn dann eine Folge $x_1, x_2, x_3, \ldots$ aus

$$(11) \qquad\qquad x_n = \cos x_{n-1}$$

berechnen. Diese Folge bricht nicht ab; daher muss man im Coputerprogramm angeben, wann die Rechnung beendet werden soll. Man kann beispielsweise festlegen, dass die Rechnung beendet sein soll, wenn die Differenz zweier aufeinanderfolgender Glieder der Folge kleiner als 10^{-6} ist. Die Frage, ob dann mit dem letzten berechneten Glied der Folge eine „hinreichend gute" Lösung der Gleichung gewonnen ist, untersucht man im Rahmen der Analysis. Dort interessiert man sich nämlich für die Frage, ob die Folge überhaupt einem „Grenzwert" zustrebt. Diese Frage kann der Computer nicht beantworten: Für die durch $x_1 = 1$ und $x_n = x_{n-1} + \dfrac{1}{n}$ definierte Folge liefert der Computer bei k-stelligem Rechnen nach $2 \cdot 10^k$ Schritten immer den gleichen Wert, obwohl man beweisen kann, dass die Glieder dieser Folge unbeschränkt wachsen.

IX.2 Summen- und Differenzenfolgen

Aus gegebenen Folgen kann man durch Addition und Multiplikation neue Folgen gewinnen; dazu definiert man die Addition und die Multiplikation für Folgen einfach „gliedweise":

$$(a_n) + (b_n) = (a_n + b_n), \qquad (a_n) \cdot (b_n) = (a_n \cdot b_n).$$

Wir erhalten auf diese Weise eine algebraische Struktur $(\mathcal{F}_0, +, \cdot)$, welche ein kommutativer Ring mit Einselement ist, d.h., in welcher das Assoziativgesetz und das Kommutativgesetz für die Addition und die Multiplikation sowie das Distributivgesetz gelten, neutrale Elemente $((0)$ bzw. $(1))$ existieren und die Addition umkehrbar ist $(-(a_n) = (-a_n))$. Das Produkt zweier Folgen kann (0) ergeben, ohne dass eine der beiden Folgen die Folge (0) ist. Ist beispielsweise $a_n = 1$ für ungerades n und $a_n = 0$ für gerades n sowie $b_n = 1 - a_n$, dann ist $(a_n) \neq (0)$ und $(b_n) \neq (0)$, aber $(a_n) \cdot (b_n) = (0)$. Im Ring der Folgen gibt es also *Nullteiler*, d.h. vom Nullelement verschiedene Elemente, deren Produkt das Nullelement ist. Natürlich darf man von einer Folge nicht stets erwarten, dass sie bezüglich der Multiplikation ein inverses Element besitzt. Dies gilt nur für solche Folgen (a_n), bei denen $a_n \neq 0$ für alle $n \in \mathbb{N}_0$ ist. Ist c eine reelle Zahl, so schreiben wir statt (ca_n) auch $c(a_n)$. Damit ist eine *Vervielfachung* von Folgen mit reellen Zahlen definiert. Offensichtlich bilden die Folgen reeller Zahlen bezüglich der Addition und der Vervielfachung einen Vektorraum.

Ist (a_n) eine Folge aus $\mathcal{F}_0$, dann bezeichnen wir mit $\Delta(a_n)$ die Folge der Differenzen aufeinanderfolgender Glieder bzw. genauer die Folge $a_1 - a_0$, $a_2 - a_1$, $a_3 - a_2$, ... Es ist also

$$\Delta(a_n) = (a_{n+1} - a_n).$$

Man nennt $\Delta(a_n)$ die *Differenzenfolge* der Folge (a_n). Mit $\Sigma(a_n)$ bezeichnen wir die Folge der Summen der ersten Glieder von (a_n), also die Folge a_0, $a_0 + a_1$, $a_0 + a_1 + a_2$, ... Es ist also

$$\Sigma(a_n) = (a_0 + a_1 + a_2 + \ldots + a_n).$$

Man nennt $\Sigma(a_n)$ die *Summenfolge* der Folge (a_n) (vgl. hierzu Fig. 1).

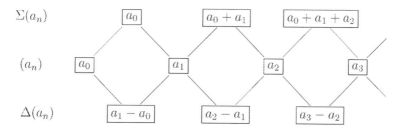

Fig. 1: Summen- und Differenzenfolgen

Für alle $(a_n), (b_n) \in \mathcal{F}_0$ und alle $c \in \mathbb{R}$ gilt

$$\Delta((a_n) + (b_n)) = \Delta(a_n) + \Delta(b_n), \quad \Delta(c(a_n)) = c\Delta(a_n),$$

$$\Sigma((a_n) + (b_n)) = \Sigma(a_n) + \Sigma(b_n), \quad \Sigma(c(a_n)) = c\Sigma(a_n).$$

Die Operatoren Δ („Delta") und Σ („Sigma") sind also lineare Abbildungen des Vektorraums der Folgen reeller Zahlen in sich. Die Operatoren Δ und Σ kann man hintereinanderschalten (verketten) und auch mehrfach ausführen. Es ist

$$\Delta\Sigma(a_n) = (a_{n+1}) \qquad \text{und} \qquad \Sigma\Delta(a_n) = (a_{n+1} - a_0).$$

In gewisser Weise sind also die Operatoren Δ und Σ Umkehrungen voneinander, denn der eine macht den anderen in der oben angegebenen Weise wieder rückgängig.

Die Idee, mehr über eine Folge in Erfahrung zu bringen, indem man ihre Differenzenfolge untersucht, geht auf Gottfried Wilhelm Leibniz (1646–1716) zurück. Die entsprechende Idee bei der Untersuchung von Funktionen, deren Definitionsmenge $\mathbb{R}$ oder ein Intervall aus $\mathbb{R}$ ist, ist von grundlegender Bedeutung für die Analysis: Um mehr über eine Funktion zu erfahren, untersucht man ihren Differenzialquotient bzw. ihre Ableitungsfunktion (vgl. Abschnitt X.2).

In den nun folgenden Beispielen für die Anwendung der Operatoren Δ und Σ beachte man, dass für die Folge $(1) \in \mathcal{F}_0$ gilt: $\Sigma(1) = (n + 1)$.

Beispiel 1: Für $n \in \mathbb{N}_0$ gilt $(n + 1)^2 - n^2 = 2n + 1$, also

$$\Delta(n^2) = (2n + 1).$$

Wegen $\Sigma\Delta(n^2) = ((n + 1)^2)$ folgt daraus

$$((n + 1)^2) = \Sigma(2n + 1).$$

Diese Beziehung hat schon Fibonacci benutzt (vgl. Beispiel 1 in IX.1).

Beispiel 2: Für $n \in \mathrm{I\!N}_0$ gilt $(n+1)^3 - n^3 = 3n^2 + 3n + 1$, also

$$\Delta(n^3) = 3(n^2) + 3(n) + (1).$$

Wegen $\Sigma\Delta(n^3) = ((n+1)^3)$ folgt daraus

$$((n+1)^3) = 3\Sigma(n^2) + 3\Sigma(n) + \Sigma(1).$$

Mit $\Sigma(1) = (n+1)$ und $\Sigma(n) = \left(\dfrac{n(n+1)}{2}\right)$ ergibt sich

$$\Sigma(n^2) = \frac{1}{3}((n+1)^3) - \frac{1}{2}(n(n+1)) - \frac{1}{3}(n+1) = \frac{1}{6}(n(n+1)(2n+1)).$$

Es ist also $1^2 + 2^2 + 3^2 + \ldots + n^2 = \dfrac{n(n+1)(2n+1)}{6}$ (vgl. Beispiel 7 in I.1).

Beispiel 3: Für $n \in \mathrm{I\!N}_0$ gilt $(n+1)^4 - n^4 = 4n^3 + 6n^2 + 4n + 1$, also

$$\Delta(n^4) = 4(n^3) + 6(n^2) + 4(n) + (1).$$

Anwenden des Summenoperators liefert

$$((n+1)^4) = 4\Sigma(n^3) + 6\Sigma(n^2) + 4\Sigma(n) + \Sigma(1).$$

Mit der Formel aus Beispiel 2 können wir dann $\Sigma(n^3)$ bestimmen:

$$
\begin{aligned}
\Sigma(n^3) &= \frac{1}{4}\left(((n+1)^4) - 6\Sigma(n^2) - 4\Sigma(n) - \Sigma(1)\right) \\
&= \frac{1}{4}((n+1)^4 - n(n+1)(2n+1) - 2n(n+1) - (n+1)) \\
&= \frac{1}{4}((n+1)(n^3 + n^2)) = \frac{1}{4}(n^2(n+1)^2).
\end{aligned}
$$

Es ergibt sich die Summenformel $1^3 + 2^3 + 3^3 + \ldots + n^3 = \left(\dfrac{n(n+1)}{2}\right)^2$.

Aufgaben

1. Man beweise die Formel $\quad 6\,\Sigma((2n+1)^2) = (2n+1)(2n+2)(2n+3)$.

2. a) Eine Folge, deren Differenzenfolge konstant ist, heißt eine *arithmetische* Folge. Man bestimme den Term von a_n, wenn $\Delta(a_n) = (d)$ und $a_0 = a$.

b) Eine Folge, die zu ihrer Differenzenfolge proportional ist, heißt eine *geometrische* Folge. Man bestimme den Term von a_n, wenn $\Delta(a_n) = (q-1)(a_n)$ und $a_0 = a$.

3. a) Man zeige: $\Delta(a_n b_n) = \Delta(a_n) \cdot (b_{n+1}) + (a_n) \cdot \Delta(b_n)$.

b) Man zeige: $\Delta\left(\dfrac{a_n}{b_n}\right) = \dfrac{\Delta(a_n) \cdot (b_n) - (a_n) \cdot \Delta(b_n)}{(b_n)(b_{n+1})}$ $\quad (b_n \neq 0$ für $n \in \mathrm{I\!N}_0)$.

4. Mit Δ^i bezeichnen wir die i-fache Anwendung des Operators Δ und nennen $\Delta^i(a_n)$ die Differenzenfolge i-ter Ordnung von (a_n).

a) Man bestimme alle Folgen (a_n) mit $\Delta^2(a_n) = (c)$ mit $c \in \mathbb{R}$.

b) Man drücke $\Delta^2(a_n b_n)$ durch (a_n), (b_n), (a_{n+1}) usw. und Differenzenfolgen dieser Folgen aus.

5. Es sei $D_n = \dfrac{n(n+1)}{2}$ für $n \in \mathbb{N}$. Man berechne $D_n - D_{n-1}$ und $D_n + D_{n-1}$ und leite damit die Formel aus Beispiel 3 her.

IX.3 Das Prinzip der vollständigen Induktion

Die Menge $\mathbb{N}$ der natürlichen Zahlen hat eine Eigenschaft, die selbstverständlich ist, die aber bei der Behandlung von Folgen eine große Rolle spielen wird:

Es sei M eine Teilmenge von $\mathbb{N}$ und es gelte:

(1) $1 \in M$;

(2) ist $n \in M$, dann ist auch $n + 1 \in M$.

Dann ist $M = \mathbb{N}$.

Mit (1) und (2) erhält man nämlich folgende Implikationskette:

$$1 \in M \Longrightarrow 2 \in M \Longrightarrow 3 \in M \Longrightarrow 4 \in M \Longrightarrow \quad \text{usw.}$$

Verlangt man statt (1) nur $n_0 \in M$, wobei n_0 eine feste natürliche Zahl ist, dann ergibt sich ebenso $\{n_0, n_0 + 1, n_0 + 2, \ldots\} \subseteq M$. Dies ist alles selbstverständlich und liegt in der Natur der natürlichen Zahlen.

Nun sei $A(n)$ eine Aussage, die von der natürlichen Variablen n abhängt, beispielsweise $n^2 < 2^n$. Es sei M die Menge der $n \in \mathbb{N}$, für welche $A(n)$ wahr ist. Gilt nun

(1) $A(n_0)$ ist wahr $(n_0 \in M)$,

(2) ist $A(n)$ wahr, dann ist auch $A(n + 1)$ wahr $(n \in M \Rightarrow n + 1 \in M)$,

dann ist $A(n)$ wahr für alle $n \in \mathbb{N}$ mit $n \geq n_0$ ($\{n_0, n_0 + 1, n_0 + 2, \ldots\} \subseteq M$). Man sagt dann, die Behauptung

$$A(n) \text{ für alle } n \in \mathbb{N} \text{ mit } n \geq n_0$$

sei durch *vollständige Induktion* bewiesen worden. Man nennt (1) den *Induktionsanfang* und (2) den *Induktionsschritt*. Im Induktionsschritt ist „$n \in M$" die *Induktionsvoraussetzung* und „$n + 1 \in M$" die *Induktionsbehauptung*.

Dieses *Prinzip der vollständigen Induktion* heißt manchmal auch kurz „Schluss von n auf $n + 1$".

Beispiel 1: Wir wollen beweisen, dass

$$n^2 < 2^n \text{ für alle } n \in \mathbb{N} \text{ mit } n \geq 5$$

gilt. Zunächst stimmt das für $n = 5$, denn $5^2 = 25 < 2^5 = 32$. Ist die Behauptung für ein $n \in \mathbb{N}$ bewiesen, dann folgt

$$(n+1)^2 = n^2 + 2n + 1 < 2^n + 2n + 1 < 2^n + 2^n < 2^{n+1}.$$

Bei diesem Induktionsschluss haben wir benutzt, dass $2n + 1 < 2^n$ für $n \geq 5$ gilt. Dies gilt sogar schon für $n \geq 3$, wie man ebenfalls mit vollständiger Induktion zeigen kann (Aufgabe 1).

Beispiel 2 (*bernoullische Ungleichung*, nach Johann Bernoulli, 1667–1748): Wir wollen zeigen, dass

$$(1+x)^n > 1 + nx \text{ für alle } x \in \mathbb{R} \text{ mit } x > -1, \ x \neq 0$$

für alle $n \in \mathbb{N}$ mit $n \geq 2$ gilt. Für $n = 2$ ist die Behauptung richtig, denn wegen $x \neq 0$ ist $x^2 > 0$ und daher

$$(1+x)^2 = 1 + 2x + x^2 > 1 + 2x.$$

Nun folgt der Induktionsschritt:

$$\begin{aligned}
(1+x)^{n+1} &= (1+x)(1+x)^n \\
&> (1+x)(1+nx) \\
&= 1 + (n+1)x + nx^2 \\
&> 1 + (n+1)x.
\end{aligned}$$

In dieser Rechnung folgt die zweite Zeile aufgrund der Induktionsvoraussetzung $(1+x)^n > 1 + nx$, weil $1 + x > 0$ gilt. Die letzte Ungleichung folgt aus $x \neq 0$.

Beispiel 3: Wir betrachten die Folge (a_n), die rekursiv durch

$$a_1 = 1 \quad \text{und} \quad a_n = \sqrt{a_{n-1} + 5} \quad \text{für } n \geq 2$$

definiert ist. Wir wollen zunächst beweisen, dass $a_n < 3$ für alle $n \in \mathbb{N}$ gilt: Es ist $a_1 < 3$, und aus $a_n < 3$ folgt

$$a_{n+1} = \sqrt{a_n + 5} < \sqrt{3 + 5} = \sqrt{8} < 3.$$

Nun wollen wir zeigen, dass $a_{n+1} > a_n$ für alle $n \in \mathbb{N}$ gilt: Es ist $a_2 = \sqrt{1 + 5} = \sqrt{6} > a_1 = 1$, und aus $a_{n+1} > a_n$ folgt

$$a_{n+2} = \sqrt{a_{n+1} + 5} > \sqrt{a_n + 5} = a_{n+1}.$$

Beispiel 4: Im Spiel *Turm von Hanoi* soll ein der Größe nach geordneter Stapel von n paarweise verschieden großen Scheiben mit möglichst wenig Zügen von einer Stange auf eine andere Stange umgesetzt werden, wobei eine dritte Stange als Zwischenstation benutzt werden darf (Fig. 1).

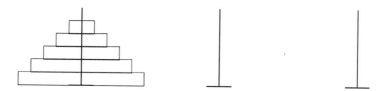

Fig. 1: Turm von Hanoi

Dabei dürfen die Scheiben nur einzeln umgelegt werden, und nie darf eine größere Scheibe auf eine kleinere gelegt werden. Versuche mit 1, 2 oder 3 Scheiben lassen vermuten, dass für die Anzahl a_n der benötigten Züge gilt:

$$a_n = 2^n - 1.$$

Wir nehmen an, dies sei für n Scheiben richtig (Induktionsvoraussetzung) und wollen nun a_{n+1} bestimmen. Zunächst muss man die oberen n Scheiben auf eine andere Stange umsetzen, um die unterste (größte) Scheibe dann auf die dritte Stange legen zu können. Das erfordert $a_n + 1$ Züge. Dann muss man den Turm aus den n kleineren Scheiben auf diese dritte Stange setzen, was wieder a_n Züge erfordert. Es ist also $a_{n+1} = 2a_n + 1$ und somit

$$a_{n+1} = 2(2^n - 1) + 1 = 2^{n+1} - 1.$$

Die Induktionsbehauptung ist damit bewiesen, es gilt also $a_n = 2^n - 1$ für alle $n \in \mathbb{N}$. (Dies hätte man auch sofort aus der Rekursion $a_1 = 1$ und $a_{n+1} = 2a_n + 1$ gewinnen können.)

Beispiel 5: Wir wollen zwei Eigenschaften der Folge (F_n) der Fibonacci-Zahlen beweisen. Diese ist definiert durch $F_0 = F_1 = 1$ und $F_n = F_{n-1} + F_{n-2}$ für $n \geq 2$.

a) Es gilt $\Sigma(F_n) = (F_{n+2} - 1)$.

Beweis: Es ist $F_0 = 1 = F_2 - 1$ (Induktionsanfang). Aus $F_0 + F_1 + \ldots + F_n = F_{n+2} - 1$ folgt $F_0 + F_1 + \ldots + F_n + F_{n+1} = F_{n+2} - 1 + F_{n+1} = F_{n+3} - 1$.
Damit ist die Behauptung induktiv bewiesen.

b) Für alle $n \in \mathbb{N}_0$ gilt $F_n F_{n+2} = F_{n+1}^2 + (-1)^n$.

Beweis: Es gilt $F_0 F_2 = 2 = F_1^2 + (-1)^0$. Aus $F_n F_{n+2} = F_{n+1}^2 + (-1)^n$ folgt

$$
\begin{aligned}
F_{n+1} F_{n+3} &= F_{n+1}(F_{n+2} + F_{n+1}) = F_{n+1} F_{n+2} + F_{n+1}^2 \\
&= F_{n+1} F_{n+2} + F_n F_{n+2} - (-1)^n = (F_{n+1} + F_n) F_{n+2} + (-1)^{n+1} \\
&= F_{n+2}^2 + (-1)^{n+1}.
\end{aligned}
$$

Damit ist die Behautung induktiv bewiesen.

Aufgaben

1. Man beweise mit vollständiger Induktion:

a) Für alle $n \in \mathbb{N}$ mit $n \geq 3$ gilt $2n + 1 < 2^n$.

b) Für alle $n \in \mathbb{N}$ mit $n \geq 4$ gilt $n^3 < 3^n$.

c) Für alle $n \in \mathbb{N}$ gilt: $2^{3n} - 1$ ist durch 7 teilbar.

d) Für alle $n \in \mathbb{N}$ gilt: $10^n + 3 \cdot 4^{n+2} + 5$ ist durch 9 teilbar.

2. Man beweise: Für die Folge (a_n) mit $a_0 = 3$ und $a_n = \sqrt{a_{n-1} + 5}$ gilt

$$a_n > 2 \quad \text{und} \quad a_{n+1} < a_n \quad \text{für alle } n \in \mathbb{N}_0.$$

3. Man suche eine explizite Darstellung für (a_n) und beweise die Richtigkeit mit vollständiger Induktion:

a) $a_1 = 1$, $a_{n+1} = a_n + 4n$;   b) $a_1 = 1$, $a_2 = 3$, $a_{n+2} = 3a_{n-1} + 2$.

4. Man beweise, dass eine Kreisscheibe durch n geradlinige Schnitte in höchstens $1 + \frac{1}{2}n(n + 1)$ Teile zerlegt werden kann („Pfannkuchenproblem").

5. In dieser Aufgabe handelt es sich um Folgen aus $\mathcal{F}$. Man beweise einmal mit vollständiger Induktion und einmal mit Hilfe des Operators Δ:

a) $\Sigma \left(\dfrac{1}{(2n - 1)(2n + 1)} \right) = \left(\dfrac{n}{2n + 1} \right)$;   b) $\Sigma \left(n \left(\dfrac{1}{2} \right)^n \right) = \left(2 - \dfrac{n + 2}{2^n} \right)$;

c) $\Sigma((2n - 1)^2) = \left(\dfrac{n(4n^2 - 1)}{3} \right)$.

6. In dieser Aufgabe handelt es sich um Folgen aus $\mathcal{F}_0$. Man beweise einmal mit vollständiger Induktion und einmal mit Hilfe des Operators Δ:

a) $\Sigma(q^n) = \left(\dfrac{1 - q^{n+1}}{1 - q} \right)$ für $q \neq 1$;

b) $\Sigma(nq^n) = \left(\dfrac{q - (1 + n(1 - q))q^{n+1}}{(1 - q)^2} \right)$ für $q \neq 1$.

7. Man beweise die folgenden Eigenschaften der Folge der Fibonacci-Zahlen:

a) $\mathrm{ggT}(F_n, F_{n+1}) = 1$ b) $\Sigma(F_n^2) = (F_n F_{n+1})$

8. Man zeige, dass durch $F_n = \dfrac{1}{\sqrt{5}} \left(\left(\dfrac{1 + \sqrt{5}}{2} \right)^{n+1} - \left(\dfrac{1 - \sqrt{5}}{2} \right)^{n+1} \right)$ eine explizite Darstellung der Folge der Fibonacci-Zahlen gegeben ist. (Hinweis: Man zeige, dass die angegebene Folge der Fibonacci-Rekursion genügt.)

IX.4 Arithmetische, geometrische und harmonische Folgen

Von besonderem Interesse sind Folgen reeller Zahlen, bei denen sich die einzelnen Glieder als Mittelwert ihrer beiden Nachbarglieder ergeben. Nun benutzt man im täglichen Leben verschiedene Mittelwertbildungen, welche verschiedenen Sachzusammenhängen angepasst sind (mittleres Gewicht, mittlerer Zinsfaktor, mittlere Geschwindigkiet usw.). Am bekanntesten sind das arithmetische, das geometrische und das harmonische Mittel.

- Das *arithmetische* Mittel der Zahlen a, b ist die Zahl $A(a, b) = \dfrac{a + b}{2}$.

- Das *geometrische* Mittel der *positiven* Zahlen a, b ist die Zahl $G(a, b) = \sqrt{ab}$.

- Das *harmonische* Mittel der *positiven* Zahlen a, b ist die Zahl $H(a, b) = \dfrac{2}{\dfrac{1}{a} + \dfrac{1}{b}}$.

Das harmonische Mittel ist also der Kehrwert des arithmetischen Mittels der Kehrwerte der beiden Zahlen. Für zwei verschiedene positive Zahlen a, b gilt

$$H(a, b) < G(a, b) < A(a, b),$$

wie man leicht nachrechnet und mit Hilfe des Höhensatzes und des Kathetensatzes veranschaulichen kann (Fig. 1).

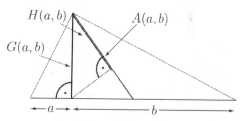

Fig. 1: Mittelwerte

Eine Folge heißt eine *arithmetische, geometrische* bzw. *harmonische* Folge, wenn jedes Glied außer dem ersten das arithmetische, geometrische bzw. harmonische Mittel seiner beiden Nachbarglieder ist. Bei geometrischen und harmonischen Folgen müssen dabei die Glieder positiv sein.

Ist (a_n) eine arithmetische Folge und $d = a_1 - a_0$, dann ist $a_n = a_{n-1} + d$ und $a_n = a_0 + nd$ für alle $n \in \mathbb{N}$. Dies beweist man durch vollständige Induktion. Der Induktionsschritt sieht bei der ersten Behauptung folgendermaßen aus: Wegen $\dfrac{a_{n+1} + a_{n-1}}{2} = a_n$ und $a_{n-1} = a_n - d$ gilt $a_{n+1} = 2a_n - (a_n - d) = a_n + d$. Die zweite Behauptung folgt aus $a_{n+1} = a_n + d = (a_0 + nd) + d = a_0 + (n + 1)d$. Eine arithmetische Folge hat also eine besonders einfache Differenzenfolge: $\Delta(a_0 + nd) = (d)$.

Jetzt sei (g_n) eine geometrische Folge und $q = \dfrac{g_1}{g_0}$, also $g_1 = g_0 \cdot q$. Dann ist $g_n = g_{n-1} \cdot q$ und $g_n = g_0 \cdot q^n$ für alle $n \in \mathbb{N}$ (vollständige Induktion). Definiert man die geometrische Folge in dieser Form anstatt mit Hilfe des geometrischen Mittels, dann dürfen g_0 und q auch negative Zahlen sein.

Ist (h_n) eine harmonische Folge und $D = \dfrac{1}{h_1} - \dfrac{1}{h_0}$, also $h_1 = \left(\dfrac{1}{h_0} + D\right)^{-1}$, dann

gilt $h_n = \left(\dfrac{1}{h_{n-1}} + D\right)^{-1}$ und $h_n = \left(\dfrac{1}{h_0} + Dn\right)^{-1}$. Dies folgt daraus, dass $\left(\dfrac{1}{h_n}\right)$ eine arithmetische Folge ist.

Das einfachste Beispiel einer arithmetischen Folge ist (n), also die Folge der natürlichen Zahlen selbst. Das einfachste Beispiel einer harmonischen Folge ist die Folge der Kehrwerte der natürlichen Zahlen, also $\left(\dfrac{1}{n}\right)$.

Die konstante Folge (c) mit $c \neq 0$ ist ein Sonderfall einer arithmetischen, geometrischen und harmonischen Folge.

Es sei (a_n) eine arithmetische Folge, also $a_n = a_0 + nd$. Ist $d > 0$, dann übertreffen die Folgenglieder jede vorgegebene positive Schranke S, denn für $n > \dfrac{S - a_0}{d}$ ist $a_0 + dn > S$. Ist $d < 0$, dann unterschreiten die Folgenglieder jede vorgegebene negative Schranke. Die Glieder der Summenfolge sind einfach zu berechnen:

$$\Sigma(a_n) = a_0 \, \Sigma(1) + d \, \Sigma(n) = a_0 \, (n + 1) + d \left(\frac{n(n+1)}{2}\right).$$

Man nennt die Folge $\Sigma(a_n)$ zuweilen auch eine *arithmetische Reihe*.

Ist (g_n) eine geometrische Folge, also $g_n = g_0 \cdot q^n$, und ist $g_0 \neq 0$ und $|q| > 1$, dann wachsen die Zahlen $|g_n|$ mit wachsendem Index über jede vorgegebene Schranke $S > 0$ hinaus:

$$|g_0 \cdot q^n| > S \iff n > \frac{\log S - \log |g_0|}{\log |q|}.$$

(Wir nehmen an, dass der Leser mit der Logarithmusfunktion vertraut ist; trotzdem wird diese später noch Gegenstand unserer Betrachtungen sein. Wer sich daran stört, dass hier die Basis des Logarithmus nicht angegeben worden ist, beachte, dass sich diese in obigem Zusammenhang herauskürzt: Es gilt $\log_a x = \log_b x \cdot \log_a b$ für je zwei Basen a, b.) Ist $0 < |q| < 1$, dann nähern sich die Glieder der Folge (g_n) mit wachsendem n immer stärker der Zahl 0, d.h., $|g_n|$ wird kleiner als jede (noch so kleine) vorgegebene positive Zahl ε, wenn n hinreichend groß wird:

$$|g_0 \cdot q^n| < \varepsilon \iff n > \frac{\log \varepsilon - \log |g_0|}{\log |q|}.$$

(Man beachte dabei, dass $\log x < 0$ für $0 < x < 1$ gilt.) Zur Berechnung der Glieder der Summenfolge von (g_n) genügt es wegen $\Sigma(g_n) = g_0 \Sigma(q^n)$, die Folge (q^n) zu betrachten. Für $q = 1$ ist das Problem trivial, so dass wir $q \neq 1$ annehmen. Für $s_n = 1 + q + q^2 + \ldots + q^n$ gilt

$$q s_n = q + q^2 + q^3 \ldots + q^{n+1} = s_n - 1 + q^{n+1},$$

also

$$(q - 1)s_n = q^{n+1} - 1 \qquad \text{und somit} \qquad s_n = \frac{q^{n+1} - 1}{q - 1}.$$

Wir erhalten also für $q \neq 1$ das Ergebnis

$$\Sigma(q^n) = \left(\frac{q^{n+1} - 1}{q - 1} \right).$$

Für $|q| > 1$ wachsen die Glieder dieser Folge betragsmäßig über jede Schranke hinaus, für $|q| < 1$ nähern sie sich dem Wert $\frac{1}{1-q}$. Man nennt die Folge $\Sigma(g_n)$ zuweilen eine *geometrische Reihe*.

Nun betrachten wir die die Summenfolge einer harmonischen Folge (h_n), wobei wir uns aber auf den Fall $h_0 = 0$, $D = 1$ beschränken, also auf den Fall $h_n = \frac{1}{n}$ für $n \in \mathbb{N}$. Offensichtlich unterscheiden sich die Glieder mit wachsendem n immer weniger von 0. Interessant ist das Wachstum der Summenfolge $\Sigma\left(\frac{1}{n}\right)$. Diese spezielle Folge heißt *harmonische Reihe*. Es gilt

$$\frac{1}{3} + \frac{1}{4} > 2 \cdot \frac{1}{4} = \frac{1}{2}$$

$$\frac{1}{5} + \frac{1}{6} + \frac{1}{7} + \frac{1}{8} > 4 \cdot \frac{1}{8} = \frac{1}{2}$$

$$\frac{1}{9} + \frac{1}{10} + \frac{1}{11} + \frac{1}{12} + \frac{1}{13} + \frac{1}{14} + \frac{1}{15} + \frac{1}{16} > 8 \cdot \frac{1}{16} = \frac{1}{2}$$

und allgemein für $k \in \mathbb{N}$

$$\frac{1}{2^k + 1} + \frac{1}{2^k + 2} + \ldots + \frac{1}{2^{k+1}} > 2^k \cdot \frac{1}{2^{k+1}} = \frac{1}{2}.$$

Daher gilt für $k \in \mathbb{N}$

$$1 + \frac{1}{2} + \frac{1}{3} + \ldots + \frac{1}{2^{k+1}} > 1 + \frac{1}{2} + k \cdot \frac{1}{2} = \frac{k+3}{2}.$$

Daran erkennt man, dass die Folge $\Sigma\left(\frac{1}{n}\right)$ unbeschränkt wächst.

In obigen Betrachtungen traten häufig Summen von aufeinanderfolgenden Gliedern einer Folge (x_n) auf. Hierfür wollen wir eine Bezeichnung unter Verwendung des Summenzeichens Σ benutzen: Für $m \leq k$ sei

$$\sum_{i=m}^{k} x_i = x_m + x_{m+1} + \ldots + x_k$$

(gelesen „Summe x_i von $i = m$ bis k"). Dann ist

$$\sum (x_n)_{\mathbb{N}_0} = \left(\sum_{i=0}^{n} x_i \right)_{\mathbb{N}_0}.$$

Man findet hierfür auch die Bezeichnung $\sum_{i=0}^{\infty} x_i$, diese wollen wir aber hier noch vermeiden; sie wird später für den Grenzwert der Folge $\Sigma(x_n)$ benutzt.

Aufgaben

1. Man zeige, dass keine nicht-konstante Folge existiert, welche zwei der Eigenschaften *arithmetisch, geometrisch, harmonisch* besitzt.

2. Man bestimme jeweils eine Funktion f, so dass gilt:

    1) (a_n) arithmetisch $\Rightarrow (f(a_n))$ geometrisch

    2) (a_n) geometrisch $\Rightarrow (f(a_n))$ arithmetisch

    3) (a_n) arithmetisch $\Rightarrow (f(a_n))$ harmonisch

    4) (a_n) harmonisch $\Rightarrow (f(a_n))$ arithmetisch

    5) (a_n) geometrisch $\Rightarrow (f(a_n))$ harmonisch

    6) (a_n) harmonisch $\Rightarrow (f(a_n))$ geometrisch

3. Man bestimme $s \in \mathbb{R}$, $n_0 \in \mathbb{N}$ so, dass $|s - s_n| < 10^{-6}$ für alle $n > n_0$ gilt:

    a) $s_n = \sum_{i=0}^{n} \left(\frac{2}{3}\right)^i$ b) $s_n = \sum_{i=0}^{n} 12 \cdot 0{,}95^i$

IX.5 Arithmetische Folgen höherer Ordnung

Genau dann ist (a_n) eine arithmetische Folge, wenn $\Delta(a_n)$ eine konstante Folge ist. Bei der Folge (n^2) der Quadratzahlen ist $\Delta(n^2)$ nicht konstant, aber $\Delta(\Delta(n^2))$ ist konstant: $\Delta(\Delta(n^2)) = \Delta(2n+1) = (2)$. Die k-fache Anwendung des Differenzenoperators schreiben wir abkürzend in der Form Δ^k; es also $\Delta^2(n^2) = (2)$. Ist für eine Folge (a_n)

$$\Delta^k(a_n) \quad \text{konstant}$$

und k kleinstmöglich mit dieser Eigenschaft, so nennt man (a_n) eine *arithmetische Folge der Ordnung* k. Die Folge der Quadratzahlen ist also eine arithmetische Folge zweiter Ordnung. Die Folge der Kubikzahlen ist eine arithmetische Folge dritter Ordnung, denn

$$\Delta^3(n^3) = \Delta^2(3n^2 + 3n + 1) = \Delta(6n + 6) = (6).$$

Eine konstante Folge können wir als eine arithmetische Folge der Ordnung 0 ansehen. Allgemein gilt für jedes $k \in \mathbb{N}$

$$\Delta^k(n^k) = (k!)$$

(und damit $\Delta^i(n^k) = (0)$ für $i > k$.) (Dabei ist $k!$ (gelesen „k *Fakultät*") das Produkt der ersten k natürlichen Zahlen.) Dies beweist man induktiv. Der Induktionsanfang ist klar. Im Induktionsschritt schließen wir von der Gültigkeit für ein $k \in \mathbb{N}$ auf die Gültigkeit für $k+1$:

$$\Delta^{k+1}(n^{k+1}) = \Delta^k(\Delta(n^{k+1})) = \Delta^k((n+1)^{k+1} - n^{k+1})$$
$$= \Delta^k((k+1)n^k + c_{k-1}n^{k-1} + \ldots + c_2 n^2 + c_1 n + c_0)$$

mit ganzen Zahlen $c_0, c_1, c_2, \ldots, c_{k-1}$. (Mit dem binomischen Lehrsatz, den wir weiter unten betrachten werden, kann man diese Zahlen leicht ausrechnen; das ist hier aber nicht notwendig.) Es folgt

$$\Delta^{k+1}(n^{k+1}) = (k+1)\Delta^k(n^k) + \Delta^k\left(\sum_{j=0}^{k-1} c_j n^j\right) = (k+1)\Delta^k(n^k) + \sum_{j=0}^{k-1} \Delta^k(c_j n^j).$$

Aus $\Delta^k(n^k) = (k!)$ (Induktionsvoraussetzung) und $\Delta^k(n^j) = (0)$ für $j < k$ folgt nun $\Delta^{k+1}(n^{k+1}) = ((k+1)!)$ (Induktionsbehauptung).

Bei diesem Induktionsbeweis treten zwei Fragen auf:

1) Gilt wirklich allgemein $\Delta^k((a_n) + (b_n)) = \Delta^k(a_n) + \Delta^k(b_n)$?

2) Wie stellt man $(n+1)^k$ als Summe von Potenzen von n dar?

Die erste Frage ist zu bejahen: Die Verkettung linearer Abbildungen eines Vektorraums in sich ergibt stets wieder eine solche Abbildung. Die zweite Frage führt auf den binomischen Lehrsatz, zu dessen Vorbereitung wir aber erst den Begriff des Binomialkoeffizienten erklären müssen. Für $i, m \in \mathbb{N}_0$ mit $i \leq m$ sei

$$\binom{m}{i} = \text{Anzahl der } i\text{-elementigen Teilmengen einer } m\text{-elementigen Menge.}$$

Man liest dieses Symbol als „m über i" und nennt es einen *Binomialkoeffizient*. Offensichtlich ist $\binom{m}{0} = \binom{m}{m} = 1$, denn eine m-elementige Menge M enthält genau eine 0-elementige Teilmenge (nämlich die leere Menge $\emptyset$) und genau eine m-elementige Teilmenge (nämlich die Menge M selbst). Für $0 < i < m$ gilt

$$\binom{m}{i} = \frac{m}{i}\binom{m-1}{i-1},$$

wie man folgendermaßen einsieht: Man betrachte alle i-elementigen Teilmengen A von M und prüfe jeweils für alle $x \in M$, ob $x \in A$ gilt. Dabei zähle man, wie oft dies geschieht, auf zwei verschiedene Arten:

(1) Für die Wahl von A gibt es $\binom{m}{i}$ Möglichkeiten, bei jeder solchen gibt es dann i Möglichkeiten für die Wahl von x; insgesamt gibt es also $i \cdot \binom{m}{i}$ Möglichkeiten.

(2) Für die Wahl von x gibt es zunächst m Möglichkeiten, für jede solche Wahl dann $\binom{m-1}{i-1}$ mögliche Ergänzungen zu einer i-elementigen Teilmenge A; insgesamt gibt es also $m \cdot \binom{m-1}{i-1}$ Möglichkeiten.

Aus $i \cdot \binom{m}{i} = m \cdot \binom{m-1}{i-1}$ ergibt sich die oben behauptete Formel. Aus ihr folgt

$$\binom{m}{i} = \frac{m}{i} \cdot \frac{m-1}{i-1} \cdot \frac{m-2}{i-2} \cdot \ldots \cdot \frac{m-i+1}{1}$$

$$= \frac{m(m-1)(m-2) \cdot \ldots \cdot (m-i+1)}{i(i-1)(i-2) \cdot \ldots \cdot 1} = \frac{m!}{i!(m-i)!}.$$

Nun wollen wir den Term $(a+b)^m$ durch Auflösen der Klammern in eine Summe von Potenzprodukten $a^{m-i}b^i$ ($i = 0, 1, \ldots, m$) verwandeln. (Dabei seien a, b Variable für reelle Zahlen.) Der Summand $a^{m-i}b^i$ tritt genau $\binom{m}{i}$-mal auf. Denn er entsteht, wenn man in dem Produkt $(a+b)(a+b) \cdot \ldots \cdot (a+b)$ mit m Faktoren aus i der Klammern den Faktor b und aus den übrigen den Faktor a wählt, und aus den m Klammern kann man auf genau $\binom{m}{i}$ verschiedene Arten i Klammern auswählen. Die Formel

$$(a+b)^m = \binom{m}{0}a^m + \binom{m}{1}a^{m-1}b + \binom{m}{2}a^{m-2}b^2 + \ldots + \binom{m}{m}b^m$$

bzw.

$$(a+b)^m = \sum_{i=0}^{m} \binom{m}{i} a^{m-i}b^i$$

heißt *binomischer Lehrsatz*. Mit seiner Hilfe können wir nun die Glieder der Differenzenfolge von (n^k) schön beschreiben:

$$\Delta(n^k) = \sum_{i=1}^{k} \binom{k}{i} (n^{k-i}).$$

Man beachte, dass dabei die Summation erst mit dem Index 1 beginnt.

Die Berechnung der Binomialkoeffizienten kann man auch im sogenannten *pascalschen Dreieck* in Fig. 1 vornehmen (nach Blaise Pascal, 1623–1662): In der m-ten Zeile ($m = 0, 1, 2, \ldots$) stehen der Reihe nach die Binomialkoeffizienten $\binom{m}{i}$ ($i = 0, 1, 2, \ldots, m$). Diese sind so angeordnet, dass in der

```
                1
             1     1
          1     2     1
       1     3     3     1
    1     4     6     4     1
 1     5    10    10     5     1
 .     .     .     .     .     .     .
```

Fig. 1: Pascalsches Dreieck

Mitte unter $\binom{m}{i}$ und $\binom{m}{i+1}$ der Binomialkoeffizient $\binom{m+1}{i+1}$ steht. Dieser ist die Summe der beiden darüberstehenden, denn es gilt allgemein (Aufgabe 3)

$$\binom{m+1}{i+1} = \binom{m}{i} + \binom{m}{i+1} \quad \text{für } 0 \leq i < m.$$

Die 5-te Reihe des pascalschen Dreiecks besagt, dass

$$(a+b)^5 = a^5 + 5a^4b + 10a^3b^2 + 10a^2b^3 + 5ab^4 + b^5.$$

Die arithmetischen Folgen, deren Ordnung höchstens k ist, bilden mit der Addition und der Vervielfachung mit reellen Zahlen einen Vektorraum $\mathcal{A}_k$, und zwar einen Untervektorraum des Vektorraums $\mathcal{F}_0$ aller Folgen, denn es gilt

$$\Delta^k((a_n)+(b_n)) = \Delta^k(a_n) + \Delta^k(b_n),$$
$$\Delta^k(c(a_n)) = c\Delta^k(a_n)$$

für alle Folgen (a_n) und alle Zahlen c. Wegen $(n^i) \in \mathcal{A}_k$ für $i \leq k$ gehört auch jede Linearkombination dieser Folgen zu $\mathcal{A}_k$, also $\sum_{i=0}^{k} c_i(n^i) \in \mathcal{A}_k$ für alle $c_0, c_1, c_2, \ldots, c_n \in \mathbb{R}$. Jede arithmetische Folge einer Ordnung $\leq k$ ist auch von dieser Form. Dies folgt für $i \leq k$ durch i-fache Anwendung des Summenoperators auf $\Delta^i(a_n) = (c)$ ($c \in \mathbb{R}$). In der Darstellung einer arithmetischen Folge der Ordnung k als Linearkombination der Folgen $(1), (n), (n^2), \ldots, (n^k)$ sind die Koeffizienten eindeutig durch die Folge bestimmt (Aufgabe 5), diese Folgen bilden also eine Basis des Vektorraums $\mathcal{A}_k$.

Beispiel 1: Die Summenformel für die Quadratzahlen kann man folgendermaßen gewinnen: Weil (n^2) eine arithmetische Folge der Ordnung 2 ist, ist $\Sigma(n^2)$ eine solche der Ordnung 3. Also ist für alle $n \in \mathbb{N}$

$$\sum_{i=1}^{n} i^2 = an^3 + bn^2 + cn + d \qquad \begin{aligned} d &= 0 \\ a+b+c+d &= 1 \\ 8a+4b+2c+d &= 5 \\ 27a+9b+3c+d &= 14 \end{aligned}$$

mit gewissen Zahlen a, b, c, d. Diese bestimmt man aus dem nebenstehenden linearen Gleichungssystem, welches man für $n = 0, 1, 2, 3$ erhält.

Dieses Gleichungssystem hat die Lösung $a = \frac{1}{3}$, $b = \frac{1}{2}$, $c = \frac{1}{6}$, $d = 0$, womit sich die bekannte Summenformel ergibt.

Beispiel 2: Besonders interessante arithmetische Folgen höherer Ordnung sind die Folgen der *Polygonalzahlen* (*k-Ecks-Zahlen*), von denen schon die Philosophen im alten Griechenland fasziniert waren. Polygonalzahlen sind natürliche Zahlen, die sich durch besonders regelmäßige Punktmuster darstellen lassen (Aufgabe 7). Die Folge $(P_n^{(k)})$ der k-Eckszahlen ($k = 3, 4, 5, \ldots$) ist definiert durch

$$P_1^{(k)} = 1, \quad P_2^{(k)} = k \quad \text{und} \quad \Delta^2(P_n^{(k)}) = (k-2).$$

Setzt man $P_n^{(k)} = an^2 + bn + c$, dann erhält man für $n = 0, 1, 2$ die Gleichungen $c = 0$ und $a + b = 1$, $4a + 2b = k$ und daraus $a = \frac{k}{2} - 1$ und $b = -\left(\frac{k}{2} - 2\right)$. Es ist also $P_n^{(k)} = \left(\frac{k}{2} - 1\right)n^2 - \left(\frac{k}{2} - 2\right)n$.

Für die Pythagoräer (Anhänger der Philosophie des Pythagoras) stellten die Polygonalzahlen ein Bindeglied zwischen Geometrie und Arithmetik dar, und sie machten sie zum Mittelpunkt einer „kosmischen Philosophie", die alle Beziehungen durch „Zahlen" ausdrücken will („Alles ist Zahl"). Auf Pierre de Fermat (1601–1665) geht die Vermutung zurück, dass man jede natürliche Zahl als Summe von höchstens drei Dreieckszahlen, höchstens vier Viereckszahlen, höchstens fünf Fünfeckszahlen und allgemein als Summe von höchstens k k-Eckszahlen darstellen kann. Erst Augustin Louis Cauchy (1789–1857) konnte dies beweisen.

Aufgaben

1. Man berechne mit Hilfe des binomischen Lehrsatzes 103^4 und 998^3.

2. Man beweise: Jede endliche nichtleere Menge besitzt ebenso viele Teilmengen mit gerader wie mit ungerader Elementeanzahl.

3. Man beweise: $\dbinom{m}{i} = \dbinom{m}{m-i}$, $\dbinom{m+1}{i+1} = \dbinom{m}{i} + \dbinom{m}{i+1}$ für $i < m$.

4. Man zeige, dass die Darstellung einer arithmetischen Folge der Ordnung k als Linearkombination der Folgen $(1), (n), (n^2), \ldots, (n^k)$ eindeutig ist.

5. Es sei (D_n) die Folge der Dreieckszahlen. Man beweise: $\Sigma(D_n) = \left(\dbinom{n+2}{3}\right)$.

6. Man beweise, dass für $k = 1, 2, 3$ gilt: $\Sigma^k(1) = \left(\dbinom{n+k}{k}\right)$.

Man beweise dann mit vollständiger Induktion, dass dies für alle $k \in \mathbb{N}$ gilt.

7. Fig. 2 zeigt den Anfang der

Folge (D_n) der *Dreieckszahlen*,
Folge (Q_n) der *Viereckszahlen*,
Folge (F_n) der *Fünfeckszahlen*

(vgl. Beispiel 2) als Punktmuster. Man gebe für die Summenfolgen

$$\Sigma(D_n),\ \Sigma(Q_n),\ \Sigma(F_n)$$

jeweils eine explizite Darstellung durch einen Term mit der Variablen n an.

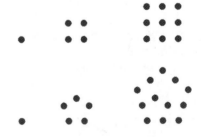

Fig. 2: 3-, 4- und 5-Ecks-Zahlen

8. Man zeige, dass man die k-Eckszahlen folgendermaßen darstellen kann:

$$P_n^{(k)} = (k-2)D_n - (k-3)n = \frac{n}{2}((k-2)n - k + 4)$$

IX.6 Konvergente Folgen

Die Definition einer Folge (a_n) als eine Abbildung von $\mathbb{N}_0$ in $\mathbb{R}$ ist derart allgemein, dass man nicht sehr viele tiefsinnige Aussagen über Folgen machen kann, wenn man nicht Folgen mit besonderen Eigenschaften betrachtet. Solche besonderen Eigenschaften, mit denen wir uns nun beschäftigen wollen, sind die Beschränktheit, die Monotonie und vor allem die Konvergenz.

Definition 1: Eine Folge (a_n) heißt *beschränkt*, wenn es eine Zahl $R > 0$ mit

$$|a_n| \leq R \quad \text{für alle } n \in \mathbb{N}_0$$

gibt. Gilt für eine Zahl S bzw. für eine Zahl T

$$a_n \leq S \quad \text{für alle } n \in \mathbb{N}_0 \quad \text{bzw.} \quad a_n \geq T \quad \text{für alle } n \in \mathbb{N}_0,$$

so heißt die Folge *nach oben beschränkt* bzw. *nach unten beschränkt*.

Eine beschränkte Folge ist sowohl nach oben als auch nach unten beschränkt, denn aus $|a_n| \leq R$ für alle $n \in \mathbb{N}_0$ folgt $-R \leq a_n \leq R$ für alle $n \in \mathbb{N}_0$. Sind die Folgen (a_n) und (b_n) beschränkt, dann gilt dies auch für die Folgen $(a_n) + (b_n)$, $(a_n) \cdot (b_n)$, $c(a_n)$ ($c \in \mathbb{R}$) (Aufgabe 1).

Definition 2: Eine Folge (a_n) heißt *monoton wachsend* bzw. *fallend*, wenn

$$a_n \leq a_{n+1} \quad \text{für alle } n \in \mathbb{N}_0 \quad \text{bzw.} \quad a_n \geq a_{n+1} \quad \text{für alle } n \in \mathbb{N}_0.$$

Gilt dabei nie das Gleichheitszeichen, dann heißt die Folge *streng* monoton wachsend bzw. fallend.

Beispiel 1: Die geometrische Folge $\left(\left(\frac{4}{5} \right)^n \right)$ ist beschränkt: Es gilt $0 < \left(\frac{4}{5} \right)^n < 1$ für alle $n \in \mathbb{N}_0$. Sie ist streng monoton fallend, denn wegen $0 < \frac{4}{5} < 1$ ist $\left(\frac{4}{5} \right)^{n+1} = \left(\frac{4}{5} \right)^n \cdot \frac{4}{5} < \left(\frac{4}{5} \right)^n$. Die zugehörige Summenfolge ist ebenfalls beschränkt:

$$0 < \sum_{i=0}^{n} \left(\frac{4}{5} \right)^i = \frac{1 - \left(\frac{4}{5} \right)^{n+1}}{1 - \frac{4}{5}} < \frac{1}{1 - \frac{4}{5}} = 5.$$

Sie ist streng monoton wachsend, denn von Glied zu Glied kommt ein positiver Summand hinzu.

Beispiel 2: In IX.3 Beispiel 3 haben wir mit vollständiger Induktion gezeigt, dass die durch

$$a_1 = 1 \quad \text{und} \quad a_n = \sqrt{a_{n-1} + 5} \quad \text{für } n \geq 2$$

definierte Folge die obere Schranke 3 besitzt und monoton wächst.

Beispiel 3: Ist F_n die n-te Fibonacci-Zahl (vgl. IX.1) und $a_n := \dfrac{F_{n+1}}{F_n}$ für $n \in \mathbb{N}_0$, dann ist

$$a_0 = 1, \quad a_n = 1 + \frac{1}{a_{n-1}} \text{ für } n \geq 1.$$

Offensichtlich ist (a_n) beschränkt: Es gilt $1 \leq a_n \leq 2$ für alle $n \in \mathbb{N}_0$. Schon die ersten Glieder $1, 2, \dfrac{3}{2}, \dfrac{5}{3}, \ldots$ zeigen, dass die Folge nicht monoton ist. Aber die Glieder mit geradem Index bilden eine streng monoton steigende und diejenigen mit ungeradem Index eine streng monoton fallende „Teilfolge":

$$a_0 < a_2 < a_4 < a_6 < \ldots \quad \text{und} \quad \ldots < a_7 < a_5 < a_3 < a_1.$$

Dies beweist man mit vollständiger Induktion (Aufgabe 2).

Beispiel 4: Die Folge $\left(\dfrac{1}{n}\right)$ ist streng monoton fallend, nach unten beschränkt durch 0 und nach oben beschränkt durch 1. Ihre Summenfolge ist monoton wachsend und nach unten beschränkt durch 1, nach oben ist sie aber nicht beschränkt, wie wir schon in I.4 gesehen haben. Die harmonische Reihe $\Sigma\left(\dfrac{1}{n}\right)$ wächst also über alle Grenzen hinaus.

Definition 3: Eine Folge (a_n) reeller Zahlen heißt *konvergent*, wenn eine reelle Zahl a mit folgender Eigenschaft existiert: Für jede (noch so kleine) Zahl $\varepsilon > 0$ existiert ein $N_\varepsilon \in \mathbb{N}$, so dass

$$|a_n - a| < \varepsilon \text{ für alle } n \in \mathbb{N} \text{ mit } n \geq N_\varepsilon.$$

Eine nicht konvergente Folge heißt *divergent*.

Die Zahl a in dieser Definition ist — sofern sie existiert — eindeutig bestimmt. Ist nämlich

$$\text{sowohl} \quad |a_n - a| < \varepsilon \text{ für alle } n \in \mathbb{N} \text{ mit } n \geq N_\varepsilon^{(a)}$$

$$\text{als auch} \quad |a_n - b| < \varepsilon \text{ für alle } n \in \mathbb{N} \text{ mit } n \geq N_\varepsilon^{(b)}$$

und setzt man $N_\varepsilon := \max(N_\varepsilon^{(a)}, N_\varepsilon^{(b)})$, dann ist

$$|a - b| = |(a - a_n) + (a_n - b)| \leq |a_n - a| + |a_n - b| < \varepsilon + \varepsilon = 2\varepsilon.$$

Da dies für jedes beliebige $\varepsilon > 0$ gilt, muss $a = b$ sein.

Bei dieser Überlegung haben wir die bekannte *Dreiecksungleichung* benutzt:

$$|x + y| \leq |x| + |y| \quad \text{für alle } x, y \in \mathbb{R}$$

Die somit durch eine konvergente Folge (a_n) eindeutig bestimmte Zahl a nennt man den *Grenzwert* oder *Limes* der Folge (a_n) und schreibt

$$\lim(a_n) = a.$$

Man findet hierfür auch die Schreibweise $\lim\limits_{n \to \infty} a_n = a$.

Fig. 1 verdeutlicht nochmals den Begriff der Konvergenz einer Folge (a_n) mit dem Grenzwert a. Dort erkennt man auch, dass eine konvergente Folge stets beschränkt ist, was man auch folgendermaßen zeigen kann:

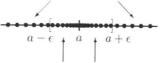

Aus $|a_n - a| < 1$ für $n > N_1$ folgt $a - 1 < a_n < a + 1$ für $n > N_1$, also $|a_n| \leq \max(|a_0|, |a_1|, \ldots, |a_{N_1}|, |a| + 1)$.

Fig. 1: Zum Begriff der Konvergenz

Satz 1: Sind die Folgen (a_n) und (b_n) konvergent, dann sind auch die Folgen $(a_n) + (b_n)$ und $(a_n) \cdot (b_n)$ konvergent und es gilt

$$\lim((a_n) + (b_n)) = \lim(a_n) + \lim(b_n),$$
$$\lim((a_n) \cdot (b_n)) = \lim(a_n) \cdot \lim(b_n).$$

Beweis: Es sei $\lim(a_n) = a$ und $\lim(b_n) = b$. Für jedes $\varepsilon > 0$ existieren also natürliche Zahlen $N_\varepsilon^{(1)}, N_\varepsilon^{(2)}$ mit

$$|a_n - a| < \varepsilon \text{ für } n \geq N_\varepsilon^{(1)} \quad \text{und} \quad |b_n - b| < \varepsilon \text{ für } n \geq N_\varepsilon^{(2)}.$$

Für $n \geq \max(N_\varepsilon^{(1)}, N_\varepsilon^{(2)})$ gilt dann

$$
\begin{aligned}
|(a_n + b_n) - (a + b)| &= |(a_n - a) + (b_n - b)| \\
&\leq |a_n - a| + |b_n - b| < \varepsilon + \varepsilon = 2\varepsilon
\end{aligned}
$$

und

$$
\begin{aligned}
|a_n b_n - ab| &= |a_n b_n - ab_n + ab_n - ab| \\
&\leq |a_n b_n - ab_n| + |ab_n - ab| \\
&= |b_n||a_n - a| + |a||b_n - b| \\
&\leq |b_n|\varepsilon + |a|\varepsilon = (|b_n| + |a|)\varepsilon \leq K\varepsilon,
\end{aligned}
$$

wobei K eine obere Schranke für $|b_n| + |a|$ ist. Da die Zahlen 2ε und $K\varepsilon$ mit ε ebenfalls beliebig kleine Werte annehmen können, ergibt sich die Behauptung. $\square$

Die Menge $\mathcal{C}$ der konvergenten Folgen aus $\mathcal{F}_0$ bildet bezüglich der Addition und der Multiplikation einen Ring, also einen Teilring von $(\mathcal{F}_0, +, \cdot)$. Wegen $\lim(c(a_n)) = c\lim(a_n)$ für alle $c \in \mathbb{R}$ und alle $(a_n) \in \mathcal{C}$ bildet $\mathcal{C}$ bezüglich der Addition und der Vervielfachung mit reellen Faktoren einen Vektorraum, also einen Untervektorraum des Vektorraums aller Folgen.

Hat kein Glied der Folge (a_n) den Wert 0, dann kann man die *Kehrfolge* $\left(\dfrac{1}{a_n}\right)$ bilden. Ist dabei die Folge (a_n) konvergent und ist $a := \lim(a_n) \neq 0$, dann gilt $\lim\left(\dfrac{1}{a_n}\right) = \dfrac{1}{\lim(a_n)}$; dies ergibt sich sofort aus der Beziehung $\left|\dfrac{1}{a_n} - \dfrac{1}{a}\right| = \dfrac{|a - a_n|}{|aa_n|}$.

Beispiel 5: Für $|q| < 1$ gilt offensichtlich (vgl. Beispiel 1):

$$\lim (q^n) = 0 \quad \text{und} \quad \lim \left(\sum q^n \right) = \frac{1}{1-q}.$$

Beispiel 6: Es gilt

$$\lim \left(\frac{(n+1)(2n+1)}{n^2} \right) = \lim \left(\left(1 + \frac{1}{n} \right) \cdot \left(2 + \frac{1}{n} \right) \right)$$

$$= \left(1 + \lim \left(\frac{1}{n} \right) \right) \cdot \left(2 + \lim \left(\frac{1}{n} \right) \right)$$

$$= (1+0) \cdot (2+0) = 2.$$

Beispiel 7: Die Folge $\sum \left(\frac{(-1)^{n-1}}{n} \right)$ ist konvergent, was wir aber erst im folgenden Abschnitt beweisen. Man sieht leicht, dass sie beschränkt ist: Für $n \geq 2k$ gilt

$$\sum_{i=1}^{n} \frac{(-1)^{i-1}}{i} \leq \left(1 - \frac{1}{2} \right) + \left(\frac{1}{3} - \frac{1}{4} \right) + \ldots + \left(\frac{1}{2k-1} - \frac{1}{2k} \right)$$

$$\leq \left(1 - \frac{1}{2} \right) + \left(\frac{1}{2} - \frac{1}{3} \right) + \ldots + \left(\frac{1}{k-1} - \frac{1}{k} \right) = 1 - \frac{1}{k} < 1.$$

Eine Folge mit dem Grenzwert 0 nennt man eine *Nullfolge*. Die Menge $\mathcal{N}$ der Nullfolgen bildet einen Teilring des Rings der konvergenten Folgen und einen Untervektorraum des Vektorraums der konvergenten Folgen. Ferner gilt:

Satz 2: Das Produkt einer Nullfolge mit einer beschränkten Folge ist wieder eine Nullfolge.

Beweis: Es sei (a_n) eine Nullfolge und (b_n) eine beschränkte Folge mit der Schranke S. Für eine gegebenes positives ε existiert ein $N_\varepsilon \in \mathbb{N}$ mit $|a_n| < \varepsilon$ für $n \geq N_\varepsilon$. Dann ist $|a_n b_n| < S\varepsilon$ für $n \geq N_\varepsilon$. $\qquad\square$

Ist $\Sigma(a_n)$ konvergent, dann ist (a_n) eine Nullfolge (Aufgabe 3). Ist jedoch (a_n) eine Nullfolge, dann muss $\Sigma(a_n)$ nicht konvergent sein, wie man am Beispiel der harmonischen Reihe $\Sigma \left(\frac{1}{n} \right)$ erkennt (vgl. Beispiel 4).

Ist (a_n) konvergent, dann ist auch die Folge der Beträge (also $(|a_n|)$) konvergent. Für Nullfolgen ist dies unmittelbar klar, für eine Folge (a_n) mit dem Grenzwert a argumentiert man folgendermaßen: Ist $a > 0$, dann existiert ein $N \in \mathbb{N}$ mit $|a_n - a| < \frac{a}{2}$ für $n \geq N$. Die Glieder der Folge sind daher ab dem Index N positiv, also $|a_n| = a_n$ für $n \geq N$. Für einen negativen Grenzwert argumentiert man analog. Ist aber umgekehrt $(|a_n|)$ konvergent, dann muss (a_n) nicht konvergent sein; ein Beispiel hierfür ist die Folge $((-1)^n)$.

Aus der Konvergenz von $\Sigma(a_n)$ folgt nicht die Konvergenz von $\Sigma(|a_n|)$. Beispielsweise wird sich $\Sigma \left(\frac{(-1)^{n-1}}{n} \right)$ in Abschnitt IX.7 als konvergent erweisen (vgl. auch

Beispiel 7), aber $\Sigma\left(\dfrac{1}{n}\right)$ ist divergent. Umgekehrt folgt aber aus der Konvergenz von $\Sigma(|a_n|)$ diejenige von $\Sigma(a_n)$; dies werden wir in IX.9 beweisen.

Beispiel 8: Die Differenzenfolge $\Delta(a_n)$ der Folge (a_n) aus Beispiel 3 (Quotienten aufeinanderfolgender Fibonacci-Zahlen) ist eine Nullfolge: Es gilt für $n \geq 1$

$$|a_{n+1} - a_n| = \left| \frac{1}{a_n} - \frac{1}{a_{n-1}} \right| = \frac{|a_n - a_{n-1}|}{a_n a_{n-1}}$$

und $a_n a_{n-1} = \left(1 + \dfrac{1}{a_{n-1}}\right) \cdot a_{n-1} = a_{n-1} + 1 \geq 2$, also $|a_{n+1} - a_n| \leq \dfrac{1}{2}|a_n - a_{n-1}|$.
Daraus folgt induktiv

$$|a_{n+1} - a_n| \leq \left(\frac{1}{2}\right)^n |a_1 - a_0| = \left(\frac{1}{2}\right)^n.$$

Weil $\left(\left(\dfrac{1}{2}\right)^n\right)$ eine Nullfolge ist, gilt dasselbe für $(a_{n+1} - a_n)$.

Die Folge (a_n) ist ein Beispiel für eine *Fundamentalfolge* (siehe IX.7), denn für jedes $\varepsilon > 0$ gilt $|a_m - a_n| < \varepsilon$ für hinreichend große m, n. Für $m > n$ gilt nämlich

$$|a_m - a_n| = |a_m - a_{m-1}| + |a_{m-1} - a_{m-2}| + \ldots + |a_{n+1} - a_n|$$

$$\leq \left(\frac{1}{2}\right)^n \left(1 + \frac{1}{2} + \ldots + \frac{1}{2^{m-n-1}}\right) \leq 2 \cdot \left(\frac{1}{2}\right)^n = \left(\frac{1}{2}\right)^{n-1}.$$

In Beispiel 8 haben wir zwei Selbstverständlichkeiten benutzt, auf welche wir aber nochmals ausdrücklich hinweisen wollen:

- Ist $|a_n| \leq |b_n|$ und ist (b_n) eine Nullfolge, dann ist auch (a_n) eine Nullfolge.
- Die geometrische Folge (q^n) ist für $|q| < 1$ eine Nullfolge.

Im nächsten Beispiel werden wir eine weitere Trivialität benutzen:

- Das Konvergenzverhalten und der Grenzwert einer Folge ändern sich nicht, wenn man endlich viele ihrer Glieder ändert oder außer Betracht lässt.

Beispiel 9: Es soll gezeigt werden, dass $\left(\dfrac{n}{2^n}\right)$ eine Nullfolge ist. Für jedes $n \in \mathbb{N}$ existiert ein $k \in \mathbb{N}_0$ mit $2^k \leq n < 2^{k+1}$. Damit gilt $\dfrac{n}{2^n} < \dfrac{2^{k+1}}{2^{2^k}} \leq \dfrac{1}{2^k}$. Nun ist $2^k - k - 1 \geq k$ bzw. $2^k \geq 2k + 1$ für $k \geq 3$, wie man z. B. mit vollständiger Induktion beweisen kann. Also gilt für $n \geq 2^3 = 8$ die Beziehung $\dfrac{n}{2^n} < \dfrac{1}{2^k}$. Weil nun $\left(\dfrac{1}{2^n}\right)$ eine Nullfolge ist, gilt dasselbe für $\left(\dfrac{n}{2^n}\right)$.

In obigen Beispielen 8 und 9 haben wir aus $|a_n| \leq b_n$ und $\lim(b_n) = 0$ auf $\lim(a_n) = 0$ geschlossen. Allgemeiner gilt offensichtlich folgendes *Einschließungskriterium*: Ist $b'_n \leq a_n \leq b_n$ für alle $n \in \mathbb{N}_0$ und $\lim(b'_n) = \lim(b_n) = b$, dann gilt auch $\lim(a_n) = b$.

Beispiel 10: Wir wollen zeigen, dass

$$\lim(\sqrt[n]{n}) = 1$$

gilt. Dazu untersuchen wir die Folge mit den Gliedern $x_n := \sqrt[n]{n} - 1$. Für $n > 1$ gilt aufgrund des binomischen Lehrsatzes

$$n = (1 + x_n)^n = 1 + \binom{n}{1}x_n + \binom{n}{2}x_n^2 + \ldots + \binom{n}{n}x_n^n > \binom{n}{2}x_n^2 = \frac{n(n-1)}{2}x_n^2$$

und daher $x_n^2 < \dfrac{2}{n-1}$. Es folgt $0 < x_n < \sqrt{\dfrac{2}{n-1}}$ und daraus nach dem Einschlie-ßungskriterium $\lim(x_n) = 0$.

Nullfolgen sind aufgrund der folgenden Tatsache von besonderer Bedeutung: Genau dann ist $\lim(a_n) = a$, wenn $(a_n - a)$ eine Nullfolge ist. Hat man also eine Vermutung über den Grenzwert einer Folge, so kann man ihre Konvergenz gegen diesen Grenzwert beweisen, indem man von einer anderen Folge nachweist, dass sie eine Nullfolge ist. So sind wir in Beispiel 10 vorgegangen.

Ist (a_n) eine beliebige Folge und τ eine injektive Abbildung von $\mathrm{I\!N}$ in sich mit $\tau(i) < \tau(j)$ für $i < j$ $(i, j \in \mathrm{I\!N})$, dann nennt man $(a_{\tau(n)})$ eine *Teilfolge* von (a_n). Genau dann ist eine Folge konvergent, wenn jede ihrer Teilfolgen konvergiert. Dabei konvergiert jede Teilfolge gegen den Grenzwert der gegebenen Folge. Eine nicht-konvergente Folge kann aber konvergente Teilfolgen enthalten. Ist (a_n) beschränkt, dann bezeichnet man mit

$$\liminf(a_n) \qquad \text{bzw.} \qquad \limsup(a_n)$$

(*Limes inferior* bzw. *Limes superior*) die kleinste bzw. die größte Zahl, die Grenzwert einer Teilfolge von (a_n) ist. Genau dann ist (a_n) konvergent, wenn $\liminf(a_n) = \limsup(a_n)$ $(= \lim(a_n))$.

Beispiel 11: Wir betrachten die Folge $(\sqrt{n} - [\sqrt{n}])$, wobei $[x]$ die kleinste ganze Zahl $\leq x$ sein soll (Ganzteilfunktion). Es gilt $0 \leq \sqrt{n} - [\sqrt{n}] < 1$. Die Teilfolge mit $\tau(n) = n^2$ ist konstant 0, konvergiert also gegen 0. Andererseits ergibt sich für $\tau(n) = n^2 + 2n$ eine Folge mit dem Grenzwert 1 (Aufgabe 5). Es ist also

$$\liminf(\sqrt{n} - [\sqrt{n}]) = 0 \qquad \text{und} \qquad \limsup(\sqrt{n} - [\sqrt{n}]) = 1.$$

Satz 3: Die durch

$$(a_n) \sim (b_n) \iff (a_n) - (b_n) \in \mathcal{N}$$

definierte Relation ist eine Äquivalenzrelation in $\mathcal{F}_0$, d.h., es gilt

(1) $(a_n) \sim (a_n)$ für alle $(a_n) \in \mathcal{F}_0$;

(2) ist $(a_n) \sim (b_n)$, dann ist auch $(b_n) \sim (a_n)$;

(3) ist $(a_n) \sim (b_n)$ und $(b_n) \sim (c_n)$, dann ist auch $(a_n) \sim (c_n)$.

Die Relation $\sim$ ist also (1) *reflexiv*, (2) *symmetrisch* und (3) *transitiv*.

Beweis: (1)und (2) verstehen sich von selbst; (3) folgt daraus, dass mit den Folgen $(a_n) - (b_n)$ und $(b_n) - (c_n)$ auch deren Summe $(a_n) - (c_n)$ eine Nullfolge ist. □

Ist (a_n) eine konvergente Folge mit dem Grenzwert a, dann besteht die Menge aller zu (a_n) äquivalenten Folgen aus allen Folgen mit dem Grenzwert a, also aus allen zu der konstanten Folge (a) äquivalenten Folgen.

Wir betrachten nun noch eine andere Äquivalenzrelation in der Menge aller Folgen, welche es insbesondere ermöglicht, unbegrenzt wachsende Folgen miteinander zu vergleichen und ihr Wachstumsverhalten zu beschreiben.

Satz 4: In der Menge aller Folgen, deren Glieder alle von 0 verschieden sind, wird durch

$$(a_n) \approx (b_n) \Longleftrightarrow (a_n) \cdot \left(\frac{1}{b_n}\right) \sim (1)$$

eine Äquivalenzrelation definiert.

Beweis: Die Reflexivität und die Symmetrie der Relation $\approx$ verstehen sich von selbst. Die Transitivität ergibt sich daraus, dass mit $(a_n) \cdot \left(\frac{1}{b_n}\right)$ und $(b_n) \cdot \left(\frac{1}{c_n}\right)$ auch das Produkt $(a_n) \cdot \left(\frac{1}{c_n}\right)$ dieser Folgen den Grenzwert 1 hat. □

Beispiel 12: Es gilt $\Sigma(n^2) \approx \frac{1}{3}(n^3)$, denn $\Sigma(n^2) = \left(\frac{1}{3}n^3 + \frac{1}{2}n^2 + \frac{1}{6}n\right)$ und

$$\left(\frac{1}{3}n^3 + \frac{1}{2}n^2 + \frac{1}{6}n\right) \cdot \frac{3}{n^3} = 1 + \frac{3}{2} \cdot \frac{1}{n} + \frac{1}{2} \cdot \frac{1}{n^2}$$

sowie $\lim \left(\frac{1}{n}\right) = 0$ und $\lim \left(\frac{1}{n^2}\right) = \left(\lim \left(\frac{1}{n}\right)\right)^2 = 0$.

Wie in Beispiel 12 dient die Äquivalenzrelation $\approx$ dazu, bei divergenten wachsenden Folgen das Wachstum durch Folgen mit übersichtlichen Termen zu beschreiben. Für viele Gebiete der Mathematik ist z. B. die folgende Beschreibung des Wachstums der harmonischen Reihe mit Hilfe der Logarithmusfunktion von Bedeutung, welche wir in X.8 begründen werden: $\Sigma \left(\frac{1}{n}\right) \approx (\ln n)$. Dabei ist ln der Logarithmus zur Basis e und e die eulersche Zahl (vgl. IX.10). Für die Folge der Fakultäten gilt $(n!) \approx \left(\sqrt{2\pi n} \left(\frac{n}{e}\right)^n\right)$, wie wir in XI.4 beweisen werden (stirlingsche Formel).

Aufgaben

1. Man zeige, dass Summe und Produkt beschränkter Folgen beschränkt sind.

2. Man beweise die Behauptung über die Folge der Quotienten der Fibonacci-Zahlen aus Beispiel 3.

3. Man zeige: Ist $\Sigma(a_n)$ konvergent, dann ist (a_n) eine Nullfolge.

4. Man beweise: $\lim(\sqrt{n^2 + 2n} - n) = 1$.

5. Man beweise für $k = 1, 2, 3$ die Beziehung $\Sigma(n^k) \approx \dfrac{1}{k+1}(n^{k+1})$.

6. Es sei $\lim(a_n + b_n) = u$ und $\lim(a_n - b_n) = v$.
Man zeige, dass die Produktfolge $(a_n b_n)$ gegen $\dfrac{1}{4}(u^2 - v^2)$ konvergiert.

7. Es seien (a_n), (b_n) Nullfolgen mit positiven Gliedern.
Man zeige, dass dann auch die Folge $\left(\dfrac{a_n^2 + b_n^2}{a_n + b_n}\right)$ eine Nullfolge ist.

8. Es sei $\lim(a_n) = a$ und $A_n := \dfrac{1}{n}\sum_{i=1}^{n} a_i$ (arithmetisches Mittel der ersten n Glieder von (a_n)). Man zeige, dass dann auch $\lim(A_n) = a$ gilt.

9. In einem gleichseitigen Dreieck der Seitenlänge 1 denke man sich die mittleren Drittel der Seiten durch zwei Strecken der Länge $\dfrac{1}{3}$ so ersetzt, dass eine Sternfigur entsteht (Fig. 2). Auf jede der 12 Seiten dieser Sternfigur denke man sich dieselbe Ersetzung angewendet, man ersetze also das mittlere Drittel jeder Seite, wie in Fig. 2 gezeigt, durch zwei Strecken der Länge $\dfrac{1}{9}$. Auf die nunmehr 48 Seiten der enstandenen Sternfigur wende man dieselbe Prozedur an. Diese Ersetzungen denke man sich nun „unendlich oft" wiederholt.

Es entsteht eine Grenzfigur, die man natürlich nicht zeichnen kann. Mn berechne den Umfang und den Flächeninhalt dieser Grenzfigur. (Solche Grenzfiguren einer Figurenfolge betrachtet man in der *Geometrie der Fraktale*.)

Fig. 2: Zu Aufgabe 9

10. *Craps* ist ein in den Vereinigten Staaten beliebtes Würfelspiel. Man wirft zwei Würfel und bestimmt die Augensumme S. Bei $S \in \{7, 11\}$ gewinnt man sofort, bei $S \in \{2, 3, 12\}$ verliert man sofort. In den übrigen Fällen wirft man so lange weiter, bis entweder die Augensumme 7 kommt (dann hat man verloren) oder wieder die Augensumme S erscheint (dann hat man gewonnen). Man berechne die Gewinnwahrscheinlichkeit. Die Wahrscheinlichkeiten p der einzelnen Werte von S entnehme man folgender Tabelle:

S	2	3	4	5	6	7	8	9	10	11	12
$36p$	1	2	3	4	5	6	5	4	3	2	1

IX.7 Die reellen Zahlen

Eine Zahl heißt *rational*, wenn sie als Quotient zweier ganzer Zahlen („Bruch") geschrieben werden kann. Eine reelle Zahl, die nicht rational ist, heißt *irrational*.

Beispiel 1: $\sqrt[3]{14}$ ist eine irrationale Zahl: Aus $\sqrt[3]{14} = \dfrac{u}{v}$ mit $u, v \in \mathbb{N}$ und $\mathrm{ggT}(u, v) = 1$ („voll gekürzt") folgt $u^3 = 14v^3$. Eine solche Gleichung kann aber nicht gelten, weil sie zur Folge hätte, dass u durch 7 und damit u^3 durch 7^3 teilbar wäre, was wiederum die Teilbarkeit von v durch 7 zur Folge hätte, im Widerspruch zur vorausgesetzten Teilerfremdheit von u, v.

Den Umgang mit reellen Zahlen haben wir bisher als bekannt vorausgesetzt. Nun wollen wir die Unterschiede zwischen den rationalen Zahlen und den reellen Zahlen näher untersuchen und dabei mehr über die Natur der reellen Zahlen erfahren.

Für $a, b \in \mathbb{R}$ nennt man

$$
\begin{aligned}
[a; b] &= \{x \in \mathbb{R} \mid a \le x \le b\} \ \text{ein abgeschlossenes Intervall,} \\
]a; b[&= \{x \in \mathbb{R} \mid a < x < b\} \ \text{ein offenes Intervall,} \\
[a; b[&= \{x \in \mathbb{R} \mid a \le x < b\} \ \text{ein halboffenes Intervall,} \\
]a; b] &= \{x \in \mathbb{R} \mid a < x \le b\} \ \text{ein halboffenes Intervall.}
\end{aligned}
$$

Wir wollen auch die Mengen

$$
\begin{aligned}
]-\infty; a] &= \{x \in \mathbb{R} \mid x \le a\}, \quad [b; \infty[= \{x \in \mathbb{R} \mid x \ge b\}, \\
]-\infty; a[&= \{x \in \mathbb{R} \mid x < a\}, \quad]b; \infty[= \{x \in \mathbb{R} \mid x > b\}
\end{aligned}
$$

Intervalle nennen; im Gegensatz zu diesen *unendlichen* Intervallen heißen die zuvor definierten *endlich*. Schließlich soll auch die Menge $\mathbb{R}$ selbst als ein (unendliches) Intervall verstanden werden.

Sind a, b rationale Zahlen mit $a < b$ und ersetzt man in obigen Definitionen $\mathbb{R}$ durch $\mathbb{Q}$, so spricht man von *rationalen* Intervallen. Im Gegensatz dazu heißen die oben beschriebenen Intervalle *reell*.

Wir erinnern an die Bestimmung einer reellen Zahl durch Einschachtelung zwischen zwei Folgen rationaler Zahlen, etwa

$$
\begin{aligned}
1 &< \sqrt{2} < 2 \\
1{,}4 &< \sqrt{2} < 1{,}5 \\
1{,}41 &< \sqrt{2} < 1{,}42 \\
1{,}414 &< \sqrt{2} < 1{,}415
\end{aligned}
$$

usw. Allgemein nennt man ein Folgenpaar $((a_n), (b_n))$ mit $(a_n) \sim (b_n)$ (also $\lim((a_n) - (b_n)) = 0$) und $a_n \le a_{n+1} < b_{n+1} \le b_n$ für alle $n \in \mathbb{N}$ eine *Intervallschachtelung*. Die Folge (a_n) ist also monoton wachsend, die Folge (b_n) ist monoton fallend. Man spricht von einer rationalen oder einer reellen Intervallschachtelung, je nachdem, ob die Folgen und die von ihnen begrenzten Intervalle aus rationalen oder aus reellen Zahlen bestehen. Trägt man die ersten Glieder einer Intervallschachtelung auf einer Zahlengeraden ein, so gewinnt man den Eindruck, dass ein wohlbestimmter Punkt der Zahlengeraden „eingeschachtelt" wird. Dieser Punkt bzw. die Zahl, die er auf der Zahlengeraden beschreibt, muss aber nicht rational sein, auch wenn die Intervallenden der Schachtelung rationale Zahlen sind, wie schon die oben angedeutete Schachtelung für die irrationale Zahl $\sqrt{2}$ zeigt. Verschiedene Intervallschachtelungen können sich auf den gleichen Punkt der Zahlengeraden zusammenziehen; dies ist genau dann für die Intervallschachtelungen

$$((a_n), (b_n)) \quad \text{und} \quad ((a'_n), (b'_n))$$

der Fall, wenn (a_n) und (a'_n) äquivalent sind. Durch

$$((a_n), (b_n)) \sim ((a'_n), (b'_n)) \iff (a_n) \sim (a'_n)$$

wird eine Äquivalenzrelation in der Menge aller (rationalen oder reellen) Intervallschachtelungen definiert. Diese zerlegt die Menge der Intervallschachtelungen in Klassen äquivalenter Intervallschachtelungen (Äquivalenzklassen).

Nun kann man den Begriff der reellen Zahl ohne Zuhilfenahme der Anschauung auf dem Begriff der rationalen Zahl aufbauen: *Eine reelle Zahl ist eine Äquivalenzklasse rationaler Intervallschachtelungen.* Natürlich ist auch eine rationale Zahl r durch eine Intervallschachtelung zu beschreiben, etwa durch $\left(\left(r - \frac{1}{n} \right), \left(r + \frac{1}{n} \right) \right)$, so dass man $\mathbb{Q}$ als Teilmenge von $\mathbb{R}$ verstehen kann.

Das Rechnen mit reellen Zahlen ist nun als Rechnen mit Klassen rationaler Intervallschachtelungen zu definieren. Zwei reelle Zahlen α und β werden addiert, indem man sie durch Intervallschachtelungen $((a_n^{(1)}), (a_n^{(2)}))$ und $((b_n^{(1)}), (b_n^{(2)}))$ darstellt, die Intervallschachtelung

$$((a_n^{(1)} + b_n^{(1)}), (a_n^{(2)} + b_n^{(2)}))$$

bildet und dann die Klasse, der diese Schachtelung angehört, als die Summe $\alpha + \beta$ definiert. (Man muss dabei nachprüfen, dass die Summe $\alpha + \beta$ nicht davon abhängt, durch welche Intervallschachtelungen aus der entsprechenden Äquivalenzklasse die Zahlen α, β dargestellt sind.) Ebenso wird die Multiplikation und die Kleiner-Relation definiert, wobei man aber darauf achten muss, dass man das Monotoniegesetz der Multiplikation nicht verletzt.

Es ergeben sich alle Rechenregeln, die man schon in $\mathbb{Q}$ kennt, es ergibt sich aber eine Eigenschaft, die in $\mathbb{Q}$ nicht vorliegt: *Jede Intervallschachtelung in $\mathbb{R}$ besitzt einen Kern in $\mathbb{R}$.* Dabei nennt man den *Kern* oder das *Zentrum* einer Intervallschachtelung $((a_n), (b_n))$ eine Zahl c, für welche gilt:

$$a_n \leq c \leq b_n \quad \text{für alle } n \in \mathbb{N}_0.$$

Die explizite Durchführung aller Rechnungen zu den angeführten Behauptungen ist mühselig und zeitaufwendig. Daher setzt man an den Anfang der Analysis meistens eine *axiomatische Beschreibung* der reellen Zahlen, indem man sagt: In $\mathbb{R}$ gelten bezüglich der Addition, der Multiplikation und der Kleiner-Relation dieselben Regeln wie in $\mathbb{Q}$, darüberhinaus gilt aber in $\mathbb{R}$ das *Vollständigkeitsaxiom*:

Jede Intervallschachtelung in $\mathbb{R}$ besitzt einen Kern.

$(\mathbb{Q}, +, \cdot)$ ist ein *Körper* (der *Körper der rationalen Zahlen*), was besagt, dass beide Rechenoperationen assoziativ und kommutativ sind, das Distributivgesetz gilt, bezüglich beider Operationen ein neutrales Element existiert (0 bzw. 1), und dass ferner bezüglich beider Operationen alle Elemente invertierbar sind (Existenz der Gegenzahl bzw. Kehrzahl), wobei nur bei der Multiplikation die Zahl 0 auszunehmen ist. Mit der Kleiner-Relation $<$ bildet $\mathbb{Q}$ einen *angeordneten* Körper, was bedeutet, dass bezüglich der Addition und der Multiplikation die bekannten Monotoniegesetze gelten. Es handelt sich dabei um einen *archimedisch* angeordneten Körper. Darunter versteht man folgende Eigenschaft: Für jede (noch so kleine) positive Zahl ε und jede (noch so große) positive Zahl S existiert eine natürliche Zahl n mit $n\varepsilon > S$. Alle diese Eigenschaften besitzt auch $\mathbb{Q}$. Da in $\mathbb{R}$ aber außerdem das Vollständigkeitsaxiom gilt, sagt man, der Körper der reellen Zahlen sei ein *vollständiger archimedisch angeordneter Körper*. Wir wollen nun aus dem Vollständigkeitsaxiom einige Sätze herleiten, welche in $\mathbb{R}$, nicht aber in $\mathbb{Q}$ gelten. Wir betrachten also nun stets Folgen (a_n) von *reellen* Zahlen.

Satz 1 (*Cauchy-Kriterium*)**:** Genau dann ist die Folge (a_n) konvergent, wenn zu jedem $\varepsilon > 0$ ein $N_\varepsilon \in \mathbb{N}$ derart existiert, dass

$$|a_m - a_n| < \varepsilon \text{ für alle } m, n \geq N_\varepsilon.$$

Beweis: a) Die Folge (a_n) sei konvergent zum Grenzwert a. Dann existiert zu jedem $\varepsilon > 0$ ein $N_\varepsilon \in \mathbb{N}$ mit $|a_n - a| < \varepsilon$ für alle $n \geq N_\varepsilon$. Für $m, n \geq N_\varepsilon$ ist dann

$$|a_m - a_n| = |(a_m - a) - (a_n - a)| \leq |a_m - a| + |a_n - a| < \varepsilon + \varepsilon = 2\varepsilon.$$

Da mit ε auch 2ε beliebig klein gemacht werden kann, folgt die Bedingung des Cauchy-Kriteriums.

b) Es gelte die im Satz angegebene Bedingung. Dann existiert für alle $i \in \mathbb{N}$ ein Index N_i, so dass

$$|a_n - a_{N_i}| < \frac{1}{2^i} \quad \text{für alle } n \geq N_i.$$

Dabei können wir $N_1 < N_2 < N_3 < \ldots$ annehmen. Für $n \geq N_i$ liegt also a_n im Intervall

$$I_i := \left[a_{N_i} - \frac{1}{2^i}; \ a_{N_i} + \frac{1}{2^i} \right].$$

Wegen $N_2 > N_1$ liegt a_{N_2} im Innern des Intervalls I_1, so dass $I_1 \cap I_2$ ein nichtleeres abgeschlossenes Intervall ist. Wegen $N_3 > N_2$ liegt a_{N_3} im Innern von $I_1 \cap I_2 \cap I_3$, so dass $I_1 \cap I_2 \cap I_3$ ein nichtleeres abgeschlossenes Intervall ist. So findet man eine Folge von ineinandergeschachtelten nichtleeren abgeschlossenen Intervallen

$$I_1, \; I_1 \cap I_2, \; I_1 \cap I_2 \cap I_3, \; \ldots \, ,$$

deren Längen eine Nullfolge bilden, die also eine Intervallschachtelung darstellen. Diese besitzt nach dem Vollständigkeitsaxiom einen Kern a, und es gilt wegen $a \in I_1 \cap I_2 \cap \ldots \cap I_k \subseteq I_k$

$$|a_n - a| < 2 \cdot \frac{1}{2^k} \quad \text{für alle } n \geq N_k.$$

Da dies für jedes $k \in \mathbb{N}$ gilt, folgt $\lim(a_n) = a$. $\square$

Das Cauchy-Kriterium ist *notwendig* und *hinreichend* für die Konvergenz einer Folge: Ist die Folge konvergent, dann gilt die Cauchy-Bedingung, gilt die Cauchy-Bedingung, dann ist die Folge konvergent. Das wird in Satz 1 durch die Worte „genau dann" ausgedrückt.

Eine Folge, welche das Cauchy-Kriterium erfüllt, heißt eine *Cauchy-Folge* oder eine *Fundamentalfolge*. Man kann Satz 1 also folgendermaßen ausdrücken: Eine Folge ist in $\mathbb{R}$ genau dann konvergent, wenn sie eine Cauchy-Folge ist. Eine Cauchy-Folge rationaler Zahlen muss keinen rationalen Grenzwert haben (wohl aber einen reellen), wie folgende Beispiele zeigen.

Beispiel 2: Die Folge (a_n) mit $a_1 := 1$ und

$$a_n := \frac{1}{2} a_{n-1} + \frac{1}{a_{n-1}} \quad \text{für } n \geq 2$$

ist eine Cauchy-Folge (rationaler Zahlen), hat aber keinen Grenzwert in $\mathbb{Q}$. Zunächst klären wir die zweite Behauptung. Wäre $a = \lim(a_n)$, so würde aus der Rekursionsformel $a = \frac{1}{2}a + \frac{1}{a}$, also $a^2 = 2$ folgen. Weil aber $\sqrt{2}$ keine rationale Zahl ist, hat (a_n) keinen rationalen Grenzwert. Nun zeigen wir, dass die Folge (a_n^2) der Quadrate der Folgenglieder konvergent ist. Es gilt für $n \geq 2$

$$a_n^2 - 2 = \left(\frac{1}{2} a_{n-1} + \frac{1}{a_{n-1}} \right)^2 - 4 \cdot \frac{1}{2} a_{n-1} \cdot \frac{1}{a_{n-1}} = \left(\frac{1}{2} a_{n-1} - \frac{1}{a_{n-1}} \right)^2 \geq 0,$$

also $a_n^2 \geq 2$. Ferner gilt $a_n^2 \leq 2 + \frac{1}{2^n}$ (vollständige Induktion). Damit ergibt sich $\lim(a_n^2) = 2$. Nach Satz 1 ist also (a_n^2) eine Cauchy-Folge. Daraus wollen wir herleiten, dass auch (a_n) eine solche Folge ist: Zu $\varepsilon > 0$ existiert ein $N_\varepsilon \in \mathbb{N}$ mit $|a_m^2 - a_n^2| < \varepsilon$ für alle $m, n \geq N_\varepsilon$, also wegen $a_n \geq 1$ für alle $n \in \mathbb{N}$ auch

$$\begin{aligned}
|a_m - a_n| \; &\leq \; 2|a_m - a_n| \leq (a_m + a_n)|a_m - a_n| \\
&= \; |(a_m + a_n)(a_m - a_n)| = |a_m^2 - a_n^2| < \varepsilon.
\end{aligned}$$

Beispiel 3: Die Folge $\Sigma\left(\frac{1}{n!}\right)$ ist eine Cauchy-Folge, ihr Grenzwert ist aber nicht rational: Für $m > n$ gilt

$$0 < \sum_{i=0}^{m} \frac{1}{i!} - \sum_{i=0}^{n} \frac{1}{i!} = \sum_{i=n+1}^{m} \frac{1}{i!} \leq \frac{1}{(n+1)!} \sum_{i=0}^{m-n-1} \frac{1}{(n+2)^i}$$

$$= \frac{1}{(n+1)!} \cdot \frac{1 - \left(\frac{1}{n+2}\right)^{m-n}}{1 - \frac{1}{n+2}} < \frac{1}{(n+1)!} \cdot \frac{n+2}{n+1}.$$

Da die Terme $\frac{1}{(n+1)!} \cdot \frac{n+2}{n+1}$ eine Nullfolge bilden, ist die betrachtete Folge eine Cauchy-Folge. Den Grenzwert dieser Folge nennen wir e. (Es handelt sich um die *eulersche Zahl*, die später noch eine wichtige Rolle spielen wird; vgl. IX.10.) Die Zahl e ist nicht rational. Zum Beweis nehmen wir das Gegenteil an, wir setzen also $e = \frac{u}{v}$ mit $u, v \in \mathbb{N}$. Dann gilt für alle $n \in \mathbb{N}$

$$0 < \frac{u}{v} - \sum_{i=0}^{n} \frac{1}{i!} \leq \frac{1}{(n+1)!} \cdot \frac{n+2}{n+1} < \frac{1}{n!}.$$

Für $n = v$ ergibt sich daraus durch Multiplikation mit $v!$

$$0 < u(v-1)! - \sum_{i=0}^{v} \frac{v!}{i!} < 1.$$

Dies ist aber nicht möglich, denn zwischen 0 und 1 liegt keine ganze Zahl.

Satz 1 erlaubt es, die Konvergenz einer Folge zu beweisen, ohne dass man ihren Grenzwert kennt. Dadurch wird es möglich, gewisse irrationale Zahlen wie etwa die Zahl e in Beispiel 2 als Grenzwert einer Folge zu *definieren*. Ähnliches liegt mit dem nun folgenden Satz vor, welcher allerdings nur ein *hinreichendes* Konvergenzkriterium enthält.

Satz 2 (*Hauptsatz über monotone Folgen*): Eine monoton wachsende nach oben beschränkte Folge ist konvergent.

Beweis: Es sei (a_n) monoton wachsend und nach oben beschränkt durch S. Alle Glieder der Folge liegen dann im Intervall $I_0 = [a_0; S]$. Nun sei

$$I_1 = \begin{cases} \left[a_0; \frac{a_0 + S}{2}\right], & \text{falls } a_n \leq \frac{a_0 + S}{2} \text{ für alle } n \in \mathbb{N}_0, \\ \left[\frac{a_0 + S}{2}; S\right] & \text{sonst.} \end{cases}$$

Haben wir für $k \in \mathbb{N}$ ein Intervall $I_k = [r_k; s_k]$ bestimmt, so definieren wir

$$I_{k+1} = \begin{cases} \left[r_k; \frac{r_k + s_k}{2}\right], & \text{falls } a_n \leq \frac{r_k + s_k}{2} \text{ für alle } n \in \mathbb{N}_0, \\ \left[\frac{r_k + s_k}{2}; s_k\right] & \text{sonst.} \end{cases}$$

Da jedesmal die Intervalllänge halbiert wird, strebt diese gegen 0. Die Intervall-schachtelung $I_1, I_2, I_3, \ldots$ besitzt einen Kern a. Zu $\varepsilon > 0$ bestimme man ein $k \in \mathbb{N}$ so, dass die Länge von I_k kleiner als ε ist. Zu diesem k gibt es ein $N_k \in \mathbb{N}$, so dass $a_n \in I_k$ für alle $n > N_k$ gilt. Für diese n ist dann $|a_n - a| < \varepsilon$. □

Der entsprechende Satz gilt natürlich für monoton fallende nach unten beschränk-te Folgen. Wichtige Anwendungen von Satz 2 enthalten die folgenden Beispiele.

Beispiel 4: Ist (a_n) eine Folge *positiver* Zahlen, dann ist ihre Summenfolge $\Sigma(a_n)$ genau dann konvergent, wenn sie beschränkt ist. Denn die Folge $\Sigma(a_n)$ ist mono-ton wachsend. Beispielsweise ist $\Sigma\left(\dfrac{1}{n^2}\right)$ konvergent, denn wegen

$$\frac{1}{i^2} < \frac{1}{(i-1)i} = \frac{1}{i-1} - \frac{1}{i} \text{ für } i \geq 2$$

ist

$$\sum_{i=1}^{n} \frac{1}{i^2} < 1 + 1 - \frac{1}{2} + \frac{1}{2} - \frac{1}{3} + - \ldots + \frac{1}{n-1} - \frac{1}{n} = 2 - \frac{1}{n} < 2.$$

Auch $\Sigma\left(\dfrac{(-1)^{n-1}}{n}\right)$ lässt sich mit Satz 2 als konvergent nachweisen, obwohl diese Summenfolge nicht monoton wachsend ist: Es gilt

$$1 - \frac{1}{2} + \frac{1}{3} - \frac{1}{4} + - \ldots + (-1)^{n-1}\frac{1}{n}$$

$$= \begin{cases} \dfrac{1}{1\cdot 2} + \dfrac{1}{3\cdot 4} + \ldots + \dfrac{1}{(2k-1)\cdot 2k}, & \text{falls } n = 2k, \\[2ex] \dfrac{1}{1\cdot 2} + \dfrac{1}{3\cdot 4} + \ldots + \dfrac{1}{(2k-1)\cdot 2k} + \dfrac{1}{2k+1}, & \text{falls } n = 2k+1, \end{cases}$$

und (wie wir schon oben gesehen haben)

$$\frac{1}{1\cdot 2} + \frac{1}{3\cdot 4} + \ldots + \frac{1}{(2k-1)\cdot 2k} < 1 + \frac{1}{3^2} + \ldots + \frac{1}{(2k-1)^2} < 2.$$

Die betrachtete Summenfolge lässt sich also in zwei Teilfolgen zerlegen, welche zum gleichen Grenzwert konvergieren.

Beispiel 5: Ist (b_n) eine Folge positiver Zahlen und ist $\Sigma(b_n)$ konvergent, gilt ferner $0 \leq a_n \leq b_n$ für alle $n \in \mathbb{N}$, dann ist auch $\Sigma(a_n)$ konvergent. Es genügt dabei natürlich, dass die Bedingung $0 \leq a_n \leq b_n$ ab einem Index n_0 erfüllt ist. Wir wollen mit diesem Kriterium zeigen, dass $\Sigma\left(\dfrac{n}{2^n}\right)$ konvergiert: Es gilt für $n \geq 4$

$$\frac{n}{2^n} = \frac{n}{(\sqrt{2})^n} \cdot \frac{1}{(\sqrt{2})^n} \leq \frac{1}{(\sqrt{2})^n},$$

denn für $n \geq 4$ ist $n \leq (\sqrt{2})^n$ (Aufgabe 4). Da $\Sigma\left(\dfrac{1}{(\sqrt{2})^n}\right)$ konvergiert (es han-delt sich um eine geometrische Reihe), ist $\Sigma\left(\dfrac{n}{2^n}\right)$ beschränkt und damit auch konvergent. Der Grenzwert ist 2, wie wir in XI.1 sehen werden.

Ist M eine nichtleere Teilmenge von $\mathbb{R}$ und gibt es eine reelle Zahl s mit $t \leq s$ für alle $t \in T$, dann heißt die Menge M *nach oben beschränkt* und s heißt eine *obere Schranke* von M. Eine obere Schranke $\bar{s}$ heißt die *kleinste obere Schranke* oder die *obere Grenze* oder das *Supremum* von M, wenn für alle oberen Schranken s von M gilt: $\bar{s} \leq s$. Entsprechend definiert man den Begriff der *größten unteren* Schranke bzw. der *unteren Grenze* bzw. des *Infimums* einer nach unten beschränkten nichtleeren Teilmenge von $\mathbb{R}$. Der folgende Satz gibt eine Eigenschaft von $\mathbb{R}$ an, welche die Menge der rationalen Zahlen nicht besitzt, bei welcher also wieder die Vollständigkeit von $\mathbb{R}$ eine wesentliche Rolle spielt.

Satz 3 (*Satz von der oberen Grenze*): Jede nach oben beschränkte nichtleere Teilmenge M von $\mathbb{R}$ besitzt in $\mathbb{R}$ eine obere Grenze (Supremum).

Beweis: Es sei M eine nichtleere Teilmenge von $\mathbb{R}$ und s eine obere Schranke von M. Es sei $a_0 \in M$ und $b_0 = s$. Wir definieren eine Folge von Intervallen $I_n = [a_n; b_n]$ durch $I_0 = [a_0; b_0]$ und

$$
I_{n+1} = \begin{cases} \left[a_n; \dfrac{a_n + b_n}{2} \right], & \text{falls } m \leq \dfrac{a_n + b_n}{2} \text{ für alle } m \in M, \\[2ex] \left[\dfrac{a_n + b_n}{2}; b_n \right] & \text{sonst.} \end{cases}
$$

Damit ist eine Intervallschachtelung definiert, für deren Kern $\bar{s}$ gilt: Ist $m \leq s$ für alle $m \in M$, dann ist $\bar{s} \leq s$. Also ist $\bar{s}$ das Supremum von M. $\qquad\square$

Ein entsprechender Satz gilt natürlich auch für das Infimum einer nach unten beschränkten nichtleeren Teilmenge von $\mathbb{R}$. In $\mathbb{Q}$ hat nicht jede nach oben beschränkte Menge ein Supremum; beispielsweise hat die Menge $\{ x \in \mathbb{Q} \mid x^2 \leq 2 \}$ zwar in $\mathbb{R}$ ein Supremum (nämlich $\sqrt{2}$), nicht aber in $\mathbb{Q}$, weil $\sqrt{2}$ keine rationale Zahl ist.

Eine Teilmenge von $\mathbb{R}$ heißt *beschränkt*, wenn sie nach oben und nach unten beschränkt ist. Der folgende Satz besagt, dass eine solche Teilmenge von $\mathbb{R}$, sofern sie unendlich viele Zahlen enthält, auch einen *Häufungspunkt* enthält, wobei dieser Begriff folgendermaßen definiert ist: Eine Zahl $h \in M$ heißt ein Häufungspunkt von M, wenn für jedes $\varepsilon > 0$ ein $m \in M$ mit $m \neq h$ und $|h - m| < \varepsilon$ existiert.

Satz 4 (*Satz von Bolzano-Weierstraß*, nach Bernhard Bolzano, 1781–1848, und Karl Theodor Weierstraß, 1815–1897): Jede unendliche beschränkte Teilmenge von $\mathbb{R}$ besitzt einen Häufungspunkt.

Beweis: Ist M eine beschränkte Teilmenge von $\mathbb{R}$, dann existiert ein Intervall $I_0 = [a_0; b_0]$ mit $M \subseteq I_0$. Wir definieren von I_0 ausgehend eine Folge von Intervallen $I_n = [a_n; b_n]$ durch

$$
I_{n+1} = \begin{cases} \left[a_n; \dfrac{a_n + b_n}{2} \right], & \text{falls } m \leq \dfrac{a_n + b_n}{2} \text{ für unendlich viele } m \in M \\[2ex] \left[\dfrac{a_n + b_n}{2}; b_n \right] & \text{sonst.} \end{cases}
$$

Damit ist eine Intervallschachtelung definiert, deren Kern h offensichtlich ein Häufungspunkt von M ist.   □

Die Menge der Glieder einer konvergenten Folge (a_n) besitzt *keinen* Häufungspunkt, wenn die Folge „schließlich konstant" ist, wenn also ein $n_0 \in \mathbb{N}$ und ein $c \in \mathbb{R}$ existieren mit $a_n = c$ für alle $n \geq n_0$. Die Menge aller Glieder einer in $\mathbb{R}$ konvergenten Folge besitzt höchstens *einen* Häufungspunkt in $\mathbb{R}$, nämlich den Grenzwert der Folge. Am Beispiel einer *rationalen* Zahlenfolge mit *irrationalen Grenzwert* erkennt man, dass der Satz von Bolzano-Weierstraß in $\mathbb{Q}$ *nicht* gilt.

Aufgaben

1. Man zeige, dass die k-te Wurzel aus einer natürlichen Zahl eine natürliche Zahl oder eine irrationale Zahl ist. Man zeige, dass der Logarithmus von 7 zur Basis 10 eine irrationale Zahl ist.

2. a) Man zeige, dass $n \leq (\sqrt{2})^n$ für alle $n \in \mathbb{N}$ mit $n \neq 3$ gilt.

b) Es sei $a > 1$; man zeige, dass $\Sigma\left(\dfrac{n}{a^n}\right)$ konvergiert.

c) Man zeige, dass $\Sigma\left(\dfrac{n^2}{2^n}\right)$ konvergiert.

3. Man bestimme die Häufungspunkte, das Infimum und das Supremum von

a) $M = \left\{ \dfrac{1}{m} + \dfrac{1}{n} \;\middle|\; m, n \in \mathbb{N} \right\}$ b) $M = \left\{ \dfrac{m-n}{m+n} \;\middle|\; m, n \in \mathbb{N} \right\}$

4. Fig. 1 zeigt den Anfang des *leibnizschen Dreiecks*. Hier steht in der Mitte *über* zwei Zahlen deren Summe; beispielsweise ist

$$\frac{1}{20} + \frac{1}{30} = \frac{1}{12}.$$

a) Wie lautet die nächste Zeile?

b) In den nach links unten laufenden Schrägen stehen Nullfolgen, und zwar der Reihe nach

$$\left(\frac{1}{n}\right), \quad \left(\frac{1}{n(n+1)}\right), \quad \left(\frac{2}{n(n+1)(n+2)}\right)$$ usw. Man bestimme den allgemeinen Term der Folgenglieder in den beiden nächsten Schräglinien.

c) Man untersuche, ob die Summenfolgen der Folgen in den ersten drei Schräglinien konvergieren und berechne im Fall der Konvergenz den Grenzwert.

$$\begin{array}{ccccccccccc}
 & & & & & \frac{1}{1} & & & & & \\
 & & & & \frac{1}{2} & & \frac{1}{2} & & & & \\
 & & & \frac{1}{3} & & \frac{1}{6} & & \frac{1}{3} & & & \\
 & & \frac{1}{4} & & \frac{1}{12} & & \frac{1}{12} & & \frac{1}{4} & & \\
 & \frac{1}{5} & & \frac{1}{20} & & \frac{1}{30} & & \frac{1}{20} & & \frac{1}{5} & \\
\frac{1}{6} & & \frac{1}{30} & & \frac{1}{60} & & \frac{1}{60} & & \frac{1}{30} & & \frac{1}{6}
\end{array}$$

Fig. 1: Leibnizsches Dreieck

IX.8 Potenzen mit reellen Exponenten

Für eine reelle Zahl x und eine natürliche Zahl n versteht man unter der Potenz x^n das n-fache Produkt $x \cdot x \cdot \ldots \cdot x$ mit n Faktoren x. Man kann dies folgendermaßen rekursiv definieren: $x^1 = x$, $x^n = x^{n-1} \cdot x$ für $n \in \mathbb{N}$. In der Potenz x^n nennt man x die *Basis* und n den *Exponent*. Die Gültigkeit der bekannten Potenzregeln $x^m \cdot x^n = x^{m+n}$, $(x^m)^n = x^{mn}$, $x^n \cdot y^n = (xy)^n$ für Potenzen mit natürlichen Exponenten beweist man dann mit vollständiger Induktion. Nun möchten wir als Exponenten auch andere als nur natürliche Zahlen zulassen. Für $x \neq 0$ setzen wir $x^0 = 1$. Damit sind obige Potenzregeln auch für Exponenten aus $\mathbb{N}_0$ gültig. Die Basis 0 sollte man dabei aber ausschließen, also 0^0 weder gleich 0 noch gleich 1 setzen. Der Term 0^0 ist ein *unbestimmter Ausdruck*. Für $x \neq 0$ und $n \in \mathbb{N}$ setzen wir

$$x^{-n} = \frac{1}{x^n}.$$

Damit haben wir Potenzen für ganzzahlige Exponenten (und Basen $\neq 0$) definiert. Man kann leicht nachrechnen, dass obige Potenzregeln dabei weiterhin gelten. Nun setzen wir für $x \geq 0$ und $m, n \in \mathbb{N}$

$$x^{\frac{1}{n}} = \sqrt[n]{x} \quad \text{sowie} \quad x^{\frac{m}{n}} = \left(x^{\frac{1}{n}}\right)^m.$$

Auch hier sind wieder alle Potenzregeln erfüllt, wobei es aber wichtig ist, dass negative Basen ausgeschlossen sind. Dies zeigt folgendes Beispiel: Geht man von $\sqrt[3]{-8} = -2$ aus, so erhält man bei Anwenden der Potenzregeln den Widerspruch

$$-2 = \sqrt[3]{-8} = (-8)^{\frac{1}{3}} = (-8)^{\frac{2}{6}} = ((-8)^2)^{\frac{1}{6}} = 64^{\frac{1}{6}} = +2.$$

Damit ist für $x \geq 0$ und alle positiven rationalen Zahlen r die Potenz x^r definiert. Ist $x \neq 0$, dann erklärt man wieder x^{-r} durch $\frac{1}{x^r}$ und rechnet leicht nach, dass auch hier wieder alle Potenzregeln erfüllt sind.

Nun erhebt sich das Problem, für einen beliebigen reellen Exponenten a die Potenz x^a zu definieren. Wir wollen es mit folgender Definition versuchen: Ist a der Grenzwert der rationalen Zahlenfolge (a_n), dann ist x^a der Grenzwert von (x^{a_n}). Zunächst ist zu beachten, dass jede reelle Zahl Grenzwert einer Folge rationaler Zahlen ist. Wir müssen nun zeigen, dass mit (a_n) auch (x^{a_n}) konvergiert, und dass für jede andere rationale Folge (b_n) mit dem Grenzwert a die Folgen (x^{a_n}) und (x^{b_n}) denselben Grenzwert haben. Es gilt

$$x^{a_m} - x^{a_n} = x^{a_n}(x^{a_m - a_n} - 1).$$

Da (a_n) eine Cauchy-Folge ist und da (x^{a_n}) beschränkt ist, ist auch (x^{a_n}) eine Cauchy-Folge und somit konvergent (Aufgabe 1). Da weiterhin $(a_n - b_n)$ eine Nullfolge ist, gilt $\lim(x^{a_n - b_n}) = 1$. Es folgt

$$\lim(x^{a_n} - x^{b_n}) = \lim(x^{b_n}(x^{a_n - b_n} - 1)) = 0.$$

Wir können nun also definieren:

$$x^{\lim(a_n)} = \lim(x^{a_n}).$$

Für reelle Exponenten gelten wieder die bekannten Potenzregeln, was sich aus den Grenzwertsätzen für Folgengrenzwerte ergibt.

Ist $b > 1$, dann nennt man die Lösung x der Gleichung $b^x = a$ den *Logarithmus von a zur Basis b* und schreibt dafür $\log_b a$. Es ist also

$$x = \log_b a \iff b^x = a.$$

(Es ist überflüssig, Logarithmen zur Basis b mit $0 < b < 1$ zu betrachten, denn $\log_b x = -\log_{\frac{1}{b}} x$.) Es gelten die folgenden *Logarithmenregeln*, welche man sofort aus den entsprechenden Potenzregeln gewinnt:

$$\log_b (a_1 \cdot a_2) = \log_b a_1 + \log_b a_2, \qquad \log_b (a^r) = r \log_b a \quad (r \in \mathbb{R}).$$

Aus diesen ergeben sich die Sonderfälle

$$\log_b \sqrt[n]{a} = \frac{1}{n} \log_b a, \qquad \log_b \frac{a_1}{a_2} = \log_b a_1 - \log_b a_2.$$

Für die Umrechnung eines Logarithmus zur Basis b in einen zur Basis c gilt $\log_c a = \log_c b \cdot \log_b a$, denn $a = c^{\log_c a}$ und $a = b^{\log_b a} = (c^{\log_c b})^{\log_b a}$.

Von besonderer Bedeutung für das numerische Rechnen sind die Logarithmen zur Basis 10 (lg-Taste auf dem Taschenrechner). Für die meisten Gebiete der Mathematik spielt aber der Logarithmus zur Basis e (*natürlicher* Logarithmus, ln-Taste auf dem Taschenrechner) die größte Rolle. Dabei ist e die eulersche Zahl (vgl. Abschnitt IX.10).

Aufgaben

1. Es sei x eine positive reelle Zahl und (a_n) eine Cauchy-Folge. Man zeige, dass dann auch (x^{a_n}) eine Cauchy-Folge ist.

2. Man löse mit Hilfe des lg-Taste des Taschenrechners (Logarithmus zur Basis 10) die Exponentialgleichung $4^{x+2} = 5^{x-1}$.

3. Man bestimme a, b, c so, dass $\lg(a + bx + cx^2)$ für $x = 0, 1, 2$ die Werte 0, 1 bzw. 2 annimmt.

4. Man berechne ohne Taschenrechner einen Näherungswert von $\sqrt[5]{\dfrac{241^7 \cdot 39^3}{107^2}}$ mit Hilfe der folgenden Werte aus einer Logarithmentafel:

$\lg 39 = 1{,}5911; \quad \lg 107 = 2{,}0294; \quad \lg 241 = 2{,}3820; \quad \lg 3004 = 3{,}4777$

IX.9 Unendliche Reihen

Die Summenfolge $\Sigma(a_n)$ einer Folge (a_n) nennen wir aus historischen Gründen hier eine *unendliche Reihe* oder auch kurz eine *Reihe* mit den *Gliedern* $a_0, a_1, a_2, \ldots$. Existiert der Grenzwert der Summenfolge, so schreiben wir auch

$$\sum_{n=0}^{\infty} a_n \quad \text{für} \quad \lim \Sigma(a_n)$$

und nennen dies den *Wert* der Reihe. Gilt $a_n > 0$ für alle $n \in \mathbb{N}_0$, so sprechen wir von einer *Reihe mit positiven Gliedern*. Nach dem Hauptsatz über monotone Folgen ist eine Reihe mit positiven Gliedern konvergent, wenn sie beschränkt ist. Sind $\Sigma(a_n)$ und $\Sigma(b_n)$ Reihen mit positiven Gliedern, wobei $a_n \leq b_n$ für alle $n \in \mathbb{N}$ gilt, dann folgt aus der Konvergenz von $\Sigma(b_n)$ die Konvergenz von $\Sigma(a_n)$ und aus der Divergenz von $\Sigma(a_n)$ diejenige von $\Sigma(b_n)$ (*Vergleichskriterium*).

Satz 1: Es sei $\Sigma(a_n)$ eine Reihe mit positiven Gliedern, ferner n_0 eine feste natürliche Zahl.

a) *Quotientenkriterium:* Gibt es ein $q \in \mathbb{R}$ mit $0 < q < 1$ und

$$\frac{a_{n+1}}{a_n} \leq q \quad \text{für alle } n > n_0,$$

dann ist die Reihe konvergent.

b) *Wurzelkriterium:* Gibt es ein $q \in \mathbb{R}$ mit $0 < q < 1$ und

$$\sqrt[n]{a_n} \leq q \quad \text{für alle } n > n_0,$$

dann ist die Reihe konvergent.

Beweis: Es ist jeweils nur die Beschränktheit der Reihe nachzuweisen.

a) Aus der Bedingung folgt für $i > n_0$ die Abschätzung $a_i \leq a_{n_0} \cdot q^{i-n_0}$, also für $n > n_0$

$$\sum_{i=0}^{n} a_i \leq \sum_{i=0}^{n_0} a_i + a_{n_0} \cdot \frac{1 - q^{n-n_0+1}}{1-q} \leq \sum_{i=0}^{n_0} a_i + a_{n_0} \cdot \frac{1}{1-q}.$$

b) Aus der Bedingung folgt für $i > n_0$ die Abschätzung $a_i \leq q^i$, also für $n > n_0$

$$\sum_{i=0}^{n} a_i \leq \sum_{i=0}^{n_0} a_i + q^{n_0+1} \cdot \frac{1 - q^{n-n_0}}{1-q} \leq \sum_{i=0}^{n_0} a_i + q^{n_0+1} \cdot \frac{1}{1-q}. \qquad \square$$

Gilt im Gegensatz zu den Bedingungen in diesem Satz $\frac{a_{n+1}}{a_n} \geq 1$ oder $\sqrt[n]{a_n} \geq 1$ ab einem gewissen Index, dann ist die Reihe offensichtlich divergent.

Beispiel 1: Die Reihe $\Sigma\left(\frac{x^n}{n!}\right)$ ist für jedes $x \in \mathbb{R}$ konvergent, denn

$$\left(\frac{a_{n+1}}{a_n}\right) = \left(\frac{x}{n+1}\right) \quad \text{und} \quad \lim\left(\frac{x}{n+1}\right) = 0.$$

Beispiel 2: Die Reihe $\Sigma(nx^n)$ ist für jedes x mit $0 \leq x < 1$ konvergent, denn

$$\sqrt[n]{nx^n} = x \cdot \sqrt[n]{n} \qquad \text{und} \qquad \lim(\sqrt[n]{n}) = 1.$$

Das Konvergenzverhalten der Reihen $\Sigma\left(\dfrac{1}{n^\alpha}\right)$ für $\alpha > 0$ kann man mit Hilfe der Kriterien in Satz 1 nicht feststellen, denn $\lim\left(\left(\dfrac{n}{n+1}\right)^\alpha\right) = 1$ und $\lim(\sqrt[n]{n}) = 1$. Wir werden in X.8 zeigen, dass diese Reihe für $\alpha > 1$ konvergiert und für $\alpha \leq 1$ divergiert (vgl. auch Aufgabe 4). Wir wissen dies bereits für $\alpha = 1$. Für $\alpha = 2$ haben wir die Konvergenz in IX.6 gezeigt, für $\alpha = 1,5$ zeigen wir sie im folgenden Beispiel, woraus sich dann die Konvergenz auch für alle $\alpha \geq 1,5$ ergibt.

Beispiel 3: Es gilt für alle $n \in \mathbb{N}$

$$
\begin{aligned}
1 - \frac{1}{\sqrt{n+1}} &= \sum_{i=1}^{n}\left(\frac{1}{\sqrt{i}} - \frac{1}{\sqrt{i+1}}\right) = \sum_{i=1}^{n} \frac{\sqrt{i+1} - \sqrt{i}}{\sqrt{i}\sqrt{i+1}} \\
&= \sum_{i=1}^{n} \frac{1}{\sqrt{i(i+1)}(\sqrt{i} + \sqrt{i+1})} \\
&\geq \sum_{i=1}^{n} \frac{1}{(i+1)\cdot 2\sqrt{i+1}} > \frac{1}{2}\left(\sum_{i=1}^{n} \frac{1}{i\sqrt{i}} - 1\right),
\end{aligned}
$$

also $\sum\limits_{i=1}^{n} \dfrac{1}{i\sqrt{i}} < 3$. Da $\Sigma\left(\dfrac{1}{n\sqrt{n}}\right)$ eine Reihe mit positiven Gliedern ist, folgt aus ihrer Beschränktheit die Konvergenz.

Beispiel 4: Die Reihe $\Sigma\left(\dfrac{n}{2^n}\right)$ ist konvergent, denn die Folge der Quotienten aufeinanderfolgender Glieder konvergiert gegen $\dfrac{1}{2}$. Argumentiert man wie in nebenstehender Rechnung, dann ergibt sich der Wert s dieser Reihe zu 2. Eine solche Umordnung der Summanden ist hier erlaubt, weil alle Summanden positiv sind (vgl. den folgenden Satz 2).

$$
\begin{aligned}
s &= \frac{1}{2} + \frac{2}{4} + \frac{3}{8} + \frac{4}{16} + \frac{5}{32} + \ldots \\
&= \frac{1}{2} + \frac{1}{4} + \frac{1}{8} + \frac{1}{16} + \frac{1}{32} + \ldots \\
&\quad\ + \frac{1}{4} + \frac{2}{8} + \frac{3}{16} + \frac{4}{32} + \ldots \\
&= 1 + \frac{1}{2}s
\end{aligned}
$$

Beispiel 5: Christian Huygens (1629–1695) stellte Leibniz die Aufgabe, die „Summe"

$$\frac{1}{1} + \frac{1}{3} + \frac{1}{6} + \frac{1}{10} + \frac{1}{15} + \ldots$$

zu berechnen, wobei in den Nennern die Folge (D_n) der Dreieckszahlen auftritt. Wegen

$$\frac{D_n}{D_{n+1}} = \frac{n}{n+2} \qquad \text{und} \qquad \lim\left(\frac{n}{n+2}\right) = 1$$

kann man die Konvergenz nicht mit dem Quotientenkriterium beweisen. Auch das Wurzelkriterium versagt (wegen $\lim(\sqrt[n]{n}) = 1$). Man kann die Konvergenz und den Grenzwert aber sofort folgendermaßen erhalten:

$$\frac{1}{D_n} = \frac{2}{n(n+1)} = \frac{2}{n} - \frac{2}{n+1} \quad \Rightarrow \quad \lim \Sigma \left(\frac{1}{D_n} \right) = \lim \left(2 - \frac{2}{n+1} \right) = 2.$$

Beispiel 6: Die *leibnizsche Reihe* $\Sigma \left(\frac{(-1)^{n-1}}{n} \right)$ konvergiert: Es gilt

$$\sum_{i=1}^{n} \frac{(-1)^{i-1}}{i} = \left\{ \begin{array}{ll} \sigma_k & \text{für } n = 2k, \\ \sigma_k + \frac{1}{n} & \text{für } n = 2k+1 \end{array} \right\} \quad \text{mit}$$

$$\sigma_k = \sum_{i=1}^{k} \frac{1}{(2i-1)2i} = \frac{1}{2} + \frac{1}{12} + \frac{1}{30} + \ldots + \frac{1}{(2k-1)2k}.$$

Aus der Konvergenz von $\Sigma \left(\frac{1}{n^2} \right)$ folgt die Konvergenz von (σ_n) und daraus die Konvergenz von $\Sigma \left(\frac{(-1)^{n-1}}{n} \right)$.

Eine Reihe $\Sigma(a_n)$ heißt *absolut konvergent*, wenn die Reihe $\Sigma(|a_n|)$ konvergiert. Eine konvergente Reihe mit positiven Gliedern ist also auch absolut konvergent. Eine absolut konvergente Reihe ist stets auch konvergent (Aufgabe 2). Die Reihe in Beispiel 6 ist konvergent, aber nicht absolut konvergent. Eine Reihe, deren Glieder abwechselnd positiv und negativ sind, heißt *alternierend*.

Satz 2 (*Leibniz-Kriterium*): Eine alternierende Reihe, bei welcher die Beträge der Glieder eine monotone Nullfolge bilden, konvergiert.

Beweis: Es sei (a_n) eine monotone Nullfolge mit positiven Gliedern und

$$s_n := \sum_{i=1}^{n} (-1)^{i-1} a_i.$$

Dann ist (s_{2n}) monoton wachsend und nach oben beschränkt (durch a_1) und (s_{2n+1}) monoton fallend und nach unten beschränkt (durch $a_1 - a_2$). Diese beiden Folgen sind also konvergent. Wegen $s_{2n+1} - s_{2n} = a_{2n+1}$ haben sie den gleichen Grenzwert. □

Hat eine alternierende Reihe, welche das Leibniz-Kriterium erfüllt, den Reihenwert s, dann gilt in obigen Bezeichnungen $|s - s_n| \leq a_{n+1}$, wie man leicht einsieht.

Die Konvergenz der leibnizschen Reihe in Beispiel 6 folgt aus Satz 2. Dass man in Satz 2 nicht auf die Monotonie der Folge (a_n) verzichten kann, wird durch das Beispiel in Aufgabe 3 belegt.

In der leibnizschen Reihe (Beispiel 6) kann man durch Umordnung der Glieder jeden beliebigen Wert S als Reihenwert erhalten. Wir zeigen dies für $S > 0$, die

Argumentation ist aber analog für negative Werte von S: Man summiere zunächst so viele positive Glieder, bis deren Summe erstmals $> S$ ist, was wegen der Divergenz von $\Sigma\left(\dfrac{1}{2n+1}\right)$ möglich ist; dann addiere man so viele negative Glieder hinzu, bis die Summe erstmals $< S$ ist. Dann addiere man wieder positive Glieder usw. Auf diese Art kann man natürlich auch erreichen, dass die Reihe divergiert, also unbeschränkt wächst oder fällt.

Wie dieses Beispiel zeigt, ist die Umordnung der Glieder einer Reihe nicht immer erlaubt. Dies ist aber der Fall bei *absolut konvergenten* Reihen.

Satz 3 (*Umordnungssatz*): Die Reihe $\Sigma(a_n)$ sei absolut konvergent und der Reihenwert sei S; ferner sei γ eine bijektive (umkehrbar eindeutige) Abbildung von $\mathbb{N}$ auf sich. Dann ist auch die Reihe $\Sigma(a_{\gamma(n)})$ konvergent und besitzt denselben Reihenwert S.

Beweis: Da mit $\Sigma(|a_n|)$ auch $\Sigma(|a_{\gamma(n)}|)$ nach oben beschränkt ist, ergibt sich die Konvergenz aus dem Hauptsatz über monotone Folgen. Es bleibt aber die Frage zu beantworten, ob beide Reihen den gleichen Wert besitzen, ob also die Differenz der konvergenten Folgen (s_n) und (t_n) mit $s_n := \sum\limits_{i=1}^{n} a_i$ und $t_n := \sum\limits_{i=1}^{n} a_{\gamma(i)}$ eine Nullfolge ist: Zu jedem $k \in \mathbb{N}$ existiert ein $N_k \in \mathbb{N}$ mit $\gamma(n) > k$ für $n > N_k$. Dann ist $|s_n - t_n| \le |a_{k+1}| + |a_{k+2}| + \ldots + |a_n|$ für $n > N_k$. Aus der absoluten Konvergenz von $\Sigma(a_n)$ folgt, dass $(s_n - t_n)$ eine Nullfolge ist. $\square$

Aufgaben

1. Man untersuche die folgenden Reihen mit Hilfe des Quotientenkriteriums, des Wurzelkriteriums oder des Vergleichskriteriums auf Konvergenz:

a) $\Sigma\left(\dfrac{1}{\sqrt{n!}}\right)$ 　 b) $\Sigma\left(\dfrac{\sqrt{2^n}}{n!}\right)$ 　 c) $\Sigma\left(\dfrac{n!}{n^n}\right)$ 　 d) $\Sigma(n^\alpha q^n)$ 　 $(\alpha, q > 0)$

2. Man zeige, dass eine absolut konvergente Reihe auch konvergent ist.

3. Man zeige, dass die Reihe $\Sigma((-1)^n a_{n+1})$ mit $a_{2i} = \dfrac{1}{i}$ und $a_{2i-1} = \dfrac{2}{i}$ nicht konvergiert. Warum ist das Leibniz-Kriterium nicht anwendbar?

4. Man zeige $\sum\limits_{i=1}^{n} \dfrac{1}{i\sqrt[4]{i}} < 5$ und allgemein $\sum\limits_{i=1}^{n} \dfrac{1}{i\sqrt[2^r]{i}} < 2^r + 1$ für $r \in \mathbb{N}$ (vgl. Beispiel 4). Man beweise damit, dass $\Sigma\left(\dfrac{1}{n^\alpha}\right)$ für $\alpha > 1$ konvergiert.

5. Man zeige, dass $\sum\limits_{n=1}^{\infty} \dfrac{a}{n^2 + an} = 1 + \dfrac{1}{2} + \dfrac{1}{3} + \ldots + \dfrac{1}{a}$ für $a \in \mathbb{N}$.

6. Zeige, dass $\lim\left(\dfrac{1}{\sqrt{n}} \sum\limits_{i=1}^{n} \dfrac{1}{\sqrt{i}}\right) = 2$.

IX.10 Die eulersche Zahl

Die Reihe $\Sigma\left(\frac{1}{n!}\right)$ konvergiert; ihr Wert liegt zwischen 2,5 und 3, denn

$$1 + 1 + \frac{1}{2} < \sum_{i=0}^{\infty} \frac{1}{i!} < 1 + \sum_{i=0}^{\infty} \frac{1}{2^i} = 3.$$

Die Zahl

$$e = \sum_{i=0}^{\infty} \frac{1}{i!}$$

heißt *eulersche Zahl* (nach Leonhard Euler, 1707–1783). Es ist $e = 2{,}71828182\ldots$ Die Zahl e ist irrational, wie wir schon in IX.6 bewiesen haben. Die eulersche Zahl e ist neben der Kreiszahl π eine der wichtigsten Konstanten der Mathematik.

Satz 1: Es gilt $\lim\left(\left(1 + \frac{1}{n}\right)^n\right) = e.$

Beweis: Für $x_n = \left(1 + \frac{1}{n}\right)^n$ gilt nach dem binomischen Lehrsatz für alle $n \in \mathbb{N}$

$$x_n = \sum_{i=0}^{n} \binom{n}{i} \frac{1}{n^i} = 1 + \sum_{i=1}^{n} \frac{1}{i!}\left(1 - \frac{1}{n}\right)\left(1 - \frac{2}{n}\right) \cdot \ldots \cdot \left(1 - \frac{i-1}{n}\right).$$

Die Folge (x_n) ist also nach oben beschränkt durch e. Ferner ist sie monoton wachsend: Es ist für $n > 1$

$$\frac{x_n}{x_{n-1}} = \left(1 - \frac{1}{n^2}\right)^n \cdot \frac{n}{n-1},$$

und die bernoullische Ungleichung (Abschnitt IX.2) liefert $\left(1 - \frac{1}{n^2}\right)^n > 1 - n \cdot \frac{1}{n^2}$, insgesamt also

$$\frac{x_n}{x_{n-1}} > \left(1 - \frac{1}{n}\right) \cdot \frac{n}{n-1} = 1.$$

Die Folge (x_n) ist daher konvergent. Die Behauptung des Satzes folgt nun aus

$$\lim(x_n) \geq \sum_{i=0}^{k} \frac{1}{i!} \quad \text{für jedes } k \in \mathbb{N}. \qquad \square$$

Satz 2: Für jedes $a \in \mathbb{N}$ gilt

$$\lim\left(\left(1 + \frac{a}{n}\right)^n\right) = e^a = \lim \Sigma\left(\frac{a^n}{n!}\right).$$

Beweis: Zunächst gilt

$$\lim\left(\left(1 + \frac{a}{n}\right)^n\right) = \lim\left(\left(1 + \frac{a}{an}\right)^{an}\right) = \lim\left(\left(\left(1 + \frac{1}{n}\right)^n\right)\right)^a.$$

Umformung mit dem binomischen Lehrsatz wie zu Anfang des Beweises von Satz 1 liefert die Äquivalenz dieses Grenzwerts mit $\lim \Sigma \left(\dfrac{a^n}{n!} \right)$.   □

Die Aussage von Satz 2 gilt auch für beliebige reelle Zahlen a, was wir aber erst später beweisen können. Für rationale Werte von a ist die Aussage von Satz 2 aber leicht einzusehen (Aufgabe 3).

Aufgaben

1. Man zeige, dass $\left(\left(\left(1 + \dfrac{1}{n} \right)^n \right), \left(\left(1 + \dfrac{1}{n} \right)^{n+1} \right) \right)$ eine Intervallschachtelung für die eulersche Zahl e ist.

2. Man bestimme die Grenzwerte der Folgen

$$\left(\left(1 + \frac{1}{n} \right)^{2n-1} \right), \quad \left(\left(1 + \frac{1}{2n} \right)^{6n} \right), \quad \left(\left(1 - \frac{1}{n} \right)^{n} \right), \quad \left(\left(1 - \frac{1}{n^2} \right)^{n} \right).$$

3. Man zeige, dass für alle rationalen Zahlen a gilt: $\lim \left(\left(1 + \dfrac{a}{n} \right)^n \right) = e^a$.

4. Man zeige, dass $\lim \left(\left(1 + \dfrac{1}{n} + \dfrac{1}{n^2} \right)^n \right) = e$. Man zeige dann, dass

$$\lim \left(\left(\frac{2 + \sqrt{3 + 9n^2}}{3n - 1} \right)^n \right) = e.$$

Diese Darstellung von e stammt von Thomas Simpson (1710–1761). In X.7 wird gezeigt, wie Simpson dies gefunden hat. Die Glieder dieser Folgen nähern sich dem Wert e sehr schnell, das erste Glied hat schon den sehr guten Wert $1 + \sqrt{3} \approx 2{,}732$. Zum Beweis obiger Grenzwertbeziehung zeige man zunächst, dass $\frac{2+\sqrt{3+9n^2}}{3n-1}$ zwischen $1 + \frac{1}{n}$ und $1 + \frac{1}{n} + \frac{1}{n^2}$ liegt.

IX.11 Unendliche Produkte

Zu einer Zahlenfolge (a_n) definieren wir die *Produktfolge* $\Pi(a_n)$ durch $\left(\prod\limits_{i=1}^{n} a_i \right)$, wobei $\prod\limits_{i=1}^{n} a_i = a_1 \cdot a_2 \cdot \ldots \cdot a_n$ das Produkt der ersten n Glieder der Folge (a_n) bedeutet. Wir betrachten dabei aber nur Folgen, deren Glieder alle von 0 verschieden sind, weil sonst die Frage nach der Konvergenz der Produktfolge trivial wäre. Ferner wollen wir eine Produktfolge genau dann konvergent nennen, wenn ihr Grenzwert existiert und von 0 verschieden ist. Mit $\Pi(a_n)$ ist dann auch $\Pi \left(\dfrac{1}{a_n} \right)$ konvergent. Im Fall der Konvergenz schreibt man für den Grenzwert $\prod\limits_{i=1}^{\infty} a_i$. Manchmal bezeichnet man auch die Produktfolge selbst mit diesem Symbol und nennt dies dann ein *unendliches Produkt*. Notwendig für die Konvergenz von $\Pi(a_n)$ ist offensichtlich $\lim(a_n) = 1$. Daher schreibt man die Faktoren einer Produktfolge, für deren Konvergenz man sich interessiert, meistens in der Form $1 + u_n$.

Beispiel 1: Die Produktfolge $\Pi\left(1 + \dfrac{1}{n}\right)$ ist nicht konvergent, denn das Produkt der ersten n Faktoren ist $n + 1$.

Beispiel 2: Die Produktfolge $\Pi\left(1 - \dfrac{1}{n^2}\right)$ ist konvergent, denn

$$\prod_{i=2}^{n}\left(1 - \frac{1}{i^2}\right) = \prod_{i=2}^{n}\frac{(i-1)(i+1)}{i^2} = \frac{1}{2}\cdot\frac{n+1}{n}, \quad \text{also} \quad \prod_{i=2}^{\infty}\left(1 - \frac{1}{i^2}\right) = \frac{1}{2}.$$

Satz 1: Die Produktfolge $\Pi(1 + u_n)$ mit $u_n \geq 0$ für alle $n \in \mathbb{N}$ ist genau dann konvergent, wenn die Summenfolge $\Sigma(u_n)$ konvergent ist.

Beweis: Die Produktfolge ist monoton wachsend. Sie ist genau dann nach oben beschränkt, wenn die genannte Summenfolge beschränkt ist, denn wegen $1 + u_i \leq e^{u_i}$ für alle $i \in \mathbb{N}$ ist $(1 + u_1)(1 + u_2) \cdot \ldots \cdot (1 + u_n) \leq e^{u_1 + u_2 + \ldots + u_n}$. □

Satz 2: Die Produktfolge $\Pi(1 - u_n)$ mit $0 \leq u_n < 1$ für alle $n \in \mathbb{N}$ ist genau dann konvergent, wenn die Summenfolge $\Sigma(u_n)$ konvergent ist.

Beweis: Es ist $1 - u_n = \dfrac{1}{1 + v_n}$ mit $v_n = \dfrac{u_n}{1 - u_n}$, so dass Satz 2 aus Satz 1 folgt.□

Aus den Sätzen 1 und 2 folgt, dass die Produktfolgen $\Pi\left(1 + \dfrac{1}{n^\alpha}\right)$ und $\Pi\left(1 - \dfrac{1}{n^\alpha}\right)$ genau dann konvergieren, wenn $\Sigma\left(\dfrac{1}{n^\alpha}\right)$ konvergiert, also für $\alpha > 1$ (vgl. XI.3).

Beispiel 3: Die Folge $\Pi\left(1 - \dfrac{1}{4n^2}\right) = \Pi\left(\dfrac{2n-1}{2n}\cdot\dfrac{2n+1}{2n}\right)$ konvergiert. Ihr Grenzwert ist $\dfrac{2}{\pi}$, wie wir in Abschnitt XI.4 sehen werden. Es gilt also

$$\frac{\pi}{2} = \frac{2}{1}\cdot\frac{2}{3}\cdot\frac{4}{3}\cdot\frac{4}{5}\cdot\frac{6}{5}\cdot\frac{6}{7}\cdot\frac{8}{7}\cdot\frac{8}{9}\cdots$$

(*wallissches Produkt*, nach John Wallis, 1616–1703).

Beispiel 4: Es sei (p_n) die Folge der Primzahlen, also $p_1 = 2$, $p_2 = 3$, $p_3 = 5$, ... Für $x > 1$ ist die Produktfolge $\Pi\left(\dfrac{1}{1 - p_n^{-x}}\right)$ konvergent. Für $n \in \mathbb{N}$ gilt

$$\prod_{i=1}^{n}\frac{1}{1 - p_i^{-x}} = \prod_{i=1}^{n}\left(1 + \frac{1}{p_i^x} + \frac{1}{p_i^{2x}} + \ldots\right) = \sum^{*}\frac{1}{k^x},$$

wobei die Summe Σ^* über alle $k \in \mathbb{N}$ zu erstrecken ist, in deren Primfaktorzerlegung nur die Primzahlen $p_1, p_2, \ldots, p_n$ vorkommen. Der Grenzübergang $n \to \infty$ liefert dann die Beziehung

$$\prod_{i=1}^{\infty} \frac{1}{1 - p_i^{-x}} = \sum_{k=1}^{\infty} \frac{1}{k^x}.$$

Beim Grenzübergang $x \to 1^+$ strebt der Ausdruck rechts wegen der Divergenz der harmonischen Reihe gegen unendlich. Folglich kann das Produkt links nicht nur aus endlich vielen Faktoren bestehen. Damit ist bewiesen, dass es unendlich viele Primzahlen gibt. (Für diese Tatsache existieren natürlich einfachere Beweise.) Dieser Zusammenhang der *riemannschen Zetafunktion* (nach Bernhard Riemann, 1826–1866) $\zeta : x \mapsto \sum_{k=1}^{\infty} \frac{1}{k^x}$ mit der Folge der Primzahlen erklärt, warum diese Funktion für die Theorie der Primzahlverteilung von so großer Bedeutung ist.

Aufgaben

1. Man beweise, dass $\displaystyle\sum_{i=2}^{\infty} \log\left(1 + \frac{1}{i^2 - 1}\right) = \log 2.$

2. Man zeige, dass folgende Produktfolgen konvergieren:

a) $\Pi\left(\dfrac{n^3 + 1}{n^3 + 2}\right)$ b) $\Pi\left(1 + \left(\dfrac{1}{2}\right)^n\right)$ c) $\Pi\left(1 + \dfrac{2n + 1}{(n^2 - 1)(n + 1)^2}\right)$

3. Man berechne $\displaystyle\lim \Pi\left(\frac{n^4 + n^2}{n^4 - 1}\right).$

IX.12 Abzählen von unendlichen Mengen

Wir werden in diesem Abschnitt sehen, dass man die Menge der rationalen Zahlen in einer Folge anordnen kann, dass man sie also nummerieren kann. Es wird sich zeigen, dass dies bei der Menge der reellen Zahlen nicht möglich ist, dass es also in diesem Sinne „sehr viel mehr" irrationale als rationale Zahlen gibt.

Eine *Abzählung* oder *Nummerierung* einer *endlichen* Menge M mit genau n Elementen bedeutet, dass jeder der Nummern oder Plätze $1, 2, 3, \ldots, n$ genau ein Element zugeordnet wird und dass verschiedene Elemente verschiedene Nummern erhalten. Die Menge M besitzt dann genau

$$n! = 1 \cdot 2 \cdot 3 \cdot \ldots \cdot n$$

verschiedene Nummerierungen. Denn für Platz 1 gibt es n Möglichkeiten, für Platz 2 gibt es dann noch $n - 1$ Möglichkeiten, für Platz 3 gibt es dann noch $n - 2$ Möglichkeiten usw., für Platz $n - 1$ gibt es dann noch 2 Möglichkeiten, für Platz n gibt es dann nur noch eine Möglichkeit.

Eine Nummerierung oder Abzählung der n-elementigen Menge M ist eine bijektive (umkehrbare) Abbildung der Menge $\{1, 2, 3, \ldots, n\}$ auf die Menge M. Die

Elemente von M tragen hierbei ihre Nummer als Index. Nun kann man fragen, ob für eine vorgelegte *unendliche* Menge M eine bijektive Abbildung von $\mathbb{N}$ auf M existiert. Dann könnte man nämlich jedem Element von M eine Nummer erteilen, und die Elemente von M wären eindeutig anhand ihrer Nummer zu identifizieren. Dies bedeutet, dass die Elemente von M eine Folge bilden.

Beispiel: Wir betrachten die Menge $\mathbb{N}^2$, also die Menge aller Gitterpunkte im Koordinatensystem, deren Koordinaten natürliche Zahlen sind. Dann kann man gemäß Fig. 1 eine Nummerierung von $\mathbb{N}^2$ vornehmen, $\mathbb{N}^2$ ist also nummerierbar.

Die Folge der Paare natürlicher Zahlen beginnt bei dieser Nummerierung mit $(1,1)$, $(2,1)$, $(2,2)$, $(1,2)$, $(1,3)$, $(2,3)$, $(3,3)$, $(3,2)$, $(3,1)$, $(4,1)$, ...

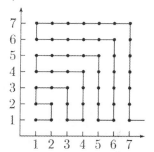

Fig. 1: Nummerierung von $\mathbb{N}^2$

Mit der Nummerierung von $\mathbb{N}^2$ in Fig. 1 erhält man auch eine Nummerierung der positiven rationalen Zahlen, indem man der Bruchzahl $\frac{a}{b}$ mit $\mathrm{ggT}(a,b) = 1$ das Zahlenpaar (a,b) zuordnet. Ähnlich kann man auch $\mathbb{Q}$ nummerieren (Satz 1).

Eine unendliche Menge M heißt *abzählbar* oder *nummerierbar*, wenn eine bijektive Abbildung von $\mathbb{N}$ auf M existiert.

Satz 1: Die Menge $\mathbb{Q}$ der rationalen Zahlen ist abzählbar.

Beweis: Wir schreiben die rationalen Zahlen als Quotient zweier ganzer Zahlen, wobei der Nenner positiv ist und Zähler und Nenner teilerfremd sind. Eine Nummerierung von $\mathbb{Q}$

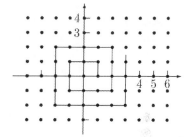

Fig. 2: Nummerierung von $\mathbb{Z}^2$

erhält man aus einer Nummerierung von $\mathbb{Z}^2$, wie es in Fig. 2 angedeutet ist.   □

Mit $\mathcal{P}(M)$ bezeichnet man allgemein die Menge aller Teilmengen der Menge M und nennt $\mathcal{P}(M)$ die *Potenzmenge* von M. Insbesondere ist $\mathcal{P}(\mathbb{N})$ die Menge aller Mengen, die aus natürlichen Zahlen bestehen, zuzüglich der leeren Menge.

Satz 2: Die Menge $\mathcal{P}(\mathbb{N})$ ist nicht abzählbar.

Beweis: Wir führen die Annahme, die Menge aller Teilmengen von $\mathbb{N}$ wäre abzählbar, auf einen Widerspruch zurück: Gäbe es eine Nummerierung von $\mathcal{P}(\mathbb{N})$, dann gäbe es eine Folge A_1, A_2, A_3, ..., in der jede Teilmenge von $\mathbb{N}$ vorkommt. Wir betrachten nun die Teilmenge A von $\mathbb{N}$, die aus allen natürlichen Zahlen n mit $n \notin A_n$ besteht. Dann gilt $A \neq A_n$ für alle $n \in \mathbb{N}$. Dies widerspricht der Annahme, in der Folge A_1, A_2, A_3, ... käme *jede* Teilmenge von $\mathbb{N}$ vor.   □

Die Menge der *endlichen* Teilmengen von $\mathbb{N}$ ist abzählbar (Aufgabe 3), also folgt aus Satz 2, dass schon die Menge der unendlichen Teilmengen von $\mathbb{N}$ nicht abzählbar ist. Dies wollen wir im Beweis des folgenden Satzes verwenden.

Satz 3: Die Menge $\mathbb{R}$ der reellen Zahlen ist nicht abzählbar.

Beweis: Wir können uns auf den Nachweis beschränken, dass die reellen Zahlen x mit $0 \leq x < 1$ eine nicht-abzählbare Menge bilden, weil dies dann erst recht für $\mathbb{R}$ gilt. Jede solche Zahl denken wir uns in ihrer 2-Bruchentwicklung geschrieben, also etwa

$$x = (0,01101010111101001\ldots)_2,$$

wobei wir der Eindeutigkeit wegen abbrechende 2-Brüche mit der Periode $\ldots\overline{1}$ schreiben. Zu jeder solchen Zahl x bilden wir die (unendliche) Menge $A_x \in \mathcal{P}(\mathbb{N})$, welche genau dann die Zahl n enthält, wenn auf der n-ten Nachkommastelle von x die Ziffer 1 steht. Damit ist eine bijektive Abbildung von $\{x \in \mathbb{R} \mid 0 \leq x < 1\}$ auf die Menge der unendlichen Teilmengen von $\mathbb{N}$ gegeben. Da diese Menge nach der vorangehenden Bemerkung nicht abzählbar ist, ist auch die Menge aller $x \in \mathbb{R}$ mit $0 \leq x < 1$ nicht abzählbar.   □

Aufgaben

1. Auf wie viele Arten kann man 8 Türme so auf ein Schachbrett stellen, dass kein Turm einen anderen „bedroht", dass also in jeder „Zeile" und jeder „Spalte" genau ein Turm steht ?

2. Fig. 3 zeigt eine Nummerierung von $\mathbb{N}^2$. Diese erzeugt eine Nummerierung der Menge aller positiven rationalen Zahlen. Wie heißt die Zahl mit der Nummer 20? Welche Nummer trägt $\frac{4}{5}$?

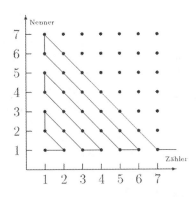

Fig. 3: Nummerierung von $\mathbb{N}^2$

3. Man zeige, dass die Menge der *endlichen* Teilmengen von $\mathbb{N}$ abzählbar ist. Man beachte dabei, dass jede endliche Teilmenge von $\mathbb{N}$ eine größte natürliche Zahl enthält.

4. Man beweise die Überabzählbarkeit der Menge der reellen Zahlen zwischen 0 und 1 anhand ihrer Dezimalbruchdarstellung (vgl. Satz 3).

5. Es sei $\{M_1, M_2, M_3, \ldots\}$ eine abzählbare Menge von Mengen, und jede dieser Mengen M_i sei abzählbar. Man zeige, dass dann auch die Vereinigungsmenge $M_1 \cup M_2 \cup M_3 \cup \ldots$ abzählbar ist.

X Differenzial- und Integralrechnung

X.1 Stetige Funktionen

Folgen reeller Zahlen sind definiert als Abbildungen von $\mathbb{N}$ oder $\mathbb{N}_0$ in $\mathbb{R}$. Nun wollen wir Abbildungen von $\mathbb{R}$ in $\mathbb{R}$ bzw. von Teilmengen von $\mathbb{R}$ in $\mathbb{R}$ betrachten, die man auch Abbildungen *aus* $\mathbb{R}$ in $\mathbb{R}$ nennt. Dabei treten völlig neue Fragestellungen auf. Beispielsweise kann man fragen, wie sich eine geringfügige Änderung der abzubildenden Zahl auf die Bildzahl auswirkt. Abbildungen aus $\mathbb{R}$ in $\mathbb{R}$ nennt man *Funktionen*, genauer *Funktionen einer reellen Variablen mit reellen Werten*. Mit den Methoden der in diesem Kapitel zu behandelnden Differenzial- und Integralrechnung werden wir dann in Kapitel XI erneut Folgen und Reihen untersuchen, wobei die Glieder dieser Folgen oder Reihen Funktionen sind.

Es sei f eine Abbildung einer Teilmenge D_f von $\mathbb{R}$ in $\mathbb{R}$. Jedem $x \in D_f$ ist dann eine reelle Zahl zugeordnet, die wir allgemein mit $f(x)$ bezeichnen. Man schreibt

$$f : D_f \longrightarrow \mathbb{R} \qquad \text{und} \qquad f : x \mapsto f(x) \text{ für } x \in D_f.$$

Ist $D_f = \mathbb{N}$, dann ist f eine Zahlenfolge. Wir richten unser Augenmerk jetzt aber auf solche Abbildungen f, bei denen D_f eine beliebige Teilmenge von $\mathbb{R}$ ist, z.B. aus einem Intervall aus $\mathbb{R}$ besteht. Dann heißt f eine *Funktion* mit der *Definitionsmenge* D_f. Die Menge aller Bildelemente von f, also die Menge

$$\{y \in \mathbb{R} \mid \text{ es gibt ein } x \in D_f \text{ mit } y = f(x)\},$$

nennen wir die *Bildmenge* von f und bezeichnen sie mit $f(D_f)$ oder auch mit B_f.

Man nennt $f(x)$ den *Funktionsterm* von f, die Gleichung $y = f(x)$ zwischen $x \in D_f$ und dem jeweils zugeordneten Wert $y \in B_f$ heißt *Funktionsgleichung*.

Die Funktionen mit einer gemeinsamen Definitionsmenge D bilden bezüglich der Addition $(f + g)(x) = f(x) + g(x)$ und der Vervielfachung $(rf)(x) = rf(x)$ ($r \in \mathbb{R}$) offensichtlich einen Vektorraum. Funktionen auf der Definitionsmenge D kann man auch multiplizieren: $(fg)(x) = f(x)g(x)$. Ist $f(x) \neq 0$ für alle $x \in D_f$, dann ist die *Kehrfunktion* von f durch $\left(\dfrac{1}{f}\right)(x) = \dfrac{1}{f(x)}$ $(x \in D_f)$ definiert.

Diese algebraischen Aussagen über Funktionen verallgemeinern die entsprechenden Aussagen über Folgen, da Zahlenfolgen ja Funktionen mit einer speziellen Definitionsmenge (nämlich $\mathbb{N}$ oder $\mathbb{N}_0$) sind. Auch viele weitere bei Folgen nützliche Begriffsbildungen lassen sich in naheliegender Weise auf Funktionen übertragen, z.B. Beschränktheit und Monotonie, so dass wir diese Begriffe hier nicht erneut formulieren müssen.

Es seien nun $f : D_f \longrightarrow \mathbb{R}$ und $g : D_g \longrightarrow \mathbb{R}$ zwei Funktionen mit $B_g \subseteq D_f$. Dann kann man die Funktionen f und g hintereinanderschalten bzw. *verketten*.

Die Verkettung „f nach g" bezeichnet man mit $f \circ g$. Für $x \in D_g$ ist also

$$(f \circ g)(x) = f(g(x)).$$

Das Verketten ist assoziativ: Sind f, g, h Funktionen mit $B_h \subseteq D_g$ und $B_{g \circ h} \subseteq D_f$, dann gilt für alle $x \in D_h$

$$((f \circ g) \circ h)(x) = (f \circ g)(h(x)) = f(g(h(x))) = f((g \circ h)(x)) = (f \circ (g \circ h))(x).$$

Das Verketten ist nicht kommutativ, wie schon das einfache Beispiel $f(x) = x + 1$, $g(x) = x^2$ mit $D_f = D_g = \mathbb{R}$ zeigt: Es ist $(f \circ g)(x) = f(g(x)) = x^2 + 1$ und $(g \circ f)(x) = g(f(x)) = (x + 1)^2$.

Für $D \subseteq \mathbb{R}$ heißt die Funktion id_D mit $\mathrm{id}_D(x) = x$ für alle $x \in D$ die *identische Funktion* auf D. Es gilt $f \circ \mathrm{id}_{D_f} = \mathrm{id}_{B_f} \circ f = f$ für jede Funktion f. Sind f, g zwei Funktionen mit $D_f = B_g$ und $D_g = B_f$ sowie

$$f \circ g = \mathrm{id}_{D_g} \quad \text{und} \quad g \circ f = \mathrm{id}_{D_f},$$

dann heißen die Funktionen f und g *invers* zueinander und man schreibt

$$f = g^{-1} \quad \text{bzw.} \quad g = f^{-1}.$$

Die Funktion f heißt dann auf D_f *umkehrbar*, und f^{-1} heißt die *Umkehrfunktion* oder *inverse Funktion* zu f. (Man verwechsele die Umkehrfunktion f^{-1} nicht mit der oben definierten Kehrfunktion $\frac{1}{f}$.) Genau dann ist f umkehrbar, wenn $f : D_f \longrightarrow B_f$ *bijektiv* ist, wenn also zu jedem Element $y \in B_f$ genau ein Element $x \in D_f$ existiert mit $y = f(x)$.

Beispiel 1: Die Quadratfunktion $f : x \mapsto x^2$ ist nicht umkehrbar auf $\mathbb{R}$; es existiert nämlich für $a > 0$ nicht *genau eine* Zahl b mit $f(b) = a$ (also $b^2 = a$); es existieren vielmehr stets *zwei* solche Zahlen. Schränkt man die Quadratfunktion aber auf die Definitionsmenge $\mathbb{R}_0^+$ der nichtnegativen reellen Zahlen ein, dann ist sie umkehrbar (Fig. 1). Ihre Umkehrfunktion ist die Quadratwurzelfunktion $f^{-1} : x \mapsto \sqrt{x}$ mit der Definitionsmenge $\mathbb{R}_0^+$. Die Funktion $x \mapsto x^3$ ist ebenfalls auf $\mathbb{R}_0^+$ umkehrbar; ihre Umkehrfunktion ist die Wurzelfunktion $x \mapsto \sqrt[3]{x}$.

Beispiel 2: Die auf $\mathbb{R} \setminus \{1\}$ definierte Funktion $x \mapsto \dfrac{1}{1 - x}$ mit der Bildmenge $\mathbb{R} \setminus \{0\}$ ist umkehrbar (Fig. 2); ihre Umkehrfunktion ist $x \mapsto \dfrac{x - 1}{x}$. Den Funktionsterm der Umkehrfunktion gewinnt man folgendermaßen: In $y = \dfrac{1}{1 - x}$ vertausche man x und y und löse die Gleichung nach y auf: $x = \dfrac{1}{1 - y} \Rightarrow y = \dfrac{x - 1}{x}$.

Beispiel 3: Die Funktion $f : x \mapsto \dfrac{1}{1 + x^2}$ ist auf $\mathbb{R}_0^+$ umkehrbar (Fig. 3); den Term der Umkehrfunktion findet man durch Auflösen von $x = f(y)$ nach y:

$$f^{-1} : x \mapsto \sqrt{\frac{1 - x}{x}} \quad \text{mit} \quad D_{f^{-1}} = B_f = \left]0; 1\right].$$

Beispiel 4: Die Umkehrfunktion der auf ihrer Definitionsmenge $\mathbb{R}$ umkehrbaren Exponentialfunktion $x \mapsto 2^x$ ist die Logarithmusfunktion $x \mapsto \log_2 x$ (Fig. 4), welche auf $\mathbb{R}^+$ definiert ist.

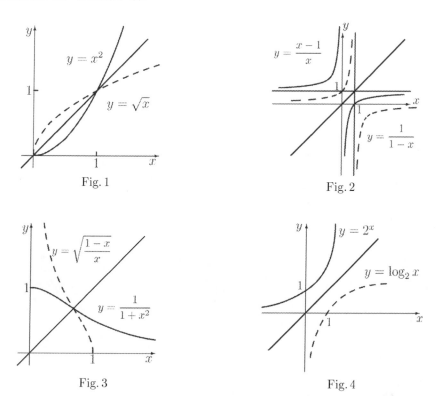

Fig. 1   Fig. 2

Fig. 3   Fig. 4

In Fig. 1 bis 4 sind die oben betrachteten Funktionen durch ihren *Graph* veranschaulicht. Dies ist die Darstellung der Punktmenge $\{(x, y) \mid x \in D_f,\ y = f(x)\}$ in einem kartesischen Koordinatensystem. In der Regel kann man nur einen Ausschnitt aus diesem Graph zeichnen. Den Graph nennt man auch ein *Schaubild* der Funktion. Die Graphen von f und f^{-1} liegen spiegelbildlich bezüglich der Winkelhalbierenden des ersten Quadranten des Koordinatensystems.

Satz 1: Eine auf einem Intervall streng monotone Funktion ist dort umkehrbar.

Beweis: Die Funktion f sei auf dem Intervall $D_f = [a; b]$ streng monoton wachsend. Dann sind *verschiedenen* Werten aus $[a; b]$ auch *verschiedene* Funktionswerte zugeordnet, denn aus $a \leq x_1 < x_2 \leq b$ folgt $f(a) \leq f(x_1) < f(x_2) \leq f(b)$. Die Funktion $f : D_f \longrightarrow B_f$ ist also bijektiv. (Für eine streng monoton fallende Funktion verläuft der Beweis analog.)   □

Man erkennt ebenso einfach, dass die Umkehrfunktion einer streng monoton wachsenden (fallenden) Funktion wieder streng monoton wachsend (fallend) ist.

Beispiel 5: Auf dem Einheitskreis (Kreis um den Ursprung des Koordinatensystems mit dem Radius 1) sei t die vom Punkt $(1,0)$ aus gemessene Bogenlänge bis zu einem Punkt P des Kreises (Fig. 5). Dann bezeichnet man die Koordinaten des Punktes P mit $\cos t$ („Kosinus t") und $\sin t$ („Sinus t"). Es ist also

$$P = (\cos t, \sin t).$$

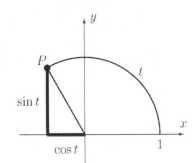

Zunächst liegt dabei t zwischen 0 und 2π. Wir erweitern die Definition von sin und cos auf *alle* reellen Zahlen durch die Festsetzung

$$\sin(t + z \cdot 2\pi) = \sin t$$
$$\cos(t + z \cdot 2\pi) = \cos t$$

($z \in \mathbb{Z}$). Dann sind sin und cos auf $\mathbb{R}$ definierte Funktionen mit der *Periode* 2π (Fig. 6, 7).

Fig. 5: Sinus und Kosinus

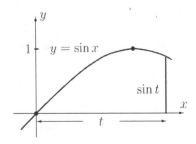

Fig. 6: Sinusfunktion

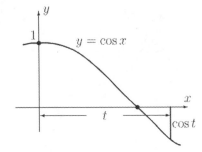

Fig. 7: Kosinusfunktion

Für alle $x \in \mathbb{R}$ gilt $\sin\left(x + \dfrac{\pi}{2}\right) = \cos x$ und $\cos\left(x + \dfrac{\pi}{2}\right) = -\sin x$.

Beschränkt man die Sinusfunktion auf das Intervall $\left[-\dfrac{\pi}{2}; \dfrac{\pi}{2}\right]$, dann ist sie dort umkehrbar, weil sie dort streng monoton wächst; ihre Umkehrfunktion ist die *Arkussinusfunktion* arcsin, welche auf $[-1; 1]$ definiert ist (Fig. 8). Die Kosinusfunktion ist auf $[0; \pi]$ streng monoton fallend und daher umkehrbar. Ihre Umkehrfunktion ist die auf $[-1; 1]$ definierte *Arkuskosinusfunktion* arccos (Fig. 9).

Die *Tangensfunktion*

$$\tan : x \mapsto \frac{\sin x}{\cos x} \quad \text{mit } D_{\tan} = \mathbb{R} \setminus \left\{\left(z + \frac{1}{2}\right)\pi \mid z \in \mathbb{Z}\right\}$$

ist auf dem offenen Intervall $\left]-\dfrac{\pi}{2}; \dfrac{\pi}{2}\right[$ streng monoton wachsend und daher umkehrbar (Fig. 10). Ihre Umkehrfunktion auf diesem offenen Intervall ist die auf $\mathbb{R}$ definierte *Arkustangensfunktion* arctan (Fig. 11).

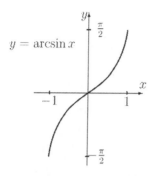

Fig. 8: Arkussinus

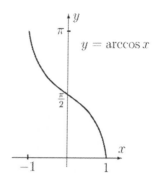

Fig. 9: Arkuskosinus

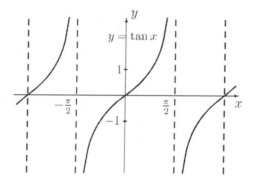

Fig. 10: Tangens

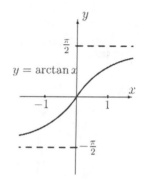

Fig. 11: Arkustangens

Definition 1: Eine Funktion f sei auf dem halboffenen Intervall $[a; b[$ definiert, und für jede Folge (x_n) mit Gliedern aus diesem Intervall und $\lim(x_n) = b$ sei $\lim(f(x_n)) = r$. Dann schreibt man

$$\lim_{x \to b^-} f(x) = r$$

und nennt dies den *linksseitigen Grenzwert* von f an der Stelle b. Analog definiert man den *rechtsseitigen Grenzwert* $\lim_{x \to b^+} f(x)$ an der Stelle b, wenn f auf einem Intervall $]b; c]$ definiert ist. Ist die Funktion f auf $[a; c] \setminus \{b\}$ definiert, wobei $b \in]a; c[$, und gilt $\lim(f(x_n)) = r$ für *jede* Folge (x_n) aus $[a; c] \setminus \{b\}$ mit dem Grenzwert b, dann spricht man vom *Grenzwert* von f an der Stelle b und schreibt

$$\lim_{x \to b} f(x) = r.$$

(Man beachte, dass dabei b nicht zur Definitionsmenge gehören muss, aber Grenzwert einer Folge aus dieser sein muss.) Existiert der Grenzwert von f an der Stelle b, dann gilt natürlich $\lim_{x \to b^-} f(x) = \lim_{x \to b} f(x) = \lim_{x \to b^+} f(x)$.

Beispiel 6: Es gilt $\lim\limits_{x \to 0^+} x^x = 1$: Ist (x_n) eine Folge positiver Zahlen mit dem Grenzwert 0, dann gibt es zu jedem $n \in \mathbb{N}$ ein $k \in \mathbb{N}$ mit $\frac{1}{k+1} < x_n \le \frac{1}{k}$, also

$$\left(\frac{k}{k+1}\right)^{\frac{1}{k}} \cdot \left(\frac{1}{k}\right)^{\frac{1}{k}} = \left(\frac{1}{k+1}\right)^{\frac{1}{k}} < x_n^{x_n} < \left(\frac{1}{k}\right)^{\frac{1}{k+1}} = \left(\frac{1}{k+1}\right)^{\frac{1}{k+1}} \cdot \left(\frac{k+1}{k}\right)^{\frac{1}{k+1}}.$$

(Man beachte, dass für $\alpha > 0$ die Funktion $x \mapsto x^\alpha$ auf $\mathbb{R}_0^+$ streng monoton wächst, und dass für $0 < \beta < 1$ die Funktion $x \mapsto \beta^x$ auf $\mathbb{R}_0^+$ streng monoton fällt.) Wegen $\lim(\sqrt[n]{n}) = 1$ (vgl. Beispiel 10 in IX.4) folgt die Behauptung.

Beispiel 7: Es gilt $\lim\limits_{t \to 0} \frac{\sin t}{t} = 1$. Denn an Fig. 12 erkennt man für $0 < t < \frac{\pi}{2}$

$$\cos t \sin t < t < \frac{\sin t}{\cos t} \qquad \text{bzw.} \qquad \cos t < \frac{\sin t}{t} < \frac{1}{\cos t},$$

woraus wegen $\lim\limits_{t \to 0} \cos t = 1$ folgt: $\lim\limits_{t \to 0^+} \frac{\sin t}{t} = 1$. Ebenso ergibt sich der linksseitige Grenzwert und damit der gesuchte Grenzwert an der Stelle 0.

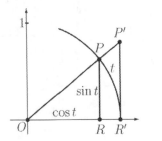

$$\text{Inhalt(Dreieck } ORP) = \frac{1}{2} \cos t \sin t$$

$$\text{Inhalt(Sektor } OR'P) = \frac{t}{2\pi} \cdot \pi = \frac{1}{2}t$$

$$\text{Inhalt(Dreieck } OR'P')$$

$$= \frac{1}{\cos^2 t} \cdot A(\text{Dreieck } ORP) = \frac{1}{2} \cdot \frac{\sin t}{\cos t}$$

Fig. 12: Berechnung des Grenzwerts $\lim\limits_{t \to 0} \frac{\sin t}{t}$

Die Aussagen im folgenden Satz ergeben sich aus Satz 1 in IX.6. Man nennt sie die *Struktursätze* für Funktionsgrenzwerte. Sie gelten auch für einseitige Grenzwerte.

Satz 2: Besitzen die Funktionen f und g Grenzwerte an der Stelle b, wobei b Grenzwert einer Folge aus D_f bzw. D_g ist, dann gilt

$$\lim\limits_{x \to b}(f + g)(x) = \lim\limits_{x \to b} f(x) + \lim\limits_{x \to b} g(x), \quad \lim\limits_{x \to b}(f \cdot g)(x) = \lim\limits_{x \to b} f(x) \cdot \lim\limits_{x \to b} g(x),$$

$$\lim\limits_{x \to b}\left(\frac{1}{f}\right)(x) = \frac{1}{\lim\limits_{x \to b} f(x)}, \text{ falls } f(x) \ne 0 \text{ für alle } x \in D_f \text{ und } \lim\limits_{x \to b} f(x) \ne 0.$$

Ist $B_g \subseteq D_f$, $\lim\limits_{x \to b} g(x) = u$ und existiert $\lim\limits_{y \to u} f(y)$, dann ist

$$\lim\limits_{x \to b}(f \circ g)(x) = \lim\limits_{y \to u} f(y).$$

Ist D_f ein offenes Intervall, f umkehrbar auf D_f und $\lim\limits_{x \to b} f(x) = v$, dann ist $\lim\limits_{x \to v} f^{-1}(x) = b$.

Definition 2: Eine Funktion f heißt *stetig* an der Stelle $x_0 \in D_f$, wenn

$$\lim_{x \to x_0} f(x) = f(x_0)$$

gilt. Sie heißt stetig auf D_f, wenn sie an jeder Stelle aus D_f stetig ist. Man beachte, dass man nur dann von der Stetigkeit oder Unstetigkeit einer Funktion an einer Stelle x_0 redet, wenn die Funktion an dieser Stelle *definiert* ist!

Beispiel 8: Die *Betragsfunktion* $x \mapsto |x|$ ist überall auf $\mathbb{R}$ stetig (Fig. 13).

Beispiel 9: Die *Ganzteilfunktion* $x \mapsto [x]$ (= größte ganze Zahl $\leq x$) ist unstetig an allen ganzzahligen Stellen und stetig an allen übrigen Stellen aus $\mathbb{R}$ (Fig. 14). (Die Strecken in Fig. 14 sind links abgeschlossen und rechts offen.)

Beispiel 10: Die *Signumfunktion* $x \mapsto \operatorname{sgn}(x) = \begin{cases} -1 & \text{für } x < 0, \\ 0 & \text{für } x = 0, \\ 1 & \text{für } x > 0 \end{cases}$ ist unstetig

an der Stelle 0 und stetig an allen sonstigen Stellen aus $\mathbb{R}$ (Fig. 15).

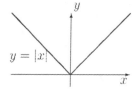

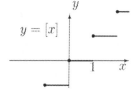

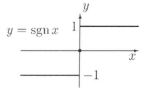

Fig. 13: Betragsfunktion   Fig. 14: Ganzteilfunktion   Fig. 15: Signumfunktion

Ist eine Funktion f in einem Intervall I außer an einer Stelle $x_0 \in I$ definiert, dann nennt man x_0 eine *Definitionslücke* von f. Existiert der Grenzwert $\lim_{x \to x_0} f(x) = r$, dann nennt man x_0 eine *stetig hebbare Definitionslücke*. In diesem Fall ist nämlich folgende Funktion an der Stelle x_0 stetig:

$$\overline{f} : x \mapsto \begin{cases} f(x) & \text{für } x \in I, x \neq x_0, \\ r & \text{für } x = x_0 \end{cases}$$

Beispiel 11: Die Funktion $x \mapsto \dfrac{\sin x}{x}$ ist an der Stelle 0 nicht definiert. Wegen $\lim_{x \to 0} \dfrac{\sin x}{x} = 1$ (vgl. Beispiel 7) ist diese Definitionslücke stetig hebbar.

Beispiel 12: Die Funktion $x \mapsto \dfrac{x^2 - 1}{x - 1}$ ist an der Stelle 1 nicht definiert. Für $x \neq 1$ ist $\dfrac{x^2 - 1}{x - 1} = x + 1$, also ist $\lim_{x \to 1} \dfrac{x^2 - 1}{x - 1} = \lim_{x \to 1}(x + 1) = 2$. Die Definitionslücke ist daher stetig hebbar.

Aus Satz 2 folgen die *Struktursätze der Stetigkeit*:

Satz 3: Sind f und g an der Stelle $x_0 \in D_f \cap D_g$ stetig, dann sind auch $f + g$ und $f \cdot g$ an der Stelle x_0 stetig. Ist f an der Stelle $x_0 \in D_f$ stetig und ist $f(x_0) \neq 0$, dann ist auch $\frac{1}{f}$ an der Stelle x_0 stetig. Ist $B_g \subseteq D_f$ und g stetig an der Stelle $x_0 \in D_g$ sowie f stetig an der Stelle $g(x_0)$, dann ist $f \circ g$ stetig an der Stelle x_0. Ist f umkehrbar auf dem offenen Intervall D_f und ist f stetig an der Stelle $x_0 \in D_f$, dann ist f^{-1} stetig an der Stelle $f(x_0)$.

Beispiel 13: Die konstanten Funktionen und die identische Funktion $x \mapsto x$ sind überall auf $\mathbb{R}$ stetig. Folglich sind die *Polynomfunktionen* (*ganzrationale Funktionen*) $x \mapsto a_n x^n + a_{n-1} x^{n-1} + \ldots + a_1 x + a_0$ ($n \in \mathbb{N}_0$, $a_0, a_1, \ldots, a_n \in \mathbb{R}$) stetig auf $\mathbb{R}$.

Beispiel 14: Eine *rationale Funktion* $x \mapsto \frac{p(x)}{q(x)}$ ($p(x), q(x)$ Polynome mit Koeffizienten aus $\mathbb{R}$) ist stetig auf ihrem gesamten Definitionsbereich, d.h. für alle reellen Zahlen mit Ausnahme der Nullstellen des Nennerpolynoms $q(x)$.

Beispiel 15: Die Wurzelfunktion $x \mapsto \sqrt[n]{x}$ ($n \in \mathbb{N}$) ist stetig auf ihrer Definitionsmenge, also auf $\mathbb{R}_0^+$. Folglich sind alle Verknüpfungen von rationalen Funktionen und Wurzelfunktionen auf ihrer jeweiligen Definitionmenge stetig.

Beispiel 16: Die Sinusfunktion ist stetig auf $\mathbb{R}$, denn für $x \neq x_0$ gilt mit $h := x - x_0$

$$\sin x = \sin(x_0 + h) = \sin x_0 \cos h + \cos x_0 \sin h,$$

wegen $\lim\limits_{h \to 0} \cos h = 1$ und $\lim\limits_{h \to 0} \sin h = 0$ ist also $\lim\limits_{x \to x_0} \sin x = \sin x_0$.

Wegen $\cos x = \sin\left(x + \frac{\pi}{2}\right)$ ist auch die Kosinusfunktion stetig auf $\mathbb{R}$.

Wegen $\tan x = \frac{\sin x}{\cos x}$ ist die Tangensfunktion stetig auf ihrer Definitionsmenge.

Beispiel 17: Die Funktion $x \mapsto b^x$ mit $b > 0$ ist stetig auf $\mathbb{R}$, wie man wegen $b^x = b^{x_0} \cdot b^{x - x_0}$ sofort aus $\lim\limits_{h \to 0} b^h = 1$ ersieht. Die Exponentialfunktionen sind also stetig auf $\mathbb{R}$. Damit sind auch die Logarithmusfunktionen stetig auf ihrer Definitionsmenge $\mathbb{R}^+$. Wegen $x^\alpha = e^{\alpha \ln x}$ ergibt sich damit auch die Stetigkeit aller Potenzfunktionen $x \mapsto x^\alpha$ ($\alpha \in \mathbb{R}$) auf $\mathbb{R}^+$.

Die Funktionen, die aus den rationalen Funktionen, der Sinusfunktion, der Exponentialfunktion und ihren Umkehrfunktionen durch Addition, Multiplikation, Division und Verkettung (evtl. mit geeigneter Einschränkung der Definitionsbereiche) gewonnen werden können, nennen wir *elementare* Funktionen. Die obigen Beispiele besagen also, dass die elementaren Funktionen auf ihren Definitionsmengen stetig sind. (Der Begriff der „elementaren Funktion" ist hier nur sehr vage erklärt, eine präzise Definition ist aber sehr kompliziert.)

Die Stetigkeit einer Funktion an einer Stelle x_0 besagt, dass sich bei einer geringfügigen Änderung des Arguments x auch der Funktionswert $f(x)$ nur geringfügig ändert: $|x - x_0|$ „klein" $\implies$ $|f(x) - f(x_0)|$ „klein". Man kann also $|f(x) - f(x_0)|$ *beliebig* klein machen, wenn man nur $|x - x_0|$ *hinreichend* klein wählt. Zu jedem $\varepsilon > 0$ kann man also ein $\delta > 0$ finden, so dass gilt:

$$|x - x_0| < \delta \implies |f(x) - f(x_0)| < \varepsilon.$$

Dabei hängt die Wahl von δ natürlich außer von ε noch von f und x_0 ab.

Beispiel 18: Die Funktion $x \mapsto \sqrt{x}$ ist an der Stelle 7 stetig. Es gilt für ein $\varepsilon > 0$

$$|\sqrt{x} - \sqrt{7}| = \frac{|x - 7|}{\sqrt{x} + \sqrt{7}} < \varepsilon,$$

wenn $|x - 7| < \varepsilon \cdot (\sqrt{x} + \sqrt{7})$ ist. Betrachten wir die Funktion nur im Intervall $[6; 8]$, dann können wir $\delta = \varepsilon \cdot (\sqrt{8} + \sqrt{7})$ wählen.

Stetige Funktionen haben zwei wichtige Eigenschaften, die wir in den beiden nun folgenden Sätzen behandeln wollen.

Satz 4 (*Zwischenwertsatz*): Die Funktion f sei auf dem Intervall I stetig und nehme dort die Werte α und β an. Dann nimmt f auf dem Intervall I auch jedem Wert γ zwischen α und β an.

Beweis: Es sei $\alpha = f(a)$ und $\beta = f(b)$. Es ist keine Beschränkung der Allgemeinheit, $a < b$ und $\alpha < \beta$ anzunehmen. Wir betrachten die Intervallschachtelung mit $[a_0, b_0] = [a; b]$ und

$$[a_{n+1}; b_{n+1}] = \begin{cases} \left[a_n; \dfrac{a_n + b_n}{2}\right], \text{ falls } f\left(\dfrac{a_n + b_n}{2}\right) \geq \gamma, \\[2mm] \left[\dfrac{a_n + b_n}{2}; b_n\right], \text{ falls } f\left(\dfrac{a_n + b_n}{2}\right) < \gamma. \end{cases}$$

für $n \in \mathbb{N}_0$. Diese Intervallschachtelung besitzt einen Kern $c \in [a, b]$. Es gilt wegen der Stetigkeit von f an der Stelle c

$$\lim(f(a_n)) = f(\lim(a_n)) = f(c) \quad \text{und} \quad \lim(f(b_n)) = f(\lim(b_n)) = f(c),$$

wegen $f(a_n) \leq \gamma \leq f(b_n)$ für alle $n \in \mathbb{N}$ folgt also $f(c) = \gamma$. $\qquad\square$

Beispiel 19: Die Gleichung $x^4 + 2x^3 - x^2 + 7x = 19$ besitzt mindestens eine Lösung zwischen 1 und 2, denn für $f(x) = x^4 + 2x^3 - x^2 + 7x$ gilt $f(1) = 9 < 19 < 42 = f(2)$.

Satz 5 (*Satz vom Minimum und Maximum*): Ist f auf dem abgeschlossenen Intervall $[a; b]$ stetig, dann existieren $u, v \in [a; b]$ mit

$$f(u) \leq f(x) \leq f(v) \quad \text{für alle } x \in [a; b].$$

Beweis: Wir betrachten eine Intervallschachtelung mit $[a_0; b_0] = [a; b]$ und

$$[a_{n+1}; b_{n+1}] = \begin{cases} \left[a_n; \dfrac{a_n + b_n}{2}\right], & \text{falls ein } x \in \left[a_n; \dfrac{a_n + b_n}{2}\right] \text{ existiert mit} \\[2mm] \quad f(x) \leq f(\xi) \text{ für alle } \xi \in \left[\dfrac{a_n + b_n}{2}; b_n\right], \\[4mm] \left[\dfrac{a_n + b_n}{2}; b_n\right], & \text{falls ein } x \in \left[\dfrac{a_n + b_n}{2}; b_n\right] \text{ existiert mit} \\[2mm] \quad f(x) \leq f(\xi) \text{ für alle } \xi \in \left[a_n; \dfrac{a_n + b_n}{2}\right] \end{cases}$$

für $n \in \mathbb{N}_0$. (Sind dabei *beide* Bedingungen erfüllt, so entscheide man sich willkürlich für eines der Intervalle. *Mindestens eine* der Bedingungen ist erfüllt, weil *abgeschlossene* Intervalle vorliegen.) Ist u der Kern dieser Intervallschachtelung, dann gilt aufgrund der Stetigkeit von f (vgl. Beweis von Satz 4)

$$f(u) \leq f(\xi) \text{ für alle } \xi \in [a; b].$$

Damit ist bewiesen, dass f auf $[a; b]$ ein Minimum annimmt; ebenso zeigt man, dass f auf $[a; b]$ ein Maximum annimmt. $\square$

Definition 2: Es sei f definiert auf dem offenen Intervall $]a; b[$ und a eine Definitionslücke von f. Wenn $f(x)$ unbeschränkt wächst, falls x sich der Stelle a von rechts nähert, wenn also zu jedem $M \in \mathbb{R}$ ein $\varepsilon > 0$ existiert, so dass $f(x) > M$ für alle x mit $0 < x - a < \varepsilon$, dann schreiben wir $\lim\limits_{x \to a^+} f(x) = +\infty$ und nennen die Gerade mit der Gleichung $x = a$ eine (senkrechte) Asymptote von f. Analog ist $\lim\limits_{x \to a^+} f(x) = -\infty$, $\lim\limits_{x \to b^-} f(x) = +\infty$ und $\lim\limits_{x \to b^+} f(x) = -\infty$ zu verstehen.

Beispiel 20: Die rationale Funktion f mit $f(x) = \dfrac{1}{(x-1)(x-2)}$ hat Definitionslücken an den Stellen 1 und 2. Es gilt

$$\lim_{x \to 1^-} f(x) = +\infty, \quad \lim_{x \to 1^+} f(x) = -\infty, \quad \lim_{x \to 2^-} f(x) = -\infty, \quad \lim_{x \to 2^+} f(x) = +\infty.$$

Definition 3: Es sei f definiert auf dem unbeschränkten Intervall $]a; +\infty[$. Wenn $\lim\limits_{x \to +\infty} f(x)$ existiert und den Wert c hat, dann nennen wir die Gerade mit der Gleichung $y = c$ eine (waagerechte) *Asymptote* von f für $x \to +\infty$. Analog ist eine waagerechte Asymptote für $x \to -\infty$ erklärt.

Beispiel 21: Die Funktion f mit $f(x) = \dfrac{2x^2 + 1}{x^2 + 7}$ hat sowohl für $x \to +\infty$ als auch für $x \to -\infty$ die Asymptote mit der Gleichung $y = 2$.

Definition 4: Es sei f definiert auf dem unbeschränkten Intervall $]a; +\infty[$. Existieren $u, v \in \mathbb{R}$ mit $\lim\limits_{x \to +\infty} (f(x) - (ux + v)) = 0$, dann nenen wir die Gerade mit der Gleichung $y = ux + v$ eine (schräge) *Asymptote* von f für $x \to +\infty$. Analog ist eine schräge Asymptote für $x \to -\infty$ erklärt.

Beispiel 22: Die Funktion f mit $f(x) = \dfrac{2x^3 + x^2 + 3x + 1}{x^2 + 1}$ hat sowohl für $x \to +\infty$

als auch für $x \to -\infty$ die Asymptote mit der Gleichung $y = 2x + 1$. Dies erkennt

man an der Termumformung $\dfrac{2x^3 + x^2 + 3x + 1}{x^2 + 1} = 2x + 1 + \dfrac{x}{x^2 + 1}$.

Definition 5: Sind f und g auf dem unbeschränkten Intervall $]a; +\infty[$ definiert
und gilt $\lim\limits_{x \to +\infty} (f(x) - g(x)) = 0$, dann sagt man, f und g haben für $x \to +\infty$ das
gleiche *asymptotische Verhalten* bzw. f ist asymptotisch gleich g bzw. umgekehrt.

Beispiel 23: Die Funktion f mit $f(x) = \dfrac{x^4 + 4x^3 + 3x^2}{x + 1}$ verhält sich asymptotisch

für $x \to +\infty$ wie die Funktion g mit $g(x) = x^2 + 3x^2$. Dies erkennt man an der

Termumformung $\dfrac{x^4 + 4x^3 + 3x^2}{x + 1} = x^3 + 3x^2 + \dfrac{1}{x + 1}$.

Aufgaben

1. a) Die Funktion f sei auf einem Intervall I definiert. Man beweise: Existiert
   eine Konstante L mit $|f(x_1) - f(x_2)| \le L|x_1 - x_2|$ für alle $x_1, x_2 \in I$, dann
   ist f auf I stetig.

   b) Man bestimme eine möglichst kleine Konstante gemäß a):

   (1) $f(x) = \dfrac{1}{x(x-2)}$, $I = [3; 4]$ (2) $f(x) = \dfrac{x^2 + 1}{x^2 - 2}$, $I = [-1; 1]$

   (3) $f(x) = x\sqrt{x}$, $I = [1; 2]$ (4) $f(x) = \sqrt[3]{x^2}$, $I = [1; 2]$

2. Man zeige, dass die Funktion $f : x \mapsto x^5 + 4x^4 - 7x^3 - 9x^2 - 5x + 7$ mindestens
   eine Nullstelle besitzt. Zeige, dass eine solche zwischen 0 und 1 liegt.

3. Man bestimme die Unstetigkeitsstellen der Funktion f auf dem Intervall I:

   (1) $f(x) = x + \dfrac{1}{\left[\frac{1}{x}\right]}$, $I =]0; 1[$ (2) $f(x) = \dfrac{5[x^2]}{[x] + 1}$, $I = \mathbb{R}^+$

4. Man bestimme $\delta > 0$ so, dass $|\sqrt{x - 1} - 2| < 10^{-6}$ für alle x mit $|x - 5| < \delta$.

5. Die Funktion f sei auf $\mathbb{R}$ definiert durch $f(x) = \begin{cases} x, & \text{falls } x \in \mathbb{Q}, \\ x^2, & \text{falls } x \notin \mathbb{Q}. \end{cases}$

   An welchen Stellen ist diese Funktion stetig?

6. Man bestimme die Asymptoten von $f : x \mapsto \dfrac{x^4 + 1}{x^2 - 1}$ und eine Polynomfunktion, die sich asymptotisch wie f verhält.

X.2 Die Ableitung einer Funktion

Es sei — wie man in Anwendungsbereichen der Mathematik oft sagt — ein *funktionaler Zusammenhang* $y = f(x)$ zwischen zwei Größen gegeben, für deren Werte die Variablen x, y stehen. Ist die Funktion f stetig, so kann man sagen, dass kleine Änderungen von x auch nur kleine Änderungen von y bewirken, dass sich y also nicht „sprunghaft" ändern kann. Nun wollen wir die *relative Änderung* von y bezüglich x an einer Stelle x_0 des Definitionsbereichs von f näher untersuchen, also den Quotient

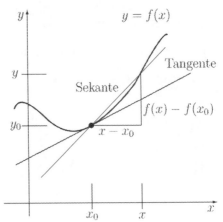

$$\frac{f(x) - f(x_0)}{x - x_0} \quad \text{für } x \neq x_0.$$

Dieser *Differenzenquotient* hat, als Funktion von x betrachtet, an der Stelle x_0 eine Definitionslücke. Wenn nun der Grenzwert

$$\lim_{x \to x_0} \frac{f(x) - f(x_0)}{x - x_0} = A$$

existiert, dann können wir sagen, dass in einer hinreichend kleinen Umgebung von x_0 die Näherung $f(x) - f(x_0) \approx A \cdot (x - x_0)$ bzw.

$$f(x) \approx f(x_0) + A \cdot (x - x_0)$$

hinreichend gut ist.

Fig. 1: Definition der Ableitung

Unter einer *Umgebung* von x_0 verstehen wir dabei ein Intervall mit dem Mittelpunkt x_0; ist die Länge diese Intervalls „hinreichend klein", dann nennen wir die Umgebung „hinreichend klein". Am Graph der Funktion f kann man den Quotient $\frac{f(x) - f(x_0)}{x - x_0}$ als Steigung der Sekante durch die Punkte $(x, f(x))$ und $(x_0, f(x_0))$ deuten. Wandert der Punkt $(x, f(x))$ auf den Punkt $(x_0, f(x_0))$ zu, dann wird diese Sekante zur Tangente an den Graph im Punkt $(x_0, f(x_0))$. Die Zahl $f'(x_0)$ ist also die *Tangentensteigung* an der Stelle x_0 (vgl. Fig. 1).

Definition 1: Die Funktion f sei in dem offenen Intervall $]a; b[$ definiert und es sei $x_0 \in \,]a; b[$. Existiert der Grenzwert

$$\lim_{x \to x_0} \frac{f(x) - f(x_0)}{x - x_0},$$

dann nennt man ihn die *Ableitung von f an der Stelle* x_0 und bezeichnet ihn mit $f'(x_0)$. Man nennt dann die Funktion *differenzierbar* an der Stelle x_0.

Ist f an der Stelle x_0 differenzierbar, so bedeutet dies, dass der Graph von f im Punkt $(x_0, f(x_0))$ eine Tangente besitzt und dass diese nicht parallel zur y-Achse ist (Steigung „unendlich").

Existiert nur der rechtsseitige oder nur der linksseitige Grenzwert des Differenzenquotienten an einer Stelle x_0, dann nennt man diese einseitigen Grenzwerte die entsprechenden einseitigen Ableitungen der Funktion an dieser Stelle und spricht von *einseitiger Differenzierbarkeit*.

Ist f an der Stelle x_0 differenzierbar, dann ist f dort auch stetig, denn der Grenzwert von $\frac{f(x) - f(x_0)}{x - x_0}$ für $x \to x_0$ kann nur existieren, wenn $\lim_{x \to x_0} f(x) = f(x_0)$ gilt. Die Umkehrung ist falsch: Die Betragsfunktion $x \mapsto |x|$ ist an der Stelle 0 stetig, aber nicht differenzierbar:

$$\lim_{x \to 0^+} \frac{|x| - |0|}{x - 0} = \lim_{x \to 0^+} \frac{x}{x} = +1 \quad \text{und} \quad \lim_{x \to 0^-} \frac{|x| - |0|}{x - 0} = \lim_{x \to 0^-} \frac{-x}{x} = -1.$$

Definition 2: Das Berechnen der Ableitung oder der Ableitungsfunktion nennt man auch *Differenzieren* oder *Differenziation* der Funktion. Man nennt die auf $D_f \setminus \{x_0\}$ definierte Funktion

$$x \mapsto \frac{f(x) - f(x_0)}{x - x_0}$$

den *Differenzenquotient* von f an der Stelle x_0 und schreibt dafür $x \mapsto \frac{\Delta f}{\Delta x}(x_0, x)$.

Die Ableitung $f'(x_0)$ von f an der Stelle x_0 — also den Grenzwert des Differenzenquotienten von f an der Stelle x_0 — nennt man auch den *Differenzialquotient* von f an der Stelle x_0 und schreibt für diese Zahl auch $\frac{\mathrm{d}f}{\mathrm{d}x}(x_0)$.

Die lineare Funktion $x \mapsto \frac{\mathrm{d}f}{\mathrm{d}x}(x_0) \cdot (x - x_0)$ nennt man das *Differenzial* von f an der Stelle x_0. Ist die Funktion f an jeder Stelle ihrer Definitionsmenge D_f differenzierbar, dann nennt man die Funktion auf D_f differenzierbar. Die Funktion $x \mapsto f'(x)$ nennt man die *Ableitungsfunktion* von f. Ist die Ableitungsfunktion von f stetig, dann heißt f *stetig differenzierbar* (an einer Stelle bzw. auf der Definitionsmenge).

Beispiel 1: Jede konstante Funktion ist auf $\mathbb{R}$ differenzierbar, ihre Ableitungsfunktion ist die Nullfunktion.

Beispiel 2: Die identische Funktion $x \mapsto x$ ist überall auf $\mathbb{R}$ differenzierbar; ihre Ableitungsfunktion ist die konstante Funktion mit dem Wert 1.

Beispiel 3: Wir wollen die Ableitung der Sinusfunktion an der Stelle $x_0 \in \mathbb{R}$ berechnen. Zu diesem Zweck setzen wir $x = x_0 + h$ und betrachten in dem Differenzenquotient

$$\frac{\sin(x_0 + h) - \sin x_0}{h}$$

den Grenzübergang $h \to 0$. Wegen $\sin(x_0 + h) = \sin x_0 \cos h + \cos x_0 \sin h$ lässt sich der Differenzenquotient umformen zu $\sin x_0 \cdot \frac{\cos h - 1}{h} + \cos x_0 \cdot \frac{\sin h}{h}$. Es gilt

$\lim\limits_{h\to 0} \dfrac{1-\cos h}{h} = 0$ und $\lim\limits_{h\to 0} \dfrac{\sin h}{h} = 1$ (vgl. X.1). Daher ergibt sich als Ableitung von $\sin$ an der Stelle x_0 der Wert $\cos x_0$. Die Ableitungsfunktion der Sinusfunktion ist somit die Kosinusfunktion.

Beispiel 4: Es soll die Ableitungsfunktion der Exponentialfunktion $x \mapsto e^x$ bestimmt werden, wobei e die eulersche Zahl sein soll. Dabei wollen wir uns hier mit einer heuristischen Argumentation begnügen, ein exakter Beweis soll in Aufgabe 9 geführt werden (vgl. auch X.5). Es ist

$$\frac{e^{x+h} - e^x}{h} = e^x \cdot \frac{e^h - 1}{h}.$$

Ersetzen wir e durch $\left(1 + \dfrac{1}{n}\right)^n$ mit einem hinreichend großen n und setzen $h = \dfrac{1}{n}$, dann ist $\dfrac{e^h - 1}{h} \approx \dfrac{1 + \frac{1}{n} - 1}{\frac{1}{n}} = 1$. Dies zeigt, dass $\lim\limits_{h\to 0} \dfrac{e^h - 1}{h} = 1$ ist. Also ist $(e^x)' = e^x$, die Exponentialfunktion ist also gleich ihrer Ableitungsfunktion.

Aufgrund der *Ableitungsregeln*, die wir nun behandeln, können wir die meisten Funktionen, die uns in der Analysis begegnen, mit Hilfe der vier in diesen Beispielen behandelten Funktionen differenzieren. Zur Vereinfachung der Formeln sprechen wir in Satz 1 einfach von der „Stelle x", im Beweis werden wir die ins Auge gefasste Stelle aber wieder x_0 nennen.

Satz 1: Die Funktionen f, g seien an der Stelle $x \in \,]a; b[\,\subseteq D_f \cap D_g$ differenzierbar. Dann gelten die folgenden Regeln:

Summenregel: $f + g$ ist an der Stelle x differenzierbar, und es ist
$$(f + g)'(x) = f'(x) + g'(x).$$

Produktregel: $f \cdot g$ ist an der Stelle x differenzierbar, und es ist
$$(f \cdot g)'(x) = f'(x) \cdot g(x) + f(x) \cdot g'(x).$$

Kehrwertregel: Ist $f(x) \neq 0$, dann ist $\dfrac{1}{f}$ ist an der Stelle x differenzierbar und es ist
$$\left(\frac{1}{f}\right)'(x) = -\frac{f'(x)}{(f(x))^2}.$$

Kettenregel: Ist f an der Stelle $g(x) \in \,]c; d[\,\subseteq D_f$ differenzierbar, dann ist $f \circ g$ an der Stelle x differenzierbar und
$$(f \circ g)'(x) = f'(g(x)) \cdot g'(x).$$

Umkehrregel: Ist f auf $]a; b[\,\subseteq D_f$ umkehrbar und $f'(x) \neq 0$, dann ist f^{-1} ist an der Stelle $f(x)$ differenzierbar und es ist
$$(f^{-1})'(f(x)) = \frac{1}{f'(x)}.$$

Beweis: Die Summenregel folgt aus der entsprechenden Grenzwertregel:

$$\lim_{x \to x_0} \frac{(f(x) + g(x)) - (f(x_0) + g(x_0))}{x - x_0} = \lim_{x \to x_0} \frac{f(x) - f(x_0)}{x - x_0} + \lim_{x \to x_0} \frac{g(x) - g(x_0)}{x - x_0}.$$

Zum Beweis der Produktregel macht man den Ansatz

$$\frac{f(x)g(x) - f(x_0)g(x_0)}{x - x_0} = \frac{(f(x) - f(x_0))g(x_0) + (g(x) - g(x_0)f(x))}{x - x_0}$$

$$= \frac{f(x) - f(x_0)}{x - x_0}g(x_0) + \frac{g(x) - g(x_0)}{x - x_0}f(x),$$

der durch die Skizze in Fig. 2 nahegelegt wird. Der Grenzübergang $x \to x_0$ liefert aufgrund der Grenzwertregeln die Produktregel.

Die Kehrwertregel ergibt sich aus der Umformung

$$\frac{\dfrac{1}{f(x)} - \dfrac{1}{f(x_0)}}{x - x_0} = -\frac{f(x) - f(x_0)}{f(x)f(x_0)(x - x_0)}.$$

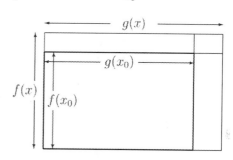

Fig. 2: Herleitung der Produktregel

Dabei muss man beachten, dass eine an der Stelle x_0 stetige Funktion mit $f(x_0) \neq 0$ in einem geeigneten offenen Intervall um x_0 nicht den Wert 0 annimmt. Der Beweis der Kettenregel beruht auf der Umformung

$$\frac{f(g(x)) - f(g(x_0))}{x - x_0} = \frac{f(g(x)) - f(g(x_0))}{g(x) - g(x_0)} \cdot \frac{g(x) - g(x_0)}{x - x_0}.$$

Man muss dabei aber voraussetzen, dass ein offenes Intervall um x_0 existiert, in welchem $g(x) \neq g(x_0)$ gilt; unter dieser Voraussetzung ergibt sich die Kettenregel sofort durch den Grenzübergang $x \to x_0$. Ist diese Voraussetzung aber nicht erfüllt, dann ist sowohl $g'(x_0) = 0$ als auch $f'(g(x_0)) = 0$, so dass auch in diesem Fall die Kettenregel gilt. Die Umkehrregel ergibt sich schließlich durch Grenzübergang in der Formel

$$\frac{f^{-1}(f(x)) - f^{-1}(f(x_0))}{f(x) - f(x_0)} = \frac{x - x_0}{f(x) - f(x_0)} = \frac{1}{\dfrac{f(x) - f(x_0)}{x - x_0}}.$$

Aus den Regeln in Satz 1 ergeben sich weitere nützliche Ableitungsregeln:

Die *Faktorregel* $(cf)'(x) = cf'(x)$ für $c \in \mathbb{R}$ folgt aus der Produktregel, ist aber auch unmittelbar einsichtig. Die *Quotientenregel*

$$\left(\frac{f}{g}\right)'(x) = \frac{f'(x)g(x) - f(x)g'(x)}{(g(x))^2}$$

folgt aus der Produktregel und der Kehrwertregel. In der folgenden Tabelle sind alle Regeln nochmals in Kurzform zusammengestellt.

$$(f+g)' = f'+g' \qquad \left(\frac{1}{f}\right)' = -\frac{f'}{f^2} \qquad (f \circ g)' = (f' \circ g) \cdot g'$$

$$(fg)' = f'g+fg'$$

$$(cf)' = cf' \qquad \left(\frac{f}{g}\right)' = \frac{f'g-fg'}{g^2} \qquad (f^{-1})' = \frac{1}{f' \circ f^{-1}}$$

Beispiel 5 (*Differenziation der rationalen Funktionen*):   Die Potenzfunktionen $x \mapsto x^n$ mit $n \in \mathbb{N}$, $n \neq 1$ lassen sich mit Hilfe der Produktregel differenzieren: Aus

$$(x^n)' = (x^{n-1} \cdot x)' = (x^{n-1})' \cdot x + x^{n-1} \cdot 1$$

ergibt sich mit vollständiger Induktion $(x^n)' = n \cdot x^{n-1}$. Aufgrund der Summenregel und der Faktorregel lässt sich nun jede *ganzrationale Funktion* (*Polynomfunktion*) differenzieren:

$$(a_n x^n + \ldots + a_i x^i + \ldots a_1 x + a_0)' = n a_n x^{n-1} + \ldots + i a_i x^{i-1} + \ldots + a_1.$$

Die Quotientenregel erlaubt dann die Differenziation jeder *rationalen Funktion*, also jeder Funktion, die Quotient zweier ganzrationaler Funktionen ist. Die spezielle rationale Funktion $x \mapsto \dfrac{1}{x^n}$ mit $n \in \mathbb{N}$ differenziert man mit Hilfe der Kehrwertregel:

$$\left(\frac{1}{x^n}\right)' = -\frac{nx^{n-1}}{(x^n)^2} = -\frac{n}{x^{n+1}}.$$

Es gilt also

$$(x^z)' = z \cdot x^{z-1} \quad \text{für alle } z \in \mathbb{Z}.$$

Beispiel 6 (*Differenziation der allgemeinen Potenzfunktion*): Die in Beispiel 5 gewonnene Regel für die Differenziation der Potenzfunktionen mit *ganzzahligen* Exponenten gilt auch für *reelle* Exponenten, wie man mit Hilfe der Kettenregel erkennt:

$$(x^\alpha)' = (e^{\alpha \ln x})' = e^{\alpha \ln x} \cdot \alpha \cdot \frac{1}{x} = \alpha \cdot x^\alpha \cdot \frac{1}{x} = \alpha \cdot x^{\alpha-1}.$$

Dabei haben wir die Ableitung der Umkehrfunktion ln von $x \mapsto e^x$ benutzt, welche man mit Hilfe der Umkehrregel gewinnt:

$$(\ln x)' = \frac{1}{e^{\ln x}} = \frac{1}{x}.$$

Beispiel 7 (*Differenziation der trigonometrischen Funktionen*): Die Kosinus-funktion differenziert man mit Hilfe der Sinusfunktion und der Kettenregel:

$$(\cos x)' = \left(\sin \left(x + \frac{\pi}{2} \right) \right)' = \cos \left(x + \frac{\pi}{2} \right) = -\sin x.$$

Die Ableitung der Tangensfunktion gewinnt man dann aus der Quotientenregel:

$$(\tan x)' = \left(\frac{\sin x}{\cos x} \right)' = \frac{\cos x \cdot \cos x - (-\sin x) \cdot \sin x}{(\cos x)^2} = \frac{1}{\cos^2 x}$$

Ferner gilt auf den jeweiligen Definitionsmengen wegen $(f^{-1})' = \frac{1}{f' \circ f^{-1}}$

$$(\arcsin x)' = \frac{1}{\sqrt{1 - x^2}}, \qquad \text{denn} \ \cos(\arcsin x) = \sqrt{1 - \sin^2(\arcsin x)}$$

$$(\arccos x)' = -\frac{1}{\sqrt{1 - x^2}}, \qquad \text{denn} \ -\sin(\arccos x) = -\sqrt{1 - \cos^2(\arccos x)}$$

$$(\arctan x)' = \frac{1}{1 + x^2}, \qquad \text{denn} \ \cos^2(\arctan x) = \frac{1}{1 + \tan^2(\arctan x)}$$

Ist die Ableitungsfunktion f' einer Funktion f selbst wieder differenzierbar, so kann man ihre Ableitungsfunktion $(f')'$ bilden; diese bezeichnet man mit f'' und nennt sie die *zweite Ableitungsfunktion* bzw. *zweite Ableitung* von f. Analog kann man die dritte, vierte, ... Ableitung definieren. Allgemein bezeichnet man die n^{te} Ableitung von f mit $f^{(n)}$. Existiert die n^{te} Ableitung einer Funktion, dann nennt man sie *n-mal differenzierbar*.

Aufgaben

1. Man berechne die Ableitungsfunktion der folgenden Funktionen:

a) $x \mapsto \dfrac{x}{1 + x^2}$ \qquad b) $x \mapsto \sqrt[5]{\dfrac{1}{1 + x}}$ \qquad c) $x \mapsto x^7 e^{x^2}$ \qquad d) $x \mapsto (x^2 + 1)^{x^2 + 1}$

2. a) Man zeige, dass die Funktion

$$f : x \mapsto \begin{cases} x^2 & \text{für } x \geq 0 \\ x^3 & \text{für } x < 0 \end{cases}$$

an der Stelle 0 stetig differenzierbar, aber nicht zweimal differenzierbar ist.

b) Man konstruiere eine Funktion, die an der Stelle 1 zwar n-mal, aber nicht $(n + 1)$-mal differenzierbar ist.

3. Man zeige, dass die Funktion $f : x \mapsto ae^{-x} + be^{-2x}$ für alle $a, b \in \mathbb{R}$ der *Differenzialgleichung*

$$f'' + 3f' + 2f = 0$$

genügt. Man bestimme Funktionen f, die folgender Differenzialgleichung genügen:

$$f''' - 2f'' - f' + 2f = 0$$

4. Es seien vier Punkte $A(-7, 24), B(2, 6), C(4, -1), D(6, -11)$ gegeben. Man bestimme eine ganzrationale Funktion f vom Grad 3 so, dass der Graph von f die Strecken AB und CD zwischen B und C glatt verbindet.

5. Beim Straßenbau ist es wichtig, dass sich an den Nahtstellen zweier Kurvenstücke der Krümmungsradius nicht unstetig ändert, damit sich die Zentrifugalkräfte nicht unstetig ändern (vgl. Kapitel XII). Sind die Kurvenstücke Teile von zwei Funktionsgraphen, dann müssen an der Nahtstelle neben den Funktionswerten und den Werten der Ableitungen auch die Werte der zweiten Ableitungen übereinstimmen.

Man verbinde die Endpunkte der beiden Halbgeraden

$$\{(x, y) \mid x \le -1, y = -1\},$$
$$\{(x, y) \mid x \ge 1, y = 1\}$$

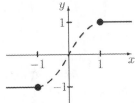

in diesem Sinne mit Hilfe einer Polynomfunktion von möglichst kleinem Grad (Fig. 3).

Fig. 3: Zu Aufgabe 5

6. Die Funktionen f, g, h seien auf einem Intervall $]a; b[$ differenzierbar und sollen dort keine Nullstelle haben. Man zeige, dass

$$\frac{(fgh)'}{fgh} = \frac{f'}{f} + \frac{g'}{g} + \frac{h'}{h}$$

auf $]a; b[$ gilt. Man verallgemeinere diese Regel.

7. Die Funktionen f und g seien n-mal differenzierbar. Man beweise die *leibnizsche Regel*

$$(f \cdot g)^{(n)} = \sum_{i=0}^{n} \binom{n}{i} \cdot f^{(i)} \cdot g^{(n-i)}.$$

8. Man bestimme alle Funktionen f auf $\mathbb{R}$ mit

a) $f(x) \cdot f'(x) = x$ \qquad b) $\dfrac{f'(x)}{f(x)} = x^2$ \qquad c) $\dfrac{f''(x)}{f(x)} - \left(\dfrac{f'(x)}{f(x)}\right)^2 = x^3$

9. In dieser Aufgabe soll gezeigt werden, dass $\lim\limits_{h\to 0}\dfrac{e^h-1}{h}=1$.

a) Man zeige, dass $\left(1+\dfrac{1}{n}\right)^n < e < \left(1+\dfrac{1}{n}\right)^{n+1}$ für alle $n\in\mathbb{N}$.

b) Man zeige, dass $\sqrt[n]{1+\dfrac{1}{n}} < 1+\dfrac{1}{n^2}$ für alle $n\ge 2$.

c) Man zeige, dass $\lim\limits_{n\to\infty} n\left(\left(1+\dfrac{1}{n}\right)\sqrt[n]{1+\dfrac{1}{n}}-1\right)=1$.

d) Man beweise die eingangs genannte Grenzwertbeziehung.

10. Die auf $\mathbb{R}$ definierten Funktionen

$$\sinh : x \mapsto \frac{e^x-e^{-x}}{2},$$

$$\cosh : x \mapsto \frac{e^x+e^{-x}}{2}$$

haben ähnliche Eigenschaften wie die trigonometrischen Funktionen sin und cos. Man nennt sie *hyperbolische Funktionen* (*Sinushyperbolicus, Cosinushyperbolicus*), vgl. Fig. 4, 5. Der Graph von cosh heißt *Kettenlinie*.

a) Man zeige, dass

$$\sinh' = \cosh \quad\text{und}\quad \cosh' = \sinh.$$

b) Man zeige, dass für alle $x\in\mathbb{R}$ gilt:

$$\cosh^2 x - \sinh^2 x = 1$$

c) Welche Kurve wird durch

$$\left\{(x,y) \mid \begin{pmatrix} x \\ y \end{pmatrix} = \begin{pmatrix} a\cosh t \\ b\sinh t \end{pmatrix},\ t\in\mathbb{R}\right\}$$

mit $a,b > 0$ dargestellt?

d) Die Funktion tanh mit

$$\tanh = \frac{\sinh}{\cosh}$$

heißt *Tangenshyperbolicus* (Fig. 6). Man bestimme die Ableitungsfunktion.

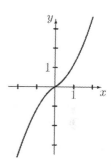

Fig. 4: Sinushyperbolicus

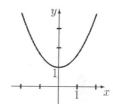

Fig. 5: Cosinushyperbolicus

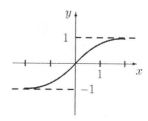

Fig. 6: Tangenshyperbolicus

X.3 Die Mittelwertsätze der Differenzialrechnung

Wir beweisen nun eine Reihe von Sätzen über differenzierbare Funktionen, welche für die Anwendungen der Differenzialrechnung von großer Bedeutung sind.

Satz 1 (*Satz über das lokale Extremum*): Die Funktion f sei differenzierbar an der Stelle $x_0 \in \,]a;b[\,\subseteq D_f$ und es gelte

$$f(x) \leq f(x_0) \quad \text{für alle } x \in \,]a;b[\quad \text{oder} \quad f(x) \geq f(x_0) \quad \text{für alle } x \in \,]a;b[$$

(f hat an Stelle x_0 ein lokales Maximum oder ein lokales Minimum).
Dann gilt

$$f'(x_0) = 0.$$

Beweis: Es genügt, den Fall zu betrachten, dass an der Stelle x_0 ein lokales Maximum vorliegt, andernfalls untersuche man die Funktion $-f$. Die Behauptung folgt dann aus

$$0 \leq \lim_{n \to \infty} \frac{f\left(x_0 - \frac{1}{n}\right) - f(x_0)}{-\frac{1}{n}} = f'(x_0) = \lim_{n \to \infty} \frac{f\left(x_0 + \frac{1}{n}\right) - f(x_0)}{\frac{1}{n}} \leq 0. \qquad \square$$

Satz 2 (*Satz von Rolle* (nach Michel Rolle, 1652–1719)): Die Funktion f sei stetig
auf dem abgeschlossenen Intervall $[a;b] \subseteq D_f$ und differenzierbar auf dem offenen Intervall $]a;b[$. Ist $f(a) = f(b)$, dann existiert eine Zahl $\xi \in \,]a;b[$ mit $f'(\xi) = 0$.

Beweis: Ist f konstant auf $[a;b]$, dann ist $f'(x) = 0$ für alle $x \in \,]a;b[$. Andernfalls existiert nach Satz 5 aus X.1 eine Stelle $\xi \in \,]a;b[$, an welcher f ein Extremum (Maximum, Minimum) annimmt. Nach Satz 1 gilt dann $f'(\xi) = 0$. $\qquad \square$

Satz 3 (*1. Mittelwertsatz der Differenzialrechnung*): Die Funktion f sei stetig auf $[a;b] \subseteq D_f$ und differenzierbar auf $]a;b[$. Dann existiert ein $\xi \in \,]a;b[$ mit

$$\frac{f(b) - f(a)}{b - a} = f'(\xi).$$

Beweis: Man wende auf die Funktion

$$x \mapsto f(x) - \frac{f(b) - f(a)}{b - a} \cdot (x - a)$$

den Satz von Rolle an. $\qquad \square$

Der 1. Mittelwertsatz besagt anschaulich, dass zu jeder Sekante eines Funktionsgraphen eine zu ihr parallele Tangente existiert, falls die Funktion im betrachteten Bereich differenzierbar ist (Fig. 1).

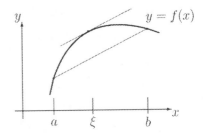

Fig. 1: 1. Mittelwertsatz

Aus dem 1. Mittelwertsatz folgen weitere interessante Sätze über differenzierbare Funktionen. Diese sind oft ebenso „evident" wie der Mittelwertsatz selbst.

Satz 4: Die Funktion f sei stetig auf $[a; b] \subseteq D_f$ und differenzierbar auf $]a; b[$. Gilt $f'(x) = 0$ für alle $x \in]a; b[$, dann ist f konstant auf $[a; b]$.

Beweis: Für jedes $x_0 \in]a; b[$ existiert nach Satz 3 ein $\xi_0 \in]a; x_0[$ mit

$$\frac{f(x_0) - f(a)}{x_0 - a} = f'(\xi_0).$$

Aus $f'(\xi_0) = 0$ folgt $f(x_0) = f(a)$.   □

Satz 5: Die Funktionen f und g seien stetig auf $[a; b] \subseteq D_f \cap D_g$ und differenzierbar auf $]a; b[$. Gilt $f'(x) = g'(x)$ für alle $x \in]a; b[$, dann unterscheiden sich f und g nur durch eine additive Konstante.

Beweis: Man wende Satz 4 auf die Funktion $f - g$ an.   □

Satz 6 (*Monotoniekriterium*): Die Funktion f sei stetig auf $[a; b] \subseteq D_f$ und differenzierbar auf $]a; b[$. Nimmt f' auf $]a; b[$ nur positive (nur negative) Werte an, dann ist f auf $[a; b]$ streng monoton wachsend (fallend).

Beweis: Wir nehmen an, f' habe nur positive Werte auf $]a; b[$ (im anderen Fall betrachte man $-f$). Für $a \leq x_1 < x_2 \leq b$ existiert nach dem 1. Mittelwertsatz ein $\xi \in]x_1; x_2[$ mit $f(x_2) - f(x_1) = f'(\xi)(x_2 - x_1)$, und diese Zahl ist positiv.   □

Satz 7 (*2. Mittelwertsatz der Differenzialrechnung*): Die Funktionen f und g seien stetig auf $[a; b] \subseteq D_f \cap D_g$ und differenzierbar auf $]a; b[$. Ist $g'(x) \neq 0$ für alle $x \in]a; b[$, dann gibt es ein $\xi \in]a; b[$ mit

$$\frac{f(b) - f(a)}{g(b) - g(a)} = \frac{f'(\xi)}{g'(\xi)}.$$

Beweis: Zunächst beachte man, dass aufgrund des Satzes von Rolle $g(a) \neq g(b)$. Nun wende man auf die Funktion

$$x \mapsto f(x) - \frac{f(b) - f(a)}{g(b) - g(a)} \cdot (g(x) - g(a))$$

den Satz von Rolle an.   □

Satz 8 (*1. Regel von de L'Hospital*): Die Funktionen f und g seien stetig auf $[a; b] \subseteq D_f \cap D_g$ und differenzierbar auf $]a; b[$, und es sei $g'(x) \neq 0$ für alle $x \in]a; b[$. Ist $f(b) = g(b) = 0$ und existiert der linksseitige Grenzwert von $\frac{f'(x)}{g'(x)}$ an der Stelle b, dann ist

$$\lim_{x \to b^-} \frac{f(x)}{g(x)} = \lim_{x \to b^-} \frac{f'(x)}{g'(x)}.$$

Beweis: Für $x \in]a; b[$ existiert nach dem 2. Mittelwertsatz ein $\xi \in]x; b[$ mit

$$\frac{f(x)}{g(x)} = \frac{f(x) - f(b)}{g(x) - g(b)} = \frac{f'(\xi)}{g'(\xi)}.$$

Aus $x < \xi < b$ folgt die Behauptung Man beachte dabei, dass wegen $g(b) = 0$ und $g'(x) \neq 0$ auch $g(x) \neq 0$ für alle $x \in]a; b[$ gilt.   □

Die Regeln in Satz 8 und dem unten folgenden Satz 9 sind benannt nach Marquis Guillaume Francois Antoine de L'Hospital (1661–1704); er verfasste basierend auf Vorlesungen von Johann Bernoulli das erste Lehrbuch zur Differenzialrechnung.

Die Regel in Satz 8 gilt natürlich auch für rechtsseitige Grenzwerte und für beidseitige Grenzwerte, sofern diese existieren. Ferner gilt sie für die Grenzübergänge $x \to \infty$ und $x \to -\infty$ (Aufgabe 5).

Beispiel 1: $\lim\limits_{x \to 0} \dfrac{e^x - x - 1}{x^2} = \lim\limits_{x \to 0} \dfrac{e^x - 1}{2x} = \lim\limits_{x \to 0} \dfrac{e^x}{2} = \dfrac{1}{2}$

Beispiel 2: $\lim\limits_{x \to 0} \dfrac{\ln(1 - x^2)}{x\sqrt{x}} = \lim\limits_{x \to 0} \dfrac{-2x \cdot 2}{(1 - x^2) \cdot 3\sqrt{x}} = \lim\limits_{x \to 0} \dfrac{-4\sqrt{x}}{3(1 - x^2)} = 0$

Satz 9 (*2. Regel von de L'Hospital*): Die Funktionen f und g seien auf dem offenen Intervall $]a; b[\subseteq D_f \cap D_g$ differenzierbar und es sei $f(x)$, $g(x)$, $g'(x) \neq 0$ für alle $x \in]a; b[$. Ist dann $\lim\limits_{x \to b^-} f(x) = \lim\limits_{x \to b^-} g(x) = \infty$ und existiert der linksseitige Grenzwert von $\dfrac{f'(x)}{g'(x)}$ an der Stelle b, dann ist

$$\lim\limits_{x \to b^-} \frac{f(x)}{g(x)} = \lim\limits_{x \to b^-} \frac{f'(x)}{g'(x)}.$$

Beweis: Für $a < x_1 < x < b$ gibt es nach Satz 7 ein $x_2 \in]x_1, x[$ mit

$$\frac{f(x) - f(x_1)}{g(x) - g(x_1)} = \frac{f(x)}{g(x)} \cdot \frac{1 - \dfrac{f(x_1)}{f(x)}}{1 - \dfrac{g(x_1)}{g(x)}} = \frac{f'(x_2)}{g'(x_2)}.$$

Bezeichnen wir mit A den linksseitigen Grenzwert von $\dfrac{f'(x)}{g'(x)}$ an der Stelle b, dann können wir x_1 zu einem vorgegebenen $\varepsilon > 0$ so wählen, dass

$$\left| \frac{f'(x)}{g'(x)} - A \right| < \varepsilon \quad \text{für alle } x \in]x_1, b[,$$

also

$$A - \varepsilon < \frac{f(x)}{g(x)} \cdot \frac{1 - \dfrac{f(x_1)}{f(x)}}{1 - \dfrac{g(x_1)}{g(x)}} < A + \varepsilon.$$

Wegen $\lim\limits_{x\to b^-} \dfrac{f(x_1)}{f(x)} = \lim\limits_{x\to b^-} \dfrac{g(x_1)}{g(x)} = 0$ (bei festem x_1) gibt es ein $x_3 \in \,]x_1, b[$ mit

$$A - \varepsilon < \frac{f(x)}{g(x)} < A + \varepsilon \quad \text{für alle } x \in \,]x_3; b[.$$

Daher existiert der linksseitige Grenzwert von $\dfrac{f(x)}{g(x)}$ an der Stelle b und hat den Wert A. $\qquad\qquad\qquad\qquad\qquad\qquad\qquad\qquad\qquad\qquad\qquad\qquad\quad\Box$

Die Regel in Satz 9 gilt natürlich auch für rechtsseitige Grenzwerte und für beidseitige Grenzwerte, sofern diese existieren. Ferner gilt sie für die Grenzübergänge $x \to \infty$ und $x \to -\infty$ (Aufgabe 5).

Beispiel 3: Für alle $n \in \mathbb{N}$ gilt

$$\lim_{x\to\infty} \frac{x^n}{e^x} = \lim_{x\to\infty} \frac{nx^{n-1}}{e^x} = \lim_{x\to\infty} \frac{n(n-1)x^{n-2}}{e^x} = \ldots = \lim_{x\to\infty} \frac{n!}{e^x} = 0.$$

Beispiel 4: $\quad \lim\limits_{x\to 0^+} x \ln x = -\lim\limits_{x\to 0^+} \dfrac{\ln \frac{1}{x}}{\frac{1}{x}} = -\lim\limits_{x\to 0^+} \dfrac{x\left(-\frac{1}{x^2}\right)}{-\frac{1}{x^2}} = -\lim\limits_{x\to 0^+} x = 0$

Beispiel 5: $\quad \lim\limits_{x\to 0^+} x^x = \lim\limits_{x\to 0^+} \exp(x \ln x) = \exp(\lim\limits_{x\to 0^+} x \ln x) = \exp(0) = 1.$

Der Übergang von $\lim e^{\cdots}$ zu $e^{\lim \cdots}$ ist durch die Stetigkeit von $x \mapsto e^x$ gerechtfertigt; für $x \to \infty$ beruft man sich vermöge der Substitution $t := \frac{1}{x}$ auf die Stetigkeit der Exponentialfunktion an der Stelle 0. Statt $e^{\cdots}$ schreiben wir hier $\exp(\ldots)$.

Beispiel 6: $\quad \lim\limits_{x\to\infty} x^{\frac{1}{x}} = \lim\limits_{x\to\infty} \exp\left(\dfrac{\ln x}{x}\right) = \exp\left(\lim\limits_{x\to\infty} \dfrac{\ln x}{x}\right) = \exp(0) = 1.$

Mit diesem Beispiel ist der schon früher gewonnene Folgengrenzwert $\lim(\sqrt[n]{n}) = 1$ erneut berechnet worden, denn aus $\lim\limits_{x\to\infty} F(x) = a$ folgt $\lim(F(n)) = a$.

Aufgaben

1. Man beweise mit Hilfe des 1. Mittelwertsatzes:

    a) $1 + x < e^x < \dfrac{1}{1-x}$ für $0 < x < 1$ b) $\dfrac{x}{1+x} < \ln(1+x) < x$ für $x \in \mathbb{R}^+$

2. a) Man beweise, dass $x \mapsto \dfrac{x-1}{x \ln x}$ für $x > 1$ monoton fällt.

    b) Man beweise, dass $x \mapsto \left(1 + \dfrac{1}{x}\right)^x$ für $x > 0$ monoton wächst.

    Hinweis: Man benötigt die Ungleichungen aus Aufgabe 1 b).

    c) Man bestimme die Grenzwerte von $x \mapsto \left(1 + \dfrac{1}{x}\right)^x$ für $x \to 0$ und $x \to \infty$.

3. Wie oft ist $h : x \mapsto 3x^2 - x^3 \operatorname{sgn} x$ an der Stelle 0 differenzierbar?
(Dabei ist $\operatorname{sgn} x = -1$, 0 oder 1 für $x < 0$, $x = 0$ bzw. $x > 0$.)

4. Die Funktionen f und g seien auf $]a; b[$ differenzierbar und es gelte dort
$f' = g$ und $g' = f$. Ferner sei $f\left(\dfrac{a+b}{2}\right) = 1$ und $g\left(\dfrac{a+b}{2}\right) = 0$.
Man zeige, dass $f^2(x) - g^2(x) = 1$ für alle $x \in \,]a; b[$.

5. Man zeige, dass die Regeln von de l'Hospital auch für den Grenzübergang
$x \to \infty$ gelten.

6. Man bestimme folgende Grenzwerte:

  a) $\displaystyle\lim_{x \to 0} \frac{3^x - 2^x}{x}$ b) $\displaystyle\lim_{x \to 1} \frac{x^x - x}{1 - x + \ln x}$

  c) $\displaystyle\lim_{x \to 0+} \frac{\ln(1 - x^2)}{x^r}$ d) $\displaystyle\lim_{x \to 1} x^{\frac{1}{1-x}}$

7. Man berechne mit Hilfe der 1. Regel von de l'Hospital:

  a) $\displaystyle\lim \left(\sqrt[2n]{5n} \right)$ b) $\displaystyle\lim \left(\frac{(\ln n)^{10}}{\sqrt[10]{n}} \right)$ c) $\displaystyle\lim \left(\frac{\sqrt[n]{n} - 1}{\frac{\ln n}{n}} \right)$ $(n \geq 2)$

8. Man berechne

$$\lim_{x \to 0} \frac{\ln(1 + x + x^2) + \ln(1 - x + x^2)}{x^2}$$

und

$$\lim_{x \to \infty} x^2 (\ln(1 + x + x^4) - \ln x^4).$$

X.4 Iterationsverfahren

Eine Folge (x_n) reeller Zahlen sei durch einen Startwert x_0 und eine Funktion f rekursiv definiert:
$$x_{n+1} = f(x_n) \qquad (n \in \mathbb{N}_0).$$

Wir wollen untersuchen, unter welchen Voraussetzungen über x_0 und f diese Folge konvergiert. Ist dies der Fall, dann ist es naheliegend, dass sich der Grenzwert x^* aus der Gleichung $x = f(x)$ ergibt.

Beispiel 1: Es sei $x_0 = 1$ und $x_{n+1} = \sqrt{7 x_n}$. Diese Folge beginnt also mit

$$1, \; \sqrt{7}, \; \sqrt{7\sqrt{7}}, \; \sqrt{7\sqrt{7\sqrt{7}}}, \; \ldots \, .$$

Ihr Grenzwert ergibt sich (vermutlich) aus der Gleichung $x = \sqrt{7x}$ zu $x^* = 7$.

Dies ist einleuchtend, denn $7 = \sqrt{7 \cdot 7} = \sqrt{7\sqrt{7 \cdot 7}} = \sqrt{7\sqrt{7\sqrt{7 \cdot 7}}} = \; \ldots \, .$

Beispiel 2: Es sei $x_0 = 1$ und $x_{n+1} = \sqrt{2 + x_n}$. Diese Folge beginnt mit

$$1, \ \sqrt{2}, \ \sqrt{2 + \sqrt{2}}, \ \sqrt{2 + \sqrt{2 + \sqrt{2}}}, \ \dots \ .$$

Ihr Grenzwert ergibt sich (vermutlich) aus der Gleichung $x = \sqrt{2 + x}$ zu $x^* = 2$. Dies ist einleuchtend, denn $2 = \sqrt{2 + 2} = \sqrt{2 + \sqrt{2 + 2}} = \dots$.

Beispiel 3: Es sei $x_0 = 1$ und

$$x_{n+1} = 1 + \frac{1}{1 + x_n} = \frac{2 + x_n}{1 + x_n}.$$

Diese Folge ist konvergent (Aufgabe 1). Ihr Grenzwert ergibt sich (vermutlich) aus der Gleichung $x = \dfrac{2 + x}{1 + x}$ bzw. $x^2 = 2$ zu $x^* = \sqrt{2}$.

Im folgenden Satz soll die Funktion f auf einem *abgeschlossenen* Intervall differenzierbar sein. Die Differenzierbarkeit auf einem abgeschlossenen Intervall beinhaltet auch die *einseitige* Differenzierbarkeit an den Intervallgrenzen.

Satz 1: Die Funktion f sei differenzierbar auf $[a; b]$, es sei $f(x) \in [a; b]$ für alle $x \in [a; b]$, und es existiere eine positive Konstante $L < 1$ mit

$$|f'(x)| \le L \quad \text{für alle } x \in [a; b].$$

Dann hat $x = f(x)$ genau eine Lösung x^* in $[a; b]$, und die Folge (x_n) mit

$$x_{n+1} = f(x_n) \quad (n \in \mathbb{N}_0)$$

konvergiert für jeden Startwert $x_0 \in [a; b]$ gegen x^*.

Beweis: Wegen $a \le f(x) \le b$ für alle x mit $a \le x \le b$ gilt für die Funktion $g : x \mapsto x - f(x)$ einerseits $g(a) \le 0$ und andererseits $g(b) \ge 0$. Nach dem Zwischenwertsatz existiert also ein $s \in [a; b]$ mit $g(s) = 0$, also $s = f(s)$. Hat die Gleichung $x = f(x)$ die Lösungen s_1, s_2 in $[a; b]$, dann folgt nach dem 1. Mittelwertsatz

$$|s_1 - s_2| = |f(s_1) - f(s_2)| = |f'(\sigma) \cdot (s_1 - s_2)| \le L|s_1 - s_2|$$

(mit $s_1 \le \sigma \le s_2$), was wegen $L < 1$ nur für $s_1 = s_2$ möglich ist. Also besitzt die Gleichung $x = f(x)$ genau eine Lösung in $[a; b]$, welche wir mit x^* bezeichnen. Für alle $x_1, x_2 \in [a; b]$ gilt nun nach dem 1. Mittelwertsatz

$$|f(x_1) - f(x_2)| = |f'(\xi)||x_1 - x_2| \le L|x_1 - x_2|$$

mit $\xi \in [a; b]$. Also ist $|x_{n+1} - x^*| = |f(x_n) - f(x^*)| \le L|x_n - x^*|$ für $n \in \mathbb{N}_0$ und somit

$$|x_{n+1} - x^*| \le L^{n+1}|x_0 - x^*|.$$

Wegen $L < 1$ ergibt sich $\lim(x_n) = x^*$. $\qquad\qquad\qquad\qquad\qquad\qquad\qquad\square$

In Beispiel 1 ist $f(x) = \sqrt{7x}$ und $f(x) \in [2; 8]$ für $x \in [2; 8]$, ferner

$$|f'(x)| = \left| \frac{1}{2} \sqrt{\frac{7}{x}} \right| \le \sqrt{\frac{7}{8}} < 1 \quad \text{für } x \in \,]2; 8[.$$

Mit einem Startwert aus $[2; 8]$ konvergiert die Folge also gegen 7. Dass sie auch mit anderen Startwerten (etwa 1) konvergiert, wird in obigem Satz nicht ausgeschlossen.

In Beispiel 2 ist $f(x) = \sqrt{2 + x}$ und $f(x) \in [1; 3]$ für $x \in [1; 3]$, ferner

$$|f'(x)| = \left| \frac{1}{2\sqrt{x + 2}} \right| \le \frac{1}{2\sqrt{3}} < 1 \quad \text{für } x \in [1; 3].$$

Mit dem Startwert 1 muss sich also der Grenzwert 2 ergeben.

In Beispiel 3 ist $f(x) = \frac{2 + x}{1 + x}$ und $f(x) \in [1; 2]$ für $x \in [1; 2]$, ferner

$$|f'(x)| = |-(x + 1)^{-2}| \le \frac{1}{4} < 1 \quad \text{für } x \in [1; 2].$$

Mit dem Startwert 1 muss sich also der Grenzwert $\sqrt{2}$ ergeben.

Beispiel 4: Es sei $x_0 = 1$ und $x_{n+1} = 1 + qx_n$ mit $q \in \mathbb{R}^+$. Dann ist $f(x) = 1 + qx$ und $f'(x) = q$. Ist $q < 1$, dann sind die Voraussetzungen von Satz 1 mit $L = q$ und $[a; b] = \left[1; \frac{1}{1 - q} \right]$ erfüllt. Der Grenzwert ist die Lösung von $x = 1 + qx$, also $x^* = \frac{1}{1 - q}$. Damit haben wir erneut die Summenformel für die geometrische Reihe gewonnen. (Den Fall $-1 < q < 0$ behandelt man entsprechend.)

Beispiel 5: Es sei F_n die n-te Fibonacci-Zahl (vgl. IX.1) und $a_n = \frac{F_{n+1}}{F_n}$. Aus den Eigenschaften der Fibonacci-Zahlen folgt $a_0 = 1$ und

$$a_{n+1} = 1 + \frac{1}{a_n} \quad \text{für } n \in \mathbb{N}_0.$$

Satz 1 ist anwendbar, der Grenzwert von (a_n) ist also die positive Lösung von $x = 1 + \frac{1}{x}$ bzw. $x^2 - x - 1 = 0$, nämlich $\frac{1}{2}(1 + \sqrt{5})$. Es gilt also

$$\lim \left(\frac{F_{n+1}}{F_n} \right) = \frac{1 + \sqrt{5}}{2}.$$

Beispiel 6: Die Gleichung $x = \cos x$ hat eine Lösung zwischen 0,5 und 1, wie man an einer Skizze erkennt. Diese ergibt sich mit beliebiger Genauigkeit anhand der *Iterationsfolge*

$$x_0 = 0{,}5 \quad \text{und} \quad x_{n+1} = \cos x_n \quad (n \in \mathbb{N}_0).$$

Dass Satz 1 anwendbar ist, erkennt man sofort. In Fig. 1 ist dieses Näherungsverfahren graphisch dargestellt.

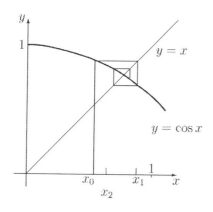

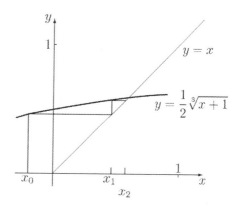

Fig. 1: Zu Beispiel 6   Fig. 2: Zu Beispiel 7

Beispiel 7: Fig. 2 zeigt das Näherungsverfahren zur Lösung von $\sqrt[3]{x+1} = 2x$.

Satz 1 dient also außer zur Berechnung von Grenzwerten aus der Gleichung $x = f(x)$ zur *näherungsweisen Lösung* einer solchen Gleichung.

Möchte man eine Nullstelle einer Funktion f bestimmen, so kann man anstelle der Gleichung $f(x) = 0$ auch die Gleichung $x = x + f(x)$ betrachten, also $x = \Phi(x)$ mit $\Phi(x) = x + f(x)$. Es gibt i. Allg. aber günstigere Verfahren zum näherungsweisen Lösen der Gleichung $f(x) = 0$. Das bekannteste Verfahren wollen wir nun vorstellen. Es stammt von Isaac Newton (1643–1727), dem Begründer der klassischen theoretischen Physik; er teilt sich mit Leibniz den Ruhm, die Differenzialrechnung erfunden zu haben.

Satz 2 (*newtonsches Verfahren*): Auf $[a; b]$ sei f zweimal stetig differenzierbar und $f'(x) \neq 0$. Dann definiere man für $x_0 \in [a; b]$ eine Folge (x_n) durch

$$x_{n+1} = x_n - \frac{f(x_n)}{f'(x_n)} \qquad (n \in \mathbb{N}_0).$$

Es sei dabei $x_n \in [a; b]$ für alle $n \in \mathbb{N}$. (Dies ist bei geeigneter Wahl von $[a; b]$ gewährleistet, wenn f'' in $[a; b]$ nicht das Vorzeichen wechselt.) Ferner existiere eine positive Konstante $L < 1$ mit

$$\left| \frac{f(x)f''(x)}{(f'(x))^2} \right| \leq L \qquad \text{für alle } x \in [a; b].$$

Dann konvergiert die Folge, und ihr Grenzwert x^* ist die einzige Lösung von $f(x) = 0$ in $[a; b]$.

Beweis: Die Funktion $\Phi : x \mapsto x - \dfrac{f(x)}{f'(x)}$ erfüllt die Voraussetzungen von Satz 1, denn

$$\Phi'(x) = 1 - \frac{(f'(x))^2 - f(x)f''(x)}{(f'(x))^2} = \frac{f(x)f''(x)}{(f'(x))^2}. \qquad \square$$

Wie in Satz 1 kann man die *Konvergenzgeschwindigkeit* auch beim Newton-Verfahren mit Hilfe der Konstanten L abschätzen:

$$|x_n - x^*| \le L^n |x_0 - x^*|.$$

Das Newton-Verfahren lässt sich folgendermaßen geometrisch interpretieren: Man wähle eine Stelle x_n und berechne $f(x_n)$. Ist $f(x_n) \ne 0$, dann berechne man $f'(x_n)$ und betrachte die Tangente an den Graph von f im Punkt $(x_n, f(x_n))$.

Diese hat die Gleichung

$$y = f(x_n) + (x - x_n) \cdot f'(x_n).$$

Ist $f'(x_n) \ne 0$, dann schneidet diese Tangente die x-Achse an der Stelle x_{n+1}; diese ergibt sich durch Auflösen der Gleichung (Fig. 3)

$$0 = f(x_n) + (x - x_n) \cdot f'(x_n).$$

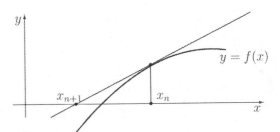

Fig. 3: Newton-Verfahren

Beispiel 8 (*newtonsches Verfahren zur Wurzelberechnung*): Es sei $p \in \mathbb{N}$. Die Folge (x_n) mit $x_0 = 1$ und

$$x_{n+1} = \frac{1}{2}\left(x_n + \frac{p}{x_n}\right) \qquad (n \in \mathbb{N}_0)$$

konvergiert gegen $\sqrt{p}$. Dies ist nämlich das Newton-Verfahren mit $f(x) = x^2 - p$. Das Newton-Verfahren mit $f(x) = x^k - p$ ($k \in \mathbb{N}$) liefert entsprechend ein Iterationsverfahren für die Berechnung der k-ten Wurzel aus p: Man setze $x_0 = 1$ und

$$x_{n+1} = \frac{1}{k}\left((k-1)x_n + \frac{p}{x_n^{k-1}}\right) \qquad (n \in \mathbb{N}_0).$$

Im Fall der Quadratwurzelberechnung nennt man dieses Verfahren auch *heronsches Verfahren* (nach Heron von Alexandria, Ende des 1. Jahrhunderts n. Chr.). Es ist ein sehr naheliegendes Verfahren: Hat man eine Näherung x für $\sqrt{p}$ berechnet, dann ist auch $\dfrac{p}{x}$ eine Näherung, und das arithmetische Mittel aus beiden, nämlich $\dfrac{1}{2}\left(x + \dfrac{p}{x}\right)$, ist eine noch bessere Näherung.

Ein Verfahren zur näherungsweisen Berechnung von Nullstellen einer Funktion, bei welchem man ohne den Begriff der Ableitung auskommt, ist die *Regula falsi* („Regel des falschen Ansatzes"). Dabei benutzt man statt einer Tangente in einem Kurvenpunkt wie beim Newton-Verfahren eine Sekante durch zwei Kurvenpunkte (Fig. 4): Die Funktion f sei stetig auf $[a; b]$ und es sei $f(a) < 0 < f(b)$. Die Gerade durch die Kurvenpunkte $(a, f(a))$ und $(b, f(b))$ hat die Gleichung

$$\frac{y - f(a)}{x - a} = \frac{f(b) - f(a)}{b - a} \quad \text{bzw.} \quad y = f(a) + (x - a) \cdot \frac{f(b) - f(a)}{b - a};$$

sie schneidet die x-Achse an der Stelle ξ mit

$$\xi = a - f(a)\frac{b - a}{f(b) - f(a)} = \frac{af(b) - bf(a)}{f(b) - f(a)} = \frac{a|f(b)| + b|f(a)|}{|f(b)| + |f(a)|}.$$

Ist $f(\xi) = 0$, so hat man eine Nullstelle gefunden. Ist $f(\xi) < 0$, so wiederhole man obige Rechnung mit ξ und b statt a und b, ist $f(\xi) > 0$, so wiederhole man sie mit a und ξ statt a und b.

Das Regula-falsi-Verfahren liefert im Allgemeinen eine Folge, welche gegen eine Nullstelle von f in $[a; b]$ konvergiert.

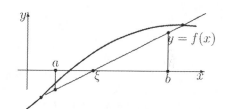

Fig. 4: Regula falsi

Aufgaben

1. Man beweise die Konvergenz der Folge in Beispiel 3.

2. Man benutze Satz 1 zur näherungsweisen Bestimmung einer positiven Lösung der Gleichung   a) $x = \dfrac{1}{1 + x^2}$ b) $x = \sqrt{\sin x}$

3. Man bestimme mit Hilfe des Newton-Verfahrens eine Näherungslösung von

a) $x \lg x = 1$ b) $e^x = x^2$ c) $x \ln x + 2x - 1 = 0$

(Steht kein programmierbarer Rechner zur Verfügung, so begnüge man sich mit der Wahl eines geeigneten Startwerts und den beiden ersten Iterationsschritten.)

4. Die quadratische Gleichung $x^2 - 7x + 10 = 0$ hat die Lösungen 2 und 5. Man führe das Newton-Verfahren einmal mit dem Startwert 1 und einmal mit dem Startwert 7 aus.

5. Man führe zwei Iterationsschritte der Regula falsi zur Berechnung einer Lösung von $x^4 - 5x + 1 = 0$ in $[0; 1]$ aus.

X.5 Stammfunktionen und Flächeninhalte

Es sei f eine auf einem offenen Intervall
I stetige Funktion. Für $a, x \in I$ bezeichnen wir mit $F_a(x)$ den Flächeninhalt
zwischen der x-Achse und dem Graph
von f zwischen den Stellen a und x. Dass
dieser Flächeninhalt existiert, werden
wir erst im nächsten Abschnitt streng
beweisen, hier entnehmen wir seine Existenz der Anschauung. Zunächst betrachten wir den Fall, dass $f(x) \geq 0$ im Intervall I gilt.

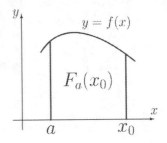

Fig.1: Flächeninhaltsfunktion

Wir wollen untersuchen, wie die *Flächeninhaltsfunktion* F_a mit der Funktion f
zusammenhängt. Es gilt für $x, x_0 \in I$ mit $x > x_0 \geq a$

$$(x - x_0) \cdot f_{\min} \leq F_a(x) - F_a(x_0) \leq (x - x_0) \cdot f_{\max},$$

wobei $f_{\min}$ und $f_{\max}$ das Minimum bzw. das Maximum von f im Intervall $[x_0, x]$
ist. Analoges gilt für $a \leq x < x_0$. Die Existenz von $f_{\min}$ und $f_{\max}$ wird durch die
Stetigkeit von f gesichert (vgl. Satz 5 in Abschnitt X.1). Nun gilt aufgrund der
Stetigkeit von f

$$\lim_{x \to x_0} f_{\min} = \lim_{x \to x_0} f_{\max} = f(x_0),$$

also ist

$$\lim_{x \to x_0} \frac{F_a(x) - F_a(x_0)}{x - x_0} = f(x_0).$$

Das bedeutet, dass F_a an der Stelle x_0 differenzierbar ist und dass

$$F_a'(x_0) = f(x_0)$$

gilt. Dies gilt an jeder Stelle $x_0 \in I$, also ist F_a eine auf I differenzierbare Funktion
mit der Ableitungsfunktion f.

Definition 1: Ist F eine auf dem offenen Intervall I differenzierbare Funktion
und gilt $F' = f$, dann nennt man F eine *Stammfunktion* von f auf I. Die Menge
aller Stammfunktionen von f auf einem gegebenen offenen Intervall I bezeichnen
wir mit

$$\int f$$

und nennen diese Menge das *unbestimmte Integral* von f.

Zwei Stammfunktionen von F unterscheiden sich nur um eine additive Konstante:
Ist $F_1' = f$ und $F_2' = f$, dann ist $(F_1 - F_2)' = 0$ (Nullfunktion), also ist $F_1 - F_2$
konstant. Umgekehrt ist mit F auch $F + c$ für jedes $c \in \mathbb{R}$ eine Stammfunktion
von f.

Das *Integralzeichen* ∫ ist ein stilisiertes „S"; es ist von Leibniz eingeführt worden. Eigentlich müsste man noch das Intervall I in die Bezeichnung aufnehmen.

Ist F_a die oben betrachtete Flächeninhaltsfunktion von f und F eine beliebige Stammfunktion von f, dann ist $F_a = F + c$ mit einer Konstanten c. Wegen $F_a(a) = 0$ ist $c = -F(a)$, also $F_a(x) = F(x) - F(a)$. Der Flächeninhalt, der über dem Intervall $[a; b]$ von der x-Achse und dem Graph von f eingeschlossen wird, ist also $F_a(b) = F(b) - F(a)$. Diesen Flächeninhalt $F(b) - F(a)$ bezeichnet man traditionsgemäß mit

$$\int_a^b f(x)\,dx$$

und nennt dies das *bestimmte Integral* von f von a bis b. In X.6 wird dieser Begriff etwas allgemeiner definiert.

Beispiel 1: Es soll der Flächeninhalt A unter der Parabel mit der Gleichung $y = x^2$ zwischen den Stellen 1 und 4 berechnet werden. Wegen $\left(\frac{1}{3}x^3\right)' = x^2$ ist $x \mapsto \frac{1}{3}x^3$ eine Stammfunktion von $x \mapsto x^2$. Es gilt also

$$\int_1^4 x^2\,dx = \frac{1}{3}\cdot 4^3 - \frac{1}{3}\cdot 1^3 = 21.$$

Bei obigem bestimmtem Integral darf auch $b \leq a$ sein, denn man vereinbart

$$\int_a^a f(x)\,dx = 0 \qquad \text{und} \qquad \int_b^a f(x)\,dx = -\int_a^b f(x)\,dx.$$

Lässt man nun die Beschränkung auf Funktionen mit nichtnegativen Werten fallen, so vereinbart man, Flächeninhalte *unter* der x-Achse negativ zu zählen; man benutzt also die Regel

$$\int_a^b (-f(x))\,dx = -\int_a^b f(x)\,dx.$$

Diese Vereinbarungen sind verträglich mit der *Intervalladditivität* des bestimmten Integrals:

$$\int_a^b f(x)\,dx + \int_b^c f(x)\,dx = \int_a^c f(x)\,dx$$

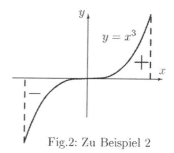

Fig.2: Zu Beispiel 2

Beispiel 2 (Fig. 2):

$$\int_{-1}^1 x^3\,dx = \frac{1}{4}\cdot 1^4 - \frac{1}{4}\cdot (-1)^4 = 0.$$

Auf den Integralbegriff für Funktionen, die nicht notwendigerweise stetig sind, gehen wir erst im nächsten Abschnitt ein. Hier wollen wir uns nur noch mit der Frage beschäftigen, wie man zu einer gegebenen *stetigen* Funktion das unbestimmte Integral bzw. eine Stammfunktion findet. Dazu muss man im Wesentlichen nur die Differenziationsregeln „umgekehrt lesen". Im Folgenden bedeutet ein Rechenzeichen zwischen zwei unbestimmten Integralen, die ja Mengen von Funktionen sind, dass je ein Element der einen Menge mit je einem Element der anderen Menge verknüpft wird. (In der Algebra nennt man das eine *Komplexverknüpfung.*)

Satz 1: Für auf einem offenen Intervall I stetige Funktionen f, g gilt dort:

$$\int (f + g) \;=\; \int f + \int g$$
$$\int (cf) \;=\; c \int f \quad (c \in \mathbb{R})$$

Sind f und g auf I stetig differenzierbar, dann gilt

$$\int (f \cdot g') = f \cdot g - \int (f' \cdot g).$$

Es sei φ auf I stetig differenzierbar und f auf $\varphi(I)$ stetig. Dann gilt

$$\int (f \circ \varphi) \cdot \varphi' = \left(\int f \right) \circ \varphi.$$

Ist ferner $\varphi'(t) \neq 0$ für alle $t \in I$ (also φ auf I umkehrbar), dann gilt

$$\int f = \left(\int (f \circ \varphi) \cdot \varphi' \right) \circ \varphi^{-1}.$$

Man verifiziert die Behauptungen von Satz 1 durch Differenzieren. Die dritte Formel beinhaltet die *partielle Integration* oder *Produktintegration.* Bei den beiden im Fall der Invertierbarkeit von φ gleichwertigen letzten Formeln spricht man von der *Integration durch Substitution* bzw. von den *Substitutionsregeln.*

In Beispielen mit konkreten Funktionstermen $f(x)$ schreibt man auch

$$\int f(x)\,\mathrm{d}x \qquad \text{statt} \qquad \int f.$$

Ist $F \in \int f$, dann schreibt man meistens

$$\int f(x)\,\mathrm{d}x = F(x) \; + \; \text{const.},$$

wir wollen hier aber auf „+ const." verzichten, da diese Schreibweise ohnehin interpretationsbedürftig ist.

Beispiel 3 (zur partiellen Integration):

a) $\displaystyle \int x e^x \, dx = x e^x - \int e^x \, dx = x e^x - e^x$

b) $\displaystyle \int \ln x \, dx = \int 1 \cdot \ln x \, dx = x \ln x - \int \frac{x}{x} \, dx = x \ln x - x$

Beispiel 4 (zur Integration durch Substitution):

a) $\displaystyle \int \frac{f'(x)}{f(x)} \, dx = \ln f(x)$ b) $\displaystyle \int f(x) \cdot f'(x) \, dx = \frac{1}{2}(f(x))^2$

Für alle $\alpha \in \mathbb{R}$ mit $\alpha \neq -1$ gilt

$$\int x^\alpha \, dx = \frac{1}{\alpha + 1} \, x^{\alpha+1},$$

wie man sofort durch Differenziation findet. Der Ausnahmefall $\alpha = -1$ kann benutzt werden, um die natürliche Logarithmusfunktion ln zu *definieren*. Man kann damit also einen neuen Zugang zu den Exponential- und Logarithmusfunktionen finden:

Für $x > 0$ sei

$$\ln x := \int_1^x \frac{1}{t} \, dt$$

(Fig. 3). Dann ist ln eine auf $\mathbb{R}^+$ differenzierbare Funktion mit

$$(\ln x)' = \frac{1}{x} > 0,$$

also ist ln umkehrbar auf $\mathbb{R}^+$. Die Umkehrfunktion von ln nennen wir exp (Fig 4). Ihre Definitionsmenge ist die Bildmenge von ln (also $\mathbb{R}$, wie wir sogleich sehen werden). Nach der Umkehrregel der Differenziation gilt

$$\exp' = \frac{1}{\ln' \circ \exp} = \exp,$$

die Funktion exp stimmt also mit ihrer Ableitungsfunktion überein.

Für $x > 0$ und ein festes $a > 0$ gilt $\ln ax = \ln a + \ln x$, denn

$$(\ln ax)' = \frac{1}{ax} \cdot a = \frac{1}{x} = (\ln x)'.$$

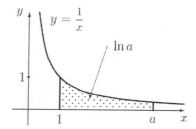

Fig. 3: Natürlicher Logarithmus

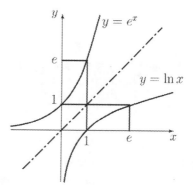

Fig. 4: Die Funktionen ln und exp

Es ist also $\ln ax = \ln x + c$, und die Konstante c ergibt sich für $x = 1$ zu $\ln a$. Es gilt also $\ln x_1 x_2 = \ln x_1 + \ln x_2$ für alle $x_1, x_2 > 0$. Aus dieser Beziehung folgt $\ln \frac{1}{x} = -\ln x$ für alle $x > 0$. Daraus ergibt sich, dass $\ln$ die Bildmenge $\mathbb{R}$ hat. Mit $y_1 = \ln x_1$ und $y_2 = \ln x_2$ erhält man

$$\exp(y_1 + y_2) = \exp(\ln x_1 x_2) = x_1 x_2 = \exp y_1 \cdot \exp y_2.$$

Für $x > 0$ und festes $a \in \mathbb{R}$ gilt $\ln x^a = a \ln x$, denn

$$(\ln x^a)' = \frac{1}{x^a} \cdot ax^{a-1} = \frac{a}{x} = (a \ln x)',$$

also $\ln x^a = a \ln x + c$, wobei sich die Konstante c als 0 ergibt ($x = 1$ setzen). Dies bedeutet für die Funktion $\exp$, dass $\exp ay = (\exp y)^a$ für alle $a, y \in \mathbb{R}$ gilt. Es folgt für alle $a \in \mathbb{R}$ $\exp a = (\exp 1)^a$. Setzen wir $e := \exp 1$, also $\ln e = 1$, dann ergibt sich $\exp a = e^a$. Damit haben wir einen völlig neuen Zugang zur Exponentialfunktion gefunden. Die oben definierte Zahl e ist tatsächlich die eulersche Zahl, denn nach obiger Definition der Funktion $\ln$ als Integral ist

$$n \cdot \frac{1}{n+1} < n \ln \left(1 + \frac{1}{n}\right) < n \cdot \frac{1}{n}, \quad \text{also} \quad 1 - \frac{1}{n+1} < \ln \left(1 + \frac{1}{n}\right)^n < 1$$

und damit

$$e = \lim_{n \to \infty} \left(1 + \frac{1}{n}\right)^n.$$

Man kann in ähnlicher Weise die trigonometrischen Funktionen mit Hilfe der Integralrechnung einführen, wenn man z. B. an die Beziehung

$$\arctan x = \int_0^x \frac{1}{1+t^2} \, dt \qquad (x \in \mathbb{R})$$

denkt. Man betrachtet also die durch dieses Integral definierte Funktion α auf $\mathbb{R}$, welche wegen

$$\alpha'(x) = \frac{1}{1+x^2} \quad \text{für alle } x \in \mathbb{R}$$

auf $\mathbb{R}$ umkehrbar ist, definiert $\tan x := \alpha^{-1}(x)$ auf der Bildmenge von α und schließlich die Sinusfunktion durch

$$\sin = \frac{\tan}{\sqrt{1 + \tan^2}} \, .$$

Hier sind die Überlegungen etwas komplizierter als bei der Exponentialfunktion (insbesondere macht die Definition der Bogenlänge und der Kreiszahl mit Hilfe von Integralen sowie die periodische Fortsetzung dieser Funktionen etwas Mühe), so dass wir es bei der geometrischen Definition der trigonometrischen Funktionen (Abschnitt X.1) belassen wollen.

Mit $\mathcal{A}$ bezeichnen wir die Menge aller Funktionen, die aus den Funktionen

$$\underline{1} : x \mapsto 1 \qquad \text{und} \qquad \text{id} : x \mapsto x$$

durch endlich oftmalige Anwendung folgender Operationen entstehen können:

— Einschränkung der Definitionsmenge auf ein Teilintervall

— Addition zweier Funktionen

— Vervielfachung mit einer reellen Zahl

— Multiplikation zweier Funktionen

— Bildung der Kehrfunktion

— Verkettung zweier Funktionen

— Bildung der Umkehrfunktion

Die Ableitungsregeln (Abschnitt X.2) garantieren, dass jede Funktion aus $\mathcal{A}$ auf ihrer Definitionsmenge differenzierbar ist und dass ihre Ableitungsfunktion wieder in $\mathcal{A}$ liegt. Eine Stammfunktion einer Funktion aus $\mathcal{A}$ muss aber nicht wieder in $\mathcal{A}$ liegen; Beispiele dafür sind die Stammfunktionen ln und arctan von

$$x \mapsto \frac{1}{x} \quad \text{bzw.} \quad x \mapsto \frac{1}{1+x^2},$$

auf den Nachweis, dass ln und arctan nicht in $\mathcal{A}$ liegen, müssen wir hier aber verzichten.

Nehmen wir nun die Funktionen ln und arctan (oder auch exp und sin) zu der betrachteten Funktionenmenge hinzu und erlauben wieder die oben angegebenen Operationen, dann entsteht eine Menge $\mathcal{C}$ von Funktionen, welche man die *Menge der elementaren Funktionen* nennt. (Diese Sprechweise haben wir schon in Abschnitt II.1 benutzt. Wir weisen nochmals darauf hin, dass diese Sprechweise nicht allgemein gebräuchlich ist und dass die Erklärung des Begriffs der elementaren Funktion hier etwas vage bleibt.) Die Ableitungsregeln garantieren wieder, dass die Menge $\mathcal{C}$ abgeschlossen gegenüber der Bildung der Ableitungsfunktion ist. Sie ist aber nicht abgeschlossen gegenüber der Bildung einer Stammfunktion; beispielsweise gehört eine Stammfunktion von $x \mapsto \exp(x^2)$ nicht zu $\mathcal{C}$. Es ist (wie in dem soeben genannten Beispiel) oft sehr schwer festzustellen, ob die Stammfunktion einer Funktion elementar ist oder nicht.

Ist die Stammfunktion einer elementaren Funktion f nicht elementar, so sagt man, f sei *nicht elementar integrierbar*. (Natürlich ist jede elementare Funktion integrierbar in dem Sinne, dass sie eine Stammfunktion besitzt.)

Aufgaben

1. Man bestimme eine Stammfunktion zu der Funktion mit folgendem Funktionsterm:

a) $\dfrac{1}{x-1}$ b) $(x+1)^2$ c) $\dfrac{2^x}{3^{x+1}}$ d) $3^{\sqrt{2x+1}}$

e) $x^7 \ln x$ f) $x^4 e^x$ g) $x^2 2^x$ h) $x^2 \sin x$ i) $\tan x$

2. Man berechne durch partielle Integration:

a) $\displaystyle\int_0^2 x^2 e^x \, dx$ b) $\displaystyle\int_1^2 (\ln x)^3 \, dx$ c) $\displaystyle\int_e^{e^2} \frac{\ln(\ln x)}{x} \, dx$

3. Man berechne durch Substitution:

a) $\displaystyle\int_1^4 \frac{e^{\sqrt{x}}}{\sqrt{x}} \, dx$ b) $\displaystyle\int_0^1 e^{e^x} e^x \, dx$ c) $\displaystyle\int_e^{e^2} \frac{\ln \ln x}{x \ln x} \, dx$

4. Man bestimme Rekursionsformeln für

a) $\displaystyle\int_0^2 x^n e^x \, dx$ b) $\displaystyle\int_1^e (\ln x)^n \, dx$ c) $\displaystyle\int_1^e x^3 (\ln x)^n \, dx$

5. Man beweise

a) $\displaystyle\int_0^1 x^n (1-x)^m \, dx = \int_0^1 x^m (1-x)^n \, dx$ für alle $m, n \in \mathbb{N}$;

b) $\displaystyle\int_t^1 \frac{1}{1+x^2} \, dx = \int_1^{t^{-1}} \frac{1}{1+x^2} \, dx$ für alle $t > 0$.

X.6 Das Riemann-Integral

Der Begriff der Integrierbarkeit und des Integrals soll nun etwas verallgemeinert werden, wobei nicht nur stetige Funktionen, sondern allgemeiner auch beschränkte Funktionen auftreten können.

Definition 1: Es sei f eine auf dem Intervall $[a; b]$ *beschränkte* Funktion. Das Intervall $[a; b]$ sei durch Teilpunkte in Teilintervalle zerlegt:

$$a = x_0 < x_1 < x_2 < \ldots < x_{n-1} < x_n = b$$

Die Menge $Z = \{x_0, x_1, x_2, \ldots, x_{n-1}, x_n\}$ nennen wir eine *Zerlegung* des Intervalls.

Wir setzen

$$m_k = \inf_{x \in [x_{k-1}, x_k]} f(x) \quad \text{und} \quad M_k = \sup_{x \in [x_{k-1}, x_k]} f(x)$$

für $k = 1, 2, \ldots, n$. (Supremum und Infimum existieren nach Satz 3 aus Abschnitt IX.7.) Dann nennt man

$$\underline{S}_Z(f) = \sum_{k=1}^{n} m_k \cdot (x_k - x_{k-1}) \qquad \text{bzw.} \qquad \overline{S}_Z(f) = \sum_{k=1}^{n} M_k \cdot (x_k - x_{k-1})$$

die *Untersumme* bzw. die *Obersumme* von f bezüglich der Zerlegung Z. Betrachtet man *alle* denkbaren Zerlegungen von $[a; b]$ in endlich viele Intervalle und die zugehörigen Unter- und Obersummen von f, dann existieren

$$\underline{S}(f) = \sup_Z \underline{S}_Z(f) \qquad \text{und} \qquad \overline{S}(f) = \inf_Z \overline{S}_Z(f)$$

nach Satz 3 in Abschnitt IX.7. Trivialerweise gilt $\underline{S}(f) \leq \overline{S}(f)$. Gilt aber

$$\underline{S}(f) = \overline{S}(f),$$

dann nennt man diesen gemeinsamen Wert von $\underline{S}(f)$ und $\overline{S}(f)$ das *Riemann-Integral* (nach Bernhard Riemann, 1826–1866) oder auch kurz das *Integral* von f über $[a; b]$ und schreibt dafür

$$\int_a^b f(x)\,dx.$$

Man nennt dann f *Riemann-integrierbar* oder kurz *integrierbar* über $[a; b]$.

Anschaulich ist klar, dass wir im Fall einer stetigen Funktion f mit dem Integral wie in Abschnitt X.5 den Flächeninhalt zwischen der x-Achse und dem Graph von f berechnen können. Man setzt

$$\int_a^a f(x)\,dx = 0 \qquad \text{und} \qquad \int_b^a f(x)\,dx = -\int_a^b f(x)\,dx.$$

Ohne große Mühe ergeben sich die folgenden Formeln:

$$\int_a^b (cf)(x)\,dx = c \int_a^b f(x)\,dx \quad (c \in R)$$

$$\int_a^b (f + g)(x)\,dx = \int_a^b f(x)\,dx + \int_a^b g(x)\,dx$$

$$\int_a^b f(x)\,dx \leq \int_a^b g(x)\,dx, \text{ falls } f(x) \leq g(x) \text{ auf } [a; b]$$

$$\left| \int_a^b f(x)\,dx \right| \leq \int_a^b |f(x)|\,dx$$

Die dabei auftretenden Funktionen f und g sind natürlich als integrierbar vorausgesetzt. Die Integrierbarkeit von $cf, f + g$ und $|f|$ ergibt sich leicht.

Eine wichtige Eigenschaft ist die *Intervalladditivität* des Integrals: Ist $a < b < c$ und ist f auf $[a; b]$ und $[b; c]$ integrierbar, dann ist f auch auf $[a; c]$ integrierbar und es gilt

$$\int\limits_a^c f(x)\,\mathrm{d}x = \int\limits_a^b f(x)\,\mathrm{d}x + \int\limits_b^c f(x)\,\mathrm{d}x.$$

Ausführliche Beweise dieser und der oben angeführten Eigenschaften findet man in fast allen Lehrbüchern der Analysis, obwohl sie fast unmittelbar einsichtig sind.

Ist f auf einem Intervall I integrierbar, dann ist f auch auf jedem Teilintervall von I integrierbar; auch dies lässt sich leicht einsehen.

Definition 2: Ist f auf dem Intervall I integrierbar und $x_0 \in I$, dann heißt die auf I definierte Funktion

$$F : x \mapsto \int\limits_{x_0}^x f(t)\,\mathrm{d}t$$

ein *Integral von f als Funktion der oberen Grenze.*

Die Funktion F aus Definition 2 ist stetig auf I. Denn ist M eine Schranke für $|f(x)|$ auf I, dann gilt

$$|F(x_1) - F(x_2)| = \left| \int\limits_{x_1}^{x_2} f(t)\,\mathrm{d}t \right| \le \left| \int\limits_{x_1}^{x_2} |f(t)|\,\mathrm{d}t \right| \le |x_1 - x_2| \cdot M.$$

Der folgende Satz 1 heißt *Hauptsatz der Differenzial- und Integralrechnung.* Er stellt eine Verbindung zwischen dem Differenzieren und dem Integrieren her, indem er das Integrieren stetiger Funktionen auf das Bestimmen einer Stammfunktion zurückführt, also in gewisser Weise auf die Umkehrung der Differenziation. Damit sind auch die Betrachtungen in X.5 ohne Rückgriff auf die Veranschaulichung durch Flächeninhalte gerechtfertigt.

Satz 1: Ist f stetig an der Stelle $x \in I$, dann ist F differenzierbar an der Stelle $x \in I$ und es gilt $F'(x) = f(x)$.

Beweis: Für ein festes $x \in I$ und $x + h \in I$ gilt

$$\left| \frac{F(x+h) - F(x)}{h} - f(x) \right|$$

$$= \left| \frac{1}{h} \left(\int\limits_x^{x+h} f(t)\,\mathrm{d}t - \int\limits_x^{x+h} f(x)\,\mathrm{d}t \right) \right| = \frac{1}{|h|} \left| \int\limits_x^{x+h} (f(t) - f(x))\,\mathrm{d}t \right|$$

$$\le \frac{1}{|h|} \cdot |h| \cdot \max_{|t-x|\le|h|} |f(t) - f(x)| = \max_{|t-x|\le|h|} |f(t) - f(x)|.$$

Da f stetig an der Stelle x ist, gilt $\displaystyle\lim_{h \to 0} \max_{|t-x| \le |h|} |f(t) - f(x)| = 0$, woraus die Behauptung folgt. $\qquad\qquad\qquad\qquad\qquad\qquad\qquad\qquad\qquad\qquad\qquad\qquad\square$

Ist f stetig und $F' = f$ auf $[a; b]$, dann ist also

$$\int_a^b f(x)\, \mathrm{d}x = F(b) - F(a),$$

wie wir schon in Abschnitt X.5 gesehen haben.

Wir wollen nun ein typisches Beispiel für eine integrierbare, aber nicht stetige Funktionen vorstellen.

Beispiel 1: Wir betrachten auf dem Intervall $[0, 1]$ die Funktion f mit $f(0) = 1$ und $f(x) = [x^{-1}]^{-1}$ für $x \ne 0$ (Fig. 1). Das Supremum der Untersummen und das Infimum der Obersummen haben beide den Wert

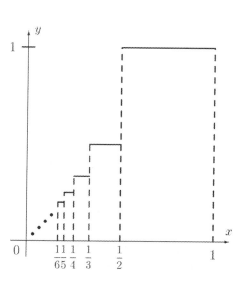

Fig. 1: Zu Beispiel 1

$$\left(1 - \frac{1}{2}\right) \cdot 1 + \left(\frac{1}{2} - \frac{1}{3}\right) \cdot \frac{1}{2} + \left(\frac{1}{3} - \frac{1}{4}\right) \cdot \frac{1}{3} + \ldots = \sum_{i=1}^{\infty} \left(\frac{1}{i} - \frac{1}{i+1}\right) \frac{1}{i} = \sum_{i=1}^{\infty} \frac{1}{i^2} - 1.$$

Das Integral existiert also und hat den soeben angegebenen Wert.

Dieses Beispiel haben wir „typisch" genannt, weil es ein Beispiel für jeden der beiden folgenden Sätze ist, welche die wesentlichen nicht stetigen, aber integrierbaren Funktionen beschreiben:

- Ist die Funktion f auf dem Intervall $[a; b]$ monoton, dann ist sie auf diesem Intervall integrierbar.

- Besitzt die Funktion f auf dem Intervall $[a; b]$ nur abzählbar viele Unstetigkeitsstellen, dann ist sie auf diesem Intervall integrierbar.

(Beweise dieser Aussagen findet man in den meisten Lehrbüchern zur Analysis.)

Wir stellen nun ein Beispiel für eine nicht integrierbare Funktion vor:

Beispiel 2: Auf $[0;1]$ sei die Funktion f definiert durch

$$f(x) = \begin{cases} 1, & \text{wenn } x \text{ rational ist,} \\ 0, & \text{wenn } x \text{ irrational ist.} \end{cases}$$

Diese Funktion ist an *jeder* Stelle des Intervalls $[0;1]$ unstetig. Sie ist nicht integrierbar: Weil jedes Intervall aus $\mathbb{R}$ sowohl rationale als auch irrationale Zahlen enthält, hat jede Untersumme den Wert 0 und jede Obersumme den Wert 1.

Wie Beispiel 1 oder schon das einfachere Beispiel $x \mapsto [x]$ zeigt, muss eine integrierbare Funktion nicht unbedingt eine Stammfunktion besitzen, wenn sie nicht stetig ist. Umgekehrt gibt es Funktionen, die auf einem offenen Intervall eine Stammfunktion besitzen, dort aber nicht integrierbar sind: Auf $]-1; 1[$ ist die Funktion F mit $F(0) = 0$ und

$$F(x) = x^2 \cos \frac{\pi}{x^2}$$

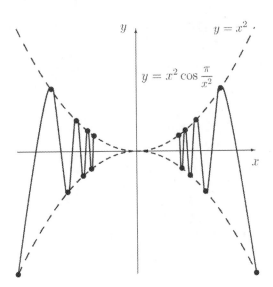

für $x \neq 0$ (Fig. 2) differenzierbar; ihre Ableitungsfunktion ist f mit $f(0) = 0$ und

$$f(x) = 2x \cos \frac{\pi}{x^2} + \frac{2\pi}{x} \sin \frac{\pi}{x^2}$$

für $x \neq 0$. Die Funktion f ist auf dem betrachteten Intervall nicht integrierbar, weil sie an der Stelle 0 nicht beschränkt ist. Die wesentliche Voraussetzung der Beschränktheit des Integranden im Integrationsintervall werden wir in X.8 fallen lassen und damit einen erweiterten Integrierbarkeitsbegriff definieren.

Fig. 2: Graph von $y = x^2 \cos \frac{\pi}{x^2}$

Nun betrachten wir einige Anwendungen der Integralrechnung. Die erste geometrische Deutung eines bestimmten Integrals ist die als Flächeninhalt. Mit Hilfe des Integrals wollen wir nun Längen und Rauminhalte bestimmen. Ein wichtiges Hilfsmittel wird dabei der Hauptsatz der Differenzial- und Integralrechung sein, denn wir werden aus dem Änderungsverhalten (also der Ableitung) der Längenbzw. Volumenfunktion auf diese Funktionen selbst schließen.

Über dem Intervall $[a; b]$ sei eine stetig differenzierbare Funktion f gegeben. Wir wollen die Länge $L_f(a, b)$ des Graphen über $[a; b]$ berechnen. Dazu betrachten wir auf $[a; b]$ die Funktion $s : x \mapsto L_f(a, x) :=$ Länge des Graphen von f über $[a; x]$. Für x, $x + h \in [a; b]$ gilt dann (vgl. Fig. 3)

$$(s(x + h) - s(x))^2 \approx h^2 + (f(x + h) - f(x))^2,$$

falls h sehr klein ist. Ist $h > 0$, so ist also

$$s(x + h) - s(x) \approx \sqrt{h^2 + (f(x + h) - f(x))^2}.$$

(Der Fehler $\Delta(h)$ ist dabei so klein, dass $\lim_{h \to 0} \frac{\Delta(h)}{h} = 0$; das soll hier aber nicht näher begründet werden.) Dividiert man durch h und betrachtet den Grenzwert für $h \to 0$, dann ergibt sich

$$s'(x) = \sqrt{1 + f'(x)^2}.$$

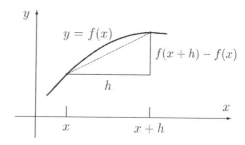

Der Hauptsatz der Differenzial- und Integralrechnung liefert dann für $s(b)$ den Wert

$$L_f(a, b) = \int_a^b \sqrt{1 + f'(x)^2}\, \mathrm{d}x.$$

Fig. 3: Berechnung der Länge einer Kurve

Beispiel 3 (*neilsche Parabel*, nach W. Neil, 1637–1670): Der Graph der Funktion mit der Gleichung $y = x\sqrt{x} = x^{\frac{3}{2}}$ hat über dem Intervall $[0; a]$ die Länge

$$\int_0^a \sqrt{1 + \frac{9}{4}x}\, \mathrm{d}x = \frac{2}{3} \cdot \frac{4}{9} \cdot \left(1 + \frac{9}{4}x\right)^{\frac{3}{2}} \Bigg|_0^a = \frac{8}{27}\left(\left(1 + \frac{9}{4}a\right)^{\frac{3}{2}} - 1\right).$$

Die neilsche Parabel ist neben der Kettenlinie (Beispiel 4) eine der wenigen Kurven, deren Längenberechnung auf ein elementar zu berechnendes Integral führt.

Beispiel 4 (*Kettenlinie*, vgl. Aufgabe 9 in X.1): Der Graph der Kosinushyperbolicus-Funktion, also der Graph der Funktion mit der Gleichung

$$y = \cosh x = \frac{1}{2}(e^x + e^{-x}),$$

hat über dem Intervall $[0; a]$ die Länge

$$\int_0^a \sqrt{1 + \left(\frac{1}{2}(e^x - e^{-x})\right)^2}\, \mathrm{d}x = \int_0^a \frac{1}{2}(e^x + e^{-x})\, \mathrm{d}x = \frac{1}{2}(e^x - e^{-x})\Bigg|_0^a = \frac{1}{2}(e^a - e^{-a}).$$

Die Längenfunktion des Kosinushyperbolicus ist also der Sinushyperbolicus mit der Gleichung $y = \sinh x = \frac{1}{2}(e^x - e^{-x})$.

Um den *Schwerpunkt eines Kurvenstücks* zu berechnen, benötigen wir sein Drehmoment („Kraft mal Kraftarm") bezüglich der beiden Koordinatenachsen. Wir denken uns ein Kurvenstück K, welches als Graph einer stetig differenzierbaren Funktion f mit positiven Werten über dem Intervall $[a; b]$ gegeben ist, homogen mit Masse belegt, so dass das Gewicht eines Kurvenstücks proportional zu seiner Länge ist. Das Drehmoment des Kurvenstücks zwischen den Stellen x und $x + h$ mit $h > 0$ bezüglich der x-Achse liegt dann zwischen

$$\min_{x \le t \le x+h} f(t) \cdot (s(x + h) - s(x)) \quad \text{und} \quad \max_{x \le t \le x+h} f(t) \cdot (s(x + h) - s(x))$$

(vgl. Fig. 4), ist also $f(\xi) \cdot (s(x+h) - s(x))$ mit $x \leq \xi \leq x+h$. Die Drehmoment-Funktion M hat daher an der Stelle x die Ableitung

$$M'(x) = \lim_{h \to 0} f(\xi) \frac{s(x+h) - s(x)}{h} = f(x)s'(x).$$

Das gesamte Drehmoment ist somit

$$\int_a^b f(x)s'(x)\,\mathrm{d}x = \int_a^b f(x)\sqrt{1 + (f'(x))^2}\,\mathrm{d}x.$$

Entsprechend ergibt sich das Drehmoment bezüglich der y-Achse zu

$$\int_a^b xs'(x)\,\mathrm{d}x = \int_a^b x\sqrt{1 + (f'(x))^2}\,\mathrm{d}x.$$

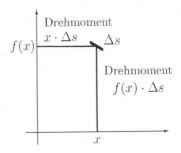

Fig. 4: Drehmomente

Ist andererseits L die Länge der Kurve über $[a; b]$ und (x_S, y_S) ihr Schwerpunkt, so ergibt sich für dieses Drehmoment $y_S \cdot L$ bzw. $x_S \cdot L$. (Dies ist eigentlich die Definition des Schwerpunkts!) Also ist

$$y_S = \frac{1}{L}\int_a^b f(x)\sqrt{1 + (f'(x))^2}\,\mathrm{d}x, \qquad x_S = \frac{1}{L}\int_a^b x\sqrt{1 + (f'(x))^2}\,\mathrm{d}x.$$

Beispiel 5: Für den Schwerpunkt der Kettenlinie (Beispiel 4) zwischen den Stellen $-a$ und a gilt $x_S = 0$ und

$$y_S = \frac{1}{2\sinh a} \int_{-a}^a \cosh x \sqrt{1 + \sinh^2 x}\,\mathrm{d}x$$

$$= \frac{1}{2\sinh a} \int_{-a}^a \cosh h^2 x\,\mathrm{d}x = \frac{1}{2\sinh a} \int_{-a}^a \frac{1}{2}(1 + \cosh 2x)\,\mathrm{d}x$$

$$= \frac{1}{2\sinh a} \left(a + \frac{1}{2}\sinh 2a \right) = \frac{a}{e^a - e^{-a}} + \frac{e^a + e^{-a}}{4}.$$

Um den *Schwerpunkt eines Flächenstücks* zu berechnen benötigen wir sein Drehmoment bezüglich der beiden Koordinatenachsen. Wir denken uns ein Flächenstück mit dem Inhalt A, welches vom Graph einer stetigen Funktion f mit $f(x) \geq 0$ über dem Intervall $[a; b]$ eingeschlossen wird, homogen mit Masse belegt, so dass das Gewicht eines Flächenstücks proportional zu seinem Inhalt ist. Das Drehmoment eines homogen mit Masse belegten Streifens vom Gewicht F und der Länge l bezüglich einer zu ihm rechtwinkligen Achse durch seinen Endpunkt ist $F \cdot \frac{1}{2}l$ (Fig. 5).

Das Drehmoment des Streifens des Flächenstücks zwischen den Stellen x und $x + h$ mit $h > 0$ bezüglich der x-Achse ist dann

$$f(\xi_1)h \cdot \frac{1}{2} f(\xi_2)$$

mit geeigneten ξ_1, ξ_2 zwischen x und $x + h$ (Fig. 6). Die Drehmoment-Funktion M hat also die Ableitung

$$M'(x) = \lim_{h \to 0} \frac{1}{2} f(\xi_1)f(\xi_2) = \frac{1}{2}(f(x))^2.$$

Das gesamte Drehmoment ist daher $\frac{1}{2} \int_a^b f(x)^2 \, \mathrm{d}x$. Entsprechend ergibt sich das Drehmoment des Flächenstücks bezüglich der y-Achse zu $\int_a^b x f(x) \, \mathrm{d}x$ (Fig. 7). Ist A der Inhalt und (x_S, y_S) der Schwerpunkt des Flächenstücks, dann ist also

$$x_S = \frac{1}{A} \int_a^b x f(x) \, \mathrm{d}x,$$

$$y_S = \frac{1}{2A} \int_a^b f(x)^2 \, \mathrm{d}x.$$

Als Anwendung obiger Schwerpunktsberechnungen betrachten wir nun die *guldinschen Regeln* (nach Paul Guldin, 1577–1643). Diese dienen zur Berechnung des Mantelflächeninhalts und des Volumens von Rotationskörpern.

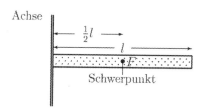

Fig. 5: Drehmoment eines Streifens

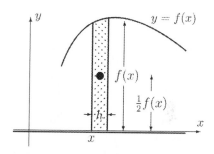

Fig. 6: Drehmoment eines Flächenstücks

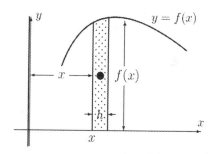

Fig. 7: Drehmoment eines Flächenstücks

Erste guldinsche Regel: Der Mantelflächeninhalt eines Rotationskörpers ist das Produkt aus der Länge der erzeugenden Kurve und der Länge des von ihrem Schwerpunkt zurückgelegten Weges.

Zweite guldinsche Regel: Das Volumen eines Rotationskörpers ist das Produkt aus dem Inhalt der erzeugenden Fläche und der Länge des von ihrem Schwerpunkt zurückgelegten Weges.

Zur Begründung der ersten guldinschen Regel berechnen wir zunächst die Mantelfläche des Rotationskörpers, der vom Graph der stetig differenzierbaren Funktion f mit $f(x) \geq 0$ auf $[a; b]$ bei Rotation um die x-Achse erzeugt wird.

Bei Zerlegung des Intervalls in Teilintervalle der Länge h entstehen Scheiben, die an der Stelle x näherungsweise Kegelstümpfe mit dem Mantelflächeninhalt $2\pi f(x)s'(x)h$ sind (Fig. 8). Für den Mantelinhalt M als Funktion von x gilt also $M'(x) = 2\pi f(x)s'(x)$. Daraus ergibt sich für den Mantelinhalt

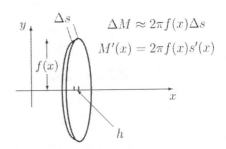

$$\Delta M \approx 2\pi f(x)\Delta s$$
$$M'(x) = 2\pi f(x)s'(x)$$

$$M = 2\pi \int_a^b f(x)\sqrt{1 + f'(x)^2}\, dx.$$

Fig. 8: Mantelflächeninhalt

Es ist also $M = 2\pi y_S \cdot L$, wobei y_S die y-Koordinate des Schwerpunkts und L die Länge des Kurvenstücks ist. Vgl. hierzu obige Berechnung der Länge und des Schwerpunkts einer Kurve. Man beachte, dass hier f stetig differenzierbar sein soll, während bei der zweiten guldinschen Regel nur die Stetigkeit von f gefordert wird. Zur Begründung der zweiten guldinschen Regel berechnen wir das Volumen des Rotationskörpers, der vom Graph der stetigen Funktion f mit $f(x) \geq 0$ auf $[a; b]$ bei Rotation um die x-Achse erzeugt wird.

Bei Zerlegung des Intervalls in Teilintervalle der Länge h entstehen Scheiben, die an der Stelle x näherungsweise Kegelstümpfe mit dem Rauminhalt $\pi f(x)^2 h$ sind. Daraus ergibt sich für das Volumen

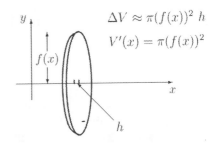

$$\Delta V \approx \pi(f(x))^2\, h$$
$$V'(x) = \pi(f(x))^2$$

$$V = \pi \int_a^b f(x)^2\, dx.$$

Es ist also $V = \pi y_S \cdot A$, wobei y_S der Schwerpunkt und A der Inhalt des Flächenstücks ist.

Fig. 9: Volumen

Beispiel 6: 1) Wir betrachten den oberen Halbkreis des Kreises um O mit dem Radius r. Bei Rotation um die x-Achse entsteht eine Kugel mit dem Oberflächeninhalt $4\pi r^2$. Die Länge des Halbkreises ist πr. Für die y-Koordinate y_S des Schwerpunkts der Halbkreis*linie* gilt daher $2\pi y_S \cdot \pi r = 4\pi r^2$, also $y_S = \dfrac{2r}{\pi}$.

2) Die in 1) erzeugte Kugel hat das Volumen $\frac{4}{3}\pi r^3$; die erzeugende Halbkreisfläche hat den Inhalt $\frac{1}{2}\pi r^2$. Für die y-Koordinate y_S des Schwerpunkts der Halbkreis*fläche* gilt daher $2\pi y_S \cdot \frac{1}{2}\pi r^2 = \frac{4}{3}\pi r^3$, also $y_S = \dfrac{4r}{3\pi}$.

Berechnet man in 1) und 2) die Schwerpunktkoordinaten mit den oben angegebenen Integralen, dann kann man auf diese Weise die Formeln für den Oberflächeninhalt und das Volumen der Kugel gewinnen.

Beispiel 7: Rotiert ein Kreis um eine Achse, welche in derselben Ebene wie der Kreis liegt, dann entsteht ein *Torus* (Fig. 10). Dabei sei r der Radius des rotierenden Kreises und R mit $R > r$ der Abstand des Kreismittelpunktes von der Rotationsachse. Nach der ersten guldinschen Regel hat der Torus den Oberflächeninhalt

$$M = 2\pi r \cdot 2\pi R = 4\pi^2 r R.$$

Nach der zweiten guldinschen Regel ist sein Volumen

$$V = \pi r^2 \cdot 2\pi R = 2\pi^2 r^2 R.$$

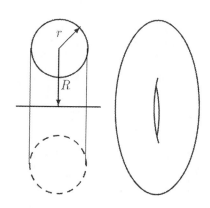

Fig. 10: Torus

Nun soll das *Volumen eines Körpers* berechnet werden, der in ein räumliches kartesisches Koordinatensystem (xyz-Koordinatensystem) eingebettet ist. Die zur yz-Ebene parallele Ebene durch den Punkt $(x, 0, 0)$ schneidet den Körper in einer Fläche. Wir nehmen an, dass für jeden Wert von x der Inhalt $q(x)$ dieser Fläche existiert und dass dabei q eine stetige Funktion auf dem Intervall $[a; b]$ ist, ferner sei $q(x) = 0$ für $x < a$ und $y > b$. Dann gilt für das Volumen V des Körpers

$$V = \int\limits_a^b q(x)\, \mathrm{d}x.$$

Dies ist eine moderne Fassung des *Prinzips von Cavalieri* (nach Bonaventura Cavalieri 1598–1647).

Entsteht ein Körper durch Rotation des Graphs der stetigen Funktion f über dem Intervall $[a; b]$ um die x-Achse, dann ist $q(x) = \pi f(x)^2$. Das Volumen des Rotationskörpers ist also $V = \pi \int\limits_a^b f(x)^2\, \mathrm{d}x$, wie wir schon oben bei der Betrachtung der zweiten guldinschen Regel gesehen haben.

Beispiel 8: Das Volumen einer Kugel vom Radius r ist

$$
\begin{aligned}
V &= \pi \int\limits_{-r}^{r} (r^2 - x^2)\, \mathrm{d}x = 2\pi \int\limits_0^r (r^2 - x^2)\, \mathrm{d}x \\
&= 2\pi \left(r^2 x - \frac{1}{3} x^3 \right) \Big|_0^r = 2\pi \left(r^3 - \frac{1}{3} r^3 \right) = \frac{4}{3} \pi r^3.
\end{aligned}
$$

Beispiel 9: Ein allgemeiner Kegel (Kreiskegel, schiefer Kegel, Pyramide, ...) mit dem Grundflächeninhalt G und der Höhe h wird im Abstand x von der Grundfläche ($0 \leq x \leq h$) in einer zur Grundfläche parallelen Fläche mit dem Inhalt $q(x)$ geschnitten.

Weil sich bei einer Ähnlichkeitsabbildung mit dem Faktor k der Flächeninhalt einer Figur mit dem Faktor k^2 andert, gilt (Fig. 11)

$$q(x) : G = (h - x)^2 : h^2.$$

Also gilt für das Volumen V des Kegels

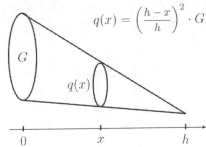

$$q(x) = \left(\frac{h - x}{h}\right)^2 \cdot G$$

Fig. 11: Volumen eines Kegels

$$V = \int\limits_0^h G \cdot \left(\frac{h - x}{h}\right)^2 \, \mathrm{d}x = \frac{G}{h^2} \int\limits_0^h (h - x)^2 \, \mathrm{d}x = \frac{G}{h^2} \cdot \frac{1}{3} h^3 = \frac{1}{3} G h.$$

Aufgaben

1. Man berechne $\displaystyle\int\limits_1^{10} \frac{(-1)^{[x]}}{x} \, \mathrm{d}x$. Dabei bedeutet $[\;\;]$ die Ganzteilfunktion.

2. Man zeige, dass $\displaystyle\int\limits_0^x \operatorname{sgn} t \, \mathrm{d}t = |x|$ und $\displaystyle\int\limits_0^x |t| \, \mathrm{d}t = \tfrac{1}{2} x^2 \cdot \operatorname{sgn} x$.

3. Jede reelle Zahl aus $[0; 1]$ sei als Dezimalbruch dargestellt, wobei der Eindeutigkeit zuliebe die Periode $\ldots 9999 \ldots$ nicht vorkommen soll. Ist $a(x)$ die erste von 0 verschiedene Ziffer in der Dezimalbruchdarstellung von x, so setzen wir $f(0) := 0$ und $f(x) = \dfrac{1}{a(x)}$ für $x \in {]0; 1]}$. Man zeige, dass f nur abzählbar viele Unstetigkeitsstellen besitzt und dass $\displaystyle\int_0^1 f(x) \, \mathrm{d}x = \frac{1}{9} \sum_{i=1}^9 \frac{1}{i} \approx 0,314$.

4. Die Funktion f sei auf $[0; 1]$ definiert durch $f(0) = 1$, $f(x) = 0$ für irrationales x und $f(x) = \dfrac{p}{q}$, falls $x = \dfrac{p}{q}$ mit $p, q \in \mathbb{N}$ und $\operatorname{ggT}(p, q) = 1$. Man zeige zunächst, dass f stetig an den irrationalen und unstetig an den rationalen Stellen ist. Man zeige dann, dass das Integral von f über $[0; 1]$ existiert und den Wert 0 hat.

5. Die Funktion f sei integrierbar auf $[0; 1]$ und es gelte $\displaystyle\lim_{x \to 1^-} f(x) = \alpha$. Man zeige, dass dann gilt: $\displaystyle\lim_{n \to \infty} n \int\limits_0^1 x^n f(x) \, \mathrm{d}x = \alpha$.

6. Man bestimme die Schwerpunkte der Halbkreislinie und der Halbkreisfläche, wenn der Halbkreis durch $y = \sqrt{r^2 - x^2}$ mit $-r \leq x \leq r$ gegeben ist.

7. Ein Flächenstück im xy-Koordinatensystem werde begrenzt durch die Kurven mit den Gleichungen $y = 0$, $y = x^2 + 2$, $x = 1$, $x = 2$. Man berechne den Flächeninhalt, die Koordinaten des Schwerpunkts und das Volumen der Rotationskörper bei Rotation um die x-Achse und um die y-Achse.

8. Die Gleichung einer Ellipse mit den Halbachsenlängen a und b lautet $\dfrac{x^2}{a^2} + \dfrac{y^2}{b^2} = 1$. Ihr Flächeninhalt ist πab (also das geometrische Mittel von πa^2 und πb^2). Warum? Der Umfang der Ellipse ist aber nicht so einfach zu berechnen. Man stelle den Umfang als Integral dar.

9. Der *1. Mittelwertsatz der Integralrechnung* besagt (vgl. Fig. 12): Ist f stetig auf $[a; b]$, dann existiert ein $\xi \in {]a; b[}$ mit

$$\int_a^b f(x)\,\mathrm{d}x = f(\xi) \cdot (b - a).$$

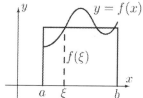

Fig. 12: 1. Mittelwertsatz

a) Man beweise diesen Satz mit Hilfe des 1.Mittelwertsatzes der Differenzialrechnung.

b) Für welche $\xi \in {]-1, 1[}$ hat das Integral von f über $[-1; 1]$ den Wert $2f(\xi)$?

(1) $f(x) = x^2$ (2) $f(x) = \dfrac{1}{x + 2}$ (3) $f(x) = \dfrac{x}{x^2 + 1}$

10. In Erweiterung des 1. Mittelwertsatzes der Integralrechnung (s. oben) gilt: Ist f stetig, g integrierbar und $g(x) \geq 0$ auf $[a; b]$, dann gibt es ein $\xi \in [a; b]$ mit

$$\int_a^b f(x)g(x)\,\mathrm{d}x = f(\xi) \int_a^b g(x)\,\mathrm{d}x.$$

Man beweise dies mit Hilfe des Zwischenwertsatzes. Man zeige zunächst, dass der Quotient $\int_a^b f(x)g(x)\,\mathrm{d}x : \int_a^b g(x)\,\mathrm{d}x$ zwischen dem Minimum und dem Maximum von f auf $[a, b]$ liegt. Man bestimme dann für $f(x) = \dfrac{1}{x^2 + 1}$, $g(x) = x$ ein $\xi \in {]0, 1[}$, für welches das Integral von $f \cdot g$ über $[0; 1]$ den Wert $f(\xi) \int_0^1 g(x)\,\mathrm{d}x$ hat.

11. Der *2. Mittelwertsatz der Integralrechnung* besagt: Ist f monoton und stetig differenzierbar und g stetig auf $[a; b]$, dann existiert ein $\xi \in {]a; b[}$ mit

$$\int_a^b f(x)g(x)\,\mathrm{d}x = f(a) \int_a^\xi g(x)\,\mathrm{d}x + f(b) \int_\xi^b g(x)\,\mathrm{d}x.$$

Man beweise dies mit Hilfe des Satzes in Aufgabe 10.

X.7 Näherungsverfahren zur Integration

In vielen Fällen lässt sich das Integral einer stetigen Funktion f über einem (nicht zu großen) Intervall $[a; b]$ näherungsweise durch $(b - a) \cdot \eta$ angeben, wobei

$$\eta = f(a) \quad \text{oder} \quad \eta = \frac{f(a) + f(b)}{2} \quad \text{oder} \quad \eta = f\left(\frac{a + b}{2}\right)$$

ist. Diese Abschätzung wird wesentlich besser, wenn man das Intervall in n Teilintervalle $[x_{i-1}; x_i]$ der Länge $h := \dfrac{b - a}{n}$ zerlegt und in jedem dieser Teilintervalle diese Näherung verwendet. Man gelangt so zu folgenden Regeln:

Das Integral $\displaystyle\int_a^b f(x)\,\mathrm{d}x$ hat näherungweise den Wert

$$h \cdot \sum_{i=0}^{n-1} f(x_i) \qquad\qquad \text{(Rechtecksregel, Fig. 1)}$$

oder

$$h \cdot \left(\frac{f(a) + f(b)}{2} + \sum_{i=1}^{n-1} f(x_i)\right) \qquad \text{(Trapezregel, Fig. 2)}$$

oder

$$h \cdot \sum_{i=1}^{n} f\left(\frac{x_{i-1} + x_i}{2}\right) \qquad \text{(Tangentenregel, Fig. 3)}.$$

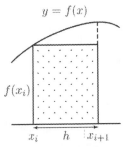 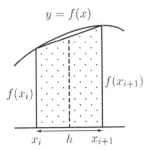 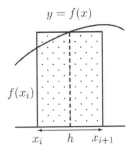

Fig. 1: Zur Rechtecksregel   Fig. 2: Zur Trapezregel   Fig. 3: Zur Tangentenregel

Die Approximation eines Integrals wird i. Allg. besser, wenn man die Funktion f über $[a; b]$ durch eine Polynomfunktion p vom Grad 2 (Parabel) annähert, für welche

$$p(a) = f(a), \quad p\left(\frac{a + b}{2}\right) = f\left(\frac{a + b}{2}\right), \quad p(b) = f(b)$$

gilt und dann das Integral über f durch das Integral über p annähert (Fig. 4). Zur Bestimmung von $p(x)$ setzen wir $m = \dfrac{a + b}{2}$ und $h := \dfrac{b - a}{2}$ und gehen von dem Ansatz $p(x) = r + s(x - a) + t(x - a)(x - m)$ aus. Mit $p(a) = f(a)$, $p(m) = f(m)$, $p(b) = f(b)$ erhält man für $p(x)$ den Term

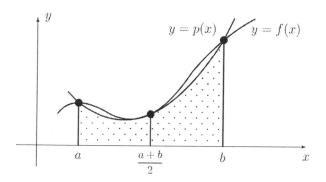

Fig. 4: Zur Simpson-Formel

$$f(a) + \frac{f(a+h) - f(a)}{h}(x-a) + \frac{f(a+2h) - 2f(a+h) + f(a)}{2h^2}(x-a)(x-a-h).$$

Für $\int\limits_{a}^{a+2h} p(x)\,\mathrm{d}x$ ergibt sich dann

$$f(a) \cdot 2h + \frac{f(a+h) - f(a)}{h} \cdot 2h^2 + \frac{f(a+2h) - 2f(a+h) + f(a)}{2h^2} \cdot \frac{2}{3}h^3.$$

Also ist

$$\int\limits_{a}^{a+2h} f(x)\,\mathrm{d}x \approx \frac{h}{3}(f(a) + 4f(a+h) + f(a+2h)).$$

Die damit gewonnene Approximationsformel

$$\int\limits_{a}^{b} f(x)\,\mathrm{d}x \approx \frac{b-a}{6}\left(f(a) + 4f\left(\frac{a+b}{2}\right) + f(b)\right)$$

heißt *Simpson-Formel* (nach Thomas Simpson, 1716–1761). Diese Regel heißt auch *keplersche Fassregel*
(nach Johannes Kepler, 1571–1630).
Kepler gab den Inhalt eines Fasses
der Höhe H mit

$$\frac{H}{6}(A + 4M + B)$$

an (Fig. 5), wobei A und B die
Flächeninhalte des Grund- bzw.
Deckkreises sind und M der Inhalt
des Schnittkreises in halber Höhe ist.

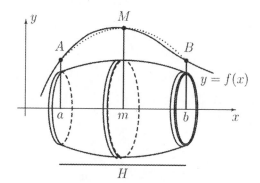

Fig. 5: Keplersche Fassregel

Durch Einteilung von $[a; b]$ in eine gerade Anzahl von Teilintervallen und Anwendung der Simpson-Formel auf immer zwei benachbarte Teilintervalle kann man sehr genaue Formeln zur näherungsweisen Integration gewinnen.

Beispiel 1: Wir wollen den Wert $\ln 2 = \int\limits_1^2 \frac{1}{x}\,\mathrm{d}x$ mit Hilfe der Simpson-Formel bestimmen. Es ergibt sich $\frac{1}{6}\left(1 + 4 \cdot \frac{1}{1{,}5} + \frac{1}{2}\right) = \frac{25}{36} = 0{,}69\overline{4}$. Dies ist eine gute Näherung für $\ln 2 = 0{,}693147\ldots$; der relative Fehler beträgt weniger als $0{,}2\%$.

Beispiel 2: Die Länge des Bogens der Sinusfunktion zwischen 0 und $\frac{\pi}{2}$ ist $L = \int\limits_0^{\frac{\pi}{2}} \sqrt{1 + \cos^2 x}\,\mathrm{d}x$. Eine Abschätzung mit der Simpson-Formel ergibt

$$L \approx \frac{\pi}{12}\left(\sqrt{2} + 4\sqrt{1{,}5} + 1\right) \approx 1{,}9146.$$

Bei Aufteilung in zwei Intervalle der Länge $\frac{\pi}{4}$ und zweimaliger Anwendung der Simpson-Formel erhält man unter Beachtung der Formel $\cos^2 \alpha = \frac{1 + \cos \alpha}{2}$

$$L \approx \frac{\pi}{24}\left(\sqrt{2} + 2\sqrt{6 + \sqrt{2}} + \sqrt{1{,}5}\right) + \frac{\pi}{24}\left(\sqrt{1{,}5} + 2\sqrt{6 - \sqrt{2}} + 1\right) \approx 1{,}9101.$$

Beispiel 3: Für $\delta > 0$ ist nach der Simpson-Formel $\int\limits_{-\delta}^{\delta} e^x\,\mathrm{d}x \approx \frac{\delta}{3}\left(e^{-\delta} + 4 + e^{\delta}\right)$. Andererseits ist $\int\limits_{-\delta}^{\delta} e^x\,\mathrm{d}x = e^{\delta} - e^{-\delta}$. Aus $e^{\delta} - e^{-\delta} \approx \frac{\delta}{3}\left(e^{-\delta} + 4 + e^{\delta}\right)$ ergibt sich durch Lösen einer quadratischen Gleichung für e^{δ} die Abschätzung

$e^{\delta} \approx \frac{2\delta + \sqrt{9 + 3\delta^2}}{3 - \delta}$. Mit $\delta = \frac{1}{n}$ erhält man schließlich $e \approx \left(\frac{2 + \sqrt{3 + 9n^2}}{3n - 1}\right)^n$.

Die Folge mit diesem Term konvergiert in der Tat gegen e (Aufgabe 4 in IX.10).

Aufgaben

1. Man berechne Näherungswerte für $\int\limits_0^{\pi} \frac{\sin x}{x}\,\mathrm{d}x$ und für $\int\limits_0^1 e^{x^2}\,\mathrm{d}x$.

2. Es gilt $\int\limits_0^1 \frac{\mathrm{d}x}{1 + x^2} = \arctan 1 = \frac{\pi}{4}$. Man berechne daraus einen Näherungswert von π und schätze den relativen Fehler ab.

X.8 Uneigentliche Integrale

Das Riemann-Integral ist nur definiert für *beschränkte* Funktionen auf einem *beschränkten* Integrationsintervall. Machen wir uns von diesen Voraussetzungen frei, dann erhalten wir den Begriff des *uneigentlichen Integrals*, dem wir uns nun widmen wollen.

Die Funktion f sei auf dem halboffenen Intervall $[a; b[$ definiert und für jedes $x \in [a; b[$ auf $[a; x]$ Riemann-integrierbar. Wenn der Grenzwert

$$\lim_{x \to b^-} \int_a^x f(t)\,\mathrm{d}t$$

existiert, dann bezeichnen wir ihn als das *uneigentliche Integral* von f über $[a; b]$ und bezeichnen ihn wie das Riemann-Integral mit

$$\int_a^b f(x)\,\mathrm{d}x.$$

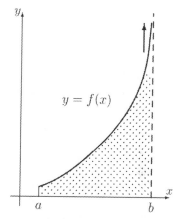

Fig. 1: Uneigentliches Integral

Entsprechend definiert man das uneigentliche Integral für den Fall, dass f an der Stelle a nicht definiert ist, durch einen rechtsseitigen Grenzwert. Ist die Funktion an einer inneren Stelle von $[a; b]$ nicht definiert, dann erklärt man das uneigentliche Integral als eine Summe eines links- und eines rechtsseitigen Grenzwerts. Ist f auf $[a; b]$ Riemann-integrierbar, dann existieren alle betrachteten Grenzwerte, und das uneigentliche Integral stimmt mit dem Riemann-Integral überein. Das uneigentliche Integral ist also eine Verallgemeinerung des Riemann-Integrals.

Beispiel 1: Die Funktion $x \mapsto x^{-\alpha}$ ist für $\alpha > 0$ an der Stelle 0 nicht definiert; in der Umgebung von 0 wächst sie unbeschränkt. Für $\alpha \neq 1$ und $\varepsilon > 0$ ist

$$\int_\varepsilon^1 \frac{1}{x^\alpha}\,\mathrm{d}x = \frac{1}{1-\alpha}(1 - \varepsilon^{1-\alpha}).$$

Der Grenzwert von $\varepsilon^{1-\alpha}$ für $\varepsilon \to 0^+$ existiert nicht für $\alpha > 1$; er existiert und ist gleich 0 für $\alpha < 1$. Also gilt

$$\int_0^1 \frac{1}{x^\alpha}\,\mathrm{d}x = \frac{1}{1-\alpha} \quad \text{für } 0 \leq \alpha < 1.$$

Die Funktion f sei auf $[a; \infty[$ definiert und für jedes $x \in [a; \infty[$ auf $[a; x]$ Riemann-integrierbar. Wenn der Grenzwert

$$\lim_{x\to\infty} \int_a^x f(t)\,\mathrm{d}t$$

existiert (Fig. 2), dann bezeichnen
wir ihn als das *uneigentliche In-*
tegral von f über $[a;\infty[$ und bezeichnen ihn mit

$$\int_a^\infty f(x)\,\mathrm{d}x.$$

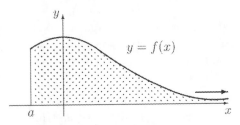

Fig. 2: Uneigentliches Integral

Entsprechend definiert man das uneigentliche Integral für den Fall, dass der Integrationsbereich nach unten unbeschränkt ist, und schließlich definiert man ein
uneigentliches Integral über den Integrationsbereich $\mathbb{R}$ als Summe zweier uneigentlicher Integrale: Es ist

$$\int_{-\infty}^\infty f(x)\,\mathrm{d}x := \int_{-\infty}^0 f(x)\,\mathrm{d}x + \int_0^\infty f(x)\,\mathrm{d}x,$$

falls die beiden rechts stehenden Integrale existieren.

Beispiel 2: Wir betrachten die Funktion $f : x \mapsto x^{-\alpha}$ für $\alpha > 0$ auf $[1;\infty[$. Für
$\alpha \neq 1$ und $K \in [1;\infty[$ ist

$$\int_1^K \frac{1}{x^\alpha}\,\mathrm{d}x = \frac{1}{1-\alpha}(K^{1-\alpha} - 1).$$

Der Grenzwert von $K^{1-\alpha}$ für $K \to \infty$ existiert nicht für $\alpha < 1$; er existiert und
ist gleich 0 für $\alpha > 1$. Also gilt

$$\int_1^\infty \frac{1}{x^\alpha}\,\mathrm{d}x = \frac{1}{\alpha - 1} \quad \text{für } \alpha > 1.$$

Mit Hilfe uneigentlicher Integrale mit dem Integrationsbereich $[1;\infty[$ kann man
das Konvergenzverhalten von Reihen untersuchen. In folgendem Beispiel wird die
Verwandtschaft von $\displaystyle\sum_{i=1}^\infty \frac{1}{i^\alpha}$ und $\displaystyle\int_1^\infty \frac{1}{x^\alpha}\,\mathrm{d}x$ ausgenutzt.

Beispiel 3 : Es sei $\alpha > 0$ und $f : x \mapsto x^{-\alpha}$.
Da f streng monoton fällt, gilt

$$f(i) < \int_{i-1}^i f(x)\,\mathrm{d}x < f(i-1)$$

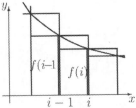

für alle $i \in \mathbb{N}$ (Fig. 3), also gilt für alle $n \in \mathbb{N}$

Fig. 3: Zu Beispiel 3

$$\sum_{i=2}^{n} f(i) < \int_{1}^{n} f(x)\,\mathrm{d}x < \sum_{i=2}^{n} f(i-1)$$

bzw.

$$\sum_{i=1}^{n} f(i) - f(1) < \int_{1}^{n} f(x)\,\mathrm{d}x < \sum_{i=1}^{n} f(i) - f(n).$$

Daraus erhält man

$$\int_{1}^{n} f(x)\,\mathrm{d}x + f(n) < \sum_{i=1}^{n} f(i) < \int_{1}^{n} f(x)\,\mathrm{d}x + f(1).$$

Genau dann ist daher $\Sigma(f(n))$ konvergent, wenn das uneigentliche Integral von f über $[1; \infty[$ existiert, also genau dann, wenn $\alpha > 1$. In diesem Fall gilt

$$\frac{1}{\alpha - 1} < \sum_{i=1}^{\infty} f(i) < \frac{1}{\alpha - 1} + 1.$$

Ist $\alpha < 1$, so kann man eine Abschätzung für das Wachstum von $\Sigma(f(n))$ erhalten: Es ist

$$\frac{n^{1-\alpha} - 1}{1 - \alpha} < \sum_{i=1}^{n} f(i) < \frac{n^{1-\alpha} - 1}{1 - \alpha} + 1.$$

Die Differenz der Folgen $\Sigma(f(n))$ und $\left(\frac{n^{1-\alpha}}{1-\alpha}\right)$ ist daher beschränkt. In diesem Sinne gilt

$$\sum_{i=1}^{n} f(i) \approx \frac{n^{1-\alpha}}{1 - \alpha}.$$

Für $\alpha = 1$ ergibt sich

$$\ln n < \sum_{i=1}^{n} \frac{1}{i} < \ln n + 1, \quad \text{also} \quad \sum_{i=1}^{n} \frac{1}{i} \approx \ln n.$$

Die Folge $\left(\sum_{i=1}^{n} \frac{1}{i} - \ln n\right)$ konvergiert (Aufgabe 6). Für ihren Grenzwert C gilt $C = 0{,}577215664901532\ldots$. Diese Zahl heißt *Mascheroni-Konstante* (nach Lorenzo Mascheroni, 1750-1800) oder auch *Euler- Mascheroni-Konstante*. Bis heute weiß man nicht, ob C rational oder irrational ist. Euler hat wegen dieses Zusammenhangs übrigens sinngemäß $\sum_{i=1}^{\infty} \frac{1}{i} = \ln \infty$ geschrieben, wir wollen das aber nicht tun.

Es folgen nun weitere interessante Beispiele für uneigentliche Integrale.

Beispiel 4: Das Integral $\int\limits_{0}^{1} \ln x \, dx$ ist uneigentlich an der unteren Grenze. Eine

Stammfunktion von $x \mapsto \ln x$ ist $x \mapsto x \ln x - x$. Für $0 < \varepsilon < 1$ ist also

$$\int\limits_{\varepsilon}^{1} \ln x \, dx = -1 - (\varepsilon \ln \varepsilon - \varepsilon).$$

Nun ist nach der Regel von de l'Hospital

$$\lim_{\varepsilon \to 0^+} \varepsilon \ln \varepsilon = \lim_{\varepsilon \to 0^+} \frac{\ln \varepsilon}{\dfrac{1}{\varepsilon}} = \lim_{\varepsilon \to 0^+} \frac{\dfrac{1}{\varepsilon}}{-\dfrac{1}{\varepsilon^2}} = \lim_{\varepsilon \to 0^+} (-\varepsilon) = 0.$$

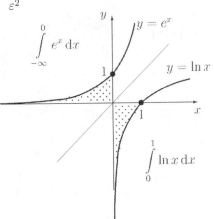

Daher existiert das uneigentliche Integral und es gilt

$$\int\limits_{0}^{1} \ln x \, dx = -1.$$

Dieses Resultat hätten wir auch einfacher gewinnen können (Fig. 4):

$$\lim_{\varepsilon \to 0^+} \int\limits_{\varepsilon}^{1} \ln x \, dx = \lim_{K \to \infty} \int\limits_{0}^{-K} e^x \, dx$$

$$= \lim_{K \to \infty} (e^{-K} - 1) = -1.$$

Fig. 4: Zu Beispiel 4

Beispiel 5: Es soll das Integral $\int\limits_{-\infty}^{\infty} \dfrac{1}{1 + x^2} \, dx$ bestimmt werden.

Eine Stammfunktion des Integranden ist arctan. Wegen

$$\lim_{x \to -\infty} \arctan x = -\frac{\pi}{2} \quad \text{und} \quad \lim_{x \to \infty} \arctan x = \frac{\pi}{2}$$

existiert das uneigentliche Integral und es gilt

$$\int\limits_{-\infty}^{\infty} \frac{1}{1 + x^2} \, dx = \pi.$$

Wegen $\arctan(\pm 1) = \pm\dfrac{\pi}{4}$ ist

$$\int\limits_{\infty}^{-1} \frac{1}{1 + x^2} \, dx = \int\limits_{-1}^{0} \frac{1}{1 + x^2} \, dx = \int\limits_{0}^{1} \frac{1}{1 + x^2} \, dx = \int\limits_{1}^{\infty} \frac{1}{1 + x^2} \, dx = \frac{\pi}{4} \qquad \text{(Fig. 5)}.$$

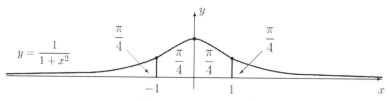

$$y = \frac{1}{1+x^2}$$

Fig. 5: Zu Beispiel 5

Aus $\int\limits_{1}^{\infty} \frac{1}{1+x^2}\,\mathrm{d}x = \frac{\pi}{4}$ kann man eine Reihendarstellung von $\frac{\pi}{4}$ gewinnen (leibniz-sche Reihe): Für $n \in \mathbb{N}$ gilt

$$\frac{1}{x^2} - \frac{1}{x^4} + \frac{1}{x^6} - + \ldots + \frac{(-1)^{n-1}}{x^{2n}} = \frac{1}{x^2} \cdot \frac{1 - \left(-\frac{1}{x^2}\right)^n}{1 + \frac{1}{x^2}} = \frac{1 - \left(-\frac{1}{x^2}\right)^n}{1 + x^2}$$

und damit

$$\frac{\pi}{4} = \sum_{i=1}^{n} \int\limits_{1}^{\infty} -\left(-\frac{1}{x^2}\right)^i \,\mathrm{d}x + \int\limits_{1}^{\infty} \frac{\left(-\frac{1}{x^2}\right)^n}{1+x^2}\,\mathrm{d}x = \sum_{i=1}^{n} \frac{(-1)^{i-1}}{2i-1} + r_n$$

mit

$$|r_n| \le \frac{1}{2} \int\limits_{1}^{\infty} \frac{1}{x^{2n}}\,\mathrm{d}x = \frac{1}{2(2n-1)}.$$

Wegen $\lim\limits_{n\to\infty} r_n = 0$ ergibt sich also

$$\frac{\pi}{4} = \sum_{i=1}^{\infty} \frac{(-1)^{i-1}}{2i-1} = 1 - \frac{1}{3} + \frac{1}{5} - \frac{1}{7} + - \ldots .$$

Die Konvergenz dieser Reihe haben wir schon in Abschnitt IX.5 (Beispiel 7) gezeigt, konnten dort aber noch nicht den Grenzwert berechnen.

Beispiel 6: Die Fläche unter dem Graph von $x \mapsto \frac{1}{x}$ $(1 \le x < \infty)$ existiert nicht, denn das uneigentliche Integral $\int\limits_{1}^{\infty} \frac{1}{x}\,\mathrm{d}x$ existiert nicht (es ist „unendlich").

Rotiert die Kurve um die x-Achse, so erzeugt sie aber merkwürdigerweise einen Rotationskörper mit endlichem Volumen V:

$$V = \pi \int\limits_{1}^{\infty} \left(\frac{1}{x}\right)^2 \,\mathrm{d}x = -\pi \left.\frac{1}{x}\right|_{1}^{\infty} = \pi.$$

Beispiel 7: Ein uneigentliches Integral kann durch eine Substitution in ein eigentliches übergehen (und umgekehrt), die Substitutionsfunktion ist dann aber an einer der Integrationsgrenzen nicht definiert, so dass eigentlich noch weitere Grenzwertbetrachtungen angestellt werden müssten, wie etwa in folgendem Fall:

$$\int\limits_{1}^{\infty} \frac{1}{x^2}\,\mathrm{d}x = \int\limits_{1}^{0} t^2 \cdot \left(-\frac{1}{t^2}\right) \,\mathrm{d}t = \int_{0}^{1} 1\,\mathrm{d}t = 1 \qquad \text{(Substitution } x = \frac{1}{t}\text{)}$$

In den folgenden Beispielen 8 und 9 benötigen wir das *Majorantenkriterium* für uneigentliche Integrale: Sind die Funktionen f, g für $x \geq a$ stetig und gilt $0 \leq f(x) \leq g(x)$ für alle $x \geq a$, dann folgt aus der Existenz des uneigentlichen Integrals von g über $[a; \infty[$ die Existenz des uneigentlichen Integrals von f über $[a; \infty[$. Ist nämlich $\varepsilon > 0$ und $\int\limits_{x_\varepsilon}^{x} g(t)\, dt < \varepsilon$ für alle $x > x_\varepsilon$, dann ist auch $\int\limits_{x_\varepsilon}^{x} f(t)\, dt < \varepsilon$ für alle $x > x_\varepsilon$. Entsprechendes gilt natürlich auch für uneigentliche Integrale, bei denen der Integrand an einer Stelle des (endlichen) Integrationsintervalls unbeschränkt ist.

Beispiel 8: Die Funktion

$$\Gamma : x \mapsto \int\limits_{0}^{\infty} e^{-t} t^{x-1}\, dt$$

heißt *eulersche Gammafunktion*. Sie ist für $x > 0$ definiert, denn

* $0 < e^{-t} < 1$ und das uneigentliche Integral $\int\limits_{0}^{1} t^{x-1}\, dt$ existiert für $x - 1 > -1$,

* das uneigentliche Integral $\int\limits_{1}^{\infty} e^{-t} t^{x-1}\, dt$ existiert für alle $x \in \mathbb{R}$, denn für festes x und hinreichend große Werte von t ist $t^{x-1} < e^{0,5t}$, also $e^{-t} t^{x-1} < e^{-0,5t}$.

Es werden nun die Werte von Γ an den Stellen 1, 2, 3, ... berechnet, wobei man die Produktregel benötigt. Diese liefert für $n \in \mathbb{N}$

$$\int e^{-t} t^n\, dt = -e^{-t} t^n + n \int e^{-t} t^{n-1}\, dt,$$

also

$$\Gamma(n) = \lim_{K \to \infty} \int\limits_{0}^{K} e^{-t} t^{n-1}\, dt = \lim_{K \to \infty} \left(-e^{-K} K^{n-1}\right) + (n-1) \cdot \Gamma(n-1).$$

Wegen $\lim\limits_{K \to \infty} \left(-e^{-K} K^{n-1}\right) = 0$ ist daher $\Gamma(n) = (n-1)\Gamma(n-1)$ für $n \in \mathbb{N}$. Mit

$$\Gamma(1) = \lim_{K \to \infty} \int\limits_{0}^{K} e^{-t}\, dt = -\lim_{K \to \infty} e^{-K} + 1 = 0 + 1 \text{ ergibt sich}$$

$$\Gamma(n) = (n-1)!.$$

Die eulersche Gamma-Funktion hat also die merkwürdige Eigenschaft, an den Stellen 1, 2, 3, 4, 5, ... der Reihe nach die Werte 0!, 1!, 2!, 3!, 4!, ... der Fakultäten anzunehmen. Man sagt, sie interpoliere die Folge der Fakultäten.

Beispiel 9: Das uneigentliche Integral $\int\limits_{-\infty}^{\infty} e^{-\frac{1}{2}x^2}\,\mathrm{d}x$ existiert. Denn für $x \geq 2$ ist

$\frac{1}{2}x^2 \geq x$, also $e^{-\frac{1}{2}x^2} \leq e^{-x}$. Aus der Existenz von $\int\limits_{0}^{\infty} e^{-x}\,\mathrm{d}x$ folgt daher die Existenz

des zu untersuchenden Integrals. In Beispiel 10 wird gezeigt, dass dieses Integral den Wert $\sqrt{2\pi}$ hat. Dieses Integral spielt in der Wahrscheinlichkeitsrechnung im Zusammenhang mit der Normalverteilung eine große Rolle.

Beispiel 10: Der Graph von $x \mapsto \sqrt{-2\ln x}$ $(0 < x \leq 1)$ erzeugt bei Rotation um die x-Achse einen unbegrenzten Rotationskörper, welcher aber ein endliches Volumen V besitzt: Für $0 < \varepsilon < 1$ ist

$$V_\varepsilon := \pi \int\limits_{\varepsilon}^{1} (-2\ln x)\,\mathrm{d}x = -2\pi(x\ln x - x)\,\Big|_{\varepsilon}^{1} = 2\pi(1 + \varepsilon\ln\varepsilon - \varepsilon).$$

Wegen $\lim\limits_{\varepsilon \to 0^+} \varepsilon\ln\varepsilon = 0$ (vgl. Beispiel 4) ist $V := \lim\limits_{\varepsilon \to 0^+} V_\varepsilon = 2\pi$.

Die Umkehrfunktion von

$$x \mapsto \sqrt{-2\ln x} \quad (0 < x \leq 1)$$

ist

$$x \mapsto e^{-\frac{1}{2}x^2} \quad (0 \leq x < \infty)$$

(Fig 6). Rotiert der Graph dieser Funktion um die y-Achse, so entsteht ebenfalls ein (unbegrenzter) Rotationskörper mit dem Volumen $V = 2\pi$.

Wir bezeichnen nun mit I den Inhalt der Schnittfläche dieses Körpers mit der xy-Ebene, also

$$I := \int\limits_{-\infty}^{\infty} e^{-\frac{1}{2}x^2}\,\mathrm{d}x.$$

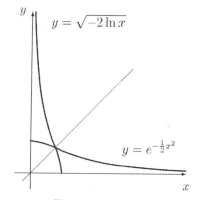

Fig. 6: Zu Beispiel 10

Die Schnittfläche parallel zur xy-Ebene im Abstand z hat den Inhalt $e^{-\frac{1}{2}z^2} \cdot I$, denn $e^{-\frac{1}{2}(x^2+z^2)} = e^{-\frac{1}{2}z^2} \cdot e^{-\frac{1}{2}x^2}$ (Fig. 7). Also ist nach dem cavalierischen Prinzip

$$V = \int\limits_{-\infty}^{\infty} e^{-\frac{1}{2}z^2} \cdot I\,\mathrm{d}z = I \cdot \int\limits_{-\infty}^{\infty} e^{-\frac{1}{2}z^2}\,\mathrm{d}z = I^2.$$

Aus $I^2 = 2\pi$ ergibt sich $I = \sqrt{2\pi}$ bzw. $\int\limits_{-\infty}^{\infty} e^{-\frac{1}{2}x^2}\,\mathrm{d}x = \sqrt{2\pi}$.

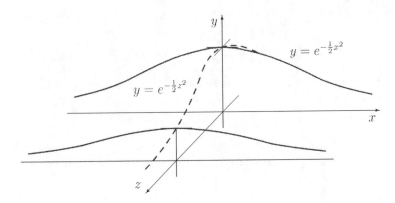

Fig. 7: Zu Beispiel 10

Aufgaben

1. Man zeige, dass $\displaystyle\int_0^1 \frac{1}{\sqrt{1-x}}\,\mathrm{d}x$ existiert und berechne den Wert.

2. Man bestimme $\displaystyle\int_{-1}^1 \frac{1}{\sqrt{1-x^2}}\,\mathrm{d}x$.

3. Man untersuche, für welche α, β folgende uneigentliche Integrale existieren.

a) $\displaystyle\int_0^\infty \frac{x^\alpha}{1+x^\beta}\,\mathrm{d}x$
b) $\displaystyle\int_0^\infty e^{-x^\alpha}\,\mathrm{d}x$
c) $\displaystyle\int_1^\infty \frac{(\ln x)^\alpha}{x^\beta}\,\mathrm{d}x$

4. Für welche Werte von α ist die unendliche Reihe $\displaystyle\sum \left(\frac{1}{n(\ln n)^\alpha}\right)$ konvergent, für welche divergent?

5. Die riemannsche Zetafunktion ζ ist auf $]1;\infty[$ definiert durch $\displaystyle\zeta(x) = \sum_{i=1}^\infty \frac{1}{i^x}$. Man bestimme $\displaystyle\lim_{x\to 1^+}(x-1)\zeta(x)$.

6. Man beweise die Konvergenz der Folge $\displaystyle\left(\sum_{i=1}^n \frac{1}{i} - \ln n\right)$.

7. In folgender Rechnung steckt ein Wurm. Wo?

$$\int_0^\infty \frac{e^{-x}-e^{-2x}}{x}\,\mathrm{d}x = \int_0^\infty \frac{e^{-x}}{x}\,\mathrm{d}x - \int_0^\infty \frac{e^{-2x}}{x}\,\mathrm{d}x = \int_0^\infty \frac{e^{-x}}{x}\,\mathrm{d}x - \int_0^\infty \frac{e^{-t}}{t}\,\mathrm{d}t = 0$$

(Es wurde die Substitution $t = 2x$ benutzt.)

XI Potenzreihen

XI.1 Konvergenz von Potenzreihen

In Kapitel IX haben wir Reihen (Summenfolgen) untersucht, wobei die Glieder (Summanden) reelle Zahlen waren. Jetzt wollen wir Reihen betrachten, deren Glieder Funktionen einer Variablen x sind, also Folgen der Form $(f_n(x))$. Dabei wird die Frage zu untersuchen sein, für welche Werte von x eine solche Reihe konvergiert und welche Funktion F sie dann in ihrem Konvergenzbereich darstellt, so dass man für solche x schreiben kann:

$$F(x) = \lim \Sigma(f_n(x)).$$

Wir betrachten einige Beispiele hierzu: Für $|x| < 1$ ist die geometrische Reihe $\Sigma(x^n)$ konvergent und hat bekanntlich den Wert $\dfrac{1}{1-x}$; für $|x| < 1$ gilt also $\dfrac{1}{1-x} = \sum\limits_{i=0}^{\infty} x^n$. Die Reihe $\Sigma\left(\dfrac{x^n}{n!}\right)$ ist für jedes $x \in \mathbb{R}$ konvergent, wie man z. B. mit Hilfe des Quotientenkriteriums feststellt; der Reihenwert ist natürlich von x abhängig. Durch $x \mapsto \sum\limits_{n=0}^{\infty} \dfrac{x^n}{n!}$ wird also eine Funktion auf $\mathbb{R}$ definiert. Wir wissen aus Abschnitt IX.10, dass es sich dabei um die Funktion $x \mapsto e^x$ handelt. Die Reihe $\Sigma\left(\dfrac{1}{n^x}\right)$ ist für $x > 1$ konvergent (vgl. X.7); durch $x \mapsto \sum\limits_{n=0}^{\infty} \dfrac{1}{n^x}$ wird eine Funktion auf $]1;\infty[$ definiert, nämlich die (reelle) *riemannsche Zetafunktion*.

Wir untersuchen in diesem Abschnitt nur solche Reihen, deren Glieder die Gestalt $a_n x^n$ haben, wie es bei den beiden ersten Beispielen der Fall war. Die Reihe $\Sigma(a_n x^n)$ mit $a_0, a_1, a_2, \ldots \in \mathbb{R}$ heißt eine *Potenzreihe*. Auf der Menge aller $x \in \mathbb{R}$, für welche die Potenzreihe konvergiert, wird durch

$$x \mapsto \sum_{n=0}^{\infty} a_n x^n$$

eine Funktion definiert. Der Funktionsterm dieser Funktion ist also der Grenzwert $\sum\limits_{n=0}^{\infty} a_n x^n$, weshalb man einfacheitshalber diesen Term statt $\Sigma(a_n x^n)$ zur Bezeichnung der Potenzreihe wählt. (Wir haben stets zwischen einer *Funktion* f bzw. $x \mapsto f(x)$ und ihrem *Funktionsterm* $f(x)$ unterschieden, im Zusammenhang mit Potenzreihen wollen wir aber eine großzügigere Sprechweise benutzen.)

Zunächst wollen wir untersuchen, wie der Konvergenzbereich einer Potenzreihe aussieht, um damit die Definitionsmenge der durch die Reihe definierten Funktion zu gewinnen. Es gibt Potenzreihen, die *überall* (also für jedes $x \in \mathbb{R}$) konvergieren, z. B. obige Reihe $\sum\limits_{n=0}^{\infty} \dfrac{x^n}{n!}$. Es gibt auch Potenzreihen, die außer für $x = 0$ *nirgends* konvergieren; ein einfaches Beispiel hierfür ist $\sum\limits_{n=0}^{\infty} n^n x^n$. Beide Behauptungen werden sich leicht aus dem unten bewiesenen Satz 2 ergeben.

Satz 1: Ist $\sum\limits_{n=0}^{\infty} a_n x^n$ eine Potenzreihe, die weder überall noch nirgends konvergiert, dann existiert eine Zahl $r > 0$, so dass die Reihe für $|x| < r$ absolut konvergiert und für $|x| > r$ divergiert.

Beweis: Ist die Reihe für $x = x_0 \neq 0$ konvergent, dann ist sie auch für alle x mit $|x| < |x_0|$ absolut konvergent, denn für ein solches x ist

$$|a_n x^n| = |a_n x_0^n| \cdot \left| \frac{x}{x_0} \right|^n \leq K q^n,$$

wobei K eine Schranke für die Glieder $|a_n x_0^n|$ ist und $q < 1$ gilt. Ist die Reihe für $x = x_0$ divergent, dann ist sie auch für jedes x mit $|x| > |x_0|$ divergent, da sie sonst nach obigem für $x = x_0$ konvergent sein müsste. Es gilt also Satz 1 mit

$$r := \sup\{x \in \mathbb{R} \mid \sum_{n=0}^{\infty} a_n x^n \text{ konvergiert an der Stelle } x.\} \qquad \square$$

Die in Satz 1 betrachtete Zahl r nennt man den *Konvergenzradius* der Potenzreihe. Das Intervall $]-r; r[$ nennt man das *Konvergenzintervall* der Potenzreihe. Ist die Reihe nirgends konvergent, dann setzen wir $r = 0$; ist sie überall konvergent, dann setzen wir $r = \infty$. Entsprechend soll die Aussage des folgenden Satzes interpretiert werden. Die Behauptungen dieses Satzes ergeben sich sofort aus dem Quotientenkriterium bzw. aus dem Wurzelkriterium (Abschnitt IX.9).

Satz 2: a) Für den Konvergenzradius r der Potenzreihe $\sum\limits_{n=0}^{\infty} a_n x^n$ gilt

$$r = \begin{cases} 0, & \text{falls } \left(\left| \frac{a_{n+1}}{a_n} \right| \right) \text{ unbeschränkt wächst,} \\[2mm] \dfrac{1}{\mu}, & \text{falls } \lim \left(\left| \frac{a_{n+1}}{a_n} \right| \right) = \mu > 0, \\[2mm] \infty, & \text{falls } \lim \left(\left| \frac{a_{n+1}}{a_n} \right| \right) = 0. \end{cases}$$

b) Für den Konvergenzradius r der Potenzreihe $\sum\limits_{n=0}^{\infty} a_n x^n$ gilt

$$r = \begin{cases} 0, & \text{falls } (\sqrt[n]{|a_n|}) \text{ unbeschränkt wächst,} \\[2mm] \dfrac{1}{\mu}, & \text{falls } \lim(\sqrt[n]{|a_n|}) = \mu > 0, \\[2mm] \infty, & \text{falls } \lim(\sqrt[n]{|a_n|}) = 0. \end{cases}$$

Allgemeiner als in Satz 2 gilt $r = \dfrac{1}{\mu}$, wobei μ der größte Häufungspunkt (Limes superior) der Glieder der Folge $\left(\left| \frac{a_{n+1}}{a_n} \right| \right)$ bzw. der Folge $(\sqrt[n]{|a_n|})$ ist. In dieser

Allgemeinheit werden wir diesen Satz hier aber nicht benötigen. Über das Konvergenzverhalten an den Stellen $\pm r$ sagen obige Sätze nichts aus.

Beispiel 1: Die Potenzreihen $\displaystyle\sum_{n=0}^{\infty} x^n$, $\displaystyle\sum_{n=0}^{\infty} \frac{x^n}{n}$, $\displaystyle\sum_{n=0}^{\infty} \frac{x^n}{n^2}$ haben alle den Konvergenzradius 1, denn $\lim(\sqrt[n]{n}) = 1$. Die erste konvergiert weder an der Stelle -1 noch an der Stelle 1, die zweite konvergiert zwar nicht an der Stelle 1 (harmonische Reihe!), aber an der Stelle -1 (leibnizsche Reihe!), die dritte konvergiert sowohl an der Stelle -1 als auch an der Stelle 1.

Satz 3 (*abelscher Grenzwertsatz*, benannt nach Niels Hendrik Abel, 1802–1829):
Gilt für die Funktion f auf dem Intervall $]-r;r[$ mit $r \in \mathbb{R}^+$

$$f(x) = \sum_{n=0}^{\infty} a_n x^n,$$

und konvergiert die Reihe noch für $x = r$, dann existiert der linksseitige Grenzwert von f an der Stelle r, und es gilt

$$\lim_{x \to r^-} f(x) = \sum_{n=0}^{\infty} a_n r^n.$$

Eine entsprechende Aussage gilt für die Stelle $-r$.

Beweis: Man kann $r = 1$ annehmen, andernfalls ersetze man die Koeffizienten a_n durch $a_n r^n$. Die Potenzreihe habe also den Konvergenzradius 1, und die Reihe $(s_n) := \Sigma(a_n)$ sei konvergent zum Grenzwert s. Nun gilt für $|x| < 1$

$$f(x) = \sum_{n=0}^{\infty} (s_n - s_{n-1}) x^n = (1-x) \sum_{n=0}^{\infty} s_n x^n,$$

da (s_n) konvergiert. Wegen $(1-x) \displaystyle\sum_{n=0}^{\infty} x^n = 1$ folgt für $|x| < 1$

$$s - f(x) = (1-x) \sum_{n=0}^{\infty} (s - s_n) x^n.$$

Nun wählen wir zu einem gegebenen $\varepsilon > 0$ ein $N_0 \in \mathbb{N}$ so, dass $|s - s_n| < \varepsilon$ für $n > N_0$. Dann ist für $0 \leq x < 1$

$$|s - f(x)| \leq \left| (1-x) \sum_{n=0}^{N_0} (s - s_n) x^n \right| + \varepsilon(1-x) \sum_{n=N_0+1}^{\infty} x^n.$$

Wählen wir K größer als $\displaystyle\sum_{n=0}^{N_0} |s - s_n|$, dann folgt $|s - f(x)| \leq K(1-x) + \varepsilon$.

Wählt man nun x so, dass $1 - x < \dfrac{\varepsilon}{K}$, so folgt $|s - f(x)| < 2\varepsilon$.

Damit ist gezeigt, dass $\displaystyle\lim_{x \to 1^-} f(x) = s$. $\qquad\qquad\square$

Der folgende Satz ist einerseits fast selbstverständlich, andererseits aber von grundsätzlicher Bedeutung. Man denke an die Theorie der Vektorräume, wo eine Basis dadurch gekennzeichnet ist, dass jedes Element *eindeutig* als Linearkombination von Basiselementen darstellbar ist.

Satz 4 (*Identitätssatz für Potenzreihen*): Existiert ein $\varrho > 0$ derart, dass die Potenzreihen

$$\sum_{n=0}^{\infty} a_n x^n \quad \text{und} \quad \sum_{n=0}^{\infty} b_n x^n$$

für $|x| < \varrho$ konvergieren und für jedes solche x den gleichen Wert haben, dann gilt

$$a_n = b_n \quad \text{für alle } n \in \mathbb{N}_0.$$

Beweis: Wir beweisen diesen Satz mit vollständiger Induktion. Setzt man $x = 0$, so ergibt sich $a_0 = b_0$. Es sei schon gezeigt, dass $a_i = b_i$ für $i = 0, 1, \ldots, n$. Dann ist für $x \neq 0$

$$\sum_{i=n+1}^{\infty} a_i x^{i-(n+1)} = \sum_{i=n+1}^{\infty} b_i x^{i-(n+1)}.$$

Für $x = 0$ ergibt sich daraus $a_{n+1} = b_{n+1}$. $\square$

Satz 5: a) Jede Potenzreihe ist in ihrem Konvergenzintervall I stetig und daher integrierbar; eine Stammfunktion gewinnt man durch *gliedweises Integrieren*:

$$\int \sum_{n=0}^{\infty} a_n x^n = \sum_{n=0}^{\infty} \frac{a_n}{n+1} x^{n+1}.$$

b) Jede Potenzreihe ist in ihrem Konvergenzintervall I differenzierbar; die Ableitung gewinnt man durch *gliedweises Differenzieren*:

$$\left(\sum_{n=0}^{\infty} a_n x^n \right)' = \sum_{n=1}^{\infty} n a_n x^{n-1}.$$

Beweis: a) Wir setzen für $x \in I$ und $N \in \mathbb{N}$

$$f_N(x) := \sum_{n=0}^{N} a_n x^n \quad \text{und} \quad f(x) := \lim_{N \to \infty} f_N(x).$$

Die ganzrationale Funktion f_N ist stetig. Die Funktion $R_N := f - f_N$ ist ebenfalls stetig in I. Denn für $x \in I$ mit $|x| \leq \varrho < r$ ist

$$|R_N(x)| \leq \sum_{n=N+1}^{\infty} |a_n| \varrho^n < \varepsilon$$

für ein gegebenes $\varepsilon > 0$, falls N hinreichend groß ist, für $x, x + h \in I$ also

$$|R_N(x+h) - R_N(x)| < 2\varepsilon.$$

Nun setze man

$$F_N(x) := \int_0^x f_N(t)\,dt \qquad \text{und} \qquad F(x) := \int_0^x f(t)\,dt.$$

Zu gegebenem $\varepsilon > 0$ und einem festen $x \neq 0$ aus dem Konvergenzintervall existiert ein $N_0 \in \mathbb{N}$ so, dass

$$|f(t) - f_N(t)| < \frac{\varepsilon}{|x|}$$

für alle t mit $|t| \leq |x|$ und alle $N > N_0$. Für diese Werte gilt dann

$$|F(x) - F_N(x)| \leq \left| \int_0^x |f(t) - f_N(t)|\,dt \right| \leq \varepsilon.$$

Also ist $\displaystyle \lim_{N\to\infty} F_N(x) = F(x)$ bzw. $\displaystyle \lim_{N\to\infty} \int_0^x f_N(t)\,dt = \int_0^x \lim_{N\to\infty} f_N(t)\,dt.$

Die hier erlaubte Vertauschung von Grenzwertbildung und Integration benötigen wir auch im nächsten Beweisschritt.

b) Die Behauptung folgt aus a) und aus dem Hauptsatz der Differenzial- und Integralrechung:

$$\begin{aligned}
F(x) - F(0) &= \lim_{N\to\infty} (F_N(x) - F_N(0)) \\
&= \lim_{N\to\infty} \int_0^x F_N'(t)\,dt = \int_0^x \lim_{N\to\infty} F_N'(t)\,dt \\
&= \int_0^x \lim_{N\to\infty} f_N(t)\,dt = \int_0^x f(t)\,dt \qquad \square
\end{aligned}$$

Beispiel 2: Auf $]-1; 1[$ gilt $\displaystyle \sum_{n=0}^{\infty} x^n = \frac{1}{1-x}$ und $\displaystyle \left(\sum_{n=0}^{\infty} x^n \right)' = \sum_{n=1}^{\infty} n x^{n-1}$, woraus man die Formel

$$\sum_{n=1}^{\infty} n x^{n-1} = \frac{1}{(1-x)^2}$$

gewinnt. Für $x = \frac{1}{2}$ erhält man $1 + 2 \cdot \frac{1}{2} + 3 \cdot \frac{1}{4} + 4 \cdot \frac{1}{8} + 5 \cdot \frac{1}{16} + \ldots = 4$ (vgl. IX.9).

Auf $]-1; 1[$ gilt $\displaystyle \int \sum_{n=0}^{\infty} x^n = \sum_{n=0}^{\infty} \frac{x^{n+1}}{n+1}$, woraus man folgende Formel gewinnt:

$$\sum_{n=1}^{\infty} \frac{x^n}{n} = -\ln(1-x)$$

Für $x = \frac{1}{2}$ erhält man $\frac{1}{2} + \frac{1}{8} + \frac{1}{24} + \frac{1}{64} + \frac{1}{160} + \ldots = \ln 2$. Satz 3 erlaubt es, oben $x = -1$ zu setzen; dies liefert den Wert der leibnizschen Reihe:

$$1 - \frac{1}{2} + \frac{1}{3} - \frac{1}{4} + \frac{1}{5} - + \ldots = \ln 2.$$

Beispiel 3: Auf $]-1;1[$ gilt $\displaystyle\sum_{n=0}^{\infty}(-1)^n x^{2n} = \frac{1}{1+x^2}$.

Differenziation liefert die Formel $\displaystyle\sum_{n=1}^{\infty}(-1)^{n-1} 2n x^{2n-1} = \frac{2x}{(1+x^2)^2}$.

An der Stelle $x = \dfrac{1}{2}$ ergibt dies $\quad 1 - \dfrac{2}{4} + \dfrac{3}{16} - \dfrac{4}{64} + - \ldots = 0{,}64$.

Integration liefert die interessantere Formel $\displaystyle\sum_{n=0}^{\infty}(-1)^n \frac{x^{2n+1}}{2n+1} = \arctan x$.

Satz 3 erlaubt es, hier $x = 1$ zu setzen; man erhält (vgl. X.8)

$$1 - \frac{1}{3} + \frac{1}{5} - \frac{1}{7} + \frac{1}{9} - + \ldots = \frac{\pi}{4}.$$

Beispiel 4: Die Potenzreihe $\displaystyle\sum_{n=0}^{\infty} \frac{x^n}{n!}$ konvergiert überall auf $\mathbb{R}$. Differenziation führt diese Reihe in sich selbst über. Für die durch diese Reihe dargestellte Funktion f gilt also $f' = f$ bzw. $(\ln f)' = \dfrac{f'}{f} = 1$. Es folgt $\ln f(x) = x + c$, wegen $f(0) = 1$ also $\ln f(x) = x$ bzw. $f(x) = e^x$. Es gilt daher (wie wir schon wissen)

$$e^x = \sum_{n=0}^{\infty} \frac{x^n}{n!}.$$

Wir wenden uns nun dem *Rechnen mit Potenzreihen* zu. Selbstverständlich werden Potenzreihen im Innern ihres gemeinsamen Konvergenzintervalls durch *gliedweise* Addition und Vervielfachung addiert und vervielfacht:

$$\left(\sum_{n=0}^{\infty} a_n x^n\right) + \left(\sum_{n=0}^{\infty} b_n x^n\right) = \sum_{n=0}^{\infty}(a_n + b_n)x^n,$$

$$c\left(\sum_{n=0}^{\infty} a_n x^n\right) = \sum_{n=0}^{\infty} c a_n x^n.$$

Die Multiplikation von Potenzreihen ist etwas komplizierter (Satz 6). Man denke dabei an die Multiplikation von Polynomen:

$$(a_0 + a_1 x + a_2 x^2 + a_3 x^3 + \ldots + a_n x^n) \cdot (b_0 + b_1 x + b_2 x^2 + b_3 x^3 + \ldots + b_n x^n) =$$

$$a_0 b_0 + (a_0 b_1 + a_1 b_0)x + (a_0 b_2 + a_1 b_1 + a_2 b_0)x^2 + (a_0 b_3 + a_1 b_2 + a_2 b_1 + a_3 b_0)x^3 + \ldots$$

Satz 6: Zwei Potenzreihen werden im Innern ihrer Konvergenzintervalle folgendermaßen multipliziert:

$$\left(\sum_{n=0}^{\infty} a_n x^n\right) \cdot \left(\sum_{n=0}^{\infty} b_n x^n\right) = \sum_{n=0}^{\infty} c_n x^n$$

mit $c_n = a_0 b_n + a_1 b_{n-1} + \ldots + a_n b_0$ $(n \in \mathbb{N}_0)$.

Beweis: Da Potenzreihen im Innern ihrer Konvergenzintervalle *absolut* konvergieren, können wir annehmen, dass die Summanden der Potenzreihen nichtnegativ sind. Für $N \in \mathbb{N}$ sei

$$A_N = \sum_{n=0}^{N} a_n x^n, \quad B_N = \sum_{n=0}^{N} b_n x^n, \quad C_N = \sum_{n=0}^{N} c_n x^n$$

mit der oben definierten Folge (c_n). Dann ist

$$0 \le A_{2N} B_{2N} - C_{2N} \le A_{2N}(B_{2N} - B_N) + (A_{2N} - A_N) B_{2N}.$$

Daraus ergibt sich wegen der Konvergenz der Folgen (A_n) und (B_n) aufgrund des Cauchy-Kriteriums $\lim\limits_{N \to \infty} C_{2N} = A \cdot B$. $\qquad\square$

Die oben definierte Folge (c_n) heißt *Cauchy-Produkt* der Folgen (a_n) und (b_n).

Beispiel 5: Hat $\sum\limits_{n=0}^{\infty} a_n x^n$ den Konvergenzradius r, dann gilt für $|x| < \min(1, r)$

$$\sum_{n=0}^{\infty} a_n x^n \cdot \sum_{n=0}^{\infty} x^n = \sum_{n=0}^{\infty} s_n x^n \qquad \text{bzw.} \qquad \sum_{n=0}^{\infty} a_n x^n = (1 - x) \sum_{n=0}^{\infty} s_n x^n$$

mit $s_n = a_0 + a_1 + a_2 + \ldots + a_n$ $(n \in \mathbb{N}_0)$. Ist etwa $a_n = 1$ und damit $s_n = n + 1$ für alle $n \in \mathbb{N}_0$, so erhält man die schon oben gefundene Formel

$$\sum_{n=0}^{\infty} (n + 1) x^n = \frac{1}{(1 - x)^2}.$$

Beispiel 6: Die Folge (B_n) sei rekursiv definiert durch $B_0 = 1$ und

$$\sum_{i=0}^{n-1} \binom{n}{i} B_i = 0 \quad \text{für } n > 1$$

$$1 + 2B_1 = 0$$
$$1 + 3B_1 + 3B_2 = 0$$
$$1 + 4B_1 + 6B_2 + 4B_3 = 0$$
$$1 + 5B_1 + 10B_2 + 10B_3 + 5B_4 = 0$$
$$\vdots$$

(vgl. Tabelle). Dies ist die Folge der

bernoullischen Zahlen (Jakob Bernoulli, 1654–1705), welche in der Kombinatorik eine große Rolle spielen. Für alle $x \in \mathbb{R}$ gilt

$$\sum_{n=0}^{\infty} \frac{B_n}{n!} x^n = \frac{x}{e^x - 1},$$

denn die Koeffizienten c_n des Produktes

$$(e^x - 1) \left(\sum_{n=0}^{\infty} \frac{B_n}{n!} x^n \right) = \left(x + \frac{x}{2!} + \frac{x^2}{3!} + \ldots \right) \cdot \left(B_0 + \frac{B_1}{1!} x + \frac{B_2}{2!} x^2 + \ldots \right)$$

sind 1 für $n = 1$ und 0 sonst.

Im nächsten Abschnitt betrachten wir Reihen der Form

$$\sum_{i=0}^{\infty} a_i (x - x_0)^i.$$

Auch diese heißen Potenzreihen, und zwar Potenzreihen *mit der Entwicklungsmitte* x_0.

Aufgaben

1. Man zeige, dass die Reihen $\sum_{n=0}^{\infty} a_n x^n$, $\sum_{n=0}^{\infty} \dfrac{a_n}{n+1} x^n$ und $\sum_{n=0}^{\infty} n a_n x^n$ den gleichen Konvergenzradius haben.

2. Man bestimme den Konvergenzradius von $\sum_{n=0}^{\infty} a_n x^n$; man untersuche in a) und b) auch die Konvergenz auf dem Rand des Konvergenzintervalls.

a) $a_n = n^a$ b) $a_n = \sqrt{n+1} - \sqrt{n}$ c) $a_n = 2^{n\sqrt{n}}$ d) $a_n = \dfrac{n!}{n^n}$

3. Man bestimme den Konvergenzradius von $\sum_{n=2}^{\infty} \dfrac{\alpha_n}{n \log n} x^n$ mit

$$\alpha_n = \begin{cases} +1 & \text{für} \quad 2^{2k} \leq n < 2^{2k+1} \\ -1 & \text{für} \quad 2^{2k+1} \leq n < 2^{2k+2} \end{cases} \quad (k = 0, 1, 2, \ldots)$$

Man zeige, dass die Reihe an beiden Enden des Konvergenzintervalls konvergiert, aber nicht absolut.

4. Man berechne die Bernoulli-Zahlen $B_1, B_2, \ldots, B_{10}$. Man zeige, dass $B_{2n+1} = 0$ für $n \geq 1$.

5. Es sei $C(x) = \sum_{n=0}^{\infty} (-1)^n \dfrac{x^{2n}}{(2n)!}$ und $S(x) = \sum_{n=0}^{\infty} (-1)^n \dfrac{x^{2n+1}}{(2n+1)!}$.

Man zeige, dass die beiden Potenzreihen überall konvergieren, dass $C' = -S$ und $S' = C$ und dass für alle $x_1, x_2 \in \mathbb{R}$ gilt:

$$C(x_1)C(x_2) - S(x_1)S(x_2) = C(x_1 + x_2)$$

Man leite daraus her, dass $S(x)^2 + C(x)^2 = 1$ für alle $x \in \mathbb{R}$.

6. Man erkläre die merkwürdige Formel $\dfrac{2}{1} + \dfrac{6}{2} + \dfrac{12}{4} + \dfrac{20}{8} + \dfrac{30}{16} + \ldots = 16$.

XI.2 Taylor-Entwicklung

Möchte man eine (hinreichend oft) differenzierbare Funktion f in einer Umgebung einer Stelle $x_0 \in D_f$ näher untersuchen, so ist es hilfreich, sie durch einfache Funktionen gut zu approximieren. Als „einfach" soll dabei eine Polynomfunktion von möglichst kleinem Grad gelten, als „gut" soll die Approximation gelten, wenn f und die approximierende Funktion im Wert und in möglichst vielen Ableitungen an der Stelle x_0 übereinstimmen. Die beste konstante Approximation ist

$$p_0 : x \mapsto f(x_0),$$

da $p_0(x_0) = f(x_0)$. Die beste lineare Approximation ist

$$p_1 : x \mapsto f(x_0) + f'(x_0)(x - x_0),$$

da $p_1(x_0) = f(x_0)$ und $p_1'(x_0) = f'(x_0)$. Die beste quadratische Approximation ist

$$p_2 : x \mapsto f(x_0) + f'(x_0)(x - x_0) + \frac{f''(x_0)}{2}(x - x_0)^2,$$

da $p_2(x_0) = f(x_0)$, $p_2'(x_0) = f'(x_0)$ und $p_2''(x_0) = f''(x_0)$ (Fig. 1).

Man wird also nach Funktionen der Art

$$p_n : x \mapsto \sum_{i=0}^{n} a_i (x - x_0)^i$$

suchen, welche in den ersten n Ableitungen mit den Ableitungen von f an der Stelle x_0 übereinstimmen. Um die Gestalt der Koeffizienten a_i zu finden, betrachten wir zunächst den einfachen Fall einer Polynomfunktion f vom Grad n, also

$$f(x) = \sum_{i=0}^{n} c_i x^i.$$

Man macht also den Ansatz

$$f(x) = \sum_{i=0}^{n} a_i (x - x_0)^i.$$

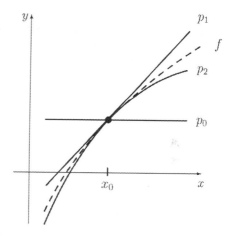

Fig. 1: Approximationspolynome

Setzt man $x = x_0$, so ergibt sich $f(x_0) = a_0$. Differenziert man einmal und setzt dann $x = x_0$, so ergibt sich $f'(x_0) = a_1$. Differenziert man i-mal und setzt dann $x = x_0$, so erhält man

$$f^{(i)}(x_0) = i! a_i.$$

Schreibt man die Koeffizienten a_i mit Hilfe dieser Beziehungen, so ist

$$f(x) = \sum_{i=0}^{n} \frac{f^{(i)}(x_0)}{i!}(x - x_0)^i.$$

Diese sehr triviale Umformung gibt nun Anlass zu der Frage, ob man auch andere als nur Polynomfunktionen in dieser Weise darstellen kann, wobei natürlich anstelle der Summe eine Potenzreihe stehen müsste. Betrachten wir zwei einfache Beispiele mit $x_0 = 0$:

Beispiel 1: Für

$$f(x) = \frac{1}{1-x} \quad \left(= \sum_{i=0}^{\infty} x^i\right) \qquad (x \in]-1; 1[)$$

gilt

$$f^{(i)}(x) = \frac{i!}{(1-x)^{i+1}}, \text{ also } f^{(i)}(0) = i!$$

und damit

$$f(x) = \sum_{i=0}^{\infty} \frac{f^{(i)}(0)}{i!} x^i.$$

Beispiel 2: Für $f(x) = e^x$ gilt $f^{(i)}(0) = 1$ für alle i. Damit ergibt sich die bekannte Reihe für die e-Funktion (vgl. X.10 und XI.2):

$$e^x = \sum_{i=0}^{\infty} \frac{f^{(i)}(0)}{i!} x^i = \sum_{i=0}^{\infty} \frac{x^i}{i!}.$$

Satz 1 (*Taylor-Entwicklung*, nach Brook Taylor, 1685–1731)**:** Es sei f eine auf dem Intervall I $(n+1)$-mal stetig differenzierbare Funktion und x_0 ein innerer Punkt von I. Dann gilt für $x \in I$ die *taylorsche Formel*

$$f(x) = \sum_{i=0}^{n} \frac{f^{(i)}(x_0)}{i!} (x - x_0)^i + R_n(x, x_0)$$

mit dem *taylorschen Restglied*

$$R_n(x, x_0) = \frac{1}{n!} \int_{x_0}^{x} (x - t)^n f^{(n+1)}(t) \, dt.$$

Beweis: Wir führen den Beweis induktiv. Der Fall $n = 0$ ist klar, denn es gilt $f(x) = f(x_0) + \int_{x_0}^{x} f'(t) \, dt$. Der Induktionsschritt besteht in folgender Umformung des Restglieds mit Hilfe partieller Integration:

$$\begin{aligned}
R_k(x, x_0) &= \frac{1}{k!} \int_{x_0}^{x} (x - t)^k f^{(k+1)}(t) \, dt \\
&= \frac{1}{k!} \left(\frac{-(x - t)^{k+1}}{k+1} f^{(k+1)}(t) \bigg|_{x_0}^{x} + \int_{x_0}^{x} \frac{(x - t)^{k+1}}{k+1} f^{(k+2)}(t) \, dt \right) \\
&= \frac{f^{(k+1)}(x_0)}{(k+1)!} (x - x_0)^{k+1} + \frac{1}{(k+1)!} \int_{x_0}^{x} (x - t)^{k+1} f^{(k+2)}(t) \, dt. \quad \square
\end{aligned}$$

Ist f auf I beliebig oft differenzierbar, dann konvergiert die Folge der *Taylor-Polynome* $\sum_{i=0}^{n} \frac{f^{(i)}(x_0)}{i!} (x - x_0)^i$ auf I gegen die Potenzreihe $\sum_{i=0}^{\infty} \frac{f^{(i)}(x_0)}{i!} (x - x_0)^i$, falls $\lim_{n \to \infty} R_n(x, x_0) = 0$ auf I gilt. Dort ist dann $f(x) = \sum_{i=0}^{\infty} \frac{f^{(i)}(x_0)}{i!} (x - x_0)^i$. Dies ist die *Taylor-Reihe* von f bezüglich der *Entwicklungsmitte* x_0.

Satz 2 (Hinreichendes Kriterium für die Konvergenz der Taylor-Reihe):
Die Funktion f sei auf I beliebig oft differenzierbar, ferner seien $x, x_0 \in I$. Existieren dann ein $K > 0$ und ein $c > 0$ mit $|f^{(i)}(t)| \leq K c^i$ für alle t zwischen x und x_0 und alle $i \in \mathbb{N}$, dann ist $\lim(R_n(x, x_0)) = 0$, also

$$f(x) = \sum_{i=0}^{\infty} \frac{f^{(i)}(x_0)}{i!} (x - x_0)^i.$$

Beweis: Wir benötigen den folgenden *Mittelwertsatz der Integralrechnung*, der in XI.6 Aufgabe 10 bewiesen werden sollte, aber auch anschaulich klar ist: Sind f und g stetig auf $[a; b]$, dann gibt es ein $\xi \in]a; b[$ mit $\int_a^b f(x)g(x)\,\mathrm{d}x = f(\xi) \int_a^b g(x)\,\mathrm{d}x$.

Aus diesem Satz folgt, dass eine Zahl $\theta \in]0; 1[$ existiert mit

$$
\begin{aligned}
R_n(x, x_0) &= \frac{1}{n!} \int_{x_0}^{x} (x - t)^n f^{(n+1)}(t)\mathrm{d}t \\
&= \frac{f^{(n+1)}(x_0 + \theta(x - x_0))}{n!} \int_{x_0}^{x} (x - t)^n \,\mathrm{d}t \\
&= \frac{f^{(n+1)}(x_0 + \theta(x - x_0))}{(n + 1)!} (x - x_0)^{n+1}.
\end{aligned}
$$

Die Behauptung folgt nun aus $|R_n(x, x_0)| \leq K \frac{|c(x - x_0)|^n}{(n+1)!}$ und $\lim_{n \to \infty} \left(\frac{a^n}{(n+1)!} \right) = 0$ für $a \in \mathbb{R}$. $\qquad\square$

Beispiel 3: Die Funktion $f : x \mapsto e^x$ lässt sich an jeder Stelle $x_0 \in \mathbb{R}$ als Entwicklungsmitte als Taylor-Reihe darstellen. Für $x_0 = 0$ ist die Darstellung in Beispiel 2 angegeben; hier beachte man, dass $|f^{(i)}(t)| \leq e^{|x|}$ für alle $t \leq |x|$. Wegen $e^{x - x_0} = e^x e^{-x_0}$ gilt damit

$$e^x = \sum_{i=0}^{\infty} \frac{e^{x_0}}{i!} (x - x_0)^i \text{ für jedes } x_0 \in \mathbb{R}.$$

Beispiel 4 (vgl. Aufgabe 5 in XI.1): Für die Sinusfunktion $f : x \mapsto \sin x$ gilt $f^{(2i)}(0) = 0$ und $f^{(2i+1)}(0) = (-1)^i$ für alle $i \in \mathbb{N}_0$. Also ist

$$\sin x = \sum_{i=0}^{\infty} (-1)^i \frac{x^{2i+1}}{(2i + 1)!} \text{ für alle } x \in \mathbb{R}.$$

Entsprechend ergibt sich $\cos x = \sum_{i=0}^{\infty} (-1)^i \frac{x^{2i}}{(2i)!}$ für alle $x \in \mathbb{R}$.

Beispiel 5: Die Funktion f mit

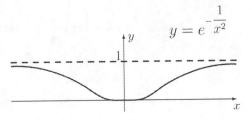

$$f(x) = e^{-\frac{1}{x^2}}$$

für $x \neq 0$ und $f(0) = 0$ (Fig. 2) ist zwar überall unendlich oft differenzierbar, aber nicht als Taylor-Reihe mit der Entwicklungsmitte 0 darstellbar. Es gilt

Fig. 2: Zu Beispiel 5

nämlich $f^{(i)}(0) = 0$ für alle $i \in \mathbb{N}$, alle Taylorpolynome sind also das Nullpolynom, und die Funktion stimmt immer mit ihrem Restglied überein.

Beispiel 6: Wir wollen die Funktion

$$f : x \mapsto \ln(1 + x)$$

mit der Entwicklungsmitte 0 im Intervall $]-1; 1]$ betrachten. Es gilt dort

$$f^{(i)}(x) = (-1)^{i+1} \frac{(i-1)!}{(1+x)^i},$$

also $\frac{f^{(0)}(0)}{0!} = 0$ und $\frac{f^{(i)}(0)}{i!} = \frac{(-1)^{i+1}}{i}$ für alle $i \in \mathbb{N}$.

Zur Abschätzung des Restglieds $R_n(x, 0)$ der Taylor-Entwicklung im Intervall $]-1; 1]$ ist Satz 2 nicht geeignet, wir verfahren vielmehr folgendermaßen: Der schon oben benutzte Mittelwertsatz der Integralrechnung liefert

$$R_n(x, 0) = \frac{1}{n!} \int_0^x (x-t)^n \frac{(-1)^n n!}{(1+t)^{n+1}} \, dt = \int_0^x \frac{(t-x)^n}{(1+t)^{n+1}} \, dt = \frac{(\theta x - x)^n}{(1 + \theta x)^{n+1}} \int_0^x dt$$

mit $0 < \theta < 1$, also gilt für $|x| < 1$

$$|R_n(x, 0)| = |x|^{n+1} \frac{(1-\theta)^n}{|1 + \theta x|^{n+1}} < \frac{|x|^{n+1}}{1 - |x|} \left(\frac{1-\theta}{1 - \theta|x|} \right)^n < \frac{|x|^{n+1}}{1 - |x|}$$

und damit $\lim(R_n(x, 0)) = 0$. Im Fall $x = 1$ ist dies sofort einzusehen. Man erhält also die Taylor-Entwicklung

$$\ln(1 + x) = \sum_{i=1}^{\infty} \frac{(-1)^{i+1}}{i} \, x^i.$$

Für $x = 1$ ergibt der Wert der leibnizschen Reihe (vgl. XI.1):

$$\sum_{i=1}^{\infty} \frac{(-1)^{i+1}}{i} = 1 - \frac{1}{2} + \frac{1}{3} - \frac{1}{4} + - \ldots = \ln 2.$$

Mit Hilfe der Taylor-Entwicklung ergibt sich ein *notwendiges und hinreichendes Kriterium* für das Vorliegen eines Extrempunktes oder eines Wendepunktes einer (hinreichend oft) differenzierbaren Funktion:

Satz 3: Die Funktion f sei n-mal differenzierbar auf $]a; b[$ $(n \geq 2)$. Gilt

$$f'(x_0) = f''(x_0) = \ldots = f^{(n-1)}(x_0) = 0 \quad \text{sowie} \quad f^{(n)}(x_0) \neq 0$$

für $x_0 \in]a, b[$, dann hat f genau dann an der Stelle x_0 ein Extremum, wenn n gerade ist, und zwar ein

Minimum, falls $f^{(n)}(x_0) > 0$,

Maximum, falls $f^{(n)}(x_0) < 0$.

Beweis: Es sei $f^{(n)}(x_0) > 0$ (für $f^{(n)}(x_0) < 0$ verläuft der Beweis analog), also

$$f^{(n)}(x_0) = \lim_{x \to x_0} \frac{f^{(n-1)}(x) - f^{(n-1)}(x_0)}{x - x_0} > 0.$$

Wegen der Stetigkeit von $f^{(n-1)}$ und wegen $f^{(n-1)}(x_0) = 0$ existiert ein $\delta > 0$ mit

$$\frac{f^{(n-1)}(x)}{x - x_0} > 0 \quad \text{für} \quad x_0 - \delta < x < x_0 + \delta,$$

also $f^{(n-1)}(x) > 0$ für $x_0 < x < x_0 + \delta$ und $f^{(n-1)}(x) < 0$ für $x_0 - \delta < x < x_0$. Aus der taylorschen Formel

$$f(x) = f(x_0) + \frac{f^{(n-1)}(x_0 + \theta(x - x_0))}{(n-1)!}(x - x_0)^{n-1}$$

mit $0 < \theta < 1$ folgt für gerades n:

$$f(x) > f(x_0) \quad \text{für } x_0 - \delta < x < x_0 + \delta,$$

f hat also ein lokales Minimum an der Stelle x_0. Für ungerades n folgt dagegen

$$f(x) < f(x_0) \text{ für } x_0 - \delta < x < x_0 \quad \text{und} \quad f(x) > f(x_0) \text{ für } x_0 < x < x_0 + \delta,$$

f hat also kein Extremum an der Stelle x_0. □

Da die Extrempunkte der Ableitungsfunktion f' die Wendepunkte von f sind, hat man damit auch ein notwendiges und hinreichendes Kriterium für die

Wendepunkte von f. Hier muss die erste nicht-verschwindende Ableitung von f (abgesehen von $f'(x_0)$) von *ungerader* Ordnung sein. Ist außerdem noch $f'(x_0) = 0$, dann liegt ein *Sattelpunkt* vor (Fig. 3).

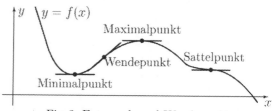

Fig. 3: Extremal- und Wendepunkte

Aufgaben

1. Man bestimme die Taylorreihe für die Funktion mit dem angegebenen Funktionsterm und der angegebenen Entwicklungsmitte. Man untersuche auch die Konvergenz auf dem Rand des Konvergenzintervalls.

a) $\dfrac{x}{1+x}$; $x_0 = 0$ b) $\dfrac{1}{1-x}$; $x_0 = \dfrac{1}{2}$ c) $\dfrac{1}{(1-x)^2}$; $x_0 = 0$

d) $\dfrac{1}{x^3}$; $x_0 = 1$ e) $\dfrac{1-x}{1+x}$; $x_0 = 0$ f) $\ln \dfrac{1-x}{1+x}$; $x_0 = 0$

2. Man beweise, dass eine auf $\mathbb{R}$ definierte Funktion genau dann ganzrational vom Grad $\leq n$ ist, wenn $f^{(n+1)}(x) = 0$ für alle $x \in \mathbb{R}$ gilt.

3. Man bestimme die Extrema der Funktionen mit dem angegebenen Funktionsterm in der jeweils größtmöglichen Definitionsmenge.

a) $x^4 - 3x^2$ b) $x^5 - 16x^2$ c) x^x d) $\dfrac{ax + b}{cx + d}$

e) $\displaystyle\sum_{i=1}^{n} a_i(x - b_i)^2$ f) $xe^{x^2} + \displaystyle\int_0^x (1 + 4t)e^{t^2}\, dt$

XI.3 Numerische Berechnungen

Funktionswerte von nichtrationalen Funktionen, wie es etwa die Wurzelfunktionen, Exponentialfunktionen und trigonometrischen Funktionen sind, berechnet man in der Regel mit Iterationsverfahren (vgl. X.4) oder mit Reihenentwicklungen, also mit Hilfe von elementaren Rechenoperationen. Ebenso geschieht es auch in einem elektronischen Rechner, wenn wir etwa die Wurzeltaste benutzen.

Berechnung der eulerschen Zahl: Die Zahl e kann man mit Hilfe der Reihe $e = \sum\limits_{i=0}^{\infty} \dfrac{1}{i!}$ berechnen. Für $s_n = \sum\limits_{i=0}^{n} \dfrac{1}{i!}$ gilt $s_n < e < s_n + \dfrac{1}{n!n}$, denn

$$e - s_n < \frac{1}{(n+1)!} \sum_{i=0}^{\infty} \frac{1}{(n+1)^i}$$

$$= \frac{1}{(n+1)!} \cdot \frac{n+1}{n} = \frac{1}{n!n}.$$

s_n	$\approx$	
		1,000000000000
+		1,000000000000
+		0,500000000000
+		0,166666666666
+		0,041666666666
+		0,008333333333
+		0,001388888888
+		0,000198412690
+		0,000024801587
+		0,000002755732
+		0,000000275573
+		0,000000025052
e	$\approx$	2,718281826

Ein achtstelliger Taschenrechner liefert $e = 2,7182818$. Um diese Genauigkeit aus der Reihendarstellung zu gewinnen, muss man n so wählen, dass $n!n > 5 \cdot 10^8$ ist. Mit $n = 11$ ist diese Bedingung erfüllt. Man erhält damit $2,718281826 < e < 2,718281830$ (vgl. obige Tabelle).

Berechnung der Kreiszahl: Zur Berechnung der Zahl π kann man die Taylor-Entwicklung von arctan in $]-1; 1]$ benutzen. Es ist dort

$$\arctan x = \sum_{i=0}^{\infty} (-1)^i \frac{x^{2i+1}}{2i+1},$$

denn

$$(\arctan x)' = \frac{1}{1+x^2} = \sum_{i=0}^{\infty} (-1)^i x^{2i},$$

woraus durch Integration obige Reihendarstellung folgt (vgl. XI.1). Für $x = 1$ folgt aufgrund des abelschen Grenzwertsatzes

$$\frac{\pi}{4} = 1 - \frac{1}{3} + \frac{1}{5} - \frac{1}{7} + - \dots .$$

Diese Reihe konvergiert aber sehr langsam; man müsste mehr als 1000 Glieder aufsummieren, um π auf drei Nachkommastellen genau zu berechnen. Schon etwas besser konvergiert die arctan-Reihe für $x = \dfrac{1}{\sqrt{3}}$:

$$\frac{\pi}{6} = \frac{1}{\sqrt{3}} \left(1 - \frac{1}{9} + \frac{1}{45} - \frac{1}{567} + - \dots\right).$$

Wesentlich besser ist folgendes Verfahren: Ist $\alpha := \arctan \dfrac{1}{5}$, dann ist

$$\tan 2\alpha = \frac{2 \tan \alpha}{1 - \tan^2 \alpha} = \frac{5}{12} \quad \text{und} \quad \tan 4\alpha = \frac{2 \tan 2\alpha}{1 - \tan^2 2\alpha} = \frac{120}{119}.$$

Also ist 4α nur geringfügig größer als $\dfrac{\pi}{4}$. Wir setzen $\beta := 4\alpha - \dfrac{\pi}{4}$; dann ist

$$\tan \beta = \frac{\tan 4\alpha - \tan \frac{\pi}{4}}{1 + \tan 4\alpha \cdot \tan \frac{\pi}{4}} = \frac{\frac{120}{119} - 1}{1 + \frac{120}{119}} = \frac{1}{239}.$$

Jetzt berechnen wir $\pi = 4(4\alpha - \beta) = 16\alpha - 4\beta$ mit Hilfe der arctan-Reihe:

$$\pi = 16 \left(\frac{1}{5} - \frac{1}{3 \cdot 5^3} + \frac{1}{5 \cdot 5^5} - + \dots\right) - 4 \left(\frac{1}{239} - \frac{1}{3 \cdot 239^3} + - \dots\right).$$

Schon die ersten Glieder liefern gute Näherungen; beispielsweise ist

$$16 \left(\frac{1}{5} - \frac{1}{3 \cdot 5^3}\right) - 4 \cdot \frac{1}{239} = \frac{1184}{375} - \frac{4}{239} = 3\frac{12601}{89625} = 3{,}14059693 \dots .$$

Berechnung der Logarithmen: Es gilt

$$\left(\ln\frac{1+x}{1-x}\right)' = (\ln(1+x))' - (\ln(1-x))' = \frac{1}{1+x} + \frac{1}{1-x}$$

und für $i \in \mathbb{N}$

$$\left(\ln\frac{1+x}{1-x}\right)^{(i)} = (-1)^{i-1}\frac{(i-1)!}{(1+x)^i} + \frac{(i-1)!}{(1-x)^i}.$$

Damit erhält man in $]-1;1[$ die Taylor-Entwicklung

$$\ln\frac{1+x}{1-x} = 2\sum_{i=0}^{\infty}\frac{x^{2i+1}}{2i+1}.$$

Für $x = \frac{1}{3}$ ergibt sich

$$\ln 2 = 2\sum_{i=0}^{\infty}\frac{1}{(2i+1)3^{2i+1}}.$$

Bezeichnet man das i-te Glied dieser Reihe mit a_i und setzt $s_n := \sum_{i=0}^{n} a_i$ sowie $r_n = \ln 2 - s_n$, dann ist

$$0 < r_n < a_{n+1}\left(1 + \frac{1}{3} + \frac{1}{9} + \ldots\right) < a_n \cdot \frac{1}{3^2} \cdot \frac{9}{8} = \frac{1}{8}a_n.$$

Summiert man die ersten 8 Glieder auf, so ergibt sich

$$0{,}6931471 < \ln 2 < 0{,}6931472.$$

Nun kann man die Werte $\ln k$ der Reihe nach für $k = 3, 4, 5, \ldots$ berechnen, wenn man die Reihe

$$\ln(k+1) = \ln k + 2\sum_{i=0}^{\infty}\frac{1}{(2i+1)(2k+1)^{2i+1}}$$

benutzt, welche sich aus obiger Taylor-Reihe für $x = \frac{1}{2k+1}$ ergibt. Beispielsweise ist wegen $\ln 10 = \ln 2 + \ln 5$

$$\ln 11 = \ln 2 + \ln 5 + 2\left(\frac{1}{21} + \frac{1}{3\cdot 21^3} + \frac{1}{5\cdot 21^5} + \ldots\right).$$

Bricht man die Summe nach dem dritten Summanden ab, dann ist der Fehler kleiner als

$$2\cdot\frac{1}{7}\cdot\frac{1}{21^7}\cdot\frac{21}{20} < 2\cdot 10^{-10}.$$

Berechnung von Wurzeln: Wurzeln kann man mit Hilfe von Iterationsverfahren (vgl. X.4) oder mit Hilfe der Logarithmen berechnen, man kann sie aber auch mit Hilfe von Reihenentwicklungen gewinnen. Dazu benötigen wir die *binomische Reihe*

$$(1+x)^\alpha = \sum_{i=0}^{\infty} \binom{\alpha}{i} x^i,$$

wobei α eine beliebige reelle Zahl ist und

$$\binom{\alpha}{i} := \frac{\alpha(\alpha-1)(\alpha-2)\cdot\ldots\cdot(\alpha-i+1)}{i!}$$

sowie $\binom{\alpha}{0} := 1$ vereinbart wird. Der Konvergenzradius der binomischen Reihe ist 1. Man beachte, dass auf $]-1;1[$

$$((1+x)^\alpha)^{(i)} = \alpha(\alpha-1)(\alpha-2)\cdot\ldots\cdot(\alpha-i+1)(1+x)^{\alpha-i}$$

gilt. Wegen

$$(-1)^i \binom{-\frac{1}{2}}{i} = \frac{1\cdot 3 \cdot 5 \cdot \ldots \cdot (2i-1)}{2\cdot 4 \cdot 6 \cdot \ldots \cdot (2i)}$$

ist also für $|x| < 1$

$$\frac{1}{\sqrt{1-x}} = 1 + \frac{1}{2}x + \frac{3}{8}x^2 + \frac{15}{48}x^3 + \ldots .$$

Damit kann man Quadratwurzeln berechnen, wenn man sie geschickt mit Hilfe des Terms $\dfrac{1}{\sqrt{1-x}}$ und möglichst kleinem x darstellt. Beispielsweise ist

$$\sqrt{2} = \frac{7}{5} \cdot \sqrt{\frac{50}{49}} = \frac{7}{5} \cdot \frac{1}{\sqrt{1-\frac{1}{50}}}$$

und daher

$$\sqrt{2} = \frac{7}{5}\left(1 + \frac{1}{2}\cdot\frac{1}{50} + \frac{3}{8}\cdot\frac{1}{50^2} + \frac{15}{48}\cdot\frac{1}{50^3} + \ldots\right).$$

Schon die vier ersten Summanden liefern den sehr guten Wert 1,4142135; der Taschenrechner liefert dieselben sieben Nachkommastellen.

Allgemein kann man $\sqrt[p]{n}$ berechnen, indem man dies umformt zu

$$r(1\pm\delta)^{\pm\frac{1}{p}}$$

mit einer geschickt gewählten rationalen Zahl r und einem möglichst kleinen Wert von δ und die binomische Reihe mit $\alpha = \pm\dfrac{1}{p}$ verwendet.

Berechnung von Sinuswerten: Grundsätzlich kann man die Werte der Sinus-funktion aus

$$\sin x = \sum_{n=0}^{\infty} (-1)^n \frac{x^{2n+1}}{(2n+1)!}$$

berechnen, wobei die Qualität der Konvergenz natürlich von der Größe von x abhängt. Für $x = \alpha := \frac{\pi}{180} \, (= 1^{\circ})$ ergibt sich bei Abbrechen der Reihe nach dem Summand mit dem Index n ein Fehler, der kleiner als der Betrag des nächsten Gliedes ist, da es sich um eine alternierende Reihe mit monoton fallenden Beträgen der Glieder handelt. Wegen

$$\frac{\alpha^7}{7!} < 2{,}5 \cdot 10^{-16}$$

ergibt sich für $\sin 1^{\circ}$ schon mit $\alpha - \dfrac{\alpha^3}{3!} + \dfrac{\alpha^5}{5!}$ ein Wert von höherer Genauigkeit als mit dem Taschenrechner, wenn man π mit einer entsprechenden Genauigkeit einsetzt.

Aufgaben

1. a) Man berechne

$$\ln\frac{10}{9} = -\ln\left(1 - \frac{1}{10}\right), \ \ln\frac{25}{24} = -\ln\left(1 - \frac{4}{100}\right), \ \ln\frac{81}{80} = \ln\left(1 + \frac{1}{80}\right)$$

möglichst genau, stelle dann $\ln 2$, $\ln 3$, $\ln 5$ als ganzzahlige Linearkombina-tion dieser Zahlen dar und bestimme diese möglichst genau.

b) Beim Übergang von den briggschen Logarithmen (Zehnerlogarithmen) zu den natürlichen Logarithmen muss man die briggschen Logarithmen mit einer festen Zahl M multiplizieren. Man bestimme diese Zahl M mit Hilfe der Ergebnisse aus a) möglichst genau.

2. a) Man bestimme Näherungen von $\sqrt{2}$ mit Hilfe des Ansatzes

$$\sqrt{2} = \frac{141}{100}\left(1 - \frac{119}{20\,000}\right)^{-\frac{1}{2}}.$$

b) Man bestimme Näherungen von $\sqrt{3}$ mit Hilfe des Ansatzes

$$\sqrt{3} = \frac{1\,732}{1\,000}\left(1 - \frac{176}{3\,000\,000}\right)^{-\frac{1}{2}}.$$

3. Man bestimme Näherungen von $\sqrt[3]{3}$ mit Hilfe des Ansatzes

$$\sqrt[3]{3} = \frac{10}{7}\left(1 + \frac{29}{1\,000}\right)^{\frac{1}{3}}.$$

XI.4 Weitere Reihenentwicklungen

Bei der Taylor-Entwicklung in XI.2 haben wir Funktionen betrachtet, die sich — im Fall der Entwicklungsmitte 0 — in einem geeigneten Intervall eindeutig als „unendliche Linearkombination" der Funktionen mit den Termen $x^0, x^1, x^2, x^3, \ldots$ darstellen lassen. Diese Terme bilden also eine (unendliche) Basis des Vektorraums der betrachteten Funktionen. Sind $a_0, a_1, a_2, a_3, \ldots$ die „Entwicklungskoeffizienten" von f, ist also $f(x) = \sum_{i=0}^{\infty} a_i x^i$ in einem gewissen Intervall, dann kann man aufgrund des Identitätssatzes für Potenzreihen die Funktion f auch eindeutig durch die Folge (a_n) kennzeichnen. Eine andere Basis für diesen Raum bilden die Funktionen mit den Termen $\dfrac{x^0}{0!}, \dfrac{x^1}{1!}, \dfrac{x^2}{2!}, \dfrac{x^3}{3!}, \ldots$ (Aufgabe 1). Wählt man als Basis die Funktionen mit den Termen

$$\frac{x}{1-x}, \frac{x^2}{1-x^2}, \frac{x^3}{1-x^3}, \ldots,$$

dann erhält man die sogenannten *Lambert-Reihen* (nach Johann Heinrich Lambert, 1728–1777). Die Lambert-Reihe

$$\sum_{i=1}^{\infty} a_i \frac{x^i}{1-x^i}$$

konvergiert natürlich nicht für $|x| = 1$. Diese Reihe konvergiert für $|x| \neq 1$ aber stets dann, wenn $\Sigma(a_n)$ konvergiert. Ist dagegen $\Sigma(a_n)$ nicht konvergent, dann konvergiert die Lambert-Reihe genau dort, wo die Potenzreihe $\sum_{i=1}^{\infty} a_i x^i$ konvergiert, wobei aber die Stellen ± 1 auszuschließen sind. Für $|x| < 1$ besteht zwischen Lambert-Reihen und Potenzreihen der Zusammenhang

$$\sum_{i=1}^{\infty} a_i \frac{x^i}{1-x^i} = \sum_{i=1}^{\infty} A_i x^i,$$

wobei A_n die Summe aller a_d ist, für welche d ein Teiler von n ist (Aufgabe 2).

Von *wesentlich* anderem Typ sind die *Dirichlet-Reihen* (nach Peter Gustav Lejeune-Dirichlet, 1805–1859), welche wir nun kurz vorstellen wollen. Die Basis bilden hier die Funktionen mit den Termen

$$\frac{1}{1^x}, \frac{1}{2^x}, \frac{1}{3^x}, \ldots.$$

Die Funktion mit der Koeffizientenfolge (1) haben wir schon in X.7 Aufgabe 4 als *riemannsche Zetafunktion* kennengelernt:

$$\zeta(x) = \sum_{i=1}^{\infty} \frac{1}{i^x}$$

Wir wissen, dass diese spezielle Dirichlet-Reihe für $x > 1$ konvergiert und für $x \leq 1$ divergiert. Der Konvergenzbereich ist also $]1; \infty[$. Die Dirichlet-Reihe

$$\sum_{i=1}^{\infty} \frac{(-1)^{i-1}}{i^x}$$

ist divergent für $x \leq 0$, konvergent, aber nicht absolut konvergent für $0 < x \leq 1$ und absolut konvergent für $1 < x$. Dieses Konvergenzverhalten ist typisch für Dirichlet-Reihen: Es gibt eine Abszisse x_0, welche den Divergenzbereich vom Konvergenzbereich trennt, und es gibt eine Abszisse x_1, ab welcher *absolute* Konvergenz herrscht. Dies ist anders als bei Potenzreihen, wo ja der Konvergenzradius gleichzeitig die Grenze der absoluten Konvergenz angibt. Die Abszissen der Konvergenz und der absoluten Konvergenz können zusammenfallen, wie es bei der die Zetafunktion definierenden Reihe der Fall ist; sie können aber auch verschieden sein, wie obiges Beispiel zeigt. Wir werden zeigen, dass sie aber höchstens den Abstand 1 haben können, sofern die Reihe überhaupt konvergiert. Die Reihe

$$\sum_{i=1}^{\infty} \frac{1}{i^i i^x} \qquad \text{bzw.} \qquad \sum_{i=1}^{\infty} \frac{i^i}{i^x}$$

konvergiert *überall* bzw. *nirgends*. Diese langweiligen Fälle wollen wir im folgenden Satz ausschließen.

Satz 1: Die Dirichlet-Reihe

$$\sum_{i=1}^{\infty} \frac{a_i}{i^x}$$

sei weder nirgends noch überall konvergent. Dann existieren Zahlen λ, l, so dass die Reihe für $x < \lambda$ divergiert, für $x > \lambda$ konvergiert, für $x < l$ nicht absolut konvergiert und für $x > l$ absolut konvergiert. Dabei gilt $0 \leq l - \lambda \leq 1$.

Beweis: Die Reihe sei an der Stelle ξ absolut konvergent. Dann ist sie auch an jeder Stelle $x > \xi$ absolut konvergent, denn dann ist

$$\sum_{i=1}^{n} \left| \frac{a_i}{i^x} \right| \leq \sum_{i=1}^{n} \left| \frac{a_i}{i^\xi} \right|.$$

Die Menge der Stellen absoluter Konvergenz ist nach unten beschränkt, da die Reihe nicht überall konvergent. Setzen wir l gleich dem Infimum dieser Stellen, dann gilt die Behauptung des Satzes für l. Nun sei die Reihe an der Stelle η konvergent (nicht notwendig absolut konvergent). Für $x > \eta$ ist $\left(\frac{1}{n^{x-\eta}} \right)$ eine Nullfolge mit positiven Gliedern, so dass mit $\sum_{i=1}^{\infty} \frac{a_i}{i^\eta}$ auch

$$\sum_{i=1}^{\infty} \frac{a_i}{i^x} = \sum_{i=1}^{\infty} \frac{a_i}{i^\eta} \cdot \frac{1}{i^{x-\eta}}$$

konvergiert. Ist λ das Infimum der Konvergenzstellen, dann folgt die Behauptung des Satzes über λ. Ist schließlich $\sum\limits_{i=1}^{\infty} \dfrac{a_i}{i^x}$ konvergent, dann ist $\sum\limits_{i=1}^{\infty} \dfrac{a_i}{i^{x+\delta}}$ für jedes $\delta > 1$ absolut konvergent, woraus $l - \lambda \leq 1$ folgt. $\qquad\qquad\square$

Periodische Funktionen mit nicht allzu „schlimmen" Unstetigkeiten kann man durch „Überlagerung" von Sinus- und Kosinuskurven („Schwingungen") darstellen. Zunächst wollen wir anhand einer heuristischen Betrachtung herausfinden, wie eine solche Überlagerung aussehen könnte. Die Funktion f sei zunächst auf dem Intervall $[-\pi; \pi]$ definiert und dann periodisch fortgesetzt mit der Periode 2π. Die Kosinus- und Sinusfunktionen mit den Termen $\cos nx, \sin nx$ $(n \in \mathrm{I\!N})$ sind periodisch mit der Periode 2π. Wir nehmen an, es gäbe eine Darstellung von f der Form

$$f(x) = c + \sum_{n=1}^{\infty} a_n \cos nx + b_n \sin nx.$$

Wir nehmen weiterhin an, man dürfe diese Gleichung gliedweise über $[-\pi; \pi]$ integrieren. Wegen $\displaystyle\int_{-\pi}^{\pi} \cos nx \, \mathrm{d}x = \int_{-\pi}^{\pi} \sin nx \, \mathrm{d}x = 0$ ergibt sich zunächst $\displaystyle\int_{-\pi}^{\pi} f(x) \, \mathrm{d}x = 2\pi c$ und damit der Wert von c. Multipliziert man obige Gleichung mit $\cos kx$ oder $\sin kx$ $(k \in \mathrm{I\!N}_0)$ und integriert sie über $[-\pi; \pi]$, dann ergeben sich wegen

$$\int_{-\pi}^{\pi} \cos kx \sin nx \, \mathrm{d}x = 0$$

und

$$\int_{-\pi}^{\pi} \cos kx \cos nx \, \mathrm{d}x = \int_{-\pi}^{\pi} \sin kx \sin nx \, \mathrm{d}x = \left\{ \begin{array}{ll} 0 & \text{für } k \neq n, \\ \pi & \text{für } k = n \end{array} \right.$$

(Produktintegration!) die Koeffizienten

$$a_n = \frac{1}{\pi} \int_{-\pi}^{\pi} f(t) \cos nt \, \mathrm{d}t, \qquad b_n = \frac{1}{\pi} \int_{-\pi}^{\pi} f(t) \sin nt \, \mathrm{d}t.$$

Diese Überlegungen werden im nun folgenden Satz präzisiert. Den Beweis dieses Satzes wollen wir aber, obwohl er nicht übermäßig kompliziert ist, hier übergehen. Die auftretende Reihe nennt man eine *Fourier-Reihe* (nach Jean Baptiste Joseph Fourier, 1768–1830) und spricht von der *Fourier-Entwicklung* der Funktion f.

Satz 2: Die auf $\mathrm{I\!R}$ definierte Funktion f habe folgende Eigenschaften:

- $f(x + 2\pi) = f(x)$ für alle $x \in \mathrm{I\!R}$;

- f ist in $] - \pi; \pi[$ bis auf endlich viele Sprungstellen stetig;

- ist s eine Sprungstelle von f, dann ist

$$f(s) = \frac{1}{2} \left(\lim_{x \to s^-} f(x) + \lim_{x \to s^+} f(x) \right);$$

- f ist in $]-\pi;\pi[$ stückweise stetig differenzierbar, ist also insbesondere nur an endlich viele Stellen in $]-\pi;\pi[$ nicht differenzierbar.

Dann konvergiert die Reihe

$$\frac{a_0}{2} + \sum_{n=1}^{\infty} a_n \cos nx + b_n \sin nx$$

mit

$$a_0 = \frac{1}{\pi} \int_{-\pi}^{\pi} f(t)\,\mathrm{d}t, \; a_n = \frac{1}{\pi} \int_{-\pi}^{\pi} f(t) \cos nt\,\mathrm{d}t, \; b_n = \frac{1}{\pi} \int_{-\pi}^{\pi} f(t) \sin nt\,\mathrm{d}t$$

($n \in \mathbb{N}$) an jeder Stelle $x \in \mathbb{R}$ und stellt auf $\mathbb{R}$ die Funktion f dar.

In den folgenden Beispielen geben wir stets $f(x)$ in $]-\pi;\pi[$ an und denken uns dies gemäß den Bedingungen in obigem Satz periodisch fortgesetzt.

Ist f eine ungerade Funktion, ist also $f(-x) = -f(x)$, dann sind die Koeffizienten a_n alle gleich 0, weil dann auch $x \mapsto f(x) \cos nx$ eine ungerade Funktion ist.

Ist f eine gerade Funktion, ist also $f(-x) = f(x)$, dann sind die Koeffizienten b_n alle gleich 0, weil dann auch $x \mapsto f(x) \sin nx$ eine ungerade Funktion ist.

Beispiel 1 (Fig. 1): Es sei $f(x) = x$. Weil diese Funktion f ungerade ist, gilt $a_n = 0$ für alle $n \in \mathbb{N}_0$. Ferner ist

$$b_n = \frac{1}{\pi} \int_{-\pi}^{\pi} t \sin nt\,\mathrm{d}t = \frac{1}{\pi} \left(\left. \frac{-t \cos nt}{n} \right|_{-\pi}^{\pi} + \frac{1}{n} \int_{-\pi}^{\pi} \cos nt\,\mathrm{d}t \right) = (-1)^{n+1} \frac{2}{n}.$$

Es ergibt sich

$$f(x) = 2 \left(\frac{\sin x}{1} - \frac{\sin 2x}{2} + \frac{\sin 3x}{3} - + \ldots \right).$$

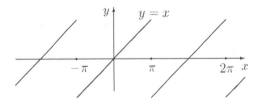

Fig. 1: Zu Beispiel 1

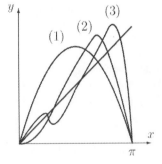

Fig. 2: Zu Beispiel 1

In Fig. 2 sind die Graphen der ersten Näherungsfunktionen im Intervall $[0;\pi]$ skizziert, und zwar

$(1)\ x \mapsto 2\sin x,\quad (2)\ x \mapsto 2\left(\sin x - \dfrac{\sin 2x}{2}\right),\quad (3)\ x \mapsto 2\left(\sin x - \dfrac{\sin 2x}{2} + \dfrac{\sin 3x}{x}\right).$

Setzt man $x = \dfrac{\pi}{2}$ in der Fourier-Entwicklung von f, so ergibt sich die leibnizsche Reihe:

$$\frac{\pi}{4} = 1 - \frac{1}{3} + \frac{1}{5} - + \dots$$

Beispiel 2: Es sei $f(x) = x^2$. Die Funktion f ist gerade. Es ergibt sich

$$a_0 = \frac{2}{3}\pi^2, \quad a_n = \frac{2}{\pi}\int_0^{\pi} t^2 \cos nt\,\mathrm{d}t = (-1)^n\frac{4}{n^2},$$

also

$$f(x) = \frac{\pi^2}{3} - 4\left(\frac{\cos x}{1^2} - \frac{\cos 2x}{2^2} + \frac{\cos 3x}{3^2} - + \dots\right).$$

(Aus dieser Reihe ergibt sich durch gliedweise Differenziation die Reihe in Beispiel 1; man müsste aber zunächst klären, ob diese Operation zulässig ist.)

In Fig. 3 ist der Graph der Funktion f und der ersten (nicht-konstanten) Approximation $x \mapsto \dfrac{\pi^2}{3} - 4\cos x$ dargestellt.

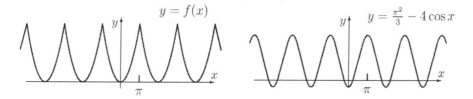

Fig.3: Zu Beispiel 2

Setzen wir $x = 0$, so erhalten wir

$$\frac{1}{1^2} - \frac{1}{2^2} + \frac{1}{3^2} - + \dots = \frac{\pi^2}{12}.$$

Addieren wir die (ebenfalls absolut konvergente) Reihe

$$\frac{1}{2}\left(\frac{1}{1^2} + \frac{1}{2^2} + \frac{1}{3^2} + \dots\right) = 2\left(\frac{1}{2^2} + \frac{1}{4^2} + \frac{1}{6^2} + \dots\right),$$

so erhalten wir das schon früher angekündigte Resultat

$$\sum_{n=1}^{\infty}\frac{1}{n^2} = \frac{\pi^2}{6}.$$

Beispiel 3: Es sei $f(x) = \cos \alpha x$ mit $\alpha \notin \mathbb{Z}$. Wegen

$$\int\limits_0^\pi \cos \alpha t \cos nt \, \mathrm{d}t \;=\; \frac{1}{2} \int\limits_0^\pi (\cos(\alpha + n)t + \cos(\alpha - n)t) \, \mathrm{d}t$$

$$= \frac{1}{2} \left(\frac{\sin(\alpha + n)\pi}{\alpha + n} + \frac{\sin(\alpha - n)\pi}{\alpha - n} \right)$$

$$= \frac{1}{2} \sin \alpha \pi \cos n\pi \left(\frac{1}{\alpha + n} - \frac{1}{\alpha - n} \right) = (-1)^n \frac{\alpha \sin \alpha \pi}{\alpha^2 - n^2}$$

erhält man

$$\cos \alpha x = \frac{2\alpha \sin \alpha \pi}{\pi} \left(\frac{1}{2\alpha^2} - \frac{\cos x}{\alpha^2 - 1^2} + \frac{\cos 2x}{\alpha^2 - 2^2} - + \ldots \right).$$

An den Stellen $\pm \pi$ ist diese Funktion stetig. Setzt man $x = \pi$ ein und schreibt dann x für α, dann ergibt sich

$$\pi \cot \pi x - \frac{1}{x} = -2x \left(\frac{1}{x^2 - n^2} + \frac{1}{x^2 - 2^2} + \frac{1}{x^2 - 3^2} + \ldots \right).$$

Es ist erlaubt, diese Reihe gliedweise über ein Intervall $[0; x]$ mit $0 \leq x < 1$ zu integrieren, wobei auf der linken Seite ein uneigentliches Integral steht; man erhält

$$\ln \frac{\sin \pi x}{\pi x} = \sum_{n=1}^\infty \ln \left(1 - \frac{x^2}{n^2} \right).$$

Übergang zur Exponentialfunktion liefert

$$\frac{\sin \pi x}{\pi x} = \prod_{n=1}^\infty \left(1 - \frac{x^2}{n^2} \right).$$

An dieser Zerlegung des Sinus in ein unendliches Produkt (vgl. IX.11) erkennt man unmittelbar die Nullstellen der Sinusfunktion. Für $x = \frac{1}{2}$ erhält man

$$1 = \frac{\pi}{2} \prod_{n=1}^\infty \frac{(2n - 1) \cdot (2n + 1)}{2n \cdot 2n}$$

und damit das *wallissche Produkt* (vgl. Abschnitt IX.11)

$$\frac{\pi}{2} = \frac{2}{1} \cdot \frac{2}{3} \cdot \frac{4}{3} \cdot \frac{4}{5} \cdot \frac{6}{5} \cdot \frac{6}{7} \cdot \frac{8}{7} \cdot \frac{8}{9} \cdot \ldots \cdot .$$

Als Anwendung der wallisschen Formel wollen wir nun die *stirlingsche Formel* (nach James Stirling, 1692–1770) beweisen, welche wir schon in IX.5 erwähnt haben. Dazu untersuchen wir zunächst den Zusammenhang zwischen

$$\ln n! = \sum_{i=1}^n \ln i \qquad \text{und} \qquad \int\limits_1^n \ln x \, \mathrm{d}x.$$

Eine gute Näherung für das Integral $\int\limits_1^n \ln x \, dx = n \ln n - n + 1$ ist

$$\sum_{i=1}^{n-1} \frac{1}{2}(\ln i + \ln(i+1)) = \sum_{i=1}^{n} \ln i - \frac{1}{2}\ln n,$$

wie man erkennt, wenn man das Integral über dem Intervall $[i; i+1]$ durch den Flächeninhalt eines Trapezes ersetzt. Es ergibt sich also

$$\sum_{i=1}^{n} \ln i = \left(n + \frac{1}{2}\right)\ln n - n + 1 - R_n,$$

wobei die Zahlen $R_n := \sum\limits_{i=1}^{n-1} r_i$ mit

$$r_i := \int\limits_i^{i+1} \ln x \, dx - \frac{1}{2}(\ln i + \ln(i+1))$$

eine konvergente Folge bilden. Denn

$$
\begin{aligned}
r_i &= (i+1)\ln(i+1) - i\ln i - 1 - \frac{1}{2}(\ln i + \ln(i+1)) \\
&= \left(i + \frac{1}{2}\right)\ln\left(1 + \frac{1}{i}\right) - 1 \\
&= \left(i + \frac{1}{2}\right)\left(\frac{1}{i} - \frac{1}{2i^2} + \frac{1}{3i^3} - \frac{1}{4i^4} + - \ldots\right) - 1 \\
&< \left(i + \frac{1}{2}\right)\left(\frac{1}{i} - \frac{1}{2i^2} + \frac{1}{3i^3}\right) - 1 \\
&= \frac{1}{12i^2} + \frac{1}{6i^3}.
\end{aligned}
$$

Übergang zur Exponentialfunktion liefert nun

$$n! = n^n \sqrt{n} e^{-n} e^{1-R_n}.$$

Der Grenzwert

$$\beta := \lim_{n\to\infty} \frac{n!e^n}{\sqrt{n}n^n} = \lim_{n\to\infty} e^{1-R_n}$$

existiert, weil $\lim\limits_{n\to\infty} R_n$ existiert. Um ihn mit der wallisschen Formel zu berechnen, formen wir diese zunächst geschickt um:

$$
\begin{aligned}
\sqrt{\frac{\pi}{2}} &= \lim_{n\to\infty} \frac{2 \cdot 4 \cdot 6 \cdot \ldots \cdot (2n-2)}{3 \cdot 5 \cdot 7 \cdot \ldots \cdot (2n-1)}\sqrt{2n} \\
&= \lim_{n\to\infty} \frac{2^2 4^2 6^2 \cdot \ldots \cdot (2n-2)^2}{(2n-1)!}\sqrt{2n} \\
&= \lim_{n\to\infty} \frac{2^2 4^2 6^2 \cdot \ldots \cdot (2n)^2}{(2n)!\sqrt{2n}},
\end{aligned}
$$

also

$$\lim_{n \to \infty} \frac{(n!)^2 2^{2n}}{(2n)! \sqrt{n}} = \sqrt{\pi}.$$

Damit ergibt sich

$$
\begin{aligned}
\sqrt{\pi} &= \lim_{n \to \infty} \frac{(n!)^2}{\sqrt{n}} \cdot \frac{2^{2n}}{(2n)!} \cdot \frac{\sqrt{2n}}{\sqrt{n}\sqrt{2}} \cdot \frac{e^n e^n}{e^{2n}} \cdot \frac{n^{2n}}{n^n n^n} \\
&= \lim_{n \to \infty} \left(\frac{n! e^n}{n^n \sqrt{n}} \right)^2 \left(\frac{(2n)^{2n} \sqrt{2n}}{(2n)! e^{2n}} \right) \frac{1}{\sqrt{2}} \\
&= \beta^2 \cdot \frac{1}{\beta} \cdot \frac{1}{\sqrt{2}} = \frac{\beta}{\sqrt{2}}
\end{aligned}
$$

Also ist $\beta = \sqrt{2\pi}$ und damit

$$n! \approx \sqrt{2\pi n} \left(\frac{n}{e} \right)^n$$

in dem Sinne, dass der Quotient dieser beiden Ausdrücke für $n \to \infty$ den Grenzwert 1 hat. Schon für kleine Werte liefert die stirlingsche Formel gute Näherungen; es ergibt sich beispielsweise $10! \approx 3{,}6 \cdot 10^6$ mit einem relativen Fehler von weniger als 1%.

Aufgaben

1. Reihen mit der Basis $\left\{ \frac{x^i}{i!} \mid i \in \mathbb{N}_0 \right\}$ kann man in ihrem Konvergenzbereich multiplizieren:

$$\sum_{n=0}^{\infty} a_n \frac{x^n}{n!} \cdot \sum_{n=0}^{\infty} b_n \frac{x^n}{n!} = \sum_{n=0}^{\infty} c_n \frac{x^n}{n!}.$$

Wie gewinnt man die Folge (c_n) aus den Folgen (a_n) und (b_n)?

Man beweise die Formel $\sum_{i=1}^{n} \binom{n}{i} = 2^n$ mit Hilfe der Entwicklung von e^{2x}.

2. a) Man beweise: Es sei $|x| < 1$, ferner (a_n) eine Zahlenfolge und $A_n = \sum_{d|n} a_d$ (Summation über alle Indizes, die Teiler von n sind). Dann ist

$$\sum_{n=1}^{\infty} a_n \frac{x^n}{1 - x^n} = \sum_{n=1}^{\infty} A_n x^n.$$

b) Für $n \in \mathbb{N}$ sei $\varphi(n)$ die Anzahl der zu n teilerfremden natürlichen Zahlen zwischen 1 und n (Euler-Funktion). Es gilt $\sum_{d|n} \varphi(d) = n$ für alle $n \in \mathbb{N}$. Man zeige, dass $\sum_{n=1}^{\infty} \varphi(n) x^n$ für $|x| < 1$ konvergiert und dass

$$\sum_{n=1}^{\infty} \varphi(n) \frac{x^n}{1 - x^n} = \frac{x}{(1 - x)^2}.$$

3. Innerhalb ihres Bereichs der absoluten Konvergenz kann man Dirichlet-Reihen multiplizieren:

$$\sum_{n=1}^{\infty} \frac{a_n}{n^x} \cdot \sum_{n=1}^{\infty} \frac{b_n}{n^x} = \sum_{n=1}^{\infty} \frac{c_n}{n^x}.$$

a) Wie gewinnt man die Folge (c_n) aus den Folgen (a_n) und (b_n)?

b) Welche arithmetische Bedeutung haben die Koeffizienten der Dirichlet-Reihe von $(\zeta(x))^2$?

4. Man bestimme die Fourier-Entwicklung für $f(x) = |x|$ in $]-\pi; \pi[$. In Fig. 4 ist der Graph von f und der Graph der ersten nicht-konstanten Näherung zu sehen.

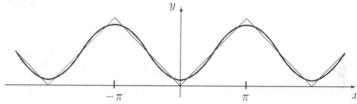

Fig. 4: Zu Aufgabe 4

Man bestimme damit den Wert von $\displaystyle\sum_{n=1}^{\infty} \frac{1}{(2n-1)^2}$ und von $\displaystyle\sum_{n=1}^{\infty} \frac{1}{n^2}$.

5. Man bestimme die Fourier-Entwicklung für $f(x) = \operatorname{sgn} x$ in $]-\pi; \pi[$ (Fig. 5).

Man bestimme damit den Wert der leibnizschen Reihe $\displaystyle\sum_{n=1}^{\infty} \frac{(-1)^{n-1}}{2n-1}$.

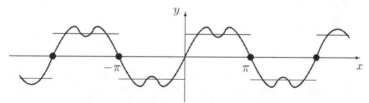

Fig. 5: Graph von $y = \dfrac{4}{\pi}\left(\sin x + \dfrac{\sin 3x}{3}\right)$

6. Man bestimme die Fourier-Entwicklung für $f(x) = |\sin x|$ in $]-\pi; \pi[$. Man zeige damit, dass

$$\frac{\pi}{4} = \frac{1}{2} + \sum_{n=1}^{\infty} \frac{(-1)^{n-1}}{4n^2-1}.$$

XII Kurven und Flächen

XII.1 Kurvendiskussion

Die Differenzialrechnung findet eine wichtige Anwendung in der Diskussion von Kurven, die als Graph einer Funktion $x \mapsto f(x)$ gegeben sind. Eine bedeutende Rolle spielen dabei die Extremalpunkte dieser Kurven („Extremwertaufgaben"). Diese „geometrischen" Anwendungen der Differenzialrechnung sollen hier weiter ausgebaut werden, wobei ebene Kurven auch anders als durch *eine* Funktion *einer* Variablen beschrieben werden können (Abschnitte XII.2 und XII.3). Schließlich werden auch Kurven und Flächen *im Raum* mit den Mitteln der Analysis untersucht (Abschnitt XII.5).

Es sei f eine in einem Intervall I beliebig oft differenzierbare Funktion und x_0 ein innerer Punkt von I. Der Wert von $f'(x_0)$ gibt die *Steigung* von f bzw. des Graphen von f im Punkt $(x_0, f(x_0))$ an:

$f'(x_0) < 0 :$ f ist in einer Umgebung von x_0 streng monoton fallend
$f'(x_0) = 0 :$ f hat an der Stelle x_0 eine waagerechte Tangente
$f'(x_0) > 0 :$ f ist in einer Umgebung von x_0 streng monoton steigend

Der Wert von $f''(x_0)$ macht eine Aussage über die *Krümmung* von f bzw. des Graphen von f im Punkt $(x_0, f(x_0))$, denn $f''(x)$ gibt als „Steigung der Steigung" an, ob die Steigung zunimmt oder abnimmt:

$f''(x_0) < 0 :$ f ist in einer Umgebung von x_0 eine Rechtskurve
$f''(x_0) = 0 :$ f' hat an der Stelle x_0 eine waagerechte Tangente
$f''(x_0) > 0 :$ f ist in einer Umgebung von x_0 eine Linkskurve

Die anschaulichen Bezeichnungen „Rechtskurve"und „Linkskurve" beziehen sich auf die Durchlaufung des Graphen in Richtung der x-Achse („von links nach rechts"). In einer Rechtskurve verläuft der Graph unterhalb, in einer Linkskurve oberhalb der Tangente (Fig. 1). Man nennt f in einer Rechtskurve *konvex*, in einer Linkskurve *konkav*.

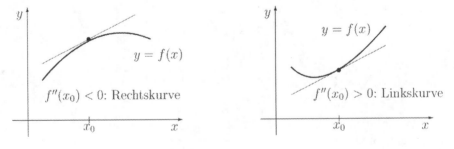

Fig. 1: Krümmungssinn

Im Fall $f'(x_0) = 0$ kann zunächst nicht über das Steigungsverhalten in der Umgebung von x_0 entschieden werden. Ist aber $f''(x_0) \neq 0$, dann sind die Verhältnisse klar, dann weiß man nämlich, ob die Steigung in einer Umgebung von x_0 zunimmt oder abnimmt:

$$f'(x_0) = 0, f''(x_0) < 0: \quad f \text{ hat an der Stelle } x_0 \text{ ein relatives Maximum}$$
$$f'(x_0) = 0, f''(x_0) > 0: \quad f \text{ hat an der Stelle } x_0 \text{ ein relatives Minimum}$$

Ein relatives Maximum ist nämlich dadurch gekennzeichnet, dass an dieser Stelle die Steigung von positiven zu negativen Werten wechselt, an der Stelle eines relativen Minimums wechselt sie von negativen zu positiven Werten.

Im Fall $f''(x_0) = 0$ kann zunächst nicht über das Krümmungsverhalten in der Umgebung von x_0 entschieden werden. Ist aber $f'''(x_0) \neq 0$, dann sind die Verhältnisse klar, dann weiß man nämlich, ob an der Stelle x_0 eine Links- in eine Rechtskurve übergeht oder umgekehrt:

$$f''(x_0) = 0, f'''(x_0) < 0: \quad \text{Linkskurve geht in eine Rechtskurve über}$$
$$f''(x_0) = 0, f'''(x_0) > 0: \quad \text{Rechtskurve geht in eine Linkskurve über}$$

Es handelt sich dann bei $(x_0, f(x_0))$ um einen *Wendepunkt* von f.

Ist $f'(x_0) = f''(x_0) = 0$ und $f'''(x_0) \neq 0$, dann liegt an der Stelle x_0 ein Wendepunkt mit waagerechter Tangente vor, ein *Sattelpunkt*.

Das ergibt sich alles aus dem folgenden Resultat, welches wir in XI.2 mit Hilfe der Taylor-Entwicklung erhalten haben:

Die erste an der Stelle x_0 nicht-verschwindende Ableitung von f sei von der Ordnung n. Ist n gerade, dann besitzt f an der Stelle x_0 ein Extremum, und zwar

— ein Maximum, wenn $f^{(n)}(x_0) < 0$,
— ein Minimum, wenn $f^{(n)}(x_0) > 0$.

Ist n ungerade und $n > 1$, dann besitzt f an der Stelle x_0 einen Sattelpunkt.

Wir wollen hier den Begriff der *Krümmung* präzisieren, indem wir denjenigen Kreis betrachten, welcher sich der Kurve an der Stelle x_0 am besten „anschmiegt", der also durch den Punkt $(x_0, f(x_0))$ geht, dort die Steigung $f'(x_0)$ hat (also die Kurventangente berührt) und — nahe x_0 als Funktionsgraph betrachtet — an der Stelle x_0 die zweite Ableitung $f''(x_0)$ hat. Wegen der Übereinstimmung der Funktionswerte und der beiden ersten Ableitungen spricht man von einer *Berührung zweiter Ordnung*. Diesen Kreis nennt man den *Krümmungskreis* von f an der Stelle x_0. Hat er die Gleichung

$$(x - x_M)^2 + (y - y_M)^2 = r^2,$$

dann ist (x_M, y_M) der *Krümmungsmittelpunkt* und r der *Krümmungsradius* von f an der Stelle x_0. Den Wert $\frac{1}{r}$ nennt man die *Krümmung* von f an der Stelle x_0.

In einer Umgebung von x_0 lässt sich ein Bogen des gesuchten Kreises als Graph einer Funktion mit der Gleichung

$$y = k(x) = y_M + \sqrt{r^2 - (x - x_M)^2} \quad \text{oder} \quad y = k(x) = y_M - \sqrt{r^2 - (x - x_M)^2}$$

darstellen. Zusammen mit der Kreisgleichung ergeben sich dann durch Differenzieren die drei Gleichungen

$$(x - x_M)^2 + (k(x) - y_M)^2 = r^2$$
$$(x - x_M) + (k(x) - y_M)k'(x) = 0$$
$$1 + (k'(x))^2 + (k(x) - y_M)k''(x) = 0$$

Aus den Bedingungen $k(x_0) = f(x_0)$, $k'(x_0) = f'(x_0)$, $k''(x_0) = f''(x_0)$ erhält man folgende Gleichungen:

$$(x_0 - x_M)^2 + (f(x_0) - y_M)^2 = r^2$$
$$(x_0 - x_M) + (f(x_0) - y_M)f'(x_0) = 0$$
$$1 + (f'(x_0))^2 + (f(x_0) - y_M)f''(x_0) = 0$$

Die dritte Gleichung liefert

$$f(x_0) - y_M = -\frac{1 + (f'(x_0))^2}{f''(x_0)}.$$

Damit folgt aus der zweiten Gleichung

$$x_0 - x_M = f'(x_0)\frac{1 + (f'(x_0))^2}{f''(x_0)}.$$

Setzt man dies in die erste Gleichung ein, so folgt

$$r^2 = \frac{(1 + (f'(x_0))^2)^3}{(f''(x_0))^2}.$$

Bei diesen Überlegungen darf natürlich nicht $f''(x_0) = 0$ gelten; in diesem Fall wäre die Krümmung 0, der Krümmungsradius also unendlich groß. Wir haben damit folgenden Satz bewiesen:

Satz 1: Ist $f''(x_0) \neq 0$, so existiert ein Kreis mit dem Mittelpunkt (x_M, y_M) und dem Radius r, der den Graph von f an der Stelle x_0 von zweiter Ordnung berührt (Krümmungskreis). Dabei ist

$$x_M = x_0 - f'(x_0)\frac{1 + (f'(x_0))^2}{f''(x_0)}, \qquad y_M = f(x_0) + \frac{1 + (f'(x_0))^2}{f''(x_0)}$$

und

$$r = \frac{(1 + (f'(x_0))^2)^{\frac{3}{2}}}{|f''(x_0)|}.$$

Bei einer *Kurvendiskussion* versucht man, möglichst viele Informationen über den Graph einer Funktion f zu gewinnen, um damit ein möglichst genaues Schaubild anfertigen zu können. Die möglichen Punkte einer solchen Diskussion sind im Folgenden zusammengestellt:

- Definitionsmenge
- Stetige Ergänzbarkeit an Definitionslücken
- Asymptotisches Verhalten an Lücken und Rändern der Definitionsmenge
- Symmetrie (Achsensymmetrie, Punktsymmetrie)
- Berechnung der ersten, zweiten und dritten Ableitung
- Nullstellen und Steigung in den Nullstellen
- Extremalpunkte (Hochpunkte, Tiefpunkte)
- Wendepunkte und Steigung der Wendetangenten
- Krümmungskreise in einigen Punkten, z.B. in den Extremalpunkten
- Maßstab des Koordinatensystem zur Zeichnung des Schaubilds
- Zeichnen des Schaubilds

Wenn der Term der zu untersuchenden Funktion nicht sehr einfach ist, kann man nicht alle diese Punkte mühelos behandeln. Insbesondere kann es sein, dass die Lösungen der Gleichungen $f(x) = 0$, $f'(x) = 0$ und $f''(x) = 0$ nur näherungsweise mit numerischen Verfahren zu bestimmen sind.

Beispiel 1: Der Graph der auf $\mathbb{R}$ definierten Funktion f mit

$$f(x) = x^3 - x$$

ist punktsymmetrisch zum Ursprung. Es gilt

$$f'(x) = 3x^2 - 1, \; f''(x) = 6x, \; f'''(x) = 6.$$

Die Nullstellen sind 0 (Steigung -1) und ± 1 (Steigung 2). Extremstellen sind $\pm\frac{1}{3}\sqrt{3}$. Es ist $\left(-\frac{1}{3}\sqrt{3}, \frac{2}{9}\sqrt{3}\right)$ Maximalpunkt, $\left(\frac{1}{3}\sqrt{3}, -\frac{2}{9}\sqrt{3}\right)$ Minimalpunkt.

Der Ursprung ist Wendepunkt (Steigung -1). Der Krümmungsradius in den Extremalpunkten ist

$$r = \frac{(1 + 0^2)^{\frac{3}{2}}}{6 \cdot \frac{1}{3}\sqrt{3}} = \frac{1}{6}\sqrt{3}.$$

In Fig. 2 ist der Graph mit Hilfe der Krümmungskreise in den Extremalstellen gezeichnet.

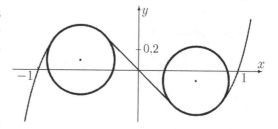

Fig. 2: Graph von $y = x^3 - x$

Beispiel 2: Die rationale Funktion f mit

$$f(x) = \frac{1}{x^2 - 10x + 24}$$

hat Definitionslücken an den Stellen 5 ± 1, denn dies sind die Nullstellen des Nennerpolynoms. Die Gerade mit der Gleichung $x = 5$ ist eine Symmetrieachse, denn wegen $x^2 - 10x + 24 = (x - 5)^2 - 1$ ist $f(10 - x) = f(x)$ für alle $x \in D_f$. Wir betrachten also die einfachere (zur y-Achse symmetrische) Funktion g mit

$$g(x) = f(x + 5) = \frac{1}{x^2 - 1}$$

und der Definitionsmenge $\mathbb{R} \setminus \{-1, 1\}$. Es ist

$$g'(x) = -\frac{2x}{(x^2 - 1)^2}, \quad g''(x) = \frac{6x^2 + 2}{(x^2 - 1)^3}.$$

Es gilt

$$\lim_{x \to -1^-} g(x) = \lim_{x \to 1^+} g(x) = +\infty,$$

$$\lim_{x \to -1^+} g(x) = \lim_{x \to 1^-} g(x) = -\infty,$$

$$\lim_{x \to -\infty} g(x) = \lim_{x \to +\infty} g(x) = 0.$$

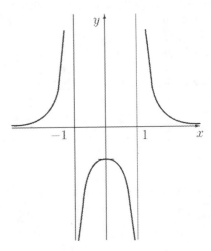

Es gibt keine Nullstellen, einen Maximalpunkt $(0, -1)$ und keine Wendepunkte. Der Krümmungsradius im Punkt $(0, -1)$ ist $\frac{1}{2}$. Mit Hilfe der Kurvenpunkte $\left(\pm 2, \frac{1}{3}\right)$ und $\left(\pm \frac{5}{4}, \frac{3}{2}\right)$ ist in Fig. 3 das Schaubild von g gezeichnet. Verschiebt man das Koordinatensystem um 5 Einheiten nach links, dann ergibt sich das Schaubild der ursprünglich gegebenen Funktion f.

Fig. 3: Graph von $y = \dfrac{1}{x^2 - 1}$

Beispiel 3: Die Funktion $f : x \mapsto x^2 e^{-x}$ ist überall auf $\mathbb{R}$ definiert und beliebig oft differenzierbar. Es ist

$$f'(x) = (2x - x^2)e^{-x}, \quad f''(x) = (2 - 4x + x^2)e^{-x}, \quad f'''(x) = (-6 + 6x - x^2)e^{-x}.$$

Einzige Nullstelle ist 0 (Steigung 0). Stellen mit waagerechter Tangente sind 0 und 2 (Lösungen von $2x - x^2 = 0$). Wegen $f''(0) = 2 > 0$ und $f''(2) = -2 < 0$ ist $T(0, 0)$ ein Tiefpunkt und $H(2, 4e^{-2})$ ein Hochpunkt. Der Krümmungsradius im Tiefpunkt ist $\frac{1}{2}$, im Hochpunkt $\frac{1}{2}e^2$. Die Lösungen von $f''(x) = 0$ (also von

$x^2 - 4x + 2 = 0$) sind $2 \pm \sqrt{2}$. An diesen Stellen ist $f'''(x) = \pm 2\sqrt{2}e^{-(2\pm\sqrt{2})} \neq 0$, es liegen also Wendepunkte $W_{1/2}(2 \pm \sqrt{2}, (6 \pm 4\sqrt{2})e^{-(2\pm\sqrt{2})})$ vor. Die Steigungen dort sind $(-2 \mp 2\sqrt{2})e^{-(2\pm\sqrt{2})}$. Zum Zeichnen des Graphen benötigt man die Werte

$$2 + \sqrt{2} \approx 3{,}41; \quad (6 + 4\sqrt{2})e^{-(2+\sqrt{2})} \approx 0{,}38; \quad (-2 - 2\sqrt{2})e^{-(2+\sqrt{2})} \approx -0{,}16$$

$$2 - \sqrt{2} \approx 0{,}59; \quad (6 - 4\sqrt{2})e^{-(2-\sqrt{2})} \approx 0{,}20; \quad (-2 + 2\sqrt{2})e^{-(2-\sqrt{2})} \approx 0{,}45$$

In Fig. 4 sind noch die Kurvenpunkte an den Stellen $-0{,}75$ und 5 mit ihren Steigungen eingezeichnet. Ansonsten sind nur die oben berechneten Daten in der Zeichnung eingetragen, aus welchen man den Kurvenverlauf aber schon sehr klar entnehmen kann. Dabei ist die Einheit auf der y-Achse dreimal größer als auf der x-Achse gewählt worden. Die Krümmungskreise werden dadurch zu Ellipsen. Die unterschiedlichen Einheiten auf den Koordinatenachsen muss man auch beim Eintragen der Steigungen beachten.

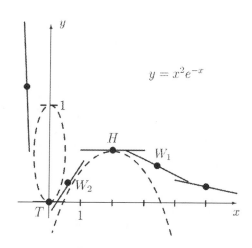

Fig. 4: Zu Beispiel 3

Beispiel 4: Die Funktion

$$f : x \mapsto \sin x + \sin 2x$$

ist periodisch mit der Periode 2π und punktsymmetrisch mit dem Symmetriezentrum O, denn für alle $x \in \mathbb{R}$ gilt $f(-x) = -f(x)$. Es genügt daher, sie für $0 \leq x \leq \pi$ zu untersuchen. Es gilt

$$\begin{array}{rcccc}
f(x) & = & \sin x + \sin 2x & = & \sin x(1 + 2\cos x), \\
f'(x) & = & \cos x + 2\cos 2x & = & 4\cos^2 x + \cos x - 2, \\
f''(x) & = & -\sin x - 4\sin 2x & = & -\sin x(1 + 8\cos x), \\
f'''(x) & = & -\cos x - 8\cos 2x & = & -16\cos^2 x - \cos x + 8.
\end{array}$$

In $[0; \pi]$ hat f die Nullstellen 0, $\arccos(-0{,}5) \approx 2{,}1$ und π; die Steigungen sind dort 3 bzw. $-1{,}5$ bzw. 1. Stellen mit waagerechter Tangente in $[0; \pi]$ ergeben sich aus $4\cos^2 x + \cos x - 2 = 0$ bzw. $\cos x = -\frac{1}{8} \pm \frac{1}{8}\sqrt{33}$ zu

$$\arccos\left(-\frac{1}{8} + \frac{1}{8}\sqrt{33}\right) \approx 0{,}94 \quad \text{und} \quad \arccos\left(-\frac{1}{8} - \frac{1}{8}\sqrt{33}\right) \approx 2{,}57.$$

Wegen $f''(0{,}94) < 0$ liegt an der der Stelle 0,94 ein Hochpunkt vor, wegen $f''(2{,}57) > 0$ liegt an der Stelle 2,57 ein Tiefpunkt vor.

Zwischen diesen beiden Stellen liegt eine Wendestelle, welche sich aus der Gleichung $1 + 8\cos x = 0$ zu $x = \arccos\left(-\dfrac{1}{8}\right) \approx 1{,}7$ ergibt. Auch die Nullstellen 0 und π sind Wendestellen. Fig. 5 zeigt eine volle Periode von f.

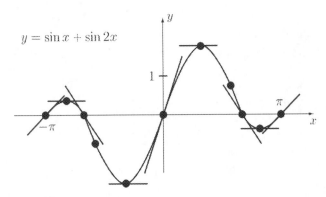

$$y = \sin x + \sin 2x$$

Fig. 5: Zu Beispiel 4

Aufgaben

1. a) Man beweise, dass der Graph einer auf $\mathbb{R}$ definierten Funktion f genau dann achsensymmetrisch zu der Geraden mit der Gleichung $x = a$ ist, wenn

$$f(2a - x) = f(x) \quad \text{für alle } x \in D(f).$$

b) Man beweise, dass der Graph einer auf $\mathbb{R}$ definierten Funktion f genau dann punktsymmetrisch zum Punkt (a, b) ist, wenn

$$f(2a - x) = 2b - f(x) \qquad \text{für alle } x \in D(f).$$

2. Man beweise: Jede Parabel dritter Ordnung, also jede Kurve mit der Gleichung $y = ax^3 + bx^2 + cx + d$, ist punktsymmetrisch zu ihrem Wendepunkt.

3. Man berechne die Steigung in den Nullstellen und die Krümmungsradien in den Extremalpunkten; man zeichne dann ein Schaubild von f.

    a) $f(x) = \dfrac{x^5}{160} - \dfrac{x^4}{64}$ b) $f(x) = \dfrac{x}{1 + x^2}$ c) $f(x) = (x \ln x)^2$

4. Man diskutiere die durch folgenden Term gegebene Funktion:

    a) $f(x) = \dfrac{1}{30}(x^4 + 15x)$ b) $f(x) = \dfrac{x^2 - 2x + 1}{x^2 + 1}$ c) $f(x) = x + \dfrac{1}{x^2}$

    d) $f(x) = e^{\frac{1}{x}}$ e) $f(x) = x^2 \sin \dfrac{1}{x}$ f) $f(x) = \ln x \cdot \sin x$

XII.2 Implizite Differenziation

In einem kartesischen Koordinatensystem wird durch die Gleichung $x^2 + y^2 = r^2$ ein Kreis um den Ursprung mit dem Radius r beschrieben. Der Kreis ist kein Funktionsgraph, da zu jedem x-Wert mit $|x| < r$ zwei verschiedene y-Werte gehören. Wir können den Kreis aber in zwei *Äste* (Halbkreise) zerlegen, welche als Graphen der Funktionen

$$f_1: \ x \mapsto \sqrt{r^2 - x^2},$$
$$f_2: \ x \mapsto -\sqrt{r^2 - x^2}$$

mit der Definitionsmenge $[-r; r]$ anzusehen sind (Fig. 1). Auch die Gleichung

$$(x^2 + y^2)^3 - 27x^2y^2 = 0$$

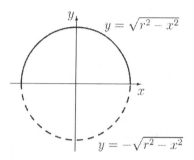

Fig. 1: Kreis mit zwei Funktionsästen

beschreibt eine „Kurve" im kartesischen Koordinatensystem, hier ist es aber schon wesentlich schwerer, einzelne Äste zu erkennen, welche als Graph einer Funktion zu deuten sind. Nehmen wir an, es gäbe eine differenzierbare Funktion f derart, dass die Punkte mit $y = f(x)$ obiger Gleichung genügen. Dann wäre

$$(x^2 + f(x)^2)^3 - 27x^2 f(x)^2 = 0 \qquad \text{für alle } x \in D_f.$$

Die Ableitung dieses Terms muss dann ebenfalls auf D_f verschwinden; denn gilt $T_1(x) = T_2(x)$ für alle $x \in D \subseteq \mathbb{R}$ und sind T_1, T_2 differenzierbar auf D, dann gilt auch $T_1'(x) = T_2'(x)$ für alle $x \in D \subseteq \mathbb{R}$. Es ist also

$$3(x^2 + f(x)^2)^2 \cdot (2x + 2f(x)f'(x)) - 27(2xf(x)^2 + x^2 \cdot 2f(x)f'(x)) = 0.$$

Lösen wir dies nach $f'(x)$ auf und setzen wieder y für $f(x)$, dann ergibt sich

$$f'(x) = \frac{x(9y^2 - (x^2 + y^2)^2)}{y((x^2 + y^2)^2 - 9x^2)}.$$

Kennt man nun einen Punkt der Kurve, dann kann man in ihm die Steigung berechnen.

Die Kurve ist offensichtlich symmetrisch zu den Koordinatenachsen und auch symmetrisch zu den Winkelhalbierenden des Koordinatensystems, so dass wir uns zunächst auf den Bereich $x \geq y \geq 0$ beschränken können.

Für $x = y$ ergibt sich außer $O(0,0)$ der Punkt

$$P\left(\frac{3}{2}\sqrt{\frac{3}{2}}, \frac{3}{2}\sqrt{\frac{3}{2}}\right) \text{ mit der Steigung } -1.$$

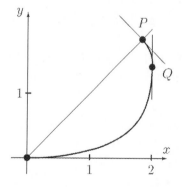

Fig. 2: Kurvenstück zu $x \geq y \geq 0$

Eine senkrechte Tangente existiert für $x^2 + y^2 = 3x$; setzt man dies in die Gleichung der Kurve ein, so findet man $x = 2$ und damit $y = \sqrt{2}$, also den Punkt $Q(2, \sqrt{2})$ mit einer senkrechten Tangente.

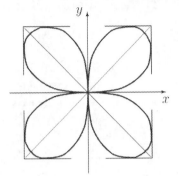

Zwischen P und Q ist die Steigung negativ, nach Durchlaufen von Q (also für $0 < x < 2$, $0 < y < \sqrt{2}$) ist sie positiv. Offensichtlich geht die Kurve durch den Ursprung, der Term für $f'(x)$ ist dort aber nicht definiert.

Fig. 2 zeigt das analysierte Kurvenstück. Weitere Teile der durch obige Gleichung definierten Kurve ergeben sich aufgrund der Symmetrie (*Kleeblattkurve*, Fig. 3).

Fig. 3: Kleeblattkurve

Die erste Schwierigkeit bei der Analyse der durch eine Gleichung $F(x, y) = 0$ gegebenen Funktionen („Funktionsäste") besteht in der Bestimmung der Definitionsmenge dieser Funktionen. Dies ist in der Regel nur dann einfach, wenn die Gleichung $F(x, y) = 0$ wie die obige Kreisgleichung einfach nach y auflösbar ist.

Um hierzu einen allgemeinen Satz zu formulieren, benötigen wir den Begriff der *Stetigkeit* und der *partiellen Ableitungen* einer Funktion von zwei Variablen.

Ist F eine Abbildung von $\mathbb{R}^2$ in $\mathbb{R}$, dann beschreibt die Gleichung $z = F(x, y)$ eine Fläche in einem dreidimensionalen kartesischen Koordinatensystem. Die Punkte mit $z = 0$, also $F(x, y) = 0$, bilden dann die Schnittkurve dieser Fläche mit der xy-Ebene.

Definition 1: Die Funktion $F : (x, y) \mapsto F(x, y)$ mit dem Definitionsbereich $D_F \subseteq \mathbb{R}^2$ und dem Bildbereich $B_f \subseteq \mathbb{R}$ heißt *stetig* an der Stelle $(x_0, y_0) \in D_F$, wenn für jedes $\varepsilon > 0$ ein $\delta > 0$ derart existiert, dass für alle $(x, y) \in D_F$ mit $\sqrt{(x - x_0)^2 + (y - y_0)^2} < \delta$ gilt:

$$|F(x, y) - F(x_0, y_0)| < \varepsilon.$$

Definition 2: Denkt man sich y als Konstante und differenziert den Term $F(x, y)$ nach x, dann nennt man den so erhaltenen Ausdruck die *partielle Ableitung von F nach x*. Entsprechend ist die *partielle Ableitung von F nach y* erklärt. Dabei sei vorausgesetzt, dass die Stelle (x, y) im Inneren eines ganz in D_F enthaltenen achsenparallelen Rechtecks liegt und die genannten Ableitungen existieren. Man bezeichnet die partiellen Ableitungen mit

$$\frac{\partial}{\partial x} F(x, y) \quad \text{bzw.} \quad \frac{\partial}{\partial y} F(x, y)$$

(lies: „F partiell nach x (nach y) differenziert".) Für die partiellen Ableitungen von F benutzt man auch die abkürzenden Schreibweisen F_x, F_y.

Beispiel 1: Für $F(x, y) = (x^2 + y^2)^3 - 27x^2y^2$ ist

$$F_x(x, y) = \frac{\partial}{\partial x} F(x, y) = 3(x^2 + y^2)^2 \cdot 2x - 27 \cdot 2x \cdot y^2 = 6x((x^2 + y^2)^2 - 9y^2),$$

$$F_y(x, y) = \frac{\partial}{\partial y} F(x, y) = 3(x^2 + y^2)^2 \cdot 2y - 27 \cdot x^2 \cdot 2y = 6y((x^2 + y^2)^2 - 9x^2).$$

Nochmaliges partielles Differenzieren nach der jeweils anderen Variablen ergibt $F_{xy}(x, y) = F_{yx}(x, y) = 12xy(x^2 + y^2 - 9)$. (Bei jeder „anständigen" Funktion F gilt $F_{xy} = F_{yx}$, das wollen wir hier aber nicht näher untersuchen.)

Besitzt F partielle Ableitungen in einem offenen Rechteck

$$R =]x_1; x_2[\times]y_1; y_2[\subseteq D(F),$$

dann gilt für $(x, y), (x_0, y_0) \in R$

$$F(x, y) - F(x_0, y_0) = F(x, y) - F(x_0, y) + F(x_0, y) - F(x_0, y_0)$$
$$= F_x(x_0, y)(x - x_0) + \delta_1(x, y) + F_y(x_0, y_0)(y - y_0) + \delta_2(x_0, y)$$

mit

$$\lim_{x \to x_0} \frac{\delta_1(x, y)}{x - x_0} = 0 \quad \text{und} \quad \lim_{y \to y_0} \frac{\delta_2(x_0, y)}{y - y_0} = 0.$$

Sind die partiellen Ableitungen stetig in R, dann ist also

$$F(x, y) = F(x_0, y_0) + F_x(x_0, y_0)(x - x_0) + F_y(x_0, y_0)(y - y_0) + \varrho(x, y)$$

mit

$$\lim_{\substack{x \to x_0 \\ y \to y_0}} \frac{\varrho(x, y)}{\sqrt{(x - x_0)^2 + (y - y_0)^2}} = 0.$$

(Bei diesem Grenzwert ist es gleichgültig, auf welchem Weg sich der Punkt (x, y) dem Punkt (x_0, y_0) nähert.) Es ergibt sich also wie bei Funktionen von nur einer Variablen eine *lineare Approximation* an der Stelle (x_0, y_0).

Satz 1: Ist F eine Funktion von zwei Variablen x, y mit stetigen partiellen Ableitungen in einem achsenparallelen Rechteck R, gilt ferner an einer Stelle $(x_0, y_0) \in R$ die Gleichung $F(x_0, y_0) = 0$ und ist $F_y(x_0, y_0) \neq 0$, dann existiert ein Intervall $I =]a; b[$ mit $x_0 \in I$, so dass genau eine stetige Funktion f mit $F(x, f(x)) = 0$ auf I existiert. Für diese Funktion gilt $y_0 = f(x_0)$. Die Funktion f ist differenzierbar auf I, und es gilt dort

$$f'(x) = -\frac{F_x(x, y)}{F_y(x, y)} \quad \text{mit} \quad y = f(x).$$

Beweis: Es ist keine Beschränkung der Allgemeinheit, die partielle Ableitung $F_y(x_0, y_0)$ als positiv anzunehmen. Wegen der Stetigkeit von $F_y(x, y)$ existiert

dann ein achsenparalleles Rechteck R
um den Punkt (x_0, y_0), in welchem
überall $F_y(x, y) > 0$ gilt (Fig. 4). Es
ist daher

$$F(x_0, u) < 0 < F(x_0, v)$$

für alle u, v mit $u < y_0 < v$ und
$(x_0, u), (x_0, v) \in R$. Wegen der Stetigkeit von F existiert also ein Rechteck
$]a; b[\times]\alpha; \beta[\subseteq R$ mit

$$F(x, \alpha) < 0 < F(x, \beta)$$

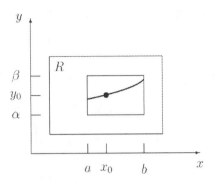

Fig. 4: Zum Beweis von Satz 1

für alle $x \in [a; b]$. Es gibt also nach dem
Zwischenwertsatz für jedes $x \in]a; b[$ genau ein $y \in]\alpha; \beta[$ mit $F(x, y) = 0$. Die
Funktion, die diesem x dieses y zuordnet, nennen wir f. Die Stetigkeit der so
konstruierten Funktion f auf $]a; b[$ liegt auf der Hand. Die Differenzierbarkeit
ergibt sich folgendermaßen: Für zwei Punkte

$$(x, y), (x + h, y + k) \in]a; b[\times]\alpha; \beta[$$

gilt aufgrund der Stetigkeit der partiellen Ableitungen von F

$$F(x + h, y + k) = F(x, y) + hF_x + kF_y + \varepsilon_1 h + \varepsilon_2 k,$$

wobei $\varepsilon_1, \varepsilon_2$ mit $\sqrt{h^2 + k^2} \to 0$ gegen 0 streben. Mit

$$F(x, y) = 0, \ F(x + h, y + k) = 0, \ y = f(x), \ y + k = f(x + h)$$

ergibt sich

$$hF_x + kF_y + \varepsilon_1 h + \varepsilon_2 k = 0.$$

Wegen der Stetigkeit von f strebt mit h auch k gegen 0. Aus

$$\left(1 + \frac{\varepsilon_2}{F_y}\right) \frac{h}{k} + \frac{F_x}{F_y} + \frac{\varepsilon_1}{F_y} = 0$$

ergibt sich beim Grenzübergang $h \to 0$

$$\lim_{h \to 0} \frac{f(x + h) - f(x)}{h} = \lim_{h \to 0} \frac{k}{h} = -\frac{F_x}{F_y}. \qquad \square$$

Die Differenziationsregel in Satz 1 gewinnt man sofort mit Hilfe der Kettenregel
aus $F(x, f(x)) = 0$, wenn man schon weiß, dass die Funktion f differenzierbar
ist. Im Beweis zu Satz 1 musste aber vor allem die *Differenzierbarkeit* von f
nachgewiesen werden.

Beispiel 2: Das *Folium Cartesii* oder *descartessche Blatt* (nach René Descartes, 1596–1650) ist durch die Gleichung

$$F(x,y) = x^3 + y^3 - 3xy = 0$$

gegeben (Fig. 5). Die Kurve ist wegen $F(x,y) = F(y,x)$ symmetrisch zur Winkelhalbierenden des 1. Quadranten. Für jeden Funktionsast f gilt

$$f'(x) = -\frac{x^2 - y}{y^2 - x}.$$

falls $y^2 \neq x$. Aus $y^2 = x$ folgt aber aus der Kurvengleichung $(x,y) = (0,0)$ oder $(x,y) = (\sqrt[3]{4}, \sqrt[3]{2})$. Im ersten Fall versagt die Ableitungsformel. Weil im Kurvenpunkt $(0,0)$ die Ableitung nicht eindeutig bestimmt ist, nennt man dies einen *singulären Punkt* der Kurve. Im zweiten Fall ergibt sich ein Punkt mit einer senkrechten Tangente. Wegen der Symmetrie ist dann $(\sqrt[3]{2}, \sqrt[3]{4})$ ein Punkt mit einer waagerechten Tangente. Im Punkt $\left(\frac{3}{2}, \frac{3}{2}\right)$ ist die Steigung -1. Die Gerade mit der Gleichung $y = -x - 1$ ist eine Asymptote der Kurve. (Setzt man $y = -x - 1$ in dem Term $F(x,y)$, dann ergibt sich der konstante Wert 1.)

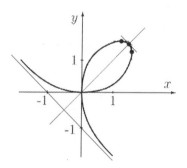

Fig. 5: Folium Cartesii

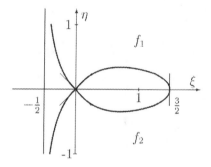

Fig. 6: Folium Cartesii

Weiteren Aufschluss kann man über das *Folium Cartesii* erhalten, wenn man die aufgrund der Symmetrie naheliegende Koordinatentransformation

$$\begin{aligned} x &= \xi - \eta \\ y &= \xi + \eta \end{aligned} \quad \text{bzw.} \quad \begin{aligned} \xi &= 0,5 \cdot (x + y) \\ \eta &= 0,5 \cdot (-x + y) \end{aligned}$$

ausführt, welche eine Drehstreckung darstellt. Es ergibt sich die Gleichung

$$2\xi^3 + 6\xi\eta^2 - 3\xi^2 + 3\eta^2 = 0 \quad \text{bzw.} \quad \eta^2 = \frac{1}{3}\,\xi^2 \cdot \frac{3 - 2\xi}{1 + 2\xi}$$

mit den beiden Funktionsästen

$$f_1 : \xi \mapsto +\frac{1}{\sqrt{3}}\,\xi\sqrt{\frac{3 - 2\xi}{1 + 2\xi}} \quad \text{und} \quad f_2 : \xi \mapsto -\frac{1}{\sqrt{3}}\,\xi\sqrt{\frac{3 - 2\xi}{1 + 2\xi}}.$$

Man erkennt sofort die Definitionsmenge $\left]-\dfrac{1}{2};\dfrac{3}{2}\right]$ und die Asymptote mit der Gleichung $\xi = -\dfrac{1}{2}$ (Fig. 6). Diese geht bei obiger Transformation in die Gerade mit der Gleichung $y = -x - 1$ über.

Beispiel 3: Die Kurve mit der Gleichung

$$F(x,y) = x^5 + 5x^4 - 16y^2 = 0$$

zerfällt in die Äste

$$f_1 : x \mapsto +\frac{1}{4}x^2\sqrt{5+x} \quad \text{und} \quad f_2 : x \mapsto -\frac{1}{4}x^2\sqrt{5+x}.$$

Es ist aber bequemer, die Kurve in der impliziten anstatt in der expliziten Form zu diskutieren. Für jeden Funktionsast gilt

$$f'(x) = -\frac{5x^4 + 20x^3}{-32y} = \frac{5}{32}x^3 \cdot \frac{x+4}{y}.$$

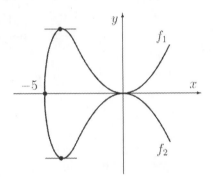

Hier erkennt man sofort $(-4, \pm 4)$ als Punkte mit waagerechten Tangenten und $(-5, 0)$ als einen Punkt mit senkrechter Tangente. An der expliziten Form ist aber andererseits die Definitionsmenge $[-5, \infty[$ der Funktionsäste leichter zu erkennen. In Fig. 7 ist die Kurve dargestellt.

Fig. 7: $x^5 + 5x^4 - 16y^2 = 0$

Beispiel 4: Die Kurve mit der Gleichung

$$(x^2 + y^2)^2 - 2a^2(x^2 - y^2) = 0$$

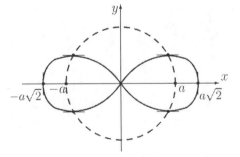

(Fig. 8) heißt *Lemniskate* (von griech. lēmnikos = wollenes Band). Die Kurve ist symmetrisch zu beiden Koordinatenachsen. Sie geht durch den Ursprung; dort haben beide partiellen Ableitungen den Wert 0, so dass ein singulärer Punkt vorliegt. Für alle anderen Punkte der Funktionsäste f gilt

Fig. 8: Lemniskate

$$f'(x) = -\frac{x(x^2 + y^2) - a^2 x}{y(x^2 + y^2) + a^2 y}.$$

Senkrechte Tangenten liegen in den Punkten $(\pm a\sqrt{2}, 0)$ vor, waagerechte Tangenten in den Punkten mit $x^2 + y^2 = a^2$, also in den vier Punkten $\left(\pm\frac{a}{2}\sqrt{3}, \pm\frac{a}{2}\right)$. Die Lemniskate ist der geometrische Ort aller Punkte, für welche das Produkt der Entfernungen von den Punkten $(-a, 0)$ und $(a, 0)$ den konstanten Wert a^2 hat (Aufgabe 3).

Beispiel 5: Die Gleichung

$$\left(\frac{x}{a}\right)^{\frac{2}{3}} + \left(\frac{y}{b}\right)^{\frac{2}{3}} = 1 \quad (a, b > 0)$$

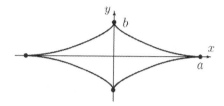

beschreibt eine *Asteroide* (Fig. 9). Sie ist symmetrisch zu den Koordinatenachsen, weshalb es genügt, den Teil der Kurve mit $x, y \geq 0$ zu analysieren und damit die in diesem Bereich gegebene Funktion f. Es gilt

Fig. 9: Asteroide

$$f'(x) = -\frac{\frac{2}{3}\left(\frac{x}{a}\right)^{-\frac{1}{3}} \cdot \frac{1}{a}}{\frac{2}{3}\left(\frac{y}{b}\right)^{-\frac{1}{3}} \cdot \frac{1}{b}} = -\frac{b}{a}\left(\frac{ay}{bx}\right)^{\frac{1}{3}} \qquad \text{für } x > 0.$$

Daran erkennt man sofort, dass die Kurve im Punkt $(a, 0)$ die x-Achse berührt und im Punkt $(0, b)$ die y-Achse berührt, dass in diesen Punkten also „Spitzen" vorliegen.

Beispiel 6: Die durch die Gleichung

$$(x^2 + y^2 - 4x)^2 = 16(x^2 + y^2)$$

gegebene Kurve ist eine *Kardioide* (Fig. 10). Sie ist symmetrisch zur x-Achse. Hier ist es ratsam, die Gestalt der Kurve anhand der einzelnen Äste zu untersuchen. Auflösen nach y ergibt

$$y = f_{1/2}(x) = \pm\sqrt{-(x^2 - 4x - 8) - 8\sqrt{x+1}} \quad \text{für } -1 \leq x \leq 0,$$

$$y = f_{3/4}(x) = \pm\sqrt{-(x^2 - 4x - 8) + 8\sqrt{x+1}} \quad \text{für } -1 \leq x \leq 8.$$

Die Graphen von $f_{1/2}$ gehen durch die Punkte $(-1, \pm\sqrt{3})$ und $(0, 0)$. Sie münden mit einer vertikalen Tangente in die Punkte $(-1, \pm\sqrt{3})$. Bei (linksseitiger) Annäherung an $(0, 0)$ kann man $f_{1/2}(x)$ wegen der Taylor-Entwicklung

$$\sqrt{1+x} = 1 + \frac{1}{2}x - \frac{1}{8}x^2 + \frac{1}{24}x^3 - \ldots = \frac{1}{8}\left(8 + 4x - x^2 + \frac{1}{3}x^3 - \ldots\right)$$

durch $\pm\sqrt{-\frac{1}{3}x^3}$ abschätzen. Daher münden die Graphen von $f_{1/2}$ mit einer waagerechten Tangente in den Punkt $(0, 0)$.

Die Graphen von $f_{3/4}$ gehen durch die
Punkte $(-1, \pm\sqrt{3})$ (mit vertikaler Tangente), durch die Punkte $(0, \pm 4)$ mit der
Steigung ± 1 und durch den Punkt $(8, 0)$
mit einer vertikalen Tangente.

Genau dann ist $f'_{3/4}(x) = 0$, wenn

$$2 - x + \frac{2}{\sqrt{x+1}} = 0.$$

Diese Gleichung führt auf

$$(x+1)(x-2)^2 = 4$$

mit der einzigen reellen Lösung 3. Die
Punkte $(3, \pm 3\sqrt{3})$ sind Extremalpunkte.

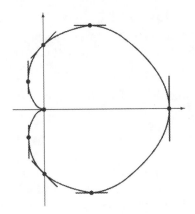

Fig. 10: Kardioide

Beispiel 7: Fig. 11 zeigt die Kurve mit
der Gleichung

$$F(x, y) = x^5 + y^5 - xy^2 = 0.$$

Hier ist eine Darstellung einzelner Äste
durch eine Funktion nur schwer möglich.
Die Kurve ist punktsymmetrisch zum Ursprung, denn mit einem Punkt (x, y)
ist auch $(-x, -y)$ ein Kurvenpunkt. Es
genügt also, $x \geq 0$ zu betrachten. Die Gerade mit der Gleichung $x + y = 0$ ist eine Asymptote. Dieses asymptotische Verhalten kann man folgendermaßen feststellen: Für hinreichend großes $x > 0$ ist
$-x < y < 0$. Wir betrachten einen Kur-
venpunkt (x, y) und setzen $\frac{y}{x} = -\alpha$, so dass
$0 < \alpha < 1$.

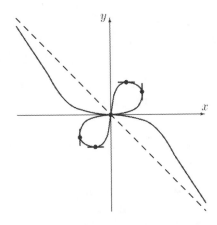

Fig. 11: $x^5 + y^5 - xy^2 = 0$

Die Kurvengleichung ergibt $(1 - \alpha^5)x^5 - \alpha^2 x^3 = 0$ und damit $x^2 = \dfrac{\alpha^2}{1 - \alpha^5}$. Für
$x \to \infty$ strebt α gegen 1 und damit

$$x + y = (1 - \alpha)x = (1 - \alpha)\sqrt{\frac{\alpha^2}{1 - \alpha^5}} = \alpha\sqrt{\frac{1 - \alpha}{1 + \alpha + \alpha^2 + \alpha^3 + \alpha^4}}$$

gegen 0. Es gilt ferner

$$-\frac{F_x(x, y)}{F_y(x, y)} = -\frac{5x^4 - y^2}{5y^4 - 2xy}.$$

Stellen $\neq 0$ mit vertikaler Tangente ergeben sich aus $5y^4 - 2xy = 0$. Dies liefert zunächst $xy^2 = \frac{5}{2}y^5$, damit ergibt die Kurvengleichung $x^5 = \frac{3}{2}y^5$ und damit wiederum $\frac{5}{2}y^5 - \sqrt[5]{\frac{3}{2}}y^3$, also $y^2 = \frac{1}{5}\sqrt[5]{48}$. Für diese y-Werte erhält man $x^2 = \frac{1}{5}\sqrt[5]{108}$. Man findet für $x > 0$ den Punkt $V\left(\frac{\sqrt[10]{48}}{\sqrt{5}}, \frac{\sqrt[10]{108}}{\sqrt{5}}\right)$. Stellen $\neq 0$ mit horizontaler Tangente ergeben sich aus $5x^4 - y^2 = 0$ und der Kurvengleichung. Für $x > 0$ findet man den Punkt $H\left(\frac{\sqrt[5]{9}}{\sqrt{5}}, \frac{\sqrt[5]{81}}{\sqrt{5}}\right)$. In O hat die Kurve die Steigungen 0 bzw. ∞, auf den etwas schwierigen Nachweis wollen wir hier aber verzichten. Denn für die Untersuchung derartiger „singulärer Punkte" benötigt man den Begriff der Taylor-Entwicklung für Funktionen mehrerer Variabler.

Aufgaben

1. Man bestimme die Steigung der Tangente im Punkt (x_0, y_0) der Ellipse mit der Gleichung $\frac{x^2}{a^2} + \frac{y^2}{b^2} = 1$.

2. Man diskutiere die Kurve mit der Gleichung $x(x+1)(x+2) - y^2 = 0$.

3. Man beweise die angegebene Kennzeichnung der Lemniskate als Ortskurve.

4. Man diskutiere die durch folgende Gleichung beschriebene Kurve:

a) $y^2 - x^3(2-x) = 0$ b) $x^4 + y^4 = 2xy^2$ c) $x^2y^2 + y = 1$

d) $x^3 - 2x^2 - y^2 + x = 0$ e) $(x^2 + y^2 - 2)^2 = x^2$ f) $y^3 + xy + x^3 = 0$

XII.3 Parameterdarstellung von Kurven, Darstellung mit Polarkoordinaten

Die Funktionen φ, ψ seien stetig auf dem Intervall I. Dann ist die Punktmenge

$$C := \{(x,y) \mid x = \varphi(t), y = \psi(t), t \in I\}$$

eine *Kurve*. Um pathologische Fälle von Kurven auszuschließen, verlangt man bei dieser Beschreibung einer Kurve meistens noch, dass die durch φ, ψ definierte Abbildung von I auf C bijektiv ist und die Umkehrabbildung ebenfalls stetig ist. Wir schreiben diese *Parameterdarstellung* der Kurve in der Vektorform

$$\begin{pmatrix} x \\ y \end{pmatrix} = \begin{pmatrix} \varphi(t) \\ \psi(t) \end{pmatrix} \quad (t \in I).$$

Beispielsweise hat der Kreis mit dem Radius r um den Ursprung eines kartesischen Koordinatensystems die Parameterdarstellung $\begin{pmatrix} x \\ y \end{pmatrix} = \begin{pmatrix} r\cos t \\ r\sin t \end{pmatrix}$ $(t \in [0; 2\pi[)$.

Die Gerade durch den Punkt $P(a,b)$ mit dem Richtungsvektor $\begin{pmatrix} u \\ v \end{pmatrix}$ hat die Parameterdarstellung $\begin{pmatrix} x \\ y \end{pmatrix} = \begin{pmatrix} a + tu \\ b + tv \end{pmatrix}$ $(t \in \mathbb{R})$. Der Graph der Funktion f über dem Intervall I kann durch $\begin{pmatrix} x \\ y \end{pmatrix} = \begin{pmatrix} t \\ f(t) \end{pmatrix}$ $(t \in I)$ beschrieben werden.

Wir setzen nun voraus, dass die Funktionen φ, ψ in I stetig differenzierbar sind; wir bezeichnen die Ableitungen mit φ', ψ'. (Üblich ist hier auch — vor allem in der Physik, wenn der Parameter t die Zeit angibt — die Bezeichnung der Ableitungen mit $\dot\varphi, \dot\psi$; diese Bezeichnung geht auf Newton zurück.)

Ein *Tangentenvektor* im Kurvenpunkt zum Parameterwert t ist

$$\begin{pmatrix} \varphi'(t) \\ \psi'(t) \end{pmatrix}.$$

Dies erkennt man anhand der Kettenregel: Ist $y = f(x)$ eine Funktionsdarstellung eines Kurvenstücks, dann folgt aus $\psi(t) = f(\varphi(t))$

$$\psi'(t) = \frac{\mathrm{d}}{\mathrm{d}x} f(\varphi(t)) \cdot \varphi'(t).$$

Ein *Normalenvektor* im Kurvenpunkt zum Parameterwert t ist dann (Fig. 1)

$$\begin{pmatrix} -\psi'(t) \\ \varphi'(t) \end{pmatrix}.$$

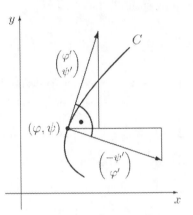

Fig. 1: Tangentenvektor, Normalenvektor

Der Graph einer Funktion f über $[a; b]$ sei in einer Parameterdarstellung

$$\begin{pmatrix} \varphi(t) \\ \psi(t) \end{pmatrix}, \quad (t \in [\alpha; \beta]), \quad \varphi(\alpha) = a, \ \varphi(\beta) = b$$

gegeben. Dann gilt aufgrund der Substitutionsregel

$$\int_a^b f(x)\,\mathrm{d}x = \int_\alpha^\beta f(\varphi(t))\varphi'(t)\,\mathrm{d}t = \int_\alpha^\beta \psi(t)\varphi'(t)\,\mathrm{d}t.$$

Wir betrachten nun eine *geschlossene* Kurve

$$\begin{pmatrix} \varphi(t) \\ \psi(t) \end{pmatrix}, \quad (t \in [\alpha; \beta]), \quad \varphi(\alpha) = \varphi(\beta), \ \psi(\alpha) = \psi(\beta)$$

und wollen den von ihr eingeschlossenen Flächeninhalt A berechnen. Wir nehmen an, die Kurve lasse sich in zwei Bogen C_1, C_2 zerlegen, welche als Graphen von Funktionen f_1, f_2 zu deuten sind (Fig. 2):

$$C_1 : t \in [\alpha; \gamma]; \ \varphi'(t) > 0 \text{ auf }]\alpha; \gamma[; \qquad C_2 : t \in [\gamma; \beta]; \ \varphi'(t) < 0 \text{ auf }]\gamma; \beta[.$$

Dann ist A die Differenz der Flächeninhalte unter den beiden Kurvenstücken C_1 und C_2, also

$$
\begin{aligned}
A &= \int_\alpha^\gamma \psi(t)\varphi'(t)\,dt - \int_\beta^\gamma \psi(t)\varphi'(t)\,dt \\
&= \int_\alpha^\gamma \psi(t)\varphi'(t)\,dt + \int_\gamma^\beta \psi(t)\varphi'(t)\,dt \\
&= \int_\alpha^\beta \psi(t)\varphi'(t)\,dt.
\end{aligned}
$$

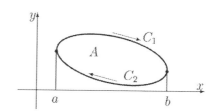

Fig. 2: Inhalt einer geschlossenen Kurve

Kann man die geschlossene Kurve in zwei Funktionsgraphen bezüglich der y-Achse zerlegen ($x = g_1(y)$, $x = g_2(y)$), dann erhält man in gleicher Weise $A = -\int_\alpha^\beta \varphi(t)\psi'(t)\,dt$. Das Minuszeichen ergibt sich aus dem Umlaufsinn der Kurve; der „obere" Bogen der Kurve wird nämlich in Richtung *abnehmender y-Werte* durchlaufen, wenn wir an der eingangs gewählten Durchlaufungsrichtung festhalten. Schließlich kann man A noch als arithmetisches Mittel der beiden für A gefundenen Ausdrücke darstellen. Der Flächeninhalt ergibt sich mit einem *Vorzeichen*, welches dem Umlaufsinn der Kurve entspricht. Damit erhalten wir folgenden Satz:

Satz 1: Ist eine geschlossene Kurve wie oben in Parameterdarstellung gegeben, dann hat die eingeschlossene Fläche den Inhalt

$$A = \int_\alpha^\beta \psi(t)\varphi'(t)\,dt = -\int_\alpha^\beta \varphi(t)\psi'(t)\,dt = \frac{1}{2}\int_\alpha^\beta (\psi(t)\varphi'(t) - \varphi(t)\psi'(t))\,dt.$$

Der Flächeninhalt ergibt sich bei negativem Umlaufsinn der Kurve als negativ, bei positiven Umlaufsinn als positiv (Fig. 3).

Der Flächeninhalt ändert sich nicht bei einer Verschiebung des Koordinatensystems, weil die Integrale über $c\varphi'$ und $d\psi'$ ($(c, d \in \mathbb{R})$) den Wert 0 haben.

Negativer Umlaufsinn
(Uhrzeigersinn):
Flächeninhalt negativ

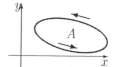

Positiver Umlaufsinn
(Gegenuhrzeigersinn):
Flächeninhalt positiv

Fig. 3: Orientierung des Flächeninhalts

Beispiel 1: Die durch

$$\begin{pmatrix} a\cos t \\ b\sin t \end{pmatrix} \quad (0 \le t \le 2\pi)$$

gegebene Kurve ist eine Ellipse mit den Halbachsenlängen a, b. Die Kurve wird im Gegenuhrzeigersinn durchlaufen, wenn t von 0 bis 2π läuft, der Inhalt ist also negativ. Zur Berechnung des Betrags A des Flächeninhalts ist es günstig, die dritte der Formeln in Satz 1 zu benutzen:

$$A = \frac{1}{2}\int_0^{2\pi} ab\sin^2 t + ab\cos^2 t \ \mathrm{d}t = \frac{ab}{2}\int_0^{2\pi} \sin^2 t + \cos^2 t \ \mathrm{d}t$$

$$= \frac{ab}{2}\int_0^{2\pi} 1 \ \mathrm{d}t = \frac{ab}{2}\cdot 2\pi = \pi ab.$$

Beispiel 2: Die durch

$$\begin{pmatrix} a\cos^3 t \\ b\sin^3 t \end{pmatrix} \quad (0 \le t \le 2\pi)$$

gegebene Kurve ist eine *Asteroi-de* (Fig. 4; vgl. auch Beispiel 5 in XII.2). Die von ihr eingeschlossene Fläche hat den Inhaltsbetrag

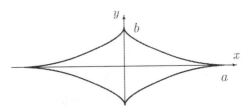

Fig. 4: Asteroide

$$A = \frac{1}{2}\int_0^{2\pi} b\sin^3 t \cdot 3a\cos^2 t \sin t + a\cos^3 t \cdot 3b\sin^2 t \cos t \ \mathrm{d}t$$

$$= \frac{3ab}{2}\int_0^{2\pi}(\sin^2 t\cos^2 t)(\sin^2 t + \cos^2 t) \ \mathrm{d}t = \frac{3ab}{2}\int_0^{2\pi}(\sin t\cos t)^2 \ \mathrm{d}t$$

$$= \frac{3ab}{8}\int_0^{2\pi}(\sin 2t)^2 \ \mathrm{d}t = \frac{3ab}{16}\int_0^{4\pi}(\sin x)^2 \ \mathrm{d}x = \frac{3ab}{16}\cdot 2\pi = \frac{3}{8}ab\pi.$$

Für die Ableitung der Bogen-längenfunktion $s(t)$ einer wie oben in Parameterdarstellung ge-gebene Kurve ist offensichtlich

$$s'(t) = \sqrt{(\varphi'(t))^2 + (\psi'(t))^2},$$

(Fig. 5), also gilt:

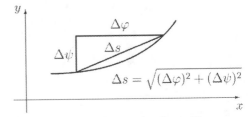

Fig. 5: Berechnung der Bogenlänge

Satz 2: Ist eine Kurve wie oben in Parameterdarstellung gegeben, dann hat sie die Länge

$$L = \int\limits_{\alpha}^{\beta} \sqrt{(\varphi'(t))^2 + (\psi'(t))^2}\, dt,$$

falls dieses Integral existiert.

Beispiel 3: Die Länge der Ellipse aus Beispiel 1 ist

$$L = \int\limits_{0}^{2\pi} \sqrt{(-a\sin t)^2 + (b\cos t)^2}\, dt = 2 \int\limits_{0}^{\pi} \sqrt{b^2 + (a^2 - b^2)\sin^2 t}\, dt.$$

Außer für $b = 0$ oder $a^2 - b^2 = 0$ ist dieses Integral nicht elementar zu berechnen („elliptisches Integral"). Approximiert man das Integral mit Hilfe der Simpson-Formel aus Abschnitt X.7, dann ergibt sich der Näherungswert

$$L \approx 2 \cdot \frac{\pi}{6} \cdot (b + 4a + b) = 2\pi \cdot \frac{2a + b}{6}.$$

Beispiel 4: Die Länge der Asteroiden aus Beispiel 2 ist

$$L = 4 \cdot \int\limits_{0}^{\frac{\pi}{2}} \sqrt{(3a\cos^2 t \sin t)^2 + (3b\sin^2 t \cos t)^2}\, dt$$

$$= \int\limits_{0}^{\frac{\pi}{2}} 3\sin t \cos t \sqrt{a^2 + (b^2 - a^2)\sin^2 t}\, dt.$$

Mit der Substitution $\sin^2 t =: u$ und $2\sin t \cos t = \dfrac{du}{dt}$ ergibt sich

$$L = 4 \cdot \frac{3}{2} \int\limits_{0}^{1} \sqrt{a^2 + (b^2 - a^2)u}\, du$$

$$= \frac{4}{b^2 - a^2}(b^2 + (b^2 - a^2)u)^{\frac{3}{2}} \Big|_{0}^{1} = 4 \cdot \frac{b^3 - a^3}{b^2 - a^2} = 4 \cdot \frac{a^2 + ab + b^2}{a + b}.$$

Den *Krümmungsradius* $r = r(t)$ einer in Parameterdarstellung gegebenen Kurve erhalten wir aus der entsprechenden Formel für Funktionsgraphen, wenn wir $f'(x)$ durch den Quotient $\psi'(t) : \varphi'(t)$ ersetzen, da die Kurve stückweise als Funktionsgraph zu deuten ist. Der *Krümmungsmittelpunkt* M ist dann gegeben durch

$$\begin{pmatrix} x_M(t) \\ y_M(t) \end{pmatrix} = \begin{pmatrix} \varphi(t) \\ \psi(t) \end{pmatrix} + r(t) \cdot \frac{\vec{n}(t)}{|\vec{n}(t)|},$$

wobei $\vec{n}(t) = \begin{pmatrix} -\psi'(t) \\ \varphi'(t) \end{pmatrix}$ ein Normalenvektor ist. Es gilt also folgender Satz:

Satz 3: Ist eine Kurve wie oben in Parameterdarstellung gegeben, dann ist ihr Krümmungsradius an der Stelle t

$$r = \frac{((\varphi')^2 + (\psi')^2)^{\frac{3}{2}}}{|\varphi'\psi'' - \psi'\varphi''|},$$

und der Krümmungsmittelpunkt hat die Koordinaten

$$x_M = \varphi - \frac{r\psi'}{\sqrt{(\varphi')^2 + (\psi')^2}}, \qquad y_M = \varphi + \frac{r\varphi'}{\sqrt{(\varphi')^2 + (\psi')^2}}.$$

(Wir schreiben dabei $r, \varphi, \ldots$ anstelle von $r(t), \varphi(t), \ldots$, damit die Formeln nicht zu unübersichtlich werden.)

Beispiel 5: Als Beispiel zu den Sätzen 1, 2 und 3 betrachten wir eine *Zykloide*. Eine solche entsteht, wenn ein Kreis vom Radius a auf einer Geraden abrollt; sie ist dabei die Bahn eines Punktes der Kreisperipherie (Fig. 6). Ein Bogen der Zykloide kann durch

$$x = \varphi(t) = a(t - \sin t),$$
$$y = \psi(t) = a(1 - \cos t)$$

mit $0 \leq t \leq 2\pi$ beschrieben werden. Man kann den Zykloidenbogen zwischen 0 und $a\pi$ auch als Graph einer Funktion (x als Funktion von y) darstellen:

Fig. 6: Zykloide

$$x = a \arccos \frac{a - y}{a} - \sqrt{(2a - y)y}.$$

An dieser Gleichung sind aber die Eigenschaften der Zykloide wesentlich schwerer zu erkennen als an der Parameterdarstellung.

Der Flächeninhalt des Zykloidenbogens zwischen 0 und $2a\pi$ ist

$$A = a^2 \int_0^{2\pi} (1 - \cos t)^2 dt \; = \; a^2 \int_0^{2\pi} (1 - 2\cos t + \cos^2 t) \, dt$$

$$= \; a^2(2\pi - 0 + \pi) = 3a^2\pi.$$

Die Länge des Zykloidenbogens ist

$$L = \int_0^{2\pi} \sqrt{2a^2(1 - \cos t)} \, dt = 2a \int_0^{2\pi} \sin \frac{t}{2} \, dt = 8a.$$

Der Krümmungsradius an der Stelle t ist

$$r = \frac{(2a^2(1 - \cos t))^{\frac{3}{2}}}{a^2(1 - \cos t)} = 2\sqrt{2}a\sqrt{|1 - \cos t|} = 4a \left| \sin \frac{t}{2} \right|.$$

Ein Punkt $P \neq O$ in einem kartesischen Koordinatensystem kann auch eindeutig durch seine Entfernung r vom Ursprung und den Winkel θ zwischen der positiven x-Achse und dem Strahl OP^+ beschrieben werden, wobei der Winkel im Gegenuhrzeigersinn zu messen ist (Fig. 7). Man nennt (r, θ) die *Polarkoordinaten* von P. Die Umrechnung zwischen kartesischen Koordinaten und Polarkoordinaten erfolgt nach den Formeln

$$x = r \cos \theta, \ y = \sin \theta$$

bzw.

$$r = \sqrt{x^2 + y^2}, \ \theta = \arctan \frac{y}{x}.$$

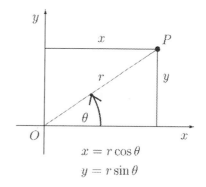

$$x = r \cos \theta$$
$$y = r \sin \theta$$

Fig. 7: Polarkoordinaten

Beispiel 6: Die Lemniskate mit der Gleichung $(x^2 + y^2)^2 - 2a^2(x^2 - y^2) = 0$ (Fig. 8; vgl. auch Beispiel 3 in XII.2) hat in Polarkoordinaten die Gleichung

$$r^4 - 2a^2 r^2 (\cos^2 \theta - \sin^2 \theta) = 0,$$

also

$$r^2 = 2a^2 \cos 2\theta$$

mit $-\frac{\pi}{4} \leq \theta \leq \frac{\pi}{4}$ für den rechten Teil

und $\frac{3}{4}\pi \leq \theta \leq \frac{5}{4}\pi$ für den linken Teil.

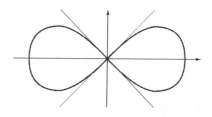

Fig. 8: Lemniskate

Damit gewinnt man auch eine Parameterdarstellung:

$$\begin{pmatrix} x \\ y \end{pmatrix} = \begin{pmatrix} \varphi(\theta) \\ \psi(\theta) \end{pmatrix} = 2a^2 \cos 2\theta \begin{pmatrix} \cos \theta \\ \sin \theta \end{pmatrix}$$

Ist eine Kurve in Polarkoordinaten durch die Gleichung $r = r(\theta)$ gegeben, dann hat sie die Parameterdarstellung

$$x = \varphi(\theta) = r(\theta) \cos \theta, \quad y = \psi(\theta) = r(\theta) \sin \theta.$$

Für ihre Steigung $m \ (= m(\theta))$ bezüglich des kartesischen Koordinatensystems gilt also wegen $m(\theta) = \frac{\psi'(\theta)}{\varphi'(\theta)}$:

$$m = \frac{r' \sin \theta + r \cos \theta}{r' \cos \theta - r \sin \theta} = \frac{r' \tan \theta + r}{r' - r \tan \theta}$$

Ebenso ergeben sich die Aussagen in den folgenden Sätzen aus den entsprechenden
Aussagen über Kurven in Parameterdarstellung.

Satz 4: Ist durch $r = r(\theta)$ mit einer stetigen Funktion r auf $[\alpha; \beta]$ eine Kurve C
in Polarkoordinaten gegeben, so hat die von den Strahlen OP^+ mit $P \in C$
überstrichene Fläche den Inhalt

$$A = \frac{1}{2} \int_\alpha^\beta r^2 \, d\theta.$$

Satz 5: Ist durch $r = r(\theta)$ mit einer stetig differenzierbaren Funktion r auf $[\alpha; \beta]$
eine Kurve C in Polarkoordinaten gegeben, so hat die Kurve die Länge

$$L = \int_\alpha^\beta \sqrt{r^2 + (r')^2} \, d\theta.$$

Satz 6: Ist durch $r = r(\theta)$ mit einer zweimal differenzierbaren Funktion r auf
$[\alpha; \beta]$ eine Kurve C in Polarkoordinaten gegeben, so hat diese an der
Stelle θ den Krümmungsradius $\varrho = \varrho(\theta)$ mit

$$\varrho = \frac{(r^2 + (r')^2)^{\frac{3}{2}}}{r^2 + 2(r')^2 - rr''}.$$

Beispiel 7: Die Lemniskate in Beispiel 6 umschließt eine Fläche vom Inhalt

$$A = 2 \cdot \frac{1}{2} \cdot 2a^2 \int_{-\frac{\pi}{4}}^{\frac{\pi}{2}} \cos 2\theta \, d\theta = 2a^2.$$

Diese Kurve hat die Länge

$$L = 2 \cdot a\sqrt{2} \int_{-\frac{\pi}{4}}^{\frac{\pi}{4}} \sqrt{\cos 2\theta + \frac{\sin^2 2\theta}{\cos 2\theta}} \, d\theta = 2\sqrt{2}a \int_{-\frac{\pi}{4}}^{\frac{\pi}{4}} \frac{1}{\sqrt{\cos 2\theta}} \, d\theta = 4\sqrt{2}a \int_0^{\frac{\pi}{4}} \frac{1}{\sqrt{\cos 2\theta}} \, d\theta.$$

Wegen $\cos \frac{\pi}{2} = 0$ steht hier ein uneigentliches Integral. Dieses existiert, denn für

$$0 < x < \frac{\pi}{2} \text{ ist } \cos x > 1 - \frac{2}{\pi} x, \text{ und } \int_0^{\frac{\pi}{4}} \frac{1}{\sqrt{1 - \frac{4}{\pi}\theta}} \, d\theta = \frac{\pi}{4} \int_0^1 \frac{1}{\sqrt{t}} \, dt \text{ existiert. Es gilt}$$

$$\frac{\pi}{4} < \int_0^{\frac{\pi}{4}} \frac{1}{\sqrt{\cos 2\theta}} \, d\theta < \frac{\pi}{4} \int_0^1 \frac{1}{\sqrt{t}} \, dt = \frac{\pi}{2}.$$

Aufgaben

1. Man parametrisiere die Kurve mit der Gleichung $2x - \sqrt{y} \ln y = 0$ mit $y = t^2$ ($t > 0$). Man zeichne für $t = 1, 2, 3, 4, 5$ die Kurvenpunkte mit ihren Tangentenvektoren.

2. Eine Kurve sei in Polarkoordinaten durch die Gleichung $r = \theta$ gegeben. Man zeichne die Kurvenpunkte einschließlich der Steigungen für $\theta = \frac{n}{2}\pi$ ($n = 1, 2, 3, 4$). Man bestimme auch die Krümmung in diesen Punkten und zeichne dann die Kurve für $0 \leq \theta \leq 2\pi$.

3. In Fig. 9 ist die Kurve mit der Gleichung $(1 - x^2)^3 - y^2 = 0$ gezeichnet.

a) Man zeige, dass die Kurve in Fig. 9 folgende Parameterdarstellung hat:

$$x = \cos t, \ y = \sin^3 t \ (0 \leq t \leq 2\pi)$$

b) Man bestimme die Wendepunkte und die Steigungen in diesen.

c) Man berechne den Inhalt der eingeschlossenen Fläche.

d) Man berechne die Länge der Kurve.

e) Man berechne den Radius des Krümmungskreises in den Kurvenpunkten $(0, \pm 1)$.

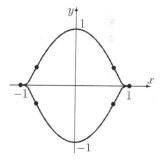

Fig. 9: $(1 - x^2)^3 - y^2 = 0$

4. In Fig. 10 ist eine *Zissoide* gezeichnet. Sie hat in Polarkoordinaten die Darstellung

$$r = a \, \frac{\sin^2 \theta}{\cos \theta} \quad \left(-\frac{\pi}{2} < \theta < \frac{\pi}{2}\right).$$

a) Man bestimme eine Parameterdarstellung und eine Darstellung als Gleichung $F(x, y) = 0$.

b) Man zeige, dass die Fläche zwischen der Kurve und der Asymptoten $x = a$ einen endlichen Inhalt hat.

c) Man zeige, dass für die in Fig. 10 eingezeichneten Punkte A, B, C, D gilt: $\overline{AB} = \overline{CD}$. Dabei ist B ein beliebiger Punkt der Kurve.

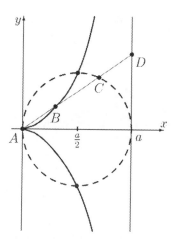

Fig. 10: Zissoide

XII.4 Evoluten und Evolventen

Zu jedem Punkt einer Kurve C denke man sich den Mittelpunkt des Krümmungskreises gezeichnet. Diese *Krümmungsmittelpunkte* bilden unter geeigneten Voraussetzungen über C wieder eine Kurve. Diese nennt man die *Evolute* von C. Das Wort *Evolute* leitet sich vom lateinischen *evolutio* (= das Aufschlagen eines Buches) ab, dies wiederum von *evolvere* (= herausrollen).

Satz 1: Ist C der Graph einer in $[a; b]$ zweimal differenzierbaren Funktion f und ist $f''(t) \neq 0$ für alle $t \in [a; b]$, dann ist

$$\binom{x}{y} = \binom{t}{f(t)} + \frac{1 + (f'(t))^2}{f''(t)} \binom{-f'(t)}{1} \quad t \in [a; b]$$

eine Parameterdarstellung der Evolute.

Ist C in Parameterdarstellung $\binom{x}{y} = \binom{\varphi(t)}{\psi(t)}$ $(t \in I)$ gegeben, dann erhält man eine Parameterdarstellung der Evolute in der Form

$$\binom{x}{y} = \binom{\varphi(t)}{\psi(t)} + \frac{(\varphi'(t))^2 + (\psi'(t))^2}{\varphi'(t)\psi''(t) - \psi'(t)\varphi''(t)} \binom{-\psi'(t)}{\varphi'(t)} \quad (t \in I).$$

Beweis (Fig. 1): Im Punkt $(t, f(t))$ der Kurve C ist

$$\vec{t} = \binom{1}{f'(t)}$$

ein Tangentenvektor, also

$$\vec{n} = \binom{-f'(t)}{1}$$

ein Normalenvektor.

Für den Ortsvektor

$$\binom{x}{y} = \overrightarrow{OM}$$

des Krümmungsmittelpunktes M zum Kurvenpunkt $(t, f(t))$ gilt also

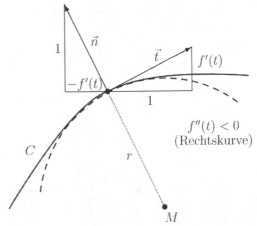

Fig. 1: Herleitung der Evolutengleichung

$$\binom{x}{y} = \binom{t}{f(t)} + \frac{r(t)}{\sqrt{(1 + (f'(t))^2}} \binom{-f'(t)}{1},$$

wobei $r(t)$ der Radius des Krümmungskreises und $\dfrac{1}{\sqrt{1 + (f'(t))^2}} \binom{-f'(t)}{1}$ ein Normalenvektor der Länge 1 (Einheitsnormalenvektor) ist.

Setzen wir $r(t) = \dfrac{(1 + (f'(t))^2)^{\frac{3}{2}}}{f''(t)}$ (vgl. XII.1), dann ergibt sich wie behauptet

$$\begin{pmatrix} x \\ y \end{pmatrix} = \begin{pmatrix} t \\ f(t) \end{pmatrix} + \frac{1 + (f'(t))^2}{f''(t)} \begin{pmatrix} -f'(t) \\ 1 \end{pmatrix}.$$

Es ist noch zu prüfen, ob der Vektor $\dfrac{1 + (f'(t))^2}{f''(t)} \begin{pmatrix} -f'(t) \\ 1 \end{pmatrix}$ in die richtige Richtung zeigt: Der Normalenvekor $\begin{pmatrix} -f'(t) \\ 1 \end{pmatrix}$ zeigt stets „nach oben" (in Richtung wachsender y-Werte), also zeigt $\dfrac{1 + (f'(t))^2}{f''(t)} \begin{pmatrix} -f'(t) \\ 1 \end{pmatrix}$ nach oben, falls f eine Linkskurve beschreibt ($f''(t) > 0$) bzw. nach unten, falls f eine Rechtskurve beschreibt ($f''(t) < 0$). Ist die Kurve in Parameterdarstellung gegeben, so gewinnt man die Evolutengleichung formal, indem man in der soeben bewiesenen Gleichung $\dfrac{\psi'}{\varphi'}$ für f' einsetzt und beachtet, dass dann $f'' = \left(\dfrac{\psi'}{\varphi'}\right)' = \dfrac{\varphi'\psi'' - \psi'\varphi''}{(\varphi')^2}$. Dass diese formale Rechnung zum korrekten Ergebnis führt, erkennt man, wenn man die in Parameterdarstellung gegebene Kurve in Äste zerlegt, welche als Graphen von Funktionen f verstanden werden können.   □

Beispiel 1 (vgl. Fig. 2): Für die Evolute der Parabel mit der Gleichung $y = x^2$ ($x \in \mathbb{R}$) ergibt sich die Parameterdarstellung

$$\begin{pmatrix} x \\ y \end{pmatrix} = \begin{pmatrix} t \\ t^2 \end{pmatrix} + \frac{1 + 4t^2}{2} \begin{pmatrix} -2t \\ 1 \end{pmatrix} = \begin{pmatrix} -4t^3 \\ \frac{1}{2} + 3t^2 \end{pmatrix} \qquad (t \in \mathbb{R}).$$

Diese Evolute lässt sich auch als Graph einer Funktion deuten, nämlich der Funktion mit der Gleichung

$$y = \frac{1}{2} + 3\sqrt[3]{\frac{x^2}{16}} \quad (x \in \mathbb{R}).$$

Der Graph hat die Form einer neilschen Parabel. Eine implizite Darstellung ist $27x^2 = 2(2y - 1)^3$.

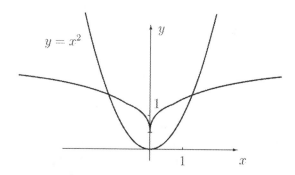

Fig. 2: Evolute einer Parabel

Beispiel 2 (vgl. Fig. 3): Die Evolute der Ellipse mit der Gleichung $\dfrac{x^2}{a^2} + \dfrac{y^2}{b^2} = 1$ (wobei wir $a > b > 0$ voraussetzen wollen) bzw. der Parameterdarstellung

$$\begin{pmatrix} x \\ y \end{pmatrix} = \begin{pmatrix} a\cos t \\ b\sin t \end{pmatrix} \qquad (t \in [0; 2\pi[)$$

hat die Parameterdarstellung

$$\begin{pmatrix} x \\ y \end{pmatrix} = \begin{pmatrix} a\cos t \\ b\sin t \end{pmatrix} + \frac{a^2\sin^2 t + b^2\cos^2 t}{ab}\begin{pmatrix} -b\cos t \\ -a\sin t \end{pmatrix} = \begin{pmatrix} \dfrac{a^2 - b^2}{a}\cos^3 t \\[2mm] -\dfrac{a^2 - b^2}{b}\sin^3 t \end{pmatrix}$$

$(t \in [0; 2\pi[)$. Nach Elimination des Parameters t ergibt sich die Gleichung $(ax)^{\frac{2}{3}} + (by)^{\frac{2}{3}} = (a^2 - b^2)^{\frac{2}{3}}$ bzw.

$$\left(\frac{ax}{e^2}\right)^{\frac{2}{3}} + \left(\frac{by}{e^2}\right)^{\frac{2}{3}} = 1 \quad \text{mit} \quad e^2 = a^2 - b^2.$$

Die Evolute ist also eine *Asteroide* (vgl. Beispiel 5 in XII.2). Die Spitzen der Asteroiden sind die Mittelpunkte der Scheitelkrümmungskreise der Ellipse. Die geometrische Konstruktion dieser Mittelpunkte ist in Fig. 3 angedeutet.

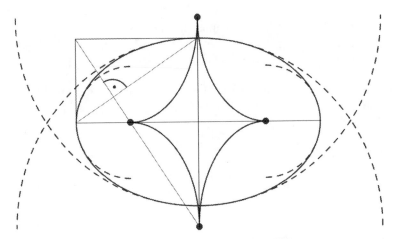

Fig. 3: Asteroide als Evolute einer Ellipse

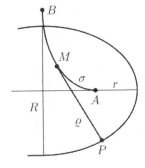

Fig. 4: Bogenlänge der Asteroiden

In Fig. 4 ist der Krümmungsradius MP zum Ellipsenpunkt P eingezeichnet. Er liegt auf der Tangente an die Asteroide im Punkt M. Ist σ die Bogenlänge des Asteroidenstücks zwischen M und der Spitze A und r der Krümmungsradius im Nebenscheitel, dann hat der Krümmungsradius im Punkt P den Betrag $\varrho = \sigma + r$, was wir im Folgenden näher begründen werden. Dies gilt auch für den Krümmungsradius R im Hauptscheitel, ein Viertelbogen der Asteroide hat also die Länge $R - r = \dfrac{a^2}{b} - \dfrac{b^2}{a}$.

Man denke sich auf einer Kurve C einen Punkt A gegeben und ordne dem Kurvenpunkt P denjenigen Punkt Q zu, der auf der Tangente an die Kurve in P liegt und dessen Entfernung von P gleich der Länge des Kurvenbogens von P nach A ist (Fig. 5). Die Punkte Q liegen auf einer Kurve, die durch „Abwicklung" aus C entsteht; diese Kurve nennen wir eine *Evolvente* von C.

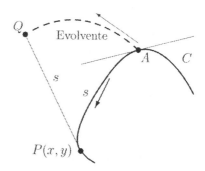

Fig. 5: Evolvente

Das lateinische *evolvere* kann man etwa mit „herauswickeln" übersetzen. Man beachte, dass zu verschieden gewählten Punkten A auch verschiedene Evolventen von C gehören und dass man die Kurve von A aus in zwei verschiedene Richtungen durchlaufen kann. In obigem Beispiel 2 haben wir als Ausgangspunkt der Evolvente einen Punkt auf der Tangente in A gewählt. In diesem Fall muss man in der Formel in Satz 2 zu s eine Konstante addieren.

Satz 2: Ist eine Kurve C in Parameterdarstellung gegeben, etwa

$$\begin{pmatrix} x \\ y \end{pmatrix} = \begin{pmatrix} \varphi(t) \\ \psi(t) \end{pmatrix} \quad (t \in [a; b]),$$

dann hat ihre Evolvente zum Punkt $A = (\varphi(t_0), \psi(t_0))$ die Parameterdarstellung

$$\begin{pmatrix} x \\ y \end{pmatrix} = \begin{pmatrix} \varphi \\ \psi \end{pmatrix} - \frac{s}{\sqrt{(\varphi')^2 + (\psi')^2}} \begin{pmatrix} \varphi' \\ \psi' \end{pmatrix},$$

wobei wir zur Vereinfachung die Variable t unterdrückt haben, und wobei

$$s = s(t) = \int_{t_0}^{t} \sqrt{(\varphi'(\tau))^2 + (\psi'(\tau))^2} \, d\tau.$$

Beweis: Wird die Kurve mit wachsendem t von A nach P durchlaufen und ist $\vec{t}$ der Tangentenvektor in P, dann ist $\overrightarrow{PQ} = -s\,\vec{t}$. □

Beispiel 3: Die Evolvente der Kettenlinie mit der Gleichung $y = \cosh x = \dfrac{e^x + e^{-x}}{2}$ (Fig. 6) und dem Anfangspunkt $A(0,0)$ hat die Parameterdarstellung

$$\begin{pmatrix} x \\ y \end{pmatrix} = \begin{pmatrix} t \\ \cosh t \end{pmatrix} - \frac{\int_0^t \sqrt{1 + \sinh^2 \tau} \, d\tau}{\sqrt{1 + \sinh^2 t}} \begin{pmatrix} 1 \\ \sinh t \end{pmatrix}$$

$$= \begin{pmatrix} t \\ \cosh t \end{pmatrix} - \frac{\sinh t}{\cosh t} \begin{pmatrix} 1 \\ \sinh t \end{pmatrix} = \begin{pmatrix} t - \sinh t / \cosh t \\ 1 / \cosh t \end{pmatrix}.$$

Es sei $t > 0$. Mit $\cosh t = \frac{1}{y}$ ist dann $\frac{\sinh t}{\cosh t} = y\sqrt{\frac{1}{y^2} - 1} = \sqrt{1 - y^2}$ und damit

$x = \cosh^{-1}\frac{1}{y} - \sqrt{1 - y^2}$, wobei $\cosh^{-1}$ die Umkehrfunktion von $\cosh$ auf $\mathbb{R}_0^+$ ist.

Die Kurve mit dieser Gleichung nennt man eine *Traktrix* oder *Schleppkurve*: Wird ein Massepunkt in $(0, a)$ an einem Faden der Länge a befestigt und das Ende des Fadens dann entlang der x-Achse gezogen, dann bewegt sich der Massepunkt auf einer Schleppkurve mit der Gleichung

$$x = \cosh^{-1}\frac{a}{y} \pm \sqrt{a^2 - y^2}.$$

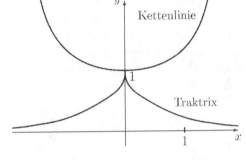

Fig. 6: Traktrix als Evolvente der Kettenlinie

Beispiel 4: Wir wollen die Evolvente des Kreises mit der Parameterdarstellung

$$\begin{pmatrix} x \\ y \end{pmatrix} = \begin{pmatrix} \cos t \\ \sin t \end{pmatrix} \quad (t \in [0; 2\pi[)$$

zum Anfangspunkt $(1,0)$ bestimmen. Hier ist $s(t) = t$, es ergibt sich also als Parameterdarstellung der Evolvente

$$\begin{pmatrix} x \\ y \end{pmatrix} = \begin{pmatrix} \cos t + t \sin t \\ \sin t - t \cos t \end{pmatrix}.$$

Die Kreisevolvente ist ein spiralförmiges Kurvenstück, welches man für $t \geq 2\pi$ spiralförmig fortsetzen kann (Fig. 7).

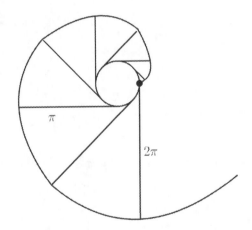

Fig. 7: Kreisevolvente

Berechnen wir die Evolute der Traktrix in Beispiel 3 oder der Spirale in Beispiel 4, dann ergibt sich wieder die Kettenlinie bzw. die Kreislinie, deren Evolvente die Traktrix bzw. die Spirale ist. Allgemein besteht der im folgenden Satz 3 formulierte Zusammenhang zwischen Evolvente und Evolute, wobei man beachte, dass die Evolute einer Kurve eindeutig bestimmt ist, eine Evolvente aber erst durch Angabe des Anfangspunkts festgelegt ist. Beim Beweis von Satz 3 führt es zur

Vereinfachung der Rechnungen, wenn man als Parameter t in der Parameterdar-stellung der gegebenen Kurve C ihre Bogenlänge s (gemessen ab einem festen Punkt) verwendet. Wegen $(\varphi'(s))^2 + (\psi'(s))^2 = 1$ gilt dann:

Evolute von C: $\qquad \begin{pmatrix} x \\ y \end{pmatrix} = \begin{pmatrix} \varphi \\ \psi \end{pmatrix} + r \begin{pmatrix} -\psi' \\ \varphi' \end{pmatrix}$

Evolvente von C: $\qquad \begin{pmatrix} x \\ y \end{pmatrix} = \begin{pmatrix} \varphi \\ \psi \end{pmatrix} - s \begin{pmatrix} \varphi' \\ \psi' \end{pmatrix}$

Hier wurde zur Vereinfachung der Schreibweise statt $x(s), \varphi(s), r(s)$ usw. einfach x, φ, r usw. geschrieben. Dabei ist $r = \dfrac{1}{\varphi'\psi'' - \psi'\varphi''}$ der Krümmungsradius von C.

Wegen $(\varphi')^2 + (\psi')^2 = 1$ und damit $\varphi'\varphi'' + \psi'\psi'' = 0$ ist

$$\varphi'\psi'' - \psi'\varphi'' = \frac{1}{\varphi'}((\varphi')^2\psi'' - \psi'\varphi'\varphi'') = \frac{1}{\varphi'}((\varphi')^2\psi'' + \psi''(\psi')^2) = \frac{\psi''}{\varphi'} = -\frac{\varphi''}{\psi'}.$$

Also ist $\varphi' = r\psi''$ und $\psi' = -r\varphi''$.

Satz 3: Jede Kurve ist eine Evolvente ihrer Evolute und die Evolute jeder ihrer Evolventen.

Beweis: Es sei die Kurve C mit der Parameterdarstellung $\begin{pmatrix} x \\ y \end{pmatrix} = \begin{pmatrix} \varphi(s) \\ \psi(s) \end{pmatrix}$ gegeben, wobei der Parameter s die Bogenlänge auf C bedeutet, gemessen ab einem festen Anfangspunkt. Eine Evolvente der Evolute von C hat die Parameterdarstellung

$$\begin{pmatrix} x \\ y \end{pmatrix} = \begin{pmatrix} \varphi - r\psi' \\ \psi + r\varphi' \end{pmatrix} - \frac{\sigma}{\sqrt{((\varphi - r\psi')')^2 + ((\psi + r\varphi')')^2}} \begin{pmatrix} (\varphi - r\psi')' \\ (\psi + r\varphi')' \end{pmatrix},$$

wenn $\sigma = \sigma(s)$ die Bogenlänge auf der Evolute bedeutet und Anfangspunkt und Richtung der Messung von σ zunächst beliebig sind. Nun ist

$$(\varphi - r\psi')' = \varphi' - r'\psi' - r\psi'' = -r'\psi', \quad (\psi + r\varphi')' = \psi' + r'\varphi' + r\varphi'' = r'\varphi'$$

und damit

$$\begin{pmatrix} x \\ y \end{pmatrix} = \begin{pmatrix} \varphi - r\psi' \\ \psi + r\varphi' \end{pmatrix} - \frac{\sigma}{\sqrt{(r')^2}} \begin{pmatrix} -r'\psi' \\ +r'\varphi' \end{pmatrix} = \begin{pmatrix} \varphi - r\psi' \\ \psi + r\varphi' \end{pmatrix} + \begin{pmatrix} \sigma\psi' \\ -\sigma\varphi' \end{pmatrix}.$$

Weiterhin ist

$$(\sigma')^2 = (-r'\psi')^2 + (r'\varphi')^2 = (r')^2,$$

also $\sigma' = \pm r'$ und damit $\sigma = \pm r + c$ ($c \in \mathbb{R}$). Wählen wir nun diejenige Evolvente, welche sich für $\sigma = r$ ergibt, so erhält man die Parameterdarstellung von C.

Damit ist der erste Teil des Satzes bewiesen.

Den zweiten Teil beweist man auf ähnliche Art. Man kann ihn auch anschaulich begünden:

Wird die Kurve an einem Kurvenpunkt P mit dem zugehörigen Evolventenpunkt Q ein kleines Stück weiter abgewickelt, so liegen die zugehörigen Evolventenpunkte näherungsweise auf einem Kreisbogen um P mit dem Radius PQ. Der Krümmungskreis der Evolvente im Punkt Q hat also den Mittelpunkt P (Fig. 8).   □

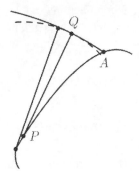

Fig. 8: Zu Satz 3

Aufgaben

1. Man bestimme ohne Benutzung von Satz 3 die Evolute der Spirale aus Beispiel 4.

2. Man bestimme ohne Benutzung von Satz 3 eine Evolvente der Evolute der Parabel aus Beispiel 1.

3. Durch $r = \theta$ ($\theta \geq 0$) ist eine *archimedische Spirale* in Polarkoordinaten gegeben (Fig. 9).

a) Wie lang ist das Kurvenstück für $0 \leq \theta \leq 2\pi$?

b) Welchen Inhalt hat der Sektor zwischen den Radiusvektoren für $\theta = \dfrac{\pi}{4}$ und $\theta = \dfrac{\pi}{2}$?

c) Man gebe eine Parameterdarstellung an.

d) Man bestimme die Evolute.

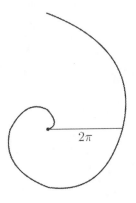

Fig. 9: Archimedische Spirale

4. Durch $r = e^{\theta}$ mit $\theta \in \mathbb{R}$ ist eine *logarithmische Spirale* in Polarkoordinaten gegeben (Fig. 10).

a) Wie lang ist das Kurvenstück für $0 \leq \theta \leq 2\pi$?

b) Man gebe eine Parameterdarstellung an.

c) Man bestimme die Evolute.

Fig. 10: Logarithmische Spirale

XII.5 Kurven und Flächen im Raum

So wie durch $\begin{pmatrix} x \\ y \\ z \end{pmatrix} = \begin{pmatrix} p+ta \\ q+tb \\ r+tc \end{pmatrix}$ $(t \in \mathbb{R})$ mit $(a,b,c) \neq (0,0,0)$ eine Gerade im

Raum beschrieben wird, ist auch allgemein durch $\begin{pmatrix} x \\ y \\ z \end{pmatrix} = \begin{pmatrix} \varphi(t) \\ \psi(t) \\ \chi(t) \end{pmatrix}$ $(t \in I)$ eine

Kurve im Raum gegeben, wenn φ, ψ, χ auf dem Intervall I stetige Funktionen sind. Sind diese differenzierbar, dann ist

$$\begin{pmatrix} \varphi'(t) \\ \psi'(t) \\ \chi'(t) \end{pmatrix}$$

ein Tangentenvektor an der Stelle t (Fig. 1). Ist $I = [a;b]$, dann ist die Länge der Raumkurve

$$\int_a^b \sqrt{(\varphi'(t))^2 + (\psi'(t))^2 + (\chi'(t))^2}\, \mathrm{d}t.$$

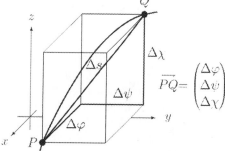

Fig. 1: Länge einer Raumkurve

Beispiel 1: Durch $\begin{pmatrix} x \\ y \\ z \end{pmatrix} = \begin{pmatrix} a\cos t \\ a\sin t \\ \dfrac{b}{2\pi} t \end{pmatrix}$ $(0 \le t \le 2\pi)$ wird in einem kartesischen

Koordinatensystem eine *Schraubenlinie* mit dem Radius a und der Höhe b beschrieben (Fig. 2).

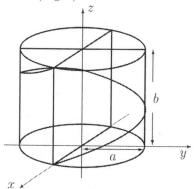

Fig. 2: Schraubenlinie

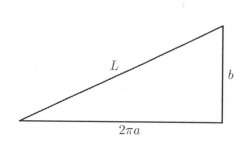

Fig. 3: Länge der Schraubenlinie

Der Tangentenvektor hat die Koordinaten $-a\sin t$, $a\cos t$, $\dfrac{b}{2\pi}$, wie man auch leicht der Anschauung entnehmen kann. Ebenfalls der Anschauung kann man die Länge L der Schraubenlinie entnehmen (Fig. 3).

Beispiel 2: Sind $\vec{a}, \vec{b}$ zueinander orthogonale Einheitsvektoren aus $\mathbb{R}^3$, dann bilden die Punkte mit den Ortsvekoren $\vec{x} = \vec{m} + r\cos t\,\vec{a} + r\sin t\,\vec{b}$ $(0 \le t \le 2\pi)$ einen Kreis auf der Ebene $E : \vec{x} = \vec{m} + u\vec{a} + v\vec{b}$ $(u, v \in \mathbb{R})$ mit dem Radius r und dem Mittelpunkt M (mit $\overrightarrow{OM} = \vec{m}$). Denn wegen $|\vec{a}| = |\vec{b}| = 1$ und $\vec{a} \perp \vec{b}$ ist

$$|r\cos t\,\vec{a} + r\sin t\,\vec{b}|^2 = r^2\cos^2 t|\vec{a}|^2 + r^2\sin^2 t|\vec{b}|^2 = r^2.$$

Beispiel 3: Wie bei ebenen Kurven führt die Berechnung der Länge einer räumlichen Kurve meistens auf unangenehme Integrale. Wir betrachten als Beispiel die Durchdringungskurve zweier Zylinder, die sich rechtwinklig zentral schneiden (Fig. 4). Der Zylinder mit der Gleichung $x^2 + z^2 = 1$ hat die Parameterdarstellung

$$x = \cos t, \ y = u, \ z = \sin t$$

$(0 \le t \le 2\pi, \ u \in \mathbb{R})$. Er wird von dem Zylinder mit der Gleichung $x^2 + y^2 = 4$ geschnitten.

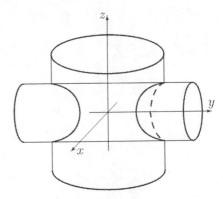

Fig. 4: Durchdringung zweier Zylinder

Die Durchdringung erfolgt in zwei zueinander symmetrischen geschlossenen Kurven. Wir betrachten nur die Kurve C mit $y > 0$. Aus $\cos^2 t + u^2 = 4$ ergibt sich eine Parameterdarstellung von C:

$$x = \cos t, \ y = \sqrt{4 - \sin^2 t}, \ z = \sin t \quad (0 \le t \le 2\pi).$$

Für die Bogenlänge $s = s(t)$ gilt

$$(s'(t))^2 = 1 + \frac{\sin^2 t \cos^2 t}{4 - \sin^2 t} = \frac{4 - \sin^4 t}{4 - \sin^2 t}.$$

Die Länge von C ist also

$$L = \int_0^{2\pi} \sqrt{\frac{4 - \sin^4 t}{4 - \sin^2 t}}\, \mathrm{d}t = 4 \cdot \int_0^{\frac{\pi}{2}} \sqrt{\frac{4 - \sin^4 t}{4 - \sin^2 t}}\, \mathrm{d}t.$$

Das Integral ist nicht „elementar auswertbar". Die Simpson-Regel liefert

$$L \approx 4 \cdot \frac{\pi}{12} \left(1 + 4\sqrt{\frac{15}{14}} + 1\right) = 1{,}0234 \cdot 2\pi.$$

Im Raum, der mit einem affinen Koordinatensystem (x, y, z-Achsen) versehen ist, wird durch die Gleichung $z = ax + by + c$ mit $(a, b) \neq (0, 0)$ eine Ebene beschrieben (welche nicht parallel zur z-Achse ist). Ist nun allgemeiner f eine Funktion von zwei Variablen, dann wird durch $z = f(x, y)$ eine Fläche beschrieben, welche von allen zur z-Achse parallelen Geraden in höchstens *einem* Punkt geschnitten wird.

Allgemeiner ist $ax + by + cz + d = 0$ mit $(a, b, c) \neq (0, 0, 0)$ die Gleichung einer Ebene; entsprechend ist $F(x, y, z) = 0$ die Gleichung einer Fläche, wobei F eine Funktion von drei Variablen ist. (Die Funktion F muss gewissen Bedingungen genügen, damit nicht wie z. B. bei der Gleichung $x^2 + y^2 + z^2 + 1 = 0$ die leere Menge beschrieben wird.)

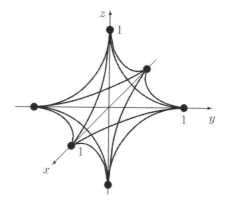

Beispiel 4: Bei der geschlossenen Fläche in Fig. 5 entsteht bei jedem Schnitt mit einer Ebene, die zu einer Koordinatenebene parallel ist, eine Asteroide mit gleichlangen Achsen. Die Fläche hat daher die Gleichung

$$x^{\frac{2}{3}} + y^{\frac{2}{3}} + z^{\frac{2}{3}} = 1.$$

Fig. 5: Asteroidenkörper

Schließlich kann man eine Ebene auch in Parameterdarstellung angeben, also in der Form $\begin{pmatrix} x \\ y \\ z \end{pmatrix} = \begin{pmatrix} p + ua + vd \\ q + ub + ve \\ r + uc + vf \end{pmatrix}$ $(u, v \in \mathbb{R})$ mit $(a, b, c), (d, e, f) \neq (0, 0, 0)$. Dem entspricht die Beschreibung einer beliebigen Fläche im Raum durch $\begin{pmatrix} x \\ y \\ z \end{pmatrix} = \begin{pmatrix} \varphi(u, v) \\ \psi(u, v) \\ \chi(u, v) \end{pmatrix}$ $(u \in I, v \in J)$, wobei I, J Intervalle aus $\mathbb{R}$ und φ, ψ, χ auf $I \times J$ stetige Funktionen sind.

Wir wollen die *Tangentialebene* einer in Parameterdarstellung gegebenen Fläche (s. o.) in dem Punkt mit den Parameterwerten $(u, v) \in I \times J$ bestimmen, wobei wir natürlich voraussetzen müssen, dass die partiellen Ableitungen von φ, ψ, χ in einer Umgebung von (u, v) existieren.

Dazu betrachten wir zunächst die Ebene durch die drei Punkte mit den Parameterwerten

$(u, v), (u + \Delta u, v), (u, v + \Delta v) \in I \times J$

(Fig. 6), wobei wir den Grenzübergang $\Delta u, \Delta v \to 0$ im Auge haben. Diese Ebene hat die Parameterdarstellung

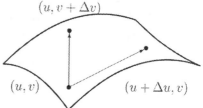

Fig. 6: Tangentialebene

$$\begin{pmatrix} x \\ y \\ z \end{pmatrix} = \begin{pmatrix} \varphi(u,v) \\ \psi(u,v) \\ \chi(u,v) \end{pmatrix} + r \begin{pmatrix} \varphi(u+\Delta u,v) - \varphi(u,v) \\ \psi(u+\Delta u,v) - \psi(u,v) \\ \chi(u+\Delta u,v) - \chi(u,v) \end{pmatrix}$$

$$+ s \begin{pmatrix} \varphi(u,v+\Delta v) - \varphi(u,v) \\ \psi(u,v+\Delta v) - \psi(u,v) \\ \chi(u,v+\Delta v) - \chi(u,v) \end{pmatrix} \qquad (r,s \in \mathbb{R}).$$

Vervielfachen wir den ersten Richtungsvektor mit $\dfrac{1}{\Delta u}$ und den zweiten mit $\dfrac{1}{\Delta v}$, dann gehen diese Vektoren für $\Delta u \to 0$ bzw. $\Delta v \to 0$ in Tangentialvektoren über. Die Parameterdarstellung der gesuchten Tangentialebene ist also

$$\begin{pmatrix} x \\ y \\ z \end{pmatrix} = \begin{pmatrix} \varphi(u,v) \\ \psi(u,v) \\ \chi(u,v) \end{pmatrix} + r \begin{pmatrix} \varphi_u(u,v) \\ \psi_u(u,v) \\ \chi_u(u,v) \end{pmatrix} + s \begin{pmatrix} \varphi_v(u,v) \\ \psi_v(u,v) \\ \chi_v(u,v) \end{pmatrix} \qquad (r,s \in \mathbb{R}),$$

wobei der Index u bzw. v die partielle Ableitung nach u bzw. v angibt.

Beispiel 5: Durch $\begin{pmatrix} x \\ y \\ z \end{pmatrix} = \begin{pmatrix} a\cos u \cosh v \\ b\sin u \cosh v \\ c\sinh v \end{pmatrix}$ $(u \in [0, 2\pi[,\ v \in \mathbb{R})$ wird ein

einschaliges Hyperboloid beschrieben, denn

$$\frac{x^2}{a^2} + \frac{y^2}{b^2} - \frac{z^2}{c^2} = (\cos^2 u + \sin^2 u)\cosh^2 v - \sinh^2 v = \cosh^2 v - \sinh^2 v = 1.$$

(Dabei ist $\sinh x := \dfrac{1}{2}(e^x - e^{-x})$ und $\cosh x := \dfrac{1}{2}(e^x + e^{-x})$; vgl. XII.1, Bsp. 2). Die Tangentialebene im Punkt (x_0, y_0, z_0) mit den Parameterwerten u_0, v_0 hat die Richtungsvektoren

$$\begin{pmatrix} -a\sin u_0 \cosh v_0 \\ b\cos u_0 \cosh v_0 \\ 0 \end{pmatrix} = \frac{1}{ab}\begin{pmatrix} -a^2 y_0 \\ b^2 x_0 \\ 0 \end{pmatrix} \text{ und } \begin{pmatrix} a\cos u_0 \sinh v_0 \\ b\sin u_0 \sinh v_0 \\ c\cosh v_0 \end{pmatrix} = \begin{pmatrix} (\tanh v_0)\, x_0 \\ (\tanh v_0)\, y_0 \\ (\tanh v_0)^{-1} z_0 \end{pmatrix}.$$

Die beiden Richtungsvektoren sind orthogonal zu dem Vektor mit den Koordinaten $\dfrac{x_0}{a^2}, \dfrac{y_0}{b^2}, -\dfrac{z_0}{c^2}$, wie man durch Berechnen der Skalarprodukte feststellen kann. Daraus ergibt sich die aus der Analytischen Geometrie bekannte Gleichung der Tangentialebene an das Hyperboloid im Punkt (x_0, y_0, z_0):

$$\frac{xx_0}{a^2} + \frac{yy_0}{b^2} - \frac{zz_0}{c^2} = 1.$$

Zur tieferen Untersuchung von Kurven und Flächen im Raum benötigt man weitergehende Methoden der Analysis mehrerer reeller Veränderlicher und Methoden der Differenzialgeometrie.

Aufgaben

1. Man bestimme eine Parameterdarstellung für den Kreis um $M(3, 5, 1)$ mit dem Radius 7, der auf der Ebene mit der Gleichung $2x + y - 3z = 8$ liegt.

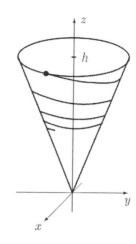

2. Es sei $0 < a < 1$ und $h > 0$. Durch

$$x = a^t \cos t, \ y = a^t \sin t, \ z = h\,a^t$$

$(t \geq 0)$ wird eine Spirale beschrieben, die auf der Kreiskegelfläche mit der Gleichung $x^2 + y^2 = \dfrac{z^2}{h^2}$ $(z \geq 0)$ verläuft (Fig. 7). Wie lang ist die Spirale?

Fig. 7: Spirale auf Kegel

3. a) Man bestimme die größte Kugel, die in den Asteroidenkörper in Fig. 5 passt.
b) Man berechne das Volumen des Asteroidenkörpers in Fig. 5.

4. Man zeige, dass

$$\begin{pmatrix} x \\ y \\ z \end{pmatrix} = \begin{pmatrix} r \cos u \cos v \\ r \sin u \cos v \\ r \sin v \end{pmatrix}$$

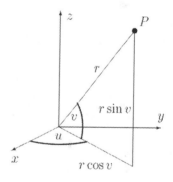

$\left(u \in [0, 2\pi[, \ v \in \left[-\dfrac{\pi}{2}; \dfrac{\pi}{2}\right] \right)$ eine Parameterdarstellung der Kugel mit dem Mittelpunkt $(0, 0)$ und dem Radius r ist (Fig. 8). Man bestimme dann eine Parameterdarstellung eines Ellipsoids mit dem Mittelpunkt $(0,0)$ und den Halbachsenlängen a, b, c.

Fig. 8: Zu Aufgabe 4

5. Man zeige, dass

$$\begin{pmatrix} x \\ y \\ z \end{pmatrix} = \begin{pmatrix} a \cosh v \\ b \cos u \sinh v \\ c \sin u \sinh v \end{pmatrix}$$

$(u \in [0; 2\pi[, \ v \in \mathbb{R})$ ein zweischaliges Hyperboloid beschreibt (Fig. 9). Dabei sind sinh und cosh die hyperbolischen Funktionen aus X.2 Aufgabe 7. Man bestimme eine Parameterdarstellung und eine Gleichung der Tangentialebene in einem gegebenen Punkt.

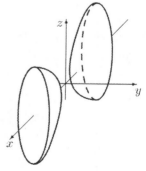

Fig. 9: Zweischaliges Hyperboloid

Lösungen der Aufgaben

Lineare Algebra

I.1 1. $f(x) = 2x^4 - x^3 + 3x^2 - 5x + 11$

I.1 2. $(x_1, x_2, x_3, x_4, x_5, x_6, x_7) = (2, 10, 8, 6, 2, 5, 8)$

I.1 3. Ansatz $x_1 + x_2 + x_3 + x_4 = 1$, $\quad 6x_1 + 6x_2 + 3x_3 + 2x_4 = 4$, $\quad 15x_1 + 10x_2 + 15x_3 + 10x_4 = 12$. Mit $x_1 = t$ ergibt sich $x_2 = \frac{2}{5} - \frac{3}{4}t$, $x_3 = \frac{2}{5} - t$, $x_4 = \frac{1}{5} + \frac{3}{4}t$; dabei muss $0 \le t \le \frac{2}{5}$ sein, damit $x_3 \ge 0$ ist.

I.1 4. $(x_1, x_2, x_3, x_4, x_5, x_6, x_7) = (600 - r, -500 + r + s, 600 - r, r, -700 + s, -500 + s, s)$; wegen $x_5 \ge 0$ folgt $x_7 = s \ge 700$ und daraus $x_6 \ge 200$. Günstigste Lösung $x_5 = 0$ (Abschnitt BC sperren) also $x_7 = s = 700$ und somit $(x_1, x_2, x_3, x_4, x_5, x_6, x_7) = (600 - r, 200 + r, 600 - r, r, 0, 200, 700)$ mit $0 \le r \le 600$.

I.2 1. a) Hat ein LGS die Lösungen $(u_1, u_2, \ldots, u_n)$ und $(v_1, v_2, \ldots, v_n)$, dann hat es auch die Lösung $(u_1 + t(v_1 - u_1), u_2 + t(v_2 - u_2), \ldots, u_n + t(v_n - u_n))$ mit $t \in \mathbb{R}$.

b) Für $r \ne \frac{5}{2}$ genau eine Lösung, für $r = \frac{5}{2}$ keine Lösung ($s \ne 6$) oder unendlich viele Lösungen ($s = 6$).

I.2 2. $x_1 + 3x_2 = 7$, $4x_1 + 3x_3 = 19$; das LGS ist nicht eindeutig bestimmt!

I.2 3. Es ist $p(1, 3, -1) + q(11, 2, 20) = (\frac{7}{3}p + 5q)(1, 1, 1) + (-\frac{2}{3}p + 3q)(2, -1, 5)$, und ebenso kann man $r(1, 1, 1) + s(2, -1, 5)$ als Element der zweiten Menge darstellen.

I.2 4. a) $r(1, -4, -1, -4, -11)$ ($r \in \mathbb{R}$)

b) Lösen durch „genaues Hinsehen": Es ist $4(x_1 + x_2 + x_3 + x_4 + x_5) = 15$, also $x_1 = \frac{15}{4} - 1$, $x_2 = \frac{15}{4} - 2$, $\ldots, x_5 = \frac{15}{4} - 5$

I.3 1. Aus $r(\vec{a} + 2\vec{b}) + s(\vec{a} + \vec{b} + \vec{c}) + t(\vec{a} - \vec{b} - \vec{c}) = \vec{o}$ folgt $(r + s + t)\vec{a} + (2r + s - t)\vec{b} + (s - t)\vec{c} = \vec{o}$, und das LGS $r + s + t = 0$, $2r + s - t = 0$, $s - t = 0$ hat nur die Lösung $r = s = t = 0$.

I.3 2. Aus $\sum\limits_{i=0}^{n} a_i(1 + x)^i = 0$ folgt durch Einsetzen von $x = -1$ zunächst $a_0 = 0$, Kürzen von $(1 + x)$ und Einsetzen von $x = -1$ liefert $a_1 = 0$ usw.

I.3 3. $\{1, \sqrt{2}, \sqrt{3}\}$ ist über $\mathbb{Q}$ linear unabhängig: Aus $a + b\sqrt{2} + c\sqrt{3} = 0$ mit $a, b, c \in \mathbb{Q}$ folgt $a^2 = 2b^2 + 2bc\sqrt{6} + 3c^2$. Weil $\sqrt{6}$ irrational ist, muss $bc = 0$ sein; weil $\sqrt{2}$ und $\sqrt{3}$ irrational sind, muss $b = c = 0$ und damit auch $a = 0$ sein.

I.3 4. a) Vektorraumaxiome verifizieren, insbesondere gehört $\vec{o}$ zur Schnittmenge.

b) Für $\vec{u_1} \in U_1 \setminus U_2$ und $\vec{u_2} \in U_2 \setminus U_1$ ist $\vec{u_1} + \vec{u_2} \notin U_1$ und $\vec{u_1} + \vec{u_2} \notin U_2$, also $\vec{u_1} + \vec{u_2} \notin U_1 \cup U_2$. (Dabei ist allgemein $A \setminus B$ die Menge aller Elemente aus A, die nicht zu B gehören.) $\qquad$ c) Die Darstellung ist eindeutig, wenn $U_1 \cap U_2 = \{\vec{o}\}$.

I.3 5. $\mathbb{R}$-Vektorraum der Dimension 2.

I.3 6. Beispiele für Basen sind

$$\left\{ \begin{array}{|c|c|c|} \hline 2 & 2 & -1 \\ \hline -2 & 1 & 4 \\ \hline 3 & 0 & 0 \\ \hline \end{array}, \begin{array}{|c|c|c|} \hline 2 & -1 & 2 \\ \hline 1 & 1 & 1 \\ \hline 0 & 3 & 0 \\ \hline \end{array}, \begin{array}{|c|c|c|} \hline -1 & 2 & 2 \\ \hline 4 & 1 & -2 \\ \hline 0 & 0 & 3 \\ \hline \end{array} \right\}, \quad \left\{ \begin{array}{|c|c|c|} \hline 2 & 0 & 1 \\ \hline 0 & 1 & 2 \\ \hline 1 & 2 & 0 \\ \hline \end{array}, \begin{array}{|c|c|c|} \hline 1 & 0 & 2 \\ \hline 2 & 1 & 0 \\ \hline 0 & 2 & 1 \\ \hline \end{array}, \begin{array}{|c|c|c|} \hline 0 & 2 & 1 \\ \hline 2 & 1 & 0 \\ \hline 1 & 0 & 2 \\ \hline \end{array} \right\}$$

I.4 1. Axiome nachrechnen; Nullelement U, $-(\vec{a} + U) = -\vec{a} + U$ usw.

I.4 2. Beispiel: LGS aus $3x_1 + x_2 - x_3 - x_4 = -4$, $x_1 + 2x_2 - x_4 = -6$

I.4 3. Eine Basis $\{\vec{u}_1, \vec{u}_2, \ldots, \vec{u}_r\}$ von $U_1 \cap U_2$ ergänze man zu einer Basis

$\{\vec{u}_1, \ldots, \vec{u}_r, \vec{v}_1, \ldots, \vec{v}_m\}$ von U_1 und zu einer Basis $\{\vec{u}_1, \ldots, \vec{u}_r, \vec{w}_1, \ldots, \vec{w}_n\}$ von U_2. Dann ist $\{\vec{u}_1, \ldots, \vec{u}_r, \vec{v}_1, \ldots, \vec{v}_m, \vec{w}_1, \ldots, \vec{w}_n\}$ eine Basis von $U_1 + U_2$ und es gilt $r + m + n = (r + m) + (r + n) - r$.

I.4 4. Ist $(\vec{a} + \langle \vec{u}_1, \vec{u}_2 \rangle) \cap (\vec{b} + \langle \vec{v}_1, \vec{v}_2 \rangle) \neq \emptyset$, dann hat das homogene LGS $x_1 \vec{u}_1 + x_2 \vec{u}_2 + x_3 \vec{v}_1 + x_4 \vec{v}_2 = \vec{o}$ einen eindimensionalen Lösungsraum. (Zwei Ebenen sind parallel oder schneiden sich in einer Geraden.)

I.4 5. Beide Aussagen sind gleichwertig mit $\vec{a} - \vec{b} \in \langle \vec{u}, \vec{v} \rangle$.

I.4 6. Ist $\vec{b} = t\vec{a}$ (oder umgekehrt), dann ist $\langle \vec{b} - \vec{a} \rangle = \langle \vec{a} \rangle$ und daher $(\vec{a} + U_1) \vee (\vec{b} + U_2) = \vec{a} + (\langle \vec{a} \rangle + U_1 + U_2) = \langle \vec{a} \rangle + U_1 + U_2$.

I.5 1. Die Vektoren mit den Koordinaten 2, 10, 5 bzw. 1, -1, 4 sind linear unabhängig.

I.5 2. Beide Bedingungen sind gleichwertig mit $\vec{p} - \vec{q} \notin \langle \vec{u}, \vec{v} \rangle$.

I.5 3. a) Auf der einen Geraden seien A, B durch $\vec{p} + r_a \vec{u}$ und $\vec{p} + r_b \vec{u}$ gegeben, auf der anderen die Punkte C, D durch $\vec{q} + s_c \vec{v}$ und $\vec{q} + s_d \vec{v}$. Die Geraden durch A und D bzw. durch B und C schneiden sich genau dann, wenn die Gleichung
$$\vec{p} + r_a \vec{u} + x((\vec{q} + s_d \vec{v}) - (\vec{p} + r_a \vec{u})) = \vec{p} + r_b \vec{u} + y((\vec{q} + s_c \vec{v}) - (\vec{p} + r_b \vec{u}))$$
eine Lösung (x, y) besitzt. Die Gleichung lässt sich umformen zu
$$(x - y)(\vec{q} - \vec{p}) + ((1 - x)r_a - (1 - y)r_b)\vec{u} + (xs_d - ys_c)\vec{v} = \vec{o}.$$
Aus der linearen Unabhängigkeit von $\vec{q} - \vec{p}, \vec{u}, \vec{v}$ folgt $x = y, r_a = r_b, s_c = s_d$.
b) Nein, denn die Geraden durch A, D bzw. B, C sind windschief.

I.6 1. Schwerpunkt (Mitte der Strecke, Schnitt der Seitenhalbierenden des Dreiecks, Schnitt der Verbindungen gegenüberliegender Seitenmitten des Vierecks).

I.6 2. Es genügt, dies am Quadrat mit den Ecken (0,0), (0,1), (1,0), (1,1) zu zeigen.

I.6 3. $5x_1 + x_2 \leq -4$, $\quad x_1 + 3x_2 \leq 20$, $\quad -x + 6y \leq 5$, $\quad 3x + 2y \leq 25$

I.6 4. Die Punktmenge ist beschränkt (wegen $x_1, x_2, x_3 \geq 0$ und $x_1 + x_2 + x_3 \leq 12$) und nicht leer. Ecken sind $(0, 0, 0)$, $(\frac{5}{3}, 0, 0)$, $(0, 7, 0)$, $(0, 0, 2)$, $(\frac{17}{4}, \frac{31}{4}, 0)$, $(\frac{12}{5}, \frac{11}{5}, 0)$ usw.

II.1 1. Isomorphismus, wenn $\{\vec{w}_1, \ldots, \vec{w}_n\}$ linear unabhängig.

II.1 2. Ist α injektiv oder surjektiv, dann wird eine Basis auf eine Basis abgebildet.

II.1 3. Ist $\lambda(\vec{v}) = \sum\limits_{i=1}^{n} a_i v_i$ und $\mu(\vec{v}) = \sum\limits_{i=1}^{n} b_i v_i$, dann muss für $a_i, a_j \neq 0$ und $b_i, b_j \neq 0$ gelten: Aus $a_i + a_j = 0$ folgt $b_i + b_j = 0$, also $\frac{a_i}{a_j} = \frac{b_i}{b_j}$. Weitere Fälle klar.

II.1 4. Man wähle den Koeffizientenvektor von α mit lauter Nullen und einer 1 an einer Stelle, an der sich $\vec{v}_1$ und $\vec{v}_2$ unterscheiden.

II.1 5. Man verwende eine Basis von U und beachte $\dim A(A(U)) = \dim \text{Hom}(V, K) - \dim A(U) = \dim V - (\dim V - \dim U) = \dim U$

II.1 6. Ist $\lambda(\vec{u}_1 + \vec{u}_2) = 0$ für alle $\vec{u}_1 \in U_1, \vec{u}_2 \in U_2$, dann ist auch $\lambda(\vec{u}_1) = 0$ und $\lambda(\vec{u}_2) = 0$ für alle $\vec{u}_1 \in U_1, \vec{u}_2 \in U_2$. Ist $\lambda(\vec{u}) = 0$ für alle $\vec{u} \in U_1 \cap U_2$, dann ist $\lambda = \lambda_1 + \lambda_2$ mit $\lambda(\vec{u}_1) = 0$ und $\lambda(\vec{u}_2) = 0$ und umgekehrt.

II.2 1. a) Ist $AE_1 = A$ und $E_2 A = A$ für alle A, dann ist $E_2 E_1 = E_2$ und $E_2 E_1 = E_1$, also $E_1 = E_2$. Ist $E_1 A = AE_1 = A$ und $E_2 A = AE_2 = A$ für alle A, dann ist $E_1 E_2 = E_2$ und $E_1 E_2 = E_1$, also $E_1 = E_2$.
b) Aus $B_1 A = AB_1 = E$ und $B_2 A = AB_2 = E$ folgt $B_1 = B_1 E = B_1 AB_2 = EB_2 = B_2$.

II.2 2. $A = \frac{1}{2}(A + A^T) + \frac{1}{2}(A - A^T)$

II.2 3. Der Rang ist 1. Die Spalten- bzw. Zeilenvektoren sind Vielfache von $\vec{a}$ bzw. $\vec{b}$.

II.2 4. Man weise $AA^{-1} = E$ durch eine einfache Rechnung nach.

II.2 5. Der Rang ist jeweils 3.

II.2 6. Das Produkt jeder Zeile der ersten mit jeder Spalte der zweiten Matrix muss 0 ergeben. Einfachste Beispiele mit erster Zeile von A: (1,0,0,0,0), zweite Zeile von A: $(0, 1-1, 1, -1)$, zwei erste Zeilen von B: (0,0,0).

II.2 7. a) Haben die Matrizen A, B beide den Rang n, dann sind sie und damit ihr Produkt invertierbar, dieses hat also Rang n.
b) $A = \begin{pmatrix} 1 & 1 \\ 0 & 0 \end{pmatrix}, B = \begin{pmatrix} 0 & 1 \\ 0 & -1 \end{pmatrix}$ und analog für größere Dimensionen.

II.2 8. dim(Bild B)=Rang B, dim(Bild AB)$\leq$ Rang A, dim(Bild AB)$\leq$ dim (Bild B).

II.3 1. a) Eine primitive 8.te Einheitswurzel ist $\alpha = \frac{1}{2}\sqrt{2}(1 + i)$, die anderen 8.ten Einheitswurzeln sind Potenzen von α. Der Körper K muss neben $\mathbb{Q}$ die Zahlen $\sqrt{2}, i$ und $i\sqrt{2}$ enthalten. Eine Basis von K als $\mathbb{Q}$-Vektorraum ist $\{1, \sqrt{2}, i, i\sqrt{2}\}$; lineare Unabhängigkeit: Aus $r + s\sqrt{2} + i(t + u\sqrt{2}) = 0$ mit $r, s, t, u \in \mathbb{Q}$ folgt $r + s\sqrt{2} = 0$ und $t + u\sqrt{2} = 0$, also $r = s = t = u = 0$.   b) $\{1, \sqrt{2}, \sqrt{3}, \sqrt{6}\}$ ist eine Basis.

II.3 2. Aus $m = a^2 + b^2 = \alpha\overline{\alpha}$, $n = c^2 + d^2 = \beta\overline{\beta}$ folgt $mn = \alpha\overline{\alpha}\beta\overline{\beta} = \alpha\beta\overline{\alpha}\overline{\beta} = u^2 + v^2$.
$5 = 1^2 + 2^2$, $13 = 2^2 + 3^3$, $65 = 1^2 + 8^2 = 4^2 + 7^2$.

II.3 3. $19 = 1^1 + 1^1 + 1^2 + 4^2$, $23 = 1^2 + 2^2 + 3^2 + 3^2$, $31 = 1^2 + 1^2 + 2^2 + 5^2$,
$19 \cdot 23 = 1^2 + 6^2 + 12^2 + 16^2$, $19 \cdot 23 \cdot 31 = 21^2 + 21^2 + 28^2 + 109^2$

II.3 4. Allgemein $\begin{pmatrix} \alpha & -\overline{\beta} \\ \beta & \overline{\alpha} \end{pmatrix}^{-1} = \frac{1}{\alpha\overline{\alpha} + \beta\overline{\beta}} \begin{pmatrix} \overline{\alpha} & \overline{\beta} \\ -\beta & \alpha \end{pmatrix}$

II.3 5. (1) $F_n^2 + F_{n+1}^2 = F_{n-1}F_{n+1} + (-1)^n + F_nF_{n+2} + (-1)^{n+1} = F_{n+(n+1)}$
(2) wie (1)   (3) Man benutze $F_n^2 = F_n(F_{n+1} - F_{n-1})$.

II.3 6. $x_n = F_{n-1}$, $y_n = F_n$

II.3 7. $x^2 - 7y^2 = 1$ hat die kleinste Lösung $(8, 3)$; es ist $\sqrt{7} \approx \frac{8}{3}$; mit $\begin{pmatrix} 8 & 21 \\ 3 & 8 \end{pmatrix}^2 = \begin{pmatrix} 127 & 336 \\ 48 & 127 \end{pmatrix}$ ist $\sqrt{7} \approx \frac{127}{48}$. $x^2 - 11y^2 = 1$ hat die kleinste Lösung $(10, 3)$; es ist $\sqrt{11} \approx \frac{10}{3}$; mit $\begin{pmatrix} 10 & 33 \\ 3 & 10 \end{pmatrix}^2 = \begin{pmatrix} 199 & 660 \\ 60 & 199 \end{pmatrix}$ ist $\sqrt{11} \approx \frac{199}{60}$.

II.3 8. Aus $a_{k+1} = \frac{1}{6} + \frac{3}{4}a_k$ folgt für $a = \lim(a_k)$ die Gleichung $a = \frac{1}{6} + \frac{3}{4}a$, also $a = \frac{2}{3}$.

III.1 1. $(\vec{x}; u\vec{y} + v\vec{z}) = \overline{u(\vec{y}; \vec{x}) + v(\vec{z}; \vec{x})} = \overline{u(\vec{y}; \vec{x})} + \overline{v(\vec{z}; \vec{x})} = \overline{u}(\vec{x}; \vec{y}) + \overline{v}(\vec{x}; \vec{z})$

III.1 2. a) Ist $(\vec{x}, \vec{y}) = 0$, dann ist $(\vec{x} + \vec{y}; \vec{x} + \vec{y}) = (\vec{x}; \vec{x}) + (\vec{y}; \vec{y})$.
b) Ist $\vec{y} = r\vec{x}$, dann ist $|(\vec{x}, \vec{y})| = |(\vec{x}, r\vec{x})| = |r||(\vec{x}, \vec{x})| = |r||\vec{x}|^2 = |\vec{x}||r\vec{x}| = |\vec{x}||\vec{y}|$.
Ist $|(\vec{x}, \vec{y})| = |\vec{x}||\vec{y}|$ und $\vec{y} = \vec{y}_\perp + \vec{y}_\parallel$ mit $\vec{y}_\perp \perp \vec{x}$ und $\vec{y}_\parallel \parallel \vec{x}$, dann ist
$|(\vec{x}, \vec{y})| = |\vec{x}, \vec{y}_\parallel| \leq |\vec{x}||\vec{y}_\parallel| \leq |\vec{x}||\vec{y}|$ nach a), also $|\vec{y}| = |\vec{y}_\parallel|$ und daher $\vec{y} \in \langle\vec{x}\rangle$.

III.1 3. $|\vec{x}| = |(\vec{x} - \vec{y}) + \vec{y}| \leq |\vec{x} - \vec{y}| + |\vec{y}|$.

III.1 4. (1) Spur(B^TA)=Spur(A^TB), denn $A^TB = (B^TA)^T$;
(2) Spur(A^TA) = Summe der Betragsquadrate der Spaltenvektoren;
(3) Spur($(rB + sC)^TA$) = r Spur(B^TA) + s Spur(C^TA)

III.1 5. a) $\vec{x}^TA\vec{x} = x_1^2 + 2x_2^2 + 6x_3^2 - 2x_1x_2 + 2x_1x_3 - 6x_2x_3$
$= (x_1 - x_2 + 2x_3)^2 + (x_2 - x_3)^2 + x_3^2 \geq 0$, $= 0$ nur für $x_1 = x_2 = x_3 = 0$.
b) $\vec{x}^TA^TA\vec{x} = (A\vec{x})^TA\vec{x} \geq 0$; $= 0$ genau dann, wenn $A\vec{x} = \vec{o}$, also wenn $\vec{x} = \vec{o}$.

c) Man studiere Beispiel 1 und berechne $\vec{x}^T A\vec{x}$ für $x_i = r, x_j = 1, x_k = 0$ für $k \neq i, j$.

III.1 6. Der Kern ist der Lotraum von U, vgl. Aufgabe 8.

III.1 7. Man beachte $|\vec{x}|^2 = |\vec{x}_\perp|^2 + |\vec{x}_\parallel|^2$, dass also $|\vec{p} - \vec{u}| \geq |(\vec{p} - \vec{u})_\perp|$, also $|\vec{p} - \vec{u}|$ minimal für $|(\vec{p} - \vec{u})_\parallel| = 0$. Dabei ist $\vec{u} \in \vec{a} + U$, also etwa $\vec{u} = \vec{a}$.

III.1 8. Man wähle eine Basis von $U_\perp$ und ergänze diese zu einer Basis von V.

III.1 9. Die Anwendung des schmidtschen Orthonormierungsverfahrens führt in der Regel auf große rechnerische Schwierigkeiten. Daher sollte man das Erzeugendensystem durch elementare Umformungen vereinfachen. Eine Orthonormalbasis ist z.B. $\left\{\frac{1}{\sqrt{3}}(1 \ \ 0 \ \ 0 \ \ 1 \ \ 1)^T, \frac{1}{\sqrt{24}}(-2 \ \ 3 \ -3 \ \ 1 \ \ 1)^T, \frac{1}{\sqrt{88}}(-2 \ \ 5 \ \ 7 \ \ 3 \ -1)^T\right\}$.

III.2 1. a) $E(X) = 2{,}6$; $\sigma(X) = \sqrt{1{,}34} \approx 1{,}16$; $E(Y) = 1{,}25$; $\sigma(Y) = \sqrt{0{,}9875} \approx 0{,}994$
b) $0{,}05$ bzw. 0;   vgl. mit $0{,}335$ bzw. $0{,}11$.

III.2 2. $(X_\perp; Y_\perp) = \frac{1}{20} \cdot (-0{,}6) \cdot 1{,}75 + \frac{1}{5} \cdot (-1{,}6) \cdot (-1{,}25) + \ldots = 0{,}151$; $\varrho(X, Y) = 0{,}131$.

III.3 1. Man bilde das Skalarprodukt von $\vec{n}$ und $d\vec{n} = (\vec{p} + r\vec{u}) - (\vec{q} + s\vec{v})$.

III.3 2. $4c < a_1^2 + a_2^2 + a_3^2$

III.3 3. Summe der Koordinatenquadrate 1; für Winkel φ zwischen den Ortsvektoren von A und B gilt $\cos\varphi = \frac{16}{21} = 0{,}7619$, also $\varphi = 40{,}33^o$; Bogenlänge $\frac{40{,}33}{180}\pi = 0{,}703$.

III.3 4. M hat von der Geraden den Abstand $d = \left(\binom{15}{5} - \binom{4}{3}; \frac{1}{25}\binom{24}{-7}\right) = 10$.

III.3 5. Die Gerade $x_2 = mx_1 + c$ ist genau dann Tangente an den Kreis um O mit dem Radius r, wenn $r^2(1 + m^2) = c^2$. Aus $c = \pm 2\sqrt{1 + m^2}$ und $6m - 4 + c = \pm 3\sqrt{1 + m^2}$ eliminiere man c (vier Möglichkeiten).

III.3 6. M hat von der Ebene den Abstand $d = 2$. Der Mittelpunkt des Schnittkreises ist $M'(\frac{37}{9}, \frac{4}{9}, \frac{1}{9})$. Der Schnittkreisradius ist $r' = \sqrt{49 - 4} = \sqrt{45}$.

III.3 7. Die Ebene hat die Gleichung $2x_1 + 3x_2 + 3x_3 = c$, die Kreismittelpunkte haben von ihr die Abstände d_1, d_2 mit $d_1 + d_2 = \sqrt{88}$ und $d_1^2 - d_2^2 = r_1^2 - r_2^2 = 11$, also $d_1 = \frac{9}{16}\sqrt{88}$ und $d_2 = \frac{7}{16}\sqrt{88}$, woraus c folgt. Der Schnittkreis hat den Radius $\frac{3}{8}\sqrt{58}$.

III.3 8. Die (gesuchte) Ebene mit der Gleichung $a_1x_1 + a_2x_2 + a_3x_3 = c$ hat den Normaleneinheitsvektor $\vec{n} = (a_1 \ a_2 \ a_3)^T$ mit $a_1^2 + a_2^2 + a_3^2 = 1$. Haben die Berührpunkte die Ortsvektoren $\vec{b}_1, \vec{b}_2, \vec{b}_3$, dann gilt $\vec{b}_i - \vec{m}_i = \pm r_i\vec{n}$, eine gemeinsame Tangentialebene hat also die Gleichung $(\vec{x} - \vec{m}_i; \pm r_i\vec{n}) = r_i^2$, für $i = 1, 2, 3$ muss das also die gleiche Ebene beschreiben. Es folgt $(\vec{m}_i; \vec{n}) = \pm(c - r_i)$ $(i = 1, 2, 3)$, woraus sich bei jeder Wahl der Vorzeichen, falls die drei Kugeln geeignet liegen, $\vec{n}$ bis auf einen Faktor aus $\mathbb{R}$ bestimmen lässt. Der Faktor ist dann durch $|\vec{n}| = 1$ festgelegt.

III.3 9. Die Polare zum Schnittpunkt von p und q geht durch die Punkte P und Q.

III.3 10. Die Gleichung der Schnittkreisebene ist $(\vec{x} - \vec{m}_1)^2 - r_1^2 = (\vec{x} - \vec{m}_1)^2 - r_1^2$, denn dieser Gleichung müssen die gemeinsamen Punkte der beiden Kugeln genügen, also auch alle Punkte der Schnittkreisebene. Für einen solchen Punkt X und die zugehörigen Tangentenabschnitte t_1, t_2 gilt also $t_1^2 = \overline{XM_1}^2 - r_1^2 = \overline{XM_2}^2 - r_2^2 = t_2^2$.

III.3 11. Aus $t_1^2 = \overline{XM_1}^2 - r_1^2 = \overline{XM_2}^2 - r_2^2 = t_2^2$ folgt $(\vec{x} - \vec{m}_1)^2 - (\vec{x} - \vec{m}_2)^2 = r_1^2 - r_2^2$ bzw. (nach Streichung von $\vec{x}^2$) $2(\vec{m}_1 - \vec{m}_2)\vec{x} = (\vec{m}_1)^2 - \vec{m}_2^2) - (r_1^2 - r_2^2)$, und dies ist die Gleichung einer Geraden mit dem Normalenvektor $\vec{m}_1 - \vec{m}_2$.

III.3 12. a) M' ist Durchstoßpunkt der Geraden durch P und M durch die Polarebene

p zum Pol P. Ferner ist $r'^2 = r^2 - d^2$, wobei d der Abstand von M zu p ist.

b) $d = \overline{MM'}$, $\vec{p} = \vec{m} + \frac{r^2}{d}(\vec{m}' - \vec{m})$; man beachte dabei $\overline{PM} \cdot \overline{PM'} = r^2$ (Kathetensatz).

c) Man bestimme d aus $d^2 = r^2 - r'^2$ und einen Normaleneinheitsvektor $\vec{n}$ der Ebene; dann ist $\vec{p} = \vec{m} \pm \frac{r^2}{d}\vec{n}$, wobei das Vorzeichen so zu wählen ist, dass $(\vec{n}; \vec{m}) < 0$.

d) Es genügt, ein Schnittbild zu betrachten, also die gemeinsamen Tangenten an zwei Kreise. Für einen Normaleneinheitsvektor $\vec{n}$ einer gemeinsamen äußeren/inneren Tangente gilt $((\vec{m}_1 - \vec{m}_2) + (r_1 - r_2)\vec{n}; \vec{n}) = 0$ bzw. $((\vec{m}_1 - \vec{m}_2) + (r_1 + r_2)\vec{n}; \vec{n}) = 0$. Daraus ergibt sich $\vec{n}$. Aus dem Abstand der Mittelpunkte von den Geraden ergibt sich die Geradengleichung, die Schnittpunkte P der Geraden sind die Bilder der Kegelspitzen im Schnittbild. Übertragung der Längen $\overline{PM_1}, \overline{PM_2}$ in den Raum liefert die Spitzen.

III.4 1. $(\vec{a} \times \vec{b}; \vec{a} \times \vec{c}) = |\vec{a} \times \vec{b}||\vec{a} \times \vec{c}| \cos\alpha$ usw.

III.4 2. a) Wegen $((\vec{a} \times \vec{b}) \times \vec{c}; \vec{c}) = 0$ ist $(\vec{a} \times \vec{b}) \times \vec{c} = r\vec{a} + s\vec{b}$.

b) $(\vec{a} \times \vec{b}) \times (\vec{c} \times \vec{d}) = r\vec{a} + s\vec{b} = -t\vec{c} + u\vec{d}$ (vgl. a)), also $r\vec{a} + s\vec{b} + t\vec{c} = u\vec{d}$. Bildet man in der letzten Gleichung das Skalarprodukt mit $\vec{b} \times \vec{c}, \vec{a} \times \vec{c}$ bzw. $\vec{a} \times \vec{b}$, dann ergeben sich r, s, t.

III.4 3. Das Volumen ist $\frac{1}{6} \left\| \begin{matrix} 1 & -3 & 2 \\ -5 & 0 & 0 \\ 5 & 4 & 2 \end{matrix} \right\| = \frac{70}{6}$

III.4 4. Man benutze die Eigenschaften des Vektorprodukts und des Skalarprodukts.

III.4 5. a) Im Spatprodukt ersten Vektor in Komponenten zerlegen.

b) $a \neq 0$ und $a \neq \frac{1}{4}$.   c) Die Determinante ist $(b-a)(c-a)(c-b)$; sind a, b, c paarweise verschieden, dann hat das LGS nur die triviale Lösung.

IV.1 1. Mit $\vec{a}_1 = \binom{a_{11}}{a_{21}}$ und $\vec{a}_2 = \binom{a_{12}}{a_{22}}$ ist

$$|\vec{a}_1|^2 |\vec{a}_2|^2 (1 - \cos^2\alpha) = |\vec{a}_1|^2 |\vec{a}_2|^2 - (\vec{a}_1, \vec{a}_2)^2 = (a_{11}^2 + a_{21}^2)(a_{12}^2 + a_{22}^2) - (a_{11}a_{12} + a_{21}a_{22})^2$$
$$= a_{11}^2 a_{22}^2 + a_{21}^2 a_{12}^2 - 2a_{11}a_{12}a_{21}a_{22} = (a_{11}a_{22} - a_{21}a_{12})^2$$

IV.1 2. Aus $A^T A = E$ folgt $(\det A)^2 = 1$.

IV.1 3. Erste Zeile von übrigen subtrahieren und Faktoren $1, 2, 3, \ldots (n-1)$ (aus Zeile 2 bis n) rausziehen ergibt

$$\det A = (n-1)! \left| \begin{matrix} 1 & 2+1 & 2^2+2+1 & \cdots & 2^{n-2}+2^{n-3}+\ldots+2+1 \\ 1 & 3+1 & 3^2+3+1 & \cdots & 3^{n-2}+3^{n-3}+\ldots+3+1 \\ \vdots & & & & \\ 1 & n+1 & n^2+n+1 & \cdots & n^{n-2}+n^{n-3}+\ldots+n+1 \end{matrix} \right| .$$ Subtraktion der ersten

Spalte von den folgenden, dann der zweiten Spalte von den folgenden usw. ergibt $\det A =$

$$(n-1)! \left| \begin{matrix} 1 & 2 & 2^2 & \cdots & 2^{n-2} \\ 1 & 3 & 3^2 & \cdots & 3^{n-2} \\ \vdots & & & & \\ 1 & n & n^2 & \cdots & n^{n-2} \end{matrix} \right| .$$ Wiederholung dieser Schritte, beginnend mit

Subtraktion der ersten Zeile, liefert $\det A = (n-1)!(n-2)! \left| \begin{matrix} 1 & 3 & 3^2 & \cdots & 3^{n-3} \\ 1 & 4 & 4^2 & \cdots & 4^{n-3} \\ \vdots & & & & \\ 1 & n & n^2 & \cdots & n^{n-3} \end{matrix} \right|$ usw.

IV.1 4. Ähnlich wie Aufgabe 3 vorgehen: Subtraktion der ersten Zeile von den übrigen, $(a_2 - a_1)(a_3 - a_1)(a_4 - a_1)(a_5 - a_1)$ rausziehen, dann erste Zeile von übrigen subtrahieren usw., $(a_3 - a_2)(a_4 - a_2)(a_5 - a_2)$ rausziehen usw.

IV.1. 5. Die Behauptung wird durch Satz 5 belegt, den $\det M$ und $\det A \cdot \det B$ haben beide die Eigenschaften (1) bis (3).

IV.2 1. a) $abcd + abc + abd + acd + bcd$ b) $abcd + ab + ad + cd + 1$

IV.2 2. Man verwende das Verfahren in Beispiel 1: $\dfrac{1}{6}\begin{pmatrix} 17 & -6 & -3 & -1 \\ -6 & 6 & 0 & 0 \\ -3 & 0 & 3 & 0 \\ -2 & 0 & 0 & 2 \end{pmatrix}$.

IV.2 3. Man beachte die Geradengleichung
$\vec{x} = r\vec{a} + s\vec{b}$ $(r + s = 1)$ bzw. die Ebenengleichung $\vec{x} = r\vec{a} + s\vec{b} + t\vec{c}$ $(r + s + t = 1)$.

IV.2 4. a) Induktionsschritt: In A_{n+1} letzte Zeile von übrigen subtrahieren, nach erster Spalte entwickeln, dann Faktoren $(x_1 - x_{n+1})$, $(x_2 - x_{n+1})$, ..., $(x_n - x_{n+1})$ herausziehen, dann 1. Spalte von 2. bis n. Spalte subtrahieren, dann 2. Spalte von 3. bis n. Spalte subtrahieren usw. Es ergibt sich $\det A_{n+1} = (-1)^n(x_1 - x_{n+1})(x_2 - x_{n+1}) \cdot \ldots \cdot (x_n - x_{n+1})D_n = (x_{n+1} - x_1)(x_{n+1} - x_2) \cdot \ldots \cdot (x_{n+1} - x_n)D_n$.
b) Ist $p(x) = c_0 + c_1 x + c_2 x^2 + \ldots + c_n x^n$ und sind $x_1, x_2, \ldots, x_{n+1}$ paarweise verschiedene Elemente aus K mit $p(x_i) = y_i$, dann sind die Koeffizienten aus dem LGS $p(x_i) = y_i$ ($i = 1, \ldots, n + 1$) zu bestimmen, denn nach a) ist seine Matrix invertierbar.

IV.2 5. Entwicklung nach der letzten Zeile.

IV.2 6. a) (1) -3 (2) -18 (3) 160
b) 2. bis letzte Zeile zur ersten addieren, $\dfrac{n(n+1)}{2}$ herausziehen, erste Spalte von zweiter bis letzter Spalte abziehen, nach n-ter Zeile entwickeln (Vozeichen $(-1)^{n-1}$), erste Zeile von anderen subtrahieren, nach erster Spalte entwickeln: Dreiecksdeterminante mit Produkt der Diagonalelemente $= (-n)^{n-2}$.

IV.2 7. Man kann mit Berechnungsschema aus Beispiel im Text argumentieren.

V.1 1. $\vec{x}' = \begin{pmatrix} 1 & 0 & 3 \\ -2 & 1 & 5 \\ 3 & 2 & 0 \end{pmatrix}\vec{x} + \begin{pmatrix} 3 \\ 4 \\ -1 \end{pmatrix}$

V.1 2. Aus $A^T A = E$ und $\det A^T = \det A$ folgt $(\det A)^2 = 1$.

V.1 3. a) $(AA^T)^T = (A^T)^T A^T = AA^T$ b) Aus $A^T A = E$ folgt $A^T = A^{-1}$.

V.1 4. Das Einheitsquadrat wird von $A = (\vec{a}_1\ \vec{a}_2)$ auf ein Parallelogramm mit dem Inhalt $|\vec{a}_1||\vec{a}_2|\sin(\vec{a}_1\vec{a}_2)$ abgebildet, und es ist
$(|\vec{a}_1||\vec{a}_2|\sin(\vec{a}_1\vec{a}_2)) = (|\vec{a}_1||\vec{a}_2|)^2(1 - \cos^2(\vec{a}_1, \vec{a}_2)) = \vec{a}_1^2 \vec{a}_2^2 - (\vec{a}_1; \vec{a}_2)^2 = (\det A)^2$.

V.1 5. Ist M die Matrix der Spiegelung an $x_2 = mx_1$ und $(a_1 - b_1) + m(a_2 - b_2) = 0$ (vgl. Text), dann gibt $\vec{x}' = M\vec{x} + (E - M)\binom{0}{c}$ die Spiegelung an der Geraden mit der Gleichung $x_2 = mx_1 + c$ an, wobei $2c = (a_2 + b_2) - m(a_1 + b_1)$.

V.1 6. Erste Spiegelachse so, dass A auf A' abgebildet wird; zweite Spiegelachse durch A' so, dass B auf B' abgebildet wird, dritte Spiegelachse Gerade durch A' und B'.

V.1 7. Man interpretiere Fig. 9 im Text.

V.1 8. a) b) Spiegelungen an rechtwinkligen Achsen = Drehungen um 180° sind vertauschbar (Punktspiegelungen). c) Verschiebungen (Vektoren!) sind stets vertauschbar. d) Eine Spiegelung ist mit einer Verschiebung vertauschbar, wenn die Verschiebung parallel zur Spiegelachse ist.   e) Drehung und Verschiebung sind nicht vertauschbar.

V.1 9. Für den Bildpunkt C' von C gibt es zwei Möglichkeiten, er liegt auf dem Kreis um A' mit der Radius $\sqrt{\dfrac{10 \cdot 37}{13}}$ und auf dem Kreis um B' mit den Radius $\sqrt{\dfrac{10 \cdot 68}{13}}$.

V.1 10. Eine Bewegung ist genau dann uneigentlich, wenn sie aus einer ungeraden Anzahl von Spiegelungen besteht, wenn ihre Determinante also den Wert -1 hat.

V.1 11. a) Spiegelung, Drehung um 180°
b) zwei verschiedene reelle Eigenwerte (siehe Text)   c) Kongruenzabbildung

V.1 12. Ist $\vec{v}$ der Verschiebungsvektor, dann ist $\overrightarrow{ZZ^*} = -k\vec{v}$.

V.1 13. Man erhält drei Gleichungen aus folgenden Bedingungen: Der Mittelpunkt der Strecke XX' liegt auf der Ebene, der Vektor $\overrightarrow{XX'}$ ist orthogonal zu zwei Spannvektoren der Ebene. Es ergibt sich die Abbildungsmatrix $-\frac{1}{3}\begin{pmatrix} -1 & 2 & 2 \\ 0 & 1 & 2 \\ 0 & 2 & 1 \end{pmatrix}$.

V.1 14. $\alpha \circ \beta \circ \gamma : \vec{x} \mapsto 3\begin{pmatrix} 1 & 0 & 0 \\ 0 & 0 & -1 \\ 0 & -1 & 0 \end{pmatrix}\vec{x} + \begin{pmatrix} 7 \\ 17 \\ 17 \end{pmatrix}$ usw.

V.1 15. $F\left(-\frac{2}{3}, -\frac{2}{3}, \frac{1}{3}\right)$.

V.2 1. A hat die Eigenwerte $\lambda_1 = \lambda_2 = 1$ und $\lambda_3 = -2$; zu $\lambda_1 = \lambda_2$ gehört der von $(-1\ 1\ 1)^T$ erzeugte Eigenraum, zu λ_3 der von $(-4\ 1\ 13)^T$ erzeugte Eigenraum.

B hat die Eigenwerte $\lambda_1 = \lambda_2 = 0$ und $\lambda_3 = 3$; die zugehörigen Eigenräume werden von $(-1\ 3\ 0)^T$ bzw. $(1\ 0\ 1)$ erzeugt.

C hat die Eigenwerte $\lambda_1 = 5$ und $\lambda_{2/3} = \frac{5}{2} \pm \frac{3}{2}\sqrt{5}$. Die zugehörigen Eigenräume werden von $(3\ 1\ 4)$ bzw. $(21\ 4\ 8)^T + \sqrt{5}(63\ 12\ -3)^T$ bzw. $(21\ 4\ 8)^T - \sqrt{5}(63\ 12\ -3)^T$ erzeugt.

V.2 2. Eigenwerte sind die Diagonalelemente.

V.2 3. $(\cos\alpha - x)^2 + \sin^2\alpha = 0$: keine Lösung; $(\cos\alpha - x)^2 - \sin^2\alpha = 0$: $x = \cos\alpha \pm \sin\alpha$.

V.2 4. Behauptungen nachrechnen.

V.2 5. Das charakteristische Polynom ist $-(a_4 x^4 + a_3 x^3 + a_2 x^2 + a_1 x + a_0)$.

V.2 6. a) Char. Pol. $(-x)^{n-1}(n-x)$, Eigenwerte 0 (($(n-1)$-fach) und n (einfach).

b) Char. Pol. $(-1)^{n-1}(1+x)^{n-1}(n-x)$; Eigenwerte -1 und n.

V.2 7. $T = \begin{pmatrix} 1 & 0 & 1 \\ 0 & 1 & 0 \\ 1 & 0 & -1 \end{pmatrix}$; $T^{-1}AT = \begin{pmatrix} -1 & 0 & 0 \\ 0 & 3 & 0 \\ 0 & 0 & 2 \end{pmatrix}$

V.3 1. $\begin{pmatrix} 7 & -2 \\ -1 & 4 \end{pmatrix}$ hat die Eigenwerte $\frac{11}{2} \pm \frac{1}{2}\sqrt{17}$ mit den Eigenvektoren $(3 \pm \sqrt{17}\ -2)^T$.

V.3 2. $\vec{x}' = \frac{1}{4}\begin{pmatrix} 3 & -5 \\ 3 & 11 \end{pmatrix}\vec{x} + \frac{1}{4}\begin{pmatrix} -3 \\ 1 \end{pmatrix}$

V.3 3. $|2t+1| < \frac{1}{3}$: kein Ew; $|2t+1| = \frac{1}{3}$ genau ein Ew; $|2t+1| > \frac{1}{3}$: zwei Ew'e.

V.3 4. $\alpha : \vec{x} \mapsto \begin{pmatrix} 1 & 0 & 2 \\ 0 & 1 & 0 \\ 0 & 0 & 1 \end{pmatrix}\vec{x} + \begin{pmatrix} 1 \\ 1 \\ 0 \end{pmatrix}$ bildet die x_3-Achse auf g ab. Ist δ die Drehung um die x_3-Achse mit dem Winkel $30°$, dann ist die gesuchte Abbildung $\alpha \circ \delta \circ \alpha^{-1}$, also

$$\vec{x}' = \begin{pmatrix} 1 & 0 & 2 \\ 0 & 1 & 0 \\ 0 & 0 & 1 \end{pmatrix}\left(\begin{pmatrix} \frac{1}{2}\sqrt{3} & -\frac{1}{2} & 0 \\ \frac{1}{2} & \frac{1}{2}\sqrt{3} & 0 \\ 0 & 0 & 1 \end{pmatrix}\left(\begin{pmatrix} 1 & 0 & -2 \\ 0 & 1 & 0 \\ 0 & 0 & 1 \end{pmatrix}\left(\vec{x} - \begin{pmatrix} 1 \\ 1 \\ 0 \end{pmatrix}\right)\right) + \begin{pmatrix} 1 \\ 1 \\ 0 \end{pmatrix}\right)$$

V.3 5. Nein; vgl. Fall 1(2) der affinen Abbildungen im Raum.

V.3 6. Die Spalten von T seien die normierten Eigenvektoren. Dann ist $T^{-1}AT$ eine Diagonalmatrix D, deren Diagonalelemente die Eigenwerte sind. Es gilt $T^{-1}A^{-1}T = D^{-1}$.

VI.1 1. Es sei $\vec{u} = \overrightarrow{OU}$ und $\vec{v} = \overrightarrow{OV}$. Die Gleichung $(C\vec{u})^T(C\vec{v}) = 0$ bzw. $\vec{u}^T(C^TC)\vec{v} = 0$ muss gelöst werden. Mit $C^TC = \begin{pmatrix} d_{11} & d_{12} \\ d_{12} & d_{22} \end{pmatrix}$ ergibt sich $c_{12}u_1^2 - (c_{11} - c_{22})u_1 u_2 - c_{12}u_2^2 = 0$ bzw. i. Allg. $\left(\frac{u_1}{u_2}\right)^2 - \frac{c_{11}-c_{22}}{c_{12}}\frac{u_1}{u_2} - 1 = 0$. Man erhält zwei Lösungen für $\frac{u_1}{u_2}$, deren Produkt -1 ist, also bis auf einen gemeinsamen Faktor die Ortsvektoren von U, V.

VI.1 2. Man stelle sich die Ellipse als Bild des Kreises bei einer Parallelprojektion vor.

VI.1 3. a) „Mitte bleibt Mitte" bei einer affinen Abbildung. b) Eine Gerade durch O

mit der Steigung m_1 wird auf eine solche mit der Steigung $m_1' = \frac{b}{a}m$ abgebildet, analog mit m_2. Aus $m_1 m_2 = -1$ (Orthogonalitätsbedingung) folgt $m_1' m_2' = -(\frac{b}{a})^2$.

VI.1 4. a) Mit $F_{1/2} = (\pm e, 0)$ folgt aus $\sqrt{(x_1 + e)^2 + x_2^2} + \sqrt{(x_1 - e)^2 + x_2^2} = 2a$ und $b^2 = a^2 - e^2$ (im Fall $a > b$) die affine Standardform der Ellipsengleichung.

b) Mit $F_{1/2} = (\pm e, 0)$ folgt aus $|\sqrt{(x_1 + e)^2 + x_2^2} - \sqrt{(x_1 - e)^2 + x_2^2}| = 2a$ und $b^2 = e^2 - a^2$ (im Fall $b > a$) die affine Standardform der Hyperbelgleichung.

c) Aus $x_1 + \frac{p}{2} = \sqrt{(x_1 - \frac{p}{2})^2 + x_2^2}$ folgt die affine Standardform der Parabelgleichung.

VI.1 5. Stauchung an der x_1-Achse in Richtung der x_2-Achse mit den Faktor $\frac{b}{a}$ auf Kreistangente anwenden; Polarengleichung lautet ebenso.

VI.1 6. Man zeige z.B. bei der Ellipse: Der Winkel zwischen den „Brennstrahlen" in einem Ellipsenpunkt werden von der Normalen der Ellipse in diesem Punkt halbiert.

VI.1 7. Ellipse: Der Kreis um $(0, -c)$ mit dem Radius $r = b + c$ geht durch den Scheitel $(0, b)$ der Ellipse; er hat im oberen Teil die Gleichung $x_2 = -c + r\sqrt{1 - (\frac{x_1}{r})^2}$. Die Ellipse hat im oberen Teil die Gleichung $x_2 = b\sqrt{1 - (\frac{x_1}{a})^2}$. Wegen $(1 - \frac{u}{2})^2 \approx 1 - u$ bzw. $\sqrt{1 - u} \approx 1 - \frac{u}{2}$ für sehr kleine Werte von u gilt für sehr kleine Werte von x_1 für den Kreis $x_2 \approx -c + r(1 + \frac{x_1^2}{2r^2}) =$ und für die Ellipse $x_2 \approx b(1 - \frac{x_1^2}{2a^2})$. Diese Approximationen stimmen überein, wenn $b = r - c$ und $\frac{b}{2a^2} = \frac{1}{2r}$ also $r = \frac{a^2}{b}$. Hyperbel, Parabel analog.

VI.2 1. Die Eigenwerte der Koeffizientenmatrix sind $2 \pm a$, also ist $a = 2$ oder $a = -2$. Damit ergibt sich $2(x_1 \pm x_2)^2 - 7(x_1 \pm x_2) + (b \mp 7)x_2 + 3 = 0$. Es muss nun $b = -7$ oder $b = 7$ sein; die Gleichung lautet dann $2\left(x_1 \pm x_2 - \frac{7}{4}\right)^2 + 3 - \frac{49}{8} = 0$ bzw. $(x_1 \pm x_2 - \frac{7}{4})^2 = \frac{25}{16}$. Man erhält dann die Parallelenpaare $x_1 + x_2 = \frac{7}{4} \pm \frac{5}{4}$ und $x_1 - x_2 = \frac{7}{4} \pm \frac{5}{4}$.

VI.2 2. $\frac{x_1^2}{a^2} + \frac{x_2^2}{b^2} - \frac{x_3^2}{c^2} = (t \mp r\sqrt{1 - t^2})^2 + (\pm\sqrt{1 - t^2} + rt)^2 - r^2$
$= t^2 \mp 2rt\sqrt{1 - t^2} + r^2 - r^2t^2 + 1 - t^2 \pm 2rt\sqrt{1 - t^2} + r^2t^2 = 1$

VI.2 3. $\frac{(p_1 + ra^2 b)^2}{a^2} - \frac{(p_2 + rab^2)^2}{b^2} - (p_3 + 2r(bp_1 - ap_2)) = \frac{p_1^2}{a^2} - \frac{p_2^2}{b^2} - p_3$
$+2rbp_1 - 2rap_2 + r^2a^2b^2 - r^2a^2b^2 - 2rbp_1 + 2rap_2 = \frac{p_1^2}{a^2} - \frac{p_2^2}{b^2} - p_3 = 0$

VI.2 4. Ursprungsgeraden mit den Richtungsvektoren $(au\ bv\ c\sqrt{u^2 + v^2})^T$ $(u, v \in \mathbb{R})$.

VI.2 5. Rotiert der Geradenpunkt $(2r, 2, 3r)$ um die x_1-Achse, dann erhält man die Punkte $(2r, \sqrt{4 + 9r^2}\cos\varphi, \sqrt{4 + 9r^2}\sin\varphi)$ mit $0 \leq \varphi < 2\pi$. Es gilt für sie also $x_2^2 + x_3^2 = 4 + 9r^2 = 4 + \frac{9}{4}x_1^2$ bzw. $-\frac{x_1^2}{\frac{9}{16}} + \frac{x_2^2}{4} + \frac{x_3^2}{4} = 1$.

VI.2. 6. Die affine Abbildung $(x_1, x_2, x_3) \mapsto (\frac{x_1}{a}, \frac{x_2}{b}, \frac{x_3}{c})$ bildet das Ellipsoid auf die Einheitskugel mit der Gleichung $x_1^2 + x_2^2 + x_3^2 = 1$ ab, und die Tangentialebene im Kugelpunkt (p_1, p_2, p_3) hat die Gleichung $p_1 x_1 + p_2 x_2 + p_3 x_3 = 1$.

VI.2 7. a) Ellipsoid: zwei der Parameter a, b, c gleich; ell. Paraboloid, Kegel, Zylinder: $a = b$; einschaliges Hyperboloid: $a = b$; zweischaliges Hyperboloid: $b = c$

b) Die Eigenwerte sind c und $\frac{1 \pm \sqrt{5}}{2}$. Es muss entweder $c = \frac{1 + \sqrt{5}}{2}$ oder $c = \frac{1 - \sqrt{5}}{2}$ gelten. Die Rotationsachse bezüglich der transformierten Gleichung ist die x_1-Achse oder die x_2-Achse. Bezüglich der Ausgangsgleichung sind dies die Geraden in der x_3-Ebene mit den Gleichungen $2x_1 - (\sqrt{5} \pm 1)x_2 = 0$.

VI.2 8. Zweischaliges Hyperboloid, Doppelkegel, einschaliges Hyperboloid.

VI.2 9. a) Charakteristisches Polynom $x^3 + 3x^2 - 4$; Eigenwerte $-1, 2, 2$; transformierte Gleichung $-x_1^2 + 2x_2^2 + 2x_3^2 = 1$; einschaliges Hyperboloid.

b) Charakteristisches Polynom $-x^3 + 3x^2 - 2x$; Eigenwerte 0, 1, 2; transformierte Gleichung $x_2^2 + 2x_3^2 = 0$; Gerade (x_1-Achse).

c) Charakteristisches Polynom $-x^3 + 9x^2 - 24x + 16$; Eigenwerte 1, 4, 4; transformierte Gleichung $x_1^2 + 4x_2^2 + 4x_3^2 = 0$; Punkt.

d) Charakteristisches Polynom $-x^3 + 18x^2 - 99x + 162$; Eigenwerte 3, 6, 9; transformierte Gleichung $3x_1^2 + 6x_2^2 + 9x_3^2 = 6$; Ellipsoid.

VI.2 10. Das charakteristische Polynom $(2m^2 + 2 - x)(x^2 - (2m^2 + 1)x + (2m^2 - 2))$ hat die Nullstellen $\lambda_1 = 2m^2 + 2$, $\lambda_2 = \frac{1}{2}(2m^2 + 1 + \sqrt{(2m^2 - 1)^2 + 8})$ und $\lambda_3 = \frac{1}{2}(2m^2 + 1 - \sqrt{(2m^2 - 1)^2 + 8})$. Der Typ der Fläche hängt vom Vorzeichen von λ_3 und von $c = 2m^2 - 3m + 1 = (m - 1)(2m - 1)$ ab. Für $|m| > 1$ ist $\lambda_3 > 0$ und $c > 0$, es liegt ein Ellipsoid vor; für $|m| = 1$ ist $\lambda_3 = 0$, es liegt ein elliptischer Zylinder ($m = -1$) oder nur ein Punkt ($m = 1$) vor. Für $|m| < 1$ ist $\lambda_3 < 0$; es liegt ein einschaliges Hyperboloid ($-1 < m < \frac{1}{2}$), ein Kegel ($m = \frac{1}{2}$) oder ein zweischaliges Hyperboloid ($\frac{1}{2} < m < 1$) vor.

VI.2 11. Der „Schatten" der Kurve in der x_1x_2-Ebene ist die Hyperbel mit der Gleichung $2(x_1 - \frac{15}{2})^2 - 5(x_2 + 3)^2 + \frac{235}{4} = 0$. Die Raumkurve erhält man, wenn man über jedem Kurvenpunkt in der x_1x_2-Ebene den x_3-Wert $x_3 = 3x_1 + 3x_2 - 7$ hinzufügt.

VI.2 12. Die Schnittkurven der Quadrik mit den Ebenen $x_3 = c$ haben die Gleichungen $a_{11}x_1^2 + a_{22}x_2^2 + 2a_{12}x_1x_2 + a_1x_1 + a_2x_2 + a' = 0$.

VI.3 1. Gerade durch O mit Richtungsvektor $(\cos\varphi \quad \pm\sin\varphi \quad 1)^T$ $(0 \leq \varphi < 2\pi)$.

VI.3 2. $S\left(\frac{1+\sqrt{3}}{2}, \frac{1+\sqrt{3}}{2}, 1\right)$

VI.3 3. Für die durch $(0\ 0\ r)^T + t(r\ 1\ -r)$ dargestellten Geraden gilt $x_1 = tr$, $x_2 = t$, $x_3 = r - tr$. Elimination von t, r liefert $x_1x_2 + x_2x_3 - x_1 = 0$, und dies ist die Gleichung einer Sattelfläche.

VI.3 4. Man bilde jeweils das Produkt der Gleichungen.

VI.4 1. In der Gleichung $(2x_1^2 + 5x_2^2 - 4x_3) - \mu(x_1^2 + x_2^2 + x_3^2 - 2rx_3) = 0$ muss $\mu = 2$ und $\mu r = 2$ sein. Es ergeben sich die Kreisschnittebenen mit der Gleichung $3x_2^2 - 2x_3^2 = 0$, also $\sqrt{3}x_2 \pm \sqrt{2}x_3 = 0$.

VI.4 2. $c\sqrt{b^2 - a^2} \pm b\sqrt{b^2 - a^2} = 0$

VI.4 3. Wir betrachten den Schnitt mit der x_2x_3-Ebene. Für die Rechnung ist es günstig, $c = -6$ zu wählen. Die Gerade mit der Gleichung $x_2 - 2x_3 + 6 = 0$ schneidet die Geraden $x_2 \pm x_3 = 0$ in den Punkten $(0, -2, 2)$ und $(0, 6, 6)$. Die große Halbachse der Schnittellipse hat also die Länge $a = \sqrt{2^2 + 4^2} = 2\sqrt{5}$, ihr Mittelpunkt ist $(0, 2, 4)$. Die Schnittpunkte der Ellipse mit dem Kreis in der Ebene $x_3 = 3$ um $(0, 0, 3)$ mit dem Radius 4 bilden eine Strecke der Länge $2\sqrt{4^2 - 2^2} = 4\sqrt{3}$, es ist also $b = 2\sqrt{3}$.

VII.1 1. Schnittpunkt $[(0\ 0\ 1)^T]$ (uneigentlicher Punkt aus x_2-Achse), Verbindungsgerade $\langle(0\ 0\ 1)^T\rangle$ ($x_1 = 0$, x_2-Achse).

VII.1 2. $\vec{x} = r\vec{a} + s\vec{b}$ mit $r + s = 1$ ist die Gleichung einer Geraden.

VII.1 3. a) $[(0\ 4\ 1)^T]$ b) $\langle r(0\ 1\ 0\ 5)^T + s(0\ 0\ 1\ 5)^T\rangle$ c) $[(0\ -11\ 1\ 5)^T]$

VII.1 4. a) Beides ist gleichwertig mit $p_1q_1 + p_2q_2 = r^2p_0q_0$.   b) Beachte $b_1^2 + b_2^2 = r^2b_0^2$

c) Liegt P auf $a_1x_1 + a_2x_2 = a_0x_0r^2$ und auf $b_1x_1 + b_2x_2 = b_0x_0r^2$, dann liegen A und B auf $p_1x_1 + p_2x_2 = x_0p_0r^2$.

VII.1 5. Aus $(u_1r_1 - u_2r_2)\vec{a} + (u_1s_2 - u_2s_2)\vec{b} + (v_1r_1 - v_2r_2)\vec{c} + (v_1s_1 - v_2s_2)\vec{d} = \vec{o}$ erhält man zwei homogene LGS für u_1, u_2 bzw. v_1, v_2, welche nur dann nichtrivial lösbar sind, wenn $\frac{r_1}{s_1} = \frac{r_2}{s_2}$. Mit $s_1 = s_2 = 1$ (keine Beschränkung der Allgemeinheit) und $r_1 = r_2$ folgt $(u_1 - u_2)\vec{a} + (u_1 - u_2)\vec{b} + (v_1 - v_2)\vec{c} + (v_1 - v_2)\vec{d} = \vec{o}$, also $u_1 = u_2$ und $v_1 = v_2$. Weiter besser affin rechnen: Aus $x_1 = 1 + rt$, $x_2 = 1 - r + t + rt$, $x_3 = r + t + 2rt$ folgt $2r = -x_1 - x_2 + x_3 + 2$ und $2t = -x_1 + x_2 + x_3 + 2$ und $rt = x_1 - 1$, also $(-x_1 - x_2 + x_3 + 2)(-x_1 + x_2 + x_3 + 2) = 4(x_1 - 1)$.

VII.2 1. Die Matzrix bildet Z auf Z, die Gerade a punktweise auf sich und die Gerade h auf die uneigentliche Gerade ab.

VII.2 2. $s\vec{a} + t\vec{b}$ ergibt den Punkt A für $s = 1, t = 0$, den Punkt B für $s = 0, t = 1$, den Punkt C für $s = 3, t = 2$. Für die Werte s, t von D muss $2s = -3t$ gelten, man erhält ihn also für $s = 3, t = -2$ zu $D = [(1 \ -4 \ 4)^T]$.

VII.2 3. Definition des DV durchrechnen.

VII.2 4. In den Bezeichnungen von Satz 1 ist $(r_1, r_2, r_2) = (3, -1, 2)$ und $(s_1, s_2, s_3) = (2, -3, 1)$, mit $\lambda_4 = 6$ (frei wählbar) also $(\lambda_1, \lambda_2, \lambda_3) = (4, 18, 3)$. Damit ist

$$A = \begin{pmatrix} 0 & -18 & 3 \\ 12 & 0 & 3 \\ 8 & 36 & 3 \end{pmatrix} \begin{pmatrix} 1 & 2 & 1 \\ 2 & 3 & -1 \\ 1 & 7 & 0 \end{pmatrix}^{-1} = \frac{1}{16}\begin{pmatrix} 51 & 3 & -3 \\ 117 & 69 & 9 \\ 53 & 5 & 5 \end{pmatrix}.$$

VII.2 5. $A = (a_{i,j})_{3,3}$ mit $a_{11} = a_{22} = a_{33} = 1, a_{13} = -1, a_{ij} = 0$ sonst.

VII.2 6. a) $x_0 + x_1 - x_2 = 0$ b) $(A^{-1})^T$ bildet $\langle (1\ 0\ 0\ 0)^T \rangle$ auf $\langle (11\ 3\ -1\ 0)^T \rangle$ ab.
c) $r[(19\ 29\ 8\ 59)^T] + s[(-5\ 5\ 20\ 11)^T]$ d) Geraden durch zwei Punkte mit $x_1 = x_2$

VII.2 7. Aus $\vec{z} = \lambda_1\vec{a} + \mu_1\vec{a}' = \lambda_2\vec{b} + \mu_2\vec{b}' = \lambda_3\vec{c} + \mu_3\vec{c}'$ und $(\lambda_1\vec{a} - \lambda_2\vec{b}) + (\lambda_2\vec{b} - \lambda_3\vec{c}) + (\lambda_3\vec{c} - \lambda_1\vec{a}) = \vec{o}$ (trivial) folgt $(\mu_2\vec{b}' - \mu_1\vec{a}') + (\mu_3\vec{c}' - \mu_2\vec{b}') + (\mu_1\vec{a}' - \mu_3\vec{c}') = \vec{o}$.

VII.3 1. Man bestimme die Matrix C, die $[(1\ -3\ 0)^T]$, $[(1\ 3\ 0)^T]$, $[(1\ 0\ 2)^T]$, $[(1\ 0\ -2)^T]$ der Reihe nach abbildet auf $[(1\ -1\ -1)^T]$, $[(1\ 1\ 1)^T]$, $[(0\ 1\ 0)^T]$, $[(0\ 0\ 1)^T]$.

Man erhält (bis auf einen Faktor) $C = \begin{pmatrix} 0 & 2 & 0 \\ 6 & 0 & 3 \\ 6 & 0 & -3 \end{pmatrix}$; Hyperbel $\longleftrightarrow$ Ellipse.

VII.3 2. Aus $x_1 = sr$, $x_2 = tr$, $x_3 = t$ und $s + t = 1$ eliminiere man die Parameter; man erhält $x_1x_3 + x_2x_3 - x_2 = 0$.

VII.3 3. Die Gerade $\langle (a-1 \quad a-1 \quad -1)^T \rangle$ wird auf die Gerade $\langle (a+1 \quad -(a+1) \quad 1)^T \rangle$ abgebildet. Dies leistet z.B. $(C^{-1})^T = \begin{pmatrix} 2 & 2 & -8 \\ -1 & -3 & 8 \\ 0 & 0 & -4 \end{pmatrix}$, woraus sich C ergibt.

VIII.1 1. Das Planungspolygon hat außer $(0,0)$ die Ecken $(0,120)$, $(60,100)$, $(90,70)$, $(110,0)$. Der Wert von $Z_1 = 90x_1 + 30x_2$ ist in $(90,70)$ maximal $(10\,200.-)$, der Wert von $Z_2 = 60x_1 + 60x_2$ ist in $(60,100)$, $(90,70)$ und allen Werten dazwischen $(x_1 + x_2 = 160)$ maximal $(9\,600.-)$, der Wert von $Z_3 = 40x_1 + 80x_2$ ist in $(60,100)$ maximal $(10\,400.-)$.

VIII.1 2. Die Punkte von AB sind Maximalpunkte für $Z = 2x_1 + ux_2 + x_3$ $(u > 0)$; die Punkte von ABC sind Maximalpunkte für $Z = 2x_1 + x_2 + x_3$.

VIII.1 3. Die Mengen M_1, M_2 seien konvex. Für Punkte $A, B \in M_1$ und $A, B \in M_2$ (also $A, B \in M_1 \cap M_2$) gilt $AB \subseteq M_1$ und $AB \subseteq M_2$, also $AB \subseteq M_1 \cap M_2$.

VIII.1 4. $x_1 = \frac{13}{3}, x_2 = \frac{1}{3}, x_3 = 0$, $Z_{\max} = \frac{82}{3}$.

VIII.1 5. $\vec{o}$ kann kein Konvexkombination von anderen Punkten $\vec{a}, \vec{b} \in M$ sein, denn für $r \geq 0$ und $\vec{a} \geq \vec{o}$ gilt $r\vec{a} \geq \vec{o}$ und $r\vec{a} = \vec{o}$ genau dann, wenn $r = 0$ oder $\vec{a} = 0$.

VIII.1 6. a) Spalten 1,2,3: $x_1 = -\frac{1}{3}$: keine E.; Spalten 1,2,4: $x_2 = -\frac{1}{3}$: keine E.; Spalten 1,2,5: $x_2 = -2$: keine E.; Spalten 1,3,4: Ecke (1,0,1,4,0); Spalten 1,3,5: $x_1 = -1$: keine E.e; Spalten 1,4,5: $x_5 = -1$: keine E.e; Spalten 2,3,4: Ecke (0,1,4,1,0); Spalten 2,3,5: $x_5 = -1$: keine E.; Spalten 2,4,5: $x_2 = -1$: keine E.e; Spalten 3,4,5: Ecke (0,0,2,2,1).
b) Ecke (1,0,1,4,0): $\vec{u}^T\vec{x} = 3$; Ecke (0,1,4,1,0): $\vec{u}^T\vec{x} = -9$; Ecke (0,0,2,2,1): $\vec{u}^T\vec{x} = 1$; Minimalpunkt $(0, 1, 4, 1, 0)$.

VIII.2 1. Ecken $E_1(1,0,1,4,0)$, $E_2(0,1,4,1,0)$, $E_3(2,0,0,6,1)$, $E_4(0,2,6,0,1)$, $E_5(0,0,2,2,1)$. Z_1, Z_3, Z_4 nehmen Minimum in der Ecke E_3 an, Z_2 in der Ecke E_5.

VIII.2 2. Entartete Ecke $(3,3,0,0,0,0)$. Formkoeffizienten f_4, f_6 negativ; x_4- Spalte mit x_3-Spalte vertauschen und Schema neu berechnen:

x_1	x_2	x_3	x_4	x_5	x_6	
1	0	0	-2	1	2	3
0	1	0	-1	1	-2	3
0	0	1	1	0	-1	
			-1	1	-1	-3

x_1	x_2	x_4	x_3	x_5	x_6	
1	0	0	2	1	0	3
0	1	0	1	1	-3	3
0	0	1	1	0	-1	0
			1	1	-2	-3

Jetzt Formkoeffizient f_6 negativ und keine Zahl in x_6-Spalte positiv, es gibt also keine Lösung. Für $Z = ax_4 + bx_5 + cx_6$ existiert z.B. dann genau eine Lösung, wenn $a, b, c > 0$, und es existieren z.B. dann unendlich viele Lösungen, wenn $a, c > 0$ und $b = 0$.

VIII.2 3. Zunächst in Standardform verwandeln; dann Beispiele im Text beachten.

VIII.2 4. Gesucht ist das Minimum von $Z = \sum_{i=1}^{m}\sum_{j=1}^{n} x_{ij}c_{ij}$ mit $x_{ij} \geq 0$ für alle i, j und $\sum_{i=1}^{m} x_{ij}c_{ij} = b_j$ $(j = 1, 2, \ldots, n)$ sowie $\sum_{j=1}^{n} x_{ij}c_{ij} \leq a_i$ $(i = 1, 2, \ldots, m)$.

Analysis

IX.2 1. $6\sum((2n+1)^2) = 24\sum(n^2) + 24\sum(n) + 6\sum(1) = 4(n(n+1)(2n+1))$
$+ 12(n(n+1)) + 6(n+1) = 2(n+1)(2n(2n+1) + 6n + 3) = (2n+2)((2n+1)(2n+3))$

IX.2 2. a) $a_n = a + dn$ b) $a_n = aq^n$

IX.2 3. a) $a_{n+1}b_{n+1} - a_nb_n = (a_{n+1} - a_n)b_{n+1} + a_n(b_{n+1} - b_n)$
b) $\frac{a_{n+1}}{b_{n+1}} - \frac{a_n}{b_n} = \frac{a_{n+1}b_n - a_nb_{n+1}}{b_nb_{n+1}} = \frac{(a_{n+1} - a_n)b_n - a_n(b_{n+1} - b_n)}{b_nb_{n+1}}$

IX.2 4. a) $a_n = cn^2 + dn + e$ mit $c, d, e \in \mathbb{R}$
b) $\Delta^2(a_nb_n) = \Delta(\Delta(a_n)(b_{n+1}) + (a_n)\Delta(b_n))$
$= \Delta^2(a_n)(b_{n+2}) + \Delta(a_n)\Delta(b_{n+1}) + \Delta(a_n)\Delta(b_n) + (a_n)\Delta^2(b_n)$

IX.2 5. Aus $(D_n - D_{n-1})(D_n + D_{n-1}) = D_n^2 - D_{n-1}^2 = n^3$ folgt mit $D_0 = 0$:
$(D_n^2) = \sum\Delta(D_{n-1}^2) = \sum(n^3)$.

IX.3 1. a) $2n + 1 < 2^n \Rightarrow 2n + 3 = 2n + 1 + 2 < 2^n + 2 < 2^n + 2^n = 2^{n+1}$
b) $n^3 < 3^n \Rightarrow (n+1)^3 = n^3 + 3n^2 + 3n + 1 < 3^n + 3^n + 3^n = 3^{n+1}$
c) $2^{3(n+1)} - 1 = 8 \cdot 2^{3n} - 1 = 7 \cdot 2^{3n} + (2^{3n} - 1)$
d) $10^{n+1} + 3 \cdot 4^{n+3} + 5 = 9 \cdot 10^n + 9 \cdot 4^{n+2} + (10^n + 3 \cdot 4^{n+2} + 5)$

IX.3 2. $a_n > 2 \Rightarrow \sqrt{a_n + 5} > \sqrt{7} > 2$; $a_n < a_{n+1} \Rightarrow \sqrt{a_n + 5} < \sqrt{a_{n+1} + 5}$

IX.3 3. a) $a_n = 2n^2 - 2n + 1$ b) $a_n = 3^{n-1} - 4$

IX.3 4. Der $(n+1)$-te Schnitt zerlegt einen Teil in zwei Teile, wenn er zwei Begrenzungslinien dieses Teils schneidet; er kann aber höchstens $n+2$ solcher Linien schneiden, die Anzahl der Teile wächst also höchstens um $n+1$.

IX.3 5. a) $\frac{1}{(2n+1)(2n+3)} = \frac{n+1}{2n+3} - \frac{n}{2n+1}$ b) $(n+1)\left(\frac{1}{2}\right)^{n+1} = \frac{n+2}{2^n} - \frac{n+3}{2^{n+1}}$

c) $(2n+1)^2 = \frac{(n+1)(4(n+1)^2-1)}{3} - \frac{n(4n^2-1)}{3}$

IX.3 6. a) $q^{n+1} = \frac{1-q^{n+2}}{1-q} - \frac{1-q^{n+1}}{1-q}$

b) $(n+1)q^{n+1} = \frac{q-(1+(n+1)(1-q))q^{n+2}}{(1-q)^2} - \frac{q-(1+n(1-q))q^{n+1}}{(1-q)^2}$

IX.3 7. a) $\mathrm{ggT}(F_n, F_{n+1}) = \mathrm{ggT}(F_n, F_n + F_{n-1}) = \mathrm{ggT}(F_n, F_{n-1}) = \mathrm{ggT}(F_{n-1}, F_n)$

b) $(F_{n+1}^2) = (F_{n+1}(F_{n+2} - F_n)) = (F_{n+1}F_{n+2} - F_n F_{n+1})$

IX.3 8. Man beachte $\left(\frac{1\pm\sqrt{5}}{2}\right)^2 = \frac{1\pm\sqrt{5}}{2} + 1$.

IX.4 1. Aus $\frac{a_{n-1}+a_{n+1}}{2} = \sqrt{a_{n-1}a_{n+1}}$ folgt durch Quadrieren $(a_{n-1} - a_{n+1})^2 = 0$.

IX.4 2. Der Reihe nach $f(x) = 10^x$, $\lg x$, $1/x$, $1/x$, $1/\log x$, $10^{1/x}$

IX.4 3. a) $s = 3$; $n > (6 + \lg 3)/\lg 1{,}5 - 1 \approx 35{,}8$, also $n_0 \geq 36$.

b) $s = 240$; $n > (6 + \lg 240)/(-\lg 0{,}95) \approx 377{,}2$, also $n_0 \geq 378$.

IX.5 1. $(100 + 3)^4 = 112\,550\,881$; $(1000 - 2)^3 = 994\,011\,992$

IX.5 2. Die Anzahl der geradanzahligen bzw. ungeradanzahligen Teilmengen einer n-Menge ist die Summe aller $\binom{n}{i}$ mit geradem bzw. ungeradem i. Aus $\sum_{i=0}^{n}(-1)^i\binom{n}{i} = 0$ $(n > 0)$ folgt die Behauptung.

IX.5 3. $\frac{m!}{i!(m-i)!} + \frac{m!}{(i+1)!(m-i-1)!} = \frac{m!}{i!(m-i-1)!} \cdot \frac{m+1}{(i+1)(m-i)}$.

IX.5 4. Zwei Polynome in der natürlichen Variablen n liefern genau dann für jedes n denselben Wert, wenn ihre Koeffizienten gleich sind: Setzt man $n = 0$ in der Gleichung $a_0 + a_1 n + a_2 n^2 + \ldots + a_k n^k = b_0 + b_1 n + b_2 n^2 + \ldots + a_k n^k$, dann folgt $a_0 = b_0$. Streicht man a_0, b_0 und kürzt n, dann liefert dasselbe Argument $a_1 = b_1$ usw.

IX.5 5. $\Delta(\binom{n+2}{3}) = \binom{n+3}{3} - \binom{n+2}{3} = \binom{n+2}{2}$

IX.5 6. Man beachte $\sum_{i=0}^{n}\binom{n+k}{k} = \binom{n+k+1}{k+1}$.

IX.5 7. $\sum(D_n) = \left(\frac{n(n+1)(n+2)}{6}\right)$; $\sum(Q_n) = \left(\frac{n(n+1)(2n+1)}{6}\right)$; $\sum(F_n) = \left(\frac{n(n+1)^2}{4}\right)$

IX.5 8. $P_n^{(k)} = \left(\frac{k}{2} - 1\right)(n^2 + n) - \left(\frac{k}{2} - 1\right)n - \left(\frac{k}{2} - 2\right)n = (k-2)D_n - (k-3)n$

IX.6 1. Aus $|a_n| \leq K$, $|b_n| \leq L$ folgt $|a_n + b_n| \leq |a_n| + |b_n| \leq K + L$ und $|a_n b_n| = |a_n||b_n| \leq KL$.

IX.6 2. Aus $a_{2n-2} < a_{2n}$ folgt $a_{2n+2} = 1 + \frac{1}{1 + \frac{1}{a_{2n}}} > 1 + \frac{1}{1 + \frac{1}{a_{2n-2}}} = a_{2n}$.

IX.6 3. Für $n \in \mathbb{N}$ gilt mit $s := \lim \sum(a_n)$

$$|a_n| = \left|\left(s - \sum_{i=0}^{n}a_i\right) - \left(s - \sum_{i=0}^{n-1}a_i\right)\right| \leq \left|s - \sum_{i=0}^{n}a_i\right| + \left|s - \sum_{i=0}^{n-1}a_i\right|.$$

IX.6 4. $\sqrt{n^2 + 2n} - n = \frac{2n}{\sqrt{n^2+2n}+n} = \frac{2}{\sqrt{1+\frac{2}{n}}+1}$

IX.6 5. $\left(\frac{n(n+1)}{2}\right) \approx \frac{1}{2}(n^2)$, $\left(\frac{n(n+1)(2n+1)}{6}\right) \approx \frac{1}{3}(n^3)$, $\left(\left(\frac{n(n+1)}{2}\right)^2\right) \approx \frac{1}{4}(n^4)$.

IX.6 6. $4(a_n b_n) = (a_n + b_n)^2 - (a_n - b_n)^2$

IX.6 7. Für $0 < a_n, b_n < \varepsilon$ gilt $\frac{a_n^2 + b_n^2}{a_n + b_n} < \frac{a_n \varepsilon + b_n \varepsilon}{a_n + b_n} = \varepsilon$.

IX.6 8. Ist $|a_n - a| < \varepsilon$ für $n > N_\varepsilon$, dann gilt für diese n: $\left| \frac{1}{n} \sum\limits_{i=0}^{n} a_i - a \right| \leq \frac{1}{n} \sum\limits_{i=0}^{n} |a_i - a|$

$< \frac{1}{n} \left(\sum\limits_{i=0}^{N_\varepsilon} |a_i - a| + (n - N_\varepsilon)\varepsilon \right)$, und dies konvergiert für $n \to \infty$ gegen ε.

IX.6 9. Der Umfang der n-ten Figur ist $3 \left(\frac{4}{3} \right)^n$ (unbeschränkt wachsend). Der Inhalt A_n der n-ten Figur ist $A_0 \left(1 + \frac{1}{3} \sum\limits_{i=0}^{n-1} \left(\frac{4}{9} \right)^i \right)$; diese Folge konvergiert gegen $\frac{8}{5} A_0$.

IX.6 10. $\frac{2}{9} + \frac{1}{6} \cdot \frac{1}{12} \sum\limits_{i=0}^{\infty} \left(\frac{3}{4} \right)^i + \frac{2}{9} \cdot \frac{1}{9} \sum\limits_{i=0}^{\infty} \left(\frac{13}{18} \right)^i + \frac{5}{18} \cdot \frac{5}{36} \sum\limits_{i=0}^{\infty} \left(\frac{25}{36} \right)^i = \frac{488}{990}$.

IX.7 1. Es sei $\sqrt[k]{n} = a/b$ $(a, b \in \mathbb{N})$, und die kanonischen Primfaktorzerlegungen von n, a, b seien $a = p_1^{\alpha_1} p_2^{\alpha_2} p_3^{\alpha_3} \dots$, $b = p_1^{\beta_1} p_2^{\beta_2} p_3^{\beta_3} \dots$, $n = p_1^{\nu_1} p_2^{\nu_2} p_3^{\nu_3} \dots$. Dann gilt $\nu_i = \alpha_i k - \beta_i k$, also $k | \nu_i$ für $i = 1, 2, 3, \dots$. Aus $\lg 7 = a/b$ bzw. $b \lg 7 = a$ $(a, b \in \mathbb{N})$ folgt $10^a = 7^b$, was wegen der Eindeutigkeit der Primfaktorzerlegung nicht möglich ist.

IX.7 2. a) Die Behauptung ist äquivalent mit $n^2 \leq 2^n$.

b) Ist $a^k \geq 2$, dann gilt für $n \leq mk$: $\sum\limits_{i=1}^{n} \frac{i}{a^i} \leq \frac{k^2}{1} + \frac{2k^2}{2} + \dots + \frac{mk^2}{2^{m-1}} = 2k^2 \sum\limits_{j=1}^{m} \frac{j}{2^j}$.

c) $\frac{n^2}{2^n} = \frac{n}{\sqrt{2}^n} \cdot \frac{n}{\sqrt{2}^n} \leq \frac{n}{\sqrt{2}^n}$ für $n \geq 4$.

IX.7 3. a) Menge der Häufungspunkte: $\{0\} \cup \left\{ \frac{1}{n} \mid n \in \mathbb{N} \right\}$; $\inf M = 0$; $\sup M = 1$.

b) Für $a, b \in \mathbb{N}$ mit $0 < a < b$ liegt in jeder Umgebung von a/b eine Zahl aus M: Setzt man $m = bk + ak + b$ und $n = bk - ak - b$ mit $k \in \mathbb{N}$, dann ist $\frac{m-n}{m+n} = \frac{a}{b} + \frac{1}{k}$; bei geeigneter Wahl von k liegt diese Zahl beliebig nahe bei a/b. Für negative rationale Zahlen a/b vertausche man m und n. Da in jeder Umgebung einer reellen Zahl eine rationale Zahl liegt, besteht die Menge der Häufungspunkte von M also aus allen $x \in \mathbb{R}$ mit $-1 < x < 1$. Es gilt $\inf M = -1$, $\sup M = 1$; keiner dieser Werte gehört zu M.

IX.7 4. a) $1/7$ $1/42$ $1/105$ $1/210$ $1/105$ $1/42$ $1/7$

b) $\left(\frac{6}{n(n+1)(n+2)(n+3)} \right)$, $\left(\frac{24}{n(n+1)(n+2)(n+3)(n+4)} \right)$

c) 1. Schräglinie: Harmonische Reihe, divergent. 2. Schräglinie: $\lim \Sigma \left(\frac{1}{n(n+1)} \right) = 1$.

3. Schräglinie: $\lim \Sigma \left(\frac{2}{n(n+1)(n+2)} \right) = \frac{1}{2}$; beachte $\frac{2}{n(n+1)(n+2)} = \frac{1}{n(n+1)} - \frac{1}{(n+1)(n+2)}$.

IX.8 1. $x^{a_m} - x^{a_n} = x^{a_m}(1 - x^{a_n - a_m})$

IX.8 2. $1{,}25^x = 80$, also $x = \lg 80 / \lg 1{,}25 \approx 19{,}6$

IX.8 3. $(a, b, c) = (1, \, -63/2, \, 81/2)$

IX.8 4. Der Logarithmus der Zahl ist $(7 \lg 241 + 3 \lg 39 - 2 \lg 107) : 5 = 3{,}4777$; der zugehörige Numerus ist 3004. Der Taschenrechner liefert 3004,06.

IX.9 1. a), b) $\left| \frac{a_{n+1}}{a_n} \right| \leq \sqrt{\frac{1}{2}}$; c) $\lim \left(\frac{a_{n+1}}{a_n} \right) = \frac{1}{e}$; d) $\sqrt[n]{n^\alpha q^n} \to q$, Konv. für $q < 1$.

IX.9 2. $\left| \sum\limits_{i=1}^{m} a_i - \sum\limits_{i=1}^{n} a_i \right| = \left| \sum\limits_{i=m+1}^{n} a_i \right| \leq \sum\limits_{i=m+1}^{n} |a_i| = \left| \sum\limits_{i=1}^{m} |a_i| - \sum\limits_{i=1}^{n} |a_i| \right|$ für $m > n$.

IX.9 3. $\sum\limits_{i=1}^{2n} (-1)^{i-1} a_i = \sum\limits_{i=1}^{n} \frac{(-1)^{i-1}}{i} + \sum\limits_{i=1}^{n} \frac{1}{2i-1} > \sum\limits_{i=1}^{n} \frac{1}{2i-1} > \frac{1}{2} \sum\limits_{i=2}^{n} \frac{1}{i}$; (a_n) nicht monoton.

IX.9 4. Für $n > 1$ gilt:

$$1 > 1 - \frac{1}{\sqrt[4]{n+1}} = \sum_{i=1}^{n} \frac{\sqrt[4]{i+1} - \sqrt[4]{i}}{\sqrt[4]{i}\sqrt[4]{i+1}} = \sum_{i=1}^{n} \frac{\sqrt{i+1} - \sqrt{i}}{\sqrt[4]{i}\sqrt[4]{i+1}(\sqrt[4]{i+1} + \sqrt[4]{i})}$$

$$= \sum_{i=1}^{n} \frac{1}{\sqrt[4]{i}\sqrt[4]{i+1}(\sqrt[4]{i+1} + \sqrt[4]{i})(\sqrt{i+1} + \sqrt{i})} > \sum_{i=1}^{n} \frac{1}{\sqrt[4]{i}\sqrt[4]{i+1} \cdot 2\sqrt[4]{i+1} \cdot 2\sqrt{i+1}}$$

$$= \frac{1}{4}\sum_{i=1}^{n} \frac{1}{(i+1)\sqrt[4]{i}} > \frac{1}{4}\sum_{i=1}^{n} \frac{1}{(i+1)\sqrt[4]{i+1}} > \frac{1}{4}\left(\sum_{i=1}^{n} \frac{1}{i\sqrt[4]{i}} - 1\right) \quad \text{und}$$

$$1 > 1 - \frac{1}{\sqrt[2^r]{n+1}} = \sum_{i=1}^{n} \frac{\sqrt[2^r]{i+1} - \sqrt[2^r]{i}}{\sqrt[2^r]{i}\sqrt[2^r]{i+1}} = \dots$$

$$= \sum_{i=1}^{n} \frac{1}{\sqrt[2^r]{i}\sqrt[2^r]{i+1}(\sqrt[2^r]{i+1} + \sqrt[2^r]{i})(\sqrt[2^{r-1}]{i+1} + \sqrt[2^{r-1}]{i})\dots(\sqrt{i+1} + \sqrt{i})}$$

$$> \frac{1}{2^r}\sum_{i=1}^{n} \frac{1}{(i+1)\sqrt[2^r]{i}} > \frac{1}{2^r}\left(\sum_{i=1}^{n} \frac{1}{i\sqrt[2^r]{i}} - 1\right)$$

Ist $1 < \alpha \leq 1,5$, dann gibt es ein $r \in \mathbb{N}$ mit $1 < \alpha < 1 + \frac{1}{2^r}$, also $\frac{1}{n^\alpha} \leq \frac{1}{n\sqrt[2^r]{n}}$.

IX.9 5. Für $n > a$ ist $\sum\limits_{i=1}^{n} \frac{a}{i^2+ai} = \sum\limits_{i=1}^{n} \frac{a}{i(i+a)} = \sum\limits_{i=1}^{n}\left(\frac{1}{i} - \frac{1}{i+a}\right) = \sum\limits_{i=1}^{a} \frac{1}{i} - \sum\limits_{i=1}^{a} \frac{1}{n+i}$.

IX.9 6. Es ist $\sum\limits_{i=1}^{n}(\sqrt{i+1} - \sqrt{i}) = \sum\limits_{i=1}^{n} \frac{1}{\sqrt{i+1}+\sqrt{i}}$, $\sum\limits_{i=1}^{n}\left(\frac{1}{\sqrt{i}} - \frac{2}{\sqrt{i+1}+\sqrt{i}}\right)$ konvergent und
$2\sum\limits_{i=1}^{n}(\sqrt{i+1} - \sqrt{i}) = 2(\sqrt{n+1} - 1)$.

IX.10 1. Die Folge (x_n) mit $x_n = (1 + \frac{1}{n})^{n+1}$ ist monoton fallend:
$$\frac{x_{n-1}}{x_n} = \left(1 + \frac{1}{n^2-1}\right)^n \frac{n}{n+1} > \left(1 + \frac{n}{n^2-1}\right)\frac{n}{n+1} = \frac{n^3+n^2-n}{n^3+n^2-n-1} > 1.$$

IX.10 2. e^2, e^3, e^{-1}, 1.

IX.10 3. Für $r \in \mathbb{Z}$, $s \in \mathbb{N}$ gilt $\left(1 + \frac{r}{sn}\right)^n = \sqrt[s]{\left(1 + \frac{r}{sn}\right)^{sn}} \overset{n\to\infty}{\longrightarrow} \sqrt[s]{e^r}$.

IX.10 4. $\left(1 + \frac{1}{n} + \frac{1}{n^2}\right)^n : \left(1 + \frac{1}{n}\right)^n = \sqrt[n+1]{\left(1 + \frac{1}{n(n+1)}\right)^{n(n+1)}} \overset{n\to\infty}{\longrightarrow} 1.$
Benutze dann $3n < \sqrt{3 + 9n^2} < 3n + \frac{1}{n}$.

IX.11 1. $\exp\left(\sum\limits_{i=2}^{n} \log\left(1 + \frac{1}{i^2-1}\right)\right) = \prod\limits_{i=2}^{n}\left(1 + \frac{1}{i^2-1}\right) = \prod\limits_{i=2}^{n} \frac{i^2}{(i-1)(i+1)} = \frac{2n}{n+1} \to 2.$

IX.11 2. Die Faktoren haben die Form $1 + a_n$, wobei $\sum(a_n)$ konvergiert.

IX.11 3. $\prod\limits_{i=1}^{n} \frac{i^4+i^2}{i^4-1} = \prod\limits_{i=2}^{n} \frac{i^2}{i^2-1} = 2 \cdot \frac{n}{n+1}$, der Grenzwert ist 2.

IX.12 1. $8! = 40\,320$.

IX.12 2. Nr. 20 ist 5/3. Die Zahl 4/5 hat die Nummer 25.

IX.12 3. Man nummeriere der Reihe nach die (endlichen) Mengen mit dem größten Element 1 bzw. 2 bzw. 3 usw.

IX.12 4. Schon die Teilmenge der Dezimalbrüche, die nur zwei verschiedene Ziffern enthalten, ist überabzählbar (vgl. Satz 3).

IX.12 5. Das j-te Element in der Menge M_i ist eindeutig (bijektiv) durch das Paar (i,j) gekennzeichnet, und die Menge $\mathbb{N}^2$ ist abzählbar.

X.1 1. a) Für $|x - x_0| < \frac{\varepsilon}{L}$ ist $|f(x) - f(x_0)| < \varepsilon$.

b) (1) $\left|\frac{1}{x_1(x_1-2)} - \frac{1}{x_2(x_2-2)}\right| = \left|\frac{x_1+x_2-2}{x_1x_2(x_1-2)(x_2-2)}\right| |x_1-x_2| \le \frac{2}{3}|x_1-x_2|$

(2) $\left|\frac{x_1^2+1}{x_1^2-2} - \frac{x_2^2+1}{x_2^2-2}\right| = \left|\frac{3(x_1+x_2)}{(x_1^2-2)(x_2^2-2)}\right| |x_1-x_2| \le 6|x_1-x_2|$

(3) $|x_1\sqrt{x_1} - x_2\sqrt{x_2}| = \left|\frac{x_1^2+x_1x_2+x_2^2}{x_1\sqrt{x_1}+x_2\sqrt{x_2}}\right| |x_1-x_2| \le 6|x_1-x_2|$

(4) $\left|\sqrt[3]{x_1^2} - \sqrt[3]{x_2^2}\right| = \left|\frac{\sqrt[3]{x_1}+\sqrt[3]{x_2}}{(\sqrt[3]{x_1})^2+\sqrt[3]{x_1}\sqrt[3]{x_2}+(\sqrt[3]{x_2})^2}\right| |x_1-x_2| \le \frac{2}{3}\sqrt[3]{2}|x_1-x_2|$

X.1 2. Auf $\mathbb{R}$ ist f stetig und es gilt $f(0) = 7 > 0 > -9 = f(1)$.

X.1 3. (1) $\left\{\frac{1}{2}, \frac{1}{3}, \frac{1}{4}, \ldots\right\}$ (2) $\{\sqrt{n} \mid n \in \mathbb{N}\}$

X.1 4. $|\sqrt{x-1} - 2| < 10^{-6}$ gilt für $|x-5| < 4 \cdot 10^{-6}$.

X.1 5. Genau an den Stellen 0 und 1 ist die Funktion stetig.

X.1 6. Senkrechte Asymptoten bei ± 1, asymptotisches Verhalten wie $g : x \mapsto x^2 + 2$.

X.2 1. a) $\frac{1-x^2}{(1+x^2)^2}$ b) $-\frac{1}{5}\left(\sqrt[5]{\frac{1}{1+x}}\right)^6$ c) $(7x^6+2x^8)e^{x^2}$ d) $2x(\ln(x^2+1)+1)(x^2+1)^{x^2+1}$

X.2 2. a) An der Stelle 0 ist die linksseitige Ableitung gleich der rechtsseitigen Ableitung ($= 0$); es gilt $f'(x) = 3x^2$ für $x < 0$ und $f'(x) = 2x$ für $x \ge 0$. An der Stelle 0 ist f' nicht differenzierbar: die linksseitige Ableitung von f' ist 0, die rechtsseitige 2.

b) $f(1) = 0$, $f(x) = (x-1)^{n+2}$ für $x < 1$, $f(x) = (x-1)^{n+1}$ für $x > 1$.

X.2 3. $f(x) = ae^{-x} + be^x + ce^{2x}$ mit $a, b, c \in \mathbb{R}$.

X.2 4. $f(2) = 6, f(2) = -2, f(4) = -1, f'(4) = -5$; $f(x) = -\frac{3}{4}x^2 + x + 7$

X.2 5. Mit $f(x) = a_1x + a_3x^2 + a_5x^5$ liefern die Bedingungen $f(1) = 1$, $f'(1) = 0$, $f''(1) = 0$ (Punktsymmetrie zu O!) das LGS mit den Gleichungen $a_1 + a_2 + a_3 = 1$, $a_1 + 3a_3 + 5a_5 = 0$, $3a_3 + 10a_5 = 0$ mit der Lösung $(a_1, a_3, a_5) = \left(\frac{15}{8}, -\frac{5}{4}, \frac{3}{8}\right)$.

X.2 6. $\left(\prod\limits_{i=1}^{n} f_i\right)' : \prod\limits_{i=1}^{n} f_i = \sum\limits_{i=1}^{n} \frac{f_i'}{f_i}$ z.B. mit vollständiger Induktion beweisen.

X.2 7. Induktionsschritt: $(f \cdot g)^{(n+1)} = \sum\limits_{i=0}^{n} \binom{n}{i}(f^{(i+1)}g^{(n-i)} + f^{(i)}g^{(n-i+1)})$

$= f^{(0)}g^{(n+1)} \sum\limits_{j=1}^{n+1} \left(\binom{n}{j-1} + \binom{n}{j}\right) f^{(j)}g^{(n+1-j)} = \sum\limits_{j=0}^{n+1} \binom{n+1}{j} f^{(j)}g^{(n+1-j)}$

X.2 8. a) $(f^2(x))' = 2x$ liefert $f^2(x) = 2x^2 + c$, also $f(x) = \pm\sqrt{x^2 + c}$ mit $c \in \mathbb{R}$.

b) $\left(\frac{1}{f(x)}\right)' = x^2$ liefert $\frac{1}{f(x)} = \frac{x^3}{3} + c$, also $f(x) = \frac{3}{x^3+d}$ mit $c, d \in \mathbb{R}$.

c) $\left(\frac{f'}{f}\right)' = \left(\frac{1}{f}\right)'' = x^3$ liefert $f(x) = \frac{20}{x^5+cx+d}$ mit $c, d \in \mathbb{R}$.

X.2 9. a) Vgl. IX.10 Aufgabe 1.   b) $\left(1 + \frac{1}{n^2}\right)^n = 1 + \binom{n}{1}\frac{1}{n^2} + \ldots > 1 + \frac{1}{n}$

c) Folgenterm > 1 und $< 1 + \frac{1}{n} + \frac{1}{n^2}$.   d) Man betrachte $\frac{1}{n+1} < h \le \frac{1}{n}$.

X.2 10. b) Hyperbel $x^2 - y^2 = 1$; daher der Name!   c) $(\tanh)' = \frac{1}{\cosh^2}$

X.3 1. Es gilt $f(x) = xf'(\xi) > 0$ mit $0 < \xi < x$ für

a) $f(x) = e^x - (1+x)$ und $f(x) = 1 - (1-x)e^x$

b) $f(x) = \ln(1+x) - \frac{x}{1+x}$ und $f(x) = x - \ln(1+x)$

X.3 2. a) $\left(\frac{x-1}{x\ln x}\right)' = -\frac{x-1-\ln x}{(x\ln x)^2}$ und $x - 1 > \ln x$ für $x > 1$ (vgl. Aufg. 1 b)).

b) $\left(\left(1+\frac{1}{x}\right)^x\right)' = \left(1+\frac{1}{x}\right)^x \left(\ln\left(1+\frac{1}{x}\right) - \frac{1}{1+x}\right) > 0$ (Aufg. 1 b)).   c) 1 bzw. e

X.3 3. f ist an der Stelle 0 genau dreimal differenzierbar; $f'''(x) = -6 \operatorname{sgn} x$.

X.3 4. $f^2 - g^2$ ist konstant; Einsetzen der Stelle $\frac{a+b}{2}$ liefert $f^2 - g^2 = 1$.

X.3 5. $\lim\limits_{t \to 0+} \frac{f(\frac{1}{t})}{g(\frac{1}{t})} = \lim\limits_{t \to 0+} \frac{f'(\frac{1}{t})(-\frac{1}{t^2})}{g'(\frac{1}{t})(-\frac{1}{t^2})} = \lim\limits_{t \to 0+} \frac{f'(\frac{1}{t})}{g'(\frac{1}{t})}$

X.3 6. a) $\ln 3 - \ln 2$ b) -2 c) 0 für $r < 2$, -1 für $r = 2$, existiert nicht für $r > 2$ d) e^{-1}

X.3 7. a) 0   b) 0   c) 1

X.3 8. Der erste Grenzwert ist 1; der Zähler lässt sich umformen zu $\ln(x^4 + x^2 + 1)$. Der zweite Grenzwert ist 3; man betrachte die Variable $t = \frac{1}{x}$.

X.4 1. Für $n \geq 1$ ist $1 + \frac{1}{3} \leq x_n \leq 1 + \frac{1}{2}$ (Induktion); also ist
$$|x_{m+1} - x_{n+1}| = \frac{|x_m - x_n|}{(1+x_m)(1+x_n)} \leq \frac{9}{16}|x_m - x_n|.$$

X.4 2. a) $0{,}6823\ldots$ b) $0{,}8767\ldots$

X.4 3. a) $x_{n+1} = \frac{1+x_n}{1+\lg x_n}$; $x_0 = 3$; $x = 2{,}506\ldots$

b) $x_{n+1} = \frac{x_n^2 - (x_n-1)e^{x_n}}{2x_n - e^{x_n}}$; $x_0 = -0{,}5$; $x_1 = -0{,}722$; $x_2 = -0{,}704$

c) $x_{n+1} = \frac{1+x_n}{3+\ln x_n}$; $x_0 = 0{,}7$; $x_1 = 0{,}643$; $x_2 = 0{,}642$

X.4 4. $x_{n+1} = \frac{x_n^2 - 10}{2x_n - 7} \to 2$ bzw. $\to 5$ für $x_0 = 1$ bzw. $x_0 = 7$.

X.4 5. 0; 1; $0{,}25$; $0{,}183$; $\ldots$

X.5 1. a) $\ln(x-1)$ b) $\frac{1}{3}(x+1)^3$ c) $\frac{1}{\ln \frac{2}{3}} \cdot \frac{2^x}{3^{x+1}}$ d) $\left(\frac{\sqrt{2x+1}}{\ln 3} - \frac{1}{(\ln 3)^2}\right) \cdot 3^{\sqrt{2x+1}}$

e) $\left(\frac{1}{8}\ln x - \frac{1}{64}\right) \cdot x^8$ f) $(x^4 - 4x^3 + 12x^2 - 24x + 24) \cdot e^x$ g) $\left(\frac{x^2}{\ln 2} - \frac{2x}{(\ln 2)^2} + \frac{2}{(\ln 2)^3}\right) \cdot 2^x$

h) $-x^2 \cos x + 2x \sin x + 2 \cos x$ i) $\ln(\cos x)$

X.5 2. a) $2e^2 - 2$ b) $2(\ln 2)^3 - 6(\ln 2)^2 + 12\ln 2 - 6$ c) $2\ln 2 - 1$

X.5 3. a) $2(e^2 - e)$ b) $e^e - e$ c) $\frac{1}{2}(\ln 2)^2$

X.5 4. a) $I_n = 2^n e^2 - n I_{n-1}$ und $I_0 = e^2 - 1$ b) $I_n = e - n I_{n-1}$ und $I_0 = e - 1$

c) $I_n = \frac{1}{4}e^4 - \frac{n}{4}I_{n-1}$ und $I_0 = \frac{1}{4}(e^4 - 1)$

X.5 5. Mit $u = 1 - x$ in a) bzw. $u = \frac{1}{x}$ in b) geht das erste in das zweite Integral über.

X.6 1. $2\ln \frac{1 \cdot 3 \cdot 5 \cdot 7 \cdot 9}{2 \cdot 4 \cdot 6 \cdot 8 \cdot 10} = 2\ln \frac{63}{256} \approx -2{,}8$

X.6 2. Man betrachte die Fälle $x < 0, x = 0$ und $x > 0$.

X.6 3. Unstetigkeitsstellen: $\frac{z}{10^n}$ ($z \in \mathbb{N}$); Integral: $\left(1 + \frac{1}{2} + \ldots + \frac{1}{9}\right) \sum\limits_{i=1}^{\infty} \left(\frac{1}{10}\right)^i$.

X.6 4. a) Ist x_0 irrational, dann gibt es zu jedem $n \in \mathbb{N}$ zwei aufeinanderfolgende Brüche mit dem Nenner n, so dass x_0 dazwischen liegt. Für jedes x zwischen diesen Brüchen gilt $|f(x) - f(x_0)| = |f(x)| < \frac{1}{n}$. Ist x_0 rational, dann liegt in jeder Umgebung von x_0 eine irrationale Zahl.   b) Nummeriere die rationalen Stellen und schließe die n-te Stelle in ein Intervall der Länge $\frac{\varepsilon}{2^n}$ ein. Damit ist $\leq \sum\limits_{n=1}^{\infty} \frac{\varepsilon}{2^n} = \varepsilon$.

X.6 5. Zerlege das Integral durch $0 < r_n < 1$ so, dass die Folge (r_n^n) gegen 0 konvergiert, etwa $r_n = 1 - \frac{1}{\sqrt{n}}$. Ferner sei K eine Schranke von $f(x)$ in $[0; 1]$ und α_n das Infimum und β_n das Supremum von $f(x)$ in $[0; r_n]$. Damit gilt $\left|n \int\limits_0^{r_n} x^n f(x)\, dx\right| \leq K \frac{nr_n^n}{n-1} \longrightarrow 0$.

Nun beachte man: $n \int\limits_{r_n}^1 x^n f(x)\, dx$ liegt zwischen $\frac{n\alpha_n}{n+1}(1 - r_n^{n+1})$ und $\frac{n\beta_n}{n+1}(1 - r_n^{n+1})$.

X.6 6. Halbkreislinie: $S\left(0 \,\middle|\, \frac{2r}{\pi}\right)$;   Halbkreisfläche: $S\left(0 \,\middle|\, \frac{4r}{3\pi}\right)$

X.6 7. a) $A = 16/3$ b) $x_S = 105/64$, $y_S = 169/80$ c) $V_x = (338/15)\pi$; $V_y = (27/2)\pi$

X.6 8. Bei einer axialen Streckung an einem Durchmesser mit dem Faktor $\frac{b}{a}$ geht der Kreis mit dem Inhalt πa^2 in eine Ellipse mit dem Inhalt πab über.

Der Umfang ist $4\int_0^a \sqrt{\frac{a^2(a^2-x^2)+b^2x^2}{a^2(a^2-x^2)}}\,dx$. Dies ist ein *uneigentliches* Integral, vgl. X.8.

X.6 9. a) Für $F(x) = \int_a^x f(t)\,dt$ gibt es ein $\xi \in\,]a;b[$ mit $F(b) - F(a) = F'(\xi)(b-a)$.

b) (1) $\xi = \pm\frac{1}{\sqrt{3}}$ (2) $\xi = \frac{2}{\ln 3} - 2$ (3) $\xi = 0$

X.6 10. Es sei m das Minimum und M das Maximum von f auf $[a;b]$. Aus $mg(x) \leq f(x)g(x) \leq Mg(x)$ für alle $x \in [a;b]$ folgt $m\int_a^b g(x)\,dx \leq \int_a^b f(x)g(x)\,dx \leq M\int_a^b g(x)\,dx$.

Ist $\int_a^b g(x)\,dx = 0$, dann ist auch $\int_a^b f(x)g(x)\,dx = 0$, die Behauptung gilt also für jedes $\xi \in [a;b]$. Für $\int_a^b g(x)\,dx > 0$ betrachte man $\mu = \left(\int_a^b f(x)g(x)\,dx\right) : \left(\int_a^b g(x)\,dx\right)$. Wegen $m \leq \mu \leq M$ existiert nach dem Zwischenwertsatz ein $\xi \in [a;b]$ mit $f(\xi) = \mu$. Nun sei g stetig. Im Falle $m < \mu < M$ existiert nach dem Zwischenwertsatz ein $\xi \in\,]a;b[$ mit $f(\xi) = \mu$. Ist $m = \mu$, dann folgt aus $\int_a^b (f(x) - \mu)g(x)\,dx = 0$ und $(f(x) - \mu)g(x) \geq 0$ aufgrund der Stetigkeit $(f(x) - \mu)g(x) = 0$ auf $[a;b]$. Aufgrund der Stetigkeit von g gibt es ein $x_0 \in\,]a;b[$ mit $g(x_0) > 0$, also gilt $f(x_0) = \mu$. Mit $\xi = x_0$ ist demnach $\mu = f(\xi)$. (Für $\mu = M$ wird entsprechend argumentiert). Im Beispiel ergibt sich $\xi = \sqrt{\frac{1}{\ln 2} - 1}$

X.6 11. Man kann $f(a) < f(b)$ und damit $f'(x) \geq 0$ auf $]a;b[$ annehmen. Mit $G(x) = \int_a^x g(t)\,dt$ gilt $\int_a^b g(x)g(x)\,dx = f(b)G(b) - \int_a^b G(x)f'(x)\,dx$. Nach dem Satz in Aufgabe 10 existiert ein $\xi \in\,]a;b[$ mit $\int_a^b G(x)f'(x)\,dx = G(\xi)\int_a^b f'(x)\,dx = G(\xi)(f(b) - f(a))$. Damit ergibt sich $\int_a^b f(x)g(x) = f(a)G(\xi) + f(b)(G(b) - G(\xi))$.

X.7 1. $4/3$ bzw. $1{,}48$

X.7 2. $\pi \approx \frac{47}{15} = 3{,}1\bar{3}$; $(\pi - 3{,}1\bar{3}) : \pi \approx 0{,}00263$ (weniger als 0,3%!)

X.8 1. Das Integral über $[\varepsilon; 1]$ mit $\varepsilon > 0$ beträgt $2\sqrt{1 - \varepsilon}$.

X.8 2. Man benutze die Substitution $x = \sin t$. Das Integral hat den Wert π.

X.8 3. a) $-1 < \alpha < \beta - 1$ b) $\alpha > 0$ c) $\alpha < 1 < \beta$

X.8 4. Vergleich mit dem Integral $\int_e^\infty \frac{dx}{x(\ln x)^\alpha} = \int_1^\infty t^{-\alpha}\,dt$ liefert Konvergenz für $\alpha > 1$.

X.8 5. Die Reihe lässt sich durch $\int_1^\infty t^{-x}dt = \frac{1}{x-1}$ abschätzen; Grenzwert 1.

X.8 6. Schätze $\sum_{i=1}^n \frac{1}{i}$ durch $\int_1^n \frac{dx}{x} = \ln n$ ab; beachte $\ln(n+1) - \ln n < \frac{1}{n+1}$.

X.8 7. An der unteren Grenze existiert das geg. Integral (denn $\lim_{x\to 0} \frac{e^{-x}-e^{-2x}}{x} = 1$), nicht aber die Integrale über $\frac{e^{-x}}{x}$ bzw. $\frac{e^{-2x}}{x}$; es entsteht die unsinnige Aussage „$\infty - \infty = 0$".

XI.1 1. Man beachte $\lim\left(\frac{n}{n+1}\right) = 1$ bzw. $\lim(\sqrt[n]{n}) = 1$.

XI.1 2. a) $r = 1$;   Stelle $x = 1$: Konvergenz für $a < -1$, sonst Divergenz; $x = -1$:
Konvergenz für $a < 0$, sonst Divergenz.
b) $r = 1$;   Stelle $x = 1$: Divergenz; $x = -1$: Konvergenz   c) $r = 0$ d) $r = e$

XI.1 3. $r = 1$; $0 < \sum\limits_{n=2^{2k}}^{2^{2k+2}-1} \frac{a_n}{n \log n} < \frac{1}{2 \log 2 \; k^2}$; $\sum \left(\frac{1}{n \log n} \right)$ ist divergent.

XI.1 4. Für $f(x) := \frac{x}{e^x - 1} + \frac{1}{2}x$
gilt $f(-x) = f(x)$.

n	0	1	2	3	4	5	6	7	8	9	10
B_n	1	$-\frac{1}{2}$	$\frac{1}{6}$	0	$-\frac{1}{30}$	0	$\frac{1}{42}$	0	$-\frac{1}{30}$	0	$\frac{5}{66}$

XI.1 5. Es ist $r = \infty$ und man darf gliedweise differenzieren.
Differenziere $C(x)C(a - x) - S(x)S(a - x)$ nach x. Setze $x_1 = x$, $x_2 = -x$.

XI.1 6. $\sum\limits_{n=2}^{\infty} n(n-1)x^{n-2} = \left(\frac{1}{1-x} \right)'' = \frac{2}{(1-x)^3}$ für $x = \frac{1}{2}$

XI.2 1. a) $\sum\limits_{i=0}^{\infty} (-1)^i x^{i+1}$; $r = 1$ b) $\sum\limits_{i=0}^{\infty} 2^{i+1} \left(x - \frac{1}{2} \right)^i$; $r = \frac{1}{2}$

c) $\sum\limits_{i=0}^{\infty} (i+1)x^i$; $r = 1$ d) $\sum\limits_{i=0}^{\infty} (-1)^i \frac{(i+1)(i+2)}{2}(x-1)^i$; $r = 1$

e) $-1 + 2 \sum\limits_{i=0}^{\infty} (-1)^i x^i$; $r = 1$ f) $-2 \sum\limits_{i=0}^{\infty} \frac{1}{2i+1} x^{2i+1}$; $r = 1$

XI.2 2. Jede Stammfunktion einer Polynomfunktion ist wieder eine Polynomfunktion.
Ist $f'(x)$ ein Polynom vom Grad g, dann ist $f(x)$ ein Polynom vom Grad $g + 1$.

XI.2 3. a) Max$(0|0)$; Min$\left(\pm\sqrt{\frac{3}{2}} \; \middle| \; -\frac{9}{4} \right)$ b) Max$(0|0)$; Min$\left(\sqrt[3]{\frac{32}{5}} \; \middle| \; -\frac{48}{5} \left(\sqrt[3]{\frac{32}{5}} \right)^2 \right)$

c) Min$\left(\frac{1}{e} \; \middle| \; \left(\frac{1}{3} \right)^{\frac{1}{e}} \right)$ d) keine Extrema   e) Min$\left(\mu \; \middle| \; \sum\limits_{i=0}^{n} a_i(\mu - b_i)^2 \right)$ mit $\mu := \frac{\sum a_i b_i}{\sum a_i}$

f) Wendepunkt mit waagerechter Tangente an der Stelle -1.

XI.3 1. a) Die Gleichung $\left(\frac{10}{9} \right)^x \left(\frac{25}{24} \right)^y \left(\frac{81}{80} \right)^z = 2$ mit $x, y, z \in \mathbb{Z}$ hat aufgrund der
Eindeutigkeit der Primfaktorzerlegung die eindeutige Lösung $(x, y, z) = (7, -2, 3)$. Also
ist $\ln 2 = 7 \ln \frac{10}{9} - 2 \ln \frac{25}{24} + 3 \ln \frac{81}{80}$. Mit $\ln \frac{10}{9} = 0{,}1054$, $\ln \frac{25}{24} = 0{,}0408$ und $\ln \frac{81}{80} = 0{,}0124$
ergibt sich $0{,}6924$ ($\ln 2 = 0{,}6931471 \ldots$).   b) $M = \ln 10 = \ln 2 + \ln 5 = 2{,}302509 \ldots$.

XI.3 2. a) $\sqrt{2} = \frac{141}{100} \left(1 + \frac{1}{2} \cdot \frac{119}{20\,000} + \frac{3}{8} \left(\frac{119}{20\,000} \right)^2 \ldots \right) \approx 1{,}41$; $\approx 1{,}41419475$

b) $\sqrt{3} \approx 1{,}732$; $\sqrt{3} \approx 1{,}732050805$ usw.

XI.3 3. $\sqrt[3]{3} = \frac{10}{7} \left(1 + \frac{1}{3} \cdot \frac{29}{1000} - \frac{1}{9} \left(\frac{29}{1000} \right)^2 + \ldots \right) \approx \frac{10}{7}$; $\approx \frac{3029}{2100}$ usw.

XI.4 1. $c_n = \sum\limits_{i=0}^{n} \binom{n}{i} a_i b_{n-i}$; $\sum\limits_{n=0}^{\infty} 2^n \frac{x^n}{n!} = e^{2x} = (e^x)^2 = \left(\sum\limits_{n=0}^{\infty} \frac{x^n}{n!} \right)^2 = \sum\limits_{n=0}^{\infty} \left(\sum\limits_{i=0}^{n} \binom{n}{i} \right) \frac{x^n}{n!}$

XI.4 2. a) $\sum\limits_{i=1}^{n} a_i \frac{x^i}{1-x^i} = \sum\limits_{i=1}^{n} a_i(x^i + x^{2i} + x^{3i} + \ldots) = \sum\limits_{i=1}^{n} \left(\sum\limits_{d|i} a_d \right) x^i + R_n$ mit

$|R_n| \leq x^n \sum\limits_{i=1}^{n} a_i \frac{x^i}{1-x^i}$ b) Sogar $\sum\limits_{n=1}^{\infty} n x^n$ konvergiert für $|x| < 1$;

die gegebene Reihe ist für $|x| < 1$ gleich $\sum\limits_{n=1}^{\infty} n x^n = x \sum\limits_{n=1}^{\infty} n x^{n-1} = x \left(\frac{1}{1-x} \right)'$.

XI.4 3. $c_n = \sum\limits_{rs=n} a_r b_s$; $(\zeta(x))^2 = \sum\limits_{n=1}^{\infty} \frac{\tau(n)}{n^x}$, wobei $\tau(n) =$ Anzahl der Teiler von n.

XI.4 4. $f(x) = \frac{\pi}{2} - \frac{4}{\pi} \sum\limits_{n=1}^{\infty} \frac{\cos(2n-1)x}{(2n-1)^2}$. Für $x = 0$ ergibt sich $\sum\limits_{n=1}^{\infty} \frac{1}{(2n-1)^2} = \frac{\pi^2}{8}$; es folgt

$\sum\limits_{n=1}^{\infty} \frac{1}{n^2} = \sum\limits_{n=1}^{\infty} \frac{1}{(2n-1)^2} + \frac{1}{4} \sum\limits_{n=1}^{\infty} \frac{1}{n^2}$ und daraus $\sum\limits_{n=1}^{\infty} \frac{1}{n^2} = \frac{\pi^2}{6}$.

XI.4 5. $f(x) = \frac{4}{\pi} \sum\limits_{n=1}^{\infty} \frac{\sin(2n-1)x}{2n-1}$. Für $x = \frac{\pi}{2}$ ergibt sich $\sum\limits_{n=1}^{\infty} \frac{(-1)^{n-1}}{2n-1} = \frac{\pi}{4}$.

XI.4 6. $f(x) = \frac{2}{\pi} - \frac{4}{\pi} \sum\limits_{n=1}^{\infty} \frac{\cos 2nx}{4n^2-1}$; für $x = \frac{\pi}{2}$ erhält man die angegebene Formel.

XII.1 1. a) $f(a-u) = f(a+u)$ b) $f(a-u) - b = f(a+u) + b$

XII.1 2. Es ist $f''(x) = Ax + B$ mit $A, B \in \mathbb{R}$, also $f''(2u-x) + f''(x) = 2(Au + B) = 2f''(u)$. Genau dann ist also $f''(u) = 0$, wenn $f''(2u-x) + f''(x) = 0$. Dies ist genau dann der Fall, wenn $-f'(2u-x) + f'(x) = c$ mit einer Konstanten c; für $x = u$ erhält man $c = -f'(u) + f'(u) = 0$. Aus $-f'(2u-x) + f'(x) = 0$ folgt $f(2u-x) + f(x) = 2v$ mit einer Konstanten v; für $x = u$ ergibt sich $v = f(u)$.

XII.1 3. a) $f'(0) = 0$, $f'\left(\frac{5}{2}\right) = \frac{125}{512}$, $r = 4$ b) $f'(0) = 0$; $r = 2$
c) $f'(1) = 0$; Extremstellen e^{-1} und 1, Krümmungsradius dort jeweils $0,5$.

XII.1 4. Die Funktionsterme sind z.T. so kompliziert, dass nicht alle Punkte einer vollständigen Kurvendiskussion abgehandelt werden können. Man sollte sich aber eine gute Vorstellung vom Funktionsgraph machen können.

a) Definitionsbereich $\mathbb{R}$; Nullstellen 0 und $-\sqrt[3]{15}$ mit den Steigungen $\frac{1}{2}$ bzw. $-2 - \frac{1}{2}\sqrt[3]{15}$; Minimum $\left(-\sqrt[3]{\frac{15}{4}}, \frac{3}{8}\sqrt[3]{\frac{15}{4}}\right)$; $f''(0) = 0$, dies aber keine Wendestelle.

b) Definitionsbreich $\mathbb{R}$; Nullstelle 1 mit der Steigung 0; Asymptote $y = 1$; Minimum (1,0); Maximum (−1, 4); Wendepunkte (0,1), $\left(\pm\sqrt{3}, \mp\frac{1}{2}\sqrt{3}\right)$; Krümmungsradius in den Extremalpunkten $r = 1$

c) Definitionsbereich $\mathbb{R} \setminus \{0\}$; Nullstelle −1 mit der Steigung 3; Asymptote $y = x$; $\lim\limits_{x \to 0} f(x) = +\infty$; Minimum $\left(\sqrt[3]{2}, \frac{3}{2}\sqrt[3]{2}\right)$, keine Wendepunkte, Krümmumgsradius im Minimum $r = \left(1 + \frac{3}{2}\sqrt[3]{4}\right)^{-1}$

d) Definitionsbereich $\mathbb{R} \setminus \{0\}$; keine Nullstelle; keine Stellen mit waagerechter Tangente; Asymptote $y = 0$; $\lim\limits_{x \to 0^-} f(x) = 0$, $\lim\limits_{x \to 0^-} f(x) = +\infty$; Wendepunkt $\left(-\frac{1}{2}, e^{-2}\right)$

e) Definitionsbereich $\mathbb{R} \setminus \{0\}$; Nullstellen $\frac{1}{k\pi}$ ($k \in \mathbb{Z} \setminus \{0\}$) mit den Steigungen $(-1)^{k+1}$; $\lim\limits_{x \to 0} f(x) = 0$; $\lim\limits_{x \to 0^+} f'(x)$ existiert nicht; Stellen mit waagerechter Tangente sind $x = \frac{1}{t}$ mit $t = 2\tan t$ ($t \neq 0$).

f) Definitionsbereich $\mathbb{R}^+$; Nullstellen 1 und $k\pi$ ($k \in \mathbb{N}$) mit den Steigungen $\arcsin 1$ und $(-1)^k \ln(k\pi)$; $\lim\limits_{x \to 0^+} f(x) = 0$; $\lim\limits_{x \to 0^+} f'(x) = -\infty$;

XII.2 1. Tangentengleichung $\frac{x_0 x}{a^2} + \frac{y_0 y}{b^2} = 1$ bzw. $y = -\frac{x_0 b^2}{y_0 a^2}x + \frac{b^2}{y_0}$, falls $y_0 \neq 0$, die Steigung ist also $-\frac{x_0 b^2}{y_0 a^2}$.

XII.2 2. Der Definitionsbereich ist durch $x(x+1)(x+2) \geq 0$ festgelegt, ist also $[-2; -1] \cup [0; \infty[$, der Graph besteht also aus zwei zur x-Achse symmetrischen Kurvenstücken. An den Nullstellen $-2, -1$ und 1 liegen senkrechte Tangenten vor, denn $2yy' = 3x^2 + 6x + 2 \neq 0$ für $x \in \{-2, -1, 1\}$. Einzige Stelle mit waagerechter Tangente ist $-1 + \sqrt{\frac{1}{3}}$. Für $x \to \infty$ verhält der Graph sich näherungsweise wie die neilsche Parabel mit der Gleichung $y^2 = x^3$.

XII.2 3. Ansatz $\sqrt{(x+a)^2 + y^2} \cdot \sqrt{(x-a)^2 + y^2} = a^2$.

XII.2 4. Ist die Gleichung nach y auflösbar (z.B. bei a): $y = \pm x\sqrt{x(2-x)}$), dann kommt man ohne implizites Differenzieren aus, dieses erleichtert aber oft die Arbeit.

a) Definitionsbereich $[0; 2]$; symmetrisch zur x-Achse; $y' = \frac{(3-2x)x^2}{y}$; in $(2,0)$ senkrechte Tangente, in $(0,0)$ waagerechte Tangente (Spitze); in $\left(\frac{3}{2}, \pm\frac{3}{4}\sqrt{3}\right)$ waagerechte Tangenten (Extrema); zwischen 0 und $\frac{3}{2}$ eine Wendestelle; tropfenförmige Kurve.

b) Definitionsbereich $[0; 1]$; Kurve ist symmetrisch zur x-Achse; explizite Darstellung $y = \pm\sqrt{x \pm x\sqrt{1-x^2}}$; Ableitung $y' = \frac{2x^3 - y^2}{2y(x-y^2)}$. Ist $y^2 = 2x^3$, dann liefert die Kurvengleichung $x = 0$ oder $4x^2 = 3$; für $4x^2 = 3$ ist $y \neq 0$ und $y^2 \neq x$, also liegen in den vier Punkten $\left(\frac{1}{2}\sqrt{3}, \pm\frac{1}{4}\sqrt{3}\right)$, $\left(\frac{1}{2}\sqrt{3}, \pm\frac{3}{4}\sqrt{3}\right)$ waagerechte Tangenten vor. In $(0,0)$ liefert die explizite Darstellung der vier Kurvenäste verschiedene Steigungen, nämlich eine senkrechte Tangente für den obersten und untersten Kurvenast und eine waagerechte Tangente für die beiden mittleren Kurvenäste. In $(1, \pm 1)$ hat die Kurve senkrechte Tangenten. Die Kurve besteht aus zwei „Blättern" mit dem gemeinsamen Punkt $(0,0)$.

c) Definitionsbereich $\mathbb{R}$; die Kurve ist symmetrisch zur y-Achse; die explizite Darstellung von x als Funktion von y ist nützlich: $x = \pm\frac{\sqrt{1-y}}{y}$, definiert für $y \leq 1$. Ableitung: $y' = -\frac{2xy}{2x^2y + 1}$; waagerechte Tangente nur im Punkt $(0,1)$; keine senkrechten Tangenten. Die Kurve besteht aus drei Teilen: Der obere Teil ($y > 0$) ist glockenförmig und hat die x-Achse als Asymptote, die beiden unteren Teile ($y < 0$, symmetrisch zur y-Achse) haben die x-Achse und die y-Achse als Asymptoten.

d) Definitionsbereich $\mathbb{R}_0^+$; Gleichung umzuformen zu $y = \pm\sqrt{x(x-1)^2)}$; Ableitung $y' = \frac{3x^2 - 4x + 1}{2y}$ bzw. $y' = \pm\frac{(x-1)(3x-1)}{2\sqrt{x(x-1)^2}}$; waagerechte Tangente in $(1,0)$ und in $\left(\frac{1}{3}, \pm\frac{2}{9}\sqrt{3}\right)$; senkrechte Tangente in $(0,0)$. Verhalten für $x > 1$ etwa wie die neilsche Parabel $y^2 = x^3$.

e) Umformung zu $y^2 = 2 \pm x - x^2$. Die zwei Äste mit $y^2 = 2 + x - x^2$ sind definiert auf $[-1; 2]$ und bilden zusammen einen Kreis mit dem Mittelpunkt $\left(\frac{1}{2}, 0\right)$ und dem Radius $\frac{3}{2}$, die zwei Äste mit $y^2 = 2 - x - x^2$ sind definiert auf $[-2; 1]$ und bilden zusammen einen Kreis mit dem Mittelpunkt $\left(-\frac{1}{2}, 0\right)$ und dem Radius $\frac{3}{2}$.

f) Definitionsbereich $\mathbb{R}$, weil eine algebraischen Gleichung dritten Grades stets eine reelle Lösung hat. Die Kurve ist symmetrisch zur Winkelhalbierenden $y = x$, weil mit (u, v) auch (v, u) ein Kurvenpunkt ist; das Produkt der Steigungen in symmetrisch gelegenen Punkten ist 1. Ableitung $y' = -\frac{3x^2 + y}{3y^2 + x}$; für $y = -3x^2$ ist $x = 0$ oder $x = -\frac{1}{3}\sqrt[3]{2}$. Im Punkt $\left(-\frac{1}{3}\sqrt[3]{2}, -\frac{1}{3}\sqrt[3]{4}\right)$ waagerechte Tangente, im Punkt $\left(-\frac{1}{3}\sqrt[3]{4}, -\frac{1}{3}\sqrt[3]{2}\right)$ also senkrechte Tangente. Im Punkt $\left(-\frac{1}{2}, -\frac{1}{2}\right)$ Tangente mit der Steigung -1. Außer $(0,0)$ keine Schnittpunkte mit den Achsen, an dieser Stelle durchkreuzt sich die Kurve (mit den Steigungen 0 bzw ∞). Für große Werte von $|x|$ ist $y \approx -x$, die Kurve nähert sich asymptotisch der Geraden mit der Gleichung $y = -x$ (von „oben"); vgl. Fig. 5,6.

XII.3 1. $x = t\ln t$, $y = t^2$; Tangentenvektor $\binom{1+\ln t}{2t}$.

XII.3 2. Es handelt sich um eine Spirale; der Krümmungskreis den Radius $\frac{(\theta^2+1)^{\frac{3}{2}}}{\theta^2 + 2}$.

XII.3 3. a) Für $x = \cos t$ ergibt sich $y^2 = \sin^6 t$, also $y = \pm\sin^3 t$; für $y = +\sin^3 t$ wird die Kurve im Gegenuhrzeigersinn durchlaufen, wenn t von 0 bis 2π läuft.

b) Es ist am günstigsten, die explizite Darstellung $y = f(x) = (1 - x^2)^{1,5}$ für $0 \le x \le 1$ (Kurvenast im ersten Quadrant) zu untersuchen. Es ist $f'(x) = -3x(1 - x^2)^{0,5}$ und $f''(x) = 3x^2(1-x^2)^{-0,5} - 3(1-x^2)^{0,5}$. Es ist $f''\left(\frac{1}{2}\sqrt{2}\right) = 0$; die Steigung im Wendepunkt $\left(\frac{1}{2}\sqrt{2}, \frac{1}{4}\sqrt{2}\right)$ ist $-\frac{3}{2}$. Analoges gilt für die anderen Kurvenäste.

c) $3 \int\limits_0^{2\pi} \sin^2 t \cos^2 t \, dt = \frac{3}{4}\pi$ d) $\int\limits_0^{2\pi} \sqrt{\sin^2 t + 9\sin^4 t \cos^2 t} \, dt = 4\int\limits_0^1 \sqrt{1 + 9x^2 - 9x^4} \, dx$

nur näherungsweise zu berechnen, etwa $A \approx 4 \cdot \frac{1}{6}\left(1 + \sqrt{43} + 1\right) \approx 5{,}7$

e) Der Krümmungsradius ist $1/3$.

XII.3 4. a) $x = r(\theta)\cos\theta$, $y = r(\theta)\sin\theta$; $F(x,y) = x(x^2 + y^2) - ay^2$

b) Aus $F(x,y) = 0$ und $y \ge 0$ folgt $y = x^{1,5} \cdot \sqrt{\frac{1}{a-x}}$ für $0 \le x < a$. Das uneigentliche Integral $\int\limits_0^a x^{1,5} \cdot \sqrt{\frac{1}{a-x}} \, dx$ existiert und ist $\le a^{1,5} \int\limits_o^a \sqrt{\frac{1}{a-x}} \, dx = a^2$.

c) Ist $B = (x,y)$, also $\overline{AB}^2 = x^2 + y^2$, dann ist $C = \left(\frac{ax^2}{x^2+y^2}, \frac{axy}{x^2+y^2}\right)$ und $D = \left(a, \frac{ay}{x}\right)$, also $\overline{CD}^2 = \left(\frac{ay^2}{x^2+y^2}\right)^2 + \left(\frac{ay^3}{x(x^2+y^2)}\right)^2$, mit $ay^2 = x(x^2 + y^2)$ also $\overline{CD}^2 = x^2 + y^2$.

XII.4 1. Es ergibt sich eine Parameterdarstellung des Kreises: $x = \cos t$, $y = \sin t$.

XII.4 2. $\binom{-4t^2}{\frac{1}{2}+3t^2} - \frac{\frac{1}{12}(4t^2+1)^{\frac{3}{2}}}{t\sqrt{4t^2+1}} \binom{-12t^2}{6t} = \binom{t}{t^2}$

XII.4 3. a) $L = \int\limits_0^{2\pi} \sqrt{\theta^2 + 1} \, d\theta$; mit der Substitution $\theta = \frac{e^t - e^{-t}}{2}$ ergibt sich

$L = \frac{1}{4}\int\limits_0^a (e^{2t} + 2 + e^{-2t}) \, dt$ mit $a = \ln(2\pi + \sqrt{4\pi^2 + 1})$, also $L = \frac{1}{8}(e^{2a} + 4a - e^{-2a})$.

b) $A = \frac{1}{2}\int\limits_{\frac{\pi}{4}}^{\frac{\pi}{2}} \theta^2 \, d\theta = \frac{1}{6}\left(\left(\frac{\pi}{2}\right)^3 - \left(\frac{\pi}{4}\right)^3\right) = \frac{7}{384}\pi^3$

c) $x = t\cos t$, $y = t\sin t$ d) $\binom{t\cos t}{t\sin t} + \frac{1+t^2}{2+t^2}\binom{-\sin t - t\cos t}{\cos t - t\sin t}$

XII.4 4. a) $2(e^{2\pi} - 1)$ b) $x = e^t\cos t$, $y = e^t\sin t$ c) $x = -e^t\sin t$, $y = e^t\cos t$

XII.5 1. Zwei orthogonale und zum Normalenvektor der Ebene orthogonale Vektoren der Länge 7 sind z.B. $\vec{a} = \frac{7}{\sqrt{5}}\begin{pmatrix} 1 \\ -2 \\ 0 \end{pmatrix}$ und $\vec{b} = \frac{7}{\sqrt{70}}\begin{pmatrix} 6 \\ 3 \\ 5 \end{pmatrix}$. Ist $\vec{m}$ der Ortsvektor von M, dann ist $\vec{x} = \vec{m} + \cos t\, \vec{a} + \sin t\, \vec{b}$ eine Parameterdarstellung des Kreises.

XII.5 2. $L = \sqrt{1 + h^2 + (\ln a)^2}$

XII.5 3. Ein Berührpunkt der Kugel auf der Fläche ergibt sich für $x = y = z$; der Kugelradius ist dann $\frac{1}{3}$.

XII.5 4. Es gilt $x^2 + y^2 + z^2 = r^2$.   Ellipsoid: $\begin{pmatrix} x \\ y \\ z \end{pmatrix} = \begin{pmatrix} a\cos u\cos v \\ b\sin u\cos v \\ c\sin v \end{pmatrix}$

XII.5 5. $\frac{x^2}{a^2} - \frac{y^2}{b^2} - \frac{z^2}{c^2} = 1$; Tangentialebene in (x_0, y_0, z_0) zu Parametern u_0, v_0:

$\begin{pmatrix} x \\ y \\ z \end{pmatrix} = \begin{pmatrix} x_0 \\ y_0 \\ z_0 \end{pmatrix} + r\begin{pmatrix} 0 \\ -b\sin u\sinh v \\ c\cos u\sinh v \end{pmatrix} + s\begin{pmatrix} a\sinh v \\ b\cos u\cosh v \\ c\sin u\cosh v \end{pmatrix}$; $\frac{x_0 x}{a^2} - \frac{y_0 y}{b^2} - \frac{z_0 z}{c^2} = 1$

Index

374